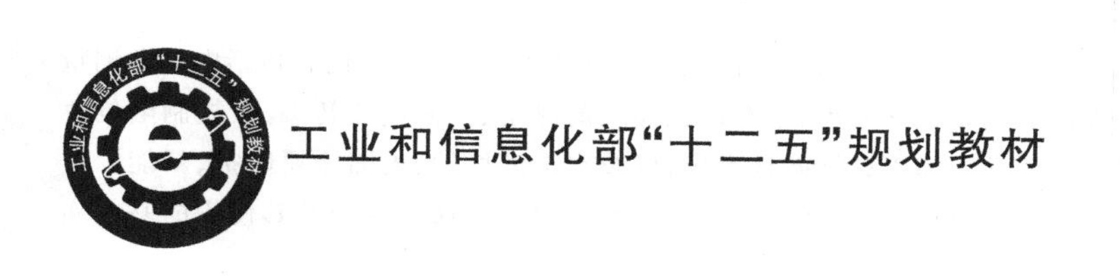

工业和信息化部“十二五”规划教材

电化学测量技术与方法

于　美　刘建华
李松梅　刘永辉　编著

北京航空航天大学出版社

内容简介

全书共分9章，在介绍电化学测量基础知识的基础上，加入了测试新技术和新方法，内容包括电化学测量的基本原则和主要步骤、电极过程控制及其动力学方程、稳态极化曲线的测定、控制电流暂态法、控制电位暂态法、电化学阻抗法、电化学噪声法、电化学扫描探针显微技术等，以及在金属腐蚀、表面涂层防护、新能源材料器件等方面的电化学性能的评价和应用，还包括电化学测试仪器的基本构造、通用仪器及其使用的基本实验技术。

本书可作为高等院校材料科学与工程、能源与化工等专业课程的本科和研究生教材，也适合材料科学与工程、能源与化工等领域的相关技术人员参考使用。

图书在版编目(CIP)数据

电化学测量技术与方法 / 于美等编著. -- 北京 : 北京航空航天大学出版社，2020.12

ISBN 978-7-5124-3396-0

Ⅰ. ①电… Ⅱ. ①于… Ⅲ. ①电化学—测量方法—高等学校—教材 Ⅳ. ①O657.1

中国版本图书馆CIP数据核字(2020)第229699号

电化学测量技术与方法

于　美　刘建华
李松梅　刘永辉　编著

策划编辑　冯　颖　　责任编辑　王　实

*

北京航空航天大学出版社出版发行

北京市海淀区学院路37号(邮编100191)　http://www.buaapress.com.cn

发行部电话:(010)82317024　传真:(010)82328026

读者信箱：goodtextbook@126.com　邮购电话:(010)82316936

北京建宏印刷有限公司印装　各地书店经销

*

开本:787×1 092　1/16　印张:18.75　字数:480千字

2020年12月第1版　2022年12月第2次印刷　印数:1 001～2 000册

ISBN 978-7-5124-3396-0　定价:59.00元

前　言

进入21世纪，随着电化学技术、电子技术和计算机技术的发展，电化学测量技术迅速发展起来，电化学测量仪器也越来越趋于自动化、多功能化、信息化。电化学测量技术在航空航天、船舶、交通、桥梁、石油管道、天然气输送、地铁及隧道等工程材料的选择、防腐设计和表面工程方面得到广泛应用；不仅在传统金属腐蚀、表面防护、电镀、电解、化学电源、阳极氧化及电分析化学等领域的应用很重要，而且在纳米材料、能源材料等新材料的开发和应用方面发挥了重要作用。

作者在上大学时就觉得电化学测量技术很重要但又比较难学，经过20多年“电化学测试技术”课程的教学，更觉得电化学测量技术的重要，特别是在新材料性能评价以及装备的腐蚀与防护中尤显重要。

本书是作者以前辈刘永辉教授编写的《电化学测试技术》教材为基础、根据20多年的教学积累修改补充编写而成的。电化学测量技术内容广泛，按照电化学反应过程不同可分为稳态法和暂态法；按照控制信号不同可分为阶跃法、方波法、线性扫描法、交流阻抗法；按照测量环境不同又可分为原位测量法、非原位测量法和微区测量法等。这些方法各有特点，应根据研究对象和实验目的进行选择。电极和电解池的设计与制备是电化学测量的重要环节，也是最为基础的部分，不可忽视。为了正确选择和使用测量仪器，或自制某些测试设备，本书还介绍了运算放大器及常用电化学测试仪器的基本原理。

本书的目的在于，向已具有电化学基础知识的大学生或科技人员介绍电化学测量技术的基本原理、方法和典型实际应用。电化学测量的应用极广，本书除在各种测量方法中举了一些实例外，还在第9章中讨论了一些在腐蚀和防护等方面的应用。希望读者能举一反三，将其推广到各个电化学领域中。

本书在编写过程中，得到了许多老师和研究生的支持和鼓励，吸收了国内外许多同行的研究成果，引用了相关的论文、专著等资料，本书作者在此对这些帮助表示衷心的感谢。由于时间仓促和水平局限，书中难免有不足之处，欢迎读者给予指正。

作　者

2020年10月

书中部分变量、符号说明

下面列出的是在各章中或某一章中使用较多的符号。类似的符号在具体章节中可能会有不同的意义。(按字母顺序排列)

符号	说明
A_1	运算放大器
A_2	电压跟随器
b_K	阴极塔菲尔直线斜率
C	等效电容
C^0	初始浓度
C_O^*	反应物的浓度
$C(x,t)$	物质在离电极表面为 x、时间为 t 时的浓度
$C_O(0,t)$	物质 O 在时间为 t 时的电极表面浓度
$C_R(0,t)$	物质 R 在时间为 t 时的电极表面浓度
C_{AB}	两电极之间的电容
C_d	电极双电层电容
C'_d	辅助电极的双电层电容
C_m	氧化物电容
C_w	浓差电容
D_O	反应物 O 的扩散系数
E	振幅
$\dot{E}$	振幅矢量
$\tilde{E}$	正弦交流电压矢量
$\mathrm{erf}(\lambda)$	误差函数
$\mathrm{erfc}(\lambda)$	误差函数的共轭函数
F	(a)法拉第常数; (b)方波频率
G	方波发生器
h_B	电池两端的方波电压幅值
h_s	标准电阻下的方波电压幅值
I	电流密度
I_g	电偶电流
I_{local}	局部交流电流密度
i^0	交换电流密度
$\vec{i}$	还原反应速度
$\overleftarrow{i}$	氧化反应速度
$\tilde{i}$	正弦交流电流
i_C	双电层充电电流或电容电流
i_{corr}	自腐蚀电流
i_d	扩散电流
i_F	法拉第电流
i_k	阴极极化电流
i_r	电极反应电流
i_T	探针电流
i_l	极限扩散电流密度
i_∞	(到达稳态后的)电流
J	扩散流量
$\mathbf{j}$	虚数单位长度的垂直矢量
K	手动机械开关或电磁继电器
k	(a)反应速度常数; (b)电解溶液的电导率
$k^\ominus$	(a)标准异相电荷传递率常数; (b)标准反应速率常数
k_s	电极反应标准速度常数
L	等效电感
M	一个未知内部结构的物理系统
m	传质系数
N	电极表面的金属原子数
n	反应电子数
N_A	阿伏加德罗常数
O	氧化态粒子

Q	常相位角组件(CPE)
q	电极表面电荷密度
Q_{θ}	消耗于覆盖层的电量
R	还原态粒子
R	(a)气体常数; (b)等效电阻
R_0	限流电阻
R_A	研究电极的电阻
R_B	辅助电极的电阻
R_r	电化学反应电阻
R_m	氧化物电阻
R_s	溶液电阻
R_w	浓差电阻
R_p	极化电阻
$R_{//}$	R_r 和 R_1 并联电阻
S	电极实际表面积
T	(a)绝对温度; (b)方波周期; (c)极化时间
$T_{半}$	半周期
V	(电位)扫描速率
V_b	偏置电压
$V_{applied}$	微扰电压
W	电极质量
X	扰动信号
Y	(a)传输函数; (b)导纳
Y_{Im}	导纳的虚部
Y_{Re}	导纳的实部
Y_R	等效电阻的导纳
Z	阻抗
$\|Z\|$	阻抗矢量模
Z'_f	辅助电极交流阻抗
Z_F	(a)法拉第电阻; (b)研究电极交流阻抗
Z_{Im}	阻抗的虚部
Z_{Re}	阻抗的实部
Z_R	等效电阻的阻抗
Z_W	扩散阻抗
Δ	(a)扩散层的有效厚度; (b)成相膜的厚度
η	过电位
η_a	阳极过电位
η_c	阴极过电位
θ	覆盖度
ρ	成相膜物质的密度
μ^0	标准化学位
τ	过渡时间
τ_O	反应物 O 还原的过渡时间
Φ	平均功函数
φ	电流 i 与电路两端的电压云之间的相位差
$\varphi_{静}$	静止电位
$\varphi_{1/4}$	四分之一波电位
$\varphi_{1/2}$	半波电位
φ_{corr}	自腐蚀电位
φ_{br}	击穿电位
φ_g	电偶混合电位
φ_t	时间为 t 时的电极电位
φ_{rp}	再钝化电位
φ_p	致钝电位
$\Delta\varphi$	极化值
ω	角频率

目　　录

第 1 章　电化学测量概述…………………………………………………… 1

1.1　电化学测量方法 ………………………………………………………… 1
1.2　电化学测量的基本原则 ………………………………………………… 2
1.3　电化学测量的主要步骤 ………………………………………………… 3

第 2 章　稳态极化曲线与动力学方程式……………………………………… 4

2.1　电极的极化 ……………………………………………………………… 4
2.1.1　电极的极化现象 ……………………………………………………… 4
2.1.2　电极极化的原因 ……………………………………………………… 5
2.1.3　稳态极化曲线 ………………………………………………………… 5
2.2　电极过程与控制步骤 …………………………………………………… 7
2.2.1　电极过程的基本历程 ………………………………………………… 7
2.2.2　电极过程的速度控制步骤 …………………………………………… 8
2.3　电极反应与交换电流 …………………………………………………… 9
2.4　电化学极化方程式………………………………………………………… 10
2.4.1　电化学极化的基本实验事实………………………………………… 10
2.4.2　电化学极化的基本方程式…………………………………………… 11
2.4.3　几种特定情况下的电化学动力方程式……………………………… 11
2.5　浓差极化方程式…………………………………………………………… 14
2.5.1　理想情况下的稳态扩散过程………………………………………… 14
2.5.2　浓度极化方程式……………………………………………………… 16
2.6　电化学极化与浓差极化同时存在的极化曲线…………………………… 18
思考题 ………………………………………………………………………… 20

第 3 章　稳态极化曲线的测定 ………………………………………………… 21

3.1　稳态法的特点……………………………………………………………… 21
3.2　控制电流法和控制电位法………………………………………………… 22
3.3　三电极体系与电流和电位的测定………………………………………… 25
3.3.1　三电极体系…………………………………………………………… 25
3.3.2　电解池………………………………………………………………… 32
3.3.3　电流的测量…………………………………………………………… 37
3.3.4　电极电位的测定……………………………………………………… 37
3.4　逐点调节和阶梯波法测定稳态极化曲线………………………………… 39
3.5　慢扫描法测定稳态极化曲线……………………………………………… 43

3.6 旋转圆盘和环-盘电极及其应用 …… 46
3.6.1 旋转圆盘电极 …… 46
3.6.2 旋转环-盘电极 …… 50
3.7 稳态极化曲线的应用 …… 51
3.7.1 在电化学基础研究方面的应用 …… 51
3.7.2 在腐蚀科学中的应用 …… 54
3.7.3 在化学电源中的应用 …… 56
3.7.4 在表面防护中的应用 …… 58
思考题 …… 59

第4章 控制电流暂态法 …… 60

4.1 暂态法概述 …… 60
4.1.1 暂态过程和暂态测试方法 …… 60
4.1.2 暂态过程的等效电路 …… 62
4.1.3 暂态测量方法 …… 65
4.2 电化学极化下的控制电流暂态测试方法 …… 66
4.2.1 电流阶跃法 …… 67
4.2.2 断电流法 …… 69
4.2.3 方波电流法 …… 70
4.2.4 双脉冲电流法 …… 71
4.3 浓差极化下的控制电流暂态测试方法 …… 72
4.3.1 电流阶跃极化下的暂态扩散过程 …… 72
4.3.2 过渡时间 τ 的测定及其应用 …… 74
4.3.3 可逆电极体系的电位-时间曲线 …… 75
4.3.4 完全不可逆电极体系的电位-时间曲线 …… 75
4.3.5 准可逆电极体系的电位-时间曲线 …… 76
4.4 控制电流暂态实验技术 …… 77
4.4.1 控制电流暂态法实验条件的选择 …… 77
4.4.2 电流阶跃实验技术 …… 78
4.4.3 断电流法实验 …… 81
4.4.4 方波电流法实验 …… 82
4.4.5 双电流脉冲法实验 …… 84
4.5 控制电流暂态法的应用 …… 84
4.5.1 恒电流充电法研究电极表面覆盖层 …… 84
4.5.2 研究氢在铂电极上析出的控制步骤问题 …… 88
4.5.3 控制电流暂态法测定内阻 …… 90
思考题 …… 92

第5章　控制电位暂态法 …… 93

5.1　控制电位暂态法的种类和特点 …… 93
5.2　电化学极化下的电位阶跃法 …… 94
5.2.1　电位阶跃法 …… 94
5.2.2　方波电位法 …… 97
5.3　浓差极化下的电位阶跃法 …… 99
5.4　线性电位扫描法 …… 103
5.4.1　小幅度线性电位扫描法 …… 103
5.4.2　大幅度线性电位扫描法 …… 105
5.5　控制电位暂态法实验技术 …… 111
5.6　控制电位暂态法的应用 …… 117
5.6.1　电位阶跃法测定电极真实表面积 …… 117
5.6.2　方波电位法研究特性吸附现象 …… 120
5.6.3　小幅度三角波电位法研究电极表面覆盖层 …… 121
5.6.4　三角波电位法研究电极反应 …… 123
思考题 …… 125

第6章　电化学阻抗法 …… 126

6.1　电化学阻抗法导论 …… 126
6.1.1　交流阻抗概述 …… 126
6.1.2　电化学阻抗谱 …… 129
6.1.3　等效组件与等效电路 …… 130
6.2　电化学极化控制下的交流阻抗法 …… 139
6.2.1　电化学极化控制下的阻抗及等效电路 …… 139
6.2.2　频谱法测量体系参数 …… 139
6.2.3　极限简化法测量体系参数 …… 141
6.2.4　复数平面图法测量体系参数 …… 141
6.2.5　电化学阻抗谱的时间常数 …… 142
6.3　浓差极化控制下的交流阻抗法 …… 145
6.3.1　存在浓差极化时交流电极化引起的表面浓度波动 …… 145
6.3.2　存在浓差极化时可逆电极反应的法拉第阻抗 …… 147
6.3.3　存在浓差极化时准可逆电极反应的法拉第阻抗 …… 148
6.3.4　电化学极化和浓差极化同时存在时电极的法拉第阻抗 …… 149
6.4　电极反应表面过程的法拉第阻纳 …… 151
6.4.1　不同几何形状的电极 …… 151
6.4.2　电极表面吸附 …… 152
6.4.3　固体表面成膜 …… 153
6.5　电化学阻抗谱的数据处理与解析 …… 156

6.6 电化学阻抗法的应用 …… 157
6.6.1 电化学阻抗法研究金属腐蚀 …… 158
6.6.2 电化学阻抗法研究表面涂层的防护性能 …… 159
6.6.3 电化学阻抗法在能源器件上的应用 …… 161
思考题 …… 164

第 7 章 电化学测试仪器 …… 165

7.1 电化学测试仪器概述 …… 165
7.2 恒电位仪和恒电流仪 …… 168
7.2.1 恒电位仪基本电路分析 …… 168
7.2.2 恒电位仪基本性能和设计要求 …… 170
7.2.3 恒电位仪主要性能的检测方法 …… 178
7.2.4 恒电位仪应用的灵活性 …… 181
7.2.5 恒电流仪 …… 182
7.3 电化学工作站 …… 183
7.3.1 电化学工作站的原理及特点 …… 183
7.3.2 CHI 电化学工作站简介 …… 184

第 8 章 电化学扫描探针显微技术 …… 189

8.1 电化学扫描探针显微技术概述 …… 189
8.2 电化学扫描隧道显微镜 …… 190
8.2.1 STM 的工作原理 …… 190
8.2.2 ECSTM 装置 …… 192
8.2.3 ECSTM 的应用 …… 194
8.3 电化学原子力显微镜 …… 198
8.3.1 AFM 的工作原理及技术 …… 198
8.3.2 ECAFM 装置 …… 200
8.3.3 ECAFM 的应用 …… 200
8.4 扫描电化学显微镜 …… 204
8.4.1 SECM 的工作原理 …… 204
8.4.2 SECM 装置及工作模式 …… 205
8.4.3 渐近曲线 …… 207
8.4.4 SECM 的应用 …… 208
8.5 微区电化学扫描探针技术 …… 211
8.5.1 扫描振动参比电极技术 …… 211
8.5.2 扫描开尔文探针 …… 213
8.5.3 局部电化学交流阻抗谱 …… 214
思考题 …… 216

第9章　金属腐蚀速度的电化学测定方法 …… 217
9.1　金属电化学腐蚀速度基本方程式 …… 217
9.2　塔菲尔直线外推法测定金属腐蚀速度 …… 219
9.3　线性极化法测定金属腐蚀速度 …… 223
9.3.1　基本原理 …… 223
9.3.2　b_A 和 b_K 的测定 …… 224
9.3.3　极化电阻 R_p 的测定方法 …… 225
9.3.4　线性极化法的适用性及主要误差来源 …… 230
9.4　弱极化区三点法测定金属腐蚀速度 …… 231
9.5　恒电流暂态法测定极低的腐蚀速度 …… 233
9.5.1　切线法 …… 233
9.5.2　两点法 …… 234
9.6　金属局部腐蚀速度的测定 …… 236
9.7　电偶腐蚀速度的测定 …… 239
9.8　三角波电位扫描法预测金属点蚀和缝隙腐蚀的敏感性 …… 242
9.8.1　点蚀敏感性的预测 …… 242
9.8.2　缝隙腐蚀敏感性的评定 …… 245
9.9　动电位扫描法测定电位-pH图和等腐蚀速度图 …… 246
9.9.1　理论电位-pH图 …… 246
9.9.2　实验电位-pH图的绘制 …… 250
9.9.3　等腐蚀速度图的测绘 …… 251
9.10　电化学噪声研究金属腐蚀 …… 255
9.10.1　电化学噪声的分析 …… 256
9.10.2　电化学噪声的测定 …… 263
9.10.3　电化学噪声在金属腐蚀研究中的应用 …… 264
思考题 …… 278
附表A　某些国际制(SI)单位和物理常数 …… 279
附表B　标准电池电动势,饱和甘汞电极电位,2.303*RT*/*F* 值及饱和水蒸气压力 …… 281
参考文献 …… 282

第1章　电化学测量概述

电化学过程不仅在自然界中广泛存在(如金属的腐蚀过程),而且在人类的生产实践活动中也得到了广泛应用,如电合成、电冶金、电镀、电池和燃料电池、电分析传感器,以及微纳米器件的构建等,人们用以解决所关注的能源、交通、材料、环保、生命奥秘等重大问题。因此,对于不同领域中的电化学过程的了解,包括对电极界面的结构、界面上的电荷和电势分布,以及界面上进行的电化学过程规律的了解,都是非常重要的,而这也是电化学测量所要完成的任务。本章针对电化学测量方法的发展、电化学测量的基本原则以及主要步骤和分析要素展开讨论。

1.1　电化学测量方法

从广义的角度来讲,进行电化学测量的目的是获取体系的一般性信息,如对溶液中痕量金属离子或有机物的浓度进行分析,测定一个反应的热力学数据;或是获取体系的特定电化学性质,以便对实际应用的电化学系统进行改进和完善。

进行电化学测量必须遵循一定的规则和方法,人们在长期的研究工作中,积累了丰富的电化学测量规律、手段和技术,形成了指导电化学领域研究的一整套方法论(methodology)。一般而言,电极体系的热力学和动力学性能,既可通过电极电势和极化电流反映出来,又很容易受外加电势或电流的影响而改变。电化学测量主要是通过在不同的测试条件下,对电极电势和电流分布分别进行控制和测量,并对其相互关系进行分析而实现的。对一些重要的测试条件的控制和变化,形成不同的电化学测量方法。例如,控制单向极化持续时间的不同,可进行稳态法测量和暂态法测量;控制电极电势按照不同的波形规律变化,可进行电势阶跃、线性电势扫描、脉冲电势扫描等测量;使用宏观静止电极、旋转圆盘电极或超微电极,可明显改变电化学测量体系的动力学规律,获取不同的测量信息。

对应于出现的时间顺序,电化学测量方法可大致分为三类:第一类是电化学热力学性质的测量方法,基于 Nernst 方程、电势- pH 图、法拉第定律等热力学规律进行;第二类是单纯依靠电极电势、极化电流的控制和测量进行的动力学性质的测量方法,研究电极过程的反应机理,测定电极过程的动力学参数;第三类是在电极电势、极化电流的控制和测量的同时,结合光谱波谱技术、扫描探针显微技术,引入光学信号等其他参量的测量,研究体系电化学性质的测量方法。本书主要介绍后两类测量方法。

在电化学测量方法的发展历程中,一些重要测量方法的出现对于电化学科学的发展起到巨大的推动作用,并且仍然被广泛使用。例如,早期建立的稳态极化曲线的测量方法,20 世纪 50 年代 Gerischer 等人创建的各种快速暂态测量方法,20 世纪 60 年代以后出现的线性电势扫描方法和电化学阻抗谱方法现在已经成为电化学实验室中的标准测试手段;近十几年来,扫描电化学显微镜和现场光谱电化学方法对电化学研究的影响也越来越显著。

随着科技的进步,电化学测量仪器得到了飞跃发展,并有力地促进了电化学各领域的发展。从早期的高压大电阻的恒电流测量电路,到以恒电势仪为核心组成的模拟仪器电路,再到计算机控制的电化学综合测试系统,仪器功能、可实现的测量方法的种类更加丰富,控制和测

量精度大大提高，操作更加方便快捷，实验数据的输出管理和分析处理能力更加强大。

新结构、新材料电极的采用也赋予了电化学测量更强大的实验研究能力，拓宽了电化学方法的应用领域，加深了对电极过程动力学规律、电极界面结构更深层次的认识。例如，超微电极、超微阵列电极、纳米阵列电极具有更高的扩散传质能力。单晶电极与电化学扫描探针显微技术相结合，可获得伴随电化学反应的微观图像，甚至是原子、分子级的显微图像，从而认识电化学反应的微观机理。高定向热解石墨电极、碳纳米电极和硼掺杂金刚石电极等碳电极，或者具有高度的电催化活性，或者具有更宽的电势窗范围，更经久耐用，成为电化学测量中极具潜力的电极材料。

现代计算技术，包括曲线拟合、数值模拟技术，极大地提高了分析处理复杂电极过程的能力，可方便快捷地得到大量有用的电化学信息。

1.2 电化学测量的基本原则

我们知道，电极过程是一个复杂的过程，往往是由大量串行或并行的电极基本过程（或称单元步骤）组成。最简单的电极过程通常包括以下四个基本过程：

① 电荷传递过程(charge transfer process)，简称为传荷过程，也称为电化学步骤；

② 扩散传质过程(diffusion process 或 mass transfer process)，主要是指反应物和产物在电极界面静止液层中的扩散过程；

③ 电极界面双电层的充电过程(charging process of electric double layer)，也称为非法拉第过程(non-Faradaic process)；

④ 电荷的电迁移过程(migration process)，主要是溶液中离子的电迁移过程，也称为离子导电过程。

另外，还可能有电极表面的脱吸附过程、电结晶过程以及伴随电化学反应的均相化学反应过程。

这些电极基本过程在整个电极过程中的地位随具体条件而变化，而在测量某一参量时，整个电极过程总是出现占据主导地位的电极基本过程。

在进行电化学测量时，往往要研究某一个电极的基本过程，测量某一个基本过程的参量，比如我们最经常测量的传荷过程的一些动力学参量，包括交换电流密度、塔菲尔斜率、传递系数等。

因此，要进行电化学测量，研究某一个基本过程，就必须控制实验条件，突出主要矛盾，使该过程在电极总过程中占据主导地位，降低或消除其他基本过程的影响，通过研究总的电极过程来研究这一基本过程。这就是进行电化学测量的基本原则。

例如，要测量双电层电容，就必须突出双电层的充电过程，而降低其他过程的地位。可以采用小幅度恒电势阶跃极化，极化时间非常短，这样可以消除扩散过程的影响；选择适当的溶液和电势范围，使电极处于理想极化状态，从而消除传荷过程的影响；溶液中加入支持电解质，消除离子导电过程的影响，使得双电层充电过程占据主导地位，这样就可测出该过程的参数——双电层电容。

再如，为了测量溶液的电阻或电导，必须创造条件使离子导电过程占据主导地位，采用的办法是把电导池的铂电极镀上铂黑，以增大电极面积，从而加快电荷传递过程的速率、加大双电层的电容，同时提高交流电的频率，使传荷、传质、双电层充电过程都退居次要地位。相反，

如果要测量的是传荷过程的速率，那么必须创造条件使离子导电过程退居次要地位，采取的办法是使用鲁金(Luggin)毛细管以及加入支持电解质。

各种暂态测量方法的共同特点在于，缩短单向极化持续时间，使扩散传质过程的重要性退居于传荷过程的重要性之下，以便测量电荷传递速率，使测量的上限提高上千倍，标准反应速率常数从 10^{-2} cm/s 提高到 10 cm/s。同样，旋转圆盘电极和超微电极的使用也具有提高扩散传质速率的作用，使扩散传质过程的重要性退居于传荷过程的重要性之下，以便研究电荷传递过程。

在电化学分析中，使用方波极谱法和差分脉冲极谱法可以降低双电层充电过程的地位，降低背景电流，从而使分析检测限从 10^{-5} mol/L 降低到 10^{-8} mol/L。

电化学测量的主要任务就是，在电化学领域，运用电化学原理合理地选择和拟定实验方案，准确地控制实验条件，测量实验数据，并对实验结果进行整理和分析。这就要求对研究对象做深入细致的分析，了解各种电化学测量方法及仪器的基本原理和技术特点，提高电化学理论水平，以便能洞察给定体系在实验条件下可能发生的电极反应，明确实验数据与电化学过程之间的相互关系，从而积极能动地进行实验。

1.3　电化学测量的主要步骤

进行电化学测量包含三个主要步骤：实验条件的控制、实验结果的测量和实验结果的解析。

实验条件的控制必须根据测量的目的来确定，具体的控制条件包括电化学系统的设计及极化条件的选择和安排。一方面，可以针对测量目的设计电化学系统。例如，采用大面积的辅助电极或采用鲁金毛细管，使所研究的电极占据突出的地位；又如，采用超微电极或旋转圆盘电极等，以控制扩散传质过程；还可以选择支持电解质或改变反应物浓度等。另一方面，可以针对测量目的控制极化的程度和单向极化持续的时间。例如，缩短单向极化持续的时间可使扩散过程退居可忽略的地位，从而研究传荷过程。

实验结果的测量包括电极电势、极化电流、电量、阻抗、频率、非电信号(如光学信号)等物理量的测量。测量要保证足够的精度和足够快的测量速度，现代测量仪器，如电化学综合测试系统可方便、准确地完成测试工作。

实验结果的解析是电化学测量的重要步骤。每一种电化学测量方法都有各自特定的数据处理方法，尤其是当电极过程的动力学规律同时受几种基本过程的影响时，需要经过适当的解析才能从实验结果中得到感兴趣的信息。

实验结果的解析方法有极限简化法、方程解析法和曲线拟合法。这三种实验结果的解析方法都必须建立在理论推导的电极过程的物理模型和数学模型(数学方程)的基础上。极限简化法应用某些极限条件，对物理模型或数学模型进行简化，得到电极过程的相关信息。方程解析法直接应用数学方程，配合作图等方法对实验结果进行解析。例如，利用呈线性关系的物理量作图得到直线，由直线的斜率和截距，计算相关电化学参数；或者，由某些特征的曲线参量，经计算得到电化学参数或判断反应的机理。曲线拟合法通过调整物理模型或数学模型中的待定电化学参数，使该模型的理论曲线以最大限度逼近实验测量的结果。曲线拟合的过程可以通过计算机程序来进行，可以使用一些专用于某种电化学测量方法的商业化程序，如电化学阻抗谱的拟合程序和循环伏安曲线的拟合程序。

第 2 章　稳态极化曲线与动力学方程式

2.1　电极的极化

2.1.1　电极的极化现象

处于热力学平衡状态的电极体系(可逆电极),由于氧化反应和还原反应速度相等,电荷交换和物质交换都处于动态平衡之中,因而净反应速度为零,电极上没有电流流过,即外电流等于零。这时的电极电位就是平衡电位。如果电极上有电流流过,则有净反应发生,这表明电极失去了原有的平衡状态。这时,电极电位将因此而偏离平衡电位。这种有电流流过时电极电位偏离平衡电位的现象叫做电极的极化。例如,在硫酸镍溶液中,镍电极作为阴极通以不同电流密度时,电极电位的变化如表 2-1 所列。镍电极的电位随电流密度所发生的偏离平衡电位的变化即为电极的极化。

表 2-1　15 ℃时 0.5 mol/L $NiSO_4$ 溶液(pH=5)中,镍的阴极电位 $-\varphi_c$ 与电流密度 I 之间的关系

$I/(mA\cdot cm^{-2})$	0.00	0.14	0.28	0.56	0.84	1.20	2.00	4.00
$-\varphi_c/V$	0.29	0.54	0.58	0.61	0.62	0.63	0.64	0.65

在电化学体系中进行的电化学测量实验结果表明,当阴极方向有外电流通过,即电极上电极反应为阴极方向净反应时,电极电位总是变得比平衡电位更负,此时发生阴极方向的电极极化;当阳极方向有外电流通过时,即电极上电极反应为阳极方向净反应时,电极电位总是变得比平衡电位更正,此时发生阳极方向的电极极化。电极电位偏离平衡电位向负方向移动称为阴极极化,而向正方向移动则称为阳极极化。

在一定的电流密度下,电极电位与平衡电位的差值称为电极在该电流密度下的过电位,通常以 η 表示。过电位是表征电极极化程度的参数,在电极过程动力学中有重要的意义。习惯上取 η 为正值,可表示为

$$\eta=|\varphi-\varphi_{平}| \tag{2-1}$$

式中:φ 为某一电流密度下的电极电位数值;$\varphi_{平}$ 为该电极的平衡电极电位数值。由于习惯上取过电位为正值,所以阴极过电位和阳极过电位可分别表示为

$$\eta_K=\varphi_{平}-\varphi \tag{2-2}$$

$$\eta_A=\varphi-\varphi_{平} \tag{2-3}$$

式中:下标 K 代表阴极反应过程,下标 A 代表阳极反应过程。

值得注意的是,实际中遇到的电极体系,在没有电流通过时,并不都是可逆电极。也就是说,在电流为零时,测得的电极电位可能是可逆电极的平衡电位,也可能是不可逆电极的稳定电位。因而,又往往把电极在没有电流通过时的电位统称为静止电位 $\varphi_{静}$,把有电流通过时的电极电位(极化电位)与静止电位的差值称为极化值,用 $\Delta\varphi$ 表示,即

$$\Delta\varphi=\varphi-\varphi_{静} \tag{2-4}$$

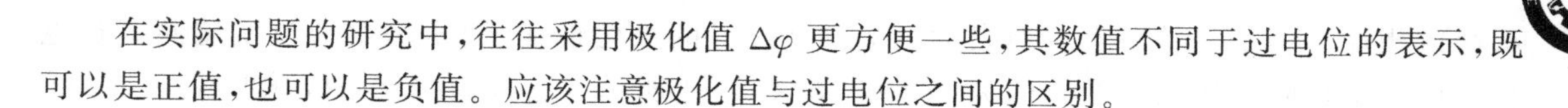

在实际问题的研究中，往往采用极化值 $\Delta\varphi$ 更方便一些，其数值不同于过电位的表示，既可以是正值，也可以是负值。应该注意极化值与过电位之间的区别。

2.1.2　电极极化的原因

当有外电流流过电极界面时，电极/电解质溶液界面的电极电位就会发生改变，产生极化现象，而电极电位的改变是由于电极界面电荷密度的分布发生改变，进而导致电极界面相间电位差发生改变。下面具体分析当有外电流流过电极/溶液的界面时，在界面上发生的现象。

电极体系是由电子导体和离子导体串联组成的体系。断电时，两类导体中都没有载流子的流动，只在电极/溶液界面上有氧化反应与还原反应的动态平衡及由此所建立的相间电位（平衡电位）。而有电流通过电极时，就表明外线路和金属电极中有自由电子的定向运动，溶液中有正、负离子的定向运动，以及界面上有一定的净电极反应，使得两种导电方式得以相互转化。在这种情况下，只有界面反应速度足够快，能将电子导体带到界面的电荷及时地转移给离子导体，才不致使电荷在电极表面积累起来，造成相间电位差的变化，从而保持未通电时的平衡状态。可见，当有电流流过时，产生了一对矛盾。一方是电子的流动，它起着在电极表面积累电荷，使电极电位偏离平衡状态的作用，即极化作用；另一方是电极反应，它起着吸收电子运动所传递过来的电荷，使电极电位恢复平衡状态的作用，称为去极化作用。电极性质的变化取决于极化作用和去极化作用的对立统一。

实验表明，电子运动速度往往是大于电极反应速度的，因而通常是极化作用占主导地位。也就是说，当有电流流过时，在阴极上，由于电子流入电极的速度快，造成负电荷的积累；在阳极上，由于电子流出电极的速度快，造成正电荷积累。因此，阴极电位向负移动，阳极电位则向正移动，都偏离了原来的平衡状态，产生所谓“电极极化”的现象。由此可见，电极极化现象是极化与去极化矛盾作用的综合结果，其实质是电极反应速度跟不上电子运动速度而造成电荷在界面的积累，即产生电极极化现象的内在原因正是电子运动速度与电极反应速度的矛盾。

一般情况下，因电子运动速度大于电极反应速度，故通电时，电极总是表现出极化。但是，也有两种极端情况，即理想极化电极与理想不极化电极。理想极化电极就是在一定条件下电极上不发生电极反应的电极。在这种情况下，通电时不存在去极化作用，流入电极的电荷在电极表面不断积累，只起到改变电极电位，即改变双电层结构的作用。所以，可根据需要，通以不同的电流密度，使电极极化到人们所需要的电位。如研究双电层结构时常用到的滴汞电极在一定电位范围内就属于这种情况。反之，如果电极反应速度很快，等效于电化学电阻趋于零，能跟上电子的转移速度，以至于去极化与极化作用接近于平衡，有电流流过时电极电位几乎不变化，即电极不出现极化现象。这类电极就是理想不极化电极。电化学测量中常用的如饱和甘汞电极等参比电极就具有这样的性质，在电流密度较小时，可以近似地看作理想不极化电极，作为测量电极电位的参照。

2.1.3　稳态极化曲线

当电极界面有电流流过时，电极界面的电荷密度发生改变，从而电极电位值也相应发生改变。由此说明，电极电位是流过电极界面的电流密度的函数，因而过电位值（或极化值）也随通过电极的电流密度的改变而改变。过电位虽然是表示电极极化程度的重要参数，但一个过电位值只能表示某一特定电流密度下电极极化的程度，而无法反映出整个电流密度范围内电极

极化的规律。为了完整而直观地表达一个电极过程的极化性能，通常需要通过实验测定过电位或电极电位随电流密度变化的关系曲线，如图 2-1 所示。这种曲线就是极化曲线。

极化曲线也常用过电位 η 与电流密度的对数 lg i 来表示，如图 2-2 所示。

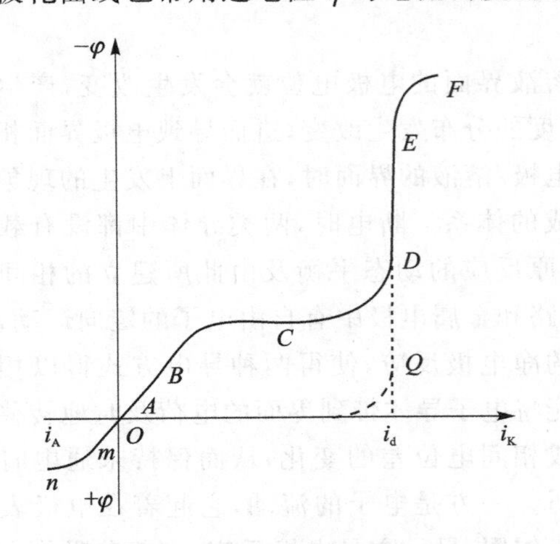

图 2-1　极化曲线示意图(1)

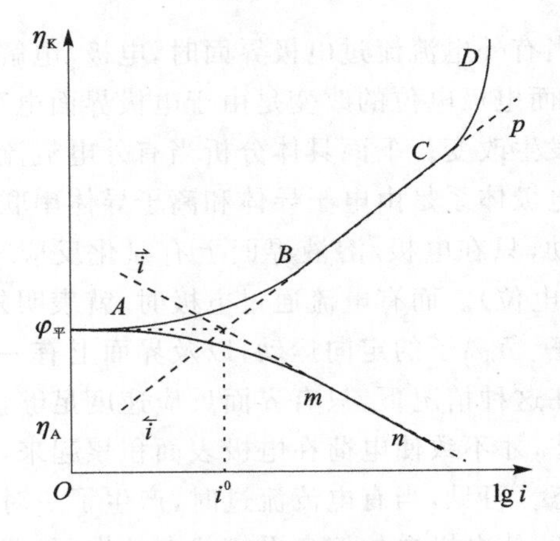

图 2-2　极化曲线示意图(2)

极化曲线坐标的取法很不统一。有的根据电极反应与电位的因果关系来取，因为稳态下电流密度表示电极上的反应速度，反应速度随电位变化而变化。电位为自变量，电流为因变量。因此，极化曲线以电位为横坐标，电流为纵坐标。有的根据测定极化曲线时变量的关系来取。例如，控制电流法测得的极化曲线，常以电流为横坐标；控制电位法则以电位为横坐标。但在许多情况下往往根据处理问题的方便或传统习惯来取坐标。因此文献上极化曲线坐标的取法各式各样。

我们可以从极化曲线上求得任一电流密度下的过电位或极化值，而且可以了解整个过程中电极电位变化的趋势和比较不同电极过程的极化规律。根据电极反应的特点，它是有电子参与的氧化还原反应，它的反应速度为单位面积界面在单位时间内的反应物消耗的物质的量，根据法拉第定律可知，它与通过界面的电量成正比，因此可用电流密度来表示电极反应的速度。当电极反应达到稳定状态时，外电流将全部消耗于电极反应，因此实验测得的外电流密度值就代表了电极反应进行的速度。由此可知，稳态时的极化曲线实际上反映了电极反应的速度与电极电位或过电位之间的特征关系。因此，在电极过程动力学研究中，测定电极过程的稳态极化曲线是一种基本的实验研究方法，通过对实验测定的极化曲线进行分析，可以从电位与电流密度之间的关系来判断极化程度的大小，由曲线的倾斜程度可以看出极化的程度。极化曲线上某一点的斜率 $d\varphi/di$（或 $d\eta/di$）称为该电流密度下的极化度。它具有电阻的量纲，有时也被称为反应电阻。在实际工作中，有时只需衡量某一电流密度范围内的平均极化性能，故不必求某一电流密度下的极化度，而采用一定电流密度范围内的平均极化度 $\Delta\varphi/\Delta i$ 的概念。

极化度表示了某一电流密度下电极极化程度变化的趋势，因而反映了电极过程进行的难易程度。极化度越大，电极极化的倾向也越大，电极反应速度的微小变化会引起电极电位的明显改变。或者说，电极电位显著变化时，反应速度却变化甚微。这表明，电极过程不容易进行，受到的阻力比较大；反之，极化度越小，则电极过程越容易进行。

以上所介绍的极化曲线称为稳态极化曲线，是电极体系达到稳态后电极电位和电流密度的关系。所谓稳态，即指电极界面的各个参数不随时间而变化，即电极过程达到稳定状态后电流密度与电极电位不随时间改变，此时外电流就代表电极反应速度。稳态的概念是相对的，因为通过电流后电极界面反应不断发生，不断有反应物的消耗和产物的生成，必然造成溶液中物质浓度的变化；但在体系很大或物质能够及时补充和排除的条件下，可以近似地认为电极体系是处于稳态的。

为什么在不同条件下测得的极化曲线具有不同的形状？测得的极化曲线能说明什么问题？要弄清这些问题必须了解电极过程的动力学规律。

2.2　电极过程与控制步骤

2.2.1　电极过程的基本历程

电化学反应是在两类导体界面区发生的有电子参与的氧化反应或还原反应。电极本身既是传递电子的介质，又是电化学反应的反应地点。为了使这个电荷转移反应在一定电位下得以在电极与溶液界面区顺利进行，不可避免地会涉及其他一些与之有联系的物理和化学变化。通常，将电流流过电极与溶液界面时所发生的一连串变化的总和，称为电极过程。从下面的介绍可以看出，电极过程所包括的内容要比电极反应丰富得多。

在两类导体界面区发生的电极过程是一种有电子参加的异相氧化还原反应。电极相当于异相反应的催化剂。因此，电极过程应当服从化学动力学中异相催化反应的一般规律。首先，反应是在两相界面区发生的，反应速度与界面面积的大小和界面的特性有关。其次，反应速度在很大程度上受电极表面附近很薄的液层中反应物和产物的传质过程（溶液中朝着一定的方向输送某种物质的过程）的影响。如果没有传质过程，则反应物来源断绝或产物疏散不出去，反应自然不能持续进行。此外，这类反应还与新相（气体、晶体等）生成过程密切相关。电极过程动力学除了研究电极过程的速度及各种因素对它的影响外，还涉及电极过程所经历的步骤及电极反应的机理。

通过对电极过程历程的分析，发现它是由一系列性质不同的单元步骤组成的。除了接续进行的步骤外，还可能有平行的步骤存在。一般情况下，电极过程的基本历程包括下列基本过程或步骤：

① 电化学反应过程——在电极/溶液界面上得到或失去电子生成产物的过程，即电荷传递过程。

② 反应物和反应产物的传质过程——反应物向电极表面传递或反应产物自电极表面向溶液中或电极内部的传递过程。

③ 电极界面双电层的充放电过程。

④ 溶液中离子的电迁移或电子导体中电子的导电过程。

此外，还可能有吸（脱）附过程、新相生长过程，以及伴随电化学反应而发生的一般化学反应等。

所以，在比较复杂的电极过程中，有些单元步骤本身又可能由几个步骤串联组成，如涉及多个电子转移的电化学步骤，由于氧化态粒子同时获取两个电子的概率很小，故整个电化学反应往往要通过几个单个电子转移步骤串联来完成。所以，一个具体的电极过程中究竟包含着哪些单元步骤，应当通过实验结果来分析和推断，绝不能主观臆测。

2.2.2 电极过程的速度控制步骤

任何一个过程的进行或变化的发生，都需要有个推动力(例如水流需要有水压，电流需要有电压)，它也必然会存在着一定的阻力(例如水管中的摩擦阻力，导体中的电阻)，因而过程需以一定的速度进行，并维持一定的流量。如果只有推动力而无阻力，则过程的速度将是无穷大；如果只有阻力而无推动力，则速度为零。

不同电极过程的基本历程有各自的特点及影响因素。在研究电极过程时首先应分析总的电极过程可能包括哪些基本过程，了解各基本过程的特点及相互联系，尤其要抓住其中的主要矛盾。例如，电化学反应过程的主要矛盾是反应粒子的能量与其活化能峰这对矛盾，主要影响因素是电极电场(即电极电位)、反应物的活度及电极的实际表面积等。反应物和反应产物的传质过程，其主要矛盾是浓度差与扩散阻力这对矛盾，主要影响因素为电流密度及其持续时间、反应物(或产物)的浓度和搅拌速度等。双电层充放电过程的主要矛盾是电流与双电层电容这对矛盾，主要影响因素为电流密度及其持续时间、表面活性物质的吸附等。离子导电过程的主要矛盾是溶液中的电场与电迁移阻力这对矛盾，主要影响因素为溶液中的电位差、电迁移距离和离子浓度等。

在电极总过程中，上述各种基本过程的地位随具体条件而变化，总过程的主要矛盾也随之转化。人们为了有效地研究某个基本过程，就必须创造条件使该过程在电极总过程中占主导地位，这时该过程的主要矛盾便成为电极总过程的主要矛盾，规定着总过程的特征和发展规律。现代的各种电化学研究方法便是采用这样的原则或正朝着这个原则的方向发展。例如，为了测量溶液的电阻或电导，必须创造条件，使溶液的导电过程占主导地位。人们采用的方法是把电解池的铂电极镀上铂黑，增大电极面积，加速电化学反应速度；同时，提高交流电频率，使电极反应、反应物和反应产物的传质过程以及双电层的充放电过程都退居次要地位。反之，如果测定电化学反应速度，则必须创造条件使电化学反应以外的其他过程退居次要地位。例如，使用鲁金毛细管，加入支持电解质等方法来降低溶液的电压降对测量的影响。如果电化学反应是整个电极过程的决定性步骤，则反应物或反应产物的传质过程就不会影响电化学反应的研究。反之，如果电极反应速度足够快，就会导致传质过程成为控制步骤，这样，传质过程就会影响电化学反应的研究。在这种情况下，要研究电化学反应则必须设法加强搅拌，使用旋转电极或者使用各种暂态法来缩短单向电流持续的时间，使传质过程的速度加快，使电化学反应成为控制步骤。

总之，在电化学研究中必须把所要研究的过程突出出来，使它成为整个电极过程的决定步骤，这样测得的整个电极过程的性质才是所要研究的那个基本过程或步骤的特性。

在稳态下，整个电极过程中相串联的各步骤的速度是相同的。这样，整个电极过程的速度是由“最慢”的(即进行最困难的)那个步骤的速度决定的。这个“最慢”的步骤称为控制步骤，整个电极过程的动力学特征就与这个控制步骤的动力学特征相同。当电化学反应为控制步骤时，测得的整个电极过程的动力学参数，就是该电化学步骤的动力学参数。反之，当扩散过程为控制步骤时，整个电极过程的速度服从扩散动力学的基本规律。当控制步骤发生转化时，往往同时存在着两个控制步骤，这时电极反应处于混合控制区，简称混合区。

控制步骤决定着整个电极过程的速度，那么根据电极极化产生的内在原因可知，整个电极反应速度与电子运动速度的矛盾实质上取决于控制步骤速度与电子运动速度的矛盾，电极极化的特征因而也取决于控制步骤的动力学特征。所以，习惯上常按照控制步骤的不同将电极极化分成不同类型。根据电极极化的基本历程，常见的极化类型是电化学极化和浓差极化。

所谓电化学极化，是反应物质在电极表面得失电子的电化学反应步骤最慢所引起的电极极化现象。例如镍离子在镍电极上的还原过程。未通电时，阴极上存在镍的氧化还原反应的动态平衡，即

$$Ni^{2+} + 2e^- \rightleftharpoons Ni$$

通电后，电子从外电源流入阴极，还原反应速度增大，出现了净反应，即

$$Ni^{2+} + 2e^- \longrightarrow Ni$$

但还原反应需要一定的时间才能完成，即有一个有限的速度，来不及将外电源输入的电子完全吸收，因而在阴极表面积累了过量的电子，使电极电位从平衡电位向负移动。所以，人们将这类由于电化学反应迟缓而控制电极过程所引起的电极极化叫做电化学极化。

所谓浓差极化，是指液相传质步骤成为控制步骤时所引起的电极极化。例如，锌离子从氯化锌溶液中阴极还原的过程。未通电时，锌离子在整个溶液中的浓度是一样的。通电后，阴极表面附近的锌离子从电极上得到电子而还原为锌原子。这样就消耗了阴极附近溶液中的锌离子，在溶液本体和阴极附近的液层之间形成了浓度差。如果锌离子从溶液主体向电极表面的扩散（液相传质）不能及时补充被消耗掉的锌离子数量，那么即使电化学反应步骤（$Zn^{2+} + 2e^- = (Zn)$）跟上电子运动速度，但由于电极表面附近锌离子浓度减小而使电化学反应速度降低，在阴极上仍然会有电子的积累，使电极电位变负。由于产生这类极化现象时必然伴随着电极附近液层中反应离子浓度的降低及浓度差的形成，这时的电极电位相当于同一电极浸入比主体溶液浓度小的稀溶液中的平衡电位，比在原来溶液（主体溶液）中的平衡电位要负一些。因此，人们往往把这类极化归结为由浓度差的形成引起的，称之为浓差极化或浓度极化。有关电化学极化和浓差极化的动力学规律，将在以后的章节详细介绍。

2.3　电极反应与交换电流

电极上总是同时存在着两个反应（也可存在两对或两对以上的反应，见第 9 章所介绍的金属腐蚀体系），一个是还原反应 $O + ne^- \longrightarrow R$；一个是氧化反应 $R \longrightarrow O + ne^-$，即

$$O + ne^- \rightleftharpoons R$$

式中：O 表示氧化态粒子，R 表示还原态粒子。若以 $\vec{i}$ 表示还原反应速度，以 $\overleftarrow{i}$ 表示氧化反应速度，则根据电极反应速度方程式可得

$$\vec{i} = i^0 \exp\left[\frac{\alpha nF}{RT}\eta_K\right] \tag{2-5}$$

$$\overleftarrow{i} = i^0 \exp\left[\frac{\beta nF}{RT}\eta_A\right] \tag{2-6}$$

式中：i^0 为交换电流密度，简称交换电流；α 和 β 称为传递系数，是表示过电位对电极反应活化能影响程度的参数，$\alpha + \beta = 1$；η_K 和 η_A 分别表示该电极的阴极和阳极过电位；n 为电极反应中的电子数；F 为法拉第常数；R 为气体常数；T 为热力学温度。因为 n、F、R、T 各常数已

知，所以只要测得 i^0、α（或 β），代入式（2－5）和式（2－6）就可算出各过电位下的反应速度。故 i^0 和 α（或 β）称为电极反应的基本动力学参数。

交换电流密度 i^0 表示平衡电位下电极上的氧化或还原反应速度。在平衡电位下，电极处于可逆状态。从宏观上看，电极体系并未发生任何变化，即净反应速度为零；但从微观上看，物质的交换始终没有停止，只是正反两个反应速度相等而已。所以，在平衡电位下，

$$\vec{i}=\overleftarrow{i}=i^0$$

交换电流密度可定量地描述电极反应的"可逆程度"。由式（2－5）和式（2－6）可知，若达到同样的反应速度 $\vec{i}$（或 $\overleftarrow{i}$），i^0 愈大，则所需过电位 η 愈小，说明电极反应的可逆性大；反之，i^0 愈小，则达到同样反应速度所需过电位愈大，说明电极不可逆性愈大。须知，这里的"可逆"一词不是热力学上的可逆，而是指电极反应的难易。交换电流大，表示电极平衡不易遭到破坏，即电极反应的可逆性大。

交换电流的大小取决于电极反应的本性、反应物浓度及 φ_1 电位（即距离电极表面一个水化离子半径处的平均电位）等因素。其数值可用很多方法测定。可以说本书中介绍的电化学方法都可用来测定 i^0。

由于交换电流与浓度有关，所以当用 i^0 表示电极反应的特征时，须注明反应体系的浓度。显然，这对于不同体系 i^0 的比较是不方便的。为此，研究人员提出了更普遍的参数——电极反应标准速度常数 k_s，用它来代替 i^0。k_s 表示当电位为反应体系的标准平衡电位 φ^0 时（即反应物的活度为 1 时），电极反应的速度，其单位为 cm/s，与运动速度的单位相同。所以 k_s 可看作是 $\varphi=\varphi^0$ 时反应粒子越过活化能垒的速度，i^0 与 k_s 的关系为

$$i^0=nFk_sC_O^{(1-\alpha)}C_R^{\alpha} \tag{2-7}$$

式中：C_O 和 C_R 分别为反应粒子 O 和 R 的浓度。测得 k_s、α 及 C_O、C_R 后，由式（2－7）可算出该浓度下的 i^0。反之，由 i^0 可算出电极反应的标准速度常数 k_s。

2.4 电化学极化方程式

2.4.1 电化学极化的基本实验事实

在没有建立起完整的电子转移步骤动力学理论之前，人们已通过大量的实践，发现和总结了电化学极化的一些基本规律，其中以塔菲尔（Tafel）在 1905 年提出的过电位 η 和电流密度 i 之间的关系最为重要。这是一个经验公式，被称为塔菲尔公式，其数学表达式为

$$\eta=a+b\lg i \tag{2-8}$$

式中：过电位 η 和电流密度 i 均取绝对值（即正值）；a 和 b 为两个常数，a 表示电流密度为单位数值（如 1 A/cm^2）时的过电位值，b 是一个主要与温度有关的常数。a 的大小和电极材料的性质、电极表面状态、溶液组成及温度等因素有关，根据 a 值的大小，可以比较不同电极体系中进行电子转移步骤的难易程度。对大多数金属而言，常温下 b 的数值在 0.12 V 左右。从影响 a 值和 b 值的因素中，我们可以看到，电化学极化时，过电位或电化学反应速度与哪些因素有关。

塔菲尔公式可在很宽的电流密度范围内适用。如对汞电极，当电子转移步骤控制电极过程时，在宽达 10^{-7}～1 A/cm^2 的电流密度范围内，过电位和电流密度的关系都符合塔菲尔公式。

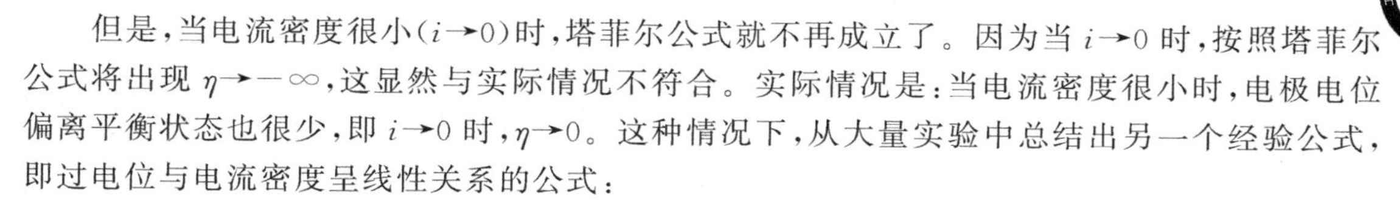

但是，当电流密度很小($i \to 0$)时，塔菲尔公式就不再成立了。因为当 $i \to 0$ 时，按照塔菲尔公式将出现 $\eta \to -\infty$，这显然与实际情况不符合。实际情况是：当电流密度很小时，电极电位偏离平衡状态也很少，即 $i \to 0$ 时，$\eta \to 0$。这种情况下，从大量实验中总结出另一个经验公式，即过电位与电流密度呈线性关系的公式：

$$\eta = \omega i \tag{2-9}$$

式中：ω 为一个常数。与塔菲尔公式中的 a 值类似，其大小与电极材料的性质及表面状态、溶液组成、温度等有关。

塔菲尔公式和式(2-9)表达了电化学极化的基本规律。人们常把式(2-8)所表达的过电位与电流密度之间的关系称为塔菲尔关系，把式(2-9)所表达的过电位与电流密度的关系称为线性关系。

2.4.2　电化学极化的基本方程式

当电极过程为电化学步骤控制时，在外电流作用下，由于电极反应本身的"迟缓性"而引起的电极极化，称为电化学极化或活化过电位。例如，电流流过阴极时，单位时间内以一定数量的电子供应给电极，如果反应足够快，可以立即把这些电子"吸收"，使平衡电位维持不变。但事实上，反应需要一定的活化能，电极反应不那么容易进行，也就是说不能立即达到那么快的速度，于是电极上就积累了过量的电子，即电子对双电层充电，使电极电位向负方向移动，产生阴极极化。阴极极化的结果，反过来降低了还原反应的活化能，提高了还原反应的速度；同时，增加了氧化反应的活化能，降低了氧化反应的速度。最终，电极极化达到某一稳定值，使电极上的净还原反应速度等于外电流密度。所以，活化过电位是由于外电流密度 i(外因)与电极反应本身的速度 i^0(内因)这对矛盾引起的，i 相对于 i^0 越大，活化过电位越大。

根据稳态下，外电流密度等于电极上的净反应速度这一原理，可以导出电化学极化基本方程式。因电极上同时存在着氧化反应和还原反应，在平衡电位下两个反应速度相等，称为交换电流，即

$$\vec{i} = \overleftarrow{i} = i^0$$

在电流通过电极时，电极平衡被打破，$\vec{i} \neq \overleftarrow{i}$。在阴极极化时，$\vec{i} > \overleftarrow{i}$。在稳态下，阴极极化外电流密度等于电极上的净反应速度，即 $i_K = \vec{i} - \overleftarrow{i}$。由式(2-5)、(2-6)及 $\eta_K = -\eta_A$，可得下式：

$$i_K = \vec{i} - \overleftarrow{i} = i^0 \left[\exp\left(\frac{\alpha nF}{RT}\eta_K\right) - \exp\left(-\frac{\beta nF}{RT}\eta_K\right)\right] \tag{2-10}$$

同理，对于阳极极化的净反应速度可得

$$i_A = \overleftarrow{i} - \vec{i} = i^0 \left[\exp\left(\frac{\beta nF}{RT}\eta_A\right) - \exp\left(-\frac{\alpha nF}{RT}\eta_A\right)\right] \tag{2-10a}$$

式(2-10)就是电化学极化基本方程式。

2.4.3　几种特定情况下的电化学动力方程式

1. 线性极化方程式

当外电流密度足够小，即 $i \ll i^0$ 时，$\vec{i} \approx \overleftarrow{i}$，电极反应仍接近平衡状态，电极过电位 η 很小。当 $\eta \ll \dfrac{RT}{\alpha nF}$ 或 $\dfrac{RT}{\beta nF}$ 时$\left(\text{大约相当于 } \eta \ll \dfrac{50}{n}\ \text{mV}\right)$，可将式(2-10)中的指数项以级数展开，并

略去高次项可得

$$i_{\mathrm{K}}=i^{0}\left(\frac{\alpha nF}{RT}\eta_{\mathrm{K}}+\frac{\beta nF}{RT}\eta_{\mathrm{K}}\right)=\frac{nFi^{0}}{RT}\eta_{\mathrm{K}} \tag{2-11}$$

$$i^{0}=\frac{RT}{nF}\cdot\frac{i_{\mathrm{K}}}{\eta_{\mathrm{K}}} \tag{2-12}$$

同理，对于阳极极化可得

$$i_{\mathrm{A}}=\frac{nFi^{0}}{RT}\eta_{\mathrm{A}} \tag{2-11a}$$

$$i^{0}=\frac{RT}{nF}\cdot\frac{i_{\mathrm{A}}}{\eta_{\mathrm{A}}} \tag{2-12a}$$

可见，在 $i\ll i^{0}$ 时，即 $\eta\ll 50/n$ mV 时，过电位与极化电流密度成正比，即 $\eta-i$ 呈直线关系。这相当于图 2－1 极化曲线中的 OA 和 Om 段，称为线性极化区。这种线性关系是由于 $\vec{i}$ 和 $\overleftarrow{i}$ 两个指数关系相互补偿引起的近似结果。为了模拟欧姆定律，通常将此直线的斜率称为极化电阻或反应电阻 R_{r}，其式为

$$R_{\mathrm{r}}=\left(\frac{\mathrm{d}\eta}{\mathrm{d}i}\right)_{\eta\to 0}=\frac{RT}{nFi^{0}} \tag{2-13}$$

或者

$$i^{0}=\frac{RT}{nF}\cdot\frac{1}{R_{\mathrm{r}}} \tag{2-13a}$$

可见，在线性极化区交换电流 i^{0} 与反应电阻 R_{r} 成反比。R_{r} 愈小，i^{0} 愈大。应指出，反应电阻 R_{r} 只是形式上的模拟，或者说等效，并非在电极界面上真有这么大的电阻存在。由式(2－12)和式(2－13)可知，利用 $\eta-i$ 极化曲线线性段的斜率可求出交换电流 i^{0}。

2. 塔菲尔(Tafel)方程式

当 $i\gg i^{0}$ 时，即极化电流是足够大而又不引起严重的浓差极化时，电极上的电化学平衡受到很大破坏，也就是说电极电位偏离平衡电位较远，相当于 $\eta>100/n$ mV。这时 $\vec{i}$ 与 $\overleftarrow{i}$ 相差很大，达到可忽略其中之一的地步。譬如，在阴极极化下，$\vec{i}\gg\overleftarrow{i}$，与 $\vec{i}$ 相比 $\overleftarrow{i}$ 可忽略。于是由式(2－10)可得

$$i_{\mathrm{K}}=\vec{i}=i^{0}\exp\left(\frac{\alpha nF}{RT}\eta_{\mathrm{K}}\right) \tag{2-14}$$

或者

$$\eta_{\mathrm{K}}=-\frac{2.3RT}{\alpha nF}\lg i^{0}+\frac{2.3RT}{\alpha nF}\lg i_{\mathrm{K}} \tag{2-15}$$

同理，对阳极极化可得

$$\eta_{\mathrm{A}}=-\frac{2.3RT}{\beta nF}\lg i^{0}+\frac{2.3RT}{\beta nF}\lg i_{\mathrm{A}} \tag{2-15a}$$

与经验塔菲尔公式 $\eta=a+b\lg i$ 相比，可得

$$a_{\mathrm{K}}=-\frac{2.3RT}{\alpha nF}\lg i^{0} \tag{2-16}$$

$$b_{\mathrm{K}}=\frac{2.3RT}{\alpha nF} \tag{2-17}$$

$$a_A = -\frac{2.3RT}{\beta nF}\lg i^0 \qquad (2-16a)$$

$$b_A = \frac{2.3RT}{\beta nF} \qquad (2-17a)$$

式(2－15)为过电位与极化电流密度之间的半对数关系。若将 η 对 $\lg i$ 作图可得直线，即图 2－2 中的 BC 段或 mn 段。这段极化曲线称为塔菲尔区(也叫强极化区)。此直线称为塔菲尔直线。根据此直线的斜率由式(2－17)可求传递系数 α 和 β，将此直线外推到与 $\eta=0$ 的直线相交，可得交换电流 i^0。也可利用阴阳极极化曲线的塔菲尔直线的交点得到 i^0(见图 2－2)。

3. 利用弱极化区测定动力学参数

极化曲线的线性极化区与塔菲尔极化区之间称为弱极化区。过电位 η 在 20～70 mV，在此区域内，电极上的氧化反应速度 $\overleftarrow{i}$ 与还原反应速度 $\overrightarrow{i}$ 既不接近相等，也不相差十分悬殊，因此不能用上述两种近似方法处理。由式(2－10)和式(2－17)可得

$$i_K = i^0\left(10^{\eta_K/b_K} - 10^{-\eta_K/b_A}\right) \qquad (2-18)$$

$$i_A = i^0\left(10^{\eta_A/b_A} - 10^{-\eta_A/b_K}\right) \qquad (2-18a)$$

取 $|\eta_A| = |\eta_K| = \eta$，令 $x = 10^{\eta/b_K}$，$y = 10^{-\eta/b_A}$，$\gamma = i_K/i_A$，则

$$i_K = (x-y)i^0$$

$$i_A = \left(\frac{1}{y} - \frac{1}{x}\right)i^0$$

$$\gamma = \frac{(x-y)i^0}{\left(\frac{1}{y}-\frac{1}{x}\right)i^0} = xy = 10^{\eta\left(\frac{1}{b_K}-\frac{1}{b_A}\right)}$$

所以

$$\frac{1}{b_K} - \frac{1}{b_A} = \frac{1}{\eta}\lg\gamma \qquad (2-19)$$

再令

$$\lambda = \frac{1}{b_K} - \frac{1}{b_A} = \frac{1}{\eta}\lg\gamma$$

则

$$\lg\gamma = \lambda\eta \qquad (2-20)$$

由实验可测不同 η 下的 i_A 和 i_K，求出相应的 γ。将 $\lg\gamma$ 对 η 作图，得一直线(如图 2－3 所示)，直线的斜率就是 λ，即

$$\frac{1}{b_K} - \frac{1}{b_A}$$

由式(2－17)可知：

$$b_K = \frac{2.3RT}{\alpha nF}$$

$$b_A = \frac{2.3RT}{\beta nF}$$

且 $\alpha+\beta=1$，故可得

$$\frac{1}{b_K} + \frac{1}{b_A} = \frac{nF}{2.3RT} \qquad (2-21)$$

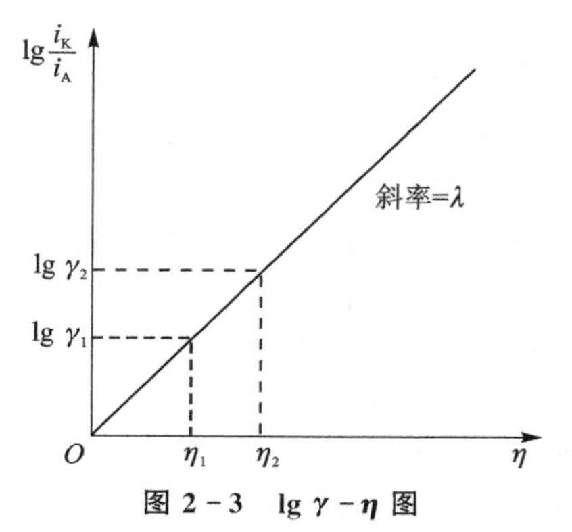

图 2－3　$\lg\gamma-\eta$ 图

由式(2-19)和式(2-21)可得

$$\frac{1}{b_K}=\frac{1}{2}\left(\frac{nF}{2.3RT}+\lambda\right) \tag{2-22}$$

$$\frac{1}{b_A}=\frac{1}{2}\left(\frac{nF}{2.3RT}-\lambda\right) \tag{2-23}$$

可见,由作图法求得 λ 后,由式(2-22)和式(2-23)可求得 b_K 和 b_A,从而进一步可求 α 和 β。

由式(2-22)、(2-23)和式(2-20)可得

$$\frac{1}{b_K}=\frac{1}{2}\left(\frac{nF}{2.3RT}+\frac{1}{\eta}\lg\frac{i_K}{i_A}\right) \tag{2-24}$$

$$\frac{1}{b_A}=\frac{1}{2}\left(\frac{nF}{2.3RT}-\frac{1}{\eta}\lg\frac{i_K}{i_A}\right) \tag{2-25}$$

在弱极化区(η=20~70 mV),用恒电位法测定不同 η 下的 i_K 和 i_A,用上述公式可求得 b_K 和 b_A 或 α、β。

从本节讨论可知,在电化学极化下,极化曲线的形状主要取决于 i 与 i^0 的相对大小。根据极化曲线不同区域的实验数据,用不同方法可测得 i^0、b_K、b_A 等动力学参数。

在科研和生产实践中,极化电流的大小一般在 10^{-6}~1 A/cm² 范围内。因此,根据测得的 i^0 的大小就可判断电极反应可逆性的情况。譬如,当 i^0 很大(如 $i^0>10$ A/cm²)时,一般不会发生显著的电化学极化,这种电极称为难极化电极,或者说,这种电极的反应可逆性大。常用的参比电极应具有这种特点。反之,若 i^0 很小(如 $i^0<10^{-8}$ A/cm²),即使不大的极化电流也会使电极发生较大的极化。这种电极称为易极化电极,或者说电极反应的可逆性小。所以,根据 i^0 的大小可以描述电极反应的可逆性。

2.5 浓差极化方程式

2.5.1 理想情况下的稳态扩散过程

当电极过程被反应物或反应产物的扩散速度控制时,也会引起电极极化。例如,电流流过阴极时,由于反应的进行,电极表面液层中放电粒子的浓度下降,造成浓度梯度。在这种浓度梯度作用下,放电粒子从溶液内部向电极表面扩散。达到稳态时,从溶液内部扩散过来的反应粒子完全补偿了电极反应所消耗的反应粒子。这时表面液层中的浓度梯度仍然存在,只是不再发展了。显然,这时电极表面放电粒子的浓度比溶液内部要低,犹如把电极放在较稀的溶液中一样。由于传质过程为电极过程的控制步骤,说明电极反应本身的速度很快,仍处于可逆状态,能斯特(Nernst)公式仍然适用。只是由于电极附近浓度变低,使电位变负,偏离了平衡电位,所以这种极化称为浓差极化。

研究浓差极化的目的,一方面,是为了掌握浓差极化本身的规律,并加以利用。例如,利用浓差极化与反应物浓度的关系来获得各种极谱分析,还可用于判断反应物是来自溶液还是来自界面吸附等。另一方面,掌握浓差极化的规律是为了设法消除或降低它,以便把电化学反应步骤突出出来加以研究。

要研究浓差极化的规律，首先要将液相传质过程弄清楚。我们知道，电极反应物和生成物在液相中的传质包括扩散、对流和电迁移三种。在浓度梯度作用下，溶质自高浓度向低浓度的转移，称为扩散。所谓对流，就是物质的粒子随流动的液体一起移动的现象。由液体各部分之间存在着因浓度差、温度差等引起的密度差而产生的对流叫自然对流。由外加搅拌引起的对流叫强制对流。即使在自然对流下，在离电极表面较远的地方液流的速度也往往比扩散速度大几个数量级。但在电极表面附近的薄层液体中，液流的速度却很小。因而在这里起主要传质作用的是扩散和电迁移。

所谓电迁移，就是在电场作用下发生的离子的迁移运动。离子电迁移的多少主要取决于该离子的迁移数。当溶液中含有大量惰性电解质(即不参加电极反应的电解质)时，反应离子的迁移数可变得很小，以致忽略不计。在这种情况下，可以认为电极表面附近液层中只存在扩散传质过程。放电粒子的传质速度主要由扩散速度决定。所以，在这种情况下，传质控制步骤实质上为扩散控制步骤。由于扩散速度"缓慢"而引起的极化就是浓度极化。

在只有一维物质传递的情况下，考虑三种物质传递，粒子 i 传输的流量可以表示为

$$J_i(x)=-D_i\frac{\partial C_i(x)}{\partial x}-\frac{z_iF}{RT}D_iC_i\frac{\partial\varphi(x)}{\partial x}+C_iv(x) \tag{2-26}$$

式中：$J_i(x)$为粒子 i 在距离表面 x 处的流量，mol/(m^2·s)；D_i 为物质 i 的扩散系数，cm^2/s；$C_i(x)$为 i 粒子在距离表面 x 处的浓度，mol/L；$\partial\varphi(x)/\partial x$ 是电位梯度，V/m；z_i 是粒子 i 所带的电荷数；$v(x)$为距离电极表面 x 处溶液对流运动的速度，cm/s。式中右端的三项分别表示来自扩散、电迁移和对流量的贡献。

如果研究传递过程时考虑三种传质方式，那么动力学的推导将相当复杂。一般情况下，应该考虑适当地简化条件使式(2-26)得以简化。最常用的简化是认为溶液中传递过程满足理想的稳态扩散条件，这种情况下只考虑扩散过程的物质传递。

首先，可以采用加入大量局外电解质的方法以忽略参加电极反应的粒子的电迁移。与电极反应无关的离子的浓度越大，则与电极反应有关的离子的电迁移的份数就越小，在最简单的情况下，假定溶液中有大量的局外电解质，则与电极反应有关的离子的电迁移可忽略不计。其次，由于在远离电极表面的液体中，传质过程主要依靠对流作用来实现，而在电极表面的液层中，起主要作用的是扩散传质过程。不妨假定在电极表面存在一个理想的扩散层，在扩散层以外的溶液本体中，反应物或产物的浓度由于对流的作用总是保持均匀一致的，在扩散层的传质方式只有扩散过程一种。

所谓稳态扩散，是指当电极反应开始以后，在某种控制条件下经过一定时间，电极表面附近溶液中的离子浓度梯度不再随时间变化的状态。稳态扩散状态并不是溶液的平衡状态，浓度的梯度仍然存在，但已经不是时间的函数了。在实际情况下，对流和扩散两种传质过程的作用范围是不能进行严格划分的，因为总是存在一段两种传质过程交叠作用的空间。但是可以假设一种理想的情况，其中扩散传质区和对流传质区可以截然分开，假设在电极表面附近存在一个理想的溶液的界面，在此界面厚度 δ 内只有扩散的传质作用，而在此厚度之外，则传质过程都由对流来完成。电极表面附近指的是扩散层厚度一般在 1×10^{-2} cm 数量级左右，即使被强烈压缩的扩散层厚度也不小于 10^{-4} cm，远远大于 $10^{-7}\sim10^{-6}$ cm 的电极表面双电层的厚度。图 2-4 是理想的稳态扩散的示意图，其中 x 轴代表离开电极表面的距离，是溶液的本体浓度，C^S 是在电极表面的浓度，δ 是扩散层厚度。

2.5.2 浓度极化方程式

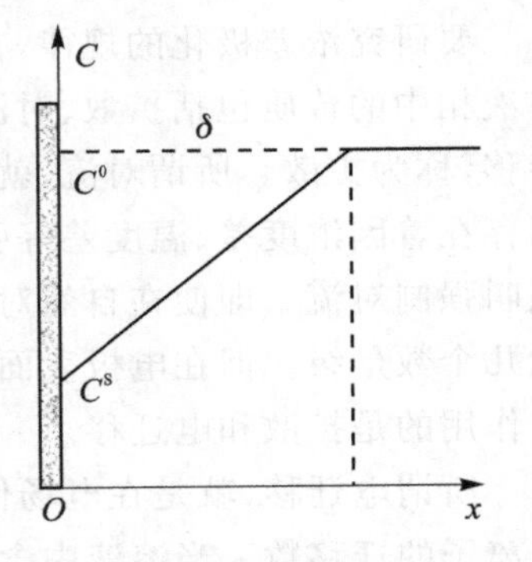

图 2-4 理想的稳态扩散示意

根据 Fick 扩散第一定律，放电粒子扩散通过单位截面积的速度 $\mathrm{d}N/\mathrm{d}t$ 正比于浓度梯度 $\mathrm{d}C/\mathrm{d}x$（对平面电极而言），即

$$J=\frac{\mathrm{d}N}{\mathrm{d}t}=-D\left(\frac{\mathrm{d}C}{\mathrm{d}x}\right)_{x=0} \tag{2-27}$$

式中：J 称为扩散流量，$\mathrm{mol\cdot cm^{-2}\cdot s^{-1}}$；$(\mathrm{d}C/\mathrm{d}x)_{x=0}$ 表示电极表面附近溶液中放电粒子的浓度梯度，$\mathrm{mol/cm^4}$；D 为扩散系数，即单位浓度梯度下粒子的扩散速度，$\mathrm{cm^2\cdot s^{-1}}$，它与温度、粒子的大小和溶液粘度等有关。式中负号表示扩散方向与浓度增大的方向相反。

在稳态扩散条件下，$\left(\frac{\partial C}{\partial x}\right)_{x=0}$ 为常数，即

$$\left(\frac{\partial C}{\partial x}\right)_{x=0}=\frac{C^0-C^S}{\delta} \tag{2-28}$$

式中：C^0 为溶液深处的浓度，近似地等于通电前整体溶液的浓度；C^S 为通电时电极表面附近放电粒子的浓度；δ 为扩散层的有效厚度。因为在实际情况下，只有存在对流（自然对流或强制对流）时才能达到稳态扩散。所以，扩散层有效厚度与对流状况有关。

反应粒子的扩散流量也可用电流密度来表示。设电极反应为 $\mathrm{O}+n\mathrm{e}\rightleftharpoons\mathrm{R}$，即每消耗 1 mol 的反应物 O，就通过 nF 的电量，F 为法拉第常数。所以，当扩散流量以电流密度表示时则为

$$i_\mathrm{d}=-nFJ$$

式中：负号表示反应粒子移动方向指向电极表面。将式(2-27)和式(2-28)代入，则得

$$i_\mathrm{d}=nFD\left(\frac{\partial C}{\partial x}\right)_{x=0}=nFD\,\frac{C^0-C^S}{\delta} \tag{2-29}$$

在稳态条件下，且溶液中存在大量惰性电解质（即忽略扩散层放电粒子的电迁移效应）时，扩散速度就等于整个电极过程的速度，即等于外电流密度 i_K，则

$$i_\mathrm{K}=i_\mathrm{d}=nFD\,\frac{C^0-C^S}{\delta} \tag{2-30}$$

随着阴极电流密度增加，电极表面附近放电粒子的浓度 C^S 降低。在极限情况下，$C^S=0$。这时扩散速度达到最大值，阴极电流密度也就达到极大值，用 i_1 表示，叫做极限扩散电流密度，所以

$$i_1=\frac{nFDC^0}{\delta} \tag{2-31}$$

由此式可知，极限扩散电流密度与放电粒子的整体浓度 C^0 成正比，与扩散层有效厚度成反比。搅拌越强烈，δ 越小，则 i_1 越大。

将式(2-30)改写，并将式(2-31)代入，可得

$$i_\mathrm{K}=\frac{nFDC^0}{\delta}\left(1-\frac{C^S}{C^0}\right)=i_1\left(1-\frac{C^S}{C^0}\right) \tag{2-32}$$

或
$$C^{S}=C^{0}\left(1-\frac{i_K}{i_1}\right) \tag{2-33}$$

因假定扩散过程为整个电极过程的控制步骤，也就意味着电极反应本身仍处于可逆状态，能斯特公式仍适用。因此，在电极上有电流通过时，电极电位为

$$\varphi=\varphi^{0}+\frac{RT}{nF}\ln C^{S}$$

将式(2-33)代入上式，可得

$$\varphi=\varphi^{0}+\frac{RT}{nF}\ln C^{0}+\frac{RT}{nF}\ln\left(1-\frac{i_K}{i_1}\right)$$

因未发生浓差极化时的平衡电位为 $\varphi_{平}=\varphi^{0}+\frac{RT}{nF}\ln C$，所以

$$\varphi=\varphi_{平}+\frac{RT}{nF}\ln\left(1-\frac{i_K}{i_1}\right) \tag{2-34}$$

或
$$\varphi=\varphi_{平}+\frac{2.3RT}{nF}\lg\left(1-\frac{i_K}{i_1}\right) \tag{2-34a}$$

浓差极化时，$\Delta\varphi_c=\varphi-\varphi_{平}$，所以

$$\Delta\varphi_c=\frac{RT}{nF}\ln\left(1-\frac{i_K}{i_1}\right) \tag{2-35}$$

这就是浓差极化方程式。相应的极化曲线如图 2-5 所示。若以 φ 对 $\lg\left(1-\frac{i_K}{i_1}\right)$ 作图可得如图 2-6 所示的直线。可见这种极化曲线的特征是 φ(或 $\Delta\varphi$)与 $\lg\left(1-\frac{i_K}{i_1}\right)$ 之间存在的线性关系，其斜率为 $\frac{2.3RT}{nF}$。因此，根据半对数浓差极化曲线的斜率可得 n 值。

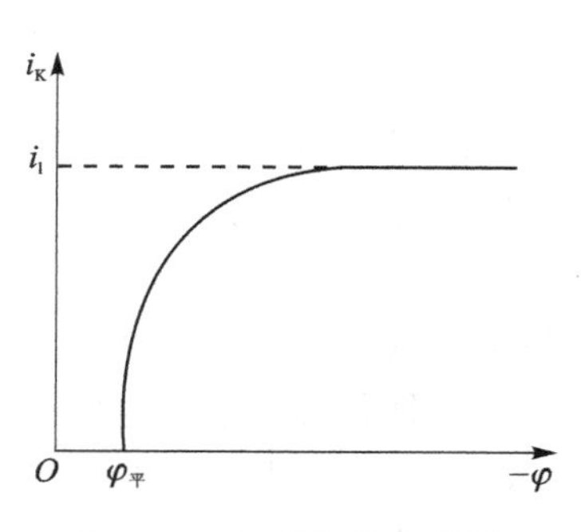

图 2-5　浓差极化曲线图

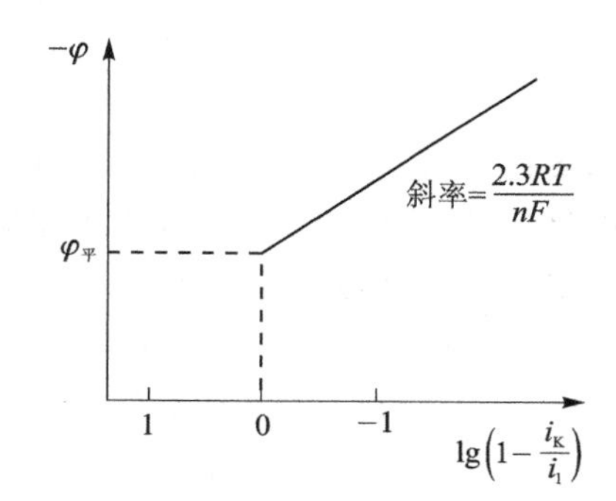

图 2-6　半对数浓差极化曲线

从图 2-5 可以看出，当极化电位足够负时，会出现极限扩散电流。若已知反应粒子的浓度、扩散层厚度及数值 n，可由式(2-31)得到反应粒子的扩散系数 D。或者利用在已知浓度的溶液中测出的 i_1，求出 nFD/δ 值。再根据同样条件下在未知浓度的溶液中测得的 i_1，可求出未知溶液的浓度。这种方法在电化学分析中得到广泛应用。

2.6 电化学极化与浓差极化同时存在的极化曲线

上面分别讨论了电化学控制和扩散控制的电极过程，实际上对于许多电极过程，在一般电流密度下，同时存在着电化学极化和浓差极化。在电流密度较小时，以电化学极化为主；在电流密度较大时，以浓差极化为主。这是由于电荷传递反应速度和反应离子的扩散速度相差不多，它们在电极极化时共同起着控制整个电极过程速度的作用，所以称为混合控制。例如在强阴极极化下，电极还原反应速度 $\vec{i}$ 与放电离子的扩散速度接近相等（这时电极氧化反应速度 $\overleftarrow{i}$ 很小，可忽略不计），同时控制着整个阴极过程的速度 i_K。

在稳态下，阴极极化 i_K 为

$$i_K=\vec{i}=i_d \tag{2-36}$$

由于浓差极化的影响，电极还原反应速度公式中反应物的浓度应以表面浓度 C^S 来代替整体浓度 C^0，于是由式(2-5)可得

$$\vec{i}=\frac{C^S}{C^0}i^0\exp\left(\frac{\alpha nF}{RT}\eta_K\right) \tag{2-37}$$

因电极过程同时还受扩散速度控制，故式(2-33)仍适用。由式(2-36)、(2-37)和式(2-33)可得

$$i_K=\left(1-\frac{i_K}{i_1}\right)i^0\exp\left(\frac{\alpha nF}{RT}\eta_K\right) \tag{2-38}$$

取对数并整理，可得

$$\eta_K=\frac{RT}{\alpha nF}\ln\frac{i_K}{i^0}-\frac{RT}{\alpha nF}\ln\left(1-\frac{i_K}{i_1}\right) \tag{2-39}$$

或

$$\eta_A=\frac{RT}{\alpha nF}\ln\frac{i_K}{i^0}+\frac{RT}{\alpha nF}\ln\left(\frac{i_1}{i_1-i_K}\right)=\eta_a+\eta_c \tag{2-39a}$$

可见，在这种情况下过电位由两部分组成：其一为活化过电位 η_a，即式(2-39)中右边第一项，由电化学极化引起，其数值取决于比值 i_x/i^0；其二为浓差过电位 η_c，即式(2-39)中右边第二项，由浓差极化引起，其数值取决于 i_x 与 i_1 的相对大小。

现在，我们可以根据 i_x、i^0 和 i_1 的相对大小来分析引起过电位的主要原因：

① 若 $i_x \ll i^0$ 和 i_1，则不出现明显的极化，电极仍处于平衡状态附近。这相当于图 2-1 中 O 点附近的直线段。这时过电位 η 与 i_x 成正比，可用式(2-12)或式(2-13)求 i^0。

② 若 $i^0 \ll i_x \ll i_1$，则式(2-39)右边第二项可忽略，此时式(2-39)和式(2-15)完全相同，表示过电位完全由电化学极化引起，这相当于图 2-1 和图 2-2 中的 BC 段，即极化曲线的塔菲尔区。利用这段极化曲线可测定 i^0 和 b_K、α 等参数。图 2-1 中 OC 段统称为电化学控制区。

③ 若 $i_1=i_x \ll i^0$，则过电位主要由浓差极化引起，浓差极化值可由式(2-35)计算，对于快速电极反应才出现这种情况。

④ 若 $i^0 \ll i_x \approx i_1$，则式(2-39)右侧两项都不能忽略，这时电化学极化与浓差极化同时存在，当 i_x 较小时，以电化学极化为主；当 i_x 较大时，以浓差极化为主。在 i_x 处于 $0.1i_1$ 和$0.9i_1$

范围内称为混合控制区。相当于图 2－1 中的 CD 段。这时可利用式(2－39)在总过电位中校正浓差极化的影响，从而得到纯粹的由电化学极化引起的过电位，用来计算 i^0 和 α。

当 $i_x>0.9i_1$ 时，电流密度逐渐具有极限电流的性质，电极反应几乎完全为扩散控制。这相当于图 2－1 中的 DE 段，称为扩散控制区。在这一区域，由于 i_x 和 i_1 测量的微小误差，可导致计算 $i_1/(i_1-i_K)$ 一项的重大误差，故无法精确校正浓差极化的影响来计算电化学极化的净值。在这一电流密度范围内只有采用旋转电极或暂态法才可测定电极反应动力学参数。

当电流密度进一步提高时，从图 2－1 可以看出又出现一个波，这是另一个电化学反应发生了。

为了鉴别电极过程是由电化学步骤控制还是由扩散步骤控制，现将它们加以对比(见表 2－2)。

表 2－2　电化学极化与浓差极化的比较

项　目	电化学极化	浓差极化
极化曲线形式	低电流密度下，η 与 i 成正比； 高电流密度下，η 与 $\lg i$ 成正比	反应产物不溶时，η 与 $\lg\frac{i_1}{i_1-i}$ 成正比； 反应产物可溶时，η 与 $\lg\frac{i_1}{i_1-i}$ 成正比
搅拌溶液对电流密度的影响	不改变电流密度	$i\propto\sqrt{搅拌强度}$
电极材料及表面状态对反应速度的影响	有显著影响	无影响
改变界面电位分布对反应速度的影响	有影响(ψ_1 效应)	无影响
反应速度的温度系数	反应速度的温度系数	较低，一般约 2%/℃
电极真实表面积对反应速度的影响	反应速度与电极的真实表面积成正比	若扩散层厚度超过电极的表面粗糙度，则反应速度正比于表观面积，与真实表面积无关

根据表中这些特征，可以鉴别电极过程是电化学步骤控制还是扩散步骤控制；也可以根据这些特征寻找控制电极过程的办法。例如，为了增大电化学控制的电极反应速度，可以采取下列措施：增大过电位；增大电极真实表面积；提高温度；选择适宜的电极材料及适当的表面处理方法；选择适宜的添加剂和溶剂等。为了增大扩散步骤控制的电极反应速度，最有效的措施是加强溶液搅拌。

应当指出，只根据上述任何一种特征来判断电极反应是受电化学步骤控制还是扩散控制是不可靠的。例如，在反应的初始阶段，受扩散控制的电流往往具有非稳态性质，但是，某些其他因素也会导致非稳态电流，如电极真实表面积或表面状态随时间的变化等。达到稳态后受扩散步骤控制的电流有极限电流的性质。但可能出现极限电流的不止扩散控制这一种情况，如前置转化步骤和催化步骤引起的动力极限电流、吸附极限电流、反应粒子穿透有机活性物质吸附层时出现的极限电流、钝态金属溶解时出现的极限电流等，也具有不随电位变化的极限电流的特征。再如，根据搅拌对电流的影响程度来判断电极反应速度是否受扩散控制，在一般情况下是比较可靠的。但也不能仅根据搅拌溶液时电流增大了，就认为唯一的控制步骤是扩散步骤。对于由电极表面附近液层中化学转化速度所控制的电极反应，以及许多处于混合控制下的过程，搅拌溶液时，电流也会不同程度地增加。所以，在判别电极过程的控制步骤时，应当

从各方面综合考虑。

思考题

1. 什么是电极的极化现象？电极产生极化的原因是什么？试用产生极化的原因解释阴极极化和阳极极化的区别。

2. 极化有哪些类型？为什么可以分成不同的类型？

3. 有人说应该用过电位(或极化值)的大小判断某一电极过程进行的难易程度。也有人说,应该用极化度的大小判断电极过程进行的难易程度。你认为哪种说法正确？为什么？

4. 试分析极化曲线各区段电极过程的控制步骤及相应的动力学规律,如何利用极化曲线各区段测定动力学参数。

5. 在电化学测量时为什么要分析电极过程的各个基本过程？如何把要研究的过程突出出来？举例说明。

第3章 稳态极化曲线的测定

3.1 稳态法的特点

极化曲线的测定分稳态法和暂态法。稳态法就是测定电极过程达到稳态时电流密度与过电位之间的关系。由第2章可知，电极过程达到稳定后，整个电极过程的速度——稳态电流密度的大小，就等于该电极过程中控制步骤的速度。因而，可用稳态极化曲线测定电极过程控制步骤的动力学参数，研究电极过程动力学规律及其影响因素。

电极过程达到稳态，就是组成电极的各个基本过程，如双电层充电、电化学反应、扩散传质等都达到稳态。双电层充电达到稳态后，充电电流为零，电极电位达到稳定值；如果电极表面附近反应物的浓度不变，则电极反应速度也将达到稳定值。对于扩散过程，当达到稳态后，电极表面附近反应物或反应产物的浓度梯度 dC/dx 为常数，或者说电极表面附近液层中的浓度分布不再随时间变化，即 $dC/dt=0$。可见，当整个电极过程达到稳态时，电极电位、极化电流、电极表面状态及电极表面液层中的浓度分布，均达到稳态而不随时间变化。这时稳态电流全部是由电极反应产生的。如果电极上只有一对电极反应（$O+ne\longleftrightarrow R$），则稳态电流就表示这一对电极反应的净速度。如果电极上有多对电极反应，则稳态电流就是多对电极反应的总结果。

要测定稳态极化曲线，就必须在电极过程达到稳态时进行测定。从极化开始到电极过程达到稳态需要一定的时间。双电层充(放)电达到稳态所需要的时间一般很短，但扩散过程达到稳态往往需要很长的时间。因为在实际情况下只有扩散层厚度延伸到对流区，才能使扩散过程达到稳态。也就是说，在实际情况下，只有在对流作用(自然对流和人工搅拌)存在下才能达到稳态扩散。

当溶液中只存在自然对流时，稳态扩散层的有效厚度约为 10^{-2} cm。从极化开始到非稳态扩散层延伸到这种厚度一般需几秒钟，也就是说，在自然对流下，电极通电后一般几秒钟也就达到稳态扩散了；采用搅拌措施后，达到稳态扩散的时间会更短。如果极化电流密度很小，且不生成气相产物，即没有气泡升起引起的搅拌作用，那么在小心地避免振动和保持恒温的条件下，达到稳态扩散的时间可能达十几分钟。在胶凝电解液中，非稳态扩散持续的时间可能更长。

显然，测定稳态极化曲线的最简单的方法是在自然对流情况下进行的。但这种简单的方法往往效果不好。因为自然对流很不稳定，易受温度、密度、振动等因素的影响。因此，实验结果重现性差。另外，利用自然对流下测得的稳态极化曲线测定电化学动力参数时，只能测定那些交换电流较小的体系。因为用稳态极化曲线法测定 i^0 时必须在不发生浓差极化，或者浓差极化的影响很容易加以校正的条件下才行。例如，当反应粒子的浓度为1 mol/L时，在一般电解池中由于自然对流所引起的搅拌作用可允许通过 10^{-2} A/cm^2 左右的电流而不发生严重的浓差极化。若此时 $\eta\geqslant100$ mV，则代入式(2-11)，并设 $\alpha=0.5$，$n=1$，可得 $i^0\leqslant10^{-3}$ A/cm^2。若再假设 $C_O=C_R=10^{-3}$ mol/L，代入式(2-7)则可得 $k_s\leqslant10^{-5}$ cm/s。这就是自然对流下，

用稳态极化曲线法测得电极反应速度常数的上限。

要提高 i^0 或 k_s 的测量上限，就要加强溶液搅拌，提高扩散速度。当用滴汞电极测量时，由于滴汞的成长和下落，造成了强制对流。用搅拌溶液或者用旋转电极也可产生强制对流，不但可提高 i^0 的测量上限，而且在稳定的强制电流下，实验结果的重现性也比较好。

旋转电极有旋转圆盘电极、圆环电极和圆柱电极。旋转电极的转速越高，反应粒子的扩散电流越大。现在旋转电极的最高转速可达 10^5 r/min。用这种电极可将稳态传质速度提高到 10 A/cm^2 而不致引起严重的浓差极化。因此，根据旋转电极测得的稳态极化曲线所得到的交换电流密度为 $i^0 \leqslant 1$ A/cm^2，即 $k_s \leqslant 10^{-2}$ cm/s，比不加搅拌提高了大约 3 个数量级。旋转圆盘电极不但可以提高反应粒子的扩散速度，消除或减小浓差极化，而且电极表面上的电流密度、电极电位以及传质质量都是均匀的。因此，旋转圆盘电极非常适用于稳态极化曲线的测定。

此外，要使电极过程达到稳态还必须使电极真实表面积、电极组成及表面状态、溶液的浓度和温度等条件在测量过程中保持不变；否则，这些条件的变化也会引起电极过程随时间而变化，从而得不到稳定的测量结果。显然，对于某些体系，特别是金属腐蚀（表面被腐蚀及腐蚀产物的形成等）和金属电沉积（特别是在疏松度层或毛刺出现时）等固体电极过程，要在整个研究的电流密度范围内，保持电极表面积和表面状态不变是非常困难的。在这种情况下，达到稳态往往需要很长的时间，甚至根本达不到稳态。所以，稳态是相对的，绝对的稳态是没有的。实际上只要根据实验条件，在一定时间内电化学参数（如电位、电流、浓度分布等）基本不变，或变化不超过某一定值，就认为达到稳态。因此，在实际测试中，除了合理地选择测量电极体系和实验条件外，还需要合理地确定达到"稳态"的时间或扫描速度。

3.2 控制电流法和控制电位法

稳态极化曲线的测量分为控制电流法和控制电位法。

控制电流法是利用恒电流仪或经典恒电流电路来控制电流密度，使其依次恒定在不同的数值，同时测定相应的稳定电极电位。然后把测得的一系列不同电流密度下的稳定电位画成曲线，就得到控制电流法稳态极化曲线。电流的改变可用手动逐点调节，也可用阶梯波信号控制恒电流仪来实现。如果用慢速扫描信号控制恒电流仪，则可用 $X-Y$ 记录仪自动测绘稳态极化曲线。总之，控制电流法必须通过恒电流仪或经典恒电流电路才能实现。

经典恒电流电路是利用一组高电压直流电源串联一高阻值可变电阻构成的。由于电解池内阻的变化相对于这一高阻值电阻来说是微不足道的，即通过电解池的电流主要由这一高阻值控制，因此，当此串联电阻调定后，电流即可维持不变。在电流不大的情况下，可用一个或数个 45 V 的乙电池串联一组不同阻值的电位器，就可得到数十毫安以内可调的、误差不大于 0.5%的恒流电源，这是早期常用的简单易行的恒电流装置。

随着电子技术的迅速发展，现在多用电子恒电流仪来控制电流。由于恒电流仪可自动维持通过电解池的电流恒定或按指令信号发生变化，而不受电网电压及电解池内阻变化的影响，因此比经典恒电流法更精确，也更方便。

控制电位法是利用电子恒电位仪或经典恒电位器来控制电极电位，使其依次恒定在不同的数值，同时测量相应的稳态电流密度。然后把测得的一系列不同电位下的稳定电流密度画成曲线，就得到控制电位稳态极化曲线。同样，若用阶梯波或慢扫描信号来控制恒电位仪，也可自动测绘稳态极化曲线。总之，控制电位法必须通过恒电位仪或经典恒电位器来实现。

经典恒电位器是早期用来控制电位的装置。它是用大功率蓄电池并联低阻值滑线电阻作为极化电源，测量时要用手动或机电调节装置来调节滑线电阻，使给定电位维持不变。这种方法虽简单易行，但精度差，现在很少采用。

电子恒电位仪控制电位，不但精度高，响应速度快，输入阻抗高，输出电流大，而且易于调节，可实现极化曲线的自动测绘，因此得到广泛应用。

恒电位仪的电路结构多种多样，但从原理上可分为差动输入式和反相串联式。差动输入式原理如图 3-1 所示，电路中包含一个差动输入的高增益电压放大器，其同相输入端接基准电压，反相输入端接参比电极，而研究电极接公共地端。基准电压 V_2 是稳定的标准电压，可根据需要进行调节，所以称为给定电压。参比电极与研究电极的电位之差 $V_1=\varphi_{参}-\varphi_{研}$，与基准电压 V_2 进行比较，恒电位仪可自动维持 $V_1=V_2$。如果由于某种原因使二者发生偏差，则误差信号 $V_e=V_2-V_1$ 便输入到电压放大器进行放大，进而控制功率放大器，及时调节通过电解池的电流，维持 $V_1=V_2$。例如，欲控制研究电极相对于参比电极的电位为 −0.5 V，即 $V_1=\varphi_{参}-\varphi_{研}=+0.5$ V，则需调节基准电压 $V_2=+0.5$ V，这样恒电位仪便可自动维持研究电极相对参比电极的电位为 −0.5 V。因参比电极的电位稳定不变，故研究电极的电位也维持恒定。如果取参比电极的电位为零，则研究电极的电位被控制在 −0.5 V。如果由于某种原因（如电极发生钝化）使电极电位发生改变，即 V_1 与 V_2 之间发生了偏差，则此误差信号 $V_e=V_2-V_1$ 便输入到电压放大器进行放大，继而驱动功率放大器迅速调节通过研究电极的电流，使之增大或减小，从而研究电极的电位又恢复到原来的数值。由于恒电位仪的这种自动调节作用很大，即响应速度快，因此不但能维持电位恒定，而且当基准电压 V_2 为不太快的线性扫描电压时，恒电位仪也能使 $V_1=\varphi_{参}-\varphi_{研}$ 按照指令信号 V_2 发生变化，因此可使研究电极的电位发生线性变化。

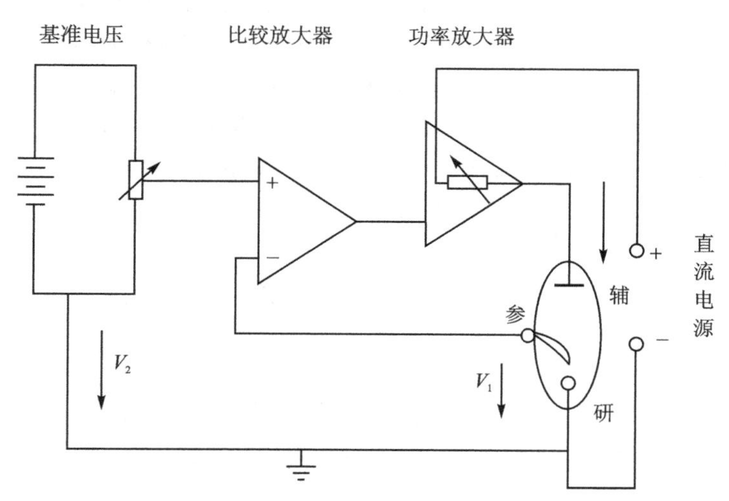

图 3-1　差动输入式恒电位仪原理图

反向串联式恒电位仪如图 3-2 所示，与差动输入式不同的是 V_1 与 V_2 是反向串联，输入到电压放大器的误差信号仍然是 $V_e=V_2-V_1$，其他工作过程无区别。

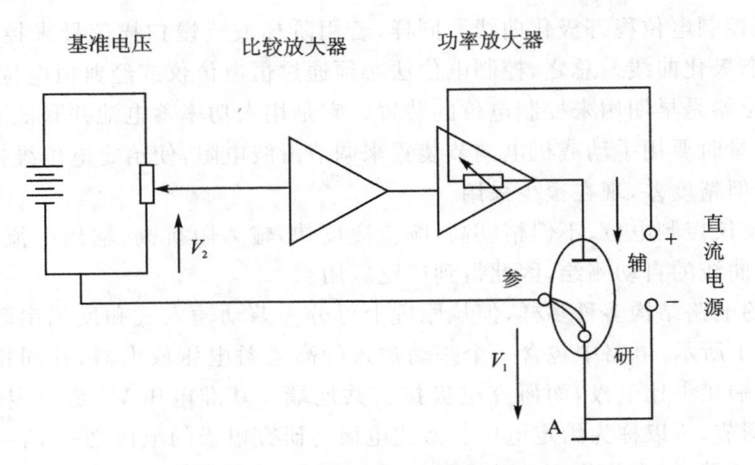

图 3-2　反向串联式恒电位仪原理图

不同的实验对恒电位仪性能的要求不同。好的恒电位仪应具有控制精度高、输入阻抗大、频率响应快、输出功率高、温漂和时漂小等特点。这些性能指标间互有制约,很难同时达到各种高指标,可根据实验要求选择不同性能的恒电位仪。

控制电流法和控制电位法各具特点,要根据具体情况选用。对于单调函数的极化曲线,即在一个电流密度对应一个电位,或者一个电位对应一个电流密度的情况下,控制电流法与控制电位法可得到同样的稳态极化曲线。在这种情况下用哪种方法都行。由于控制电流法,仪器简单,易于控制,因此应用较早且也较普遍。但近十多年来,随着电子技术的迅速发展,控制电位法的应用越来越广泛。

对于极化曲线中有电流极大值的情况,只能用恒电位法。例如,测定具有钝化行为的 430 不锈钢阳极极化曲线时(见图 3-3),由于这种极化曲线具有 S 形,所以一个电流对应几个电位值。若用恒电流法只能测得正程曲线 *ABEF*,或返程曲线 *FEDA*,不能测得真实完整的极化曲线。而用恒电位法则可测得完整的阳极极化曲线。这种极化曲线可分为四个区域:*AB* 区,电流随电位升高而增大,称为活化溶解区;*BC* 区,电流急剧下降,处于不稳定状态,很难测得一个点的稳定值,称为活化-钝化过渡区;*CD* 区,随着电位的升高,电流只有很小的变化或几乎不变,称为钝化区或稳定钝化区;*DE* 区,电流再次随电位升高而增大,称为过钝化区。这

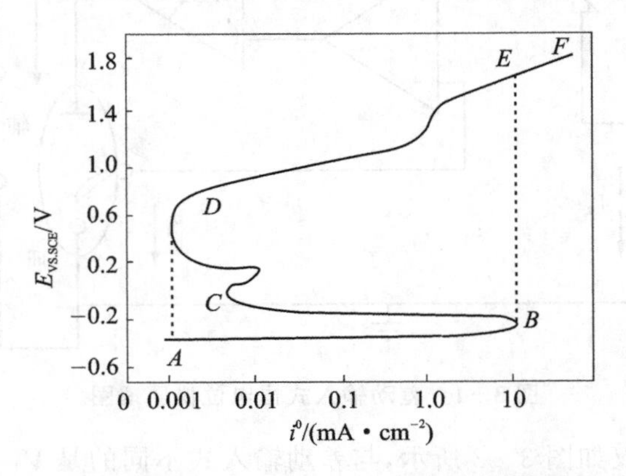

图 3-3　430 不锈钢在 1.0 mol/L 硫酸中的阳极极化曲线,30 ℃

可能是由于阳极溶解形成了高价离子，使金属溶解速度重新加快；或者发生了其他的阳极反应，如 OH^- 在阳极上放电而析出氧气。在有些情况下，这两种过程同时发生。图中相应于 *B* 点的电流称为临界电流或致钝电流，该点电位称为临界电位或致钝电位。*CD* 区称为钝化电位范围，该区内的电流称为维钝电流。可见，控制电位法测得的具有钝化行为的阳极极化曲线可得到这些重要的参数。所以，控制电位法是研究金属钝化的重要手段，是判别金属是否发生钝化的有效方法。反之，如果极化曲线中有电位极大值，则应选用控制电流法。

3.3 三电极体系与电流和电位的测定

3.3.1 三电极体系

为了测定单个电极的极化曲线，需要同时测定通过电极的电流和电位，为此常采用三电极体系。图 3-4 所示为测定极化曲线的最基本电路。其中，被测体系由研究电极（研）、参比电极（参）和辅助电极（辅）组成，因此称为三电极。图 3-5 所示为三电极体系的示意图。

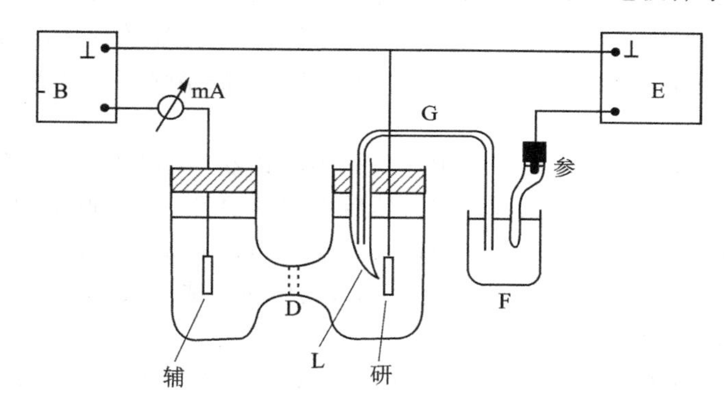

图 3-4 测定极化曲线的基本电路图

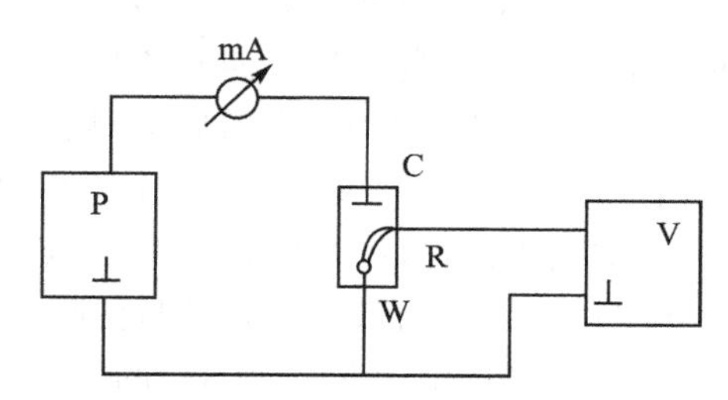

C—辅助电极；R—参比电极；W—研究电极；P—化学电源；V—测量或控制电极电势的仪器

图 3-5 三电极体系示意图

图中，研究电极也称为工作电极或试验电极。该电极上所发生的电极过程就是我们的研究对象。研究电极应具有重现的表面性质，如电极组成和表面状态；另外，该电极应完全浸入电解液中。

参比电极是用来测量研究电极电位的。参比电极应具有已知的、稳定的电极电位，而且在测量过程中不得发生极化。

辅助电极也称为对电极，它只用来通过电流，实现研究电极的极化。其表面积应比研究电

极大，因而常用镀铂黑的铂电极做辅助电极。

图 3－4 中的电解池为 H 形管，这种形式便于电极的固定。为了防止辅助电极的产物对研究电极有影响，常用素烧瓷或微孔烧结玻璃板(D)把阴阳极区隔开。B 表示极化电源，为研究电极提供极化电流。mA 为电流表，用以测量电流。E 为测量电位的仪器。

由图 3－4 和图 3－5 可以看出，三电极构成两个回路：一是极化回路(左侧)；二是电位测量回路(右侧)。极化回路中有极化电流通过，因此极化电流大小的控制和测量在此电路中进行。电位测量回路中用电位测量或控制仪器来测量或控制研究电极相对于参比电极的电位。在这一回路中几乎没有电流通过(电流$<10^{-7}$ A)。可见，利用三电极体系既可使研究电极界面上有电流通过，又不影响参比电极电位的稳定。因此，可同时测定通过研究电极的电流和电位，从而得到单个电极的极化曲线。

1. 研究电极

电化学测试结果不仅与电极材料的性质有关，而且与电极的制备、绝缘和表面状态有关。如果电极制备、绝缘或表面准备不当将会影响测量结果的准确性。

根据实验目的和要求选择所需要的金属材料，加工成试样，然后制备成各种形式的研究电极。研究电极的非工作面必须绝缘，而且必须由导线与试样可靠的连接作为引出线。

对于铂丝电极，可将直径 0.5 mm 左右的铂丝一端用酒精喷灯直接封入玻璃管中，管外留铂丝 10 mm 左右即可。

对于铂片电极，可取大约 10 mm 的铂片及一小段铂丝在酒精喷灯上烧红，用钳子使劲夹住，或在铁砧上用小铁锤轻敲，使二者焊牢。然后将铂丝的另一端用喷灯封入玻璃管中。为了导电，在玻璃管中放入少许汞，再插入铜导线。玻璃管口用石蜡密封，以防汞倾出。铂电极可放在热稀 NaOH 酒精溶液中，浸几分钟进行除油，然后在热浓硝酸中浸洗，再用蒸馏水充分冲洗即可得到清洁的铂电极。

当用金属圆棒作电极时，可在一根聚四氟乙烯(PTFE)棒的中心打一直孔，孔的内径比金属棒的直径略小。用力把金属棒插进聚四氟乙烯棒的孔中，金属棒一端露出，将此端磨平或抛光作为电极的表面。这样制得的电极，金属与聚四氟乙烯间密封性良好。特别是由于聚四氟乙烯具有较强烈的憎水性，使电解液不易在金属与聚四氟乙烯间渗入。也可将棒状金属电极用力插入预热的聚四氟乙烯或者聚乙烯塑料管中，冷却后塑料收缩，将金属棒封住，将其一端磨平作为电极工作面。聚乙烯管容易软化，其一般适用于温度在 60 ℃以下的环境中。

对于加工成圆片状或方片状的电极试样(圆片状比方片状电流分布更均匀)，可在其背面焊上铜丝作导线，非工作面及导线用清漆、纯石蜡或加有固化剂的环氧树脂等涂覆绝缘。那种不加绝缘只把金属试样用铂丝悬挂在溶液中的办法是不行的。因为这样容易引起接触电偶腐蚀，而且电路密度分布不均匀，铂丝的导电性好，可能把电流集中在铂丝上，电极的性质和面积都无法确定。用清漆、石蜡绝缘时，强度差，在边角处容易破损或剥落，有时其中的可溶性组分可污染溶液。当绝缘层高出电极的工作面时，在气体析出的情况下易使绝缘层分离，溶液渗入“保护层”下面，使“被保护的”表面也发生反应，使电极面积难以计算，在阳极极化曲线测定时会由于缝隙腐蚀而产生误差。因此，电极的非工作面及引出导线必须绝缘良好。

经常使用的铂丝和铂环电极可通过直接封入玻璃管中而制得，封装过程如图 3－6 所示。先在铂丝上套上一段软玻璃毛细管，用喷灯将其加热熔化，在铂丝上形成一个玻璃珠，再嵌入一段玻璃管的管口，使玻璃熔接后即制成铂丝电极，如图 3－6(a)所示；铂环电极的制作与此

类似，只是在熔化玻璃珠前先将铂丝弯成环形，如图 3－6(b)所示，在制成铂丝电极后，可剪去玻璃管外的铂丝，并将端面磨平，即可制成铂环电极。

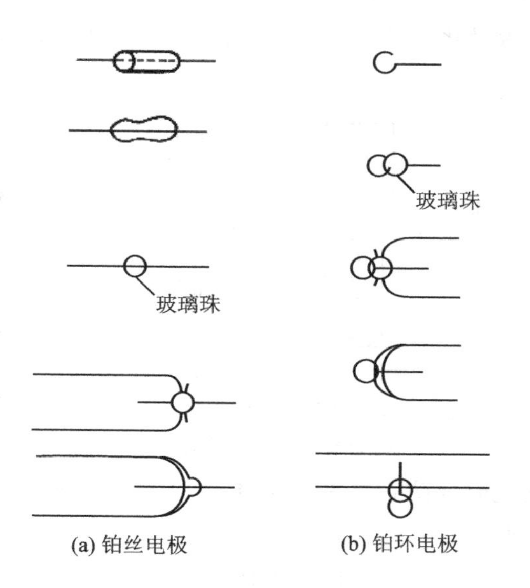

图 3－6　在软玻璃管中封装铂电极的技术

将电极试样浇铸在加有固化剂(如多烯多胺或乙二胺等)环氧树脂中进行封嵌的方法，可在室温下固化成型。但由于环氧树脂固化后收缩，在磨去封嵌材料露出电极表面后，在金属与绝缘层之间存在微缝隙，在稳态阳极极化期间会发生缝隙腐蚀，使实验产生误差。

另一种封装技术是在固体圆片状电极试样的背面焊上铜丝作为导线，非工作表面(包括焊接了导线的一面)用环氧树脂密封绝缘，只有片状试样的一个截面露出来作为工作面，导线可用环氧树脂封入玻璃管中，如图 3－7 所示。由于凝固后的环氧树脂脆性较大，树脂与电极试样之间容易出现微缝隙，在浸入溶液中后，尤其是在阳极极化后，会发生缝隙腐蚀，使缝隙变宽，从而带来实验误差。较好的封装方式是将圆片状电极试样紧紧压入内径略小于试样外径的聚四氟乙烯(PTFE)套管中；或者使用热收缩聚四氟乙烯管，当套入电极试样后，加热使聚四氟乙烯管收缩，紧紧裹住电极试样，如图 3－7 所示。由于聚四氟乙烯具有强烈的憎水性，溶液难以进入 PTFE 管与试样之间，不易发生缝隙腐蚀，因而具有良好的封装效果。

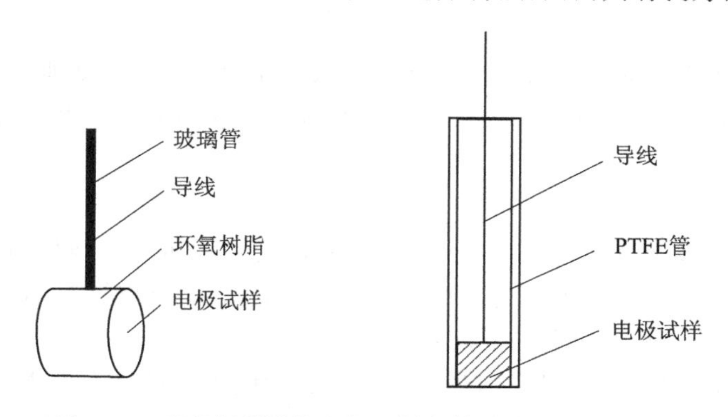

图 3－7　环氧树脂及聚四氟乙烯套管封装的圆片状电极

压缩密封垫法原为圆柱形试样设计，在腐蚀的电化学研究中很适用，特别是对铝(Al)、钛(Ti)及其合金，由于表面膜的存在，难以焊接引出导线，用这种封装和引线方式很合适。这种方法也可用于片状电极，这需要预先把试样封嵌在绝缘材料中。为了克服树脂镶嵌法的微缝隙问题，还设计了一种适于片状或箔片试样的压缩密封夹头。这种封样方法与上述压缩密封垫法有同样好的效果。

究竟采用哪种电极绝缘技术，主要取决于绝缘材料在实验介质中的稳定性、绝缘的可靠性及对测量结果的影响。有时可用清漆、纯石蜡或树脂等涂封，在要求测量精度和重现性较高的

阳极极化测试中，上述压缩密封垫法或聚合物封嵌法是必要的。

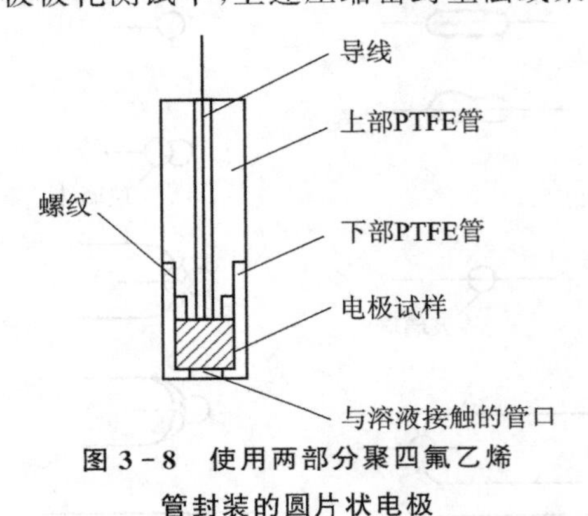

图 3-8 使用两部分聚四氟乙烯管封装的圆片状电极

此外，还可使用上、下两个 PTFE 管，二者之间用螺纹连接。当螺纹拧紧时可将圆片状电极试样压紧在下部 PTFE 管的管口处，管口处露出来的电极表面为工作表面，如图 3-8 所示。这种封装方式的好处是可先对电极表面进行机械抛光等预处理后再进行电极装配，从而避免连同封装的 PTFE 管一起抛光时落下来的 PTFE 材料污染电极表面。

用装配式封样的电极在封装前要把电极打磨光亮，清洗干净。用树脂铸封的电极在测量前要用细砂纸打磨光亮。对较软的金属如铝、铅、锡等，在磨光时要防止磨料的颗粒嵌在金属表面上。磨光后的电极还要进行除油和清洗才能进行实验。

由于金属表面大多存有氧化膜和油污，在实验前电极表面需要用细砂纸打磨，有时还需要抛光，然后进行除油和清洗。值得注意的是，某些预处理方法可能产生意想不到的影响。如用氧化硅或氧化钴抛光铁合金表面能引起尖晶石型的表面化合物；而电解抛光，特别是在铬酸溶液中，可形成成分和性质不确定的表面膜。这些效应都会改变金属的电化学行为。另外，打磨造成的表面划痕的深度和间隔随磨光或抛光处理而不同，这将影响金属的真实表面积。

某些易钝化的金属，打磨后在空气中停放也会形成氧化膜，因此要尽量缩短处理好的电极在空气中停留的时间。有时可用阴极还原法把这种膜除去，但需注意这种阴极极化不得对测量带来副作用，例如，溶液中杂质在电极表面的析出，过分析出氢气对溶液 pH 值的影响，以及原子氢进入金属可能引起金属性能的变化等。

对溶液的纯度也有不同的要求。高纯度溶液除了在配制时用光谱纯试剂和重蒸馏水或去离子水外，还经常用预电解法净化溶液。为了把溶解在溶液中的氧除去，常在溶液中通入纯净的惰性气体，如纯氮气。

(1) 滴汞电极的特点

用橡胶管将一根玻璃毛细管（内径为 50～80 μm）与贮汞瓶连接，调节贮汞瓶的高度，在一定的水银柱压力之下使汞能由毛细管末端逐滴落下，把悬在毛细管末端的汞滴作为电极，叫做滴汞电极，如图 3-9 所示。

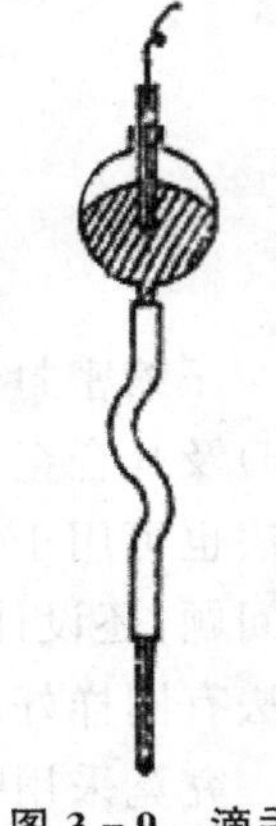
图 3-9 滴汞电极

滴汞电极与其他金属电极相比具有如下特点：滴汞电极是液体金属电极，与固体金属相比，其表面均匀、光洁、可重现，表面积也容易计算。因此在滴汞电极上进行的电极过程重现性好。电极反应是一种界面反应，表面状态的重现性对电化学数据的重现性有很大影响。

固体电极表面状态的重现性很差，原因如下：

首先，固体电极的真实表面积不易控制。一般固体电极的真实表面积比其表观面积大数倍至数十倍，就是仔细抛光过的电极，其真实表面积也要比其表观面积大 2～4 倍。目前认为，比较理想的固体表面为单晶面；但测量界面电容的结果表明，单晶面的真实面积仍可能比表观面积大 20%～50%。

其次，固体电极表面大多是不均一的。对于电极反应来说，这就意味着表

面上各点的反应能力不同。在电极表面上往往存在着一些“活化中心”，在这些“中心”上电极反应的活化能比一般表面上低得多。

再次，由于吸附污染，大多数电极表面是“不清洁的”。简单的计算表明，如果被吸附粒子的线性尺寸为 0.5 nm，则在 1 cm^2 表面上形成单分子吸附层只需要不到 10^{-9} 克分子的表面活性物质。若研究电极的真实面积为 1 cm^2，又假定与电极接触的溶液体积为 100 mL，则 10^{-9} 克分子相当于 10^{-9} 克分子/L。可见，只要溶液中存在，即使如此少的表面活性物质，也可能影响电极反应的进行。如果考虑到在某些电极上只要少数活化中心被掩蔽，即足以严重影响电极反应的进行，则可能使影响电极反应速度的杂质浓度的下限甚至达到 10^{-9}～10^{-10} 克分子/L。

最后，当电极反应进行时，电极表面及附近溶液中的情况还可能不断发生变化，如反应物及产物的浓度极化、电极表面的生长或破坏、膜的生长与消失等，就使问题更复杂了。

汞的化学稳定性高，在其表面上氢的过电位也比较高。因此，汞在某些溶液中相当宽的电位范围内(如汞在 KCl 溶液中为＋0.1～－1.6 V)可当作理想极化电极使用。

滴汞电极除了具有静止汞电极的一般优点外，还具有表面不断更新的特点。这也使这种电极对电化学测量带来一些重要性质。

① 由于每一滴汞的“寿命”不过几秒钟，因而低浓度的杂质由于扩散速度限制不可能在电极表面上大量吸附。计算表明，若汞滴寿命为 10 s，则当杂质浓度低至 10^{-5} 克分子/L 以下时，就不可能在电极上引起可观的吸附覆盖。这就意味着对被研究溶液的纯度要求降低了 4～5 个数量级，因而对提高实验数据的重现性极为有利。

② 由于汞滴不断落下，其表面不断更新，故不致发生长时间内累积性的表面状况变化，这对提高表面的重现性也是十分有利的。

③ 由于滴汞电极是“微电极”(最大表面积不过百分之几平方厘米)，通过电解池的电流往往很小(一般为 10^{-4}～10^{-6} A)，因而除非电解时间特别长，或溶液体积特别小，可以不考虑因电解而引起的电极活性物质浓度的改变。此外，由于滴汞电极的表面积往往比辅助极化电极的面积小得多，因此电解时几乎只在滴汞电极上出现极化。一般溶液电阻的变化可忽略，因此槽电压的变化近似等于滴汞电极电位的变化。在这种情况下，可用辅助电极同时作为参比电极。

由于滴汞电极有上述优点，使它在电化学研究中得到广泛应用。现在有关电极表面双电层结构及表面吸附的精确数据都是在滴汞电极上测出的。许多有关电极反应机理的知识是用滴汞电极测得的。滴汞电极广泛应用于普通极谱和示波极谱中，除用于分析外，还用于研究电极过程，测定有机化合物的电化学数据。甚至有些电化学工作者，对一些本来不可能用滴汞电极研究的电极过程，也设法分出一部分在滴汞电极上研究。例如在研究金属电结晶时，就可将金属离子的还原过程与电结晶过程分开来研究，其中应用滴汞电极研究金属离子的还原过程。

滴汞电极虽有许多优点，但也存在许多局限性。首先，在滴汞电极上还原的物质的浓度有一定的限制。若组分浓度太小(＜10^{-5} 克分子/L)，就会由于电容电流的干扰太大而无法精确测定；若组分浓度较大(＞0.1 克分子/L)，又会由于电流太大而使汞滴不能正常滴落。其次，在汞电极上能实现的电极过程毕竟是有限的，有许多重要的过程，如氢的吸附、电结晶过程及一些在较正电位区域发生的电极过程(滴汞电极电位正于＋0.5 V，相对于饱和甘汞电极，汞就溶解)，就不能用滴汞电极进行研究。还有，由于汞毕竟不是电化学生产中常用的电极材料，

在汞电极上得到的实验数据与结论往往不能直接用来解决实际问题。

除滴汞电极外，还有悬汞电极、流汞电极、汞齐电极、汞膜电极等，它们各具特色。

(2) 滴汞电极装置

图 3－9 所示为最简单的滴汞电极装置，它用一根厚壁塑胶管将毛细管连在贮汞瓶上而成。在精密测量中常采用全玻璃仪器，毛细管要与一根同样质量的玻璃管焊接在一起。对于前一种毛细管，其长度为 5～10 cm，外径 6～7cm，内径 0.05～0.08 mm。此种毛细管一般随有关仪器一起提供，也可用破损的水银温度计自行拉制。破损温度计的长度至少 15 cm，两端不能封闭。拉制前，先将管中汞轻轻敲出，然后在喷灯火焰上将管中部烧软，取出拉成毛细管。拉长部分为 20～40 mm，视原管径而定，然后从中间切断（切面要平），若中间太细或太长，则可锯掉中间细的部分，取适当长度制成。

毛细管孔径很细，极易阻塞，故实验中必须注意下列事项：

① 贮汞瓶中的汞必须纯净。

② 实验中应防止电解液吸入毛细管中，所以在开始实验前，先升高贮汞瓶，待汞在毛细管中滴落时，再将滴汞电极置于电解池中。实验完毕，先取出毛细管，用蒸馏水洗净，并用滤纸吸干后，再降低贮汞瓶。

③ 若毛细管已阻塞，可用一手按住连接管的上端，另一手轻轻挤压下端，将脏物挤出（注意，不得用力太猛将汞从接头处挤出，溅落在地上）。若无效，可将贮汞瓶升高，并将毛细管端置于 1∶1的硝酸溶液中浸泡若干时间，脏物可能被溶解洗出。若仍无效，则可将此沾污的管端锯掉。

④ 要装滴汞电极时，勿使其中有气泡，否则电路不通。

(3) 滴汞电极的表面积

理论及经验证明，滴汞电极最适当的特性参数大致为：内径 $r=25\sim40\ \mu\text{m}$，长度 $l=5\sim15$ cm，汞柱高度 $h=30\sim80$ cm，流汞速度 $m=1\sim2$ mg/s，滴下时间 $T=3\sim6$ s。

所谓滴下时间，就是滴汞电极的汞滴从毛细管口开始形成长大到从毛细管端脱落所经历的时间，也就是滴汞周期。通常滴下时间为 2～10 s，在这样短的时间内形成的汞滴尺寸是很小的，一般最大的尺寸为 1 mm 左右。因此，可把汞滴看做圆球。若用 r 表示汞滴半径，则它的面积 $S=4\pi r^2$，体积 $V=4/3\pi r^3$，消去 r 后为

$$S=\sqrt[3]{36\pi V^2} \tag{3-1}$$

如果用 m(g/s)表示汞滴从毛细管中流出的速度，即流汞速度，并近似地认为它是恒定的，用t(s)表示从每一个汞滴开始生长的那一瞬间起计算的时间，则在任一瞬间汞滴的体积为

$$V=\frac{mt}{\gamma_{\text{Hg}}}=0.073\ 8mt \tag{3-2}$$

式中：γ_{Hg} 为汞的密度。25 ℃时 $\gamma_{\text{Hg}}=13.53\ \text{g/cm}^3$。将式(3－2)代入式(3－1)，得滴汞电极的面积为

$$S=0.850m^{\frac{2}{3}}t^{\frac{2}{3}} \tag{3-3}$$

2. 参比电极

参比电极是可逆电极体系，它在规定的条件下具有稳定的、重现的可逆电极电位。对参比电极的主要要求如下：

① 电极的可逆性好，不易极化。这就要求参比电极为可逆电极而且交换电流密度大（$>10^{-5}$ A/cm^2）。当电极流过的电流小于 10^{-7} A/cm^2 时，电极不极化。即使短时间流过稍大的电流，在断电后电位也很快回复到原来的数值。

② 电位稳定。参比电极制备完成，静置数天后其电位应稳定不变。

③ 电位重现性好。不同人或各次制作的同种参比电极，其电位应相同。每次制作的各参比电极，在稳定后其电位也应相同，其差值应小于 1 mV。

④ 温度系数小，即电位随温度变化小。而且当温度回复到原先的温度后，电位应迅速回到原电位值。

⑤ 制备、使用和维护简单方便。

能满足上述要求的参比电极有氢电极、甘汞电极、硫酸亚汞电极、氧化汞电极和氯化银电极等。这些电极多数为第二类电极。在电化学工业或防腐蚀技术中也用简单金属电极作为参比电极，如锌电极、镉电极和铜-硫酸铜电极等。

为了使电极体系具有稳定的、重现的可逆电极，其交换电流密度必须大到足以防止存在的杂质对平衡电位的干扰。氢电极的交换电流密度很大，约 10^{-3} A/cm^2，因而可逆性好。氢电极是很有用的参比电极，但制备较困难，而且易被许多阴离子和有机化合物中毒。另一种方便、耐用的参比电极是饱和甘汞电极，其应用最广。饱和甘汞电极对温度的波动较敏感，而且氯化物的存在也限制了它在某些研究中的应用。

在选择参比电极时，除了考虑上述各点外，还应考虑电解液的相互影响。在酸性溶液中最好选用氢电极和甘汞电极。在含有氯离子的溶液中最好选甘汞电极和氯化银电极。当溶液的 pH 值较高或在碱性溶液中，不能把甘汞电极直接插入被测溶液中，以免碱性溶液进入甘汞电极，使其氧化，这时应选用氧化汞电极。

在含有 SO_4^{2-} 离子的溶液中可用硫酸亚汞电极（$Hg/Hg_2SO_4, SO_4^{2-}$）作参比电极，其制备方法与甘汞电极类似。其标准电极电位为 0.615 8 V，25 ℃环境下，溶液为饱和的 K_2SO_4 时为 0.658 V，溶液为 1 mol/L H_2SO_4 时为 0.679 V。

在中性氯化物溶液中用氯化银电极很方便，可以把它直接插入被测溶液中，从而避免了液体接界电位。如果欲知此氯化银电极的电位，则可用甘汞电极把它测出，也可根据溶液中氯离子的活度进行计算。如果测定研究电极的过电位，则没有必要知道该电极的电位值。

为了查明参比电极在长期保存和使用中的可靠性及稳定性，应对它们进行校核。校核时可用氢电极，也可用专供校核用的同种参比电极进行测量，其误差不应超过 1 mV。除了上述实验室常用的参比电极外，工业上还使用一些简易的参比电极，例如蓄电池工业中生产用的镉电极或镉-氢氧化镉。

3. 辅助电极

辅助电极的作用相对比较简单，它与设定在某一电势下的研究电极组成极化回路，使得研究电极上电流畅通。研究电极的反向电流应能流畅地通过辅助电极，因此一般要求辅助电极本身电阻小，并且不易发生极化。在研究电极和辅助电极彼此分开的电解池中，辅助电极一侧的反应物几乎不影响研究电极。但是，当研究电极与辅助电极同处一室时，辅助电极一侧的反应生成物将严重影响研究电极的反应。此时选用本身不参加反应的材料作辅助电极是很重要的，而且还需经常考虑电解池电极的放置问题。在一般情况下，可用铂黑或者碳电极作辅助电极。

在铂电极上镀铂，其表面析出凹凸不平的铂层。这样的铂层吸收光后，表面呈黑色，因此叫做铂黑电极。铂黑电极的表观面积可达一般平滑铂电极的数千倍。

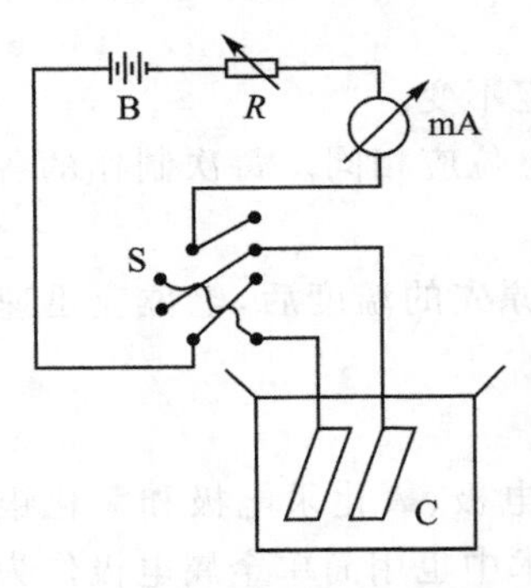

图 3-10　镀铂黑电路图

镀铂黑电极的制备：将铂电极先在王水中浸洗，为了表面不被氧化，镀铂黑前可以在稀硫酸中阴极极化 5～10 min，用水洗净后在 1%～3%的氯铂酸 H_2PtCl_6 溶液中电镀铂黑。其具体方法是：将大约 1 g H_2PtCl_6 溶解于 30 mL 水溶液中形成电解液，往电解液中添加 5～8 mg 的醋酸铅 $Pb(CH_3COO)_2$（在与铅共存下可更好地形成铂黑），放入待处理的铂电极，在 10～30 mA/cm^2 的电流密度下进行阴极极化，通电时间为 10～20 min。使用图 3-10 所示的线路效果更好。图中 B 为直流源，3 V 左右，R 为可变电阻，mA 为毫安表，电镀槽 C 中为两片待镀铂电极。换向开关 S 是用来改变电流方向的。接通电源后，每 2 min 换向一次，目的是增加铂黑电极的疏松程度。电流密度的大小应控制在使两电极表面有少量气泡自由逸出为宜。如果得到的铂镀层呈灰色，则应重新配制电解液，重新电镀；如果镀出的铂黑一洗即掉，则应将铂电极用王水浸洗干净，或用阳极极化的方法溶解掉，并用较小的电流密度重镀。在得到浓黑疏松的沉积层后，取出电极用蒸馏水洗净，然后放入稀 H_2SO_4（10%质量）溶液中进行阴极极化，电解 10 min 以除去吸附在铂黑上的氯。取出镀好的铂黑电极洗净后放入氯电极溶液中，不用时应将其放在蒸馏水或稀硫酸中，切不可让它干燥。

3.3.2　电解池

1. 电解池的设计与安装

电解池的结构和电极的安装对电化学测量有很大影响。因此，正确设计和安装电解池体系，是电化学测试中非常重要的环节。设计和安装电解池时应考虑下列因素：

① 便于精确地测定研究电极的电位。为此，除了电流非常小（<0.1 mA）的情况以外，所有的试验都应采用三电极电解池。为了减小溶液的欧姆电压降对电位测量或控制的影响，应采用鲁金毛细管与参比电极连接，而且鲁金毛细管的位置必须选择适当。

② 应使研究电极表面上的电流密度分布均匀，从而也使电位分布均匀。为此要根据电极的形状和安装方式正确选择辅助电极的位置。一是当研究电极为平面电极时，辅助电极也应是平面电极，而且两电极的工作面应相对平行，电极背面要绝缘。如果研究电极两面都工作，则应在其两侧各放一辅助电极。二是当研究电极为丝状或滴状电极时，辅助电极应做成长圆筒形，其直径要比研究电极的直径大得多，而且研究电极要放在圆筒形辅助电极的中心。此外，还要注意鲁金毛细管的安装位置对电流分布的影响。

③ 辅助电极的形状和安放位置是很重要的。从图 3-11 可以看出，由于辅助电极的形状和位置不当，研究电极表面各处与辅助电极间的距离不同，使研究电极表面电流分布不均匀，从而引起各处的溶液欧姆电位降不同。因此，电极表面附近各点及溶液中各点的电位分布不同。图 3-11 中的研究电极为铂片，辅助电极为小铂球，在研究电极的一端附近，溶液为 0.1 mol/L H_2SO_4 +0.005 mol/L Fe^{2+} 于 70%的乙醇溶液中，图中各点的数值为研究电极相对于该点参比电极的电位（V）。如果按图中所示安放电极，名义上测量或者控制的电位是

−0.628 V,实际上,离参比电极较远而离辅助电极较近的研究电极表面附近的电位却在−0.7～−0.9 V之间,显然会对实验结果产生很大的影响。由此可见,测得的研究电极的电位既与参比电极鲁金毛细管的位置有关,又与辅助电极的位置有关。辅助电极离开研究电极表面的距离增大,可提高电流分布的均匀性。如果辅助电极与研究电极间用烧结多孔玻璃隔板或者磨口活塞隔开,则可得到均匀的电流分布;但在溶液电阻较大的情况下,这样会增大研究电极与辅助电极间的电阻,不但可能影响恒电位仪的输出电流,而且在大电流极化时可能使溶液加热而升温。因而辅助电极与研究电极间的距离,在允许的情况下要尽量靠近。

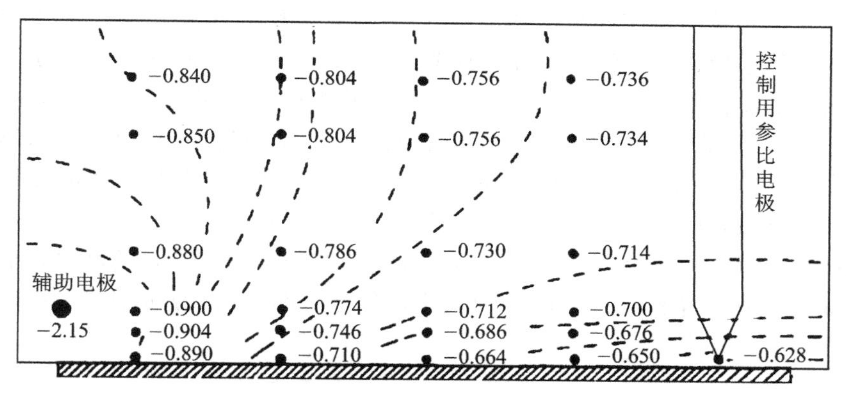

图3-11 因辅助电极形状及位置不当,引起的研究电极表面附近的电极分布(图中数值的单位:V)

④ 电解池的体积要适当,而且要考虑电极面积的大小以及电极面积与溶液体积之比。电解池体积太大,消耗溶液太多,会造成浪费。体积太小,在较长时间的稳态极化测量中,会引起溶液成分的明显变化,从而影响实验结果,但在快速测量中影响不大。

⑤ 要综合考虑电极面积的大小、主要研究目的及设备条件(如恒电位仪的输出功率)等因素。因为,在同样的电流密度下,电极面积越大,电流强度越大。而电流强度的选择除了考虑仪器的输出功率是否允许外,还要考虑电流大小对测量精度的影响。电流强度越大,溶液的欧姆电压降越大,它对电位测量和控制的影响越大。另外,大电流工作时恒电位仪的响应速度差。

⑥ 电极面积与溶液体积之比,对不同实验要求也不同。譬如在电解分析中,为了在尽可能短的时间内使溶液中的反应物基本上电解反应完毕,就要求电极面积与溶液体积之比足够大。但在电结晶或金属腐蚀研究中,为了避免过快地消耗溶液,即防止溶液组分变化太快,电极面积与溶液体积之比就不能太大,一般每1 cm^2 电极面积要求50 mL以上的溶液。对于要求实验过程中溶液整体浓度基本不变的情况,电极面积与溶液体积之比要更小。

⑦ 为了使辅助电极不发生显著的极化,通常采用大面积的辅助电极。

⑧ 电化学测试中应尽量减少局外物质对电极体系的影响。用装有研究溶液的盐桥可减少参比电极溶液的干扰。为了防止辅助电极上发生氧化(或还原)反应的产物对研究电极的影响,通常在研究电极室与辅助电极室之间用烧结微孔玻璃板隔开。但这将增大两电极间的电阻,是不利的。

⑨ 如果测量需要在一定的气氛中进行,电解池必须有进气管和出气管。进气管应在电解池下部,常接有烧结玻璃板,使通入的气体易于分散并在溶液中饱和。出气管口应有水封,以防空气进入。为了使电极和电解液能方便地加入或者除去,又能保持电解池的密封,电解池应

有带水封的有一定锥度的磨口玻璃盖。有时溶液需要搅拌，可在电解池底部放一根封有铁棒的玻璃管，通过电解池外磁力搅拌器产生的旋转磁场，可使玻璃棒转动而搅拌溶液。

⑩ 实验目的和实验技术不同，对电解池的要求也不同。暂态法对电解池的要求比稳态法严格。在恒电位暂态实验中，由于电解池构成了恒电位仪运算放大器的反馈回路，因此电解池对恒电位仪的动态特性，特别是响应速度和稳定性有很大的影响。这时，应采用低电阻的盐桥和低电阻的参比电极，并且尽量减少参比电极和研究电极或辅助电极的杂散电容。电解池中鲁金毛细管的位置必须安放正确。

根据电化学测量技术及实验目的的不同，电解池有多种形式。图 3－4 所示的 H 形电解池是用于三电极体系极化测量的最简易的形式。图 3－12 所示也是一种常用的 H 形电解池。其中，研究电极 A 与辅助电极 B 间用多孔烧结玻璃板隔开，参比电极可直接插在参比电极管 C 中，该管前端的鲁金毛细管口靠近研究电极表面。三个电极管的位置可做成以研究电极管为中心的直角，这样有利于电流的均匀分布和电位的测量，也有利于电解池的稳妥放置。研究电极若用平板状电极，其背面要绝缘或封于绝缘材料中，使其工作面与辅助电极相对且平行，使表面电流能均匀分布。研究电极室和辅助电极室的塞子可用带水封的磨口玻璃塞，也可用聚四氟乙烯加工而成。若溶液需要搅拌，则可在电解池底部放入磁力搅拌棒，用电磁搅拌器进行搅拌。

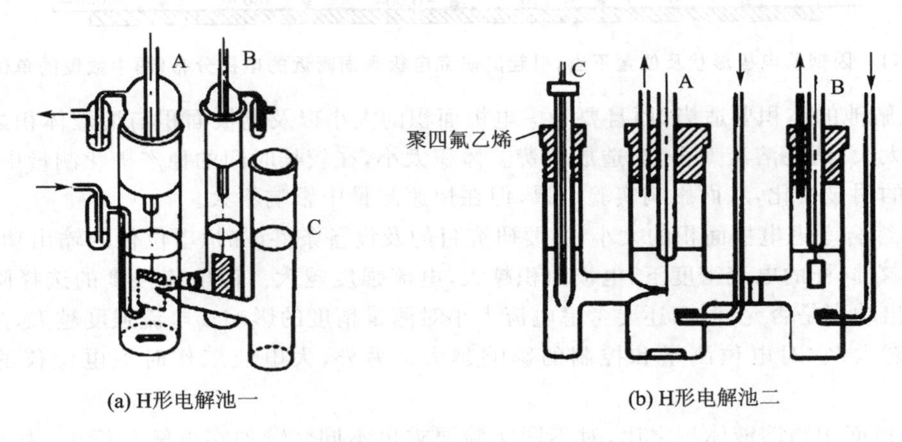

(a) H形电解池一　　(b) H形电解池二

A—研究电极；B—辅助电极；C—参比电极

图 3－12　H 形电解池

图 3－13 所示为适于腐蚀研究的电解池，它是美国材料试验协会（ASTM）推荐的。电解池为圆瓶状，中间为研究电极，有两个对称的辅助电极，使电流分布均匀，用带鲁金毛细管的盐桥与外部的参比电极相连。

对于某些特殊的电化学测试，要求设计各种专用的电解池。例如有的适合滴汞电极测量；有的适用于恒电位暂态研究；有的则适合电解分析。对于高温高压水溶液体系的电解池要解决耐温耐压及密封等问题；对于应力腐蚀和熔盐研究用的电解池也有其特殊设计问题。

2. 电解池容器的材料

制备电解池最常用的材料是硬质玻璃，其热膨胀系数小。例如国产 GG17 玻璃，软化温度为 820 ℃，20～300 ℃间的线膨胀系数为 3.2×10^{-6}/℃；九五玻璃软化温度为 750 ℃，其线膨胀系数为 3.9×10^{-6}/℃。玻璃除了在 HF 和浓碱溶液中以及碱性熔盐中不稳定外，在大多数

无机和有机电解液中是稳定的。

除了玻璃外，有时还用聚四氟乙烯、聚三氟氯乙烯、有机玻璃、聚乙烯、聚苯乙烯等塑料加工成电解池或者电解池中的某些零部件。其中用得最多的是聚四氟乙烯，因为它的化学稳定性最好，在王水和浓碱中也不起变化，也不溶于已知的任何有机溶剂，比玻璃还稳定。其温度适用范围也很宽，为－195～＋250 ℃。聚四氟乙烯无热塑性，在415 ℃分解。可利用机械加工的方法把聚四氟乙烯棒料加工成电解池容器或零件，可用聚四氟乙烯管制作参比电极管。由于聚四氟乙烯是一种较软的固体，在压力下可变形，因此常用作电极的封装绝缘材料。

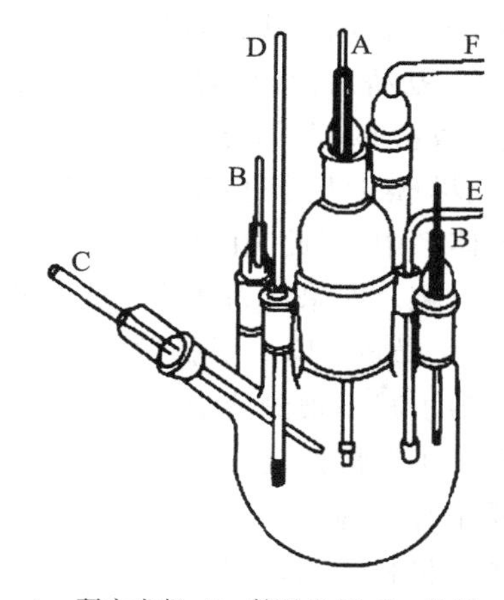

A—研究电极；B—辅助电极；C—盐桥；
D—温度计；E—进气管；F—出气管

图3-13 一种用于腐蚀研究的电解池

聚三氟氯乙烯的化学稳定性比聚四氟乙烯差一些。它不受浓碱、浓酸、HF的作用，但在高温下可与发烟硫酸、NaOH等起作用。其适用温度为－200～＋200 ℃，在300～315 ℃开始分解。其硬度比聚四氟乙烯强，便于精密机械加工。

有机玻璃及聚甲基丙烯酸甲酯，有透明的优点，也易于机械加工和粘结成型。但在浓的氧化性酸和浓碱液中不稳定，能溶于丙酮、氯仿、二氯乙烷、乙醚、四氯化碳、醋酸乙酯以及醋酸等溶剂中。有机玻璃容易受热变形，并在200 ℃以上开始分解。作为电解池材料，它只能用低于70 ℃的场合。

3. 盐 桥

在测量电极电势时，往往参比电极内的溶液和被研究体系内的溶液组成不一样。这时，在两种溶液中存在一个接界面，在接界面两侧由于溶液的浓度不同，所含的离子种类不同，在液接界面上产生液接电势。

为了尽量减小液接电势，通常采用盐桥。常见的盐桥是一种充满盐溶液的玻璃管，管的两端分别与两种溶液相连接。通常盐桥做成U形，充满盐溶液后，把它置于两溶液间，使两溶液导通。在盐桥内充满凝胶状电解液，也可以抑制两边溶液的流动。所用的凝胶物质有琼脂、硅胶等，一般常用琼脂。但高浓度的酸、氨都会与琼脂作用，从而破坏盐桥，污染溶液。若遇到这种情况，则不能采用琼脂盐桥。由于琼脂微溶于水，因此也不能用于吸附研究试验中。

选择盐桥溶液应注意以下几点：

① 盐桥溶液内阴阳离子的扩散速度应尽量相近，且溶液浓度要大。这样在溶液界面上主要是盐桥溶液向对方扩散，在盐桥两端产生的两个液接电势的方向相反，串联后总的液接电势大大减小，甚至可忽略不计。

② 在水溶液体系中，常采用饱和KCl或NH_4NO_3作盐桥溶液。例如25 ℃下0.1 mol/L HCl和0.01 mol/L HCl相接界时，液接电势为38 mV，采用饱和KCl溶液作盐桥后，在盐桥一端的饱和KCl溶液和0.1 mol/L HCl溶液间液接电势约为4.6 mV，饱和KCl溶液一侧带正电；在盐桥另一端的液接电势约为3.0 mV，且也是饱和KCl溶液一侧带正电。这样，总的液接电势只约为2 mV，比原先要小得多。

③ 在有机电解质溶液中的盐桥可采用苦味酸四乙基胺或高氯酸季铵盐溶液。如果 KCl、NH_4NO_3 在该有机溶剂中能溶解，则也可采用 KCl、NH_4NO_3 溶液。

④ 盐桥溶液内的离子，绝对不能与两端的溶液相互作用，如在研究金属腐蚀的电化学过程中，微量的 Cl^- 离子对某些金属的阳极过程会有明显的影响，这时应避免用 KCl 溶液的盐桥，或尽量设法避免 Cl^- 扩散到研究体系。在长期使用盐桥时，微量的盐桥溶液往往能扩散到被测体系中，因此，在选择盐桥溶液时，必须考虑盐桥溶液中离子扩散到被测系统后对测量结果的影响。如果体系用离子选择电极测定 Cl^- 离子的浓度，并采用饱和 KCl 溶液作为盐桥溶液，那么微量 Cl^- 离子扩散到被测系统将影响 Cl^- 离子选择性电极的电势。

为了减小被测溶液、盐桥溶液及参比电极溶液间的彼此污染，应减小盐桥内溶液的流动速度和离子扩散速度。为此，曾设计和制备了各种形式的盐桥，有的盐桥用玻璃磨口活塞（其中不要用凡士林作润滑剂，以免污染溶液）；有的盐桥两端用多孔烧结玻璃或多孔陶瓷封接。这些多孔材料的孔径很小，如 $10^{-2}\sim10\ \mu m$。连接时可直接在喷灯火焰上熔接，也可用聚四氟乙烯或聚乙烯管套结，也可用石棉绳封接盐桥管口。图 3-14 所示为几种常见的盐桥形式。

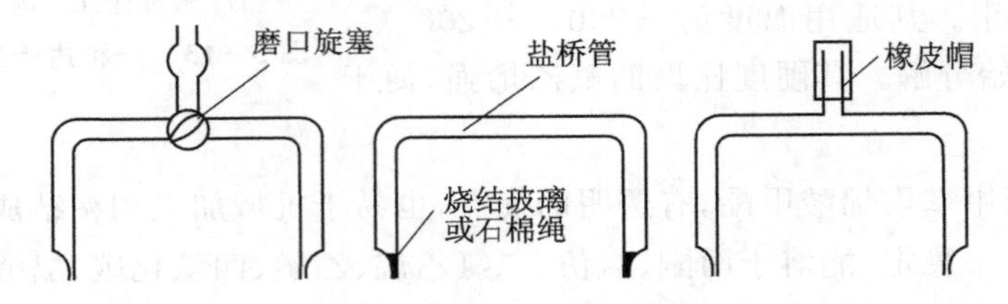

图 3-14　几种盐桥的形式

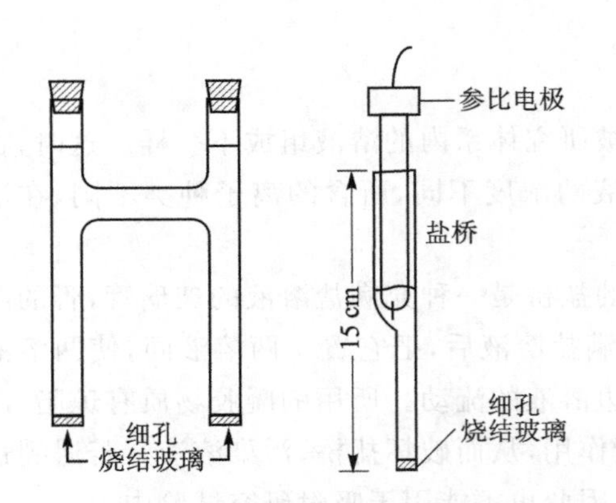

图 3-15　盐桥和盐桥口的封结形式

另一种常用的盐桥封接形式是用多孔烧结陶瓷、多孔烧结玻璃或石棉纤维封住盐桥管口，它们可以直接烧结在玻璃管内。这要求多孔性物质的孔径很小，通常孔径不超过几微米。连接时可采用直接在火上熔接，或用聚四氟乙烯或聚乙烯管套结。图 3-15 所示为两种盐桥和盐桥管口的封结形式。

常用盐桥（质量分数为 3% 的琼脂-饱和 KCl 盐桥）的制备方法如下：将盛有 3 g 琼脂（应选择凝固时呈洁白色的琼脂）、97 mL 蒸馏水的烧瓶放在水浴上加热（切忌直接加热），直到完全溶解。然后，加 30 g KCl，充分搅入已制作好的 U 形玻璃管（注意，U 形管中不可夹有气泡）中，静止，待琼脂冷却凝成冻胶后，制备完成。多余的琼脂 KCl 用磨口瓶塞盖好，用时可重新在水浴上加热。水温降低后，随着琼脂的凝固，溶于琼脂中的 KCl 将部分析出，玻璃管中出现白色的斑点。这种装有凝固了的琼脂溶液的玻璃管叫盐桥。将此盐桥浸于饱和 KCl 溶液中，保存待用。

因此，采用磨口玻璃或烧结玻璃封口的盐桥其内阻大多较大，在实际测量中，尤其是快速测量中，必须注意选择内阻较小的盐桥，否则易引起电势振荡，并将增加响应时间。

4. 溶解氧的去除

当气体和液体相接触时，一部分气体将溶进溶液。溶进气体的量与该气体的分压力、溶液的温度及种类有关。因此，电解液(包括非水溶剂)都不同程度地溶有一定量的空气。因为氮气是电化学惰性物质，所以溶进再多的氮气也不影响电化学反应。但是，氧气具有很强的电化学活性，即其本身容易被电解还原生成过氧化物或者水。

在某些电化学研究中，由于溶解氧将使电势窗口变小，所以一定要设法把溶解氧从电解液中除去。常用的方法是用电化学惰性气体往电解液中鼓泡以使溶液中的溶解氧的分压降低。一般使用高纯度的干燥氮气或氩气作为鼓泡的气体。氩气的优点是比空气更不易从电解池中逃逸出来，有利于在溶液上方形成保护气氛。而氮气较轻，但价格比氩气便宜。往电解液中鼓泡的时间与电解量、氮气的通气量、导入气体口径的形状有关，一般为 10～15 min。

测定静止状态下的电流-电势曲线(例如循环伏安法)，一旦把溶解氧去除后，就必须停止向电解液中进行氮气鼓泡。在停止鼓泡期间，要尽量避免空气(氧气)再进入电解液中，应在电解液上面用氮气封住，有时也采用电解池与附件整体放入装满氮气的箱子中进入试验的方法。

在进行大气腐蚀之类的研究时，溶解氧作为电活性物质则不应被去除。

3.3.3　电流的测量

测定极化曲线时需要测量极化电流的大小。为此，常在极化回路中串联一个适当量程和精度的电流表，如微安表、毫安表等。电流表的正端应该接到电路中靠近电源(而不是电解池)正极的一端，负端接到靠近电源负极的一端，即电流应从电流表的正端通过电流内部流向电流表的负端。如果被测电流范围在三个数量级以上，则应选多量程电流表。

在某种情况下，极化电流可用电压测量仪器进行测量或记录。这时，可在极化回路中串联一标准电阻或精密电阻 R_1，称为电流取样电阻，测得该电阻上的电压降，然后除以该电阻 R_1 值，就得到极化电流值。

在有些极化曲线的测定中，电流密度可在几个数量级范围内变化。例如金属从活化转化为钝化，电流可从数十毫安迅速降到几微安。在这种情况下，为了把变化幅度很大的电流记录在一张幅度有限的记录纸上，常用对数转换器将电流 i 转化成对数 $\lg i$。这样，在坐标纸上把大电流压缩，小电流放大。不然，记录了大电流，就记录不了小电流。另外，将电流密度转化成对数，可直接测得 $\varphi-\lg i$ 半对数极化曲线，便于进行数据处理。

3.3.4　电极电位的测定

我们知道，单个电极的绝对电位是无法测得的。我们通常所说的电极电位，是指该电极相对于标准氢电极的电位。人们规定标准氢电极的电位为零。因此，要测量某电极的电位，就必须把该电极与电位已知的参比电极组成测量电池，然后用电位差计或其他电位测量仪器测量该电极的电动势，即可算出被测电极的电位。

譬如，在图 3－4 中，要测量研究电极的电位，就必须通过盐桥(G)和中间溶液(F)把它与参比电极连接起来，组成测量电池。其中，盐桥的作用是消除不同溶液间的接界电位，同时把研究电极与参比电极隔开，防止它们之间彼此污染。关于盐桥的作用及制作见 3.3.2 小节。

测量电位时，将测量电池的正极和负极分别接到电位测量仪器的正极和负极，这样测得的电动势为正值。如果接反，则测得的电动势为负值。

测得电动势之后如何计算电极电位呢？根据电池电动势等于正极的电位减去负极的电位(忽略液界电位和金属接触电位)，即

$$E=\varphi^{+}-\varphi^{-} \tag{3-4}$$

设被测电位为$\varphi_{研}$、参比电极电位为$\varphi_{参}$，当参比电极为测量电池的正极时，则

$$\varphi_{研}=\varphi_{参}-E \tag{3-5}$$

当参比电极为测量电池的负极时，则

$$\varphi_{研}=\varphi_{参}+E \tag{3-6}$$

$\varphi_{参}$可根据计算或查表得到。所以，由测得的E(包括符号)代入式(3-5)或式(3-6)就可算出被测电极电位。

在极化曲线的测定中，常以参比电极的电位为零，即令$\varphi_{参}=0$，这样测定的电动势E就等于研究电极相对于参比电极的电位，其符号取决于研究电极与参比电极间的相对极性。在这种情况下，需要用文字或符号加以说明。例如，相对于饱和甘汞电极的电位常以符号$\varphi_{vs.\,SCE}$表示，其中vs.是拉丁文Versus的缩写，即“相对于”的意思，SCE是英文Saturated Calomel Electrode的缩写，即饱和甘汞电极。类似地，常用NCE表示当量甘汞电极，SHE表示标准氢电极等。

综上所述，电极电位的测量，实质上是电池电动势的测量。那么，是否所有测量电压的仪器都能测量电极电位呢？不是。一般的伏特计或万用表就不能测电池的电动势。因为这些普通的电压表输入电压低，测量时有明显的电流通过电池，一方面会引起研究电极和参比电极极化；另一方面由于测量电池有内阻r，电流I通过时产生电压降Ir。伏特表上的读数只代表测量电池的端电压$V=E-\Delta\varphi-Ir$，$\Delta\varphi$为通过参比电极的电流I引起的电极极化值。因此，只有通过测量电池的电流I足够小(一般小于10^{-7} A)，才可使电压降Ir和极化值$\Delta\varphi$小到忽略不计的程度。

要使电位测量回路中通过的电流非常小，就必须采用输入电阻很高的测量仪器。所谓仪器的输入电阻，就是从仪器的输入端看进去，仪器的等效电阻。它等于仪器的输入电压除以输入电流。所以，在被测体系不变时，输入电阻越高，表示输入电流越小，因而流过参比电极的电流越小。根据电位测量精度及参比电极不同，允许通过的电流也不相同。一般要求通过参比电极的电流小于10^{-7} A，因此要选用输入电阻的阻值大于10^{7} Ω，才可用于电位测量。

选用电位测量仪器时，除了要求有高的输入电阻外，还要有适当的精度、量程和响应速度。以补偿原理工作的电位差计，在平衡时通过参比电极的电流可以把检流计的灵敏度反映出来。一般要求检流计的灵敏度大于10^{-8} A/mm，但在电位差计不平衡时，其输入电阻接近于仪器内部滑线电阻的阻值，一般小于10^{6} Ω。因此，在用电位差计测量电位时，在未达到平衡之前，用按钮电键接通电路的时间要短暂。好的电位差计测量精度较高，可达0.1 mV，因此适用于电位的精确测量和稳态极化曲线的测定；但调节烦琐费时，不适于暂态测量。各种高输入阻抗的数字电压表，测量精度高，使用方便，但价格较高。各种pH计的输入电阻高，使用方便，价格也较低；但单精度比较低，测量范围也有限。为了提高其测量范围，可在电位测量回路中反接一只(或多只)标准电池来扩大量程，如图3-16所示。测量后，被测电动势E_x等于仪器上的读数加上标准电池的电动势E_N。E_N随温度而变化，可从附录B中查出不同温度下的E_N值。

为了自动记录极化曲线或电位随时间的变化，常用$X-Y$函数记录仪完成。但该仪器的输入电阻≤1 MΩ，不宜将参比电极直接与记录仪的输入端连接。应当在其间通过电压跟随器进行阻抗变换。

对于暂态测量，要求仪器有足够快的响应速度，来记录电位或电流随时间的变化，因此常选用示波器。当示波器的输入阻抗不够大时，同样不宜将参比电极与示波器的输入端相连，而应通过电压跟随器再接入示波器。在某些恒电位仪或电化学综合测试仪中，就有电压跟随器。因此，应把这些仪器标有“参比输出”等字样的接线柱，与示波器或 X－Y 记录仪的输入端连接。

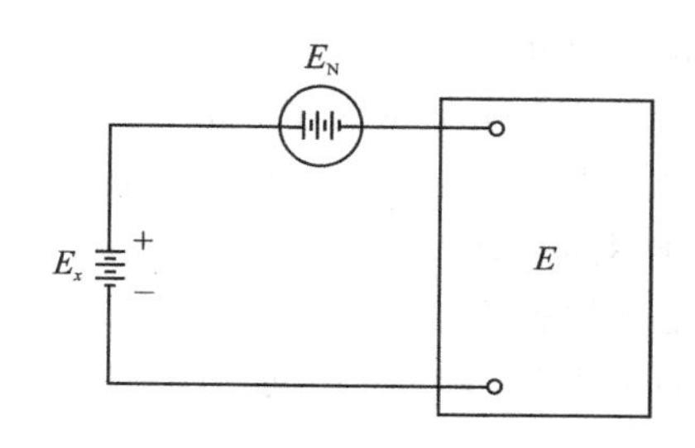

图 3－16　用标准电池扩大电位测量范围

电子式电压测量仪器分为差动输入式和单端输入式。差动式可测量被测电路中任何两点之间的电位差，使用灵活。单端式适于测量被测电路中某点对地电位之间的电位差。如果测量电路中没有任何接地点，则两种仪器都可使用。如果在极化测量电路中，研究电极是接地的，则用单端式电位测量仪器较方便。这时测量仪器的接地输入端必须与接地的研究电极连接，而不能接反。如果被测点不是地端，就不能直接用单端式，而要用差动式测量仪器，或者在单端式测量仪器之前加一级差动式的前置放大器。

测定有极化电流通过时的电极电位与测定平衡电位（或开路电位）还有不同之处。测定平衡电位时通过测量回路的电流几乎为零（$<10^{-7}$ A），在溶液中产生的电压降可忽略不计。因此，参比电极与研究电极之间的距离关系不大。在测定极化曲线时，虽然测量电位的回路中仍然有极小电流，但在研究电极与辅助电极之间有较大的极化电流通过，在溶液中会产生较大的电压降。研究电极与参比电极之间的这部分电压降在被控制或被测量的电位中造成明显的误差。研究电极与参比电极间溶液的电阻和极化电流越大，由这种电压降引起的误差就越大。为了减小这种误差，可使参比电极尽量靠近电极表面。为此将参比电极与鲁金毛细管连通，如图 3－4 中 L 所示。将鲁金毛细管尖嘴尽量靠近研究电极表面，从而减小溶液欧姆电位降的影响。但是，如果鲁金毛细管尖嘴离研究电极表面太近，就会对电极表面产生屏蔽作用。一般情况下，可将鲁金毛细管的外径拉成 0.5～1 mm，使其尖嘴对向研究电极表面，其间的距离约 0.5 mm，可使测量结果不会引起很大偏差。但对某些精密测量或稀溶液中极化曲线的测定，仍然不能解决问题。这时，可用桥式补偿电路、运算补偿电路或断电流法来消除欧姆电位降。

3.4　逐点调节和阶梯波法测定稳态极化曲线

极化曲线的测定，按自变量的控制方式可分为控制电流法和控制电位法；按自变量的给定方式可分为逐点手动调节、阶梯波法和慢扫描法。

早期大多采用逐点手动调节方式。譬如用控制电流法测定极化曲线时，在每给定一电流值后，等候电位达到稳定值就记下此电位；然后再增加电流到新的给定值，测定相应的稳态电位。最后把测得的一系列电流/电位数据画成极化曲线。这种经典方法要用手动调节，工作量大。有些体系达到稳态要等很长时间，而且不同的测量者对稳态的标准掌握不一。因此，这种稳态极化曲线的重现性较差。

为了节省测量时间，提高测量的重现性，往往人为地规定各次自变量改变的时间间隔，一般在 0.5～10 min 内选定，也可能更长，要视体系而定。同时选定各次自变量改变的数值，如控制电流法每次电流改变值在 0.5～10 mA 之间选定；对于控制电位法可在 5～100 mV 之间选定。时间间隔或自变量改变值不同，测得的极化曲线也不同。如图 3-17 所示，用控制电位法测得的 304 不锈钢在 1 mol/L H_2SO_4 中的阳极极化曲线，在每次调节电位后停留 4 h 才得到稳态电流值。显然，时间间隔较短的其余各条曲线为非稳态。可根据不同体系和实验目的选择不同的时间间隔。例如，当利用极化曲线测定动力学参数时，要测稳态极化曲线。如果定性地了解影响电极过程的因素或者比较不同因素的影响，也可用非稳态或准稳态极化曲线。但为了比较，必须保持同样时间间隔和自变量改变幅值。

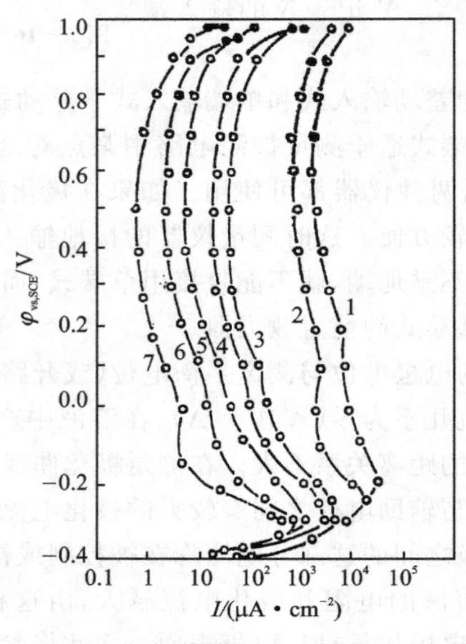

25 ℃，电位阶跃幅值 100 mV，时间间隔：

1—0 5 s；2—1 s；3—0.5 min；4—1 min；5—4 min；6—15 min；7—4 h

图 3-17　逐点调节控制电位法测得的 304 不锈钢在 1 mol/L H_2SO_4 中的阳极极化曲线

由于电子技术的迅速发展，上述手动逐点调节方式可用阶梯波代替，即用阶梯波发生器控制恒电流仪或恒电位仪就可自动测绘极化曲线。阶梯波阶跃幅值的大小及时间间隔的长短应根据实验要求而定。当阶跃幅值足够小而阶梯波数足够多时，测定的极化曲线接近于慢扫描极化曲线。

图 3-4 所示为测定极化曲线的基本电路。当用控制电流法逐点调节测量稳态极化曲线时，可用恒电流仪或经典恒电流电路代替图中的 B。用电位差计、pH 计或直流数字电压表等电位测量仪器代替图中的 E，则可组成极化曲线测量线路。图 3-18 所示为最简单易行的控制电流法测定阴极极化曲线的电路图。图中用的是经典恒电流源，即用一个 45 V 的乙电池串联一组不同阻值的电位器（如取 $R_0=1\ k\Omega$，$R_1=1\ M\Omega$，$R_2=100\ k\Omega$，$R_3=10\ k\Omega$，功率为 2～3 W），调节这些电位器可得到 0.05～30 mA 之间变化的稳定电流。电位可用 pH 法测定。图中其他符号同图 3-4。因测定阴极极化曲线，故研究电极为阴极，应接电源的负极，辅助电极接电源正极。

控制电位法需要恒电位仪，图 3-19 所示为用恒电位仪测定极化曲线最简单的电路。接线时，研究电极、参比电极和辅助电极分别接到恒电位仪的“研”“参”“辅”接线柱，而且还必须把研究电极接到恒电位仪的“⊥”端接线柱上，为什么研究电极分别用两根导线接到仪器的“研”和“⊥”端，而不把“研”和“⊥”短接后再用一根导线接到研究电极上呢？从图 3-19 恒电位原理图可以看出，与研究电极相连接的两根线：一根向左接仪器的“⊥”端，称为电位线；另一根向右接仪器的“研”接线柱，实际上是接仪器内的直流极化电源，这根线称为电流线。在此线上有极化电流通过。虽然此导线上电阻很小，但如果导线很长而且极化电流很大，则此导线上的电压降是不可忽略的。如果接点离研究电极较远，也就是说先将恒电位仪上“研”和“⊥”端短接，再用一根线接到研究电极上，则在线上由极化电流引起的电压降会附加到被控制的电极电位中去，从而增大误差。为了减小此误差，应使接地点尽量接近研究电极，也就是说要用两根导线将研究电极分别与仪器的“研”和“⊥”连接。因电压放大器的输入电阻很大，接研究电极的电位线与接参比电极的导线一样，其中的电流极小（$<10^{-7}$ A），即电位线上的电压可忽略不计。

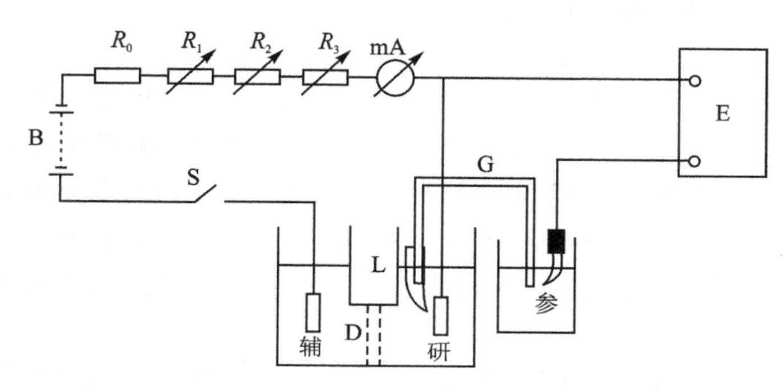

图 3-18　经典恒电流法测定阴极极化曲线电路图

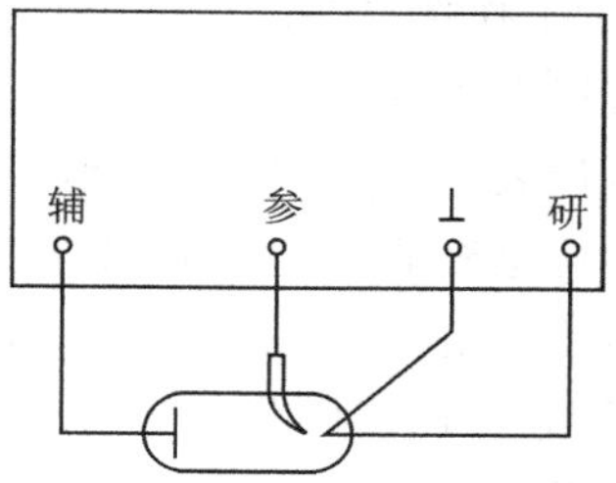

图 3-19　用恒电位仪测定极化曲线

利用恒电位仪可把研究电极电位控制在给定电位下。给定电位可用恒电位仪上的旋钮手动调节；也可从“外接给定”同芯插孔中接上阶梯波发生器，实现自动调节给定电位。电位和电流的数值可从恒电位仪的晶体管毫伏计和电流表上读出，也可用外接电位和电流测量仪器进行测量。当用阶梯波测定极化曲线时，其线路与慢扫描法类似。

测定极化曲线的步骤随所用方法、仪器和实验要求而异，应根据具体条件拟定。下面以 HDV7 型恒电位仪为例，介绍极化曲线测量的一般步骤。

1. 准备工作

首先，准备好被测电化学体系。例如准备并安装好电解池、研究电极、辅助电极、盐桥、参比电极。配制并灌好溶液。必要时，将电解池置于恒温水浴中，将其控制在需要的温度下。如果溶液要求搅拌，则需调好搅拌器；或使用旋转电极进行测量。

有些实验需要对溶液进行预电解净化处理，以除去杂质。当溶液中溶解的氧气对实验结果有严重影响时，就需要在溶液中通以纯净的氮气（或氢气）把氧气排除。在测量过程中停止通气，因电解池密封良好，所以实验是在氮气（或氢气）氛围中进行的。

制备和处理研究电极，即把金属试样加工成研究电极，选择合理的封包绝缘措施，使其只露出工作表面。绝缘方法对测定阳极极化曲线特别重要，如果电极表面与绝缘材料之间有微缝隙，则在测量过程中会发生缝隙腐蚀，从而严重歪曲阳极极化曲线。

研究电极的工作表面要用细砂纸磨光，并精确测量表面积。然后用脱脂棉蘸有机溶剂（如丙酮）除油（也可选用其他除油方法），用蒸馏水冲洗，用滤纸吸干，放入电解池中，使其工作面与辅助电极相对。调好鲁金毛细管，使其距离电极表面约为 0.5 mm。研究电极放入溶液后，应静置一定时间再测量，以便使电极建立稳态。

其次，要做好测量线路和仪器的准备工作。例如，用 HDV7 型恒电位仪进行极化曲线测量时，应按图 3－19 接好线路，即把仪器面板上的“研”和“⊥”接线柱分别用两根导线接到电解池的研究电极。因该仪器最大电流可达 1 A，因此“研”接线柱到研究电极这段导线的截面积不得小于 1 mm^2。“参”和“辅”接线柱分别与电解池的参比电极和辅助电极连接。若用外接电流表测电流，应将电流表接在“辅”与电解池辅助电极之间。若欲提高电位测量精度，可在仪器后面板的“参比电极”与“⊥”两接线柱上外接数字电压表。仪器通电前，电位量程应置“－3～＋3 V”挡，“补偿衰减”置“0”，“补偿增益”置“1”。

2. 无欧姆电位降补偿的极化测量操作方法

当进行无欧姆电位降补偿的极化测量时，操作如下：

(1)恒电位测量

“工作选择”置恒电位，“电源开关”置“自然”挡，指示灯亮，预热 15 min。这时恒电位仪虽已接通电源，但电解池的极化回路并未接通。“电位测量选择”打向“调零”，旋动“调零”电位器使电位表指“0”。若“电位测量选择”开关打向“参比”，则电位表指示的电位就是研究电极相对于参比电极的自然电位(即开路电位)。若“电位测量选择”开关打向“给定”，则电位表指示的就是给定电位，也就是欲选择的研究电极相对于参比电极的电位，它由“恒电位粗调”和“恒电位细调”电位器调节。

若欲从自然电位(开路点位)开始极化，需先调节“给定电位”等于自然电位，然后将“电源开关”置于“自然”挡，再将“电源开关”打向“极化”。这时，仪器进入恒电位极化状态。调节“恒电位粗调”和“恒电位细调”，可得到一系列恒电位下的稳态电流，从而测得未加欧姆电位降补偿的稳态极化曲线。

测量过程中通常用“电位量程”的“－3～＋3 V”挡测量。当需要更精准测量时，可换用适当的扩散量程测量。关机前应换回“－3～＋3 V”挡。

实验完毕，要将“电源开关”打向“自然”，再改换“工作选择”进行其他实验；或关机结束实验。

(2) 恒电流测量

“工作选择”置恒电流，“电源开关”置“自然”挡，“电位测量选择”打向“参比”，这时电位表指示的电位为自然电位(即开路电位)。

将“电流量程”置于较大的挡次，“恒电流粗调”大约置于多圈电位器的第五圈，然后将“电源开关”打向“极化”。这时仪器进入恒电流极化状态。调节“恒电位粗调”和“恒电位细调”，使电流为预定值，同时测定该电流下的稳定电位。当测出一系列恒电流下的稳态电位时，即可画出稳态极化曲线。

实验完毕，将“电源开关”打向“自然”挡，“电位量程”置“－3～＋3 V”挡后再关机。

3. 欧姆电位降补偿的极化测量操作方法

当进行欧姆电位降补偿的极化测量时，操作如下：

(1) 溶液电阻测量和补偿调节

直流示波器接“参比输出”，“工作选择”置“补偿”。根据溶液电阻的大小和实际极化电流的大小，选择“电流量程”和“补偿电阻”。“电源开关”置“极化”，这时仪器进入交流 50 Hz 方波电流极化状态。调节“补偿衰减”和“补偿增益”，在示波器上可能显示出图 3－20 中(a)(b)(c)

三种波形。图中(a)表示无补偿或欠补偿;图(b)波形"连续",表示最佳补偿;图(c)表示过补偿。

当最佳补偿时,可测出研究电极与参比电极间的溶液电阻 R_L,为

$$R_L = R_b \cdot k_1 \cdot k_2$$

式中:R_b 为仪器面板上所选"补偿电阻"的数值;k_1 为"补偿衰减"系数;k_2 为"补偿增益"系数。当"补偿阻值"为"5 kΩ"挡时,波形上存在 50 Hz 干扰;为便于测量,可用双迹示波器同时观察槽压波形(如图 3-20 中(d))和"参比输出"波形,根据槽压的阶跃点进行最佳补偿的调节。

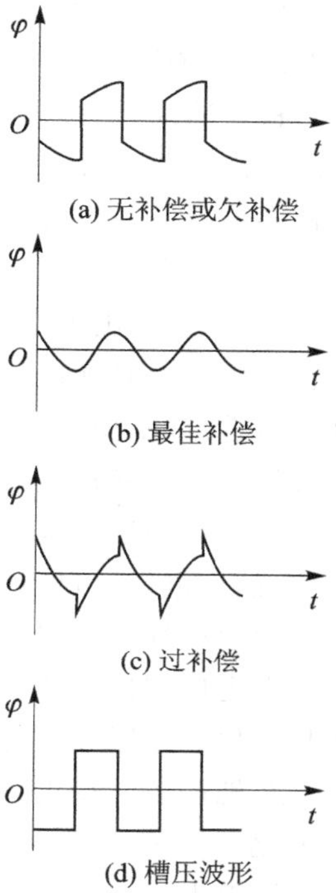

这种恒电位仪上的电位表也可以作为补偿检视器。因为这时参比输出又经微分放大检波送到微安表,可进行补偿电位的检视。不同的补偿状态,电位表有不同的数值。在最佳补偿时,电位表的指示值最小。

溶液电阻测量后,"补偿衰减"和"补偿增益"不再变动,并将"电源开关"打向"自然"挡。

(2) 溶液补偿时恒电流测量

将"工作选择"置"恒电流","补偿衰减"和"补偿增益"不变,"电位测量选择"置"参比",将"电源开关"打向"极化",这时"参比输出"的电位即为补偿后的参比电位。若"电流量程"减小 1/10,即"补偿电阻"R_b 增大 10 倍,则应先将"补偿衰减"k_1 减小 1/10;反之,若增大电流量程,应将"电流量程"增大 10 倍,以保持电阻 R_l 不变。

(3) 补偿时的恒电位测量

φ
O
t
(a) 无补偿或欠补偿

φ
O
t
(b) 最佳补偿

φ
O
t
(c) 过补偿

φ
O
t
(d) 槽压波形

图 3-20 "参比输出"补偿波形和槽压波形

溶液电阻测量后,"补偿增益"退到 1。调"给定电位"等于自然电位,将"电源开关"打向"极化",再逐渐增大"补偿增益"到最佳值。调节"恒电位粗调"和"恒电位细调",可测量欧姆电压降补偿后的恒电位极化曲线。当需要改变"电流量程"时,方法同上述方法(2)。

3.5 慢扫描法测定稳态极化曲线

慢扫描法测定稳态极化曲线,就是利用慢速线性扫描信号控制恒电位仪或恒电流仪,使极化测量的自变量连续线性变化,同时用 X-Y 记录仪自动测绘极化曲线的方法。按控制方式可分为控制电位法和控制电流法。前者又称为动电位扫描法,应用更广泛。

实现慢速扫描有两种方法:一是机电式;二是电子式。机电式是用同步电动机经过变速齿轮组带动线绕鼓轮上的滑动触电以取得随时间呈线性变化的电压信号。这种装置的优点是扫描慢,线性好,可靠性高,适于测稳态极化曲线;缺点是扫描范围窄,电压变化率的调节范围不大,不能自动变速,须手动换向。

近年来,多用电子式扫描信号发生器实现慢速线性扫描。它比机电式小巧灵活。对于扫描全程时间不太长(如 1 h 内),可用米勒积分电路得到线性扫描电压信号。但实际上达到稳

态需要较长的时间,扫描全程往往远超过 1 h。这时慢扫描信号应采用数/模转换系统得到,其线性不受扫描全程时间的影响,可得到非常慢的扫描信号以满足稳态极化测量的需要。

电流稳定的建立需要一定的时间,不同的体系达到稳态所需要的时间不同。因此,扫描速度不同,得到的结果就不一样。

原则上,不能根据非稳态极化曲线用第 2 章中的公式来测定动力学参数。为了测定稳态极化曲线,扫描速度必须足够慢。如何判别是否是稳态极化曲线呢?可依次减小扫描速度,测定数条极化曲线,当继续减小扫描速度而极化曲线不再明显变化时,就可确定以此速度测定该体系的稳态极化曲线。

许多情况下,特别是固体电极,测量时间越长,电极表面状态及其真实面积的变化积累就越严重。在这种情况下,为了比较不同电极体系的电化学行为,或者比较各种因素对电极过程的影响,不一定非测量稳态极化曲线不可。可选适当的扫描速度测定非稳态或准稳态极化曲线进行对比。但必须保证每次扫描速度相同。由于线性扫描法可自动测绘极化曲线,且扫描速度可以选定,不像手动逐点调节那样费工费时,且“稳态值”的确定因人而异。因此,扫描法的重现性好,特别适于对比实验。

线性电位扫描法也叫动电位扫描法,它是用线性扫描电压作指令信号,控制恒电位仪的给定电位;而恒电位仪可迅速而自动地调节极化电流,使研究电极的电位(相对于参比电极)随给定电位发生线性变化,从而可用 $X-Y$ 函数记录仪自动测绘出极化曲线。

线性电位扫描法实验线路如图 3-21 所示,其中恒电位仪是中心环节,它保证研究电极电位随扫描信号作线性变化。扫描信号发生器的输出端与恒电位仪的“外控输入”端连接,且地端(⊥)与地端(⊥)相连。

极化曲线需要用 $X-Y$ 函数记录仪记录下来。但由于记录仪的输入电阻仅 100 kΩ～1 MΩ,不够大,如果将参比电极和研究电极直接与记录仪输入端相连,则可能因流过参比电极的电流较大而带来误差。因此,参比电极要经过电压跟随器进行阻抗变换后(见图 3-21)再输入记录仪。实际上,有些恒电位仪(如 HDV7 和 DHZ-1 电化学综合测试仪等)内部已设有这种电压跟随器,并在电压跟随器的输出端备有“参比输出”的接线柱。因此,应将恒电位仪的“参比输出”和地端“⊥”与 $X-Y$ 记录仪的 Y 轴输入端连接,用来测量和记录研究电极相对于参比电极的电位。

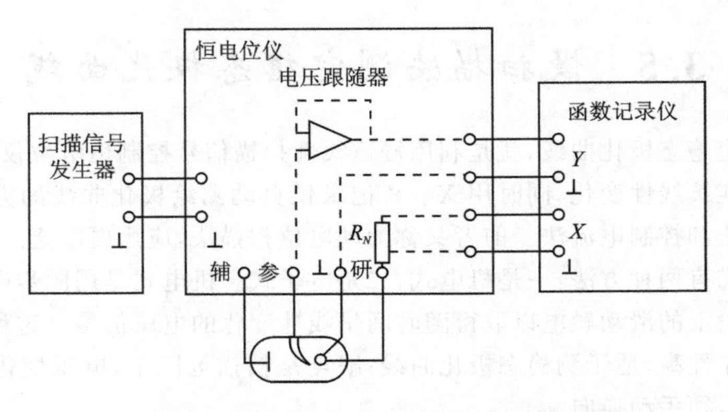

图 3-21 线性电位扫描法测定极化曲线电路图

由于记录仪只能输入电压信号,因此需要把极化电流 I 转化为电压信号。为此在极化回路中串联一只标准电阻 R_I 作为取样电阻，把 R_I 两端接入记录仪 X 轴输入端。这样，极化电流 I 在 R_I 上的电压降 IR_I 就输入到 X 轴。记录纸上 X 轴坐标就显示了电流 I 的大小。电流的数值由电压降 IR_I 的大小除以 R_I 得到。譬如，若取 X 轴的量程为 50 mV/cm，而 R_I 取为 10 Ω，则 X 轴每 cm 长度表示的电流为 50 mV/10 Ω＝5 mA。如果研究电极的表面积为 0.5 cm^2，则 X 轴每 cm 长度表示的电流密度为 5 mA/0.5 cm^2＝10 mA/cm^2。取样电阻数值的大小视极化电流的范围、恒电位仪输出功率及 $X-Y$ 记录仪的灵敏度和量程而定。若 R_I 太大，当极化电流大时，所产生的电压降可能超过恒电位仪的输出功率和记录仪的量程。若 R_I 太小，当极化电流小时，所产生的电压降可能在记录纸上不能灵敏地反映出来。实际上，在恒电位仪内就设有电流取样电阻 R_I 和输出电压降 IR_I 的接线柱（如 HDV7 恒电位仪的电流信号端）。随电流量程不同，R_I 的阻值也不同，应根据电流的大小预先选定。为了计算电流的大小，应从仪器面板上或说明书中查知所选定的 R_I 的大小。

例如 HDV7 恒电位仪，对应于 1 A、100 mA、10 mA、1 mA 和 100 μA 各电流量程的电流取样电阻 R_I 分别为 0.5 Ω、5 Ω、50 Ω、500 Ω 和 5 kΩ。

按图 3－21 线路测得的极化曲线如图中右方所示。其中，X 轴正方向表示阳极极化电流增加的方向，Y 轴的负方向表示研究电极电位变正的方向。这是因为“参比输出”接 Y 轴“＋”端，“⊥”端（即研究电极）接 Y 轴“－”端。按这种接法可得 $\varphi_{研}=\varphi_{参}-E$。其中，$E$ 就是由记录仪测得的两电极的电位差。若取参比电极电位为零，则 $\varphi_{研}=-E$，所以 Y 轴的负方向（即 E 的负值增大的方向），就是研究电极电位正值增大的方向。其坐标刻度取决于 Y 轴量程的选择。若取量程为 100 mV/cm，则表示 Y 轴每 cm 长度为 0.1 V。

有时为了在一张有限的记录纸上记录下变化幅度达几个数量级的电流；或者为了直接测绘 $\varphi-\log i$ 半对数曲线，便于数据处理，可在恒电位仪“辅”接线柱与辅助电极之间串联一个对数转换器，由对数转换器的输出端与记录仪的 X 轴相连，则 X 轴的坐标就成为 $\log i$。这时电流的对数坐标刻度应根据对数转换器说明书来确定，或用已知电流进行标定。DHZ－1 型电化学综合测试仪内设有对数转换器，并有 $\log i$ 输出端子与 $X-Y$ 记录仪的输入端相连，可自动绘成 $\varphi-\log i$ 极化曲线。

动电位扫描法测定极化曲线的步骤和操作方法应根据实验要求和仪器说明书拟定。下面以 HDV－7 型恒电位仪为例，说明实验步骤和操作方法。

首先，准备好被测体系（参见 3.4 节）。

然后，按图 3－21 接好线路，即恒电位仪后面板上的“外控输入”接外扫描信号发生器，“参比输出”与“⊥”接线柱接 $X-Y$ 记录仪的 Y 轴输入端（也可接 X 轴输入端），用以测量和记录电位。“电流信号”和“⊥”接 $X-Y$ 记录仪的 X 轴输入端（或 Y 轴输入端），用以测量和记录电流。“研”和“⊥”两接线柱用两根导线接到研究电极；“参”和“辅”接线柱分别接到参比电极和辅助电极。仪器通电前，“电位量程”置“－3～＋3 V”挡，“补偿衰减”置 0，“补偿增益”置 1。然后打开各电源开关，预热几分钟。

接着，调零并确定坐标原点。“工作选择”置“恒电位”挡，“电源开关”置“自然”挡，指示灯亮，预热十几分钟。“电位测量选择”置“调零”，旋动调零电位器使电流表指零。同时，调节 $X-Y$ 记录仪 X 轴和 Y 轴的调零旋钮，使坐标“零点”停在记录纸上预定的位置，并用记录仪的记录笔标出，即把“抬笔”开关打向“记录”，适当往返旋转 X 轴和 Y 轴调零旋钮，可标出坐标原点。然后使记录笔准确落在原点上，再抬笔。选定记录仪 X 和 Y 轴量程，并标出坐标名称、

分度和单位。

当进行无补偿的线性电位扫描时，“工作选择”置“外扫描”，“电位测量选择”置“外控”，即可测量外控信号幅度。若欲从自然电位(开路电位)开始扫描，则把外控信号起始电位跳到自然电位(也可以从选定的任一起始电位开始扫描)，并选择扫描方向、扫描速度及终止电位。“电流量程”置于比最大极化电流还大的某一量程上。“电源开关”打向“极化”，并启动扫描开关，同时把记录笔打向“记录”，就可有记录仪自动测绘极化曲线。在自动记录时，不能更换电流量程(即取样电阻)。

当进行欧姆电位降补偿动电位扫描时，首先应按上面所述对溶液电阻进行测量，跳到最佳补偿。然后“工作选择”置“外扫描”，“补偿增益”退到1，调节扫描初始电位等于“开路电位”(或某一起始电位)，并选好扫描方向、扫描速度和终止电位。“电流量程”置于比最大极化电流大的量程上。“电源开关”打向“极化”，再逐渐增加“补偿增益”到最佳值。然后启动扫描开关，同时把记录笔打向“记录”，即可自动测绘欧姆电阻降补偿后的极化曲线。在长时间自动扫描时，为避免溶液电阻下降引起的过补偿，应把“补偿增益”略下降一些。

线性电流扫描法与线性电位扫描法类似，只是用线性扫描信号控制恒电流仪，通过电解池的极化电流发生线性变化，同时用 $X-Y$ 记录极化曲线。恒电位电路很容易改接成恒电流电路。因为，如果用恒电位仪控制极化电流 I 在取样电阻 R_I 上的电压降 IR_I，使其随扫描信号发生线性变化，由于 R_I 不变，就可使电流 I 发生线性变化；同时记录下电极电位随电流变化的曲线，就是线性电流扫描极化曲线。

3.6 旋转圆盘和环-盘电极及其应用

3.6.1 旋转圆盘电极

在稳态极化测量中，希望电极表面上的电流密度、电极电位以及传质流量都是均匀的，而且对电极表面附近的流体动力学性质也希望加以规定和控制，譬如电极表面扩散层均匀分布并可人为地加以控制。能满足这种要求的只有滴汞电极和旋转圆盘电极。

旋转圆盘电极理论最早由 B. T. JIEBHY 在 1942 年提出，后来在理论和应用上都得到很大发展。图 3-22 所示为旋转圆盘电极示意图。电极的中心为金属棒，棒的外部用塑料(如聚四氟乙烯)绝缘，电极的底面经抛光后十分平整光滑。电极在电动机带动下可按一定速度旋转。旋转时由于溶液具有黏性，电极附近的溶液就发生流动，液体流动可分解为三个方向：由于离心力的存在液体在径向以流速 v_r 向外流动；由于液体的黏性，在圆盘旋转时，液体在切向以流速 v_t 沿切向流动；这样在电极表面附近液体向外流动的结果，使电极中心区液体的压力下降，于是离电极表面较远的液体以轴向流速 v_a 向中心区流动。这三个方向的流速与电机转速、液体粘度有关。它们与径向距离 r 及离电极表面的轴向距离 x 的关系如图 3-23 所示，从图中可以看出，在电极表面，即 $x\to 0$ 处，液体完全贴在固体表面，液体的切向速度与固体表面的切向速度相同，而这时径向和轴向速度均为零。随着离开表面的距离增加，切向速度 v_t 下降；而轴向速度 v_a 逐渐增加；液体径向速度 v_t 随 x 的增加，先增加而后又逐渐减小。在电极表面附近，由于电极的拖动而使液体径向流速随着趋近电极表面而逐渐减小的液层称为液体动力学边界层，也叫 Prandtl 层。其厚度 δ_{pr} 与 $\sqrt{\nu\omega}$ 成正比。例如，在 25 ℃的水中，粘度 $\eta=$

0.008 9 P，密度 $\rho=0.997\ \mathrm{g/cm^3}$，当转速 $f=1$ r/s 时，$\delta_{pr}=0.14$ cm；$f=10$ r/s 时，$\delta_{pr}=0.043$ cm。当 $x\gg\delta_{pr}$ 时，v_r 和 v_t 都变得很小，液体基本上只做轴向流动。

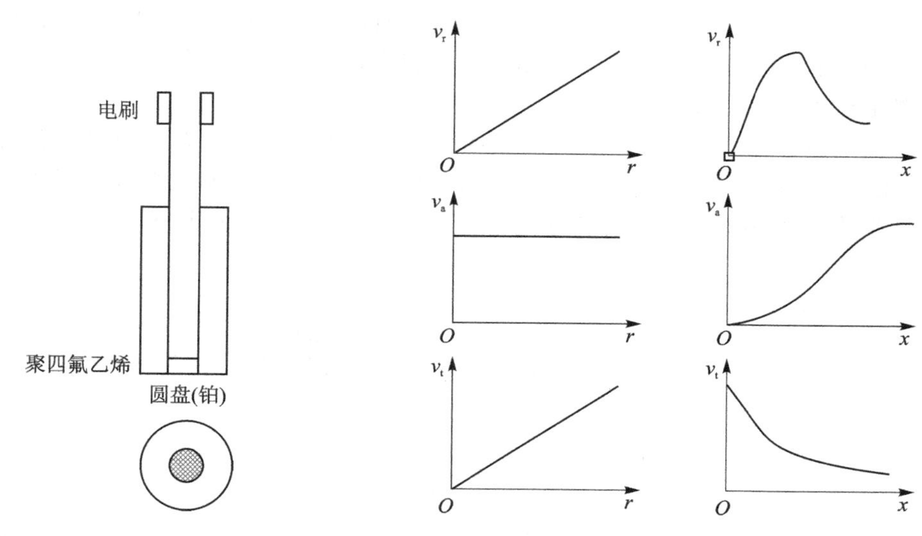

图 3-22　旋转圆盘电极

图 3-23　旋转圆盘电极表面附近的流体动力学性质

上述情况只适用于液体处于层流状态下的情况。如果电极的转速太高，液体发生湍流运动，情况就变得复杂了。

既然在层流情况下整个旋转电极表面上存在均匀的轴向速度 v_a，因而整个电极表面上的扩散层厚度是均匀的。根据流体动力学理论可导出扩散层厚度为

$$\delta=1.805\left[0.893+0.316\left(\frac{D}{\nu}\right)^{0.36}\right]D^{1/3}\nu^{1/2}\omega^{-1/2} \tag{3-7}$$

式中：δ 为扩散层厚度，cm；D 为扩散系数，$\mathrm{cm^2/s}$；ν 为溶液的运动粘度（单位：St，1 St$=1\ \mathrm{cm^2/s}$）；ω 为旋转角速度，rad/s，$\omega=2\pi f$，f 为转速，r/s。溶液的运动粘度 ν 等于溶液的粘度 η 与其密度之比：$\nu=\eta/\rho$（η 的单位：P，1 P$=1$ g/(cm·s)；ρ 的单位：$\mathrm{g/cm^3}$）。对于 25 ℃的水溶液，$\nu\approx10^{-2}$ St，一般扩散系数 D 在 $10^{-5}\ \mathrm{cm^2/s}$ 数量级，当取 3%的精度时，式(3-4)可简化为

$$\delta=1.61D^{1/3}\nu^{1/6}\omega^{-1/2} \tag{3-8}$$

当电极过程为扩散过程控制时，将式(2-5)代入式(1-25)可得相应的扩散电流为

$$i_d=0.62nFD^{2/3}\nu^{1/6}\omega^{1/2}(C^O-C^S) \tag{3-9}$$

式中：C^O 和 C^S 分别表示反应粒子的整体浓度和表面浓度，$\mathrm{mol/dm^3}$。相应的极限扩散电流为

$$i_l=0.62nFD^{2/3}\nu^{1/6}\omega^{1/2}C^O \tag{3-10}$$

令

$$B=0.62nFD^{2/3}\nu^{1/6} \tag{3-11}$$

则

$$i_l=BC^O\omega^{1/2} \tag{3-12}$$

可见，旋转圆盘电极的极限扩散电流密度与 $D^{2/3}$、C^O 和 $\omega^{1/2}$ 成正比。对于一给定体系，n、D、ν、C^O 为定值，由式(3-11)可知，$i-\omega^{1/2}$ 关系应为通过原点的直线，直线的斜率为 $0.62nFD^{2/3}\nu^{1/6}$。若 n、D、ν、C^O 中任何 3 个参数已知，则可用此法测出另一参数的大小。为

此，常用3.5节所述的慢扫描法测定不同转速下的极化曲线，从而得到不同转速下的极限电流密度 i_1，然后 i_1 对 $\omega^{1/2}$ 作图得一条直线，从直线的斜率就可求得所需的参数。对于带电子扩散系数的测定，一般需要在溶液中加入大量支持电解质，以便忽略该离子的电迁移作用。用这一方法测定溶液浓度时，也可预先用已知浓度测出斜率，得到不同浓度下的标准工作曲线，然后再用来测定这类溶液的未知浓度。

有些电化学体系，由于浓差极化的影响，在自然对流下无法用稳态法测定电极动力学参数，但如果用旋转圆盘电极，则随着转速的提高，可使本来为扩散控制或混合控制的电极过程变为电化学步骤控制，这时就可用稳态法进行测定了。因为在混合控制下，由式(2-38)可得

$$\frac{1}{i^0}=\frac{1}{i_K}\left(1-\frac{i_K}{i_1}\right)\exp\left(\frac{\alpha nF}{RT}\eta_K\right)$$

$$=\frac{1}{i_K}\left(\frac{\alpha nF}{RT}\eta_K\right)-\frac{1}{i_1}\exp\left(\frac{\alpha nF}{RT}\eta_K\right)$$

整理可得

$$\frac{1}{i_K}=\frac{1}{i^0\ \dfrac{1}{i_1}\exp\left(\dfrac{\alpha nF}{RT}\eta_K\right)}+\frac{1}{i_1} \tag{3-13}$$

由式(2-5)可知，$i^0=\exp\left(\dfrac{\alpha nF}{RT}\eta_K\right)=i$，这是在混合控制下电极上的阴极还原反应速度，即无浓差极化下的电流值，故式(3-13)变为

$$\frac{1}{i_K}=\frac{1}{i}+\frac{1}{i_1} \tag{3-14}$$

对于旋转圆盘电极，将式(3-12)代入式(3-10)可得

$$\frac{1}{i_K}=\frac{1}{i}+\frac{1}{BC^O}-\omega^{1/2} \tag{3-15}$$

因此，在较大的阴极极化电位范围内，在某一给定过电位下，用不同转速测定一系列电流值 i_K，将 $1/i_K$ 对 $\omega^{1/2}$ 作图得一直线。从直线的截距可得无浓差极化的电流，测得不同过电位下的电流就可由塔菲尔公式求出 i_0 和 α。从直线的斜率可计算 D、n 或 C^O 等参数。

利用旋转圆盘电极可以判别电极过程的控制步骤。对于扩散控制或混合控制的电极过程，随着转速的增加，恒电位下的电流增大，或恒电流下的过电位减小。由式(3-10)和式(3-14)可知，若恒电位下 i^{-1} 与 $\omega^{1/2}$ 呈直线关系且通过原点，则说明电极过程为扩散控制。若 i^{-1} 与 $\omega^{1/2}$ 呈直线关系但不通过坐标原点，则说明电极过程为混合控制。如果电流与转速无关，则证明为纯电化学步骤控制。

利用旋转圆盘电极还可以测定不可逆电极反应的级数，而不需要改变反应物的浓度。当反应物为气体时更显出这一优点。稳态下可用电流密度表示速度，即

$$i_K=k(C^S)^p \tag{3-16}$$

式中：i_K 为阴极电流密度，表示阴极还原反应速度；k 为反应速度常数；C^S 为反应物的表面浓度；p 为反应级数。对于旋转圆盘电极，由式(3-7)～(3-9)可得

$$i_K=B\omega^{1/2}(C^O-C^S)$$

$$C^O=\frac{i_1}{B\omega^{1/2}}$$

$$C^{O}=\frac{i_1-i_K}{B\omega^{1/2}} \tag{3-17}$$

将式(3-16)代入式(3-15)并取对数,可得

$$\lg i_K=\lg k-p\lg\left(\frac{i_1-i_K}{\omega^{1/2}}\right) \tag{3-18}$$

因此在恒电位 φ 下,测定不同转速 ω 下的电流密度 i_K,将 $\lg i_K$ 对 $\lg\left(\frac{i_1-i_K}{\omega^{1/2}}\right)$ 作图得直线,直线的斜率即为该电极反应的级数。这种方法甚至不必知道反应物的浓度 C^{O}。

旋转圆盘电极在共轭化学反应的研究中也可应用。改变转速可使传质速度与化学过程的速度发生相对变化,可用于区分两个过程并可测定速度常数。例如,两个电荷传递反应之间存在着一个化学反应,即所谓 ECE 反应:

$$O_{(1)}+n_1e \longleftrightarrow R_{(1)}$$

$$R_{(1)} \overset{k}{\longleftrightarrow} O_{(2)}$$

$$O_{(2)}+n_1e \longleftrightarrow R_{(1)}$$

当转速足够快时,可使 $R_{(1)}$ 扩散到体相溶液中比它转变为 $O_{(2)}$ 更快。因此,随着转速的增加,可从 n_1+n_2 电子反应变为 n_1 电子反应。

旋转圆盘电极在电结晶过程、添加剂和整平剂作用机理、氧化膜的形成以及金属腐蚀等方面也有广泛应用。

上述旋转圆盘电极的理论和应用都是基于电极附近液流是层流的情况下得到的。因此,在设计和制作旋转电极时必须注意各种因素的影响。严格地说,式(3-7)是由无限薄的薄片电极在无限大的溶液中旋转导出的。这就要求圆盘的半径比 Pandtl 表层厚度 δ_{pr} 大得多,而且电解液至少超过圆盘边缘几厘米以上才行。电极的外径(包括绝缘层)大些,可减少边缘效应;但易引起湍流。特别在高速旋转时(例如 10 000 r/min 以上),电极的外径不能太大。通常取电极外径在几到十几毫米之间。

旋转电极的外形对液流亦有较大的影响。图 3-22 所示的旋转电极外形比较理想,因为这种形状的电极在旋转时上下两部分液流互不混杂。圆柱形电极制作较方便,也能满足一般的实验要求。用这种电极时要浸入溶液很浅。

电极制作时,必须注意金属电极与绝缘材料之间的密封。电极材料通常焊接或螺接在黄铜轴上。外部绝缘层常用聚四氟乙烯、聚三氟氯乙烯或聚乙烯塑料。为使金属电极与绝缘物之间密封良好,常在聚四氟乙烯棒中心打孔,孔的内径略小于电极的外径。制作时把电极棒在 200～220 ℃下加热,然后把电极棒硬插入塑料棒内孔中,当塑料冷却收缩后便得到密封良好的电极。也可把金属电极做成略具圆锥形,用螺纹连接使金属电极与绝缘物之间压紧。为了提高密封性,也可在制备时先在锥面上涂一些已调有固化剂的环氧树脂。为了满足式(3-7),圆盘电极表面的粗糙度与扩散层厚度 δ 相比必须很小,因此电极的底面必须十分平整,并进行抛光达到高光洁度。

为防止产生涡流或湍流,电解池内径不能太狭窄,在电极直径范围内不得有任何障碍物,而且旋转电极不应有偏心度。同轴性差的圆盘电极得到的 i_1 与 $\omega^{1/2}$ 之间的比例常数偏高。鲁金毛细管应沿轴向指向电极表面,与电极表面的距离大约等于电极的外径。辅助电极应做成圆盘或用铂丝做成圆圈,平行地安置在旋转电极表面的对面,并离开一定的距离,以便使研

究电极上电流密度分布均匀。为使电解池内维持一定的气氛，可用水封或汞封等方法将电解池密封。

旋转电极的转速应十分稳定，旋转时电极不得发生摇晃。为此，电动机要固定牢固，并能调节各种转速。测量转速可用闪光测速仪，这种方法不消耗电动机的功率，也不影响转速。另一种方法是在转轴上装一片金属片，在轴边装置一个光源和一个光电池（或光敏电阻），轴转动一次遮断光路一次，利用示波器观察光电池上的电压变化。利用变化周期可算出轴的转速。这种方法也不损耗电动机功率，对转速无影响。

旋转圆盘电极理论仅适用于层流条件和自然对流可忽略的情况，在这些条件下，自然对流不可忽视；而转速太高，往往引起湍流。对于直径为 1 cm 的电极，当 $\omega=2\times10^3$ rad/s（大约相当于 20 000 r/min）时，式（3-7）的应用就会受到限制。对于一个旋转圆盘电极性能的优劣，可通过前人研究过的体系进行校验。譬如，对于扩散控制的电极体系，由式（3-10）可知，$i_1-\omega^{1/2}$ 的关系应为通过原点的直线。

3.6.2 旋转环-盘电极

将一个同轴共面的圆环电极套在圆盘电极外围，其间用极薄的环形绝缘材料（如聚四氟乙烯、聚三氟氯乙烯或环氧树脂等）把它们隔开，就形成了旋转环-盘电极，如图 3-24 所示。当此双电极旋转时，如果满足层流条件，则溶液将从圆盘中心上升，与圆盘接近后沿圆盘径向向外运动，经过绝缘层到达环电极。

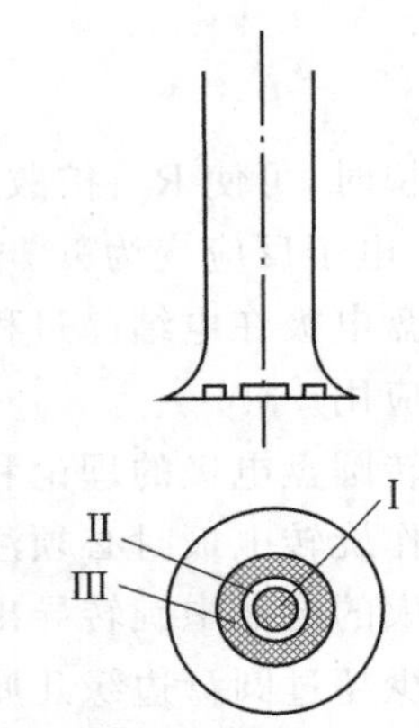

Ⅰ—圆盘；Ⅱ—绝缘间隙；Ⅲ—环电极

图 3-24 旋转环-盘电极结构示意图

环电极和盘电极可由不同材料制备而且是分别极化的，因此环电极可当作一个就地检测装置来监测盘电极上的反应产物。这种电极特别适于研究电极反应的中间产物，对于研究电极过程的作用机理很有用处。在研究中间产物时，必须将环电极控制在一定的电位下，使中间产物发生反应且达到其极限电流。这通常需要用双恒电位仪来实现。譬如在中央圆盘电极上发生下列连续电荷传递反应：

$$O+n_1e \longleftrightarrow R$$

$$R+n_2e \overset{\vec{k}_2}{\longleftrightarrow} Y$$

假定中间产物是稳定的，在圆盘电极上的第二步反应的速度常数 k_2 不大，则由圆盘电极的第一步反应所产生的中间产物 R，只有一部分在圆盘上进一步还原，其余部分分别由溶液的径向流动带往圆盘的边缘或扩散到溶液内部。圆环电极能够检测出这部分中间产物 R 中的一部分，在其上发生下列反应：

$$R+n_2e \rightarrow Y$$

圆环电极检测出 R 的数量取决于 R 在圆盘电极和圆环电极的反应速度及电极的旋转速度。乍看起来，似乎只要圆环电极足够大或中间产物在它上面进行还原的速度足够快，圆环电极便可检测出离开圆盘电极的全部中间产物。但实际上环电极面积相当小，在最好的情况下，它大约收集这个总数量的 40%。而且中间产物经常是不稳定的，它在前往环电极的途中在溶液里可进行化学反应，因此到达环电极的数量就更小了。实际上环-盘电极上盘、环及其间的绝缘环三个区域的大小尺寸，主要根据研究目的来确定。例如，当主要目的是研究不稳定中间产物的性质时，环电极的面积应当大一些，绝缘间隙应当窄一些。

旋转环-盘电极在研究包含中间产物或伴随吸附等的电极反应及电分析中有广泛用途。例如，当用旋转环-盘电极研究多电子反应过程的中间产物时，发现在未络合的 Cu^{2+} 的阴极还原过程中，Cu^{+} 作为中间产物而存在；而氧在铂上的还原过程中有中间产物 H_2O_2 存在。用双恒电位仪使氧在旋转圆盘电极上还原的同时，在环电极上加上能使 H_2O_2 氧化而不致使水分子氧化的正电位。若氧还原时在旋转圆盘电极表面有 H_2O_2 生成，它将被液流带到环电极表面，并在环电极电位下发生氧化而形成环电流 $I_{环}$。用这种电极测得稀碱溶液中平滑铂电极上氧还原时的极化曲线如图 3-25 所示。

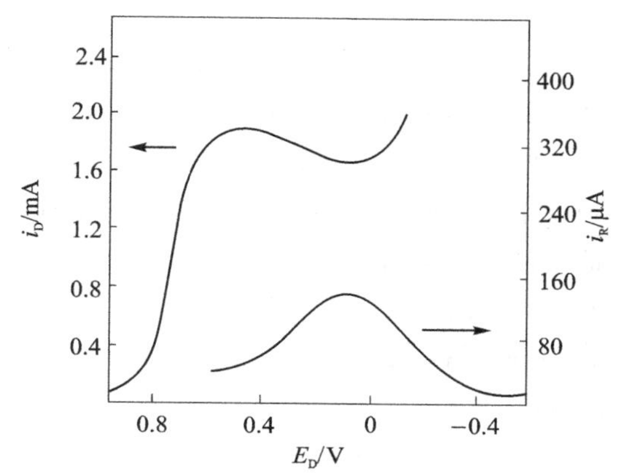

图 3-25　在 0.125 mol/L KOH 溶液中氧在环-盘电极上的极化曲线

在盘电极极化曲线的上升阶段，已可在环电极上检出 H_2O_2。但这时 $I_{环}$ 较小，表示生成的 H_2O_2 不多；或者是它能在盘电极上较快地分解。在 0.5～0.1 V 之间，盘电流有一极小值，同时环电流出现极大值，表明此电位范围内中间产物 H_2O_2 能在中央圆盘电极表面液层中积累到较高的浓度。由于电极旋转，部分中间产物离开中央圆盘电极而在环电极上反应，这就引起 $I_{盘}$ 降低和 $I_{环}$ 增大。

旋转环-盘电极适于研究平行电极反应。即使副反应对总盘电极电流的贡献小，用单电极法无法觉察出来，也可用环电极进行检测。环-盘电极在研究金属腐蚀过程中也得到应用。

3.7　稳态极化曲线的应用

极化曲线是研究电极过程动力学最基本、最重要的方法，它在电化学基础研究、金属腐蚀、电镀、电冶金、电解和化学电源等领域有广泛的应用。

3.7.1　在电化学基础研究方面的应用

在电化学基础研究方面，根据极化曲线可以判断电极过程的特征及控制步骤；可以查明给定体系可能发生的电极反应及最大可能的速度；可以从极化曲线测定电极反应的动力学参数，如交换电流 i^0、传递系数 α、标准速度常数 k_s、扩散系数 D 等；可以测定塔菲尔斜率，推算反应级数，进而研究反应历程；还可以利用极化曲线研究多步骤的复杂反应、吸附、表面覆盖层、钝化膜等。

1. 电极反应动力学参数的测定

对某电化学体系，已知电化学反应电子数 $n=1$，用稳态法测得表 3-1 所列极化数据(25 ℃)。

表 3-1　极化数据(25 ℃)

$i/(\text{mA}\cdot\text{cm}^{-2})$	η_a/mV	η_K/mV	$i/(\text{mA}\cdot\text{cm}^{-2})$	η_a/mV	η_K/mV
1.5	4	−4	31.1	64	−64
3.0	8	−8	37.5	73	−73
4.5	12	−12	44	81	−81
6.5	16	−16	61	96	−96
9.5	24	−24	100	120	−120
13.1	32	−32	158	144	−144
16.8	40	−40	250	168	−168
21.0	48	−48	395	192	−192
25.5	57	−57	640	216	−216

试求该体系的交换电流 i^0 及传递系数 α 和 β。

(1) 塔菲尔直线外推法

根据上述实验数据，在半对数坐标纸上作图，得阴阳极半对数极化曲线(见图 3-26)。由极化曲线的直线部分即塔菲尔直线($\eta=a+b\lg i$)的斜率可求得 $b_A=120\ \text{mV}$，$b_K=120\ \text{mV}$。因已知 $n=1$，由式(2-17)可求得传递系数 $\alpha=\beta=0.5$。

将阴、阳极极化曲线的直线部分外推得交点，由交点的横坐标可求得交换电流 $i^0=10\ \text{mA/cm}^2$。

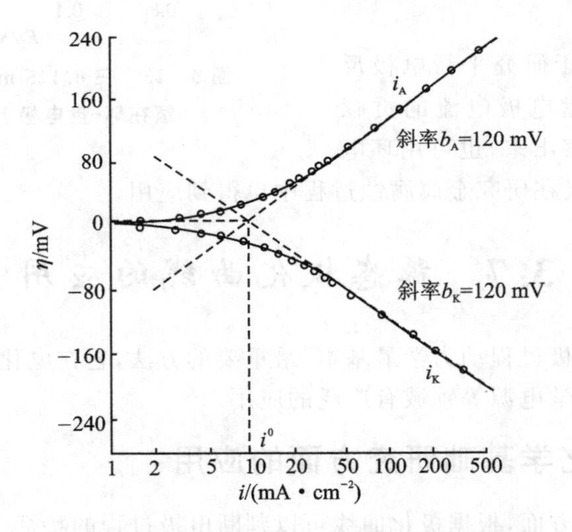

图 3-26　由实验数据画出的半对数极化曲线

(2) 线性极化法求 i^0

将实验数据在直角坐标纸上作图。在平衡电位附近的极化曲线为直线，由直线的斜率可得极化电阻 R_r 为

$$R_r=\left(\frac{d\eta}{di}\right)_{\eta\to 0}=2.5\ \Omega\cdot\text{cm}^2$$

由式(1-10)可算出交换电流密度 i^0 为

$$i^0=\frac{RT}{nF}\cdot\frac{1}{R_r}=10.3\ \mathrm{mA/cm^2}$$

但此法不能求 α 和 β。

2. 纳米金电极催化性能研究

Mohamed S El－Deab 利用纳米金颗粒电沉积法制备了旋转圆盘纳米金颗粒电极，并通过稳态测量研究方法对纳米金电极的催化性能进行了研究，并与在传统的旋转金电盘电极上得到的结果进行了比较。

不同转速下纳米金颗粒电极的极化曲线如图 3－27 所示。由图可以看出，当 O_2 在纳米金电极上还原时，没有微小的极限电流峰存在（曲线 $a\sim g$）；H_2O_2 在－100 mV（相对于 Ag/AgCl/饱和 KC1 电极）开始还原（曲线 d''）；析氢反应在－400 mV（相对于 Ag/AgCl/饱和 KC1 电极）时开始与 O_2 还原反应。不存在极限电流，反应受到动力学和扩散控制。图 3－28 所示为 O_2 在传统金电极和纳米金电极上还原的典型 K－L 曲线。

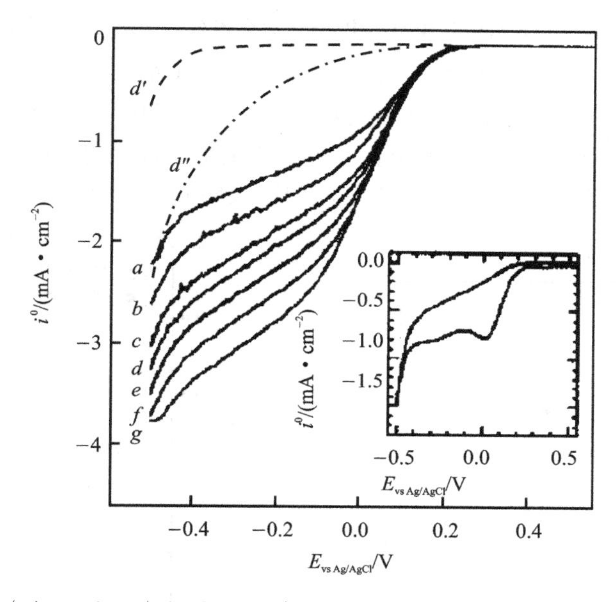

a—200 r/min；b—400 r/min；c—600 r/min；d—800 r/min；e—1 000 r/min；f—1 500 r/min；g—2 800 r/min

注：曲线 $a\sim g$ 是在饱和了的 O_2 的 0.5 mol/L H_2SO_4 溶液中测得，扫速 10 mV/s。d'和 d''分别是在不含有和含有 1 mmol/L H_2O_2 的经 N_2 饱和的 0.5 mol/L H_2SO_4 溶液中测得。

图 3－27　不同转速下旋转纳米金颗粒电极（ϕ＝2.0 mm）的伏安行为

用方程计算反应电子数 n。结果表明，O_2 在旋转圆盘 Pt 电极上还原得到结果如图 3－28 中虚线所示，由此得到 n 值与期许值（即 4 电子）很接近。在传统金电极和纳米金电极上 n 与电极电势关系如图 3－29 所示。在传统金电极上，n 的值随着电极电势负移而增加。例如，当电极电势从－0.1 V 负移到－0.35 V 时，n 从 2 变化到 3 左右。根据传统金电极和纳米金电极在酸性介质中的研究，$2<n<3$ 的结果被认为是 H_2O_2 的部分还原。对于纳米金电极来说，在同一电极电势下 n 的值比在传统金电极上获得的值高，在－0.35 V 左右达到最大值 $n=4$。另外，从图 3－28(b)中可以总结出，图 3－28(b)的截距比图(a)的截距小，结合式

$$1/i=1/i_K+1/i_d=-1/(nFAkC^O)-1/(0.62nFAD_{O_2}^{2/3}v^{-1/6}C^O\omega^{1/2})$$

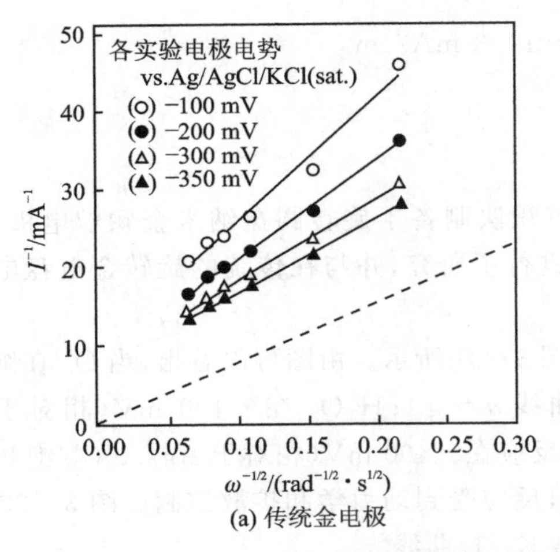

(a) 传统金电极

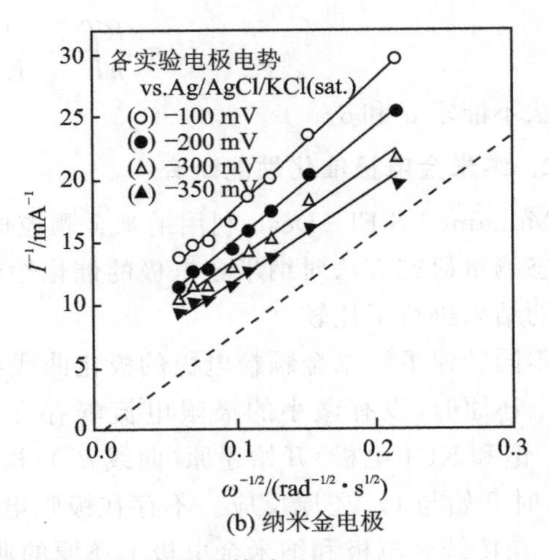

(b) 纳米金电极

注：虚线表示用旋转 Pt 盘电极在同一电极溶液获得的结果。

图 3-28　O_2(饱和在 0.5 mol/L H_2SO_4 中)在传统金电极和纳米金电极上还原的 K-L 曲线

可知，这表示在纳米金电极上产生的 I_K 比在传统金电极上的大。

利用式从图 3-28 的各数据点可计算其对应的电化学反应电流，将其结果以塔菲尔曲线的形式示于图 3-30 中。从图中可知，纳米金电极比传统金电极在同一电势下具有更高的动力学电流值，同时还可以知道，两条直线的斜率几乎一样，表明 O_2 在两电极上还原具有相似的机理。

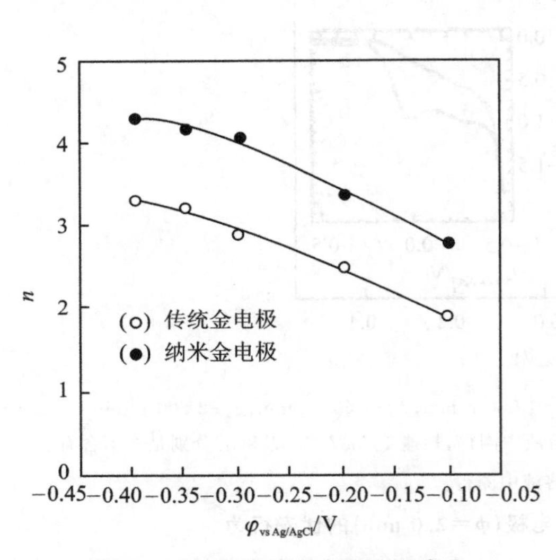

图 3-29　在传统金电极和纳米金电极上 n 与电极电势的关系

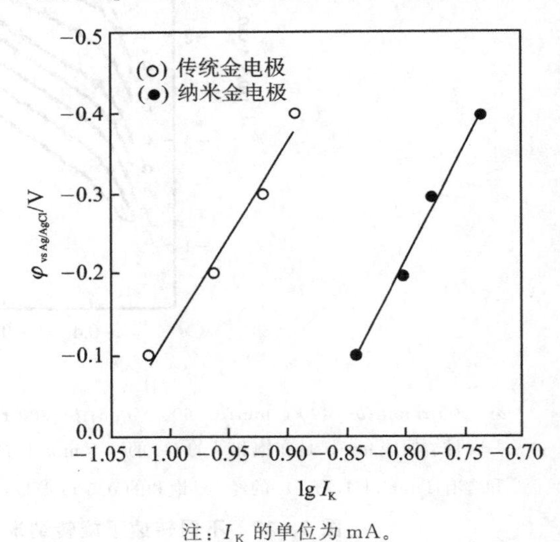

注：I_K 的单位为 mA。

图 3-30　O_2 在纳米金和传统金电极的 Tafel 曲线

以上分析表明，纳米金电极比传统金电极的活泼性高。纳米颗粒在许多其他反应中也表现出超常的电催化活性。例如，CO 氧化，不饱和醇和醛的催化加氢，O_2 还原。而对于同一反应，传统金电极就表现出相对弱的电化学催化活性。

3.7.2　在腐蚀科学中的应用

在金属腐蚀方面，测量极化曲线可以得出阴极保护电位、阳极保护电位、致钝电位、维钝电流、击穿电位和再钝电位等。在稳定电位(或自腐蚀电位)附近及弱极化区测量极化曲线可以快速测量腐蚀速度,有利于筛选或鉴定金属材料和缓蚀剂。采用多次阴阳极氧化作出腐蚀行为图,可用于测量合金的腐蚀速率,有较好的重现性。测量阴极区和阳极区的极化行为可用于研究局部腐蚀。分别测量两种金属的极化曲线,可以推算这两种金属连接在一起时的电偶腐蚀。测量腐蚀系统的阴阳极极化曲线,可查明腐蚀的控制因素、影响因素、腐蚀机理以及缓蚀剂作用类型等。

David StJohn 通过极化曲线等方法观察表征镁在乙二醇水溶液中的腐蚀行为,发现随着乙二醇浓度的增加,镁的腐蚀速率降低,然而,在 NaCl 污染的乙二醇中,碳酸氢钠和硫酸钠表现出一定的抑制作用。Kear 等综述了 Cu90Ni10 合金在氯化物体系中的腐蚀行为,肯定了在稳定电势附近出现的电化学和传质混合控制的“塔菲尔区”,如图 3－31 和图 3－32 所示。Sanchez 等对旋转圆盘电极测得的极化曲线所定义的表观阳极塔菲尔斜率在很大转速范围内都得到了很好的验证。

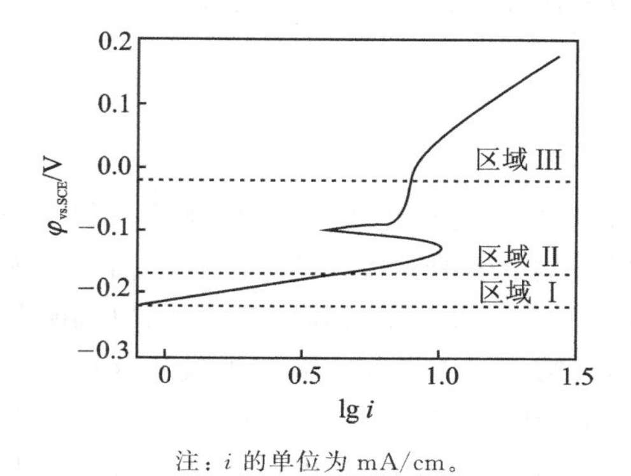

注：i 的单位为 mA/cm。

图 3－31　Cu90Ni10 合金在氯化物介质中的典型阳极极化曲线

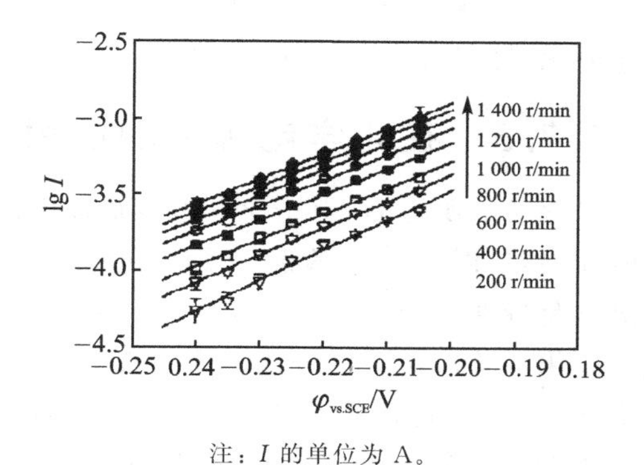

注：I 的单位为 A。

图 3－32　不同传质条件下 Cu90Ni10 合金在海水中的表观 Tafel 曲线

极化曲线的测定常常用来研究电极过程的影响因素,现以氯离子对镍阳极钝化行为的影响为例加以说明。镍与其他过渡族金属一样,容易发生阳极钝化。对于有钝化行为的阳极极化曲线需要用恒电位法测定,而不宜使用恒电流法。用恒电位法测得的镍在 1 mol/L H_2SO_4 及不同含量 NaCl 溶液中的阳极极化曲线如图 3－33 所示。其中,曲线 1 为不含 Cl 离子的曲线,整个阳极极化曲线可分为四个不同的区域:AB 段为活性区,此时金属进行正常溶解,阳极电流随电位的改变一般服从半对数关系;BC 段为过渡区,这时金属开始发生钝化,随着电位的正移,金属的溶解速度反而迅速减小,极化曲线出现“负坡度”;CD 段为钝化区,这时金属处于稳定的钝化状态,金属的溶解速度几乎与电极电位的变化无关;DE 段为过钝化区,这时电流再度随电极电位变正而增大(这可能是由于金属生成了易于溶解的高价化合物,也可能是由于氧的析出引起的)。从这种恒电位阳极极化曲线可得到下列重要参数:致钝电流、致钝电位、稳定钝化电位区以及维钝电流等。这些参数对于研究金属的钝化现象具有重要意义。

从图 3－33 中阳极极化曲线可以看出 Cl 离子对于金属钝化的影响:当添加 0.1%NaCl 时,可使维钝电流增加一个数量级以上;当 NaCl 的浓度大于 0.5%时,维钝电流(即阳极腐蚀速度)增加三个数量级以上。这种钝态的破坏通常归因于氯离子在钝化表面上的吸附。由于这种吸附氯离子的存在,促使氧化膜溶解,从而导致钝态的破坏。当氯离子浓度不足时,只能

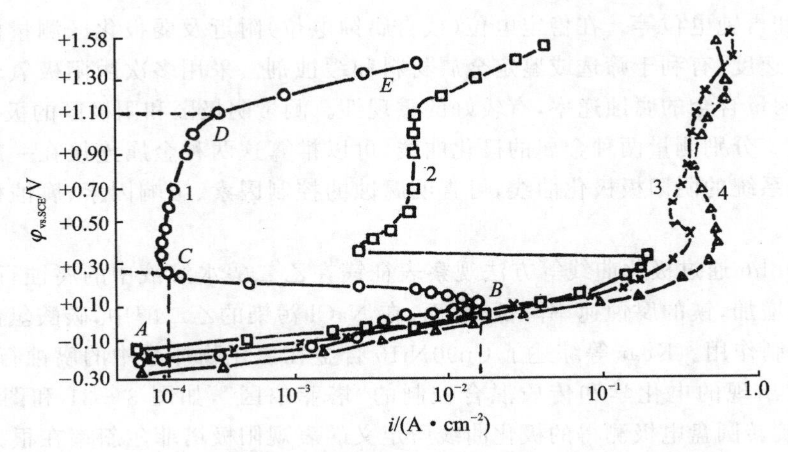

NaCl 浓度：1—0；2—0.1%；3—0.5%；4—3.5%

图 3-33　镍在含有不同浓度 NaCl 的 1 mol/L H_2SO_4 溶液中的阳极极化曲线

引起钝化膜的局部破坏，导致金属的点蚀。

3.7.3　在化学电源中的应用

在化学电源方面，由于化学电源负荷下的电压是直接由总极化决定的，极化较大的电池的负荷性很差，即电压效率低。因此，负荷特性可直接用整个电池的极化曲线定量地描述。为了找出负荷特性差的原因以利于改进，必须分别测量阳极和阴极的单电极极化曲线，以判断各电极的极化占总极化的百分比。为此必须在电池中插进第三个电极作为参比电极。这种参比电极要求：①在该电池溶液中有较稳定的电极电位；②测量时流过的微小电流不致引起参比电位明显改变；③不要与其他两电极短路。此外，要进一步通过单电极极化曲线研究活化过电位 η_a、浓差过电位 η_c 和电阻过电位 η_R 间的主次关系，找出症结所在，以便进一步找出解决方法。

Mo Yibo 等利用旋转环盘电极技术对载有高分散铂黑的玻璃碳电极 Pt/GC 的性能进行了探讨。三个不同载铂量的 Pt/GC 电极的 O_2 还原反应的动态极化曲线见图 3-34。

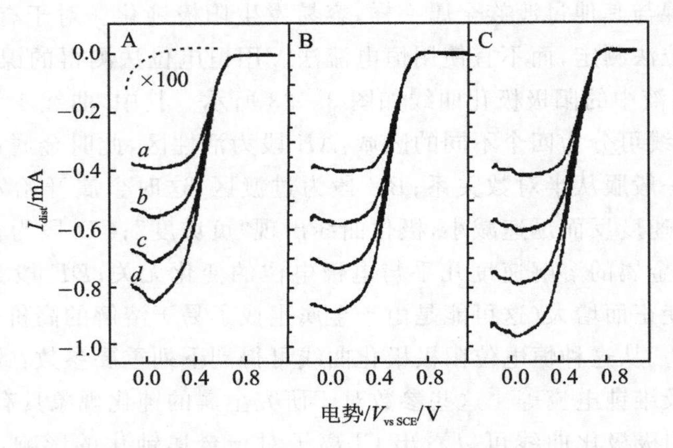

注：20 mV/s，载铂黑的量：A—0.12 mC/cm²；B—0.95 mC/cm²；C—1.8 mC/cm²。电极转速：*a*—400 r/min；*b*—900 r/min；*c*—1 600 r/min；*d*—2 500 r/min。A 中的虚线是在裸露的 GC 圆盘电极（900 r/min）得到的。

图 3-34　不同载铂量的 Pt/GC 电极在 O_2 饱和的 0.5 mol/L H_2SO_4 中的动电势极化曲线

由图 3-34 可以看到，在裸露 GC 电极上仅观测到微小电流，说明裸露的 GC 电极对 O_2 还原反应是完全惰性的。所以，分散有铂黑的 Pt/GC 电极对 O_2 的还原反应表现出很高的催化活性。对这些曲线的进一步分析发现，当相对于参比电极，电极电势为 0.04 V 时，氧气的还原极限电流的大小随 Pt 量增大而增大。

在其他条件相同的情况下，分别用载铂量最高为 1.82 mC/cm^2 的 Pt/GC 电极和横截面相等的块状 Pt 电极进行 PRDE 试验，结果见图 3-35。可以看到，即使是载铂量最高的 Pt/GC 电极对应的极限盘电流也比块状 Pt 电极对应盘电流小。在载铂电极上检测到的环电流（H_2O_2 的氧化）较块状 Pt 电极大，表明是在载铂电极上更多地发生 2e 反应历程，同时载铂电极的盘电流 I_{disk} 较小也支持了这一论点。

基于图 3-34 和图 3-35 所得数据，三个 Pt/GC 电极和块状 Pt 电极的 O_2 还原反应的 I_{lim} 和半波电势见图 3-36。这些结果至少定性地表明，电极表面的总 Pt 面积对这些参数值的影响，特别是在反应部分受电化学步骤控制的电势范围内。在一次 O_2 还原实验完成后，在溶液中通入纯 Ar 净化后再次对于检测使用的三个 Pt/GC 电极进行氢的库仑分析。

结果表明，Pt/GC 表面 Pt 量仅变化了 6%，而大部分颗粒仍然粘附于电极表面。图 3-36 是 O_2 还原反应的极限电流 I_d 和半波电势 V 对 $\omega_{1/2}$ 的图，是在载铂量为 1.82 mC/cm^2 的 Pt/GC 电极上电沉积单分子层 Se 前后得到的 O_2 还原反应的极化曲线。用 Se 改性的 Pt 表面对酸性介质中 O_2 还原反应尤其是 O_2 还原成 H_2O_2 有很高的活性。实际上，不仅 Se-Pt/GC 电极的 I_{lim} 是在全裸 Pt 电极上观测到的一半，而且在圆环检测 I_{ring}（H_2O_2 产生的量）相比于后一个表面也高至少一个数量级。虽然没有得到 Pt/GC 电极的显微图像，但可以认定这是由于 Pt 颗粒紧紧嵌入了 GC 结构中以至在机械旋转中它们没有发生移动。

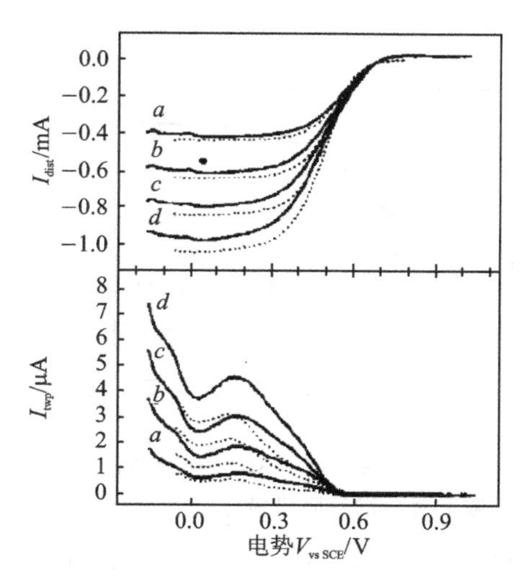

注：20 mV/s，ϕ=1.14，溶液为用 O_2 饱和的 0.5 mol/L H_2SO_4。电极旋转速度：a—400 r/min；b—900 r/min；c—1 600 r/min；d—2 500 r/min。

图 3-35　载铂量为 1.82 mC/cm^2 的 Pt/GC 电极与块状 Pt 电极的比较

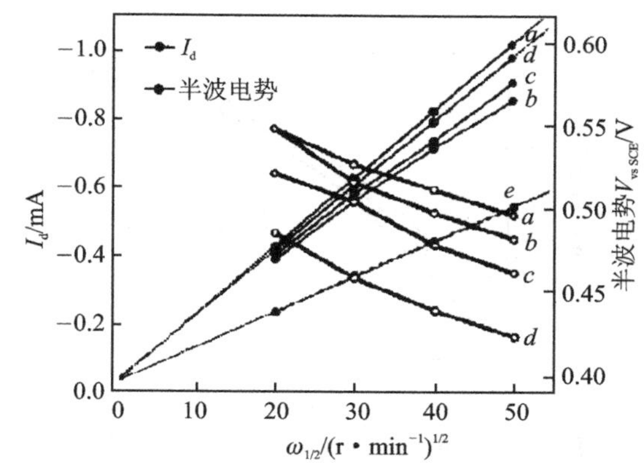

注：a—块状 Pt 圆盘（斜率 $S=-0.019\ 46\ mA/(r/min)^{1/2}$，截距 $I=-0.038\ 4$ mA）；b—0.12 mC/cm^2；c—0.95 mC/cm^2；d—1.12 mC/cm^2（$S=-0.018\ 56\ mA/(r/min)^{1/2}$，$I=-0.038\ 4$ mA），e—经 Se 改性的载铂电极（$S=-0.018\ 56\ mA/(r/min)^{1/2}$，$I=-0.038\ 4$ mA）。

图 3-36　O_2 还原反应的极限电流 I_d 和半波电势 V 对 $\omega_{1/2}$ 的图

3.7.4 在表面防护中的应用

在电镀、电冶金、电解方面，研究主反应和副反应（如阴极放氢、阳极放氧）的极化曲线直接与电流效率有密切关系。在电镀或电沉积合金时，可利用研究各成分的极化曲线，找出适当的电解液配方和电流密度。为了使阳极顺利地溶解，可测量阳极钝化曲线，找出适当的电解液配方和阴阳极面积比。从极化曲线的测量还可以估计电镀液的分散能力和电流分配。采用旋转圆盘电极可以研究电镀添加剂的整平作用。

胡会利等在研究 Sn－Co 合金电沉积时对各金属离子进行了阴极极化曲线扫描，结果如图 3－37 所示。从－0.4 V 到－1.2 V 扫描得到阴极极化曲线。为了突出有研讨意义的电势区间，所列曲线仅为实验结果的一部分。从图中可以看到，当电势为－1.0 V 时出现锡的还原电流峰，但由焦磷酸钾和钴盐所构成的体系在析氢之前不出现电流峰值（如曲线 *b* 所示）。曲线 *c* 表明，在焦磷酸钾体系中，当 $SnCl_2 \cdot 2H_2O$ 的浓度为 15 g/L、$CoCl_2 \cdot 7H_2O$ 浓度为 30 g/L 时能实现锡和钴的共沉积。

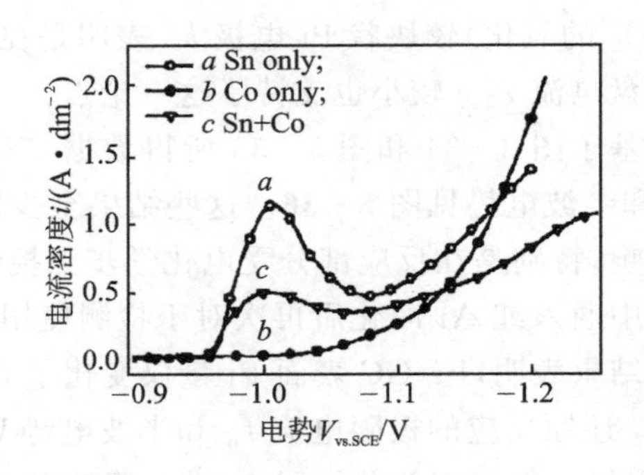

a—$SnCl_2 \cdot 2H_2O$ 15 g/L；*b*—$CoCl_2 \cdot 7H_2O$ 30 g/L；*c*—$SnCl_2 \cdot 2H_2O$ 15 g/L+$CoCl_2 \cdot 7H_2O$ 30 g/L

图 3－37 含有不同金属离子的阴极极化曲线

李宁等研究了在含有不同 Co^{2+}/Ni^{2+}（1∶5和 5∶1）电解液中 Al_2O_3 粒子浓度添加量对合金电沉积阴极行为的影响，如图 3－38 和图 3－39 所示。

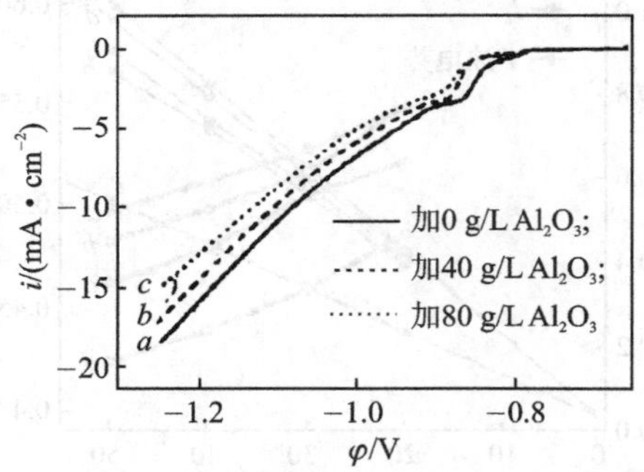

图 3－38 电解液中 Co^{2+}/Ni^{2+}＝1∶5时，Al_2O_3 粒子浓度对共沉积阴极极化行为的影响

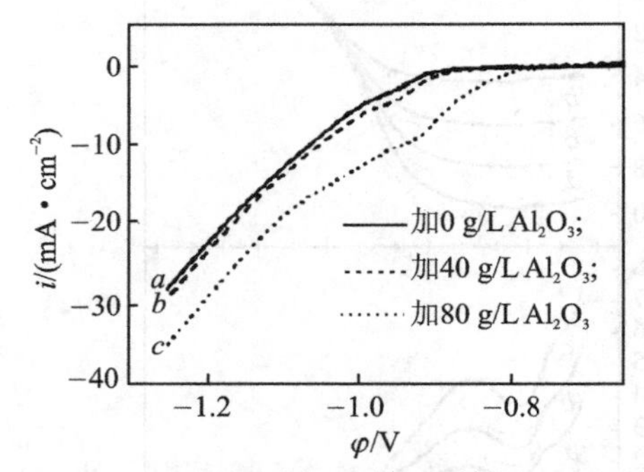

图 3－39 电解液中 Co^{2+}/Ni^{2+}＝5∶1时，Al_2O_3 粒子浓度对共沉积阴极极化行为的影响

在含有高 Ni^{2+} 浓度的电解液（Co^{2+}/Ni^{2+}＝1∶5）中，Al_2O_3 与 Co－Ni 合金共沉积的阴极极化曲线见图 3－38。曲线表明，有两个连续的还原反应，即 Co^{2+}/Ni^{2+} 还原生成 Co－Ni 合金和 H^+ 离子放电生成 H_2。在高 Ni^{2+} 浓度的电解液中，随着 Al_2O_3 粒子浓度的增加，阴极极化逐渐增大，但斜率并没有改变。还原电势随着粒子浓度的增加不断向负偏移，是由于吸附在电极表面的 Al_2O_3 粒子产生的屏蔽作用，阻碍了 Ni^{2+} 金属离子的还原，增大了反应活化能，但没有改变反应的动力学历程。而对于 Co^{2+}/Ni^{2+}＝5∶1的高 Co^{2+} 浓度的电解液，随着 Al_2O_3 粒子浓度的增加，阴极极化逐渐向正向偏移，在－0.75～－1.25 V 的电势范围内，导致了阴极电流密度的增加。当 Al_2O_3 粒子浓度为 80 g/L 时，电势向正移动了 140 mV，情况与高 Ni^{2+} 浓度的电解液相反。在复合电沉积中，惰性粒子降低了阴极极化的这种去极化效应，可能是由于 Co^{2+} 在 Al_2O_3 粒子表面的吸附增强了粒子的电泳效应，使得 Co^{2+} 在扩散层内扩散速度加快。而且，还原电势的正移也是由于大量的 Co^{2+} 吸附在粒子表面，同时粒子又吸附于电极表面，增加了反应的活性面积。

思考题

1. 有哪些办法可测得稳态极化曲线？

2. 何谓控制电流法和控制电位法？各有何特点？如何实现？为什么？

3. 试根据实验室现有的仪器画出几种测得稳态极化曲线的实验线路图，并分析线路中各部分的作用。

4. 试述旋转圆盘电极的环-盘电极的特点、原理和用途。举例说明稳态极化曲线的意义和应用。

第4章 控制电流暂态法

4.1 暂态法概述

4.1.1 暂态过程和暂态测试方法

从电极开始极化到电极过程达到稳态这一阶段称为暂态过程(transient state)。电极过程中任一基本过程,如双电层充电、电化学反应或扩散传质等未达到稳态都会使整个电极过程处于暂态过程中。这时,电极电位、电极界面的吸附覆盖状态或者扩散层中浓度的分布都可能处在变化中,因此暂态过程比稳态过程复杂得多。但是,暂态过程比稳态过程多考虑了时间因素,可以利用各基本过程对时间响应的不同,使所研究的问题得以简化,从而达到研究各基本过程和控制电极总过程的目的。

在扩散控制或混合控制的情况下,达到稳态扩散之前,电极表面附近反应粒子的浓度同时是空间位置和时间的函数,反应物的扩散流量与极化时间有关。或者说,决定浓差极化特征的物理量除了浓度 C、扩散系数 D 之外,还有极化时间 t。因此,在 C、D 不变的情况下,可以通过改变极化时间 t 来控制浓差极化。后面将要讲到,在扩散控制的暂态过程中,有效扩散层厚度可用$\sqrt{\pi Dt}$来衡量。若 $t<0.1$ s,而扩散系数 $D=10^{-5}$ cm^2/s 数量级,则有效扩散层厚度 $\sqrt{\pi Dt}<0.002$ cm。在靠近电极的液层里,对流的影响可忽略不计。因此,暂态法是研究浓差极化的一种好方法。更重要的是,暂态法对于测定快速电化学反应动力学参数非常有利。由于浓差极化的影响,很难用稳态法测量快速反应动力学参数,若用旋转电极来减薄扩散层有效厚度,则要制造几万 r/min 的机械装置,这是相当不容易的。若用暂态法缩短极化时间,使扩散层有效厚度变薄,可大大减小浓差极化的影响。譬如,若能将测量时间缩短到 10^{-5} s以下,则瞬间扩散电流密度可达几十 A/cm^2,这样就可使本来是扩散控制的电极过程变为电化学控制。

但是极化时间不能无限制地缩短。因为极化时间缩短到一定程度后,双电层充电对动力学参数测量的影响就显著增大了。即使在纯电化学控制下,在电极通电后也不能立即达到稳定电位,而是要经过一定时间的暂态过程。如图 4-1 所示,当加到电极上一个电流阶跃(见图 4-1(a))后,电位要经过一定时间(Δt)才达到某一稳定电位,得到一个稳定的过电位 η_∞(见图 4-1(b))。

这一过程可通过图 4-2 来说明。在极化前电极双电层如图 4-2(a)所示,无外电流通过金属/溶液界面。极化后的暂态过程中输送到金属/溶液界面的总电流 i 一部分用于双电层充电,改变电极电位,称为双电层充电电流(double-layer charging current)i_C,或者称为电容电流(capacitive current);另一部分消耗于电化学反应,称为电极反应电流(electrochemical reaction current)i_r。因此,总电流 i 可以表示为

$$i=i_C+i_r \tag{4-1}$$

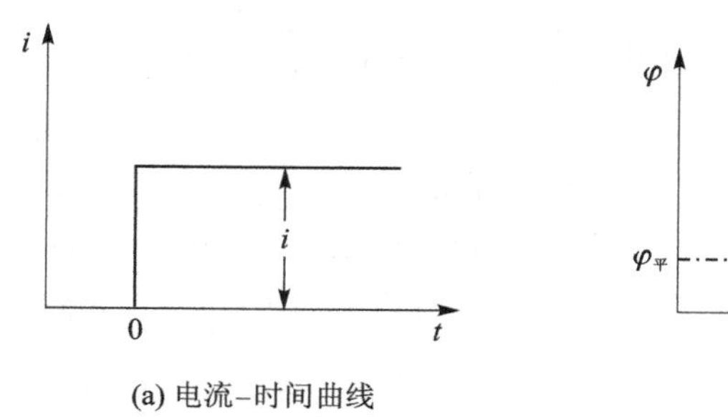

(a) 电流-时间曲线

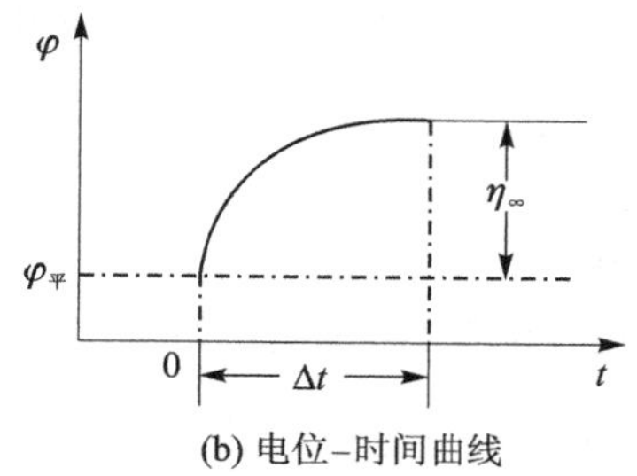

(b) 电位-时间曲线

图 4-1　电流阶跃暂态电位-时间曲线

电极反应电流也叫法拉第电流(Faraday current)i_F，这种电流是电极界面上还原(或氧化)反应受(或授)电子所产生的。按照法拉第定律，每一克当量物质进行化学反应所产生(或需要)的电量为 1 F(即 96 500 C 或 26.8 A·h)。而双电层充电电流是由双电层电荷的改变引起的，其电量不符合法拉第定律，所以也称为非法拉第电流(non-Faradaic current)。

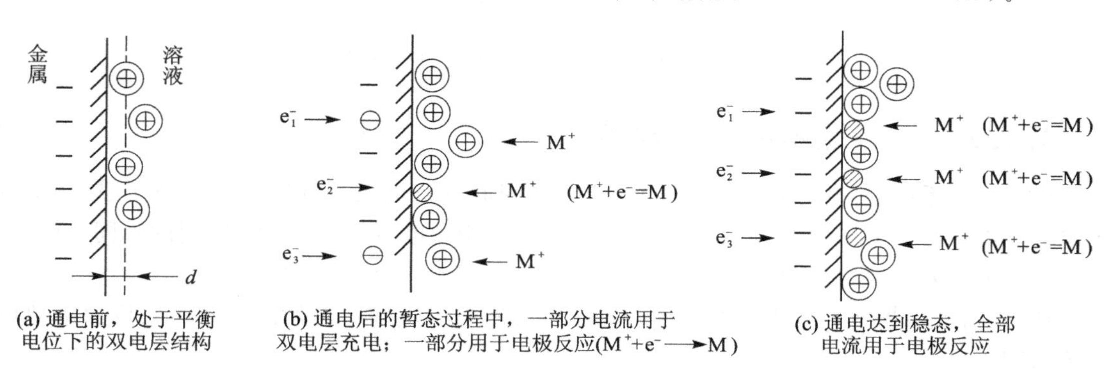

(a) 通电前，处于平衡电位下的双电层结构　(b) 通电后的暂态过程中，一部分电流用于双电层充电；一部分用于电极反应(M⁺+e⁻⟶M)　(c) 通电达到稳态，全部电流用于电极反应

图 4-2　电极/溶液界面通电后的变化过程示意图

双电层充电电流为

$$i_C=\frac{\mathrm{d}q}{\mathrm{d}t}=\frac{\mathrm{d}(C_{\mathrm{d}}\cdot\varphi)}{\mathrm{d}t}=C_{\mathrm{d}}\frac{\mathrm{d}\varphi}{\mathrm{d}t}+\varphi\frac{\mathrm{d}C_{\mathrm{d}}}{\mathrm{d}t}\tag{4-2}$$

式中：q 为电极表面的电荷密度；C_{d} 为电极双电层电容；φ 为电极电位；$q=C_{\mathrm{d}}\cdot\varphi$。

式(4-2)中右边第一项为电极电位改变时引起的双电层充电电流，第二项为双电层电容改变时引起的双电层充电电流。当表面活性物质在电极界面吸(脱)附时，双电层结构发生剧烈变化，因而 C_{d} 有很大变化。这时，第二项有很大的数值，表现为吸(脱)附电容峰。但在一般情况下，C_{d} 随时间变化不大，第二项可以忽略。

又因$\frac{\mathrm{d}\varphi}{\mathrm{d}t}=\frac{\mathrm{d}\eta}{\mathrm{d}t}$，所以

$$i_C=C_{\mathrm{d}}\frac{\mathrm{d}\varphi}{\mathrm{d}t}=C_{\mathrm{d}}\frac{\mathrm{d}\eta}{\mathrm{d}t}\tag{4-3}$$

随着双电层充电，过电位增加，电极反应也随之加速。由式(2-10)可知：

$$i_{\mathrm{r}}=i^0\left[\exp\left(\frac{\alpha nF\eta}{RT}\right)-\exp\left(\frac{-\beta nF\eta}{RT}\right)\right]\tag{4-4}$$

将式(4-3)和式(4-4)代入式(4-1)，可得

$$i = C_d \frac{d\eta}{dt} + i^0 \left[\exp\left(\frac{\alpha n F \eta}{RT}\right) - \exp\left(\frac{-\beta n F \eta}{RT}\right) \right] \tag{4-5}$$

可见，在电流阶跃暂态期间，虽然极化电流 i 不随时间发生变化，但充电电流 i_C 和反应电流 i_r 却随时间发生变化（见图 4-3）。在暂态过程初期，过电位 η 很小，式（4-5）右边第二项与第一项相比要小得多，电极极化电流主要用于双电层充电，即 $t \approx 0, \eta \approx 0, i_r \approx 0, i \approx i_C$。随着双电层充电过程的进行，过电位逐渐增大，式（4-5）右边第二项（即 i_r）逐渐增大，第一项（即 i_C）则相应地减小。当接近稳态时，$\frac{d\eta}{dt}=0$，式（4-5）右边第一项接近零，双电层停止充电，双电层电量和结构不再改变，流过电极的电量全部用于电化学反应（见图 4-2 和图 4-3）。

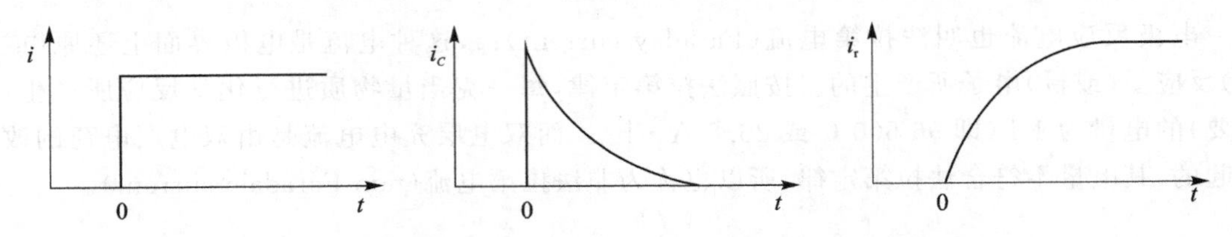

图 4-3　电流阶跃暂态期间 i_C 和 i_r 随时间的变化

4.1.2　暂态过程的等效电路

由于暂态系统是随时间而变化的，相当复杂，因此常将电极过程用等效电路来描述，即每个电极基本过程对应一个等效电路的组件。然后，利用各电极基本过程对时间的不同响应，可以使复杂的等效电路得以简化或进行解析，从而简化问题的分析和计算。

通常，需要根据各个电极基本过程的电流、电势关系，来确定它们的等效电路以及等效电路之间的关系。

1. 电化学反应控制下的界面等效电路

当在电极界面上规则地排布着异种电荷，形成了界面双电层时，就类似于一个平板电容器，可以等效成一个双电层电容，用符号 C_d 来表示；同时，电极界面上还在进行着电荷传递过程，电荷传递的速度由法拉第电流来描述，由于电荷传递过程的迟缓性，法拉第电流引起了电化学极化超电势，这一电流、电势关系非常类似于电阻上的电流、电压关系，因此电荷传递过程可等效成一个电阻，称为电化学反应电阻，或称为电荷传递电阻（简称为电化学电阻），用符号 R_r 来表示。

在暂态过程中，总的极化电流等于流过双电层电容 C_d 的双电层充电电流 i_C 与流过电化学电阻的反应电流 i_r 之和，即 $i = i_C + i_r$。而且，电化学电阻两端的电压（即电化学极化超电势）正是通过改变双电层荷电状态建立起来的，就等于双电层电容 C_d 两端的电压。综合考虑 C_d 与 R_r 之间的电流、电势关系可知，C_d 与 R_r 之间应该是并联关系。因此，电化学反应控制下的界面等效电路应为 C_d 和 R_r 的并联电路，如图 4-4 所示。

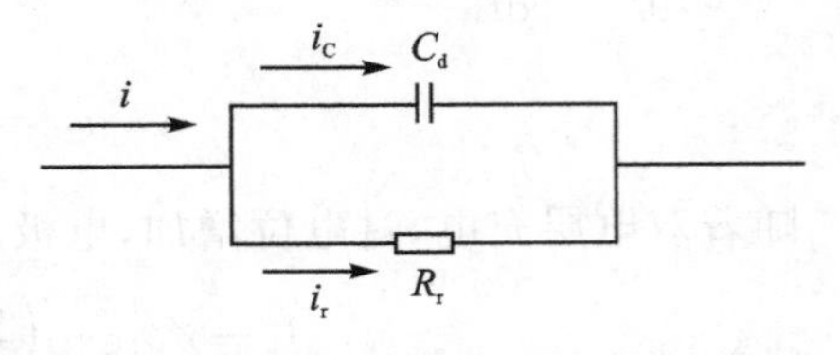

图 4-4　电化学反应控制下的界面等效电路

从这个等效电路也可以看出，在开始接通电路时主要对双电层充电。当暂态过程结束时，也就是

双电层充电结束时，电流全部流经反应电阻 R_r，用于电化学反应。从等效电路可知：

$$\eta = R_r i_r \tag{4-6}$$

达到稳态时，$i_r = i$，所以稳态时的过电位 $\eta_\infty = R_r i$，即

$$R_r = \frac{\eta_\infty}{i} \tag{4-7}$$

在电化学极化控制下，暂态过程所经历的时间就是双电层充电所需要的时间，主要取决于电极的性质和充电电流的大小。

对于图4-4所示的电极等效电路来说，由式(4-1)、式(4-3)和式(4-6)可得恒电流充电微分方程式，即

$$\frac{d\eta}{dt} + \frac{\eta}{R_r C_d} - \frac{i}{C_d} = 0 \tag{4-8}$$

解此方程式可得

$$\eta = iR_r(1 - e^{t/R_r C_d}) \tag{4-9}$$

这就是恒电流充电曲线方程式。当达到稳态时，$t \to \infty$，$i_r = i$，可得 $\eta_\infty = iR_r$，代入上式可得

$$\eta = \eta_\infty(1 - e^{t/R_r C_d}) \tag{4-9a}$$

这是恒电流充电曲线的另一种形式。式中，$R_r C_d$ 为电极时间常数，通常用 τ 表示，即

$$\tau = R_r C_d \tag{4-10}$$

这说明电极时间常数取决于电极体系本身的性质。从式(4-9a)可知，当极化时间 $t \geqslant 5\tau$ 时，过电位可达到稳态过电位的99%以上，一般认为这时已达到稳态。因此，在电化学极化控制下，暂态过程的时间约为 5τ。要想不受双电层的影响，就必须在 $t \geqslant 5\tau$ 后测量稳态过电位。

实际测量中，极化电流通过电极/溶液界面后还流过电解液，在溶液电阻未补偿且忽略浓差极化的情况下，研究电极与参比电极间的等效电路如图4-5所示，即 R_r 与 C_d 并联后再与 R_l 串联。R_l 表示研究电极与参比电极间的溶液电阻。

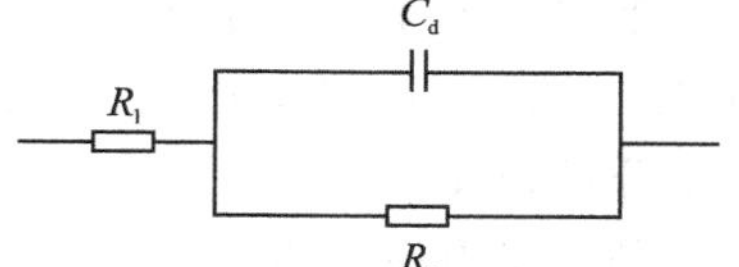

图4-5 电化学反应控制下的电极等效电路

此电化学反应控制下的电极等效电路可依据以下情况进一步简化。

① 当测量信号单向极化持续时间极短，即 $t \to 0$ 时，由于通过电极的电流极小，不足以改变电极/溶液界面的电荷状态，双电层尚未开始充电。等效电路可由图4-5所示的形式进一步简化为图4-6(a)所示的形式。利用此过程可测量溶液电阻 R_l。

(a) $t \to 0$ (b) $t << \tau$ (c) $t > (3\sim5)\tau$ (d) $t > (3\sim5)\tau, R_l \to 0$

图4-6 电化学反应控制下的电极等效电路的进一步简化

② 当测量信号单向极化持续时间很短，即 $t \ll \tau$ 时，电化学反应还来不及发生，$i_F = 0$，电流全部用于双电层充电。等效电路可由图4-5所示的形式进一步简化为图4-6(b)所示的形式。此时可以测量 C_d，研究电极界面信息。

③ 当 $t \gg \tau$，即 $t > (3\sim5)\tau$ 时(同时 t 尚未长到引起浓差极化)，电化学反应达到稳态，电流全部用于电化学反应，$i_C = 0$，等效电路可由图4-5所示的形式进一步简化为图4-6(c)所

示的形式。

④ 当 $t>(3\sim5)\tau$，且 $R_1\to0$（即消除或补偿了溶液欧姆压降）时，等效电路可由图 4-5 所示的形式进一步简化为图 4-6(d)所示的形式。此时，可测量 R_r。

2. 浓差极化不可忽略时的界面等效电路

(1) 扩散过程的等效电路

当极化电流通过电极/溶液界面时，电化学反应发生，这样就导致了界面上反应物的消耗和产物的积累，出现了浓度差。在电极通电的初期，扩散层很薄，浓度梯度很大，扩散传质速率很快，因此没有浓差极化出现。随着时间的推移，扩散层逐步向溶液内部发展，浓度梯度下降，扩散速率减慢，浓差极化开始建立并逐渐增大。当扩散达到对流区时，电极进入稳态扩散状态，建立起稳定的浓差极化超电势。可见，浓差极化超电势的出现和增大是逐步的、滞后于电流的。这个电势、电流关系很像含有电容的电路两端的电压、电流关系。

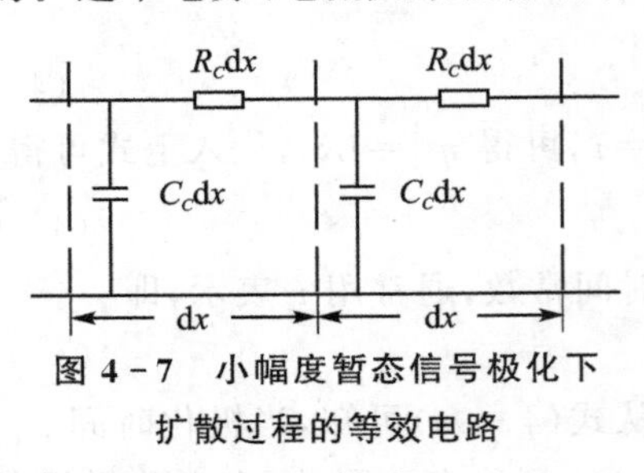

图 4-7 小幅度暂态信号极化下扩散过程的等效电路

解 Fick 第二定律的结果也表明，在小幅度暂态信号极化下，扩散过程的等效电路由电阻和电容组件组成，是一个均匀分布参数的传输线，如图 4-7 所示。

在图中，$x=0$ 代表电极/溶液界面处。把扩散层分成无数个 $\mathrm{d}x$ 的薄层，每层的浓差极化可用一个电容 $C_C\mathrm{d}x$ 和一个电阻 $R_C\mathrm{d}x$ 表示。$C_C\mathrm{d}x$ 对应着每一个 $\mathrm{d}x$ 薄层溶液中的物质容量；$R_C\mathrm{d}x$ 对应着两个 $\mathrm{d}x$ 薄层溶液之间的扩散阻力。

当采用小幅度正弦波微扰信号进行暂态极化时，上述电路可以简化成集中参数的等效电路，如图 4-8 所示；浓差电阻 R_w 的电阻值和浓差电容 C_w 的容抗值相等，都正比于 $\omega^{-1/2}$，因而便于分析处理。

但是当作用在电极上的微扰信号按其他规律变化时，如三角波、方波、阶跃波等，分布参数的等效电路不能简化。因而在采用这些信号的暂态测量方法中使用等效电路的方法，并不能使问题得以简化，也就失去了使用等效电路的意义。所以，除了交流阻抗法外，其他的暂态测量方法都不能使用等效电路的方法研究扩散传质过程。

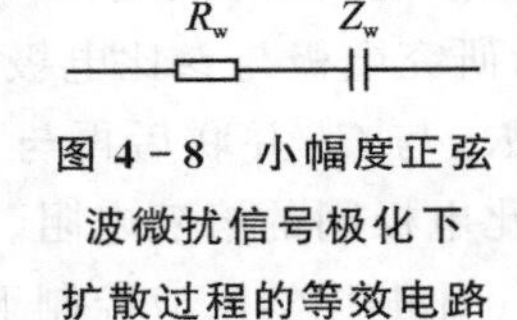

图 4-8 小幅度正弦波微扰信号极化下扩散过程的等效电路

(2) 扩散阻抗在电极等效电路中的位置

扩散传质过程和电荷传递过程是连续进行的两个电极基本过程，两个过程进行的速度是相同的，因此，两个过程的等效电路（扩散阻抗 Z_w 和电化学反应电阻 R_r）上流过的电流均为法拉第电流；同时，界面极化超电势 $\eta_{界}$ 由浓差极化超电势和电化学极化超电势两部分组成，也就是说，扩散阻抗 Z_w 两端电压与电化学反应电阻 R_r 两端电压之和为总电压。很明显，由它们的电流、电势关系可以断定扩散阻抗 Z_w 与电化学反应电阻 R_r 之间是串联关系，它们的总阻抗称为法拉第阻抗，用符号 Z_F 来表示。

总的极化电流等于流过双电层电容 C_d 的双电层充电电流 i_C 与流过法拉第阻抗 Z_F 的法拉第电流之和，即 $i=i_C+i_F$。而且，法拉第阻抗 Z_F 两端的电压（即界面极化超电势 $\eta_{界}$）是通过改变双电层电荷状态建立起来的，就等于双电层电容 C_d 两端的电压。综合考虑 C_d 和 Z_F

之间的电流、电势关系，可知 C_d 和 Z_F 之间应该是并联关系。因此，界面等效电路应为 C_d 和 Z_F 的并联电路，如图 4－9 所示。

（3）溶液电阻不可忽略时的等效电路

流过电极的极化电流除了流经界面，还必须流过溶液和电极。对于金属电极而言，导电性良好，其本身电阻可以忽略；但是，极化电流在从参比电极的鲁金毛细管管口到研究电极表面之间的溶液电阻 R_l 上产生的溶液欧姆压降（即电阻极化超电势 η_R）和界面极化超电势 $\eta_{界}$ 构成总的超电势，因此，这段溶液电阻与界面等效电路串联，构成了总的电极等效电路，如图 4－10 所示。

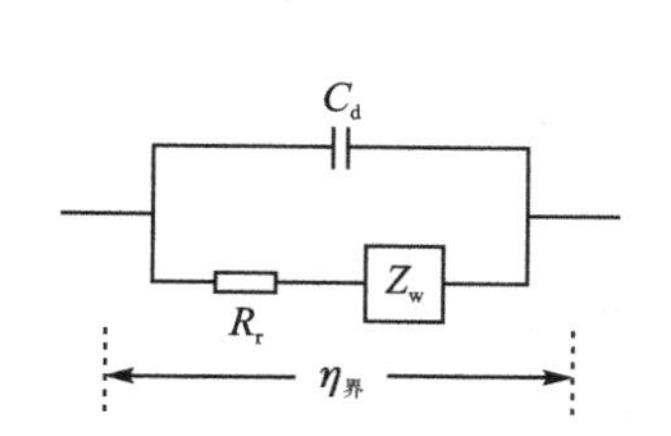

图 4－9　浓差极化不可忽略时的界面等效电路

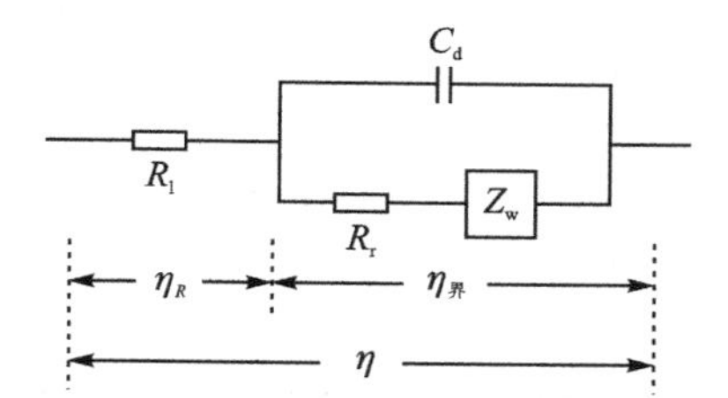

图 4－10　具有四个电极基本过程的简单电极过程的等效电路

这个电极等效电路是具有四个电极基本过程（双电层充电、电荷传递、扩散传质和离子导电过程）的简单电极过程的等效电路，电路中的四个组件分别对应着电极过程的四个基本过程。C_d 对应着双电层充电过程，R_r 对应着电荷传递过程，Z_w 对应着扩散传质过程，而 R_l 则对应着离子导电过程。

4.1.3　暂态测量方法

暂态测量方法按照控制方式不同，分为控制电流法和控制电位法。按极化方式的不同，可分为阶跃法、方波法、线性扫描法、三角波法和交流阻抗法等。按照研究手段的不同，可分为两类：一类应用小幅度扰动信号，电极过程处于电化学反应控制，采用等效电路的研究方法；另一类应用大幅度扰动信号，浓差极化不可忽略，通常采用方程解析的研究方法，而不能采用等效电路的研究方法。本章讨论控制电流暂态法，控制电位暂态法将在第 5 章介绍。

控制电流暂态法，就是控制电极电流 i 按指定的规律变化，同时测量电极电位 φ 等参数随时间 t 的变化。然后，根据 $\varphi-t$ 关系计算电极体系的有关参数或电极等效电路中各组件的数值。

按照电流控制方式不同，控制电流暂态法主要包括以下几种：

① 电流阶跃：在开始实验以前，电流为零；当实验开始（$t=0$）时，电流由零突跃到某一数值，直到实验结束。电流波形如图 4－11(a)所示。

② 断电流：在开始暂态实验前，通过电极的电流为某一恒定值，当电极过程达到稳态后，实验开始（$t=0$），电极电流 i 突然切断为零。电流波形如图 4－11(b)所示。在电流切断的瞬间，电极的欧姆极化消失为零。

③ 方波电流：电极电流在某一指定恒值 i_1 下持续 t_1 时间后，突然跃变为另一指定恒值 i_2，持续 t_2 时间后，又突变回 i_1 值，再持续 t_1 时间。如此反复多次，形成方波电流。当 $t_1=t_2$，$i_1=-i_2$ 时，该方波应称为对称方波，在电化学实验中，采用更多的是对称方波。其波形如图 4－11(c)所示。

④ 双脉冲电流：在暂态实验开始以前，电极电流为零，实验开始($t=0$)时，电极电流突然跃变到某一较大的指定恒值 i_1，持续时间 t_1 后，电极电流突然跃变到另一较小的指定恒值 i_2(电流方向不变)直至实验结束。通常 t_1 很短(0.5～1 μs)，$i_1>i_2$。电流波形如图 4-11(d)所示。一般情况下双脉冲电流法可提高电化学反应速率的测量上限，这时所测的标准反应速率常数可达到 $k^\Theta=10$ cm/s。

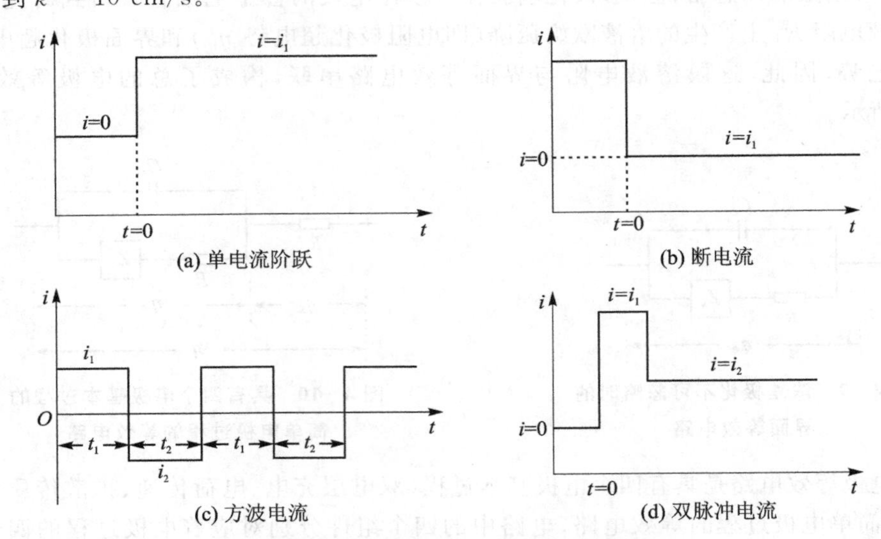

图 4-11　几种常用的控制电流波形

电极暂态过程远比稳态复杂，因而暂态测量往往能比稳态测量给出更多的信息，归纳起来有下列特点：

① 暂态阶段流过电极界面的总电流包括各基本过程的暂态电流，如双电层充电电流 i_C 和反应电流 i_r 等。而稳态极化电流只表示电极反应电流。

② 由于暂态系统的复杂性，常把电极体系用等效电路来表示，以便于分析和计算。稳态系统虽也可用等效电路表示，但要简单得多，因为它只由电阻组件组成。稳态系统的分析中常用极化曲线，很少用等效电路。

③ 虽然暂态系统比较复杂，但暂态法比稳态法多考虑了时间因素，可利用各基本过程对时间的不同响应，使复杂的等效电路得以简化或进行解析，以测得等效电路中各部分的数值，达到研究各基本过程和控制电极总过程的目的。

④ 由于暂态法极化时间短，即单向电流持续的时间短，可大大减小或消除浓差极化的影响，因此有利于快速电极过程的研究。由于测量时间短，液相中的粒子或杂质往往来不及扩散到电极表面，因此有利于研究界面结构和吸附现象。对于某些电极表面状态变化较大的体系，如金属电沉积和腐蚀等，由于反应物在电极表面的积累或电极表面因反应而不断遭到破坏，因此采用稳态法费时太多，且不易得到重现性好的结果。

4.2　电化学极化下的控制电流暂态测试方法

当用小幅度电流脉冲对处于平衡状态的电极进行极化时，浓差极化往往可忽略不计。在电化学极化控制下，或者说无浓差极化的情况下，可用小幅度控制电流暂态法测定电极反应电

阻 R_r、微分电容 C_d 和溶液电阻 R_l。

根据电流控制方式不同,控制电流暂态法有多种。下面讨论几种常用方法的基本原理,在4.4 节中将介绍它们的实验技术问题。

4.2.1　电流阶跃法

将极化电流突然从零跃至 i_1 并保持此电流不变,同时记录下电极对参比电极的电位变化,如图 4-12 所示就是电流阶跃法。其处理方法主要包括极限简化法和方程解析法。

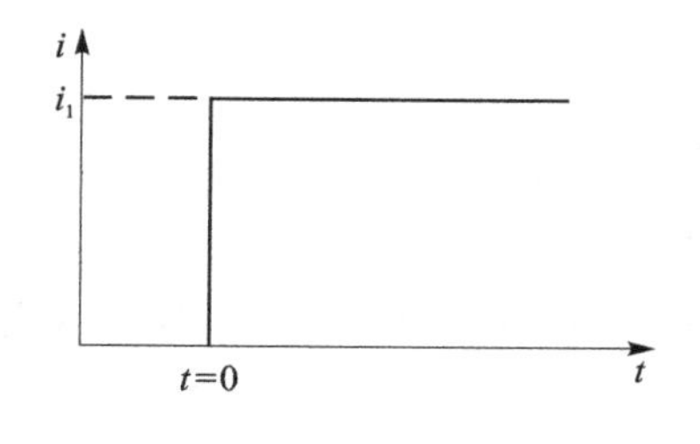

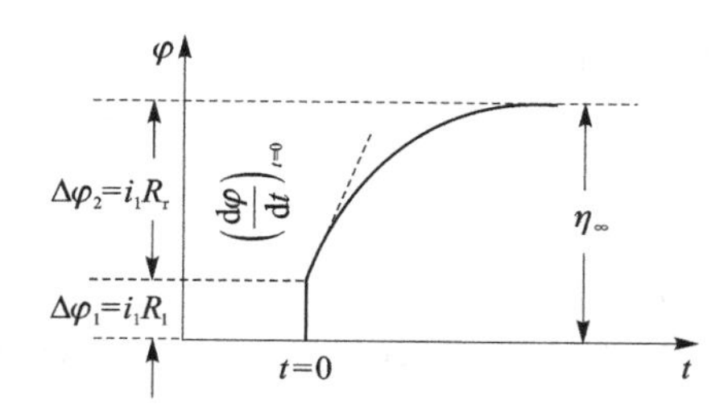

图 4-12　电流阶跃法电流和电位波形

1. 极限简化法

极限简化法是指根据电流阶跃暂态曲线,选择暂态进程的某一特定阶段,可达到极限简化,以求得该体系的 C_d、R_r 以及研究电极与参比电极间的溶液电阻 R_l。这一方法简单、方便、直观,在小幅度的暂态测量中经常采用。但是,又由于极限的实验条件难以严格达到,故极限简化法是近似的。

从实验得到的 $\varphi-t$ 曲线可以看出,在 $t=0$ 时,电位有个突跃 $\Delta\varphi_1$,这是由于电流突跃引起的欧姆电压降:$\Delta\varphi_1=i_1R_l$,R_l 为研究电极与鲁金毛细管尖嘴间的溶液电阻:

$$R_l=\frac{\Delta\varphi_1}{i_1} \tag{4-11}$$

这是因为在这么短的瞬间($t\ll R_rC_d$)流过电极的电量甚微,双电层电容尚来不及充电,真正的电极电位(即双电层电容的电位差)还来不及改变。而欧姆电压降会随电流的突跃而同时出现,其时间取决于电路和电解池的分布电容及电流阶跃波形的上升时间,一般是极短的瞬间。

接着,双电层开始充电。从 4.1 节已知,在开始极化的瞬间,双电层充电电流最大,极化电流 i_1 几乎全部用于双电层充电:$i_C\approx i_1$。由式(4-3)知 $i_C=C_d\dfrac{d\varphi}{dt}$,因此,求得此时 $\varphi-t$ 曲线的斜率就可以算出双电层微分电容:

$$C_d=\frac{i_1}{\left(\dfrac{d\varphi}{dt}\right)_{t=0}} \tag{4-12}$$

随着双电层不断充电,过电位逐渐增加,电化学反应速率 i_r 也不断增大。由于恒电流 i_1 中包括充电电流 i_C 和反应电流 i_r,i_r 不断增大,则 i_C 就不断减小,从而使 $\varphi-t$ 曲线的斜率逐渐变小。当 $t\geqslant 5R_rC_d$ 时,$i_C\to 0$,$i_r\to i_1$,曲线趋于平坦,电位达到稳定值,即过电位达到稳态值:

$$\eta_\infty=i_1(R_l+R_r)$$

整理可得

$$R_r = \frac{\eta_\infty}{i_1} - R_1 \tag{4-13}$$

由等效电路的理论分析也可得到同样的结果。在无浓差极化的情况下，电极等效电路如图 4-5 所示。当阶跃电流作用于此等效电路时，过电位 $\eta = \Delta\varphi_1 + \Delta\varphi_2$，$\Delta\varphi_1 = i_1 R_1$，$\Delta\varphi_2$ 可由微分方程式(4-8)得到，相当于式(4-9)，即

$$\Delta\varphi_2 = i_1 R_r \left(1 - e^{-t/R_r C_d}\right) \tag{4-14}$$

从而可得到过电位随时间变化的关系：

$$\eta = \Delta\varphi_1 + \Delta\varphi_2$$

$$\eta = i_1 \left[R_1 + R_r\left(1 - e^{-t/R_r C_d}\right)\right] \tag{4-15}$$

因开路电位为常数，故此式表示的 $\eta - t$ 关系也就是图 4-12 所示的 $\varphi - t$ 曲线。由式(4-15)可知，当 $t=0$ 时，$\eta = i_1 R_1$，即式(4-11)，为欧姆极化值。式(4-15)对 t 微分可得

$$\frac{d\eta}{dt} = \frac{i_1}{C_d} e^{-t/R_r C_d} \tag{4-16}$$

当 $t \to 0$ 或 $t \ll R_r C_d$ 时，$\eta - t$ 曲线的斜率为

$$\left(\frac{d\eta}{dt}\right)_{t\to 0} = \left(\frac{d\varphi}{dt}\right)_{t\to 0} = \frac{i_1}{C_d} \cdot 1 \tag{4-17}$$

由此可求 C_d（即式(4-12)）。

当 $t \geqslant 5R_r C_d$ 时，$\eta - t$ 曲线趋于平稳，由式(4-15)可得稳态下的过电位：

$$\eta_\infty = i_1 (R_1 + R_r) \tag{4-18}$$

即式(4-13)，由此可求 R_r。

由于极限的实验条件难以严格达到，故极限简化法是近似的。例如，用极限简化法测定 C_d 时，要在电流阶跃后的瞬间，即在 $t \ll R_r C_d$ 的时间内测量 $\varphi - t$ 曲线的斜率 $d\varphi/dt$，但当时间常数很小时，曲线很快弯曲，不易测准 $t \to 0$ 时的斜率。如果 R_r 很大，时间常数增大，则有利于准确地测定阶跃开始时的斜率 $d\varphi/dt$。因此，为了测定某些固体电极的微分电容，可选择合适的溶液和电位区域，使电极接近理想化电极，没有电化学反应，$R_r \to \infty$，从而可提高测量精度。

用极限简化法测定 R_r 时，要在电流阶跃后经过 $t \geqslant 5R_r C_d$ 的时间测定过电位 η_∞。对于时间常数小的电极体系容易做到，但对于时间常数大的体系，达到稳态往往需要很长时间，而且易受到浓差极化平衡电位漂移的干扰。浓差极化会使 η_∞ 高于 $i_1(R_1 + R_r)$，且很难达到稳定值，这些都会造成测定 R_r 的困难。

2. 方程解析法

方程解析法是根据理论推导出的 $\eta - t$ 曲线式，进行解析运算或作图以求得 R_r 和 C_r。

用方程解析法求 C_d，上面已作了介绍，即式(4-17)。

用方程解析法求 R_r，则不必求稳态过电位，只利用 $\varphi - t$ 曲线的暂态部分，即曲线的弯曲部分就可测定 R_r。这样 $t \approx R_r C_d$，浓差极化的干扰较小。

但在解方程式时，假定 C_d 和 R_r 与 φ 无关，这就限制了过电位必须很小，通常限制在 10 mV 以内。在此范围内近似地认为 R_r 与 φ 无关，所以解析法也是近似的。

解析法求 R_r 也有不同的方法，如切线法、两点法等（见 9.5 节）。这种方法适于测定时间

常数大的体系，如测定耐蚀金属的腐蚀速度等。

4.2.2　断电流法

用恒电流对电极极化，在电位达到稳定数值后，突然把电流切断以观察电位的变化，这种方法称为断电流法，是恒电流法的一种特例。电位的变化如图 4－13 所示。在切断电流的瞬间，电位突降了 i_1R_1 值，随后电位逐渐衰减，这时双电层电容通过 R_r 放电（见图 4－5 等效电路）。

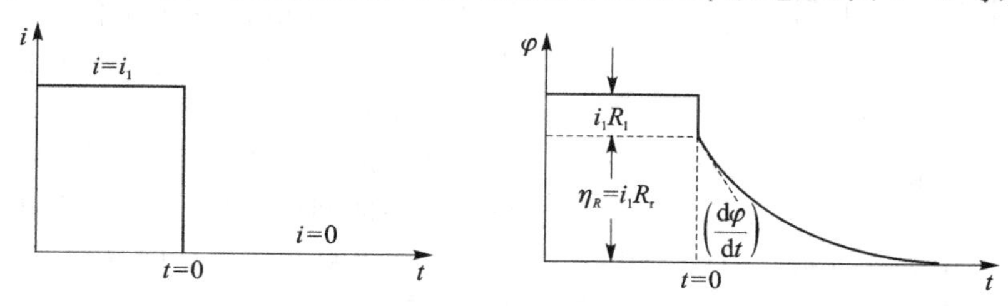

图 4－13　断电流法电流和电位波形

由等效电路图 4－5 可知，当电极恒电流极化达到稳态后，电容 C_d 间的电位差在断电后的瞬间和断电前的瞬间是相同的，因为电容器来不及放电。因而通过 R_r 的电流（反应速度）在外电流切断后的瞬间与切断前仍相同。因为双电层的电位差还来不及改变，所以这一瞬间的反应速度仍未改变，$i_r=i_1$。但电流切断后的瞬间欧姆极化（即 i_1R_1）立即消失，这时的过电位为 $\eta_0=i_1R_1$，由此可求得 R_r 为

$$R_r=\frac{\eta_0}{i_1} \tag{4-19}$$

断电后双电层 C_d 对 R_r 的放电电流实质上就是电极反应速度 i_r，$i_C=i_r$。双电层放电电流 $i_C=C_d\cdot \mathrm{d}\varphi/\mathrm{d}t$。因此，随着双电层电容的放电，电位发生衰减，其衰减速度为

$$-\frac{\mathrm{d}\varphi}{\mathrm{d}t}=\frac{i_C}{C_d}=\frac{i_r}{C_d} \tag{4-20}$$

在断电后的瞬间，双电层放电电流最大，$i_C=i_r=i_1$，这时电位的衰减速度也最大。根据这时电位的衰减速度，即 $\varphi-t$ 衰减曲线在断电时（$t\to 0$）的斜率及 i_1 可求得双电层电容：

$$C_d=-\frac{i_1}{(\mathrm{d}\varphi/\mathrm{d}t)_{t\to 0}} \tag{4-21}$$

在电化学极化控制且过电位不大的情况下，可假定 R_r 和 C_d 为常数，$\eta=i_rR_r$，因此过电位的衰减速度为

$$-\frac{\mathrm{d}\eta}{\mathrm{d}t}=-\frac{\mathrm{d}\varphi}{\mathrm{d}t}=\frac{i_C}{C_d}=\frac{i_r}{C_d}=\frac{\eta}{R_rC_d}$$

即 $\frac{\mathrm{d}\eta}{\eta}=-\frac{1}{R_rC_d}\mathrm{d}t$。

从 $t=0$ 到 t 积分可得

$$\ln\frac{\eta}{\eta_0}=-\frac{t}{R_rC_d} \tag{4-22}$$

式中：η_0 和 η 分别为刚断电时（$t=0$）和断电 t 秒后的过电位。式（4－22）即是过电位衰减方程式。

由于断电流法在电流切断的瞬间，电极的欧姆极化（即 IR 降）便立即消失，从而可测得对

应于 i_1 的无欧姆极化的过电位 η_0(见图 4-13)。如果断电前以不同的 i_1 进行恒电流极化,则当电位基本达到稳态后进行断电实验,便可得到一系列无欧姆电位降的过电位,即可画出消除了欧姆电位降的稳态极化曲线。这种方法适用于欧姆电位降很大的电极体系,如纯水或稀溶液中极化曲线的测定。

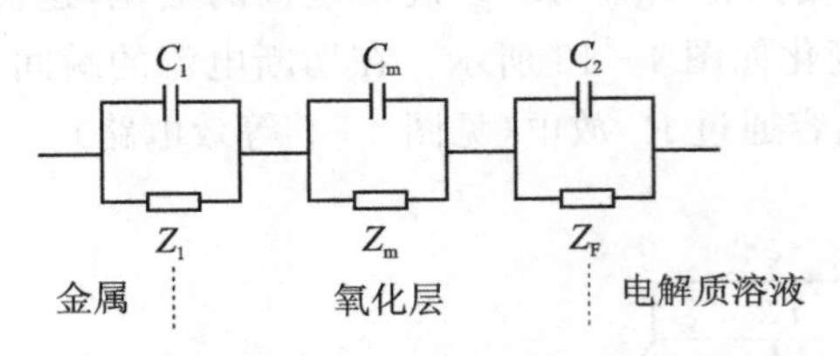

图 4-14　有氧化层的电极简化等效电路

但是,如果电极上电流分布不均匀,或者有氧化层覆盖,特别是多孔电极,那么溶液中或电极相中的欧姆电位降则不能在断电后立即消失。电极表面有氧化层的简化等效电路如图 4-14 所示。图中 C_1 和 Z_1 表示金属-氧化层界面间的电容和阻抗,C_2 和 Z_F 表示氧化层-电解液界面间的电容和法拉第阻抗,C_m 和 R_m 表示氧化物层的电容和电阻。当极化电流切断时,由于并联电容 C_m 的存在,R_m 上的欧姆电压降并不能立即消失。因此,这种电位降将在某种程度上包括在断电后立即测得的过电位中。此电位降的衰减速度取决于 R_mC_m,从而取决于氧化膜的性质。但在有些具有氧化层的体系中,也会遇到电位衰减速度很大的情况。

4.2.3　方波电流法

方波电流法,就是用小幅度方波电流对电极极化。譬如,在某一指定恒电流 i_1 下持续时间 t_1 后,突变到另一指定恒电流 i_2,持续时间 t_2 后又突变回 i_1,如此循环下去,同时测定电极电位随时间的变化,如图 4-15 所示。一般 $i_1 \neq i_2$,$t_1 \neq t_2$。在特殊情况下,若控制 $i_1=-i_2$,$t_1=t_2$,则称为对称方波电流法。

1. R_r、R_l、C_d 的测量

与电流阶跃法类似,可用极限简化法测定电极体系的 R_l、C_d 和 R_r。利用 AB 或 CD 间的电位突跃可求研究电极与参比电极间的溶液电阻 R_l,即

$$R_l=\frac{\varphi_B-\varphi_A}{\Delta i} \tag{4-23}$$

利用 B 点或 D 点曲线的斜率可求双电层电容,即

$$C_d=\frac{\Delta i}{(\mathrm{d}\varphi/\mathrm{d}t)_B} \tag{4-24}$$

为了测定 R_r,应设法消除溶液欧姆降 ΔiR_l 的影响。补偿 R_l 后的暂态波形如图 4-15(c)所示。如果选择适当的频率,使半周期即将结束时电位波形达到平稳段,则可用下式求得 R_r:

$$R_r=\frac{\Delta\varphi}{\Delta i} \tag{4-25}$$

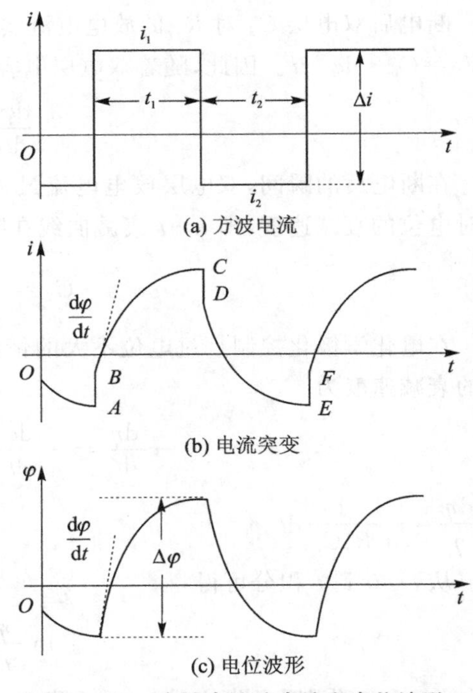

图 4-15　方波电流法电流和电位波形

对于对称方波法,按照图 4-5 的等效电路,可得 $\eta-t$ 曲线方程式为

$$\eta = i\left[R_1 + R_r\left(1 - \frac{2e^{-t/R_rC_d}}{1 + e^{-T/2R_rC_d}}\right)\right] \tag{4-26}$$

式中：$i=i_1=-i_2$；$T=2t_1=2t_2$，为方波周期。当 $t \geqslant 5R_rC_d$ 时，过电位趋于稳态值 η_∞，$\eta_\infty = i(R_r+R_1)$。在消除欧姆降 iR_1 后，$\eta_\infty = iR_r$，从而可求得 $R_r = \eta_\infty / i$。因此，常取方程半周期 $T_{半} \geqslant 5R_rC_d$，即方波频率为

$$f \leqslant \frac{1}{10R_rC_d} \tag{4-27}$$

对称方波电流法常用来测量溶液电导、双电层电容、电极交换电流和金属腐蚀速度。

2. 方波电流频率的正确选择

为了准确测量等效电路的各组件参数，应正确选择方波频率，使等效电路得以简化。

测量 R_1 时，应采用周期远小于时间常数的小幅度方波电流，即选择足够高的频率 f，半周期 $\frac{T}{2} \to 0$。例如，测量溶液电导率时，可采用大面积镀铂黑的铂电极的两电极体系，这样双电层电容很大，时间常数很大，通常选择 1 000 Hz 的方波电流即可满足要求。在这种情况下，电化学极化和浓差极化都可忽略不计，此时超电势响应曲线是一个幅值为 ΔiR_u 的与电流信号同频率的方波，如图 4－16(a)所示。

测量 R_r 时，方波频率应选择适当。频率太低时，浓差极化的影响增大；频率太高时，双电层充电影响增大。选择正确频率的标准是方波半周期内超电势响应曲线接近水平，即达到电化学稳态，相应的超电势响应曲线(已对溶液电阻进行了补偿)如图 4－16(b)所示。这就要求 $\frac{T}{2} \geqslant 5\tau_C$，$f \leqslant \frac{1}{10R_rC_d}$。

测量 C_d 时，为提高测量精度，应采用补偿的方法消除溶液电阻。同时，选择适当的溶液组成和电势范围，使电极接近理想极化状态，即没有电化学反应发生，此时增大 $R_r \to \infty$，增大 τ，同时提高方波电流的频率(通常采用 1 000 Hz)，这样就突出了双电层开始充电的阶段，使超电势响应曲线趋于折线，有利于曲线斜率的测量，如图 4－16(c)所示。

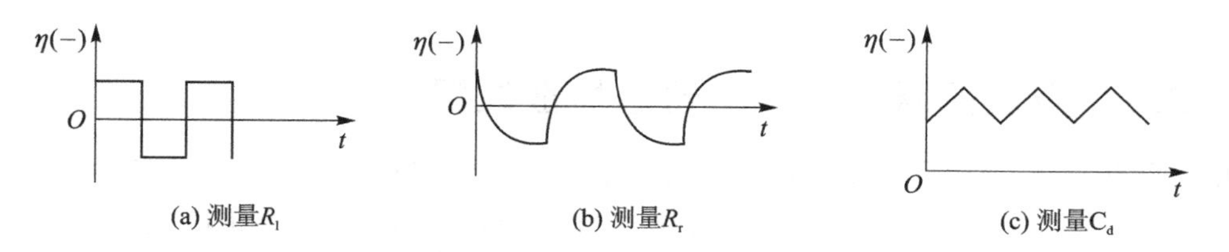

图 4－16　测量 R_1、R_r、C_d 时的超电势相应曲线

4.2.4　双脉冲电流法

对于快速电极过程，单电流阶跃法受到双电层电容充电的限制。因为在电极发生浓差极化之前的短暂时间内，电流的主要部分为双电层充电电流，因而影响 R_r 的测定，为此提出了双电流脉冲法。

双电流脉冲法是把两个矩形脉冲电流叠加后通过电极，使第一个电流脉冲的幅值 i_1 很大而持续时间很短，用这个脉冲对双电层进行快速充电；然后紧接着加第二个电流脉冲，它的幅

值 i_2 较小而持续时间较长。电流及相应的电位波形如图 4-17 所示。

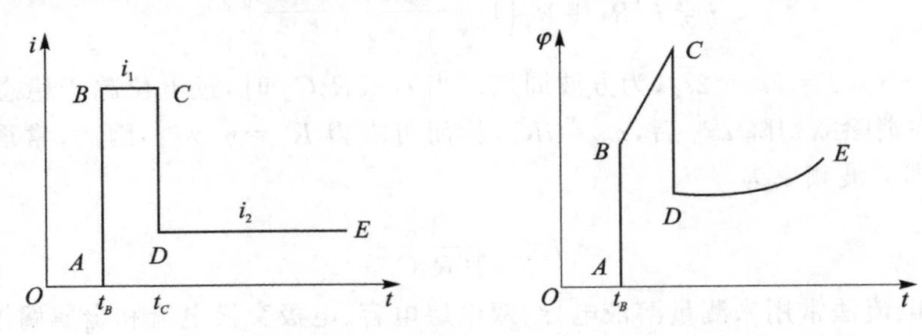

图 4-17　双电流脉冲法

图 4-17 中 A 至 B 电位突跃是电流 i_1 流经 R_1 引起的：

$$\varphi_B - \varphi_A = i_1 R_1 \tag{4-28}$$

B 至 C 电位渐升，是对 C_d 充电，$i(t_C - t_B) = C_d(\varphi_C - \varphi_B)$，因此可得

$$C_d = \frac{i_1(t_C - t_B)}{\varphi_C - \varphi_B} \tag{4-29}$$

C 至 D 的电位突降是由于 R_1 及 i_1 突降为 i_2 引起的：

$$(\varphi_C - \varphi_D) = (i_1 - i_2) R_1 \tag{4-30}$$

如果调节第一个脉冲的高度和时间(即脉宽)，使 φ-t 曲线在 D 点的斜率为零(即切线为水平线)，此时双电层既不充电，也不放电。所以，i_2 全部是法拉第电流，这时的活化过电位 $\eta = i_2 R_r$，所以

$$\varphi_D - \varphi_A = i_2 R_1 + \eta = i_2(R_1 + R_r) \tag{4-31}$$

可见，用这种方法也可以求出 R_1、R_r 和 C_d。由于第一个电流脉冲可消除双电层充电的影响，因此这种方法适用于测量较小的 R_r 或真实面积较大的电极体系。

4.3　浓差极化下的控制电流暂态测试方法

4.3.1　电流阶跃极化下的暂态扩散过程

电流阶跃极化，就是用恒电流仪使通过研究电极的电流密度自 $t=0$ 时由零突跃至 i，然后维持电流 i 恒定。在扩散控制下的电极极化时，电极电位偏离了它的平衡值，必然有电极反应产物的形成和反应物的消耗，使电极附近液层中的浓度发生变化，从而引起反应物或反应产物的扩散。在未达到稳态扩散之前，这段过程称为暂态扩散过程。这时，反应物(或产物)的浓度同时是空间位置(离电极表面的距离)和时间的函数，即 $C=C(x,t)$。

在暂态实验中，只要单向极化的持续时间不太长，如 $i<10$ s，电极表面的扩散层厚度一般很小，因此对流的影响可忽略。对于放电离子在电场中的电迁移对传质的影响，可加入支持电解质予以消除。

对于平面电极，在忽略了对流和电迁移的情况下，由扩散传质引起的物质流量为 $-D\dfrac{\partial C}{\partial x}$，相应的扩散电流密度为

$$i_d = nFD\left(\frac{\partial C}{\partial x}\right)_{x=0} \tag{4-32}$$

若知道 $C(x,t)$，则可求出由扩散控制的扩散电流密度。而 $C(x,t)$ 要通过求解扩散微分方程式求得。根据 Fick 扩散第二定律可知：

$$\frac{\partial C}{\partial t} = D\frac{\partial^2 C}{\partial x^2} \tag{4-33}$$

上式是一个二次偏微分方程，只有在确定了初始条件和两个边界条件后才有具体的解。求解时，常作如下假定：

① 扩散系数 D 为常数，即扩散系数不随扩散粒子浓度的变化而变化。

② 开始电解前扩散粒子完全均匀分布在液相中，可作为初始条件，即 $t=0$ 时，

$$C(x,0) = C^0 \tag{4-34}$$

式中：C^0 为反应粒子的初始浓度。

③ 距离电极表面无限远处总不出现浓差极化，可作为一个边界条件，即 $x\to\infty$ 时，

$$C(\infty,t) = C^0 \tag{4-35}$$

这一条件常称为平面电极的"半无限扩散条件"。

④ 另一边界条件取决于极化时电极表面上所维持的具体极化条件。对于电流阶跃法，如上所述，极化之前，电极电流为零，极化开始时（$t=0$），电极电流由零突跃至 i，并由恒电流仪维持 i 不变，直到实验结束。这时，极化电流 i 就等于式(4-32)中的 i_d。因此，由式(4-32)可得这一边界条件为

$$\left(\frac{\partial C}{\partial x}\right)_{x=0} = \frac{i}{nFD} = 常数 \tag{4-36}$$

根据上述初始条件和边界条件，Fick 第二定律的解为

$$C(x,t) = C^0 + \frac{i}{nF}\left[\frac{x}{D}\mathrm{erfc}\left(\frac{x}{2\sqrt{Dt}}\right) - 2\sqrt{\frac{t}{\pi D}}\exp\left(-\frac{x}{4Dt}\right)\right] \tag{4-37}$$

式中：$\mathrm{erfc}(\lambda)=1-\mathrm{erf}(\lambda)$ 称为误差函数 $\mathrm{erf}(\lambda)$ 的共轭函数。误差函数 $\mathrm{erf}(\lambda)$ 的定义为

$$\mathrm{erf}(\lambda) = \frac{2}{\sqrt{\pi}}\int_0^{\lambda} e^{-y^2}\,dy \tag{4-38}$$

式中：y 只是一个辅助变数，在积分上下限代入后即可消失。$\mathrm{erf}(\lambda)$ 的数值见表 4-1。

表 4-1　误差函数值简表

λ	$\mathrm{erf}(\lambda)$	λ	$\mathrm{erf}(\lambda)$
0.00	0.000 00	0.30	0.328 63
0.01	0.011 28	0.40	0.428 39
0.02	0.022 56	0.60	0.603 86
0.05	0.056 37	0.80	0.742 10
0.10	0.112 46	1.00	0.842 70
0.20	0.222 70	2.00	0.995 32

式(4-37)的曲线形式如图 4-18 所示。

由图 4-18 可以看出，电极附近的反应物浓度不但与时间 t 有关，而且与距电极表面的距

离 x 有关，即随着到电极表面的距离不同而不同，即反应物按照一定的规律在扩散层中分布；同时，反应物的浓度还是时间的函数，随着时间的延长扩散层逐渐向溶液内部延伸，扩散层内任意一点处的反应物浓度都随时间而下降，但图中各曲线在 $x=0$ 处的斜率始终保持不变。这是由于采用了恒电流极化条件式(4-36)造成的。

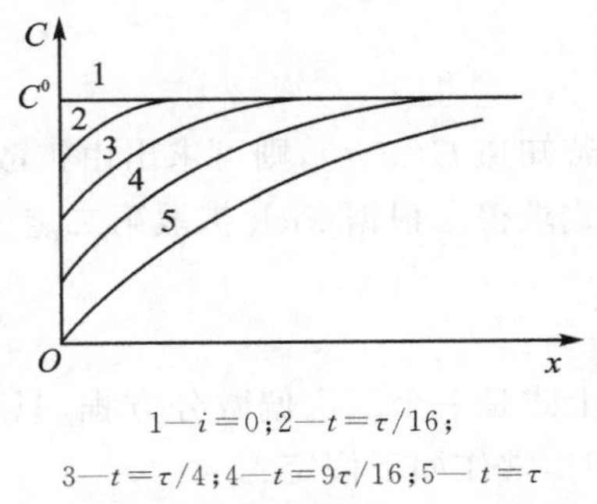

1—$i=0$；2—$t=\tau/16$；
3—$t=\tau/4$；4—$t=9\tau/16$；5—$t=\tau$

图 4-18　电流阶跃极化时电极表面液层中反应物浓差极化的发展曲线

由于电极反应是直接在电极表面上进行的，因此由式(4-37)可知，在电极表面上($x=0$)粒子的表面浓度为

$$C(0,t)=C^0-2\frac{i}{nF}\sqrt{\frac{t}{\pi D}} \tag{4-39}$$

由式(4-39)可知，反应粒子的表面浓度随 $t^{1/2}$ 而线性下降。当 $t^{1/2}=\dfrac{nFC^0}{2i}\sqrt{\pi D}$ 时，反应粒子的表面浓度下降到零。因此，经过一段时间后，只有依靠另一电极反应才能维持极化电流密度不变。为了实现新的电极反应，电极电位要发生急剧变化。自电流阶跃极化开始到电极电位发生突跃所经历的时间称为过渡时间，以 τ 表示为

$$\tau=\frac{n^2F^2\pi D(C^0)^2}{4i^2} \tag{4-40}$$

将式(4-40)代入式(4-39)，可得

$$C(0,t)=C^0\left(1-\sqrt{\frac{t}{\tau}}\right) \tag{4-41}$$

这就是反应物表面浓度随时间的变化。

4.3.2　过渡时间 τ 的测定及其应用

在控制电流暂态实验中，过渡时间 τ 是主要的测量数据之一。从电流阶跃实验测得的 $\varphi-t$ 曲线上测定 τ 并不困难。因为当 $t=\tau$ 时，电极表面上反应物浓度下降到零，这时电极电位必然突变到另一电极反应(如析氢或放氧等)的电位。电位突变阶段的曲线斜率取决于双电层电容的充电。由于双电层充电所需的电量一般远小于反应物消耗至零所需的电量，所以电位突变阶段的曲线近乎垂直于时间轴。在斜率最大处作切线，与时间轴的交点即为过渡时间 τ，如图 4-19 所示。

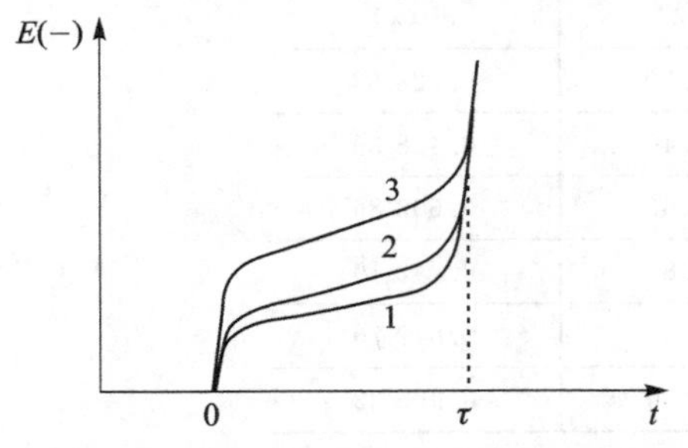

1—可逆反应；2—不可逆反应；3—准可逆反应

图 4-19　电流阶跃极化下的电位-时间曲线

在电流阶跃暂态中，不管电极反应可逆与否，式(4-40)都是适用的。所以，实验测得 τ 后，在已知 n、C^0 的情况下，由式(4-40)可计算扩散系数 D。在已知 n、D 的情况下，可计算 C^0，或者利用 C^0 正比于$\sqrt{\tau}$的关系进行定量分析。这种方法称为时电位法。

过渡时间 τ 的测定容易受到溶液中杂质的干扰。当溶液中存在具有电化学活性的杂质时，

如果杂质比研究物质先进行电化学反应，则该杂质也会消耗一定的电量，使测得的过渡时间 τ 偏大。当存在非电化学活性的吸附杂质时，杂质在电极表面上的吸附会使 C_d 发生变化，从而使 $\varphi-t$ 曲线出现畸变，影响过渡时间 τ 的准确测定。为此必须严格纯化溶液。引起过渡时间测量误差的因素还有：当过渡时间较短时，对双电层充电、电极表面粗糙度等会有影响；当过渡时间较长时，对电流和电极几何形状有影响。

4.3.3 可逆电极体系的电位-时间曲线

在纯扩散控制下，对于可逆电极体系，电极表面上的电化学平衡基本上没有受到破坏，Nernst 公式仍然适用。

今假定电极反应为 $O+ne \longleftrightarrow R$，且 R 不溶，即 $C_R(0,t)=$常数。由式(4-41)可得

$$C_O(0,t)=C_O^0\left(1-\sqrt{\frac{t}{\tau}}\right)$$

代入 Nernst 公式可求出电极电位随时间的变化，即

$$\varphi_t=\varphi_平^0+\frac{RT}{nF}\ln\frac{C_O(0,t)}{C_R(0,t)} \tag{4-42}$$

$$\varphi_t=\varphi_平+\frac{RT}{nF}\ln\frac{\tau^{1/2}-t^{1/2}}{\tau^{1/2}} \tag{4-43}$$

对于 R 是可溶的可逆反应，可导出：

$$\varphi_t=\varphi_{\tau/4}+\frac{RT}{nF}\ln\frac{\tau^{1/2}-t^{1/2}}{\tau^{1/2}} \tag{4-44}$$

式(4-44)如图 4-19 中曲线 1 所示。当 $t=\tau/4$ 时，$\varphi_t=\varphi_{\tau/4}$，称为四分之一波电位。此电位与极化电流和浓度的大小无关，但与 $\varphi_平^0$、活度系数及扩散系数有关，这就是可逆电极体系的特征。这一性质与极谱波的半波电位 $\varphi_{1/2}$ 类似。

根据实验测得的 $\varphi-t$ 曲线，如果用 φ_t 对 $\lg\frac{\sqrt{\tau}-\sqrt{t}}{\sqrt{\tau}}$ 或 $\lg\frac{\sqrt{\tau}-\sqrt{t}}{\sqrt{t}}$ 作图，可得一条直线，根据直线斜率可求 n 的数值。此外，还可根据直线斜率来判断电极反应的可逆性，即对于可逆反应，斜率应为 $2.3\frac{RT}{nF}$ 或 $\frac{59.1}{n}$ mV(在 25 ℃下)；另一个判据是 $|\varphi_{\tau/4}-\varphi_{3\tau/4}|$，对于可逆体系，$|\varphi_{\tau/4}-\varphi_{3\tau/4}|=\frac{47.9}{n}$ mV (在 25 ℃下)。

4.3.4 完全不可逆电极体系的电位-时间曲线

在混合控制下，当电极反应 $O+ne\longrightarrow R$ 不可逆时，逆向反应可以忽略不计，则

$$i_k=\vec{i}-\overleftarrow{i}=\vec{i}$$

$$i_k=nFkC(0,t)\exp\left[-\frac{\alpha nF}{RT}(\varphi-\varphi_平)\right]$$

$$=nFkC_O^0\left(1-\sqrt{\frac{t}{\tau}}\right)\exp\left(\frac{\alpha nF}{RT}\eta_K\right) \tag{4-45}$$

式中：i_k 为电流阶跃幅值；k 为 $\varphi=\varphi_平$ 时的反应速度常数。因交换电流 $i^0=nFkC_O^0$，故将

式(4－45)整理可得

$$\eta_K = \frac{\alpha nF}{RT}\ln\frac{i_k}{i^0} - \frac{\alpha nF}{RT}\ln\left(1-\sqrt{\frac{t}{\tau}}\right) \quad (4-46)$$

$t=\tau/4$ 时的过电位为

$$\eta_{\tau/4} = 0.693\,\frac{\alpha nF}{RT} + \frac{\alpha nF}{RT}\ln\frac{i_k}{i^0} \quad (4-47)$$

可见完全不可逆反应的 $\eta_{\tau/4}$ 与 i_k 有关。

式(4－46)如图 4－19 中的曲线 2 所示。由式(4－46)可知，若将 η_K 对 $\lg\left(1-\sqrt{\frac{t}{\tau}}\right)$ 作图，可得一直线。根据直线的斜率 $2.3\,\frac{RT}{nF}$ 可求 αn 的数值或 α 的数值；由直线外推到 $t=0$ 的截距，可计算交换电流 i^0 或者由式(4－47)根据 $\eta_{\tau/4}$ 计算 i^0。对于完全不可逆体系，$|\varphi_{\tau/4}-\varphi_{3\tau/4}|=\frac{33.8}{n}$ mV (在 25 ℃下)。例如，在20 ℃用 $i_k=$ 5 mA 的电流阶跃实验，测量 Cd 电极在 0.05 mol/L $CdSO_4$ +1.5 mol/L K_2SO_4 溶液中的电位-时间曲线，得过渡时间 $\tau\approx10$ s。然后，η 对 $\lg\left(1-\sqrt{\frac{t}{\tau}}\right)$ 作图得一直线，如图 4－20 所示。测得直线的斜率为 58 mV，已知 $n=2$，因此求得传递系数 $\alpha=0.5$。

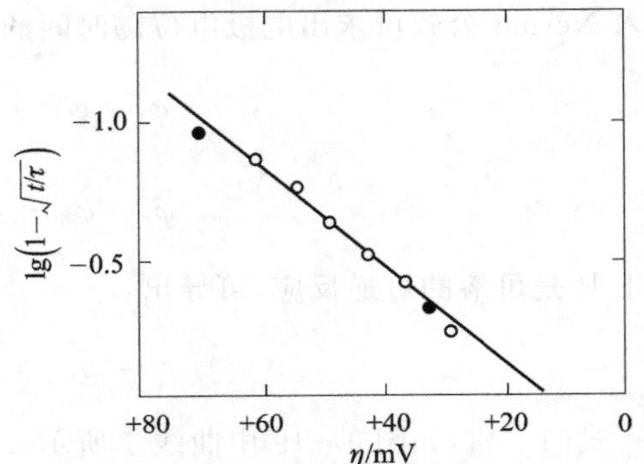

图 4－20　电流阶跃法测量 Cd/Cd^{2+} 电量的过电位-时间曲线

由式(4－46)可以看出，随着电流阶跃幅值 i 的增大，整个曲线向更负的方向移动。i 每增大 10 倍，φ 向负方向移动 $59.1/\alpha$ mV(在 25 ℃下)。

应当指出，利用电流阶跃法 $\varphi-t$ 曲线测定电化学参数时，必须选择合适的电流阶跃幅值。由式(4－40)可知，若电流过大，则 τ 太小，会由双电层充电效应引起误差；若电流太小，则 τ 很大，扩散层延伸过长，容易受自然对流的干扰。

4.3.5　准可逆电极体系的电位-时间曲线

在电流阶跃作用下，电极上发生准可逆电极反应：$O+ne \longleftrightarrow R$，由于准可逆电极反应与可逆反应解扩散方程式的边界条件相同，故准可逆电荷转移反应的反应物 O 的电极表面浓度可以表示为

$$C(0,t) = C^0\left(1-\sqrt{\frac{t}{\tau_O}}\right) \quad (4-48)$$

式中：τ_O 为反应物 O 还原时的过渡时间。

根据过渡时间的定义，由式(4－40)得产物 R 的过渡时间表达式为

$$\tau_R = \frac{n^2F^2\pi D_R(C_R^0)^2}{4i^2} \quad (4-49)$$

故含过渡时间 τ_R 的产物 R 的电极表面浓度表达式为

$$C_R(0,t)=C_R^0\left(1+\sqrt{\frac{t}{\tau_R}}\right) \tag{4-50}$$

式中：τ_R 为反应物R阳极氧化反应时的过渡时间。

当电流阶跃时，通过阴极的电流式可以表示为

$$i=i^0\left[\frac{C_O(0,t)}{C_O^0}\exp\left(\frac{\alpha nF}{RT}\eta\right)-\frac{C_R(0,t)}{C_R^0}\exp\left(\frac{\beta nF}{RT}\eta\right)\right] \tag{4-51}$$

将式(4-48)和式(4-50)代入上式可得

$$i=i^0\left[\left(1-\sqrt{\frac{t}{\tau_O}}\right)\exp\left(\frac{\alpha nF}{RT}\eta\right)-\left(1+\sqrt{\frac{t}{\tau_R}}\right)\exp\left(\frac{\beta nF}{RT}\eta\right)\right] \tag{4-52}$$

如果通过电极的电流 i，使得过电势 $\eta\leqslant 5$ mV，则只取极化初期 $t<0.04\tau$ 的实验数据。当处理数据时，可将式(4-52)右端的指数项展开，并略去高次项得

$$\frac{i}{i^0}=\frac{nF}{RT}\eta-\left(\sqrt{\frac{t}{\tau_O}}+\sqrt{\frac{t}{\tau_R}}\right)$$

$$\eta=\frac{RT}{nF}\cdot\frac{i}{i^0}+\frac{RT}{nF}\left(\sqrt{\frac{1}{\tau_O}}+\sqrt{\frac{1}{\tau_R}}\right)t^{1/2} \tag{4-53}$$

式(4-53)为准可逆电荷转移反应过程过电势 η 与时间 t 的关系方程式，它是线性函数关系，如图4-19中的曲线3所示。由方程式的斜率可求得电子数 n，由截距可求得交换电流密度 i^0。

4.4　控制电流暂态实验技术

4.4.1　控制电流暂态法实验条件的选择

利用控制电流暂态实验测定电化学参数时，首先应对研究对象进行分析和估算，设法把所研究的基本过程或参数突出出来，画出电极体系的等效电路，估算被测参数的数量级等，然后选择合适的测试方法和实验条件。譬如，测定电极反应电阻 R_r 时，要使测量既不受浓差极化的影响，又不受双电层充电的影响，就必须选择小幅度极化电流和适当的单向极化时间。R_r 的数量级可由电极体系的交换电流估计值，用式(2-13)进行估算，通常在十分之几Ω到数百kΩ之间变化。

如果只测定电极的双电层电容，则可创造条件使电极体系接近理想极化电极，即降低电极反应速度，使 $R_r\to\infty$。由图4-5可知，这时电极的等效电路为双电层电容 C_d 与溶液电阻 R_l 的串联。若再补偿溶液电阻，则电极等效电路就是双电层电容 C_d 了。实验前应估计一下双电层电容的大小。双电层电容的大小与电极种类、表面状态、吸附等有关。液态金属的 C_d 为16～40 μF/cm^2。固体金属的实际表面积比表观面积大数倍至数十倍。所以，固体金属每cm^{2}表观面积的 C_d 达100 μF以上，有机分子的吸附一般可使 C_d 下降数倍。因此，根据双电层电容的测量结果，可以研究表面活性物质的吸附及电极的真实表面积。

如果用控制电流暂态法测定溶液的电导率，就需要选用大面积的惰性电极（如镀铂黑的铂电极）做成电导池。当用1 000 Hz的方波电流法进行测量时，电导池的等效电路就是溶液电阻 R_l。一般情况下，每cm^{2}截面溶液的电阻在 $10^{-1}\sim10^{-4}$ Ω。测得溶液电阻后，由电导池常

数可计算溶液的电导率。另外,研究电极与参比电极间的溶液电阻会影响电极参数的测量。因此,可用控制电流暂态法显示出溶液电阻,以便用电子补偿电路或桥式补偿电路进行最佳补偿。

为了验证测量线路和仪器的可靠性,在正式试验之前可用图 4-21 所示的模拟电解池进行试验。模拟电解池可用电阻箱和电容箱组成,各参数可根据上述电极参数的估算值确定。

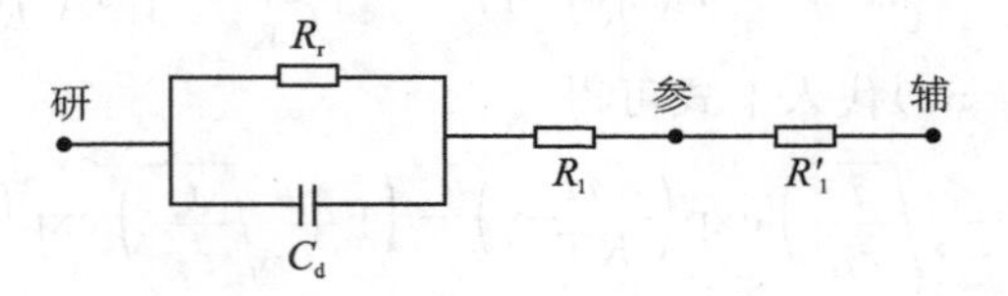

图 4-21 模拟电解池

控制电流暂态方法不同,实验条件和应用范围也不相同。下面介绍几种常用的控制电流暂态实验技术。

4.4.2 电流阶跃实验技术

电流阶跃实验的主要技术要求是,控制电流阶跃的上升时间要短(微秒级),电流持续期间要维持恒定,不受电源电压即电解池阻抗变化的影响。因此,要求信号发生器产生的阶跃波形前沿要陡,恒电流仪的响应速度要快,而且要有适当影响速度的电位测量和记录仪器,如示波器或记录仪,以便及时把 $\varphi-t$ 曲线记录下来。

电流阶跃实验技术的电路主要包括三种:由运算放大器组成的实验电路、经典恒电流电路、桥式补偿电路。

图 4-22 所示是由运算放大器组成的电流阶跃实验线路方块图。图中,运算放大器 A_1 组成恒电流仪,A_2 组成电压跟随器。由于 A_1 具有很大的开环放大倍数(几万倍以上),迫使 A 点为"虚地"。又 A_1 的输入阻抗很高,使流过 R 的电流几乎全部流经电解池 C。A 点电位等于地电位,故流过 R 的电流 $i=V/R$,只取决于 V 和 R,而不受电源电压和电解池电阻变化的影响,因而可达到恒电流的作用。调节电压 V 和电阻 R 可改变流过电解池电流的大小。如果 A_1 具有足够快的响应速度,那么当开关 K 接通后,就可得到阶跃变化的极化电流。

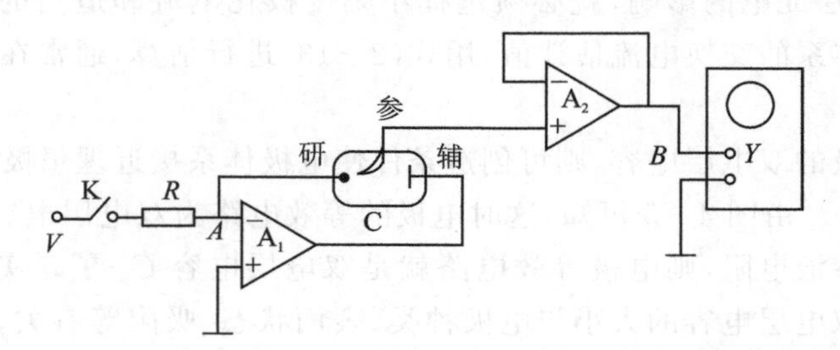

图 4-22 由运算放大器组成的控制电流阶跃实验电路示意图

运算放大器 A_2 组成电压跟随器,提高了示波器的输入阻抗,使流过参比电极的电流非常小(通常在 10^{-8} A 以下),从而提高了电位测量精度。因研究电极接"虚地",参比电极经电压跟随器 A_2 后输入示波器 Y 轴,B 点的电位等于参比电极相对于研究电极的电位。所以,单端输入示波器 Y 轴就显示了参比电极对研究电极的电位。当示波器 X 轴为适当频率的锯齿波

时，就可显示出电流阶跃实验的 $\varphi-t$ 响应曲线。

对于电极时间常数较大或者小幅度恒电流充电实验，也可用图 4-23 所示的经典恒电流充电实验线路。在该图中电解池内有“研”“参”“辅”三电极，为减小溶液欧姆电位降的影响，使鲁金毛细管尖嘴靠近研究电极。

图 4-23 中左边为经典恒电流极化回路。在对电流的恒值要求不太严格的情况下，可用这种简单的电路，即用高压直流电源 B(如可用两个 45 V 的电池组串联而成)，串联一组高阻值的可变电阻，可得到数十 mA 以内可调的恒流电源。电路中 R_0 为限流电阻，R 为可变电阻，用以调节电流的大小。电流的数值可由毫安表测量。

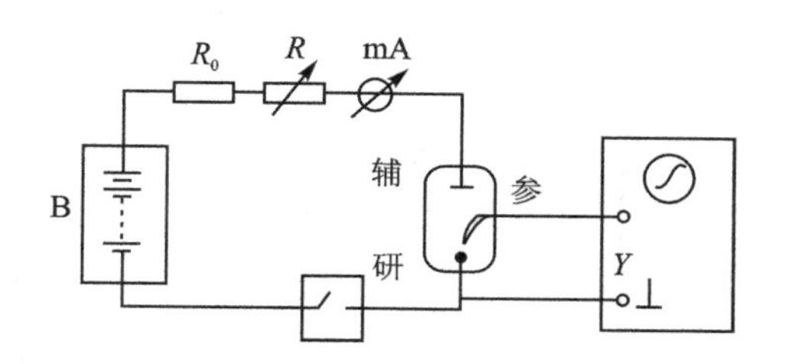

图 4-23　经典恒电流电路示意图

为实现电流阶跃，在要求不太高的情况下，可用手动机械开关或电磁继电器 K 来完成。在要求严格的情况下，要用电子开关实现电流的切换，其切换时间可小于微秒级。

回路中右边为电位测量和记录回路。对于慢速充电曲线的测量可用数字电压表或其他具有高输入电阻的电位测量或记录仪器，来测量和记录电位-时间曲线。对于电极时间常数小的电极体系，则必须用响应速度快的示波器或 $X-Y$ 记录仪来记录 $\varphi-t$ 曲线。

如果电源使用高输出电压的信号发生器，则可输出不同波形的电流，如方波或正弦波等。与电流阶跃的情况相似，电流波形的幅值也仅取决于大电阻的阻值和电源输出电压波形的幅值，不受电解池阻抗变化的影响。

由于示波器的输入电阻一般不够高，因此在输入端之前应加一级电压跟随器进行阻抗变换(见图 4-22 和图 4-24)，或者加一级高输入电阻的前置差动放大器。

为了得到 $\varphi-t$ 曲线，在变化缓慢时，可用透明纸把 $\varphi-t$ 波形从示波器上描下来，或者用 $X-Y$ 记录仪记录。对于快速变化的波形要用摄影机把图形拍下来。为了确定 $\varphi-t$ 曲线的坐标，必须在实验前用已知电压对示波器 Y 轴进行标定，以确定示波器 Y 轴每格相当于多少毫伏。有些示波器具有量程灵敏度选择，可供确定电位的坐标刻度。示波器的时间轴坐标可根据示波器的时标选定。

多数情况下，控制电流暂态实验是用快速响应的恒电流仪，配以适当的方波发生器来完成。由于恒电位仪很容易改接成恒电流仪，因此快速响应的恒电位仪也设有恒电流挡，可作为恒电流仪使用。图 4-24 是用恒电流仪(或由恒电流档的恒电位仪)、方波发生器和示波器组成的电流阶跃实验线路。图中 G 为阶跃波或方波发生器，调节阶跃波或方波发生器，使初始电流、电流阶跃方向、阶跃幅值及持续时间(或方波周期)都符合实验要求。若从平衡电位开始极化，就要将初始电流调为零。若从某一电位开始极化，就要调初始电流使电极极化到这一稳定电位，再进行电流阶跃实验。这时方波周期要足够长，以便阶跃前电位达到稳定。为了使电流阶跃的上升时间短(微秒级)，就要求方波信号的前沿陡，而且恒电流仪的响应速度必须足够快。为了观察电流阶跃波形，就要将恒电流仪上“电流信号”输出端接到示波器的 Y_1 轴输入端。这时 Y_1 轴的输入信号实为电流 I 在取样电阻 R_I 上的电压降 IR_I，由电流量程挡可知各挡取样 R_I 的数值，测知电压降 IR_I 后，就可算出电流 I 的大小。将恒电流仪上“参比输出”和“⊥”接线柱接到示波器 Y_2 轴输入端，可用来观察和记录电位随时间的变化。由于参比电极经仪器内的电压跟随器输入到示波器，因此可使流过参比电极的电流足够小，从而提高电位测量的精度。如果“参比输出”和“电流信号”输出端中都有一段是地端“⊥”，则可用单端输入的双迹示波器；否则，就必须用差动输入的双迹示波器。

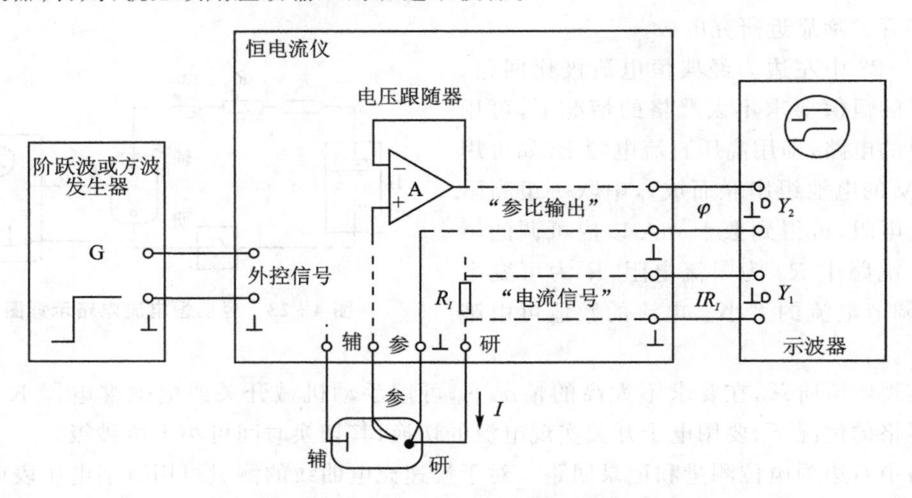

图 4-24　控制电流暂态法实验线路

为了消除溶液欧姆电位降的影响，在使用鲁金毛细管仍不能解决问题的情况下，可用运算放大器补偿电路，参照 3.4 节中所述的方法，可进行溶液电位降补偿的电流阶跃实验。

另外，用图 4-25 所示的桥式补偿电路也可进行溶液补偿的电流阶跃实验。图中利用高输出电压的阶跃波或方波发生器 G(如 XFD-8 型超低频信号发生器可输出 90 V 的阶跃波或方波)串联高电阻 R_1，可得到阶跃电流通过电解池。改变 G 的输出电压或串联电阻 R_1，可改变电流阶跃的幅值。由于信号发生器 G 的输出电流有限，只适用于小幅度电流阶跃实验，或者缩小研究电极的面积来提高电流密度。

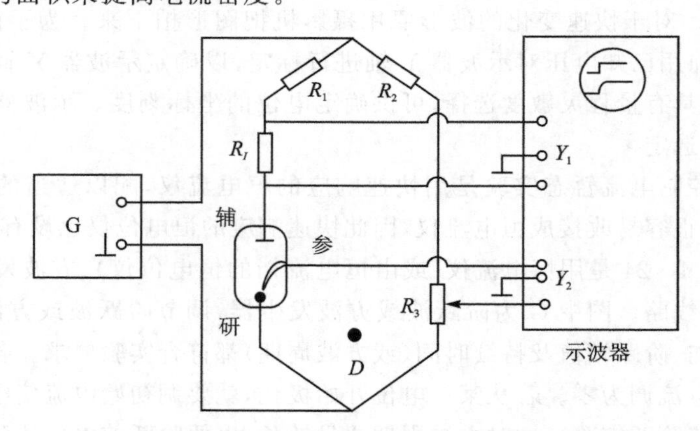

图 4-25　具有桥式补偿电路的控制电流暂态法实验线路

图 4-25 中，采用桥式补偿电路来消除溶液欧姆电位降的影响。电桥由 R_1、R_2、R_3 和电解池组成。一般选择 $R_1=R_2\ll R_3$。适当调节 R_3，当 $\varphi-t$ 态波形中 $t=0$ 时的电位突跃(图 4-12 中的 $\Delta\varphi_1=i_1R_1$)刚刚消失，说明溶液欧姆电位降得到补偿。当研究体系和电流阶跃幅值确定后，溶液的欧姆电位降一般变化不大，可在预实验时把 R_3 调节好。如果进行连续

方波实验，则可在实验中调节 R_3。

为了观察和测量阶跃电流，在电解池极化回路中串接一取样电阻 R_I，将 R_I 两端连接示波器 Y_1 轴的差动输入端。为了观察和测量补偿溶液欧姆电位降之后的电位波形，将参比电极和 R_3 的活动端连接示波器 Y_2 轴的差动输入端。如果示波器的输入电阻小于 $10^7\ \Omega$，则需要在示波器输入端前面加一级输入电阻大于 $10^7\Omega$ 的差动输入前置放大器，并需测知其放大倍数。

应当指出，在同一实验线路中若有几台电子仪器，则地端应与地端相连，且整个线路应只有一个公共地端。若不得不出现两个以上的地端时，它们之间必须有隔离措施。如图 4－25 中，由于 D 点接信号发生器的地端(⊥)，因此 R_I 的两端、参比电极和 R_3 的活动端都不是地端。所以，示波器必须用浮地的差动输入式双迹示波器，任一输入端都不接地。如果只有单端输入式示波器，则在输入端之前必须加一级浮地的差动输入放大器(见图 4－26)。

如果研究电极面积很小(如悬汞电极或铂丝电极)，则极化电流很小。若用大面积辅助电极，其电位几乎不变，可同时作为参比电极。因此，三电极体系可代之以二电极体系。实验线路如图 4－26 所示。由于电流小，可提高电流阶跃上升时间(小于微秒级)，提高了暂态实验精度。调节 R_3 可消除溶液的欧姆降。在没有差分输入式示波器的情况下，可在单端输入式示波器前面加一级差分输入式放大器 A 进行隔离。

用图 4－25 和图 4－26 线路时应注意：当溶液欧姆电阻很大时，溶液的欧姆降可能使示波器的差分放大器饱和，这就限制了在低电导溶液中的测定。或者说，由这个条件决定了可允许的欧姆降的上限。对于欧姆降很大的体系，可用断电流法进行测量。

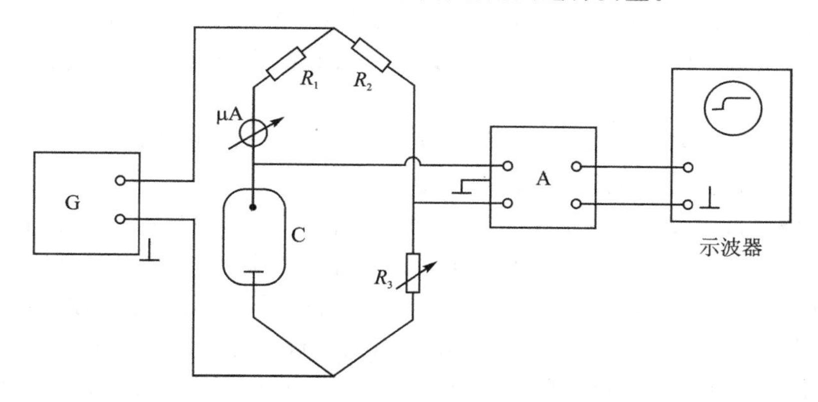

图 4－26　具有桥式补偿电路及前置放大器的控制电流暂态实验线路

电流阶跃法不仅可对处于平衡电位下的电极进行暂态测量，而且可对处于任何极化电位下的电极进行暂态测量。这实际上是单周期方波电流法。若用图 4－24～图 4－26 的实验线路，则需要适当选择方波电流参数 i_1、t_1、i_2 和 t_2，使电极在恒电流 i_1 极化 t_1 时间达到预定的电位，然后改变电流到预定值 i_2 并持续 t_2 时间，就可测定相应的 $\varphi-t$ 曲线。若要用图 4－23 的线路，则需另加一极化电路，并把开关改为换向开关如图 4－34 所示。

4.4.3　断电流法实验

图 4－22～图 4－26 各线路同样适用于断电流法实验。当用图 4－22 或图 4－23 测量时，首先使电极在预定的电流密度下极化，当达到稳态后，用快速开关突然切断极化电流，同时在

示波器上观测电位随时间的变化。因为欧姆降实际上是立即($<10^{-12}$ s)消失的(如果没有电容与此欧姆电阻并联),所以在切断电流后 10^{-6} s 内开始测定电极电位的变化,就可得到消除欧姆降影响的过电位。但是,如果开关速度慢,或者测量仪器的响应速度慢,则会使稳态过电位已衰减了一部分,再观测时,就会产生明显的误差。所以,这种方法要求切断电流的速度和示波器的响应速度要足够快。

若用图 4-24 和图 4-25 的线路测量时,则要求矩形波的后沿要陡,即下降时间要短,恒电流仪的响应速度要快。为了保证断电前电极达到稳态,矩形波脉宽要足够长。对于单次断电流法,需要将 $\varphi-t$ 曲线及时拍摄下来,这样做起来较困难。因此,常用周期断电法进行实验。这时,需要选择合适的方波周期,以便断电前电极接近稳态。

以不同恒电流进行断电法实验,可得到一系列消除欧姆降影响的过电位,进而可计算电极反应速度。

由于断电法可消除欧姆降对过电位测量的影响,因而特别适用于电极或溶液的欧姆电阻很大的体系(如金属在纯水中的腐蚀)以及那些不适于用鲁金毛细管的体系。但对于那些欧姆降不能立即消失的体系(如多孔电极等)则不适用。由于实验不需要对电极进行长时间的稳态极化,所以在金属电沉积和金属腐蚀研究中有明显的优点。

4.4.4 方波电流法实验

图 4-24 和图 4-26 的线路也适用于做方波电流法实验。这时图中的 G 应为方波信号发生器,所产生的方波前后沿要陡,恒电流仪的响应速度要快。根据实验要求选择方波参数 i_1、t_1、i_2 和 t_2。利用小幅度方波电流可测量电极体系的 R_l、R_r 和 C_d。利用不同幅度的方波电流可测定不同电位下的阴阳极充电曲线。与其他方法相配合可研究电极过程的特征与反应机理。

对称方波电流法也常用来测量溶液的电导、双电层电容以及电极反应的交换电流(或金属腐蚀速度)。实验目的不同,选择和控制的实验参数也不同。

用对称方波电流法测量溶液的电导时,采用二电极体系(即电导池)。为了提高测量精度,应采用周期远小于时间常数 R_lC_d 的小幅度方波电流。为此,电极常用大面积镀铂黑的铂电极,这样 C_d 大,时间常数大,选择 1 000 Hz 的方波电流就可以满足上述要求。在这种情况下,电化学极化和浓差极化可忽略不计,测得的溶液电阻准确。这时示波屏上得到的电导池的欧姆电压降 $R_l\Delta i$ 的波形是与电流波形同样的方波。因此,用电压降 $R_l\Delta i$ 波形的高度除以方波电流的幅值 Δi,就得到溶液的电阻;或者电压降方波 $R_l\Delta i$ 经检波后用直流仪表读数,并标定出相应的溶液电阻读数。然后,根据溶液电阻和电导池常数即可计算出溶液的电导率。

用对称方波电流法测定电极的双电层电容时,为了提高测量精度应采用桥式补偿电路消除 R_l,选择适当的溶液或电位范围,使电极接近理想极化电极,增大电极的时间常数 R_rC_d,同时提高方波频率(通常用 1 000 Hz),这样就突出了双电层开始充电的部分,使得到的 $\varphi-t$ 波形趋于折线。以折线的斜率 $\mathrm{d}\varphi/\mathrm{d}t$ 代入式(4-24),可计算 C_d。这种方法常用来测定固体电极的双电层电容,进而研究固体电极表面的吸附或氧化膜的消长。

用对称方波电流法测定 R_r 时,要用小幅度方波电流,使电极处于电化学步骤控制下且在线性极化区($\eta<10$ mV)。方波频率要选择适当。频率太低,浓差极化的影响增大;频率太高,双电层充电的影响增大。正确选择频率的标准应是在方波半周期内 $\varphi-t$ 曲线接近稳定。我

们知道，在电化学极化控制下，电极电位达到稳定，也就是双电层充电达到稳态。双电层充电达到稳态所需要的时间取决于电极的时间常数。在溶液电阻很小或予以补偿的情况下，电极的时间常数为 $R_r C_d$（见式(4－10)）。一般在 $t \geqslant 5R_r C_d$ 时，双电层充电接近稳态，因此方波半周期应为

$$T_{半} \geqslant 5R_r C_d$$

方波频率应为

$$f \leqslant \frac{1}{10R_r C_d}$$

可见，R_r 越大（即反应速度越小），频率 f 应选得越低。频率选得是否合适可通过示波器观察，以暂态波形在半周期快结束时接近水平为宜。溶液的电阻会影响反应电阻 R_r 的测量精度，可用电子补偿线路（见 3.4 节）或桥式补偿电流（见图 4－25）进行溶液电阻补偿，使电位波形中由溶液电阻引起的电位突跃（图 4－15 中 AB 段和 CD 段）以接近消失为宜。

为了方便而迅速地测定 R_r，可根据对称方波电流法原理，设计成线性极化仪或快速腐蚀仪，如国产 FC 快速腐蚀仪就是根据此原理设计的，方块图如图 4－27 所示。

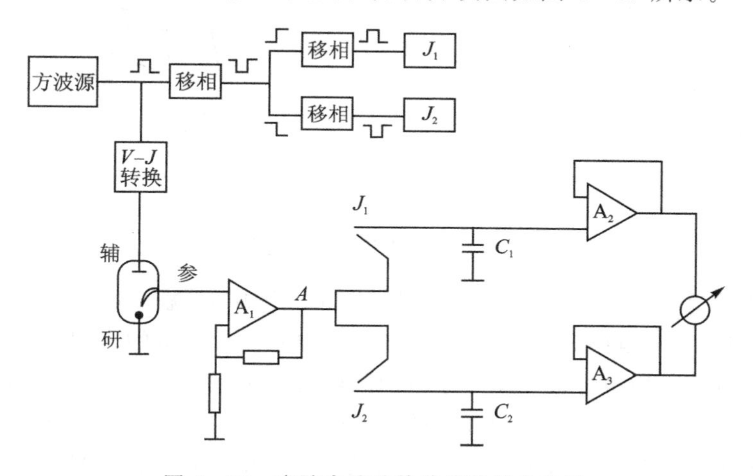

图 4－27　方波电流法快速腐蚀仪方块图

方波源的输出电压通向 $V-J$ 转换器，使得到的恒电流方波通过电解池对电极极化，从而得到参比电极相对于研究电极的电位-时间暂态波形。此电位经放大器 A_1 放大后在 A 点输出，由于放大器 A_1 有倒相作用，所以 A 点的波形即研究电极相对于参比电极的电位波形。为了测得电位接近平衡段时的数值，必须在电位波形中的平稳段取样，才能得到稳态时的 $\Delta\varphi$ 值。为此，需要有采样保持电流。图 4－27 中是用干簧继电器电路的通断，使暂态期间电路不通，接近稳态时再使电路接通一个短暂的时间，使其对 C_1 或 C_2 充电，电容 C_1 和 C_2 两端的电压就等于稳态时的过电位 $\Delta\varphi$。利用充电器有这种“记忆”能力，可使后边的电位测量电流的电表上有读数。为了恰好在电位接近稳态时接通电路，进行取样，必须控制干簧继电器的开关时间。这种开关动作显然要与方波电流同步，为此从方波源另取一输出，通过移相器移相 180°，然后控制两个单稳电器，再控制干簧继电器的开关时间就可达到正确取样的目的。从电表上测得的读数与 $\Delta\varphi$ 成正比，因为

$$R_r = \frac{\Delta\varphi}{\Delta i}$$

而 Δi 由仪器控制为恒定器，当选定 Δi 后就不再变化，因而表头上的读数既反映了 $\Delta\varphi$ 的大小，又反映了 R_r 的大小。经对仪器标定后，就可从仪器表头上直接读出 R_r 或 $\Delta\varphi$ 值，也可用记录仪把它们自动记录下来。

该仪器的方波电流幅值在 $\pm10\ \mu A\sim\pm10\ mA$ 范围内可调，方波频率有 3 Hz、1 Hz、0.3 Hz、0.1 Hz、0.03 Hz、0.01 Hz 六挡供选择，允许极化电位范围为 ±10 mA，输入阻抗 $\geqslant10^{10}\ \Omega$，R_r 测量范围为 1 Ω～1 MΩ。

4.4.5 双电流脉冲法实验

将图 4－24 和图 4－26 中的 G 改为双脉冲发生器可用来进行双电流脉冲实验。实验时要适当调节第一个脉冲的幅值和脉宽，使第二个脉冲开始时电位-时间曲线的斜率是平的，$\left(\frac{d\varphi}{dt}\right)_{t=t_1}=0$，如图 4－28 所示。

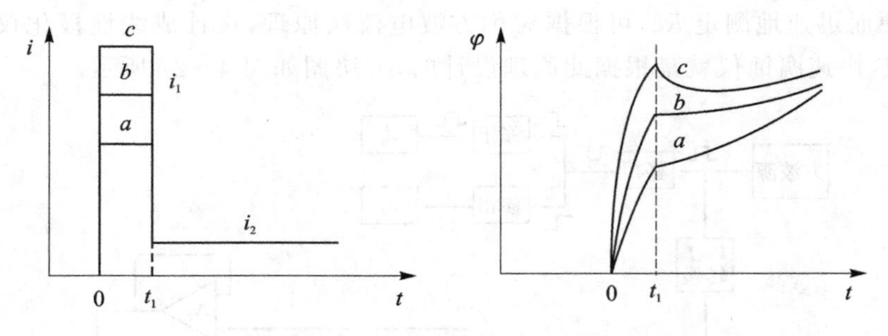

图 4－28 双电流脉冲暂态图形

第一个脉冲幅值太大或太小都会影响测量结果。图中 b 就满足上述要求。在这种要求下，第一个脉冲用来为双电层充电，消除了双电层充电对电位测量的影响。第二个脉冲的电流相当于电极反应电流。用桥式电路消除了溶液欧姆降后的波形如图 4－28 所示（图 4－17 为欧姆降未消除的波形），而且在第一个脉冲的末尾（如 $t_1=1.5\ \mu s$），浓度极化可能忽略。因此，第二个脉冲开始时所观察到的过电位就是活化过电位。用这种方法可测量较小的 R，即可测出快速反应的 i^0。

双脉冲电流法仪器较复杂，但可用 DHZ－1 型电化学综合测试仪中的快波形电流脉冲与慢波形电流脉冲相叠加的方法进行这种实验。实验时尽量避免分布电容的干扰。

4.5 控制电流暂态法的应用

4.5.1 恒电流充电法研究电极表面覆盖层

电极表面覆盖层有吸附的，也有成相的。它们的生成或消失都通过电化学反应，需要的电量符合法拉第定律。在覆盖层的消长过程中，消耗了外电流的绝大部分，所以在恒电流极化时，由于覆盖层的消长，双电层充电电流大为降低，电极电位的变化率也大为降低，在 $\varphi-t$ 曲线上出现一个“平阶”，如图 4－29 所示。

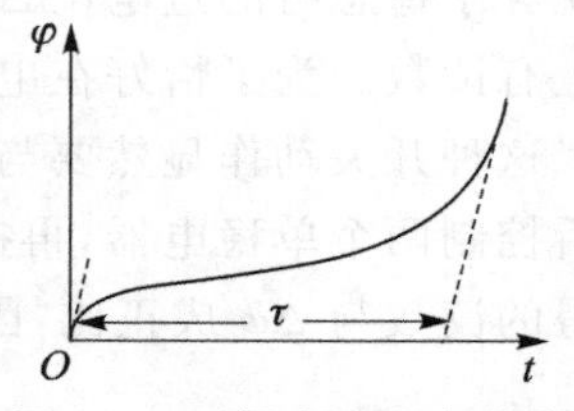

图 4－29 恒电流充电曲线

以平阶的过渡时间 τ_θ 乘以外加恒电流 i 即为消耗于覆盖层的电量 Q_θ，然后根据 Q_θ 可以计算出吸附覆盖层的覆盖度 θ，或计算成相膜的厚度 δ。

吸附覆盖度的公式为

$$\theta = \frac{Q_\theta}{nqNS} \tag{4-54}$$

式中：n 为反应电子数，如吸附氢的脱附反应 $H_{吸} \longrightarrow H^+ + e^-$，其中 $n=1$；q 为每个电子的电荷，$q=F/N_A=96\ 500/(6.02\times10^{23})=1.6\times10^{-19}$ (C)，N_A 为阿伏加德罗常数；N 为电极表面的金属原子数，假设每个金属原子为一个吸附空位，则 N 的大小可由电极金属的晶格常数计算；S 为电极的实际表面积。

成相膜厚度 δ 的计算公式为

$$\delta = \frac{Q_\theta M}{nF\rho S} \tag{4-55}$$

式中：M 为成相膜物质的相对分子质量；ρ 为成相膜物质的密度；S 为电极的实际表面积。

用恒电流阳极溶解法测定金属镀层厚度，恒电流阴极还原法测定金属腐蚀产物膜厚度，都是根据控制电流暂态法进行的。除了吸附层和成相膜这两种情况可使 $\varphi-t$ 充电曲线上出现平阶外，还可由溶液中反应物的浓度极化引起，如图 4－19 所示。如 4.3.1 小节所讨论的，这种平阶所需的电量 Q_c 为

$$Q_c = i\tau = \frac{n^2F^2\pi D(C^0)^2}{4i} \tag{4-56}$$

必须指出，与 Q_θ 不同，Q_c 不是常数，而是反比于电流 i。电流越小，所需电量越大，这是因为溶液中的反应物可以源源不断地补充到电极表面的缘故。如果用不同的 i 进行恒电流极化，则可以测得一系列的 Q_c 值，以 Q_c 对 $1/i$ 作图，可以得到通过原点的直线，如图 4－30 中的直线 1。直线的斜率为

$$\frac{dQ_c}{d\left(\frac{1}{i}\right)} = \frac{1}{4}n^2F^2\pi D(C^0)^2 \tag{4-57}$$

根据直线的斜率及 n、D 可求出 C^0。此关系式与电极反应的可逆性及机理无关，只要反应物来自溶液中，便有以上的特征($Q_\theta \propto 1/i$)。如果反应物不是来自溶液中，而是预先吸附在电极上或者以异相膜的形式存在于电极表面，则这些反应物消耗至零所需的电量 Q_θ 为一常数，与 i 无关，在 Q 对 $1/i$ 作图时应为平行于 $1/i$ 轴的直线。利用这种不同的特征可以判别反应物的来源。对于兼有上述两种来源的反应物的情况为

$$Q = Q_\theta + \frac{n^2F^2\pi D(C^0)^2}{4i} \tag{4-58}$$

如图 4－30 中的曲线 3。

可见，当电流阶跃实验的 $\varphi-t$ 曲线上出现平阶时，可用上述方法判别属于哪种情况。至于是成相膜还是吸附层，一般可根据 Q_θ 的大小来判别。因为成相膜消长所需电量往往远大于单分子吸附层的电量，但吸附层与成相层经常难以区分。

铁在硼酸缓冲溶液中的恒电流阳极充电曲线如图 4－31 所示。

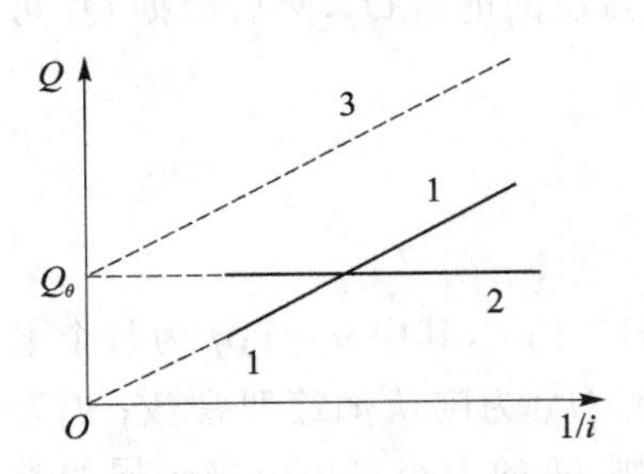

1—反应物来自溶液中；2—反应物来自电极表面覆盖层；3—二者兼有

图 4－30　电流阶跃实验中反应物所消耗的电量与恒电流 i 的关系

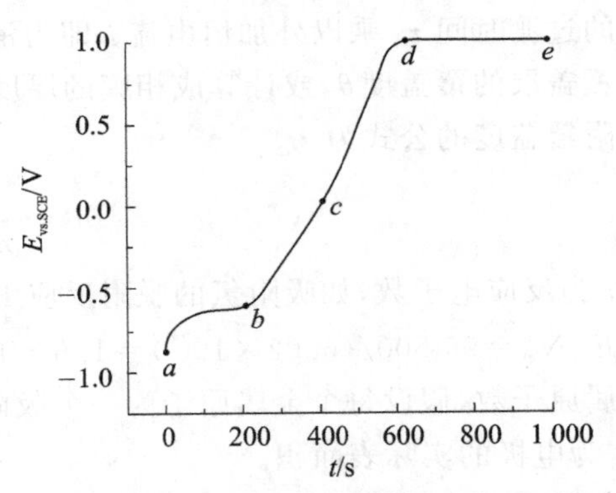

图 4－31　铁在硼酸盐溶液中的恒电流阳极充电曲线

为了研究铁在硼酸缓冲溶液中的氧化过程，用大于致钝电流（30 μA）的电流进行恒电流阳极充电实验，所得的电位-时间曲线可分为 4 个区：ab 段除开始电位升高较快外，随后电位几乎呈平台；bc 段呈拉长“S”形；cd 段为斜直线；de 段呈平台。其中，ab 段处于活化区，为铁溶出和低价铁氢氧化物沉积过程，到达 b 点后铁表面基本上被低价铁氢氧化物所覆盖；随后充电电流主要用于氧化低价铁，电位随着 Fe^{3+} 量的增加而升高，到达 c 点（对应于图 4－31 的 0 V 位置）后，Fe^{2+} 基本氧化完全，充电电流主要用于膜的增厚，电位与充电时间成正比。电位到达 d 点时，过钝化区开始。由于 0 V 以后的氧化膜可以认为是 Fe_2O_3，忽略溶出 Fe^{2+} 的电流，根据充电电流的大小和充电至 d 点的时间可以计算出铁表面形成 Fe_2O_3 膜所需的电量，根据反应 $2Fe+6OH^- - 6e^- \longrightarrow Fe_2O_3+3H_2O$，电极面积为 0.71 cm^2，Fe_2O_3 的摩尔质量为 159.68 g/mol，体积质量为 5.24 g/cm^3，反应电子数为 6，法拉第常数 $F=96\ 500$ C/mol，由“面积×厚度×体积质量＝电量×摩尔质量÷nF”公式计算 Fe_2O_3 的厚度。取 a 至 d 的时间为电量计算时间，由此所得钝化膜的厚度为 12.7 nm；若取 b 至 d 的时间，则为 8 nm。后者与文献值区域较接近，而前者则相差较大，这表明在 ab 段（即活化区）阳极电流主要是以铁溶出为主。

成相层消失的平阶一般比较平，因此成相层的活度为常数。但当成相层的厚度增大时，固相电阻也增加。所以，在较大电流时，欧姆电压降的增加将导致 $\varphi-t$ 曲线变斜，斜率与 i 有关。在成相层开始形成时，有时因新相形成需要附加过电位，从而造成 $\varphi-t$ 曲线平阶开始时有极大点现象（见图 4－32）。

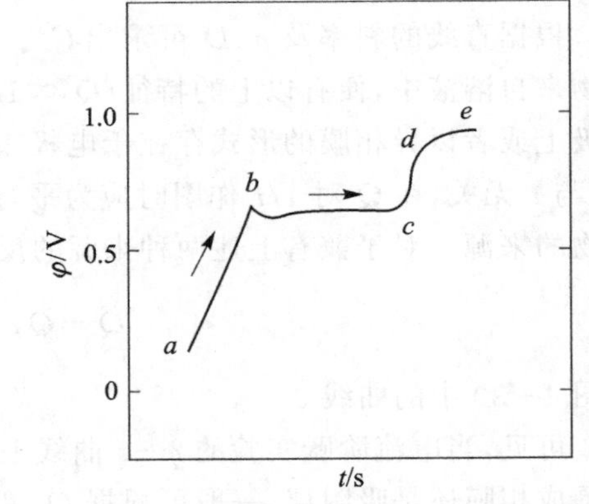

注：$i_A=0.33$ mA/cm^2（真实面积），$t_A=18.6$ s，φ 相对于同溶液的 AgO 参比电极。

图 4－32　银在 1 mol/L KOH 溶液中阳极极化的充电曲线

银电极在碱溶液中大电流阳极极化的电位波形如图 4－32 所示。由于 AgO 的导电性远优于 Ag_2O，在 AgO→Ag_2O 阶段，即曲线的 ab 段，曲线倾斜；而在曲线的 bc 段，$\varphi-t$ 曲线相当平坦；$\varphi-t$ 曲线在 b 点出现尖峰，峰下降迅速，这可能是由于形成新相 AgO 需要附加的过电位和 Ag_2O

被氧化为导电性好的 AgO，且 AgO 的生长采取钻深洞形式进行的缘故。

采用控制电流暂态法测量材料在溶液或对气体吸附的电位-时间曲线，通过分析过程中不同的特征反应阶段，可以推断材料在溶液中的氧化能力或对气体的吸附能力。图 4－33 所示为在盐酸电解液中嵌入式 WC（碳化钨）粉末电极的氢、氧吸附充电曲线。

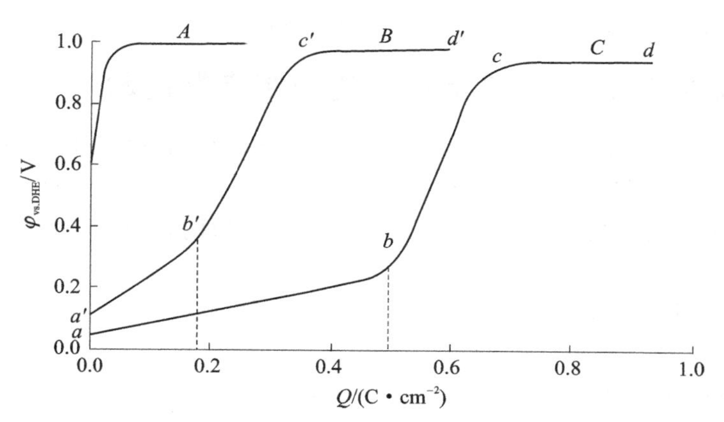

注：曲线 A、B—WC 粉末电极；曲线 C—Pt 电极；充电电流为 10 mA。

图 4－33　嵌入式 WC 粉末电极氢、氧吸附充电曲线

由图 4－33 可见，各充电曲线均具有不同电量的反应台阶，说明充电曲线中存在不同性能的氧化反应以及充电过程中不同的特征反应阶段。曲线 *A* 气室通 N_2，外界通入的电量除电极双电层充电（图 4－33 曲线 *B*、*C* 中的 *bc* 线段）外，电极表面上出现了氧的吸附过程：

$$H_2O_{吸} \longrightarrow OH_{吸} + H^+ + e^-$$

$$OH_{吸} \longrightarrow O_{吸} + H^+ + e^-$$

WC 粉末与吸附氧发生了电氧化反应，在电极表面生成钨的氧化物，并出现曲线 *B* 和曲线 *C* 中的 *cd* 线段。图 4－33 的曲线 B 气室通 H_2，电极表面发生了氢吸附和氢阳极氧化两种反应过程：

$$H_2 \xrightarrow{\text{I}} 2H_{吸} \xrightarrow{\text{II}} 2H^+ + 2e^-$$

由实验可知，充电曲线 B 中的 *a′b′* 线段是通过 WC 电极气室长时间通 H_2，使电极表面的 WC 粉末在 H_2 中充分吸附，然后经外界通入电量使吸附的氢原子发生电氧化反应而形成的，因此电极上消耗的电量即标志着 WC 电极表面氢的吸附量以及氢阳极氧化反应的电催化活性。从图 4－33 中的曲线 *B*、*C* 可见，WC 电极在此过程中消耗的电量约为 0.17 C/cm^2，铂电极为 0.48 C/cm^2，铂电极消耗的电量是 WC 电极的 0.28 倍，说明氢在铂电极上的吸附能力要比 WC 电极强得多。若图 4－33 的曲线 *B* 气室中改通 N_2 或空气，或原吸附在 WC 电极表面上的氢原子已完全耗尽，同时外界继续通入电量，则 WC 电极表面上除双电层充电形成曲线 *B* 中的 *b′c′* 线段外，主要发生氧的吸附过程和 WC 粉末与吸附氧的电氧化反应，出现了曲线 *B* 中的 *c′d′* 线段。由图 4－33 可见，充电曲线 *A* 由于 WC 电极只通 N_2，未通 H_2，尚无经历氢吸附和氢阳极氧化反应这一过程，充电曲线中不存在曲线 B、C 中 *ab* 线段这一反应台阶，而只有氧吸附和 WC 粉末与吸附氧发生的电氧化反应。充电曲线 B，除了出现氧充电曲线 *c′d′* 线段外，由于开始 WC 电极气室通 H_2，电极表面还发生了氢充电曲线 *a′b′* 线段。由此可见，嵌入式 WC 粉末电极在酸性电解液中不但对氢具有吸附和氧化作用，而且对氧同样会发生吸附和氧

化反应。

采用电流换向阶跃技术有利于研究表面覆盖层。因为从阴阳两方向的电位波形的比较，可进一步研究电极过程。例如阳极极化生成的覆盖层在阴极极化时被还原，这时电位波形上出现对应的“平阶”。从“平阶”电位的差异可判断覆盖层生成和消失过程的可逆性。从“平阶”电量的多少，可以估计覆盖度，判别产物来自固相或液相。

4.5.2 研究氢在铂电极上析出的控制步骤问题

关于氢的析出机理人们已进行了大量研究，不同金属的析出机理不同。按氢析出超电势的不同，金属大致可分为三类：①高析氢超电势金属，如 Hg、Zn、Pb、Sn 等，这些金属的 $a=1.0\sim1.5$ V；②中析氢超电势金属，如 Fe、Co、Ni、Cu 等，这些金属的 $a=0.5\sim0.7$ V；③低析氢超电势金属，如 Pt、Pd、Ru 等，这些金属的 $a=1\sim0.3$ V。

氢的析出反应过程中可能出现的表面步骤主要有下列方程：

① 电化学步骤 $H^+ + e^- \longrightarrow MH$；

② 复合脱附步骤 $MH + MH \longrightarrow H_2$；

③ 电化学脱附步骤 $H^+ + MH + e \longleftrightarrow H_2$。

在高过电位的金属上氢的析出符合“迟缓放电理论”。在低过电位金属如光滑铂电极上，符合“复合理论”，即电极过程受吸附氢原子的复合步骤控制。这里作为控制电流暂态法的应用实例，也为这一理论提供了证据。

因为，如果氢离子放电反应 $H^+ + e^- \longrightarrow E_{吸}$ 是析氢反应中的控制步骤，则电极表面上氢原子的浓度很小，氢原子的吸附覆盖率 θ_H 应远小于 0.01；如果吸附氢原子的复合（$H_{吸} + H_{吸} \longrightarrow H_2$）是控制步骤，则应有 $0.1<\theta_H<1$，即氢原子的吸附覆盖度应当比较大。因此，可以根据测得的 θ_H 来推断氢的析出机理。

现在用电流换向阶跃法测定铂电极上氢原子的吸附覆盖度 θ_H。可用图 4-34 所示的线路进行实验，即以 1 mA/cm^2 的电流密度对铂电极进行阴极极化，也就是说铂电极上以 1 mA/cm^2 的速度进行析氢反应。当反应达到稳态时，用快速电子开关把电极从稳态阴极极化变到阳极极化。这种换向速度必须很快，要在 10^{-6} s 或更短的时间内完成，以保证在电流换向的时间内表面上氢原子的浓度（即阴极反应产物）来不及发生明显的变化。

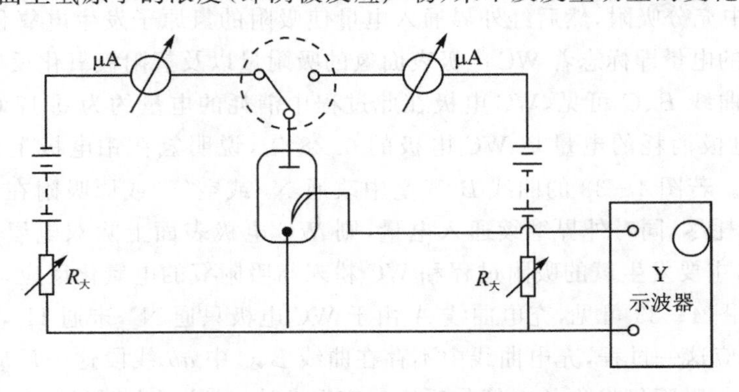

图 4-34 恒电流暂态实验线路

与此同时，在示波器上可得到电位随时间变化的波形，如图 4-35 所示。

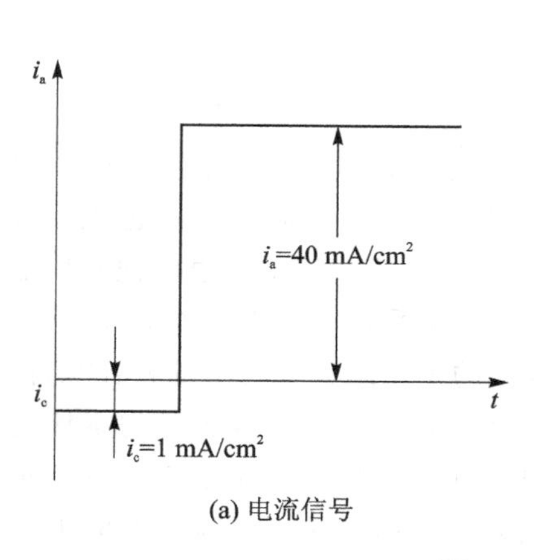

(a) 电流信号

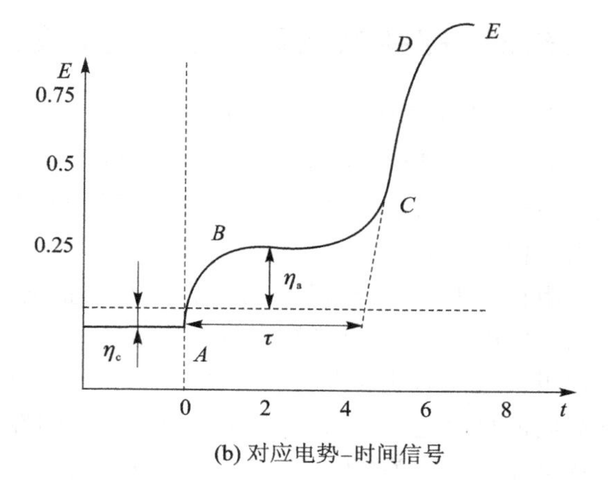

(b) 对应电势-时间信号

图 4-35　电流换向阶跃实验中

图 4-35(b)中，A 到 B 的部分表示电极由处于阴极极化到阳极极化引起的电位变化，即双电层充电区。BC 段表示在阳极极化下，随着反应 $H_{吸} \longrightarrow H^+ + e^-$ 的进行，吸附氢原子被溶解。在此反应中，交给电极中的电子就是电流所消耗的电子。当此反应进行时，电位几乎不变(平阶)。既电极中的电子数是不变的，也就是说，氢的离子化反应把电子交给电极的速度和外电路把电子拉走的速度相等。最后，当吸附氢原子被溶解(既离子化)后，电极双电层中的电子继续被外电路拉走，而没有氢原子给电极提供电子，因而电极电位又开始转正，如图中 CD 段所示。CD 段也是双电子层充电区。DE 段为氧化物的形成或氧的放出。

可见，在图 4-35 中 BC 段为吸附氢原子离子化的区域而没有其他的电极反应。也就是说。在 τ 时间内，加到电极上的恒电流只用于吸附氢原子的离子化。从图中测得 $\tau = 5\times10^{-3}$ s。在此时间内通过的电量为

$$Q = i\tau = 40\times5\times10^{-3} = 0.2\ \text{mC/cm}^2$$

一个电子的电荷 q 为 1.6×10^{-19} C，因每个吸附氢原子放出一个电子，因此可得到吸附氢原子的总数 N 为

$$N = \frac{Q}{q} = \frac{2}{1.6\times10^{-19}} = 1.25\times10^{19}\ H_{吸}/m^2$$

用 X 射线测得铂的晶格常数(即两个相临 Pt 原子间的距离)为 0.394 2 mm，对于密排结构(见图 4-36)可算出表面上铂原子数目为 1.5×10^{19} 个 Pt 原子/m²。假定每个 $H_{吸}$ 与一个 Pt 原子结合，则吸附氢覆盖度 θ_H 为

$$\theta_H = \frac{H_{吸}\text{原子的数目}}{\text{Pt 原子的数目}} = \frac{1.25\times10^{19}}{1.5\times10^{19}} \approx 0.83$$

即铂表面几乎被吸附氢原子完全覆盖，这是复合理论的证据之一。

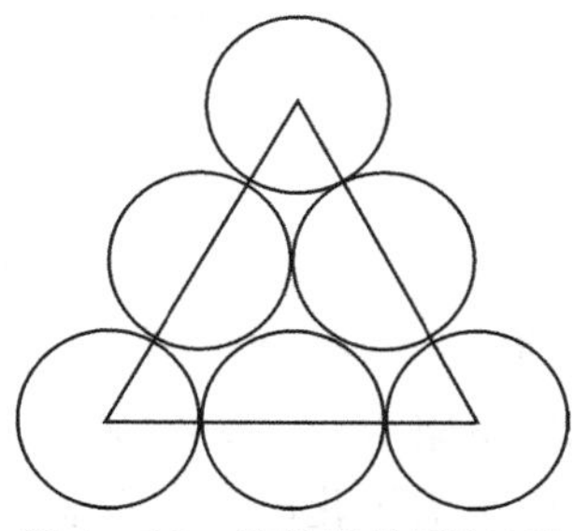

图 4-36　铂的密排面(111)晶面排列示意图

4.5.3 控制电流暂态法测定内阻

1. 方波电流法测定电池欧姆内阻

电池的内阻是评价电池质量的重要指标之一。如果电池内阻很大，当电池工作时，电池内部就会消耗大量的电能并放出大量的热，同时电池的工作电压也会下降，致使电池无法继续工作或失去使用价值。因此我们总是希望电池的内阻越小越好。当直流电通过电池时所显示出来的内阻称为电池的全内阻。在生产电池的企业里，一般都是采用一个直流电流表，直接测量电池的短路电流，再经过换算便得到电池的全内阻。电池的全内阻包含两个部分：欧姆内阻和极化内阻。电池的欧姆内阻包括电池的引线、正负极电极材料、电解液、隔膜等的本体电阻及各部分间的接触电阻，其大小与电池所用材料的性质和电池装配工艺等因素有关，而与电池工作时的电流密度无关，此电阻完全服从欧姆定律。电池的极化内阻是当电流通过时电池的正负极极化（包括电化学极化和浓差极化）所对应的等效电阻，此电阻不服从欧姆定律。

分别测出欧姆内阻和极化内阻具有重要的意义，可帮助生产企业找出存在问题的根源。通常欧姆电阻的测量可采用控制电流阶跃的方法和交流阻抗的方法，而控制电流阶跃的方法因仪器简单、廉价，易于使用，适合在电池生产企业中应用。采用控制电流阶跃的方法时，由于欧姆电阻具有电流跟随特性，其压降在通电后 10^{-12} s 内即可建立，因而通过缩短测量时间，电池两端电压的变化就简化为电池欧姆内阻的电压降。通常使用的是方波电流法，这时应选择足够高的测量频率，使得只有欧姆内阻作出响应，此时电池电压是一个与电流同频率的方波。

实验采用如图 4-37 所示的电路图，图中的方波信号发生器在使用时，其输出电压一般要求不低于数十伏，其输出电流由 R_1 和 R_2 组成的可调大电阻调节，并且该大电阻应取较高数值，以使输出方波电流的幅值不受被测电池的影响。

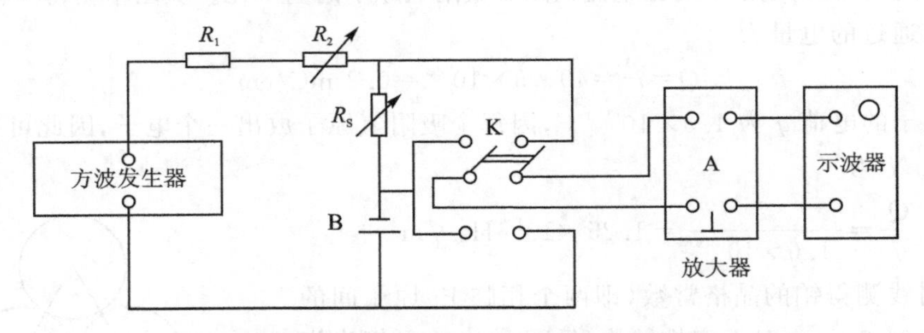

图 4-37 电池欧姆内阻的测量电路示意图

图 4-37 中，当开关 K 打到被测电池 B 一方时，观察到的是电池两端电压的变化；而 K 打到标准电阻 R_S 一方时，则可以观察到 R_S 上的电压变化。选择足够高的方波电流频率，这时电池内部的极化电阻可以忽略，电池可以等效成一个欧姆电阻。此时观察到的被测电池 B 和标准电阻 R_S 两端的电压均按方波规律变化，如图 4-38 所示。保持实验条件不变，则比较电池 B 与电阻 R_S 上方波电压的幅值，就可求得电池的欧姆电阻为

$$R_{\Omega}=\frac{h_B}{h_S}R_S$$

式中：h_S 为标准电阻 R_S 的方波电压幅值；h_B 为电池两端的方波电压幅值。

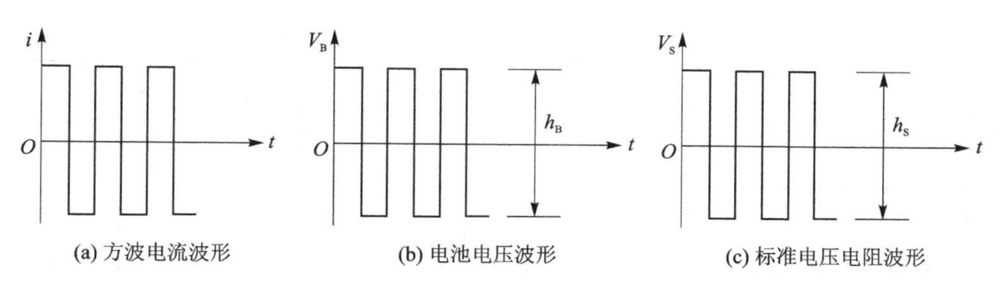

(a) 方波电流波形　(b) 电池电压波形　(c) 标准电压电阻波形

图 4－38　被测电池 B 和标准电池 R_S 两端的电压按方波规律变化

2. 电流阶跃法区分混凝土锈蚀中各电阻

在钢筋混凝土中，钢筋发生锈蚀会严重影响钢筋混凝土结构的使用功能。在对钢筋混凝土结构进行寿命评估与预测时，均需确定混凝土内部钢筋的锈蚀状态。钢筋的锈蚀过程是一个电化学反应过程，可采用电化学方法对钢筋锈蚀状态进行非破损检验。常用的电化学测量方法有自然腐蚀电位法、线性极化法或交流阻抗法等。但这些方法存在着诸如不能确定锈蚀速率、不能区分混凝土保护层的影响、测量时间长等缺点。近年来，一种暂态测量方法——电流阶跃法越来越多地用于钢筋混凝土中的钢筋锈蚀状态的测定。它通过分析钢筋混凝土中的钢筋在阶跃电流信号 I_{app} 作用下的电压响应 $\Delta V(t)$ 来确定钢筋的锈蚀状态。在分析电流阶跃法测量结果时，常采用多重串联阻容单元来拟合所得测量结果。由于钢筋混凝土是一个复杂系统，包括混凝土保护层、混凝土与钢筋界面、锈蚀产物层等几部分，因此最终测量结果是这几部分各自的电化学响应的综合反映。当采用多重串联阻容单元拟合测量结果时，所得各个阻容单元很难赋予明确的物理意义。

阎培渝等人改进了电流阶跃法测量结果的分析方法，可明确地区分锈蚀产物层的极化阻抗、混凝土保护层的欧姆电阻和扩散极化阻抗。其中，加于待测系统的阶跃电流信号 I_{app} 如图 4－39(a)所示，系统的极化电压响应信号 $\Delta V(t)$ 如图 4－39(b)所示。在测得的电压响应信号 $\Delta V(t)$ 中包含有三种极化信号：混凝土保护层的欧姆极化；与锈蚀状态有关的电荷传输极化；由离子扩散导致的浓差极化。为了准确地确定钢筋的锈蚀速率，必须将欧姆极化与浓差极化的影响扣除。

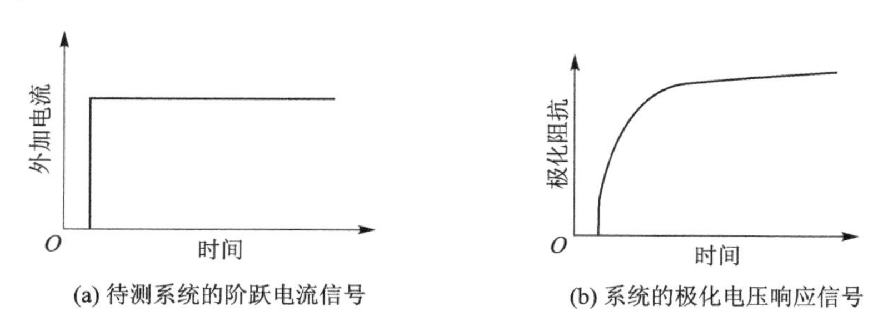

(a) 待测系统的阶跃电流信号　(b) 系统的极化电压响应信号

图 4－39　加于待测系统的阶跃电流信号和系统的极化电压响应信号

根据钢筋混凝土系统中的不同部分具有不同的特征极化电压响应频率，与欧姆极化有关的特征频率在 106 Hz 以上，与电荷传输极化有关的特征频率位于 0.1～10 Hz 的低频区，而与浓差极化有关的特征频率则更低。故通过控制采样频率，可将欧姆极化、浓差极化、电荷传输极化进行区分，结果如图 4－40 所示。

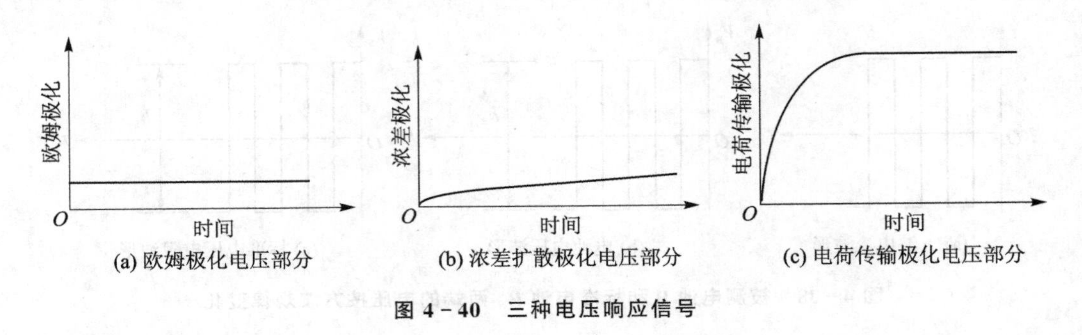

(a) 欧姆极化电压部分 (b) 浓差扩散极化电压部分 (c) 电荷传输极化电压部分

图 4-40 三种电压响应信号

思考题

1. 暂态法有何特点？
2. 试述各种控制电流暂态法的特点、原理和应用。
3. 控制电流暂态法小幅度运用和大幅度运用有何区别？如何选用？
4. 影响控制电流暂态法的因素有哪些？如何选择测量线路、仪器和实验条件？
5. 举例说明控制电流暂态法的应用。

第 5 章　控制电位暂态法

5.1　控制电位暂态法的种类和特点

控制电位暂态法是控制电极电位 φ 按指定的规律变化，同时测量电极电流 i 随时间 t 的变化，或者测量电量 Q 随时间 t 的变化，继而计算电极的有关参数或电极等效电路中各组件的数值。

常见的电位控制方式有下列几种：

① 电位阶跃暂态实验：开始前，电极电位处于开路电位 φ_1。实验开始时（$t=0$），使电极电位突跃至某一指定恒值 φ_2，直至实验结束为止，如图 5-1(a)所示。

② 方波电位控制：电极电位在某一指定恒值 φ_1 持续时间 t_1 后，突变为另一指定恒值 φ_2，

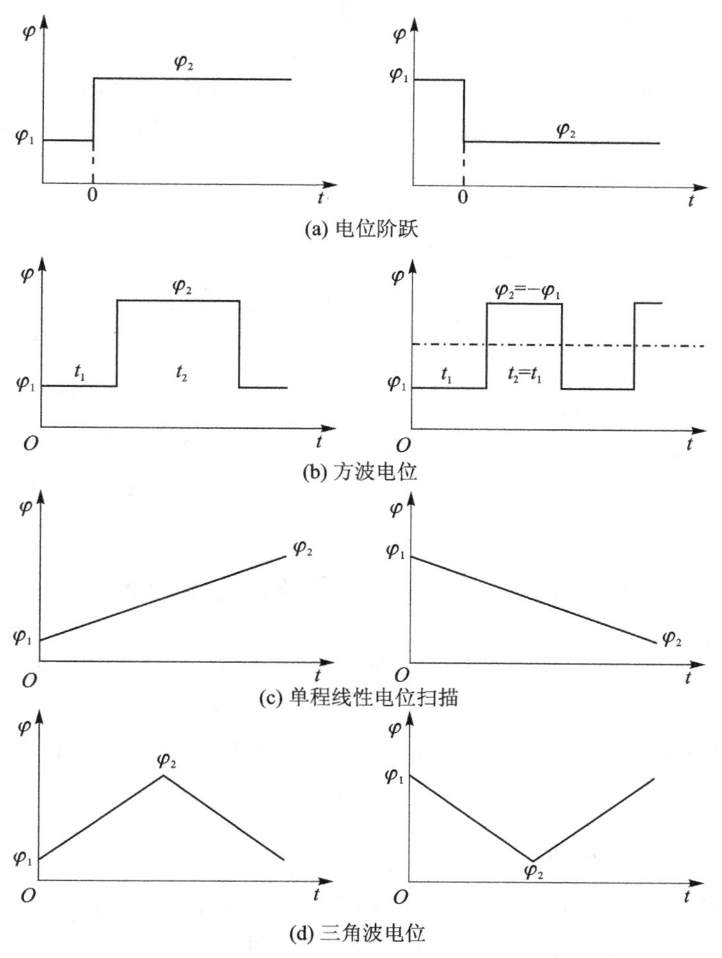

图 5-1　几种常见的电位控制波形

持续时间 t_2 后又突变回 φ_1 值，如此反复多次，如图 5-1(b)所示。当控制 $\varphi_1=-\varphi_2$，$t_1=t_2$ 时，称为对称方波电位法。

③ 线性电位扫描控制：电极电位 φ 以某一恒定的速率变化，即 $\mathrm{d}\varphi/\mathrm{d}t=$常数。此法又分为单程线性电位扫描法(见图 5-1(c))和三角波电位法(见图 5-1(d))。后者又称为循环伏安法。这种方法通常用来测量电极电流 i 随电位 φ 的变化。

除了这三种电位控制方式外，将它们进行组合可衍生出更多的电位控制方式。例如，用不同的电位阶跃可叠加成双电位阶跃或换向电位阶跃；用大幅度线性扫描与小幅度方波电位组合可得方波极谱或脉冲极谱；用连续阶跃可形成阶梯电位法等。

控制电位暂态法也具有暂态法的一般特点(见 4.1 节)。例如，当电极上加上一个电位阶跃进行极化时，虽然对电极加了一个电位差 $\Delta\varphi$，但真正的电极电位(即双电层电位差)并不能立即发生突跃。由于溶液电阻 R_1 的存在及恒电位仪输出电流的限制，使电位阶跃瞬间双电层的充电电流不可能达到无穷大，因此双电层充电需要一定的时间。或者说，从极化开始到稳态的建立，必然要经过一个暂态过程。在电位阶跃的瞬间发生突变的不是双电层电容上的电位差，而是研究电极与参比电极间溶液的欧姆极化，瞬间电流达到 $\Delta\varphi/R_1$。接着，双电层被此电流充电而发生电位变化，欧姆极化逐渐减小，电化学极化(即双电层电位差)逐渐增大，直到接近指定的阶跃幅值。可见，在达到稳态电流之前，测得的电极电流是双电层充电电流 i_C 与流过 R_r 的反应电流(也叫法拉第电流)i_r 的总和。也就是说，双电层电容 C_d 与反应电阻 R_r 在等效电路中是并联的。在无浓差极化的情况下，电极的等效电路如图 5-2 所示。

因此，在暂态期间测定 C_d 时要受到 R_r 的干扰；或者在测定 R_r 时要受到 C_d 的干扰；而且随着极化时间的延长，还可能出现浓差极化的影响。尽管暂态过程比稳态过程复杂得多，但暂态法引入了时间因素，可利用各种基本过程对时间的不同响应，使复杂的等效电路得以简化，从而求得电极参数。这种方法称为极限简化法。也可以利用暂态过程的理论方程式进行解析运算，求得电极参数，称为解析法。

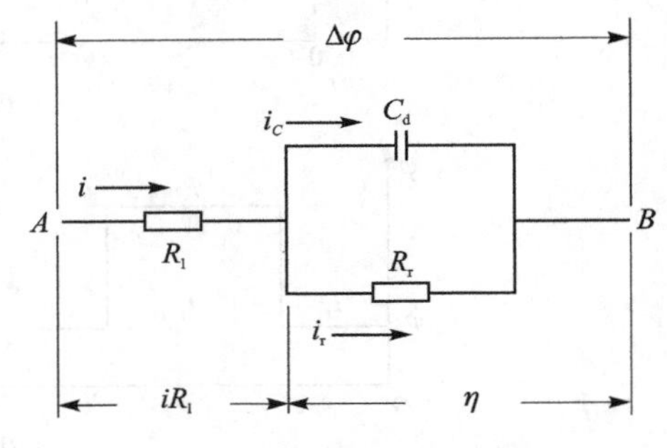

图 5-2　无浓差极化过程的电极等效电路

5.2　电化学极化下的电位阶跃法

包含有简单电荷传递反应 $\mathrm{O}+ne \rightleftharpoons \mathrm{R}$ 的电极，在电化学步骤控制下，其等效电路如图 5-2 所示。当用小幅度过电位($\eta<10$ mV)加于电极，且持续时间很短时，通常浓差极化可忽略不计，这时电极过程可认为只受电化学步骤控制。在这种情况下，可用下列控制电位暂态法测定电极体系的溶液电阻 R_1、双电层电容 C_d 和反应电阻 R_r，进而可计算电极反应的交换电流。

5.2.1　电位阶跃法

对处于平衡电位的电极突然加上一个小幅度($\Delta\varphi<10$ mV)电位阶跃(见图 5-3(a))，同时记录电流随时间的变化，就得到电位阶跃暂态波形(见图 5-3(b)和(c))。

根据图 5-2 所示的电极等效电路可知，图 5-3 中电流-时间曲线的 A 至 B 的电流突跃

是通过R_1向双电层C_d瞬间充电的电流。由B至C，电流基本上按指数规律减小，这是由于双电层充电电流随着双电层电位差的增加而逐渐减小的缘故。这一段电流衰减的快慢取决于电极的时间常数。当电流衰减到水平段时，双电层充电基本上结束，得到的稳定电流就是净电极反应电流，用i_∞表示。

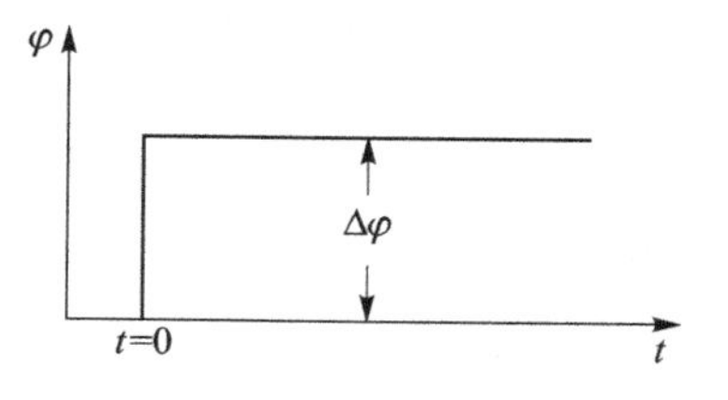

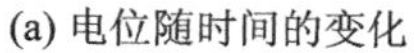
(a) 电位随时间的变化

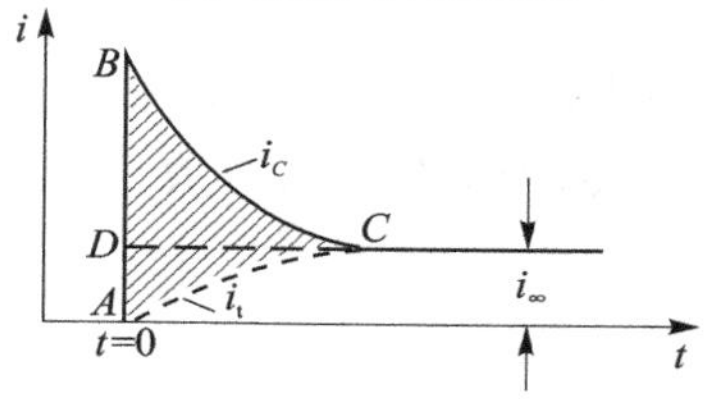

(b) 电流随时间的变化情况一

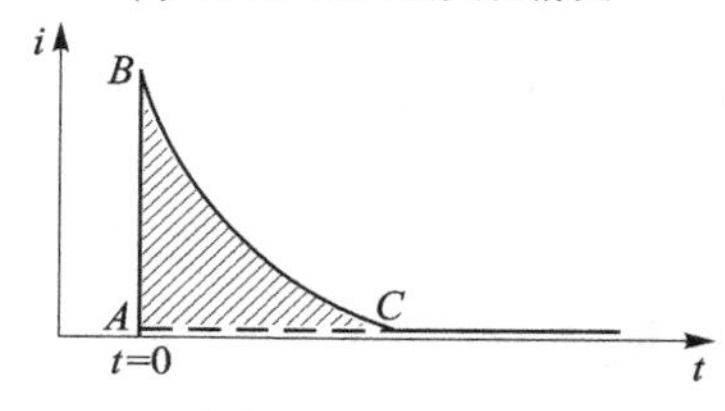

(c) 电流随时间的变化情况二

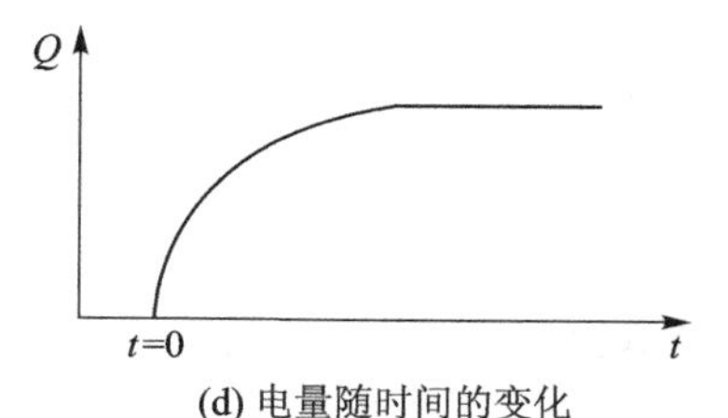

(d) 电量随时间的变化

图5-3　电位阶跃法中电极的电位、电流和电量波形

实际上，当电位阶跃加到电极上之后，虽然对电极加了一个$\Delta\varphi$的电位差，但双电层电位差并未发生突跃。由于溶液电阻R_1的存在及恒电位仪输出电流的限制，使电位阶跃瞬间双电层的充电电流不可能达到无穷大，因此双电层充电需要一定的时间，而不是在阶跃瞬间完成的。就是说，虽然加到电极上的电压瞬间改变了$\Delta\varphi$，但影响反应速度的真正的电位（即双电层电位差）还未来得及改变，电位阶跃瞬间所发生的电位突跃，不是双电层电位差的跃变，而是溶液欧姆电压降的跃变，此瞬间电流达到$\Delta\varphi/R_1$，双电层就是以此电流开始充电的。以后，随着双电层不断充电，双电层电位差增大，即真正的过电位增大，使电极反应速度增大；同时双电层充电电流不断下降，溶液的欧姆电压降也就不断降低。直到双电层充电结束，充电电流降到零，过电位达到稳态值，相应的反应电流达到稳态值i_∞。由等效电路图5-2可知：

$$\Delta\varphi=i_\infty(R_1+R_r)$$

$$R_r=\frac{\Delta\varphi}{i_\infty}-R_1 \tag{5-1}$$

当R_1很小或被补偿后，则

$$R_r=\frac{\Delta\varphi}{i_\infty} \tag{5-2}$$

式(5-1)和式(5-2)就是用极限简化法求反应电阻的方法。可见，用这种方法需要测量接近稳态时的电流值。电流达到稳态所需要的时间，取决于电极的时间常数$R_{//}C_d$（$R_{//}$为R_1和R_r的并联电阻值）。对于某些体系，时间常数可能很大，电流达到稳态需要相当长的时间，容易引起浓差极化及平稀电位的漂移，使测量误差增大，甚至测不到正确的稳态电流值。在这种情况下，可利用暂态期间的数据采用解析法求R_r。

根据电位阶跃条件，当$t>0$时，电极等效电路图5-2中A、B两点间的电位差$\Delta\varphi$保持不变，故

$$\mathrm{d}(iR_1)+\mathrm{d}\eta=0 \tag{5-3}$$

充电电流$i_C=C_d\dfrac{\mathrm{d}\eta}{\mathrm{d}t}+\eta\dfrac{\mathrm{d}C_d}{\mathrm{d}t}$，假定$C_d$与$\varphi$无关，则电位阶跃时$\dfrac{\mathrm{d}C_d}{\mathrm{d}t}=0$，故

$$\mathrm{d}\eta=i_C\frac{\mathrm{d}t}{C_d} \tag{5-4}$$

由图 5-2 可知：$i=i_C+i_r$，$i_r=\eta/R_r$，$\eta=\Delta\varphi-iR_1$，所以

$$i_C=i-i_r=i-\frac{\eta}{R_r}=i-\frac{\Delta\varphi-iR_1}{R_r} \tag{5-5}$$

将式(5-5)代入式(5-4)，再代入式(5-3)，整理可得

$$\frac{\mathrm{d}i}{-\frac{\Delta\varphi}{R_r}+i\left(1+\frac{R_1}{R_r}\right)}=-\frac{\mathrm{d}t}{R_1C_d} \tag{5-6}$$

用小幅度电位阶跃，限制电位阶跃幅值 $\Delta\varphi>10$ mV（最好 $\Delta\varphi>5$ mV），可近似地认为 R_r 与 φ 无关，即电位阶跃时 R_r 为常数。于是，对式(5-6)定积分可得

$$\mathrm{e}^{-t/R_{/\!/}C_d}=\frac{-\frac{\Delta\varphi}{R_r}+i\left(1+\frac{R_1}{R_r}\right)}{-\frac{\Delta\varphi}{R_r}+i_{t=0}\left(1+\frac{R_1}{R_r}\right)} \tag{5-7}$$

从而得到电位阶跃法的 $i-t$ 曲线方程式：

$$i=\frac{\Delta\varphi}{R_1+R_r}\left(1+\frac{R_r}{R_1}\mathrm{e}^{-t/R_{/\!/}C_d}\right) \tag{5-8}$$

式中：$R_{/\!/}$ 为 R_1 和 R_r 的并联电阻值，即

$$\frac{1}{R_{/\!/}}=\left(\frac{1}{R_1}+\frac{1}{R_r}\right)$$

当 $t=0$ 时，

$$i_{t=0}=\frac{\Delta\varphi}{R_1} \tag{5-9}$$

当 $t\gg R_{/\!/}C_d$ 时，$i\approx\frac{\Delta\varphi}{R_1+R_r}$，以 i_∞ 表示，则

$$i_\infty=\frac{\Delta\varphi}{R_1+R_r} \tag{5-10}$$

令

$$A=i_{t=0}-i_\infty=\frac{R_r\Delta\varphi}{R_1(R_1+R_r)}=i_\infty\frac{R_r}{R_1} \tag{5-11}$$

则式(5-8)可改写为

$$i=i_\infty+A\mathrm{e}^{-t/R_{/\!/}C_d} \tag{5-12}$$

将式(5-12)移项并取对数，可得

$$\lg(i-i_\infty)=\lg A-\frac{t}{2.3R_{/\!/}C_d} \tag{5-13}$$

将 $\lg(i-i_\infty)$ 对 t 作图，可得直线，斜率为 $-\frac{t}{2.3R_{/\!/}C_d}$。从实验得到 $i-t$ 曲线的弯曲部分后，可试选定某个 i_∞ 值作 $\lg(i-i_\infty)-t$ 图，如图 5-4 所示。若 i_∞ 选得正好，则出现直线，就可以利用这个 i_∞ 值由式(5-10)计算 R_1 和 R_r 的和，然后扣除 R_1 可得 R_r 值。

从直线的斜率 $-\frac{t}{2.3R_{/\!/}C_d}$ 可求 C_d，即

$$C_d = \frac{1}{2.3|斜率|}\left(\frac{1}{R_r} + \frac{1}{R_l}\right) \tag{5-14}$$

根据双电层充电电量也可以计算双电层电容 C_d。图 5-3 中阴影部分的面积 ABC 所表示的电量就是双电层充电电量 Q。双电层充电电量与双电层电位差之比就是双电层电容，即

$$C_d = \frac{Q}{\Delta\varphi} \tag{5-15}$$

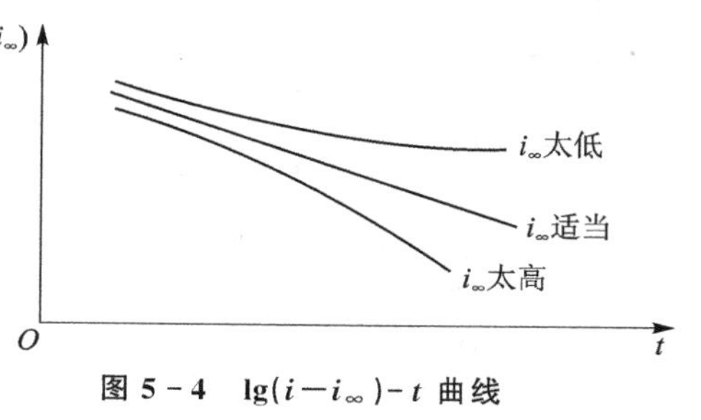

图 5-4　$\lg(i-i_\infty)-t$ 曲线

当溶液的欧姆电压降很小或被补偿后，加于电极上的电位阶跃 $\Delta\varphi$ 就等于充电结束时双电层电位差。因此，用式(5-15)可计算 $\Delta\varphi$ 电位范围内的电容平均值。当 $\Delta\varphi$ 足够小时($\Delta\varphi<10$ mV)，此电容近似等于该电位下的微分电容 C_d。

由于电位阶跃暂态过程中电极电流是双电层充电电流与反应电流之和，即 C_d 与 R_r 在等效电路中是并联的，所以测定 C_d 时要受到 R_r 的干扰。譬如图 5-3(b)由于 i_r 较大，难于测定面积 ABC；若假定从极化开始反应电流就等于稳态反应电流，即以面积 DBC 代替面积 ABC，则显然会带来很大误差。

为了精确地测定双电层电容，需要选择合适的溶液和电位范围，使在该电位范围内电极接近理想极化电极，即 $R_r\to\infty$，电化学反应忽略不计，即 $i_r\to 0$(见图 5-3(c))。这时对图 5-3(c)中的 $i-t$ 曲线由 B 到 C 积分，即为双电层充电电量，所以

$$C_d = \frac{1}{\Delta\varphi}\int_B^C i\,dt \tag{5-16}$$

图 5-3(d)表示电极电量随时间的变化。在实验中，可通过积分测得 $\int_D^C i\,dt$，从而求得 C_d。也可用图解法求得 $\int_B^C i\,dt$，再计算 C_d。

电位阶跃法适用于测量粗糙多孔表面的双电层电容。5.6 节将给出电位阶跃法测定双电层电容及电极真实面积的例子。

5.2.2　方波电位法

方波电位法就是控制电极电位在某一指定值 φ_1 持续时间 t_1 后，突变为另一指定值 φ_2，持续时间 t_2 后，又突变回 φ_1 值，如此反复多次，同时测出相应的 $i-t$ 的关系。图 5-5 所示为小幅度方波电位法暂态波形。当控制 $\varphi_1=-\varphi_2$，$t_1=t_2$ 时，称为对称方波电位法，其暂态波形与图 5-5 类似。电流暂态波形中 A 至 B 的电流突跃是通过 R_l 对 C_d 充电的电流。由 B 至 D，电流按指数规律逐渐减小，衰减速度取决于电极的时间常数。当电流衰减到水平段，就是稳态反应电流(i_∞)。

对于对称方波电位法，$\varphi_1=-\varphi_2=\frac{1}{2}\Delta\varphi$，在半周期内电流接近稳态时的数值，即

$$i_\infty = \frac{1}{2}\Delta i = \frac{1}{2}(i_D - i_A)$$

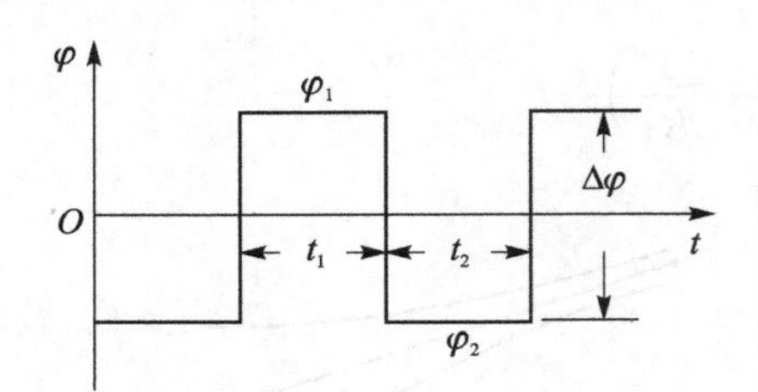

(a) 方波电势信号曲线

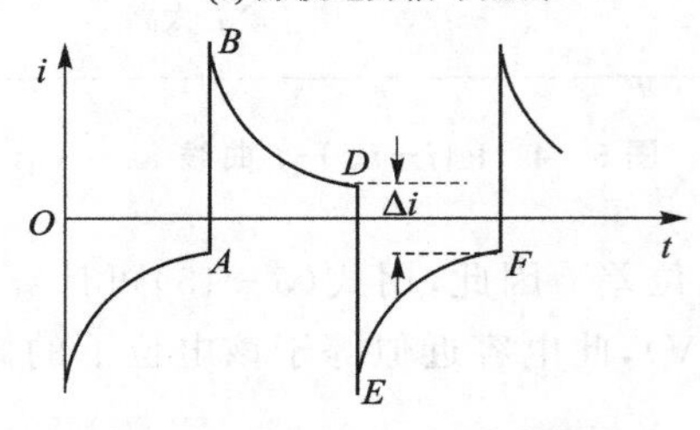

(b) 电流响应信号曲线(暂态电流波形)

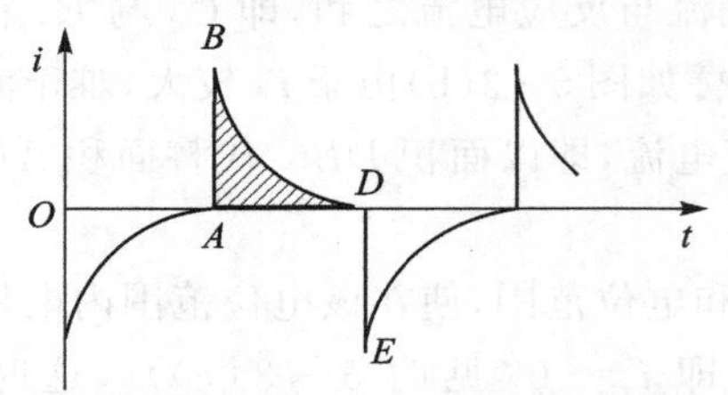

(c) 电流响应信号曲线(双电层充电电流波形)

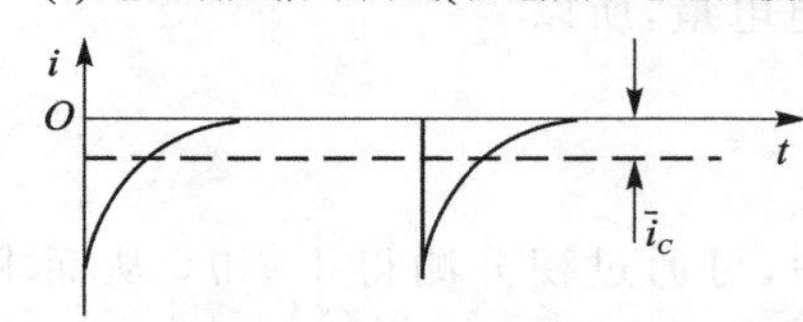

(d) 电流响应信号曲线(斩波后电流波形)

图 5-5　方波电位法电位和电流波形

因此,在消除溶液欧姆极化的情况下可得反应电阻为

$$R_r = \frac{\Delta\varphi}{\Delta i} \tag{5-17}$$

测得 R_r 后可进一步计算电极的交换电流。这种方法已用于金属腐蚀速度的快速测量,比较金属腐蚀的影响因素,评定缓蚀剂等。由于式(5-17)中的 Δi 是接近稳态时的 $i_D - i_A$,因此需要选择合适的方波频率,使半周期接近结束时双电层充电电流下降至零。当半周期 $T_{半}$ 大于电极常数的5倍时可认为达到了稳态,故选择 $T_{半} \geqslant 5R_{/\!/}C_d$,即方波频率应为

$$f \leqslant \frac{1}{10R_{/\!/}C_d} \tag{5-18}$$

式中:$R_{/\!/}C_d$ 为电极时间常数;$R_{/\!/}$ 为 R_1 和 R_r 的并联电阻值。由式(5-18)可见,方波频率的选择取决于电极体系的性质(R_1、R_r 和 C_d)。

用极限简化法测定 R_r,需要在半周期即将结束时总电流达到稳态值,这对于某些电极时间常数大的体系,如耐蚀合金的腐蚀,就要求方波频率很低。这容易引起浓差极化,造成电极表面状态改变过多以及电位漂移等因素引起的误差。

如果利用暂态电流数据测定 R_r,就必须用解析法求出方波电位法的 $i-t$ 曲线方程式。与电位阶跃法类似,根据图5-2电极等效电路,可导出对称方波电位法的 $i-t$ 曲线方程:

$$i = \frac{\varphi}{R_1 + R_r}\left(1 + \frac{R_r}{R_1} \cdot \frac{2e^{-t/R_{/\!/}C_d}}{1 + e^{-t_1/R_{/\!/}C_d}}\right) \tag{5-19}$$

式中:$\varphi = |\varphi_1| = |\varphi_2| = \Delta\varphi/2$;$t_1 = t_2$ 为方波半周期;$R_{/\!/}$ 为 R_1 和 R_r 的并联值。与电位阶跃法类似,可得到式(5-13),再用作图法可测得 R_r 和 C_d。

如果电极上的电化学反应可忽略不计,i_r 趋于零,即 $R_r \to \infty$,这时电极电流全部用于双电层充电(见图5-5(c))。$i-t$ 曲线由 B 到 D 一段的积分为双电层充电电量:

$$Q = \int_B^D i\,dt \tag{5-20}$$

由测量电路可测得这一电量,然后除以 $\Delta\varphi/2$ 就是 C_d。也可根据这一方法的原理设计出微分电容测定仪,直接从仪器上读出 C_d 的数值。如果不在理想极化电位范围内,用这一方法测定 C_d 将受到反应电流 i_r 的干扰。这种情况下可用5.4节中介绍的三角波电位法测定 C_d。

5.3　浓差极化下的电位阶跃法

电位阶跃法是控制电极电位从 φ_1 突跃到 φ_2，并保持 φ_2 不变。如果 φ_1 选择在某电极反应平衡电位，净反应速度为零；φ_2 选在净电极反应速度足够大的电位下，以致使电极表面的反应物浓度的电位阶跃条件下降为零。以此作为电位阶跃的一个边界条件：

$$C(0,t)=0 \tag{5-21}$$

根据扩散第二定律式(4－33)、初始条件式(4－34)、边界条件式(4－35)以及式(5－21)，可以解得反应粒子度 C 对 x 和 t 的关系为

$$C(x,t)=C^0\mathrm{erf}\left(\frac{x}{2\sqrt{Dt}}\right) \tag{5-22}$$

式中：erf 代表误差函数，其定义为

$$\mathrm{erf}(\lambda)=\frac{2}{\sqrt{\pi}}\int_0^\lambda \mathrm{e}^{-y^2}\,\mathrm{d}y \tag{5-23}$$

其中：y 为辅助变量，在积分上下限代入后即可消去，$\mathrm{erf}(\lambda)$的数值见表 4－1。

$\mathrm{erf}(\lambda)$的数值在 0～1 之间变化，其基本性质如图 5－6 所示。这一函数最重要的特点是：当 $\lambda=0$ 时，$\mathrm{erf}(\lambda)=0$；当 $\lambda\geqslant 2$ 时，$\mathrm{erf}(\lambda)\approx 1$。另外，曲线在起始处的斜率为

$$\left[\frac{\mathrm{derf}(\lambda)}{\mathrm{d}\lambda}\right]_{\lambda=0}=\frac{2}{\sqrt{\pi}}$$

因此，在 $\lambda<0.2$ 处近似地有

$$\mathrm{erf}(\lambda)=\frac{2\lambda}{\sqrt{\pi}} \tag{5-24}$$

根据误差函数的基本性质，就可以进一步分析给定极化条件下非稳态扩散过程的特征。由式(5－22)可以画出任一瞬间电极表面附近液层中反应粒子浓度分布的具体形式，如图 5－7 所示。

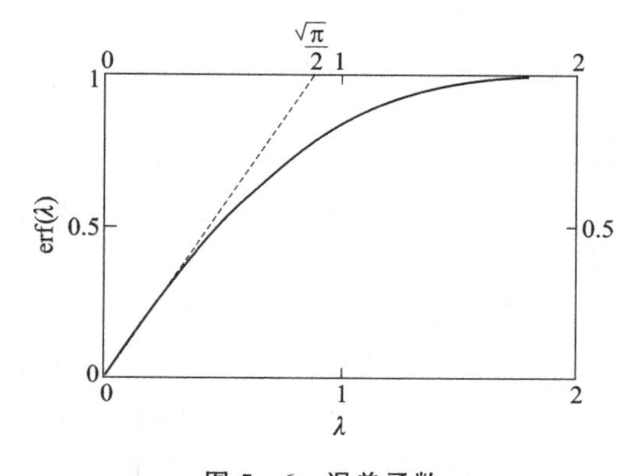

图 5－6　误差函数

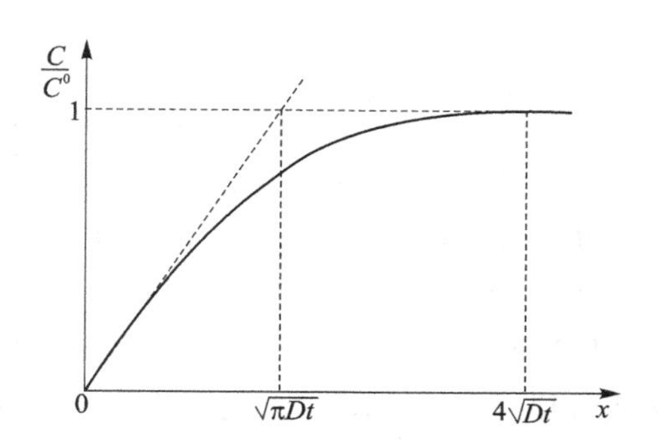

图 5－7　电极表面附近液层中反应粒子的暂态浓度分布

显然，图 5－7 与图 5－6 相同，其中 λ 相当于$\frac{x}{2\sqrt{Dt}}$。由图 5－7 可以看出，在 $x=0$ 处，

$C=0$；而在$\frac{x}{2\sqrt{Dt}}\geqslant 2$，即 $x\geqslant 4\sqrt{Dt}$处（相当于图 5－6 的$\lambda\geqslant 2$处），$C/C^0\approx 1$，即$C\approx C^0$。因此，可近似地认为，在t时刻，浓差极化的扩散层总厚度为$4\sqrt{Dt}$；而该时刻扩散层的有效厚度δ为

$$\delta=\frac{C^0}{\left(\frac{\partial C}{\partial x}\right)_{x=0}} \tag{5-25}$$

由式(5－24)可知，在$\lambda=\frac{x}{2\sqrt{Dt}}\leqslant 0.2$处有式$\operatorname{erf}(\lambda)=\frac{2\lambda}{\sqrt{\pi}}$，即

$$\operatorname{erf}\left(\frac{x}{2\sqrt{Dt}}\right)=\frac{2}{\sqrt{\pi}}\left(\frac{x}{2\sqrt{Dt}}\right)=\frac{x}{\sqrt{\pi Dt}}$$

代入式(5－22)，可得在$x\leqslant 0.4\sqrt{Dt}$处的浓度分布为

$$C(x,t)=\frac{C^0 x}{\sqrt{\pi Dt}}$$

由此可得到电极表面处(即$x=0$处)的浓度梯度为

$$\left(\frac{\partial C}{\partial x}\right)_{x=0}=\frac{C^0}{\sqrt{\pi Dt}} \tag{5-26}$$

将式(5－26)代入式(5－25)可得扩散层的有效厚度为

$$\delta=\frac{C^0}{\left(\frac{\partial C}{\partial x}\right)_{x=0}}=\sqrt{\pi Dt} \tag{5-27}$$

可见，电位阶跃暂态的有效扩散层厚度为$\sqrt{\pi Dt}$，它与$t^{\frac{1}{2}}$成正比。时间越短、有效扩散层厚度越薄。一般离子的扩散系数D的数量级为$10^{-5}\ \mathrm{cm^2/s}$，以此代入式(5－27)可以求出平面电极上扩散层厚度随时间的变化，如表 5－1 所列。

表 5－1　平面电极附近扩散层厚度随时间的变化

电位阶跃后的时间 t/s	1	10	100	1 000
扩散层总厚度($4\sqrt{Dt}\approx 0.013\sqrt{t}$)/cm	0.013	0.04	0.13	0.4
扩散层有效厚度($\delta=\sqrt{\pi Dt}\approx 0.006\sqrt{t}$)/cm	0.006	0.018	0.06	0.18

可见，扩散层的延伸速度是比较慢的。图 5－8 所示为同一时间内电极表面附近的浓度分布。这些曲线比较形象地表示了浓差极化的发展过程。

由图 5－8 和式(5－22)都可以看出，任何一点的C值都是随时间增长而不断减小的。当$t\to\infty$时，任何一点的C值都趋于零。这说明在平面电极上，单纯由于扩散作用不可能建立稳态传质过程。实际上，溶液中总是存在着对流现象的。一旦非稳态扩散层厚度$\sqrt{\pi Dt}$接近或达到由于对流作用所造成的扩散层有效厚度时，电极表面上的传质过程就逐渐转为稳态。当溶液中只存在自然对流时，稳态扩散层的有效厚度约为10^{-2} cm。由式(5－27)可知，非稳态扩散达到这种程度只需要几秒钟。这表面非稳态扩散过程持续时间是很短的。上述各式只在电位阶跃后几秒钟内适用。若采用搅拌措施，则非稳态过程持续的时间更短。

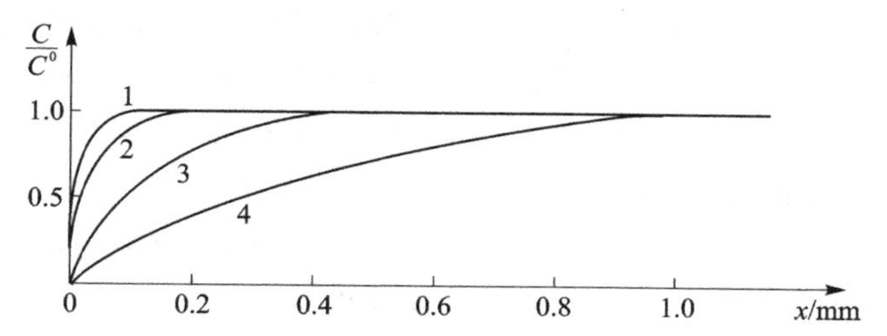

注：电位阶跃后经历的时间 t 为 1—0.1 s，2—1 s，3—10 s，4—100 s。

图 5-8　电极表面液层中反应粒子浓差极化的发展

将式(5-26)代入式(4-33)可得电位阶跃后任一瞬间的非稳态极限扩散电流为

$$i_1 = nFC^0\sqrt{\frac{D}{\pi t}} \tag{5-28}$$

由此式可知，将 i_1 对 $t^{-\frac{1}{2}}$ 作图可得一直线，由直线的斜率 $nFC^0\sqrt{\frac{D}{\pi t}}$ 可计算 D 或 C^0。

式(5-28)是在电位阶跃幅度足够大时所得到的极限扩散电流与时间的关系。如果所选的电位阶跃在 φ_1 为平衡电位，在 φ_2 下虽发生净电化学反应，但不足以使反应物表面浓度下降到零，即 $C^0 > C^S > 0$，这时暂态扩散电流应为

$$i_d = nF(C^0 - C^S)\sqrt{\frac{D}{\pi t}} \tag{5-29}$$

由于 φ_2 为恒值，在扩散控制下电极仍接近可逆，能斯特公式仍适用，所以在恒电位 φ_2 下 C^S 为常数，这是由恒电位极化条件决定的。由式(5-29)可知，非稳态扩散电流随极化时间的延长而衰减。因电极过程为扩散控制，所以电位阶跃暂态中电极电流密度随时间而减小。极化时间越短，扩散电流越大，浓差极化越小。例如，设 $C^0 = 10^{-3}$ mol/cm^3，$n = 1$，$D = 10^{-5}$ cm^2/s，$t = 10^{-5}$ s，由式(5-28)可得 $i_1 = 56$ A/cm^2。其扩散电流如此之大，足以与转速为每分钟几万转的旋转电极上的稳态扩散电流相近。所以用暂态法研究快速电极反应可避免浓差极化的影响。

对于混合控制的电极过程，利用电位阶跃法，可得 $i-t$ 曲线如图 5-9 所示。这种情况下的数学分析比较复杂。从得到的结论中可知，在电位阶跃后最初一段时间内，i 与 $t^{-\frac{1}{2}}$ 呈线性关系。因此，可以根据这一曲线关系，把极化最初一段时间的 $i-t$ 曲线按 $i-t^{-\frac{1}{2}}$ 作图外推以 $t=0$，从而得到该过电位下的没有浓差极化影响的电流值。然后把不同电位阶跃下得到的这种电流值画成极化曲线，就是消除了浓差极化的极化曲线。由此，按第1章的方法可计算电化学步骤的动力学参数。

图 5-9 所示为实验测得的电位阶跃 $i-t$ 曲线。它与理论曲线的不同之处在于，首先，在实验曲线上，开始极化后电流上升需要一定的时间，不像理论公式所预测的那样瞬间达到最大值。这种滞后现象大都是由恒电位仪及测量电路的“时间常数”引起的。其次，在图中 $t < \tau_c$ 的一段时间内，实际电流大于理论值(图

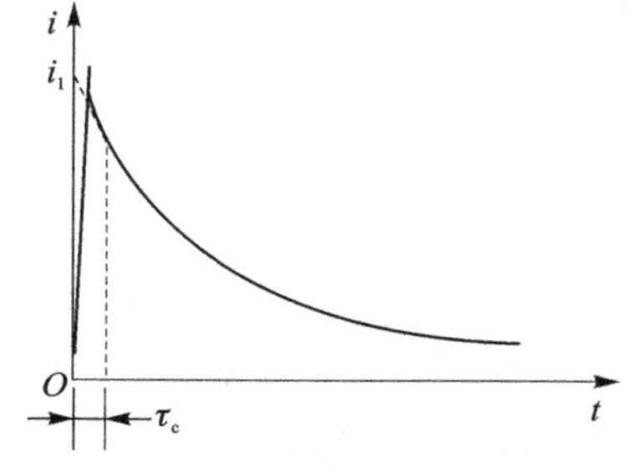

图 5-9　电位阶跃实验实际测得的 $i-t$ 曲线

中虚线所示)。这是由于改变电位时需要消耗一定的电量对双电层充电,即多出的电流为双电层充电电流。显然,对于快速反应,为了消除浓差极化的影响,要在足够短的时间内用外推法求反应电流。但如果这段时间与双电层充电的时间常数 τ_c 相当,就会受充电效应的干扰。因此,用电位阶跃法测定电极反应速度常数的上限为 $k_s \leqslant 1\ \mathrm{cm/s}$。

将 $i-t$ 曲线对 t 积分,可得到电量 Q 与 t 的关系。当电位阶跃幅值足够大且持续时间足够长时,由式(5-28)可得极限扩散条件下电量与时间的关系为

$$Q_1 = \int_0^t i_1 \mathrm{d}t = 2nFC^0 \sqrt{\frac{Dt}{\pi}} \tag{5-30}$$

实验时可通过计算软件求出不同时间的电量 Q,将 Q 对 $t^{\frac{1}{2}}$ 作图为通过原点的直线(图 5-10 中直线 2)。Q_1 与 $t^{\frac{1}{2}}$ 成正比是溶液中暂态浓差极化的特征。Q_1 随时间而增大,是因为反应物来自溶液,可以借扩散源源补充。但因暂态扩散层逐渐增厚,所以 i_1 逐渐减小,Q_1 的增加率也逐渐减慢。对于稳态浓差极化,i_1 不变,Q_1 正比于 t。

如果反应物是预先吸附在电极表面上的,则此反应物消耗完毕后 Q 就不再增加,在 Q 对 $t^{\frac{1}{2}}$ 图上为一水平线(见图 5-10 中的直线 1)。溶液中的反应物及吸附的反应物在电位阶跃实验中表现出上述不同的特征,其原因是前者可以从溶液中继续补充,而后者无补充来源。这些特征可以用来判别反应物的来历。还有"两者兼有"的情况,即既有吸附的反应物参加电极反应,又有溶液中的反应物直接参加反应,或间接地补充吸附后再参加反应。这种情况的 $Q-t^{\frac{1}{2}}$ 关系如图 5-10 直线 3 所示,即

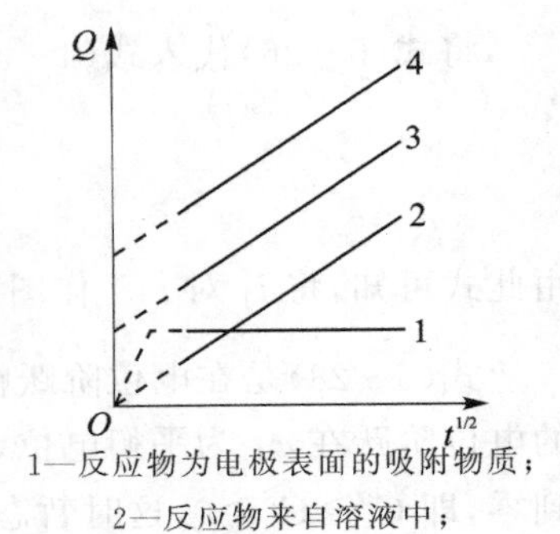

1—反应物为电极表面的吸附物质;
2—反应物来自溶液中;
3—上述两种情况兼有;
4—$Q=Q_1+Q_\theta+Q_{cd}$

图 5-10 电位阶跃实验的 $Q-t^{\frac{1}{2}}$ 曲线

$$Q = 2nFC^0 \sqrt{\frac{DT}{\pi}} + Q_\theta \tag{5-31}$$

式中:Q_θ 为消耗于预先吸附反应物的电量。因此,由直线的截距可求出 Q_θ,进而求出该物质的吸附量 $\Delta\Gamma(\mathrm{mol/cm^2})$:

$$\Delta\Gamma = Q_\theta / nF \tag{5-32}$$

更精确的处理还应考虑电极双电层电容 C_d 在电位阶跃时所需要的电量 Q_{cd},因此总电量应为

$$Q = 2nFC^0 \sqrt{\frac{DT}{\pi}} + Q_\theta + Q_{cd} \tag{5-33}$$

如图 5-10 中直线 4 所示。Q_{cd} 可按平均电容 $\overline{C}_d$ 阶跃幅值 $\Delta\varphi=\varphi_2-\varphi_1$ 的乘积来计算,即

$$Q_{cd} = \overline{C}_d \Delta\varphi = \overline{C}_d(\varphi_2-\varphi_1) \tag{5-34}$$

从这里可以看出,当电极上不发生电化学反应时,即式(5-33)等号右边前两项为零,就可求出 Q_{cd},从而计算出 $\varphi_2-\varphi_1$ 电位范围内平均电容 $\overline{C}_d$。当电位阶跃幅值$(\varphi_2-\varphi_1)$足够小时,此电容就是 φ_1 电位下的微分电容。如果电极表面上存在着吸附的反应物,就会影响双电层电容的测量。即使吸附物质不发生电化学反应,由于它改变了双电层结构也会影响双电层电容值。

5.4　线性电位扫描法

线性电位扫描法，就是控制电极电位 φ 以恒定的速度变化，$\mathrm{d}\varphi/\mathrm{d}t=$常数，同时测定通过电极的电流随时间的变化或者测量电流与电位的关系。这种方法又分为单程电位扫描法和三角波电位法。

线性电位扫描法分为小幅度运用和大幅度运用。小幅度运用时，扫描电位幅度通常在 5～10 mV 以内，主要用来测定双电层电容和反应电阻。大幅度运用时，电位扫描范围较宽，可在所感兴趣的整个电位范围内进行。常用来测定电极参数，判断电极过程的可逆性、控制步骤和反应机理。可观察整个电位范围内可能发生哪些反应，也可用于研究电极吸(脱)附现象和电极反应中间产物等。

5.4.1　小幅度线性电位扫描法

运用小幅度线性电位扫描法时，扫描电位幅度通常在 5～10 mV 以内。此时，对于电化学步骤控制电极过程，线性电位扫描法所得到的电流是双电层充电电流 i_C 与法拉第电流 i_F 之和，即

$$i=i_C+i_F=C_d\frac{\mathrm{d}\varphi}{\mathrm{d}t}+\varphi\frac{\mathrm{d}C_d}{\mathrm{d}t}+i_F \tag{5-35}$$

这是因为电位总是以恒定的速度变化，因此总有电流对双电层充电；同时，过电位的改变也引起反应速度的改变，由于双电层电容 C_d 是随电极电位变化而变化的，所以，虽然在电位扫描法中 $\mathrm{d}\varphi/\mathrm{d}t=$常数，但 i_C 并不是常数，特别在表面活性物质吸(脱)附时，i_C 显著增大。反应电流 i_r 与过电位有关，在某电位范围内有某反应发生，具有相应的反应电流 i_r。如果在某电位范围内基本上无电化学反应发生，即相当于理想极化电极，则 $i-\varphi$ 曲线主要反映双电层电容与电位的关系。当存在电化学反应时，扫描速度越快，i_C 相对越大；扫描速度越慢，i_C 相对越小。只有当扫描速度足够慢时，i_C 相对于 i_r 可以忽略不计，这时得到的 $i-\varphi$ 曲线才是稳态极化曲线，才真正说明电极反应速度与电位的关系，才可利用稳态法的公式，计算电极动力学参数(没有浓差极化的情况下)。

利用小幅度等腰三角波电位法可以测定 C_d 和 R_r，在有电化学反应的电位区内，这个方法更方便些。因为扫描电位幅度限制在 10 mV 内，故可近似地认为 C_d 和 R_r 都是常数。这样，电极电位的波形和几种不同情况下的电波波形如图 5-11 所示。

① 在扫描电位范围内没有电化学反应(即 $R_r\to\infty$)且 R_l 可忽略时，电极等效为单一双层电容 C_d，而且在此小幅度电位范围内 C_d 被认为常数，由式(5-35)可知，电流 i 为 $C_d\dfrac{\mathrm{d}\varphi}{\mathrm{d}t}$，因 $\left(\dfrac{\mathrm{d}\varphi}{\mathrm{d}t}\right)_{A\to B}=-\left(\dfrac{\mathrm{d}\varphi}{\mathrm{d}t}\right)_{B\to C}=$常数，所以电流 i 的波形为水平线，如图 5-11(b)所示。

$$\begin{aligned}\Delta i&=i'_A-i_A=i_B-i'_B\\&=C_d\left[\left(\frac{\mathrm{d}\varphi}{\mathrm{d}t}\right)_{A\to B}-\left(\frac{\mathrm{d}\varphi}{\mathrm{d}t}\right)_{B\to C}\right]\\&=C_d\left[\frac{\varphi_B-\varphi_A}{T/2}-\frac{\varphi_C-\varphi_B}{T/2}\right]=\frac{4C_d\Delta\varphi}{T}\end{aligned}$$

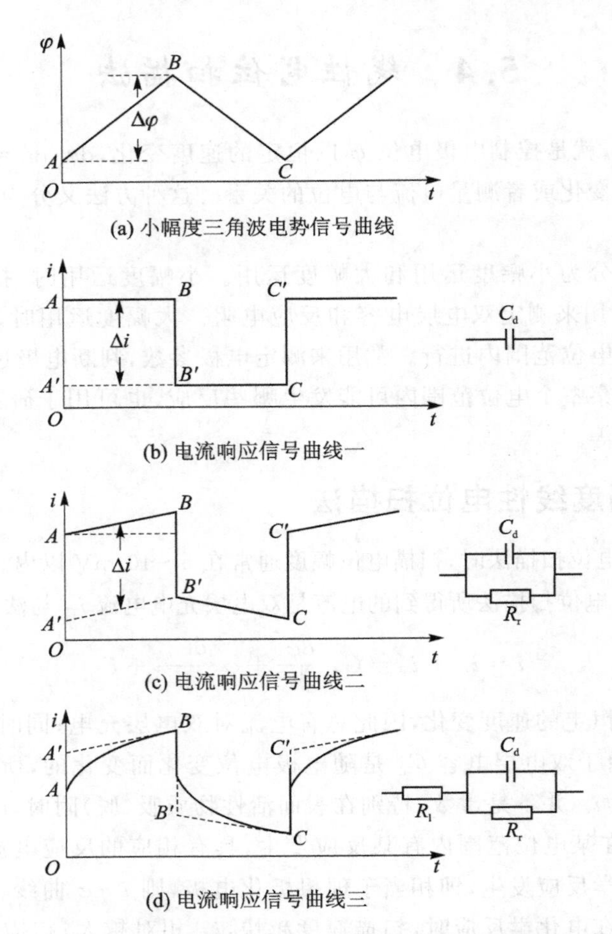

图 5-11　小幅度三角波电位法电位和电流波形

所以

$$C_d = \frac{T\Delta i}{4\Delta\varphi} \tag{5-36}$$

式中：T 为循环伏安扫描周期，因扫描速度

$$\frac{d\varphi}{dt} = \frac{\Delta\varphi}{T/2} = \frac{2\Delta\varphi}{T}$$

所以

$$C_d = \frac{\Delta i}{2\left(\frac{d\varphi}{dt}\right)} \tag{5-37}$$

② 在扫描电位范围内有电化学反应，当溶液电阻 R_l 及浓差极化可忽略时，电极等效为 C_d 与 R_r 的并联。因为电位线性变化时，流经 R_r 的电流即反应电流也按线性变化，但双电层充电电流为常数，所以由式(5-35)可知电流 i 是线性变化的，如图 5-11(c)所示。扫描换向的瞬间，电位未变，则反应电流不变，显然电流的突跃是双电层先放电接着又充电，使双电层改变极性引起的。因此，可用上述同样的方法导出 C_d 的计算公式(5-37)。

由于电位扫描从 A 到 B，电流从 A'线性变化到 B，显然，电流的增量 $i_B - i_A$ 是由于电位

改变 $\Delta\varphi$ 引起的反应电流的增加。所以，在此线性极化区，反应电阻为

$$R_r = \frac{\Delta\varphi}{i_B - i'_A} \tag{5-38}$$

③ 当溶液电阻 R_l 不可忽略时，电流波形如图 5-11(d)所示。可利用作图外推得到 A'、B'、C'等点。图中实线 AB 与虚线 $A'B$ 之差是由 R_l 引起的。这时 C_d 的计算同前，但 R_r 的计算公式为

$$R_r = \frac{\Delta\varphi}{i_B - i'_A} - R_l \tag{5-39}$$

如果恒电位仪有溶液电阻补偿电路，将 R_l 补偿后可得图 5-11(c)所示的波形，减少了外推的困难；而且用式(5-38)计算 R_r，不必扣除 R_l。

从上述讨论可知，利用小幅度三角波电位法测量 C_d 时不受 R_r 存在的影响。图 5-12 所示为三角波电位法测定 Zn 在 240 g/L NH_4Cl+28 g/L H_3BO_3+2 g/L 硫脲溶液中的扫描曲线，扫描速度为 0.1 V/ms。

从 5-12 图中可知，当 Zn 电极电位为−0.82 V 时，Δi 为 17.6 mA/cm²，代入式(5-37)得

$$C_d = \frac{\Delta i}{2\left(\frac{d\varphi}{dt}\right)} = \frac{17.6\times10^{-3}}{2\times0.1/10^{-3}}$$

$$= 88\times10^{-6}\ \text{F/cm}^2 = 88\ \mu\text{F/cm}^2$$

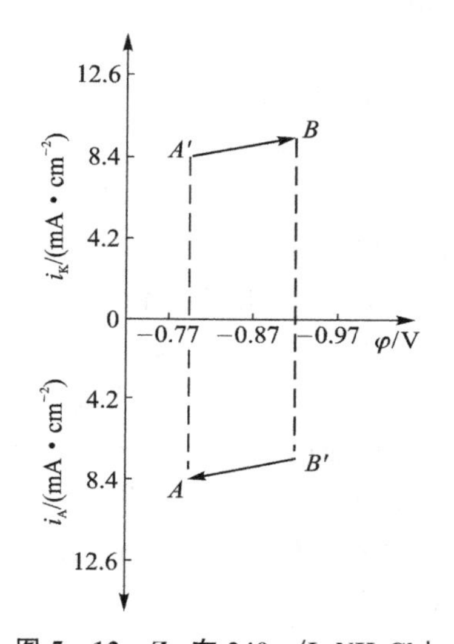

图 5-12　Zn 在 240 g/L NH_4Cl+28 g/L H_3BO_3+2 g/L 硫脲溶液中的循环伏安曲线，扫描速度为 0.1 V/ms

用这种方法测微分电容要求溶液电阻要小或进行溶液补偿；电极表面无高阻膜。因为，如果电极表面有高阻膜(如钝化膜)或溶液电阻太大，将抑制双电层充电电流，发生负偏差。

如果电极有较宽的理想极化区，则在该电位区内可以采用大幅度(几百 mV 以上)线性电位扫描或大幅度三角波电位法测得整条的 $C_d-\varphi$ 曲线。因为在这种条件下，C_d 与 i 成正比，故 $i-\varphi$ 曲线与 $C_d-\varphi$ 曲线形状相似(见图 5-35)。

5.4.2　大幅度线性电位扫描法

在运用大幅度线性电位扫描法时，浓差极化往往不可忽略，而且情况要复杂得多。

对于扩散控制的电极过程，线性电位扫描曲线中出现电流峰值。图 5-13 所示为单程线性电位扫描曲线。当电位从平衡电位开始向阴极方向线性扫描时，其电流逐渐增大，通过极大值之后开始下降。电流的极大值称为峰值电流(i_p)。为什么会出现峰值电流呢？这是由两个相反的因素共同作用的结果。当在处于平衡电位的电极上加上一个大幅度线性扫描电压时，一方面电极反应随所加过电位的增加而速度加快，反应电流增加；另一方面电极反应的结果使电极表面反应物的浓度下降，生成物浓度升高，促使电极反应速度下降。

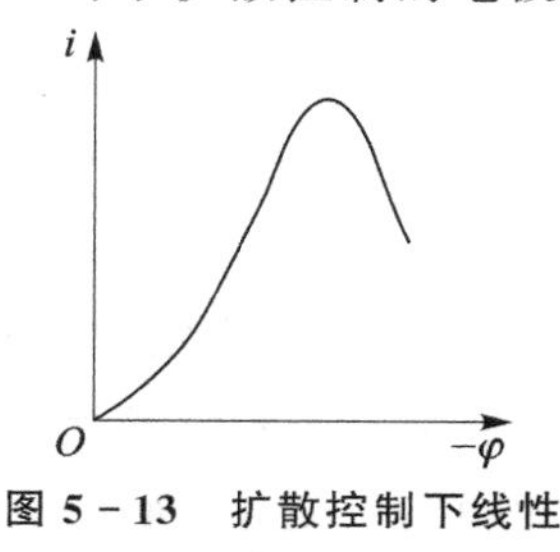

图 5-13　扩散控制下线性电位扫描曲线

这两个相反的影响因素产生了电流峰值。峰值前，过电位的变化起主导作用；峰值后，反应物的扩散流量起主导作用。随着时间的延长，扩散层厚度增大，扩散流量降低。因而，反应受扩散控制，故电流下降。扫描速度不同，峰值电流不同，$i-\varphi$ 曲线的形状和数值也不同。所以，在线性电位扫描试验中，电位扫描速度的选择十分重要。

对于扩散控制的平面电极，根据扩散第二定律(4-33)、初始条件式(4-34)、边界条件式(4-35)及线性电位扫描极化条件($\mathrm{d}\varphi/\mathrm{d}t$=常数)，解微分方程式的 $i-\varphi$ 关系。由于数学处理的过程比较复杂，这里只讨论其结论。

对于可逆反应 $O+ne \longleftrightarrow R$ 的线性电位扫描曲线 $i-\varphi$ 如图 5-14 曲线 1 所示。在 25 ℃且 $C_R^0=0$ 时，峰值电流的表达式为

$$i_p=2.69\times10^5 n^{3/2}C^0 D^{1/2} v^{1/2} \tag{5-40}$$

相应于 i_p 的峰电位 φ_p(25 ℃时)为

$$\varphi_p=\varphi_{1/2}-1.109RT/(nF)$$
$$=\varphi_{1/2}-0.029/n \tag{5-41}$$

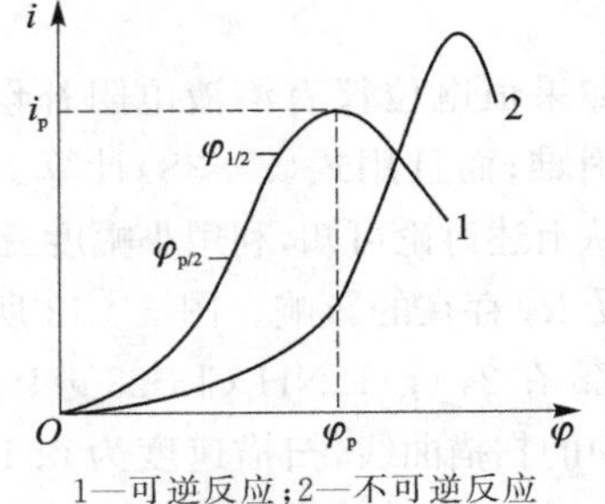

图 5-14 线性电位扫描实验 $i-\varphi$ 曲线

由于电流峰不够尖，φ_p 的测定不准确，故常测定半峰电位 $\varphi_{p/2}$，即相应于峰高的一半电流($i=i_p/2$)时的电位(mV，25 ℃)：

$$\varphi_{p/2}=\varphi_{1/2}+1.09RT/(nF)=\varphi_{1/2}+28.5/n \tag{5-42}$$

式(5-40)～(5-42)中：n 为反应电子数；C^0 为反应物的初始浓度；D 为反应物的扩散系数；v 为电位扫描速度；$\varphi_{1/2}$ 为极谱半波电位，对于一定的电极反应，$\varphi_{1/2}$ 为定值。

对于可逆电极，由 φ_p 和 $\varphi_{p/2}$ 值可知：① 25 ℃时，两者相差 $2.2RT/(nF)$ 或 $56.5/n$ mV；② $\varphi_{1/2}$ 基本上处在两者的中点；③ 两者都与电位扫描速度 v 无关，而 i_p 与 $v^{1/2}$ 成正比。

对于不可逆电极，$i-\varphi$ 曲线如图 5-14 曲线 2 所示。在 25 ℃水溶液中，峰值电流为

$$i_p=2.99\times10^5 n^{3/2}C^0\alpha^{1/2}D^{1/2}v^{1/2} \tag{5-43}$$

相应的峰电位(mV，25 ℃)为

$$\varphi_p=-\frac{RT}{\alpha nF}\left[0.780+\frac{1}{2}\ln\left(\frac{Dv\alpha nF}{RT}\right)-\ln\vec{k}_0\right] \tag{5-44}$$

$$\varphi_p-\varphi_{p/2}=1.857RT/(\alpha nF)=47.7/(\alpha n) \tag{5-45}$$

式中：α 为电荷传递系数；$\vec{k}_0$ 为平衡电位下正向反应速率常数。由式(5-43)～(5-45)可以看出，对于不可逆电极，i_p 仍正比于 C^0 和 $v^{1/2}$，但 φ_p 和 $\varphi_{p/2}$ 都与 v 和 $\vec{k}$ 有关。

因塔菲尔斜率 $b_K=2.3RT/(\alpha nF)$，由式(5-44)可得

$$\frac{\mathrm{d}\varphi_p}{\mathrm{dlg}\,v}=-\frac{b}{2} \tag{5-46}$$

因此，用不同 v 测定 φ_p，将 φ_p 对 $\lg v$ 作图的直线。由直线的斜率可得塔菲尔斜率 b_K，进而可求 α；代入式(5-43)还可计算 n、D 等参数。

对于给定的电极体系，不管电极反应是否可逆，当电位扫描速度一定时，φ_p 为定值，与浓度无关；而 i_p 与 C^0 成正比。根据这一原理，可进行定性和定量分析，通常称为示波极谱。分析的误差来自两方面：一方面是双电层充电电流 $i_C=C_d v$，且 C_d 可能随电位变化，所以 i_C 也随 φ 变化。实际测得的电流是 i_r 和 i_C 之和，所以测得的电流峰值就产生了误差。另一方面

是欧姆极化的影响，因为在电流增大至峰值的过程中，欧姆极化也在增大，所以真正的电极电位的改变速度 v 就减小了，v 减小又导致了 i_p 的减小。如果在峰值时的欧姆极化达到50 mV，则分析误差可达 18%。上述两种误差都随扫描速度 v 的增大而增大。所以，虽然提高 v 可以提高 i_p（及提高灵敏度），但是误差也随之迅速增大。

相应于电流峰值的电量 Q 可以由 i 对 t 积分而得

$$Q=\int_{t_1}^{t_2} i\,\mathrm{d}t=\int_{t_1}^{t_2}\frac{i}{v}\mathrm{d}\varphi=C^0 D^{1/2} v^{-1/2}\int_{\varphi_1}^{\varphi_2}\Phi\,\mathrm{d}\varphi \tag{5-47}$$

式中：Φ 为 φ 的函数。$i=\Phi C^0\sqrt{Dv}$，因 i 与 C^0 成正比，故电量 Q 也与 C^0 成正比，但却与 $\sqrt{v}$ 成反比，即电位扫描速度越慢，所需电量越大。这是因为溶液中的反应物能及时更多地补充到电极表面的缘故。当反应物吸附在电极表面上时，由于吸附反应物的数量固定，所以反应物消耗完毕所需的电量 Q 为固定值，与扫描速度无关。由此可判断反应物的来历。

从式(5-40)和式(5-43)可以看出，不管电极反应是否可逆，峰电流的大小都与 n、D、C^0 和 v 等因素有关。当其他因素不变时，i_p 与扫描速度 v 的平方根成正比(见图 5-15 和图 5-16)。从这里可以看出扫描速度对极化曲线测量的影响。在给定电位下，电流密度随扫描速度增大而增大，这是因为电极过程为扩散控制或混合控制，扫描速度越大，达到同样的电位所需要的时间越短，扩散层越薄，扩散流量越大，所以电流密度越大。显然，极化曲线的斜率随扫描速度而变化。因此，在利用极化曲线比较各种因素对电极过程的影响时，必须在相同的扫描速度下进行才有意义。

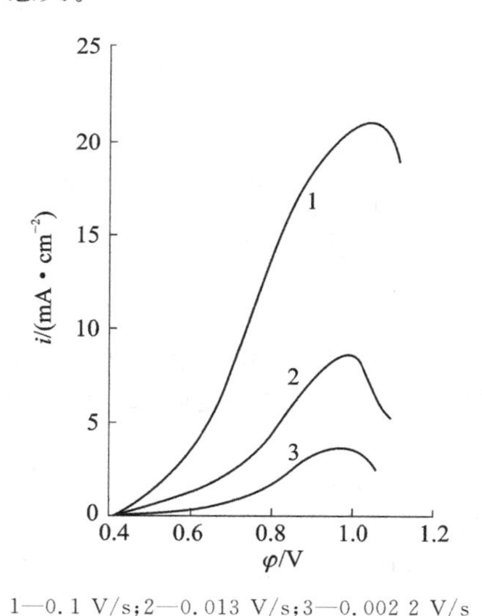

1—0.1 V/s；2—0.013 V/s；3—0.002 2 V/s

图 5-15　光滑铂电极在含有乙烯的 1 mol/L H_2SO_4 溶液中的线性电位扫描阳极极化曲线

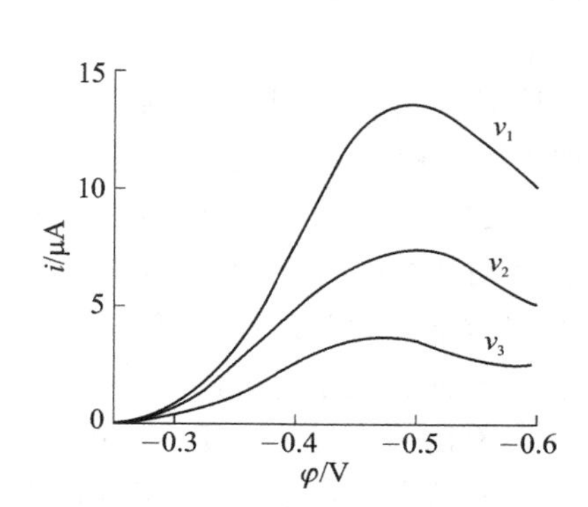

图 5-16　不可逆反应的线性电位扫描曲线($v_1>v_2>v_3$)

根据线性电位扫描曲线的形状、i_p 和 φ_p，可以判断电极反应的可逆性。虽然它们的峰值电流都与扫描速度的平方根成正比，但它们的 $i-\varphi$ 曲线形状不同(见图 5-14)。对于不可逆反应，在 $i-\varphi$ 波形的根部 i 与扫描速度 v 无关，而且与稳态极化曲线相同(见图 5-16)。可逆反应的 φ_p 与扫描速度无关(见图 5-15)；不可逆反应的 φ_p 随扫描速度而改变(见图 5-16)。

当用循环伏安法进行扫描时，可得到相反极性的波峰(见图 5-17)。倘若从第一峰之前

200 mV 左右开始扫描，可逆波阴阳二峰之 φ_p 相距为 $56/n$ mV 且与扫描速度 v 无关，阴阳二峰值电流相等。可逆波阴阳二峰之 φ_p 相距为 $56/n$ mV，而且其间距随扫描速度增大而增大。随着电极过程不可逆程度增加，阴极峰值电位向负移动，阳极峰值电位向正移动，即阴阳二峰值电位间的距离增大；阴阳二峰值电流也不相等。在图 5－17(a)中，由于溶液中 Cl^- 离子浓度很高，Fe^{3+}/Fe^{2+} 体系几乎完全可逆。图中阴阳二峰值电位比较靠近，阴阳二峰值电流相等。而图 5－17(b)体系的不可逆性则大大增强了。

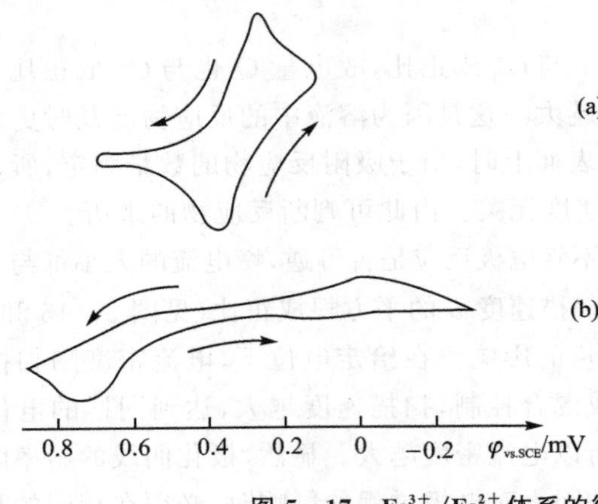

图 5－17　Fe^{3+}/Fe^{2+} 体系的循环伏安曲线

事实上，一个电极反应的可逆性与扫描速度 v 有关。在低扫描速度下，一个电极反应表现可逆特性；而在高扫描速度下，即转变为不可逆特性，如图 5－18 所示。当电荷传递反应速度与质量传递相比，不能维持 Nernst 方程关系，电极反应就从可逆转向不可逆。

图 5－18　随扫描速度增加，电极反应由可逆转向不可逆

线性电位扫描法可用于判断电极反应机理。下面列出了 8 种可能的反应机理：

① 可逆的简单电荷传递反应：$O + ne \rightleftharpoons R$；

② 不可逆的简单电荷传递反应：$O + ne \longrightarrow R$；

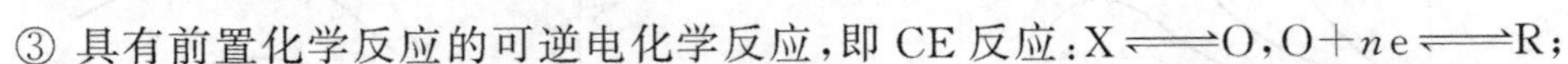

③ 具有前置化学反应的可逆电化学反应，即 CE 反应：$X \rightleftharpoons O, O + ne \rightleftharpoons R$；

④ 具有前置化学反应的不可逆电化学反应，即不可逆 CE 反应：$X \rightleftharpoons O, O + ne \longrightarrow R$；

⑤ 具有随后可逆化学反应的电化学反应，即 EC 反应：$O + ne \rightleftharpoons R, R \rightleftharpoons Y$；

⑥ 具有随后不可逆化学反应的电化学反应，即不可逆 EC 反应：$O + ne \rightleftharpoons R, R \longrightarrow Y$；

⑦ 催化反应：

⑧不可逆催化反应：

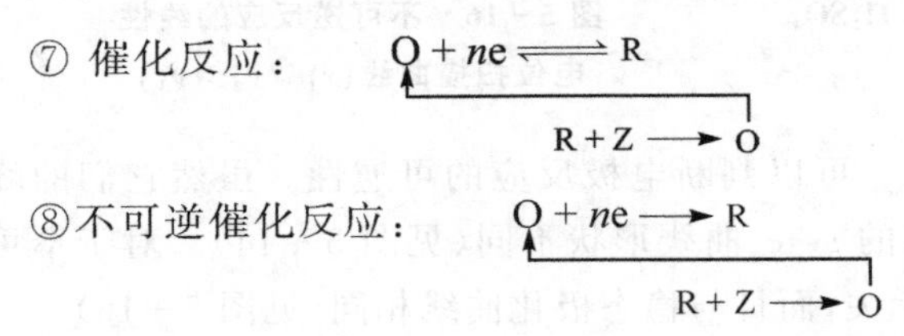

为了便于比较，采用任意速度常数，把各种电极过程参数画在同一幅图中。图中的数字代

表上述反应的编号。

根据理论推导，令

$$I_r = \frac{i}{nFC^0\sqrt{DvnF/(RT)}} \tag{5-48}$$

$$I_{irr} = \frac{i}{nFC^0\sqrt{DvnF/(RT)}} \tag{5-49}$$

式中：I_r 和 I_{irr} 分别为可逆和不可逆电流函数，皆为无因次电流。根据电流函数的峰值与扫描速度的关系（见图 5-19），可以区分出扫描速度对扩散过程的影响及扫描对反应动力学的影响。对于简单电荷传递反应可得水平直线（曲线 1、2）。若扫描速度增加，使伴随化学反应不能充分进行，所有伴随化学反应的电极过程都转变为一个简单电荷传递反应。只要将 $i_p/v^{1/2}$ 对 v 作图，就可能区分电极反应机理。

从 $\Delta\varphi_{p/2}/\Delta\lg v$ 与扫描速度 v 之间的关系（见图 5-20）也可以看出，只有在简单电荷传递反应中，$\Delta\varphi_{p/2}/\Delta\lg v$ 与扫描速度 v 无关。在其他情况下，该参数与扫描速度的变化可归因于伴随化学反应的影响。

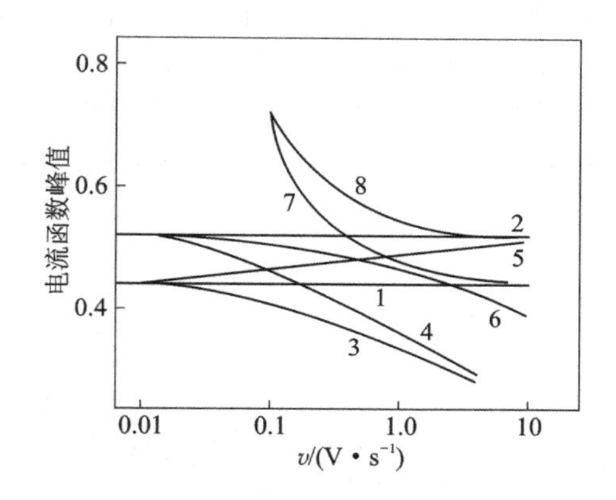

图 5-19　电流函数峰值与电位扫描速度 v 的关系

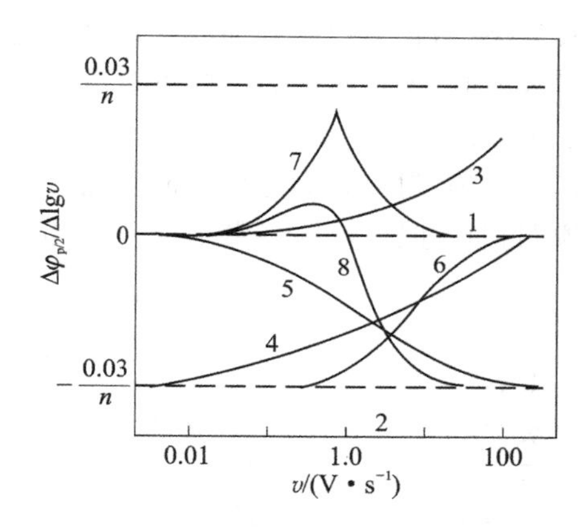

图 5-20　$\Delta\varphi_{p/2}/\Delta\lg v$ 与电位扫描速度的关系

只有可逆电荷传递反应，逆向扫描才出现阳极电流。简单电荷传递反应和催化反应的阳阴极峰值电流比与扫描速度无关（见图 5-21）。这是一种极有用的机理判断标准。

由上述讨论可见，用线性扫描的“电化学谱”，能较快地判断电极过程的机理。

在研究电结晶过程时，循环伏安法可用来定性地区分极化的类型。在电化学极化控制时，正返程扫描曲线应重合，有结晶成核步骤时会出现正向滞环，当有明显的浓度差极化时会出现负向滞环。

图 5-22 所示是铜电极在硫酸铜溶液中测得的循环伏安曲线。该曲线呈现一正向滞环，表明回扫时极化降低，通常认为这与晶核形成和成长有关。电沉积靶时也有这种现象。

Watts 型镀镍槽液为 $NiSO_4 \cdot 7H_2O$ 240～340 g/L，$NiCl \cdot 6H_2O$ 36～60 g/L，H_3BO_3 30～40 g/L。在这种槽液中新镀出的镍电极上的循环伏安曲线如图 5-23 所示。扫描电位范围为 0.5 V 下，在 2～500 s 之间不同扫描速度往返扫描所得的极化曲线基本上重叠。这说明，此槽液中的阴极过程主要由电荷传递步骤控制；同时也意味着在测量过程中表面状态无明显变化。

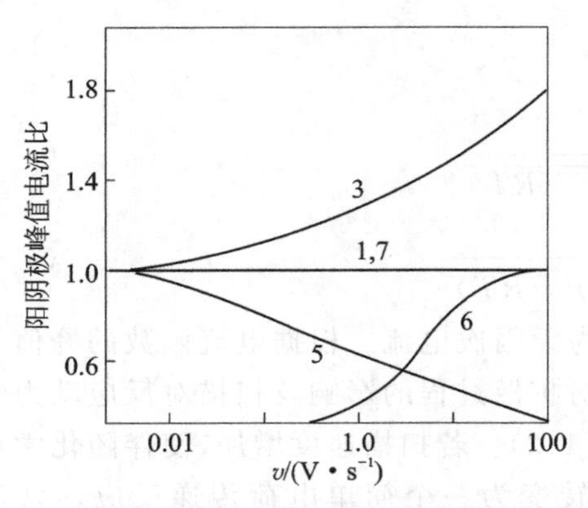

图 5-21 阳阴极峰值电流比与电位扫描速度的关系

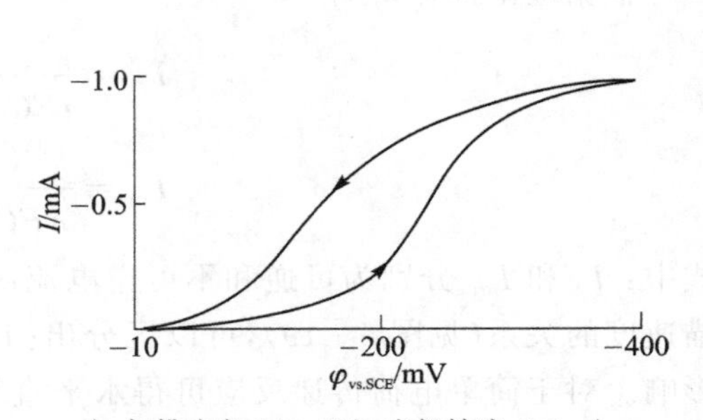

注：扫描速度：10 mV/s；电极转速：7.5 r/s。

图 5-22 电沉积铜循环伏安曲线

当阴极过程有明显的浓度差极化时，扫描速度会对极化曲线有显著的影响。这是因为在达到稳态扩散以前，扩散层厚度是时间的函数，扫描速度越快，扩散层厚度越薄，浓差过电位越小；反之，则浓差过电位越大。在回扫曲线上，各点总的电解时间比相应的正向扫描曲线上的各点长。因此，扩散层厚度和浓度过电位也大。这种情况在多数络离子放电时也存在。因为络离子放电时，不但电极表面附近放电离子浓度降低，而且相应的络合剂浓度升高，总效果更增加了浓差过电位。图 5-24 所示为氰化镀银溶液中的循环伏安曲线。从中可以看出，随着扫描速度增加，对应相同电位的阴极电流增大，而且对应同样电流密度下回扫曲线上的过电位大。说明扫描速度大时，扩散层薄，扩散流量大。

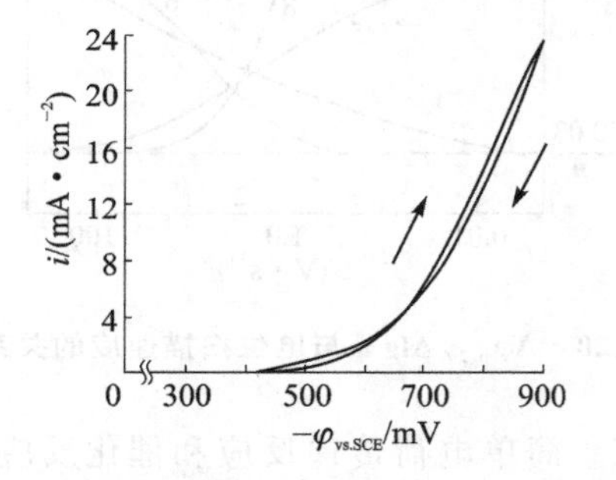

注：25 ℃，扫描速度为 250 mV/s，50 mV/s，5 mV/s，1 mV/s。

图 5-23 Watts 型镀镍槽液中的循环伏安曲线

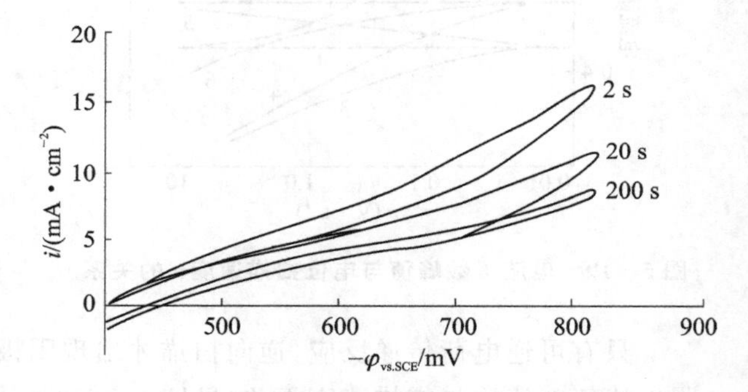

图 5-24 氰化镀银溶液中的循环伏安曲线

有时可将循环伏安法与旋转圆盘电极结合起来，研究金属的电沉积。通过测定一定转速下的不同扫描速度和扫描电位范围，可找出在适当条件下正反向扫描 $\varphi - i$ 基本曲线重合。在此条件下测定的极化曲线可认为消除了浓差极化，同时电极表面在测量过程中没有显著变化。

对于金属在可钝化的介质中用线性电位扫描法测定阳极极化曲线时，可得到具有活化-钝化行为的极化曲线。由于扫描速度不同，则钝化膜形成的时间不同。对于预先无表面膜的电极进行快速阳极扫描时，得到的阳极极化曲线反映了表面只形成很薄的钝化膜，接近活化条件下的情况。而用慢速扫描得到的准稳态极化曲线，反映了接近稳态钝化条件下的情况。两种极化曲线对比，可看出活化-钝化的转化情况。Parkins 利用这种方法成功地预测了一些应力腐蚀体系的应力腐蚀敏感范围。

5.5　控制电位暂态法实验技术

控制电位暂态实验中，电位波形的产生和控制是由快速响应的恒电位仪配以适当的波形发生器完成的，恒电位仪是测量线路的中心环节。暂态电流 i 或电量 Q 的测量和记录由示波器或记录仪完成。

电位阶跃或方波电位法中，电位从一个恒定电位 φ_1 跃变到另一个恒定电位 φ_2 并不是瞬间完成的，它受到方波发生器的上升时间，恒电位仪的响应速度、稳定性和输出功率，以及电极体系的时间常数 $R_{/\!/}C_d$ 等因素的限制。在图 5-25 中，图(a)为信号发生器输出的阶跃波形；图(b)表明溶液电阻 $R_l=0$ 时电极电位的响应波形，可看到阻尼振荡，使电位上升时间拉长了；图(c)表示电极时间常数 $R_{/\!/}C_d=10^{-4}$ s 时电极电位的响应，虽无振荡，但上升时间也增加了。为了缩短电位阶跃和方波电位的上升时间，要求恒电位仪有大的输出电流，以便在电位跃变瞬间能提供大的双层充电电流；而且恒电位仪要有快的响应速度，即高的响应频率。在恒电位仪线路设计和组件选用上要考虑这一问题。由于电解池构成了恒电位仪的反馈问题，因此上升时间还与电解池的电化学性质有关，或者说是与电极体系的时间常数 $R_{/\!/}C_d$ 有关。其中，影响上升时间和电位控制精度的主要因素是研究电极与参比电极间的欧姆电位降，它等于这部分溶液的电阻与极化电流的乘积。由于电位跃变的最初阶段电流很大，故此欧姆电位降是相当大的。也就是说，在电位跃变的最初阶段，真实电位与给定的控制电位之间的偏差可能是很大的，这部分时间占了上升时间的大部分。采用鲁金毛细管，使其尖嘴靠近研究电极表面，虽可减小欧姆电位降的影响，但由于暂态电流很大，仍不能消除它。因此，在恒电位仪中常设有溶液欧姆电位降补偿电路。但是，如果进行完全补偿，特别是过补偿时会产生振荡(见图 5-25(b))；同样，延长了上升时间，也影响恒电位仪的稳定性。因此，宁可采用欠补偿，即留有一定的欧姆电阻，对恒电位仪的稳定性是有利的(图 5-25(c))。

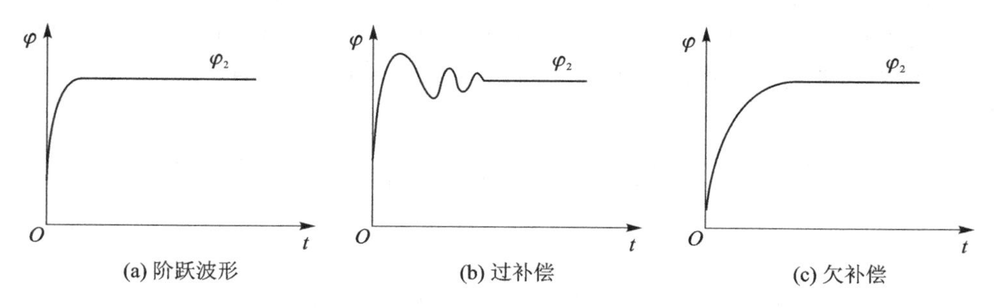

图 5-25　阶跃信号电压及电极电位响应波形

其他因素如电极面积、溶液浓度等也影响上升时间。如果电极面积大，溶液反应物质的浓度高，则电流强度就大，产生的欧姆电位降就大。因此，反应物浓度不宜太高，电极工作面积要尽量小，但为了符合所要求的线性扩散条件，电极面积也不能太小。如果允许，可加入大量(0.1～1 mol/L)惰性电解质，以降低溶液的欧姆电位降。在极稀的溶液中或非水溶液中，由于介质的电阻更大，其上升时间更长。

实验的精确性与所加的电位阶跃幅值的大小有很大关系。例如，为了研究电荷传递反应，往往用小幅度的电位阶跃，而且持续时间较短，这时即使由欧姆电位引起不大的电位控制误差，也会给暂态实验数据带来较大的相对误差。在这种情况下，则要求在仪器和电解池设计上有更短的上升时间。

控制电位暂态实验线路如图 5－26 所示。其中，恒电位仪除了要求有足够的精度和输出功率外，还必须有足够快的响应速度，最好使电位阶跃的上升时间达到微秒级。恒电位仪应具有“参比输出”端，即参比电极经电压跟随器到“参比输出”，然后与示波器的 Y_1 轴输入端连接，以便观察电位波形。由于恒电位仪内有电压跟随器 A，即使示波器的输入阻抗低于 $10^{-7}\ \Omega$ 也可使流过参比电极的电流足够小，并可提高电位测量和控制精度。恒电位仪内有取样电阻 R_I 串联在极化回路中，因此将取样电阻两端，即“电流信号”输出端接到示波器 Y_2 轴的输入端，可供观察和记录电流波形。示波器最好用差动输入式双迹示波器，如 SBR－1 型。

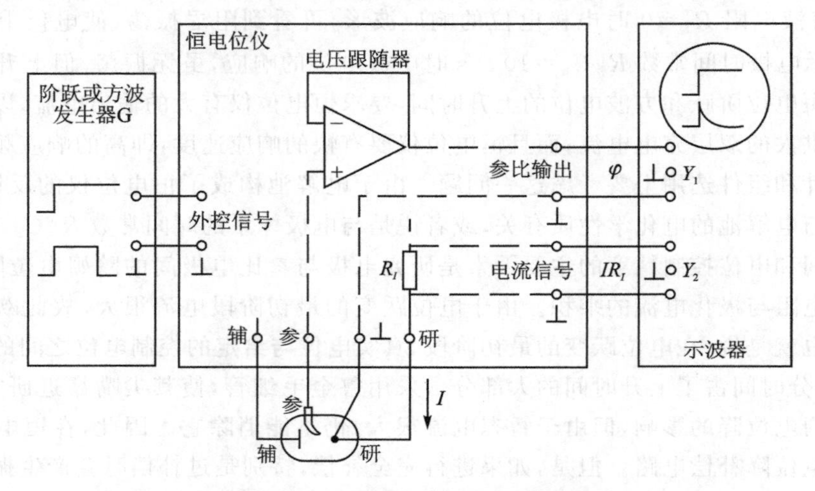

图 5－26　控制电位暂态法实验线路

如果只有单端式单线示波器，且恒电位仪没有电流信号输出端，则可用图 5－27 实验线路。这时，取样电阻 R_I（可用标准电阻或电阻箱）串联在研究电极与恒电位仪“研”接线柱之间。如果示波器为差动输入式，取样电阻也可串接在辅助电极线路中。总之，应使整个测量电路只有一个公共地端。

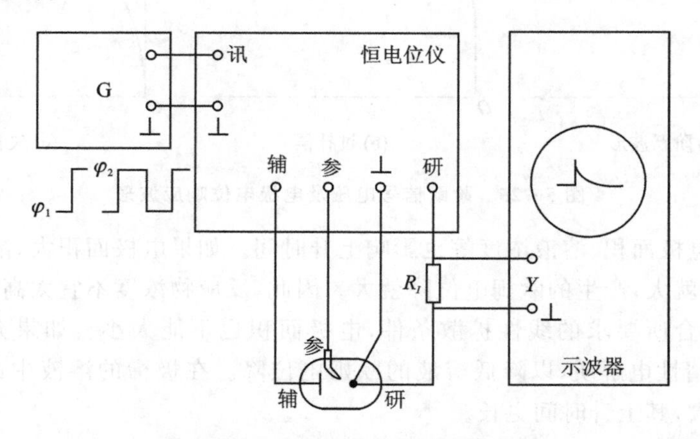

图 5－27　控制电位暂态法实验线路

使用信号发生器 G 是为了得到电位阶跃或方波电位波形，作为恒电位仪的指令信号。根

据实验要求选择适当的低电平和高电平，使电极电位从 φ_1（通常取 φ_1 为平衡电位）跃变到 φ_2，这就确定了阶跃（或方波）的幅值。还要选择阶跃的方向和持续时间。对于方波电位法要选择适当的频率。频率太高，双电层充电效应大，而且在半周期内电流尚达不到稳态就换向了，因此测得的 R_r 不准（偏低）；频率太低，则浓差极化和电极表面状态变化的影响增大。频率是否合适，可通过示波器观察暂态波形看出，正确的频率得到的波形如图 5－5 所示，即电流波形在半周期结束时趋于水平。

示波器应有足够快的响应速度。测量时应选择适当的量程灵敏度及 X 轴的时标，以便确定示波器波屏上的坐标刻度。如果没有量程灵敏度选择开关，则在测量前应对示波器 Y 轴用已知电压进行标定，调节相应的“衰减”和“增益”旋钮，使示波屏 Y 轴每格相当于某毫伏数，此值除以取样电阻 R_I，就得到 Y 轴每格相当于多少电流。标定后 Y 轴旋钮不得再动。同样，示波器的时间轴也必须标定，使 X 轴每格等于多少秒。若示波器上没有时标，则可在 X 轴接一个适当频率的锯齿波发生器，用其锯齿波对示波器 X 轴进行触发。所需周期可通过调节锯齿波信号发生器的周期得到。适当调节 X 轴增益即可确定时间轴的刻度。

为验证线路和测量仪表的可靠性，可在正式实验前先用图 4－21 所示的等效电路进行预实验，观察波形并将测得的数据与给定值比较，看是否符合，从而验证测量仪器的可靠性。

按图 5－28 方块图组装的仪器，可用于电位阶跃法测定暂态电流和电量。图中运算放大器 A_1 组成的恒电位仪是仪器的核心。运算放大器 A_2 组成的电压跟随器，可提高输入阻抗，使参比电极回路中只有微弱的电流（$<10^{-7}$ A）通过，以提高电位测量和控制精度。因 B 点为“虚地”，即研究电极电位等于地电位，故电压跟随器的输出端“参比输出”对地（⊥）就是参比电极相对于研究电极的电位，可接到示波器输入端进行观察和测量。

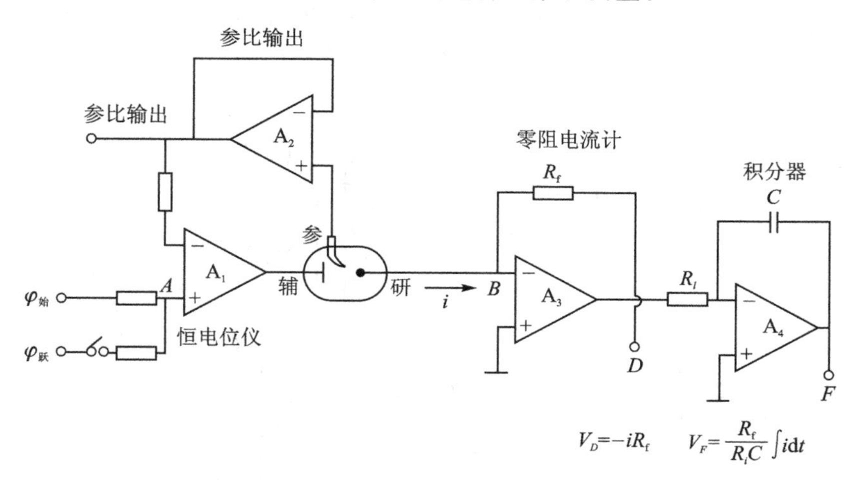

图 5－28　电位阶跃法测定暂态电流和电量的线路方块图

在恒电位仪的同相输入端接上阶跃或方波信号发生器，按实验要求选定初始电位 $\varphi_{始}$ 和阶跃电位 $\varphi_{跃}$，二者加到 A_1 同相输入端的加和点 A 上，作为恒电位仪的指令信号（$\varphi_{始}+\varphi_{跃}$），恒电位仪可自动调节极化电流 i，使参比电极相对于研究电极的电位按照指令信号发生变化，即可实现研究电极相对于参比电极的电位按指令信号进行阶跃变化。

流经研究电极的电流，由运算放大器 A_3 组成的零组电流计进行测量。因 A_3 的开环放大倍数很高且输入电阻很大，故流经电解池的电流 i 全部流过反馈电阻 R_f。由于 B 点为“虚

地”，因此 D 点的电位（对地）等于 iR_f。R_f 为已知（相当于取样电阻 R_I），测量 D 点的电位 V_D 就可测得电流 i，即

$$i=V_D/R_f \tag{5-50}$$

将 D 点与地端（⊥）接到示波器 Y 轴输入端，就可测定 i 随时间的变化。

为了测定电量 Q 与时间的关系，需要加一个一级积分器，它由运算放大器 A_4 组成。电压 V_D 被积分器积分得到 V_F，V_F 与通过电解池的总电量成正比，即

$$V_F=\frac{R_f}{R_iC}\int i\,dt \tag{5-51}$$

为了方便而迅速地测定 R_r，可根据方波电位法原理设计成线性极化仪或快速腐蚀仪。图 5-29 所示为 FSY 型腐蚀速率测量仪的原理方块图。它由方波源、恒电位仪（由比较器、互补功率放大器、电位跟踪器组成）、采样保持电路、微分延迟电路、测量电路和稳压电源等组成。恒电位仪部分可控制研究电极电位随方波信号发生的交替变化，即给处于平衡电位或自腐蚀电位的研究电极加上小幅度（$\eta<10$ mV）方波电位，使电极在线性极化范围内交替地发生阳极极化和阴极极化。于是，研究电极上就有如图 5-5(b)所示的暂态电流通过，此电流必须通过串联的取样电阻 R_I，通过测量 R_I 上的电压降可测得通过电极的电流。由 5-5(b)可知，只有测量电流接近稳态时的数值才能计算 R_r。为此，把方波信号经过“微分延迟电路”后触发“采样保持电路”，使采样动作在每半周期的后期短暂地进行，这样就能采到接近稳态时的电流值。采得的电压经电容器稳定后在测量电路中用电表读数。由于方波电位幅值 $\Delta\varphi$ 由仪器给定并保持定制，所以 R_r 与 Δi 成反比（即 $R_r=\Delta\varphi/\Delta i$），由 Δi 可反映出 R_r 的大小。仪器调试时对电表进行标定后，就可从电表上直接读出 R_r 值或腐蚀速度的大小。为了提高测量精度，在仪器设计上可增加溶液补偿电路，以消除溶液欧姆降的影响，使自腐蚀电位自动跟踪电路，以解决自腐蚀电位自动漂移问题。在测量时应正确选择试验参数，如方波频率 f 和幅度 $\Delta\varphi$ 等。

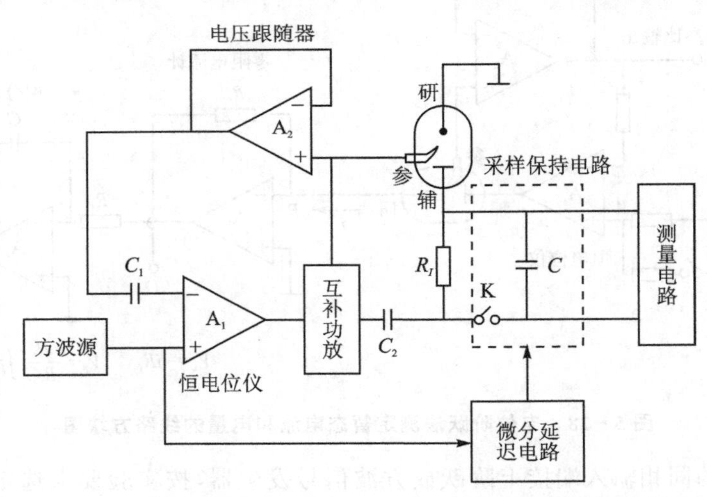

图 5-29　FSY 型腐蚀速率测试仪的原理图

方波电位法可用于测定电极微分电容。因此，应选择适当的溶液和电位范围，使研究电极接近理想极化电极，并采用鲁金毛细管或补偿电路消除溶液电阻的影响，在这种情况下，研究电极的等效电路接近于一个电容器。当用小幅度方波电位（$\Delta\varphi<10$ mV）对电极极化时，可得

到图 5-5(c)所示的电流波形，即双电层充电电流波形。将此交变的电流波形进行斩波，譬如将正半周期的电流去掉，只留下负半周期波形，再滤波，所得直流电流（如图 5-5(d)所示）就是平均充电电流 $\bar{i}_C$。

因方波电位幅度 $\Delta\varphi$ 很小，可认为在 $\Delta\varphi$ 范围内 C_d 不变，可得 $\Delta Q=C_d\Delta\varphi$，其中 ΔQ 为方波半周期内双电层的充电电量。斩波后每周期内有半周期的充电电流为零，故一周期内的充电电量仍为 ΔQ。一周期内的平均充电电流为 $\bar{i}_C$，故 $\Delta Q=\bar{i}_C T$，$T=\dfrac{1}{f}$，f 为方波频率，所以

$$\Delta Q=\bar{i}_C/f \tag{5-52}$$

将 $\Delta Q=C_d\Delta\varphi$ 代入上式可得

$$\bar{i}_C=f\Delta\varphi C_d \tag{5-53}$$

因此，在方波频率 f 和幅度 $\Delta\varphi$ 固定的情况下，通过电极的平均充电电流 $\bar{i}_C$ 与双电层电容成正比。根据这一原理，可设计成微分电容测定仪，其电路方块图如图 5-30 所示。它包括快方波发生器（如 1 000 Hz）、慢扫描发生器、恒电位仪、零阻电流计、斩波放大器、稳压电源等部分。其工作过程是这样的：小幅方波由方波发生器送入恒电位仪，加到电解池对双电层充电，其充电电流（波形如图 5-5(c)所示）经过零阻电流计后转为电压信号；再送入斩波放大器进行斩波，可得到图 5-5(d)所示的波形。从同一方波源输出±6 V 的方波信号到二极管 D，次二极管起着单向阀门的作用。在方波正半周是场效应管 T 的栅极无信号输入，故场效应管 T 导通，A_4 的负反馈电阻 R 被短路，输入到 A_4 的信号的正半周被斩去，即 A_4 的输出端电位为零。在方波负半周时，场效应管 T 的栅极输入 −6 V 的信号，使 T 夹断，输入到 A_4 的信号的负半周经 A_4 适当放大，再经滤波，即可在微安表上读出电流 $\bar{i}_C$。$\bar{i}_C$ 与 C_d 成正比。仪器调试时用已知的电容标定后，即可在表头上直接读出微分电容值。

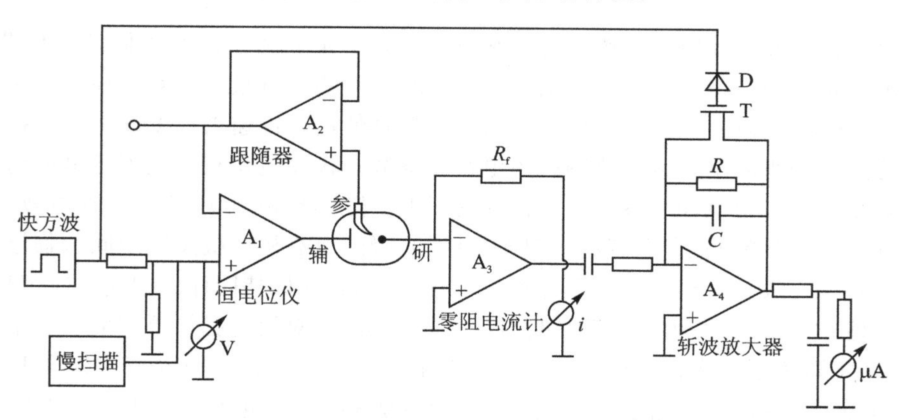

图 5-30　方波电位法微分电容测试仪方块图

每改变一电极电位可测得该电位下的微分电容，从而可画出 $C_d-\varphi$ 微分电容曲线。为了测量方便，可通过慢扫描发生器线性地改变方波信号的直流电平，直线在 $X-Y$ 记录仪上即显示出不同电位下微分电容的变化，即 $C_d-\varphi$ 微分电容曲线。

此线路因包括恒电位仪、慢扫描发生器和零阻电流计，因此还可用于测定电极的阴、阳极极化曲线。所以，按这种方块图设计的仪器具有多种用途。DD-1 型电镀综合测试仪就是按

照这种方块图设计的。

线性电位扫描法也可用图 5 - 26 所示的实验线路，只是需要信号发生器 G 提供线性扫描电位或三角波电位信号。得到的是 $i-t$ 波形，也可转换为 $i-\varphi$ 波形。如果要直接得到 $i-\varphi$ 波形，需要将“参比输出”或三角波信号输出端与示波器或 $X-Y$ 记录仪的 X 轴输入端相连，其他线路接法不变。如果恒电位仪无“参比输出”和“电流信号”输出端，则可用图 5 - 31 所示的线路进行三角波电位扫描实验。这时，示波器 X 轴应打向“外触发”，其本身的扫描发生器应关掉。当扫描速度较慢时，可用 $X-Y$ 记录仪代替示波器直接绘出 $i-\varphi$ 曲线。因 $\varphi-t$ 为线性关系，因而可将 $i-\varphi$ 曲线转换为 $i-t$ 曲线。

实验前可用图 4 - 21 所示的模拟电解池进行预实验，以检查线路和仪器的可靠性。实验时，根据目的要求选择起扫电位 φ_1、回扫或终止电位 φ_2、扫描速度 v（或三角波周期 T）。由 φ_1、φ_2 和 T 可计算扫描速度，即 $v=2(\varphi_2-\varphi_1)/T$。

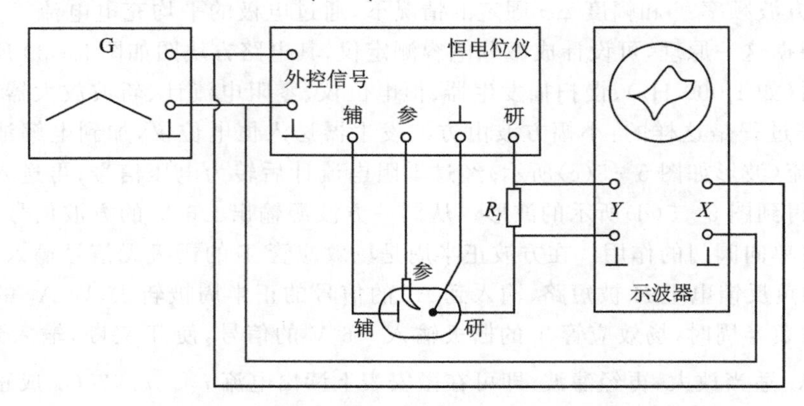

图 5 - 31　三角波电位扫描法实验线路

扫描电位范围和速度应根据研究对象和目的选定。不同的反应有不同的电位范围，因此所感兴趣的电位范围随实验而异。扫描速度对实验结果的影响很大。对于稳态极化曲线的测定，要求扫描速度足够慢，而且常与旋转圆盘电极配合使用。慢速大幅度线性电位扫描与小幅度快方波叠加常用来测定某电位范围内的电化学参数。快速电位扫描法测定电极动力学参数的主要缺点是双电层充电和溶液欧姆电位降的影响。随着扫速加快，双电层充电效应增强，不利于反应动力学参数的测定，而有利于双电层结构、吸附及有机电极反应中间产物等方面的研究。当目的在于比较各种因素对电极过程的影响时，则必须保持同样的扫速。应当指出，快速扫描法和其他暂态法一样，由于实验条件和影响因素复杂，对快速扫描得到的实验结果的解释务必谨慎，切不可为了追求快速而不分青红皂白地选用暂态法。只有对研究对象和实验技术进行足够的分析和理解后，才能正确地选择试验方法和条件，也才能对实验结果进行科学的分析。

近十多年来已发展了由恒电位仪、电解池系统、自动控制和微处理机等组成的快速测试系统。用这种系统可大大缩短暂态试验的总时间。从实验开始，包括微处理机数据采集、运算，直到打出实验结果全部程序在内不到 1 分钟。这种实时的数据处理使得有可能根据实验结果及时调整实验参数，对给定的实验体系做一系列实验，直到得到最佳实验结果。利用这种快速测量系统，可在短时间内记录到比用示波器显示得更加精确的结果，而且微处理机本身可提供必要的波形或定时的电位阶跃信号。

5.6　控制电位暂态法的应用

从上述各节可知，控制电位暂态法可用于测定各种电化学参数，如 C_d、R_1、R_r、i_0、n、D 等，测定电极真实表面积，研究电极表面覆盖层，测量吸附覆盖度 θ 及成相膜厚度，研究特性吸附现象，判别电极反应的可逆性、电极过程控制步骤及反应机理等。在金属腐蚀与防护方面也有广泛的应用，如腐蚀速度的测定、筛选钢种与缓蚀剂、预测某些体系的应力腐蚀敏感性等。下面举几个实例。

5.6.1　电位阶跃法测定电极真实表面积

电化学反应速度与电极的真实表面积有很大关系，而固体电极的真实表面积往往比其表观面积大数倍到数十倍，特别是在化学电源中，为了减小电池放电时电极的极化，提高大功率放电时的性能，一般多用粉末状的多孔电极。这种电极的真实表面积很大，但放电时每单位真实表面上流过的电流不大。这样，电极极化就小，而且能放出较大的电流。因此，在科研和生产上，常常需要测定电极、特别是多孔电极的真实表面积。

测量真实表面积有气体吸附法和电化学法。电化学法就是根据测量电极的双电层电容来计算电极的真实表面积。

电极浸在电解液中，电极/溶液界面间存在着双电层。双电层微分电容 $C_d = dQ/d\varphi$，它与电极的真实表面积成正比。纯汞的表面最光滑，可认为它的表观面积等于其真实表面积。当汞电极带负电荷时，测得汞在惰性电解液中的双电层电容为 20 $\mu F/cm^2$。以此作为标准，记作 C_N，表示单位真实表面上的电容值。实际上各种固体电极，特别是粗糙多孔的电极，单位表观面积上的电容值比这大得多。测得的这些电极的电容值除以 C_N，可算出该电极的真实表面积。因此，电化学方法测定电极真实表面，实质上归结为测量电极的双电层电容。

双电层电容的测定方法有多种，如电流阶跃法、电位阶跃法、方波电位法、三角波电位扫描法、交流阻抗法等。这些方法各有特点，如交流阻抗法测量较精确，但多适用于微电极，特别是滴汞或悬汞电极。三角波电位扫描法适用于电化学存在的情况。对于粗糙多孔的电极，电流阶跃法不适用，而电位阶跃法适用。粗糙多孔电极的等效电路如图 5－32 所示。由于电极表面有许多小孔、缝隙，而且它们大小不一，其中电解液的电阻也不一样。缝隙细而深的，溶液电阻大。这样，电极表面各处的 C、R 和 R' 值就不同，而整个电极是这些支路的并联值。如果用电流阶跃法，因小孔、缝隙中的溶液电阻高，流经此处的电流强度小，以致在测量时

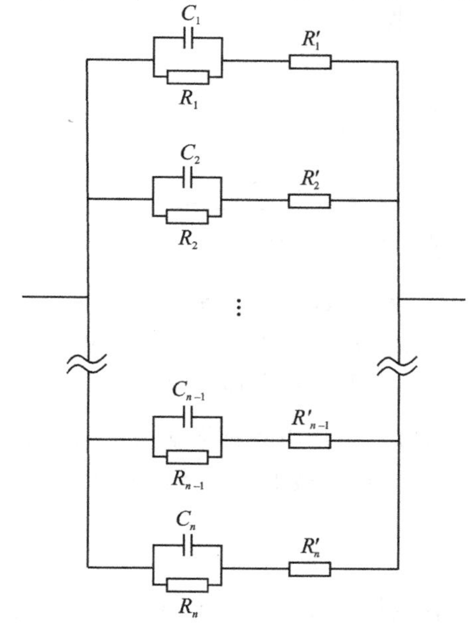

注：$C_1, C_2, \cdots, C_n$ 为双电层电容；
$R_1, R_2, \cdots, R_n$ 为极化电阻；
$R'_1, R'_2, \cdots, R'_n$ 为孔隙内溶液电阻。

图 5－32　粗糙多孔电极的等效电路

间内该处双电层电容的作用无法充分发挥。例如，如果图5-28中R'_2的数值很大，则流过C_2之电流就很小，用电流阶跃法测量双电层电容时要求$t \ll RC$，即单向极化时间远小于电极的时间常数，因此，在C_2上产生的电位增量也很小，甚至忽略不计。在这种条件下，就像C_2不存在一样。因此，用电流阶跃法测得的粗糙表面的双电层电容值偏低。若用电位阶跃法测量，则并无$t \ll RC$的要求，充电时间长，可让各处双电层电容都充足，直至电流接近稳态值，因此上述偏差就可避免。

电位阶跃法测定双电层电容的原理在5.2节中已讨论过了(见式(5-15)和式(5-16))。正如前面指出过的，金属/溶液界面间相当于一个漏电的电容器(见图5-2)或许多漏电的电容器并联(见图5-32)，而且还与溶液电阻串联。因此，电化学反应和溶液电阻都将影响电容的测量。电化学反应速度越大，R_r越小，电流主要从R_r通过，使C_d的测量不灵敏，甚至无法测量。因此，测量C_d时，总希望R_r越大越好。$R_r \to \infty$，即无电化学反应发生，电极相当于理想极化电极。所以，在测量双电层电容时，应选择合适的溶液和电位范围使电化学反应的影响减到最小。用$C=Q/\Delta\varphi$计算双电层电容时，$\Delta\varphi$应为双电层电位差。在溶液欧姆电位降存在时，双电层电位差小于电位阶跃值$\Delta\varphi$。溶液电阻越大，对电容测量的影响越大。因此，在允许的情况下可加入惰性电解质，降低溶液电阻，并使鲁金毛细管靠近研究电极表面；最有效的办法是利用恒电位仪中的溶液电阻补偿电流来消除欧姆电位降的影响。此外，表面活性剂在电极表面的吸附会改变双电层电容的数值。因此，溶液要求纯净，必要时要对溶液进行净化处理，而且不得用含有表面活性剂的洗涤液洗电解池等玻璃容器或污染溶液和电极。

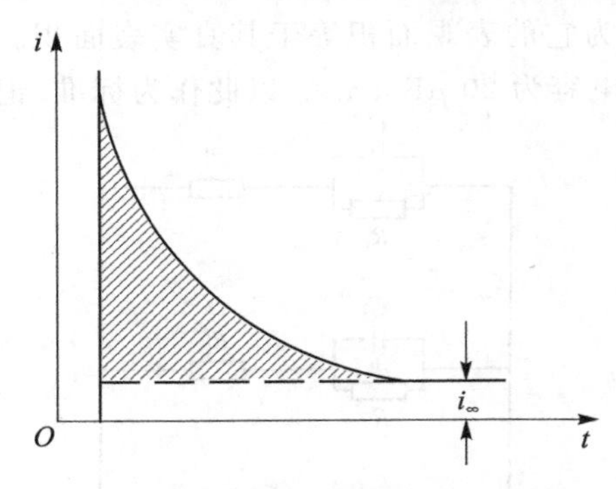

图5-33　电沉积海绵状锌电极在1 mol/L KOH溶液中使用电位阶跃法测得的$i-t$曲线

图5-33所示为电位阶跃法测量电化学表面积时的$i-t$曲线。由于电位阶跃幅值很小，可认为在电位阶跃区间内，反应电流几乎保持不变。因此，电位阶跃过程记录到的电流变化，就是双电层充电电流$(i-i_\infty)$的变化。将$(i-i_\infty)$积分，即图中水平虚线上面有斜线部分的面积，相当于双电层的电量Q，即

$$Q=\int_0^t (i-i_\infty)\,dt \tag{5-54}$$

式中：i_∞为电位阶跃暂态波形的稳态电流值。然后，阴影部分i对t积分即可得到电量Q。如果电位阶跃前后两电位比较接近，则在此电位区内反应电流和双电层电容都无显著变化的情况下，电容测量会比较准确。

此外，由电极的真实表面积和它的表观面积$S_{表}$可计算出电极的粗糙度，即

$$粗糙度=\frac{S_{真}}{S_{表}} \tag{5-55}$$

有些粉末多孔电极需要计算它的比表面$S_{比}$。所谓比表面就是电极总的有效面积$S_{真}$与粉末电极的总质量W之比(单位m^2/g或cm^2/g)：

$$S_{比}=\frac{S_{真}}{W}=\frac{C_d}{wc_N} \tag{5-56}$$

碳纳米管具备较为独特的物理、化学性能。碳纳米管电极在锂电池、燃料电池、超级电容

器等方面有着广泛的应用。与普通石墨电极或活性炭电极相比，碳纳米管电极的活性表面积有显著提高。通过测定石墨和多壁碳纳米管(MWNT)电极在 KOH 溶液中的恒电位阶跃行为，可以求得两种电极的电化学表面积。

利用图 5-26 所示的实验线路使两电极的初始电位恒在 $\varphi=0$ V(相对于 Hg/HgO 电极，下同)，此时两电极上发生的是稳定的氧析出反应。然后启动阶跃开关，使电极电位跃变到 -0.01 V，即阶跃幅度值 $\Delta\varphi=10$ mV，可以得到如图 5-34 所示的石墨电极和 MWNT 电极的 $i-t$ 曲线。

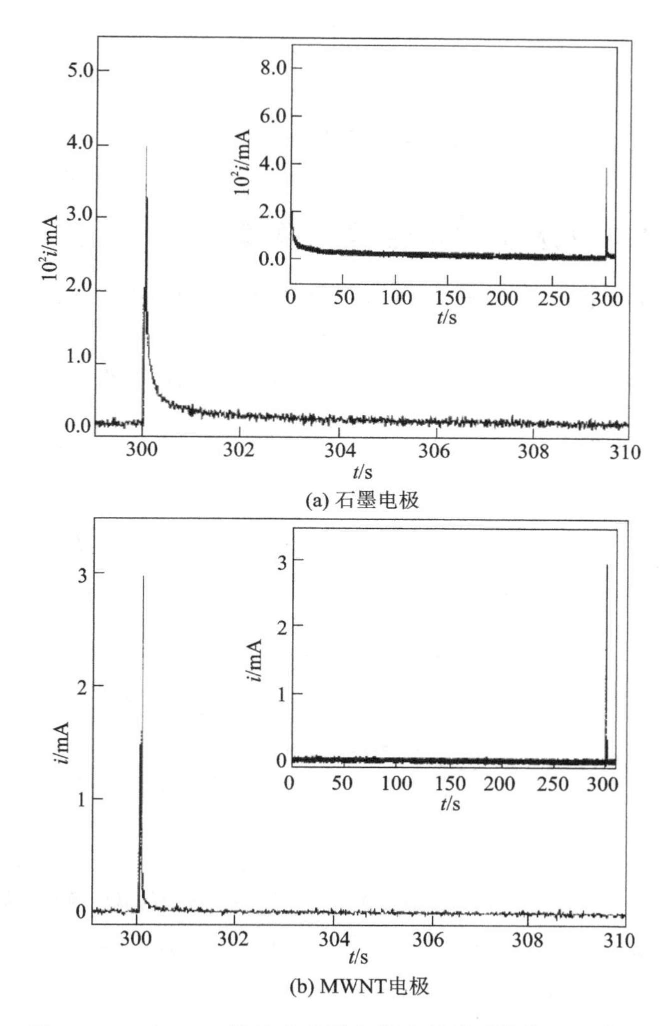

图 5-34　在 KOH 溶液中使用电位阶跃法测得的 $i-t$ 曲线

如图 5-34 所示，在阶跃瞬间($t=0$)，电流突然增大，可达到 3～4 mA，然后逐渐下降，直到 0.2 mA 后，保持不变。

将阶跃后曲线以下部分 i 对 t 积分，可求出石墨电极的电量 $Q_G=4.8\times10^{-6}$ C，多壁纳米碳管电极的电量 $Q_{MWNT}=9.95\times10^{-5}$ C。

已知电位阶跃幅值 $\Delta\varphi=10$ mV，代入式(5-15)可求出两电极的双电层电容分别为

$$C_{d(G)}=\frac{Q_G}{\Delta\varphi}=\frac{4.8\times10^{-6}\ \mathrm{C}}{0.01\ \mathrm{V}}=4.8\times10^{-4}\ \mathrm{F}=480\ \mu\mathrm{F}$$

$$C_{d(MWNT)}=\frac{Q_{MWNT}}{\Delta\varphi}=\frac{9.95\times10^{-5}\ \mathrm{C}}{0.01\ \mathrm{V}}=9.95\times10^{-3}\ \mathrm{F}=9\ 950\ \mu\mathrm{F}$$

由测得的双电层电容 C_d，与单位面积上的电容 $C_N=20\ \mu F/cm^2$ 比较，可计算出电极的真实表面积 $S_{真}$，即

$$S_{真(G)}=\frac{C_{d(G)}}{C_N}=\frac{480}{20}\ \mathrm{cm}^2=24\ \mathrm{cm}^2$$

$$S_{真(MWNT)}=\frac{C_{d(MWNT)}}{C_N}=\frac{9\ 950}{20}\ \mathrm{cm}^2=497.5\ \mathrm{cm}^2$$

这表明，MWNT 电极具有比石墨电极更高的表面积和孔隙率。MWNT 电极巨大的表面积有助于改善电极材料的大电流放电能力，降低电极的极化，提高倍率性能。

5.6.2 方波电位法研究特性吸附现象

由 5.2 节可知，方波电位法可测定双电层微分电容。根据 $C_d-\varphi$ 曲线可研究表面活性物质的吸附现象。图 5-35 中曲线 1 为滴汞电极在 2 mol/L NaOH 溶液中的微分电容曲线，曲线 2 和曲线 3 分别为在上述溶液中加入 0.1 mL/L 和 0.5 mL/L 茴香醛的微分电容曲线。

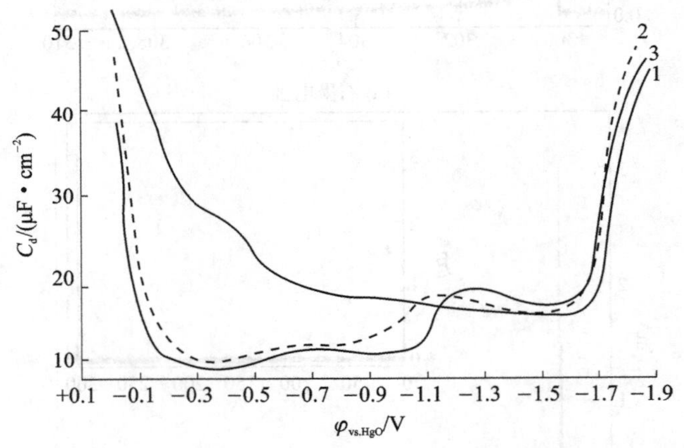

1—2 mol/L NaOH 溶液；2—2 mol/L NaOH 溶液+0.1 mL/L 茴香醛；3—2 mol/L NaOH 溶液+0.5 mL/L 茴香醛

图 5-35 方波电位法测得的汞电极在不同溶液中的微分电容曲线

可以看出，加入添加剂后在一定电位范围内的电容值显著下降。这是由于双电层电容 C_d (μF)与介电常数 ε 和双电层间的距离 d 有关，即

$$C_d=\frac{1}{9\times10^5}\cdot\frac{\varepsilon S}{4\pi d}\tag{5-57}$$

式中：S 为电极真实表面积。有机表面活性物质吸附后，使 ε 减小而 d 增大，故使 C_d 降低。

可见，从微分电容曲线可以判断有机添加剂在电极上无吸附、吸(脱)附电位范围(研究吸(脱)附峰值不能用很高的频率)，并且从电容值下降的数值还可比较添加剂的吸附能力和吸附量。如果添加剂的吸附电位范围与电镀时的电位范围重合，则添加剂有可能吸附在被镀零件上影响电沉积过程。若金属腐蚀时的稳定电位处于添加剂的吸附电位范围，则这种添加剂可

能吸附在金属表面起缓释作用。所以，方波电位法测定微分电容曲线在研究电镀添加剂和金属缓蚀剂方面有一定的作用。

5.6.3　小幅度三角波电位法研究电极表面覆盖层

根据 5.4 节中小幅度三角波电位法可测量双电层电容 C_d，由 C_d 的变化可研究表面活性物质的吸(脱)附现象及吸附覆盖度。

利用大幅度线性电位扫描法也可研究电极表面覆盖层和吸(脱)附现象。由式(5－35)可知，在没有电化学反应的电位区(理想极化区)内，电极电流全部是双电层电容的充电电流 i_C(亦称为非法拉第电流)。当电位扫描到发生电化学反应的电位区内，除了 i_C 外还有电极反应电流(即法拉第电流)i_r，在 $i-\varphi$ 曲线上出现电流峰。前面已讨论了这种受溶液中反应物浓差极化控制的电流峰(如图 5－36 中峰 a)，其相应的电量 Q_1 正比于反应物浓度 C^0，反比于电位扫描速度 v 的平方根。另一种电流峰是由化学吸(脱)附造成的，如图 5－36 中峰 b，相应的吸(脱)附电量 Q_0 正比于吸(脱)附量 $\Delta\Gamma$ 而与电位扫描速度 v 无关，由 Q_0(图 5－36 中峰 b 下阴影的面积)可以计算吸(脱)附量 $\Delta\Gamma$(见式(5－32))和吸附覆盖度 θ(见式(4－54))。第三种电流峰是由电极表面成相覆盖层的电化学反应造成的，相应的电量 Q_s 可计算出成相层的厚度 δ(见式(4－55))。对于这三种电流峰的判别，一方面可从电量的大小来看，如 Q_0 总小于 Q_s；另一方面，可从电量与电位扫描速度的关系来看，如果 $Q\propto v^{-1/2}$(见式(5－47))，就是受溶液中反应物浓差极化控制。还可能出现第一种与后两种之一同时并行的情况。为了测量覆盖层消长的电量，可用较大的 v 值扫描；或者用一系列 v 值，测得一系列 Q 值，以 Q 对 $v^{-1/2}$ 作图外推至 $v^{-1/2}=0$，从而消除 Q_1 的影响。

当进行循环伏安扫描时，正向扫描与逆向扫描两条曲线相对照，可对各种电流峰认识得更清楚。在这两条曲线上可找出对应的电流峰。如果对应的电流峰的位置(即 φ_p)靠得近，则表示可逆性好。如果对应电流峰的电量不相等，则表明反应产物可能向溶液内部扩散。图 5－36 中电流峰 a 为扩散控制的反应物 O 还原成的，b 峰为吸附反应物 $O_{吸附}$ 还原产生的。O 的吸附热越大，即吸附能力越强，则 b 峰的电位较 a 峰的负得越多，两者距离越大。c 峰是由 $O_{吸附}$ 还原得到的 R 在反向扫描时又氧化成 $O_{吸附}$ 而形成的。d 峰为溶液中的 R 扩散到电极表面氧化成 O 产生的。由于此时表面已有 $O_{吸附}$，阻碍电极反应的进行，故 d 峰的电流较虚线峰为小。由图可以看出，b 峰和 c 峰几乎在同一电位下，说明反应物 O 的吸、脱附是可逆的。由于循环伏安扫描时 φ 与 t 成正比，故图中曲线的阴影部分相当于还原 $O_{吸附}$ 的电量。

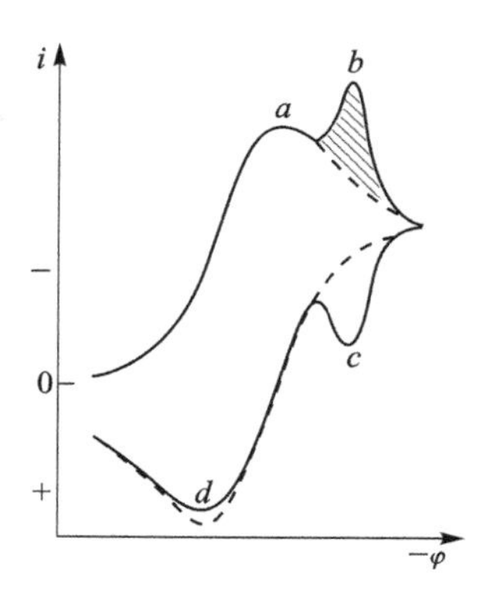

图 5－36　具有反应物吸附峰的三角波电位扫描曲线，其中虚线为扩散控制的扫描曲线

图 5－37(a)所示为铂电极在 $HClO_4$ 溶液中的循环伏安曲线，从图中可以看出氢和氧的吸(脱)附区以及双电层区。在阳极分支的氢区内氢被氧化。在双层区内，电极的作用如同一个理想极化电极，即只观察到双电层的充电电流。在氧的吸附区内，表面充满吸附氧，这些吸附氧为氧吸附过程中的中间态。电位再增加就发生氧的析出。在阴极扫描期间，阳极扫描时形成的吸附氧(或氧化物)被定量地进行电化学还原。而且，氢又被重新沉积在电极表面上。

从图中可以看出，氢的氧化峰和还原峰非常靠近，说明电极上氢的反应可逆性大。氧的氧化峰和还原峰分离较远，说明氧的反应不可逆性强。从阴阳两电流峰电量的计算可进一步表明，在此条件下，铂电极上只进行氢和氧的吸附反应。另外，在氢的氧化区存在这两个峰，据认为这两个峰是由于多晶铂电极暴露的(110)面和(100)面对氢有不同的吸附键强度，因此，它们的吸(脱)附电位不同。

由于电极表面上可吸附的位置有限，所以吸附常常有竞争性，图 5-37(b)所示说明了卤素离子的吸附对铂电极上氢和氧的吸附的影响。

从图 5-37(b)中可以看到以下情况：

① 添加氯离子只改变了氧的吸附。电流减小，说明氯离子阻止了氧的吸附。这种组化作用可进一步由阴极扫描过程中吸附氧或氧化物还原峰的减小看出来。

② 添加溴离子的影响更显著。氢在(110)面上的氧化(第二个峰)被阻滞，而在(110)面上的氧化却增强了。溴化物与氯离子一样也阻止氧的吸附，但溴化物对氧的吸附和析出总的影响，由于 Br_2/Br^- 电极体系的可逆电位在此区域内更难确定。溴化物存在时吸附氧化物还原峰比氯离子存在时更低了。这表明溴离子存在时对形成吸附氧化物的阻滞更大。

③ 在加入碘离子的情况下，电极行为好像除了碘离子以外溶液中没有其他离子似的，在大于 0.9 V 的电位下很大的阳极电流是由于碘离子氧化成碘($2I^- - 2e^- \longrightarrow I_2$)的缘故，在小于 0.9 V 的电位下很大的阴极峰是由在更正的电位下已经形成的碘的还原引起的。

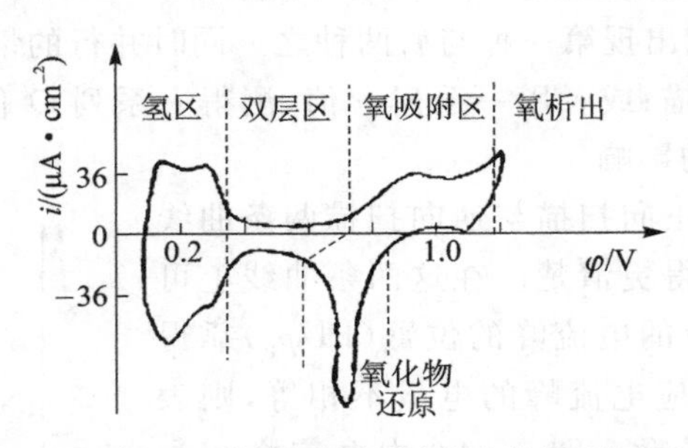

(a) 在$HClO_4$溶液中氢在铂电极上的循环伏安曲线

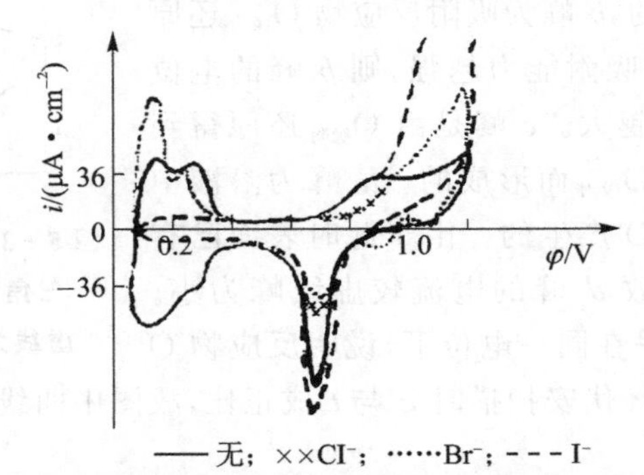

(b) 卤素离子对伏曲线的影响(卤素离子的浓度为10^{-4}M)

图 5-37　卤素离子的吸附对电极过程的影响扫描速率为 30 mV/s

这些实验表明，无机离子是能阻滞电化学过程的。显然，这是由吸附作用引起的。在靠近它们的可逆电位下，这些离子发生优先吸附作为电化学氧化的中间步骤。因此可以看到发生

阻滞的电位顺序与它们的可逆电位顺序一样，即 $\varphi_{I_2/I^-}<\varphi_{Br_2/Br^-}<\varphi_{Cl_2/Cl^-}$。

有机表面活性物质的特性吸附同样对电化学反应过程有影响，也可以通过大幅度三角波电位法进行研究，图 5－38 表明，铂电极上苯的吸附对氧的析出反应的影响。在 0.3～1.7 V 之间进行循环伏安扫描时，在不含苯的溶液中，正向扫描出两个峰，它们是水分子析出氧的反应。负向扫描时只出现一个峰，为吸附氧的还原，从阴阳的峰值电位相距较远可以看出，氧的析出和还原是不可逆的，当溶液中含有苯时正向扫描在 1.1～1.5 V 间出现一个新的波峰，这是吸附在电极表面的苯阳极氧化所产生的电流。当负向扫描时苯的影响不大，说明此时溶液中的苯还来不及吸附到电极表面进行反应，由于负向扫描时观察不到苯的阳极氧化产物的还原电流，说明苯的阳极氧化是个不可逆反应。

当横轴换以时间作标目时，上述曲线的阴影部分相当于吸附苯氧化时所消耗的电量，由此可计算出苯在铂黑电极上的表面覆盖度。

曲线 1 与曲线 2 在阴影左面的部分不相重合，说明了苯的吸附对氧的吸附的影响。

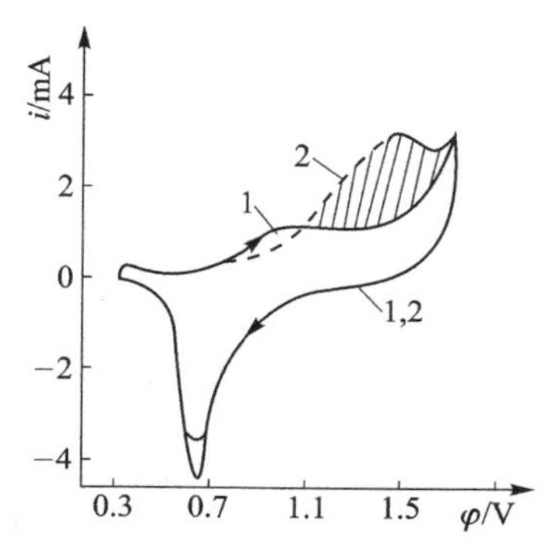

1—无苯；2—含苯 10^{-3} mol/L

图 5－38　1 mol/L H_2SO_4 中铂黑电极上的循环伏安曲线(25 ℃，扫描速率 0.5 V/s)

电位阶跃法和方波电位法也都可以用以研究表面覆盖层。如果在电位阶跃的范围内无任何电化学反应，则只有双电层充(放)电的电流 i_C。如果在电位阶跃范围内有任何一种电化学反应，就会出现电极反应电流 i_r。如果反应电流是由电化学吸附或成相层厚度，其数值基本上是固定的。所以，在电位阶跃一段时间后，电流可退至零，电量不再增加，电流衰减的快慢取决于溶液电阻 R_l 和电化学反应速度常数。在一般情况下，这种电流衰退比较快；而由于溶液中反应物的浓度差极化控制的极限电流 i_l 与 $t^{1/2}$ 成反比，即 $i_l \propto t^{-1/2}$，相应电量 $Q_l \propto t^{1/2}$，其电流衰减很慢。所以，当吸附物与溶液中的反应物同时在电极上反应时所需要的电量如式(5－31)所示。这时可作 $Q-t^{1/2}$ 图，得到直线外推到 $i\to 0$ 时，可得截距(如图 5－10 直线 4)。由截距电量扣除双电层电量 Q_{cd} 可得到 Q_θ。然后，由式(5－54)计算吸附覆盖度 θ，或由式(5－55)计算成膜厚度。

5.6.4　三角波电位法研究电极反应

当对电极体系进行线性电位扫描时，电极电流为双电层充电电流及电极反应电流之和。在没有电化学反应及吸(脱)附现象发生时，电流全部为双电层充电电流且保持定值。当发生电化学反应时，电极电流增大，且在某电位下出现电流峰。由峰值电位可判断是何种电极反应，有峰值电流可估量该条件下电极的最大反应速度或反应物浓度。线性电位扫描法还可用于判断电极反应的可逆性，以及电极过程的控制步骤及反应机理，在表面覆盖层的研究上也有广泛的应用。

现在以 0.1 mol/L NaOH 溶液中的 Cu－Ag 合金电极(其中铜的质量分数为 20%，银的质量分数为 80%)为例，观察在－1.6～＋1 V 范围内(以同溶液中的甘汞电极为参比电极)可能发生的电极反应，其循环伏安曲线如图 5－39 所示。

实验时，电位从－1.6 V 开始向正向扫描。随着电位向正向移动，出现了阳极电流，说明

表面的 Cu 开始被氧化成 Cu_2O，其反应式为

$$2Cu+2OH^- \longrightarrow Cu_2O+H_2O+2e^- \quad (A_1 \text{峰反应})$$

随后阳极电流逐渐增加，在大约 −0.5 V 出现一个电流峰，然后电流又逐渐下降。这是由于电极表面 Ag_2O 的覆盖程度不断增加，对电流 A_1 峰反应的进行起到了阻碍作用。

当扫描电位升高至 −0.4 V 左右又出现一个新的电流峰，这是由于 Cu 氧化生成 $Cu(OH)_2$，其反应式为

$$Cu+2OH^- \longrightarrow Cu(OH)_2+2e^- \quad (A_2 \text{峰反应})$$

而在 −0.2 V 附近所出现的氧化峰为 Cu_2O 氧化为 CuO 的峰：

$$Cu_2O+2OH^- \longrightarrow 2CuO+H_2O+2e^- \quad (A_3 \text{峰反应})$$

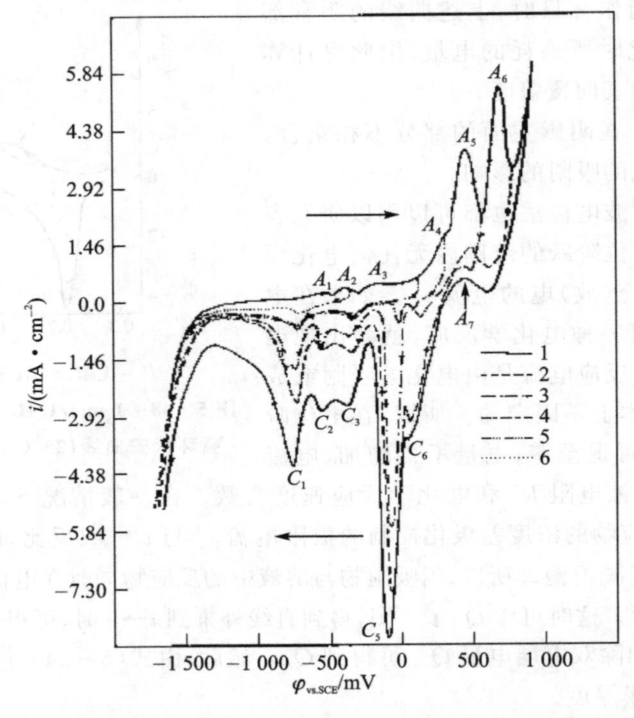

图 5－39　20%Cu～80%Ag 合金在 25 ℃、0.1 mol/L NaOH 溶液中的循环伏安曲线

此后，随着电位逐渐升高，又开始出现 Ag 发生氧化反应所形成的峰。在 +0.4 V 处所发生的反应为 Ag 被氧化为 Ag_2O：

$$2Ag+2OH^- \longrightarrow Ag_2O+H_2O+2e^- \quad (A_5 \text{峰反应})$$

而在 +0.7 V 处所出现的峰则是 Ag_2O 被进一步氧化为 AgO 所产生的电流峰：

$$Ag_2O+2OH^- \longrightarrow 2AgO+H_2O+2e^- \quad (A_6 \text{峰反应})$$

此外，在 $E=0.3$ V 附近还可以观察到一个较为微弱的氧化电流峰，此峰在循环伏安曲线中被较强的、与其电位非常接近的 A_5 峰所掩盖。根据文献，此峰所对应的反应为

$$Ag+2OH^- \longrightarrow AgO^-+H_2O+e^- \quad (A_4 \text{峰反应})$$

电位扫描至 +1.0 V 后，开始换向，进行负向扫描。在负向扫描中，出现了五个阴极电流峰，为确定它们分别对应哪一个阳极电流峰，须调整开始反向扫描时的电位。如图 5－39 所

示，当反扫电位位于 A_1 峰和 A_2 峰之间时，只有 C_1 峰出现，才说明 C_1 峰对应于 A_1 峰（C_1 峰位处所发生的阴极反应为 A_1 峰处阳极反应的逆反应）；而当反扫电位位于 A_2 和 A_3 峰之间时，有 C_1 和 C_2 峰出现，说明 C_2 峰对应于 A_2 峰……以此类推，可以确定 $C_1 \sim C_6$ 阴极电流峰分别对应 $A_1 \sim A_6$ 阳极电流峰。

由阴极电流峰的峰位和电流值，还可以得到另外一些信息。

对于 A_6 峰，查标准电极电位表并通过能斯特方程进行计算，可得到此反应的平衡电位 $\varphi_{平}=0.39$ V。显然，出现此电流峰的电位（0.7 V）与它的平衡电位（0.39 V）偏离较大。一般认为，这是由于 Ag_2O 的电阻极化率极高（$7\times10^8\ \Omega\cdot cm$），使 A_6 峰反应不易进行，从而引起较大的极化。

而位于 -0.1 V 附近的还原电流峰 C_5，是由于 Ag_2O 阴极还原为 Ag，即 A_5 峰反应逆向进行的结果。经计算可得，此反应的平衡电位 $\varphi_{平}=0.168$ V。显然，其极化较此反应的正向过程要大些，这主要是因为 Ag_2O 的电阻率较高所致。一旦有部分 Ag_2O 还原成 Ag 后，因 Ag 的电阻率极低，此后 Ag_2O 的还原就容易了。所以电流的增长速度在图中为最大。

值得注意的是，在回扫过程中，出现了一个向上的电流峰 A_7。据相关文献报道，这一阳极电流峰处所发生的反应与 A_5 峰处的反应相同，即合金中的银被氧化为 Ag_2O。这也能够解释 C_5 的大电流量，因为 C_5 峰的还原反应所对应的氧化反应峰为 A_5+A_7。

此外还可以看出，Cu 所对应的三个阴极电流峰（$C_1 \sim C_3$）面积要明显大于其所对应的阳极电流峰（$A_1 \sim A_3$），这主要是当电位较高时，合金中的 Cu 与产生的 Ag_2O、AgO 会发生如下反应：

$$Ag_2O + Cu \longrightarrow CuO + 2Ag$$

以及

$$Ag_2O_2 + Cu \longrightarrow CuO + 2Ag$$

所导致的。将这两个反应产生的 CuO 还原为 Cu_2O 及 Cu 所消耗的电量是导致 $C_1 \sim C_3$ 峰面积显著增加的主要原因。

在整个实验过程中，扫描速率为 50 mV/s，因此可以将横坐标转换为时间。通过积分计算出各个电流峰下的面积，就是消耗于诸反应的电量。

思考题

1. 试述电位阶跃法的特点、原理和应用。

2. 线性电位扫描法有何特点？扫描速度的影响如何？为什么？

3. 影响控制电位暂态法实验的主要因素有哪些？如何选择实验条件？

4. 如何用方波电位法测定金属腐蚀速度和电极的微分电容与电位的关系曲线？试分析线性极化仪和微分电容测试仪的电路原理。

5. 举例说明控制电位暂态法的应用。

第 6 章　电化学阻抗法

6.1　电化学阻抗法导论

6.1.1　交流阻抗概述

交流阻抗法(Alternating Current impedance, AC impedance)是指控制通过电化学系统的电流(或系统的电势)在小幅度极化的条件下随时间按正弦规律变化,同时测量相应的系统电势(或电流)随时间的变化,或者直接测量系统的交流阻抗(或导纳),进而分析电化学系统的反应机理,计算系统的相关参数。

交流阻抗法包括两类技术:电化学阻抗谱技术(Electrochemical Impedance Spectroscopy, EIS)和交流伏安法(AC voltammetry)。电化学阻抗谱技术是在某一小幅度直流极化条件下,特别是在平衡电势条件下,研究电极过程中电化学系统的交流阻抗随频率的变化关系;而交流伏安法则是在某一选定的频率下,研究交流电流的振幅和相位随直流极化电势的变化关系。这两类方法的共同点在于都应用了小幅度的正弦交流激励信号,基于电化学系统的交流阻抗概念进行研究,为此,首先需要明确电化学系统的交流阻抗的概念。

一个未知内部结构的物理系统 M 就像一个黑箱,其内部结构是未知的。从黑箱的输入端施加一个激励信号(扰动信号),在其输出端得到一个响应信号。如果黑箱的内部结构是线性的稳定结构,输出的响应信号就是扰动信号的线性函数。用来描述对物理系统的扰动与响应之间的关系的函数,被称为传输函数。一个系统的传输函数是由系统的内部结构决定的。通过对传输函数的研究,可以研究物理系统的性质,获得关于这个系统内部结构的有用信息。

如果扰动信号 X 是一个小幅度的正弦波电信号,那么响应信号 Y 通常也是一个同频率的正弦波电信号。此时,传输函数 $G(\omega)$ 被称为频率响应函数或简称为频响函数。Y 与 X 之间的关系可用下式来描述:

$$Y = G(\omega)X \tag{6-1}$$

式中:$G(\omega)$ 为角频率 ω 的函数,反映了系统 M 的频响特性,由 M 的内部结构决定。可以从 $G(\omega)$ 随角频率的变化情况获得系统 M 内部结构的有用信息。

如果扰动信号 X 为正弦波电流信号,而响应信号 Y 为正弦波电势信号,则称 $G(\omega)$ 为系统 M 的阻抗(impedance),用 Z 来表示;如果扰动信号 X 为正弦波电势信号,而响应信号 Y 为正弦波电流信号,则称 $G(\omega)$ 为系统 M 的导纳(admittance),用 Y 来表示。有时也把阻抗和导纳总称为阻纳(immittance)。

要保证响应信号 Y 是与扰动信号 X 同频率的正弦波,从而保证所测量的频响函数 $G(\omega)$ 有意义,必须满足以下 3 个基本条件。

(1) 因果性条件(causality)

系统输出的信号只是对于所给的扰动信号的响应。这个条件要求在测量对系统施加扰动信号的响应信号时,必须排除任何其他噪声信号的干扰,确保对系统的扰动与系统对扰动的响

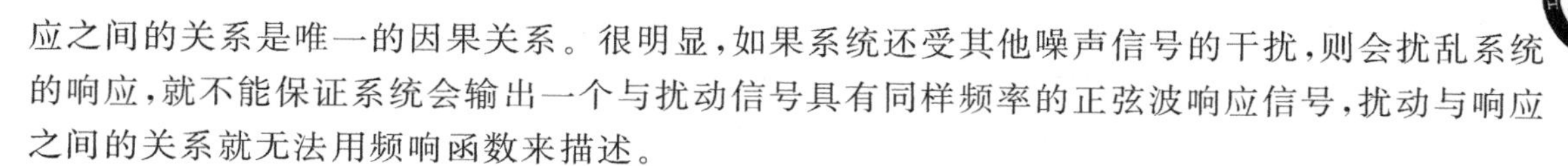

应之间的关系是唯一的因果关系。很明显，如果系统还受其他噪声信号的干扰，则会扰乱系统的响应，就不能保证系统会输出一个与扰动信号具有同样频率的正弦波响应信号，扰动与响应之间的关系就无法用频响函数来描述。

(2) 线性条件(linearity)

系统输出的响应信号与输入系统的扰动信号之间应存在线性函数关系。正是由于这个条件，在扰动信号与响应信号之间具有因果关系的情况下，两者是具有同一角频率的正弦波信号。如果在扰动信号与响应信号之间虽然满足因果性条件但不满足线性条件，则响应信号中就不仅具有频率为 ω 的正弦波交流信号，还包含其谐波。

(3) 稳定性条件(stability)

稳定性条件要求对系统的扰动不会引起系统内部结构发生变化，因而当对于系统的扰动停止后，系统能够回复到它原来的状态。一个不能满足稳定性条件的系统，在受激励信号的扰动后会改变系统的内部结构，因而系统的传输特征并不是反映系统固有的结构的特征，而且停止测量后也不再能回到它原来的状态。在这种情况下，就不能再由传输函数来描述系统的响应特性了。系统内部结构的不断改变，使得任何旨在了解系统结构的测量失去了意义。

阻纳是一个频响函数，是一个当扰动与响应都是电信号而且两者分别为电流信号和电压信号时的频响函数，故频响函数的 3 个基本条件，也就是阻纳的基本条件。

阻纳的概念最早应用于电学中，用于对线性电路网络频率响应特性的研究，后来引入电化学的研究中。如果被测的物理系统是电化学系统，那么所确定的频响函数就是电化学交流阻抗。

通常情况下，电化学系统的电势与电流之间是不符合线性关系的，而是由系统的动力学规律决定的非线性关系。当采用小幅度的正弦波电信号对系统进行扰动时，作为扰动信号和响应信号的电势与电流之间则可看做近似呈线性关系，从而满足了频响函数的线性条件要求。

在电化学交流阻抗的测量过程中，在保证适当的频率和幅度等条件下，总是使电极以小幅度的正弦波对称地围绕某一稳态直流极化电势进行极化，不会导致电极体系偏离原有的稳定状态，从而满足了频响函数的稳定性条件要求。

一个正弦交流电信号(如正弦交流电压)由一个旋转的矢量来表示，如图 6－1(a)所示。矢量 $\dot{\boldsymbol{E}}$ 的长度 E 是其幅值，旋转角度 ωt 是其相位。在任一时刻该旋转的矢量在某一特定轴(通常选择 90°轴)上的投影即为这一时刻的电压值，此电压值随时间按正弦规律变化，可用三角函数来表示

$$\widetilde{E}=E\sin(\omega t) \tag{6-2}$$

式中：ω 是角频率，常规频率为 $f=2\pi\omega$。这一正弦电压信号随时间的变化曲线如图 6－1(b)所示。

由于正弦交流电信号具有矢量的特性，所以可用矢量的表示方法来表示正弦交流信号。在一个复数平面中，用 1 表示单位长度的水平矢量，用虚数单位 $\mathrm{j}=\sqrt{-1}$ 表示单位长度的垂直矢量，而对于一个幅值为 E，从水平位置旋转了 ωt 角度的矢量 $\widetilde{E}$，在复数平面中可以表示为

$$\widetilde{E}=E\cos(\omega t)+\mathrm{j}E\sin(\omega t) \tag{6-3}$$

式中：$E\cos(\omega t)$是这个矢量在实轴(水平方向)上的投影；$E\sin(\omega t)$是这个矢量在虚轴(竖直方向)上的投影。

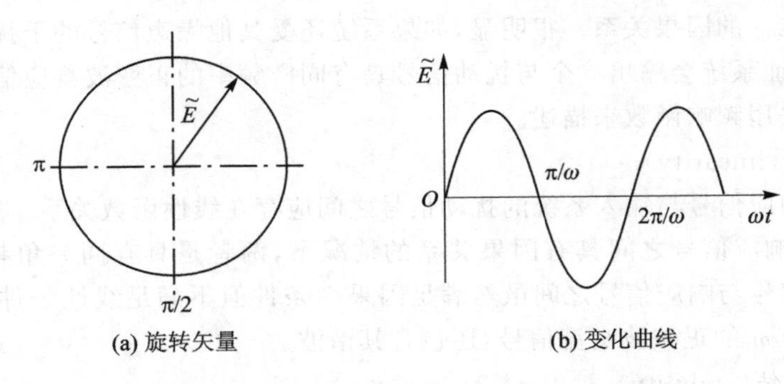

(a) 旋转矢量　　(b) 变化曲线

图 6-1　正弦交流电压 $\widetilde{E}=E\sin(\omega t)$ 的矢量图

根据欧拉(Euler)公式,以式(6-3)表示的矢量也可以写成复指数的形式

$$\widetilde{E}=E\exp(\mathrm{j}\omega t) \tag{6-4}$$

当在一个线性电路两端施加一个正弦交流电压 $\widetilde{E}=E\exp(\omega t)$ 时,流过该电路的电流为

$$\widetilde{i}=i\exp[\mathrm{j}(\omega t+\varphi)] \tag{6-5}$$

式中:φ 为电路中的电流 i 与电路两端的电压之间的相位差。如果 $\varphi>0$,则电流的相位超前于电压的相位;如果 $\varphi<0$,则电流的相位滞后于电压的相位。由 $\widetilde{i}$ 和 $\widetilde{E}$ 之间的关系,可以确定这个线性电路的阻抗为

$$Z=\frac{\widetilde{E}}{\widetilde{i}}=\frac{E}{i}\exp(-\mathrm{j}\varphi)=|Z|\exp(-\mathrm{j}\varphi) \tag{6-6}$$

所以,一个线性电路的阻抗也是一个矢量,这个矢量的模为

$$|Z|=\frac{E}{i} \tag{6-7}$$

而其相位角为 $-\varphi$,也称为阻抗角。

也可将式(6-6)按欧拉公式展开

$$Z=|Z|(\cos\varphi-\mathrm{j}\sin\varphi)=Z_{\mathrm{Re}}-\mathrm{i}Z_{\mathrm{Im}} \tag{6-8}$$

式中:Z_{Re} 称为阻抗的实部;Z_{Im} 称为阻抗的虚部。

$$Z_{\mathrm{Re}}=|Z|\cos\varphi \tag{6-9}$$

$$Z_{\mathrm{Im}}=|Z|\sin\varphi \tag{6-10}$$

很明显,这个线性电路的导纳为

$$Y=\frac{1}{Z}=|Y|(\cos\varphi+\mathrm{j}\sin\varphi)=Y_{\mathrm{Re}}+\mathrm{j}Y_{\mathrm{Im}} \tag{6-11}$$

导纳模为

$$|Y|=\frac{1}{Z}=\frac{1}{E} \tag{6-12}$$

同样,Y_{Re} 称为导纳的实部;Y_{Im} 称为导纳的虚部。

$$Y_{\mathrm{Re}}=|Y|\cos\varphi \tag{6-13}$$

$$Y_{\mathrm{Im}}=|Y|\sin\varphi \tag{6-14}$$

从由以上各式可以得到

$$|Z| = \sqrt{Z_{Re}^2 + Z_{Im}^2} \tag{6-15}$$

$$|Y| = \sqrt{Y_{Re}^2 + Y_{Im}^2} \tag{6-16}$$

由上述可知，在测量一个线性系统的阻抗和导纳时，可以测定其模和相位角，也可以测定其实部和虚部。

6.1.2 电化学阻抗谱

当一个电极系统的电位或流经电极系统的电流变化时，对应的流过电极系统的电流或电极系统的电位也发生相应的变化，这种情况正如一个电路受到电压或电流扰动信号作用时有相应的电流或电压响应一样。当用一个角频率为 ω 的、振幅足够小的正弦波电流信号对一个稳定的电极系统进行扰动时，相应地电极电位就作出角频率为 ω 的正弦波响应，从被测电极与参比电极之间输出一个角频率是 ω 的电压信号，此时电极系统的频响函数，就是电化学阻抗。在一系列不同角频率下测得的这样一组频响函数值就是电极系统的电化学阻抗谱(electrochemical impedance spectroscopy)。因此，电化学阻抗谱就是电极系统在符合阻纳的基本条件时电极系统的阻抗频谱。同样，我们也可以定义电化学导纳谱。但文献中一般不采用电化学导纳谱这一术语，而用电化学阻抗泛指电极系统的阻纳。

与线性电学系统不同，电极系统并不能自然地满足阻纳的基本条件，这与电极系统的特点有关。一个电极反应的动力学过程，一般由两类变量控制：一类是描述电极系统状态的变量，如电极电位、电极表面上吸附层或表面膜的覆盖率、电极表面上成膜相的厚度、紧靠电极表面的溶液层中与电极反应有关的物质的浓度等，它们叫做状态变量；另一类是控制参量，如反应速度常数、塔菲尔(Tafel)常数、扩散系数等。在阻抗的测试过程中，由于是在恒温下进行测量，控制参量一般可保持不变，而状态变量则会发生变化。电极系统能否满足阻纳的3个基本条件，与电极反应的动力学规律有关，也与控制电极过程的状态变量的变化规律有关。

如果一个电极系统处于稳态，用具有一定幅值的不同频率的正弦波电势信号 $\widetilde{E}$ 对电极过程进行扰动，而测量相应的电流的响应 $\widetilde{i}$，或用具有一定幅值的不同频率的正弦波极化电流信号对电极过程进行扰动，而测量相应的电极电势的响应，则只要扰动与响应之间满足因果性、线性和稳定性3个条件，就可以测得这个电极过程的阻纳谱。我们将电极过程的阻抗谱称为电化学阻抗谱。应该说，在电极过程的极化电流与电势之间一般情况下是不满足线性条件的，但是只要极化值足够小，例如小于10 mV，就可以近似地认为两者之间满足线性条件。

由不同频率下的电化学阻抗数据绘制的各种形式的曲线，都属于电化学阻抗谱。因此，电化学阻抗谱包括许多不同的种类。其中最常用的是阻抗复平面图和阻抗波特图。

阻抗复平面图是以阻抗的实部为横轴，以阻抗的虚部为纵轴绘制的曲线，也叫做奈奎斯特图(Nyquist plot)，或者叫做斯留特图(Sluyter plot)。

阻抗波特图(Bode plot)由两条曲线组成：一条曲线描述阻抗的模随频率的变化关系，即 $\lg|Z|-\lg f$ 曲线，称为Bode模图；另一条曲线描述阻抗的相位角随频率的变化关系，即 $\lg f$ 曲线，称为Bode相图。通常，Bode模图和Bode相图要同时给出，才能完整描述阻抗的特征。

由于采用小幅度正弦交流信号对系统进行微扰，当在平衡电势附近进行测量时，电极上交替出现阳极过程和阴极过程，即使测量信号长时间作用于电解池，也不会导致极化现象的积累性发展和电极表面状态的积累性变化。如果是在某一直流极化电势下测量，电极过程处于直流极化稳态下，同时叠加小幅度的微扰信号，该小幅度的正弦波微扰信号对称地围绕着稳态直流极化电势进行极化，因而不会对系统造成大的影响。因此，交流阻抗法也称为“准稳态方法”。

由于采用了小幅度正弦交流电信号作为扰动信号，有关正弦交流电的现成的关系式、测量方法、数据处理方法可以借鉴到电化学系统的研究中。例如，交流平稳态和线性化处理的引入，使得理论关系式的数学分析得到简化；复数平面图分析方法的应用，使得测量结果的数学处理变得简单。

同时，电化学阻抗谱方法又是一种频率域的测量方法，它以测量得到的频率范围很宽的阻抗谱来研究电极系统，因而能比其他常规的电化学方法得到更多的动力学信息及电极界面结构的信息。例如，可以从阻抗谱中含有的时间常数个数及其数值大小推测影响电极过程的状态变量的情况；可以从阻抗谱观察电极过程中有无传质过程的影响等。即使对于简单的电极系统，也可以从测得的单一时间常数的阻抗谱中，在不同的频率范围得到有关从参比电极到工作电极之间的溶液电阻 R_s、双电层电容 C_d 以及电荷传递电阻的信息。

在小幅度暂态激励信号的作用下，通常扩散过程的等效电路只能用半无限均匀分布参数的传输线来表示。但是当激励信号为小幅度正弦交流电信号时，扩散过程的等效电路可以简化为集中参数的等效电路，因此只有在交流阻抗法中才能用等效电路的方法来研究浓差极化。

6.1.3 等效组件与等效电路

在满足阻纳 3 个基本条件的情况下，可以测出一个电极系统的电化学阻抗谱。如果能够另外用一些“电学组件”以及“电化学组件”来构成一个电路，使得这个电路的阻纳频谱与测得的电极系统的电化学阻抗谱相同，则称这一电路为该电极系统或电极过程的等效电路，并称用来构成等效电路的“组件”为等效组件。

1. 等效电阻 R

在电化学中的等效电阻如为正值，则与电学组件的“纯电阻”相同。但在电化学中有时可以遇到负值的等效电阻。与电学组件电阻一样，也用 R 来表示等效电阻，同时用其表示等效电阻的参数值。由于在电化学阻抗谱中都是按单位电极面积(cm^2)来计算等效组件的参数值的，所以作为等效组件，R 的单位为 $Ohm \cdot cm^2$，现规定用希腊字母 Ω 作为 Ohm 的符号。

等效电阻的阻抗与导纳分别为

$$Z_R = R = Z'_R \tag{6-17}$$

$$Y_R = 1/Z_R = 1/R = Y'_R \tag{6-18}$$

故等效电阻的阻纳都只有实部，没有虚部，且阻纳的数值与频率无关。在阻抗复平面或导纳复平面上，它只能用实轴(横坐标轴)上的一个点来表示。在以 $\lg|Z|$ 对 $\lg f$ 作的波特图上，它用一条与横坐标平行的直线表示。由于它的阻纳的虚部总是为零，故当等效电阻为正值时，它的相位角 φ 为零；当等效电阻为负值时，它的相位角 $\varphi=\pi$，相位角都与频率无关。

在金属从活化状态转入钝化状态时，阳极曲线上有一个区间，在这个区间阳极电流不是随电位升高而增大，而是随电位的升高而降低。在这一区间测得的电化学阻抗谱的等效电路中，就包含有负值的等效电阻。

2. 等效电容 C

在电化学中的等效电容与电学中的“纯电容”相同，通常用 C 作为等效电容的标志，同时

用 C 代表等效电容的参数值，即电容值，单位为 F/cm^2。可以证明，在满足电极过程定态稳定性的条件下，测得的电化学阻抗谱的等效电路中如包含等效电容，其电容 C 都应为正值。这一等效组件的阻抗和导纳分别为

$$Z_C = -\mathrm{j}\frac{1}{\omega C},\quad Z'_C=0,\quad Z''_C=-\frac{1}{\omega C} \tag{6-19}$$

$$Y_C = \mathrm{j}\omega C,\quad Y'_C=0,\quad Y''_C=\omega C \tag{6-20}$$

它们只有虚部而没有实部。在阻抗复平面图上和导纳复平面图上，它以第 1 象限中与纵轴（$-Z$ 轴或 Y 轴）重合的一条直线表示。它的阻抗和导纳的模值分别为

$$|Z_C|=\frac{1}{\omega C},\quad |Y_C|=\omega C \tag{6-21}$$

故在波特图上，如以 $\lg|Z_C|$ 对 $\lg f$ 作圆，得到的是一条斜率为 -1 的直线；如以 $\lg|Y_C|$ 对 $\lg f$ 作图，得到的是斜率为 1 的直线。由于阻纳的实部为零，故等效电容的相位角 $\varphi=\pi/2$ 与频率无关。

3. 等效电感 L

电化学中的等效电感与电学中的“纯电感”相同，用 L 作为等效电感的标志，用 L 代表等效电感的参数值，即电感值，L 单位为 $H \cdot cm^2$。我们也将证明，如电化学阻抗谱的等效电路中包含等效电感，若电感值为负值，则表明电化学阻抗谱的测量中没有满足电极过程的定态稳定性条件。这就是说，当满足阻纳的基本条件时，如果电化学阻抗谱的等效电路中包含等效电感 L，则电感值 L 应总为正值。

等效电感的阻抗和导纳与“纯电感”一样，分别为

$$Z_L = \mathrm{j}\omega L,\quad Z'_L=0,\quad Z''_L=\omega L \tag{6-22}$$

$$Y_L = \mathrm{j}\frac{1}{\omega L},\quad Y'_L=0,\quad Y''_L=-\frac{1}{\omega L} \tag{6-23}$$

等效电感在阻抗复平面图（以 $-Z''_L$ 为纵轴）和导纳复平面图（以 Y''_L 为纵轴）上是在第 4 象限与纵轴重合的一条直线，等效电感的阻抗和异纳的模值分别为

$$|Z_L|=\omega L \tag{6-24}$$

$$|Y_L|=\frac{1}{\omega L} \tag{6-25}$$

在波持图上，如以 $\lg|Z_L|$ 对 $\lg f$ 作图，是一条斜率为 1 的直线；如以 $\lg|Y_L|$ 对 $\lg f$ 作图，是一条斜率为 -1 的直线。由于 Z'_L 与 Y'_L 为零。而 $-Z''_L$ 和 Y''_L 为负值，故等效电感的相位角 $\varphi=-\pi/2$，与频率无关。

4. 常相位角组件（CPE）Q

电极与溶液之间界面的双电层，一般等效于一个电容器，称为双电层电容。但实验中发现，固体电极的双电层电容的频响特性与“纯电容”并不一致，而有或大或小的偏离，这种现象一般称为“弥散效应”。在测量固体介电质的介电常数时，也有类似现象。这种“弥散效应”产生的原因，目前还没有完全搞清楚。由此而形成的一个等效组件，用 Q 表示，其阻抗为

$$Z_Q=\frac{1}{Y_0}\cdot(\mathrm{j}\omega)^{-n},\quad Z'_Q=\frac{\omega^{-n}}{Y_0}\cos\left(\frac{n\pi}{2}\right),\quad Z''_Q=\frac{\omega^{-n}}{Y_0}\sin\left(\frac{n\pi}{2}\right),\quad 0<n<1 \tag{6-26}$$

其导纳为

$$Y_Q = Y_0 \cdot (\mathrm{j}\omega)^n,\quad Y'_Q = Y_0 \cdot \omega^n \cos\left(\frac{n\pi}{2}\right),\quad Y''_Q = Y_0 \cdot \omega^n \sin\left(\frac{n\pi}{2}\right),\quad 0 < n < 1 \tag{6-27}$$

因此,等效组件Q有两个参数:一个参数是Y_0,其单位是$\Omega^{-1} \cdot \mathrm{cm}^{-2} \cdot \mathrm{s}^{-n}$或$\mathrm{S} \cdot \mathrm{cm}^{-2} \cdot \mathrm{s}^{-n}$,由于$Q$是用来描述电容$C$的参数发生偏离时的物理量,故与$C$一样,$Y_0$总取正值;另一个参数是$n$,无量纲的指数,s指拉普拉斯频率。在式(6-26)与式(6-27)中应用了Euler公式:

$$j^{\pm n} = \exp\left(\pm \mathrm{j}\frac{n\pi}{2}\right) = \cos\left(\frac{n\pi}{2}\right) \pm \mathrm{j}\sin\left(\frac{n\pi}{2}\right) \tag{6-28}$$

由$-Z''_0/Z'_0$或Y''_0/Y'_0得到这一组件相位角的正切为

$$\tan\varphi = \tan\left(\frac{n\pi}{2}\right),\quad \varphi = \frac{n\pi}{2} \tag{6-29}$$

可以看出,相位角与频率无关,于是这一等效组件获得了常相位角组件(constant phase angle element)的称号。这一等效组件的阻抗与导纳的模值分别为

$$|Z_Q| = \frac{\omega^{-n}}{Y_0} \tag{6-30}$$

$$|Y_Q| = Y_0\omega^n \tag{6-31}$$

因此在波持图上,以$\lg|Z|$对$\lg f$作图时,得到的是斜率为$-n$的直线,以$\lg|Y_Q|$对$\lg f$作图,得到的是斜率为n的直线。应该注意,我们将参数的取值范围定为$0<n<1$,从式(6-26)与式(6-27)可见,当$n=0$时,Q还原为R;当$n=1$时,Q变为C;当$n=1$时,Q实为L。我们定的n的取值范围,排除了这些特例。

简单等效组件通过串联、并联可以构成复合的等效组件,即等效电路。等效电阻、等效容、等效电感与单位面积的纯电阻、纯电容、纯电感相同。以几个最简单的复合组件为例来说明,凡是以等效电阻R与C或L串联组成的复合组件,其频率响应在阻抗平面上也都表现为一条与虚轴平行的直线,而在导纳平面上都表现为一个半圆弧;凡是以等效电阻R与C或L并联组成的复合组件,其频率响应在导纳平面上表现为一条与虚轴平行的直线,而在阻抗平面上表现为一个半圆。但由于等效电阻R可取负值,故当等效电阻为负值时,它与C并联组成的复合等效组件的频率响应在阻抗平面上虽仍然表现为一个半圆,但该半圆出现在阻抗平面的第2象限中,其频率响应在导纳平面上虽仍表现为一条与虚轴平行的直线,但该直线也在导纳平面的第2象限中。对于等效电阻R与C或L串联组成的复合等效组件的频率响应,也能观察到类似的结果。

为了绘制等效电路,电学中有专门表示组件的图示方法,如表6-1所列。等效电路可以用电路描述码(Circuit Description Code, CDC)来表示。电路描述码规定:在偶数组数的括号(包括没有括号的情况)内,各个组件或复合组件互相串联;在奇数组数的括号内,各个组件或复合组件互相并联。如图6-2所示电路及其电路描述码。

表 6－1　电学中组件的图示表示方法

组件名称	参　数	图示方法
电阻	R	
电容	C	
电感	L	

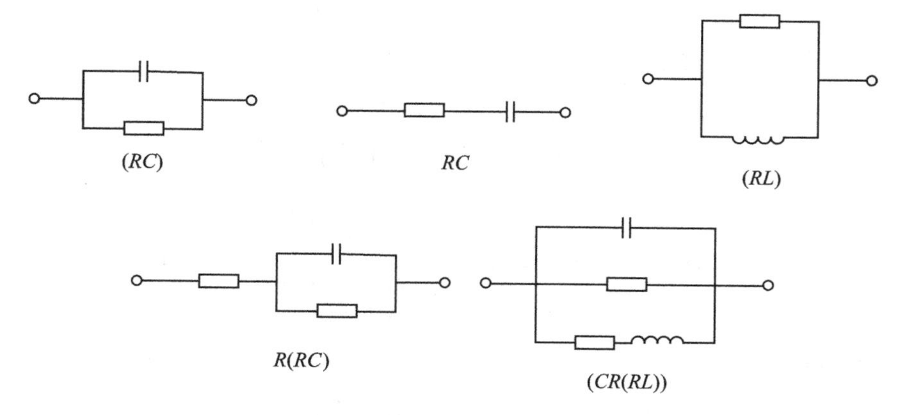

图 6－2　几种电路及其电路描述码

上面在介绍等效组件时，简单介绍了常相位角组件 Q 的频谱特征，这里再介绍一下由等效组件 Q 与等效电阻 R 串联组成的复合等效组件 RQ 以及由 Q 与 R 并联组成的复合等效组件 (RQ)。

（1）由等效常相位角组件 Q 与等效电阻 R 串联组成的复合组件

用符号 RQ 来表示这一复合组件，它的阻抗为

$$Z=R+\left(\frac{1}{Y_0\omega^n}\right)\cos\left(\frac{n\pi}{2}\right)-\mathrm{j}\left(\frac{1}{Y_0\omega^n}\right)\sin\left(\frac{n\pi}{2}\right) \tag{6-32}$$

式(6－32)在阻抗平面上的轨迹为斜率等于 $\tan(n\pi/2)$ 而与实轴相交于 R 的一条直线，如图 6－3 所示，当 R 取正值时，这条直线位于第 1 象限。当 R 取负值时，该直线若在 $|R|<\left(\frac{\omega^{-n}}{Y_0}\right)\cdot\cos\left(\frac{n\pi}{2}\right)$ 时，则位于第 1 象限；若在 $|R|>\left(\frac{\omega^{-n}}{Y_0}\right)\cdot\cos\left(\frac{n\pi}{2}\right)$ 时，则位于第 2 象限；若在 $|R|=\left(\frac{\omega^{-n}}{Y_0}\right)\cdot\cos\left(\frac{n\pi}{2}\right)$ 时，则交于纵轴。

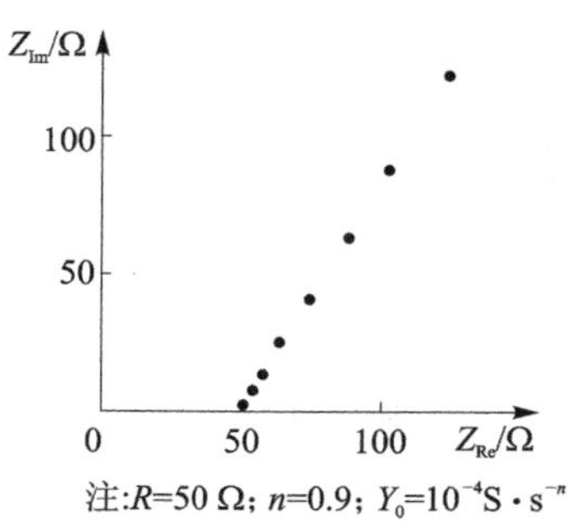

图 6－3　RQ 复合组件频率响应谱的阻抗平面图

复合组件 RQ 的导纳为

$$Y=\frac{1}{R+\frac{\omega^{-n}}{Y_0}\cos\left(\frac{n\pi}{2}\right)+\mathrm{j}\,\frac{\omega^{-n}}{Y_0}\sin\left(\frac{n\pi}{2}\right)} \tag{6-33}$$

故其实部与虚部分别为

$$Y'=\frac{R+\frac{\omega^{-n}}{Y_0}\cos\left(\frac{n\pi}{2}\right)}{R^2+2R\frac{\omega^{-n}}{Y_0}\cos\left(\frac{n\pi}{2}\right)+\left(\frac{\omega^{-n}}{Y_0}\right)^2} \tag{6-34}$$

$$Y''=\frac{\frac{\omega^{-n}}{Y_0}\cos\left(\frac{n\pi}{2}\right)}{R^2+2R\frac{\omega^{-n}}{Y_0}\cos\left(\frac{n\pi}{2}\right)+\left(\frac{\omega^{-n}}{Y_0}\right)^2} \tag{6-35}$$

由式(6-34)及式(6-35)可得

$$Y^2+Y''^2=\frac{1}{R^2+2R\frac{\omega^{-n}}{Y_0}\cos\left(\frac{n\pi}{2}\right)+\left(\frac{\omega^{-n}}{Y_0}\right)^2} \tag{6-36}$$

$$Y'=R(Y^2+Y''^2)+\frac{\frac{\omega^{-n}}{Y_0}\cos\left(\frac{n\pi}{2}\right)}{R^2+2R\frac{\omega^{-n}}{Y_0}\cos\left(\frac{n\pi}{2}\right)+\left(\frac{\omega^{-n}}{Y_0}\right)^2} \tag{6-37}$$

从式(6-36)可得

$$Y''\cos\left(\frac{n\pi}{2}\right)\frac{\frac{\omega^{-n}}{Y_0}\cos\left(\frac{n\pi}{2}\right)}{R^2+2R\frac{\omega^{-n}}{Y_0}\cos\left(\frac{n\pi}{2}\right)+\left(\frac{\omega^{-n}}{Y_0}\right)^2} \tag{6-38}$$

将式(6-38)代入式(6-37),经整理后可得

$$Y'^2-\frac{Y'}{R}+Y^2+\left(\frac{Y'}{R}\right)\cos\left(\frac{n\pi}{2}\right)=0 \tag{6-39}$$

在式(6-39)两侧都加上$\left(\frac{1}{2R}\right)^2+\left[\frac{\cos(n\pi)}{2}\Big/2R\right]^2$,可得

$$\left(Y'^2-\frac{1}{2R}\right)^2+\left[Y''+\frac{\cot\left(\frac{n\pi}{2}\right)}{2R}\right]^2=\frac{1+\cot^2\left(\frac{n\pi}{2}\right)}{(2R)^2} \tag{6-39a}$$

根据公式

$$1+\cot^2\left(\frac{n\pi}{2}\right)=\frac{1}{\sin^2\left(\frac{n\pi}{2}\right)}$$

式(6-39a)即可写为

$$\left(Y'-\frac{1}{2R}\right)^2+\left[Y''+\frac{\cot\left(\frac{n\pi}{2}\right)}{2R}\right]^2=\left[\frac{1}{2R\sin\left(\frac{n\pi}{2}\right)}\right]^2 \tag{6-40}$$

式(6-40)是圆心为$\left(\frac{1}{2R},-\frac{\cot\left(\frac{n\pi}{2}\right)}{2R}\right)$,半径为$\frac{1}{2|R|\sin\left(\frac{n\pi}{2}\right)}$的圆的方程。由式(6-35)及式(6-36)可见,Y''总是大于0,而Y'在R取正值时大于0,此时在导纳平面图上的轨迹是第1

象限的一段小于半圆的圆弧，圆心在第 4 象限，见图 6－4。但在 R 取负值时，则 Y' 在 $|R| > \left(\frac{\omega^n}{Y_0}\right)\cdot\cos\left(\frac{n\pi}{2}\right)$ 时为负值，在 $|R| \leqslant \left(\frac{\omega^n}{Y_0}\right)\cdot\cos\left(\frac{n\pi}{2}\right)$ 时为正值，故其在导纳平面图上的轨迹是第 1 及第 2 象限中的一段圆弧。由于 R 为负值，这段圆弧的圆心在第 2 象限，圆弧是一个大于半圆的圆弧。

对于 RQ 复合等效组件在导纳平面上的频响曲线，除了上面提到的圆弧之外，也还可能观察到近似的直线。从式(6－34)～式(6－36)可知，若存在一个频率范围，在该频率范围内有 $\left(\frac{\omega^n}{Y_0}\right)\cdot\cos\left(\frac{n\pi}{2}\right) \gg |R|$，那么在该频率范围内，复合组件 RQ 在导纳平面上的频响曲线就如一条直线，这条直线的延长线通过圆心。从式(6－34)～式(6－36)还可看出，在低频范围内，$\left(\frac{\omega^n}{Y_0}\right)\cdot\cos\left(\frac{n\pi}{2}\right) \gg |R|$ 这一条件比较容易得到满足，而在高频范围内，$\left(\frac{\omega^n}{Y_0}\right)\cdot\cos\left(\frac{n\pi}{2}\right)$ 在数值上就比较小，较难满足 $\left(\frac{\omega^n}{Y_0}\right)\cdot\cos\left(\frac{n\pi}{2}\right) \gg |R|$ 的条件，故还能在导纳平面上观察到 RQ 复合组件出现这样的频响曲线：在高频端是一段圆弧，在低频端是一段直线。

RQ 复合等效组件的频响曲线还有一个特例：当 $n=0.5$ 时，这一复合组件的阻抗为

$$Z = R + \frac{1}{Y_0\sqrt{2\omega}} - \mathrm{j}\,\frac{1}{Y_0\sqrt{2\omega}} \tag{6-41}$$

因此，RQ 复合组件的频响曲线在阻抗平面图上是一条斜率为 1 而与实轴相交于 R 的直线。

(2) 由等效常相位角组件 Q 与等效电阻 R 并联组成的复合组件

由符号 RQ 来表示这一复合组件，它的导纳为

$$Y = \frac{1}{R} + Y_0\omega^n\cos\left(\frac{n\pi}{2}\right) + \mathrm{j}Y_0\omega^n\sin\left(\frac{n\pi}{2}\right) \tag{6-42}$$

因此该复合组件在导纳平面图上的频响曲线是斜率为 $\tan\left(\frac{n\pi}{2}\right)$ 而与实轴相交于 $1/R$ 的一条直线，如图 6－5 所示。当 $R>0$ 时，该直线在第 1 象限；当 $R<0$ 时，该直线在第 1 及第 2 象限且与虚轴相交于 $Y_0\omega^n\sin\left(\frac{n\pi}{2}\right)$。

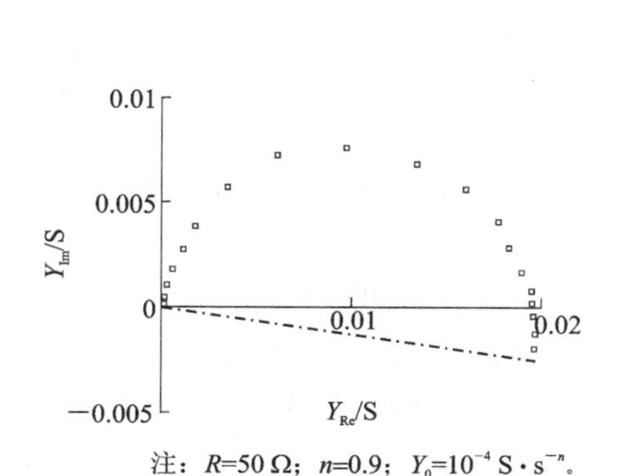

注：R=50 Ω；n=0.9；$Y_0=10^{-4}$ S·s^{-n}。

图 6－4　RQ 复合组件频率响应谱的导纳平面图

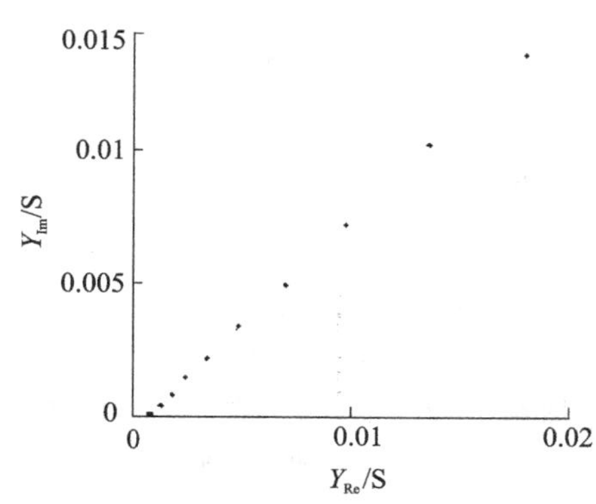

注：R=50 Ω；n=0.9；$Y_0=10^{-4}$ S·s^{-n}。

图 6－5　RQ 复合组件在 $R>0$ 时的频率响应谱的导纳平面图

这一复合组件的阻抗为

$$Z=\frac{\dfrac{1}{R}+Y_0\omega^n\cos\left(\dfrac{n\pi}{2}\right)+\mathrm{j}Y_0\omega^n\sin\left(\dfrac{n\pi}{2}\right)}{\left(\dfrac{1}{R}\right)^2+\left(\dfrac{2}{R}\right)Y_0\omega^n\cos\left(\dfrac{n\pi}{2}\right)+(Y_0\omega^n)^2} \tag{6-43}$$

$$Z'=\frac{\dfrac{1}{R}+Y_0\omega^n\cos\left(\dfrac{n\pi}{2}\right)}{\left(\dfrac{1}{R}\right)^2+\left(\dfrac{2}{R}\right)Y_0\omega^n\cos\left(\dfrac{n\pi}{2}\right)+(Y_0\omega^n)^2} \tag{6-44}$$

$$Z''=\frac{Y_0\omega^n\sin\left(\dfrac{n\pi}{2}\right)}{\left(\dfrac{1}{R}\right)^2+\left(\dfrac{2}{R}\right)Y_0\omega^n\cos\left(\dfrac{n\pi}{2}\right)+(Y_0\omega^n)^2} \tag{6-45}$$

利用上面同样的方法可以得到一个圆的方程：

$$\left(Z'-\frac{R}{2}\right)^2+\left[Z''-\frac{R\cot\left(\dfrac{n\pi}{2}\right)}{2}\right]^2=\left[\frac{R}{2\sin\left(\dfrac{n\pi}{2}\right)}\right]^2 \tag{6-46}$$

这个圆的圆心为$\left[\dfrac{R}{2},\dfrac{R\cot\left(\dfrac{n\pi}{2}\right)}{2}\right]$，半径为$\left|\dfrac{R}{2}\right|\Big/\sin\left(\dfrac{n\pi}{2}\right)$。由式(6－44)及式(6－45)可知，$Z''$总是为负值，故当$R$为正值时，频响曲线是阻抗复平面图第1象限中的一段圆弧，由于阻抗平面图的纵坐标是$-Z''$，故这段圆弧的圆心在第4象限，这段圆弧是第1象限中小于半圆的圆弧，如图6－6所示。当R为负值时，则Z'在$\left|\dfrac{1}{R}\right|\leqslant Y_0\omega^n\cos\left(\dfrac{n\pi}{2}\right)$时为正值，在$\left|\dfrac{1}{R}\right|>Y_0\omega^n\cos\left(\dfrac{n\pi}{2}\right)$时为负值，故其在阻抗平面图上的轨迹是第1及第2象限中的一段圆弧，由于R为负值，圆弧的圆心在第4象限，这段圆弧是一个大于半圆的圆弧(见图6－7)。

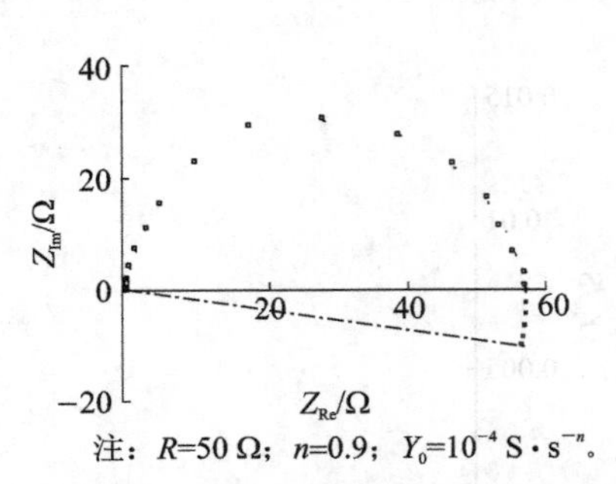

注：$R=50\ \Omega$；$n=0.9$；$Y_0=10^{-4}\ \mathrm{S\cdot s^{-n}}$。

图6－6　RQ复合组件在$R>0$时的频率响应谱的阻抗复平面图

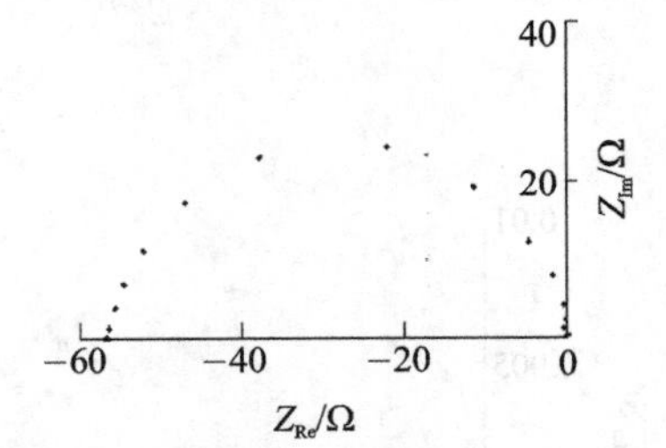

注：$R=50\ \Omega$；$n=0.9$；$Y_0=10^{-4}\ \mathrm{S\cdot s^{-n}}$。

图6－7　RQ复合组件在$R<0$时的频率响应谱的阻抗复平面图

对于RQ复合组件在阻抗平面上的频响曲线，除了上面提到的圆弧之外，也可能观察到近似的直线。从式(6－43)～式(6－45)可知，只要$1/|R|$足够小，使得在测量的频率范围内总有

$Y_0\omega^n\cos\left(\frac{n\pi}{2}\right)\gg\left|\frac{1}{R}\right|$，那么 RQ 复合等效组件在阻抗平面上的频响曲线就近似于一条直线。一般情况是，只要电阻 R 的绝对值比较大，那么在高频端就较易满足 $Y_0\omega^n\cos\left(\frac{n\pi}{2}\right)\gg\left|\frac{1}{R}\right|$，而在低频端，$\omega^n$ 是个小数值，在 Y_0 不很大的情况下，较难满足 $Y_0\omega^n\cos\left(\frac{n\pi}{2}\right)\gg\left|\frac{1}{R}\right|$，在这种情况下，RQ 组件在阻抗平面图上的频响曲线在高频端是一条斜率为 $\tan\left(\frac{n\pi}{2}\right)$ 的直线，在低频端却又是一条圆弧。当然，若 R 的绝对值不大，Y_0 又较小，那么频响曲线就如上面讨论过的，是一段阻抗平面图上的圆弧。

当 $n=0.5$ 时，这一复合组件的导纳为

$$Y=\frac{1}{R}+Y_0\sqrt{\frac{\omega}{2}}+\mathrm{j}Y_0\sqrt{\frac{\omega}{2}} \tag{6-47}$$

因此，RQ 复合组件在导纳平面上，式(6－47)是一条斜率为 1 而与实轴相交于 $1/R$ 的直线。这与 RZ_W 复合组件的频响曲线是一样的。但在电化学中电阻 R 直接与 Warburg 阻抗 Z_W 相并联的情况也是不多见的。

为了把测得的电解池的阻抗与电极真正的等效电路联系起来，需要对电解池的等效电路进行分析和简化。电解池是一个相当复杂的体系，其中进行着电量的转移、化学变化和组分浓度的变化等。这种体系显然不同于由简单的电学组件，如电阻、电容等组成的电路。但是，当用正弦交流电通过电解池进行测量时，往往可以根据实验条件的不同把电解池简化为不同的等效电路。

在交流电通过电解池的情况下，可以把双电层等效地看作电容器，把电极本身、溶液及电极反应阻力看成电阻。因此，可以把电解池分解为图 6－8 所示的交流阻抗电路。

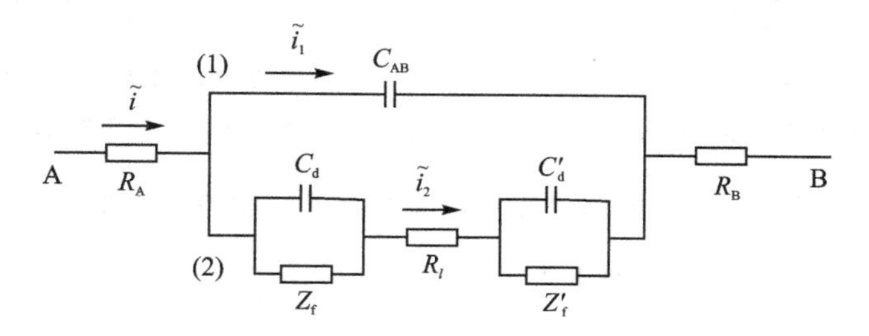

图 6－8　电解池的交流阻抗等效电路

图 6－8 中，A 和 B 分别表示电解池的研究电极和辅助电极两端，R_A 和 R_B 表示电极本身的电阻，C_{AB} 表示两电极之间的电容，R_l 表示溶液电阻，C_d 和 C'_d 分别表示研究电极和辅助电极的双电层电容。Z_f 和 Z'_f 分别表示研究电极和辅助电极的交流阻抗，通常称为电解阻抗或法拉第阻抗，其数值决定于电极动力学参数及测量信号的频率。双电层电容 C_d 与法拉第阻抗的并联值称为界面阻抗。

实际测量中，电极本身的内阻通常很小(滴汞电极的毛细管部分汞柱的内阻一般不超过几十欧姆)，或者可以设法减小，故 R_A 和 R_B 可忽略不计。又因两电极间的距离比起双电层厚度大得多(双电层厚度一般不超过 10^{-8} cm)，故电容 C_{AB} 比双电层电容小得多，且并联分路(2)

上的 R_1 不会太大，故并联分路(1)上的总容抗 $X_{AB}\left(=\frac{1}{\omega C_{AB}}\right)$ 比并联分路(2)上的总阻抗(由 C_d、Z_f、R_1 等组成)大得多，因而 $\tilde{i}_2 \gg \tilde{i}_1$，即可认为并联分路(1)不存在(相当于断路)，故 C_{AB} 也可略去。于是，图 6-8 简化为图 6-9。可见，在一般情况下，电解池的阻抗包括两个电极的界面阻抗和溶液的电阻 R_1。

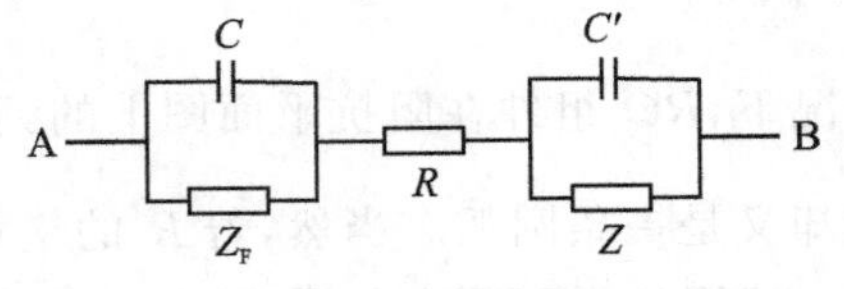

图 6-9　电解池交流阻抗简化等效电路

为了测量研究电极的双电层电容和法拉第阻抗，可创造条件使辅助电极的界面阻抗忽略不计。如果辅助电极上不发生电化学反应，即 Z'_f 非常大；又使辅助电极的面积远大于研究电极的面积(例如用大的铂黑电极)，则 C'_d 很大，其容抗 $X'_{C_d}\left(=\frac{1}{\omega C'_d}\right)$ 比并联电路上的 Z'_f 以及串联电路上的其他组件的阻抗小得多，如同被 C'_d 短路一样。因此，辅助电极的界面阻抗可忽略，于是图 6-9 被简化为图 6-10。这时所测得的电解池的 C_d 和 Z_F 实为研究电极的 C_d 和 Z_F，而 R_1 为电解池溶液的电阻。

如果用大的辅助电极与小的研究电极组成的电解池，且研究电极在正弦波极化电位范围内不发生电极反应，即接近理想极化电极(例如纯汞在除去了氧的 KCl 溶液中，在 +0.1～-1.6 V 电位范围内几乎无电化学反应发生，可作为理想极化电极)，同时选取较高的频率(500～1 000 Hz)，则可满足 $Z_f \gg \frac{1}{\omega C_d}$，这时 Z_f 可从并联电路中略去，电解池等效线路简化成为图 6-11。

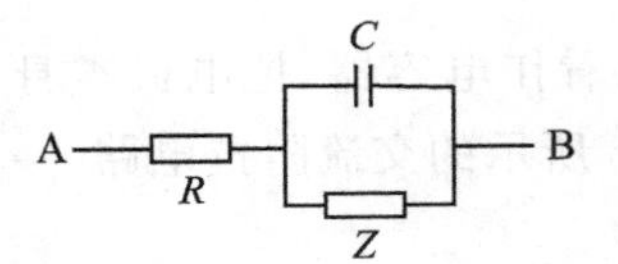

图 6-10　用大面积惰性电极为辅助电极时电解池的等效电路

C_d A B R_1

图 6-11　当研究电极为理想极化电极，辅助电极为大面积惰性电极时，电解池的交流等效电路

如果两个电极都采用大面积的惰性电极，如镀铂黑的铂电极，则由于两电极上的电容 C_d 都很大，这时不论电极上有无电化学反应，界面阻抗 $\left(\approx\frac{1}{\omega C_d}\right)$ 都很小，可忽略不计。因此，整个电解池近似地相当于一个纯电阻(R_1)。这就是测量溶液电导所应满足的条件。

如果采用三电极体系测定研究电极的交流阻抗，则图 6-10 为研究电极的等效电路，其中 R_1 为研究电极与参比电极间的溶液电阻。图 6-11 是研究电极为理想极化电极时的等效电路。应当指出，电极交流阻抗电路与由理想的电阻、电容所组成的等效电路并不完全相同。因为双电层电容 C_d 和法拉第阻抗 Z_F 都随着电极电位的改变而变化，所以电极交流阻抗等效电路中各组件的数值是随电极电位的改变而发生变化的。

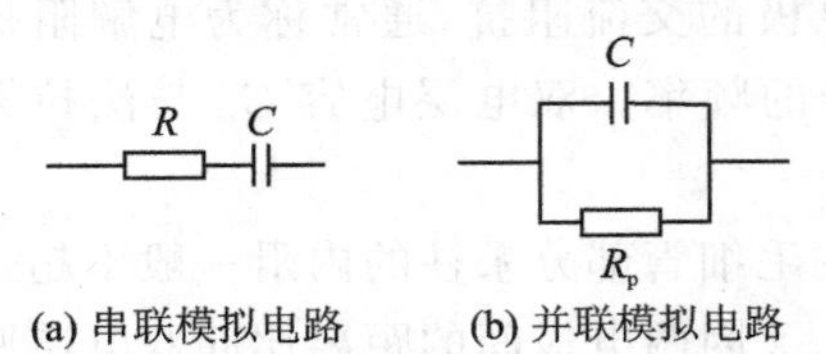

图 6-12　电极模拟电路

实际测量时，可用电阻和电容的并联电路(见图 6-12(a))，也可用并联电路(见图 6-12(b))来模拟研究电极阻抗。当溶液电阻可以被补偿时，用并联模拟电路比较简单，这时图 6－11 中的 R_l 被补偿，测得的 R_p 就等于 Z_F，C_p 就等于 C_d。如果溶液电阻不能被补偿，则用串联模拟电路更方便。因为根据测得的 R_s 和 C_s 比根据并联模拟电路更容易计算出 C_d、Z_F 和 R_l。

6.2　电化学极化控制下的交流阻抗法

6.2.1　电化学极化控制下的阻抗及等效电路

如果电极过程为电化学步骤控制，则通过交流电时不会出现反应粒子的浓度极化。例如，若反应粒子的浓度很大，而交流电流的振幅远小于极限扩散电流，则不会出现可察觉的浓度极化。而且随着交流电频率增高，反应粒子的暂态扩散速度增加，因此在足够高的频率下浓差极化的影响可忽略。在这种情况下，电极的法拉第阻抗只包括电阻项，即 $Z_f = R_r$，研究电极的等效电路如图 6－13 所示。当采用大面积辅助电极时，图 6－13 也就是无浓差极化下的电解池的等效电路，只不过 R_l 是电解池溶液电阻。对于没有浓差极化的等效电路（见图 6－13）来说，其总阻抗为

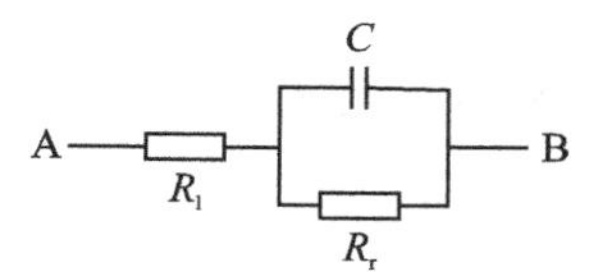

图 6－13　只有电化学极化的电极等效电路

$$Z = R_l + \frac{1}{\frac{1}{R_r} + j\omega C_d} = R_l + \frac{R_r}{1 + j\omega C_d R_r} = R_l + \frac{R_r(1 - j\omega C_d R_r)}{1 + \omega^2 C_d^2 R_r^2}$$

$$= R_l + \frac{R_r}{1 + \omega^2 C_d^2 R_r^2} - \frac{j\omega C_d R_r^2}{1 + \omega^2 C_d^2 R_r^2} \tag{6-48}$$

若电极阻抗 Z 以实数部分 R 和虚数部分 X 来表示，即 $Z = R + jX$，则

$$R = R_l + \frac{R_r}{1 + \omega^2 C_d^2 R_r^2} \tag{6-49}$$

$$X = -\frac{\omega C_d R_r^2}{1 + \omega^2 C_d^2 R_r^2} \tag{6-50}$$

R 和 X 不但与电极等效电路的各组件有关，而且与交流电频率有关。实验可测得各频率下的 R 和 X，然后可由不同的数据处理方法，如频谱法、极限简化法、复数平面图法、矢量作图法等求得电极参数 R_l、R_r 和 C_d。采用何种方法视具体情况而定，有时需要不同的方法配合使用。频谱法需要预先测知 R_l；矢量作图法需要预先测知 R_l 和 C_d（见 6.2.3 小节）；R_l 和 C_d 可用极限简化法在高频下测得；复数平面图法则可同时得到 R_l、R_r 和 C_d，得到广泛的应用。

6.2.2　频谱法测量体系参数

以串联等效电路图 6－12(a)来模拟研究电极，可测得不同频率下的 R_s 和 C_s。由等效电路图 6－12(a)可得其总阻抗 Z' 为

$$Z' = R_s + \frac{1}{j\omega C_s} = R_s - \frac{j}{\omega C_s} \tag{6-51}$$

因模拟电路图 6－12(a)与电极等效电路图 6－13 完全等效，故其总阻抗应相等，即

$Z=Z'$。因此，它们的实部和虚部应分别相等，比较式(6-48)和式(6-51)可得

$$R_s = R_l + \frac{R_r}{1+\omega^2 C_d^2 R_r^2} \tag{6-52}$$

$$\frac{1}{\omega C_s} = \frac{\omega C_d R_r^2}{1+\omega^2 C_d^2 R_r^2} \tag{6-53}$$

由式(6-52)可得

$$\frac{1}{R_s - R_l} = \frac{1+\omega^2 C_d^2 R_r^2}{R_r} = \frac{1}{R_r} + \omega^2 C_d^2 R_r \tag{6-54}$$

在高频下可测得 R_l，然后以 $\frac{1}{R_s - R_l}$ 对 ω^2 作图应得到一条直线如图 6-14 所示，直线的截距等于 $\frac{1}{R_r}$，则

$$R_r = \frac{1}{截距} \tag{6-55}$$

直线的斜率等于 $R_r C_d^2$，所以

$$C_d^2 = \frac{斜率}{R_r} = 斜率 \times 截距$$

$$C_d = \sqrt{斜率 \times 截距} \tag{6-56}$$

由式(6-53)可得

$$C_s = \frac{1+\omega^2 C_d^2 R_r^2}{\omega^2 C_d R_r^2} = C_d + \frac{1}{\omega^2 C_d R_r^2} \tag{6-57}$$

以 C_s 对 $1/\omega^2$ 作图应得到一直线如图 6-15 所示，直线的截距为 C_d，即：

$$C_d = 截距 \tag{6-58}$$

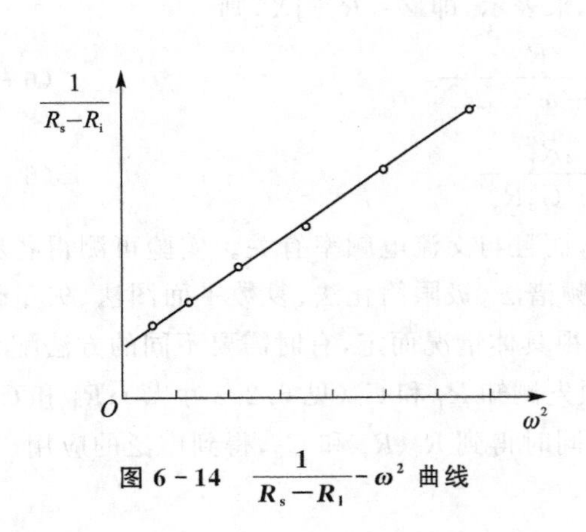

图 6-14　$\frac{1}{R_s-R_l}$-ω^2 曲线

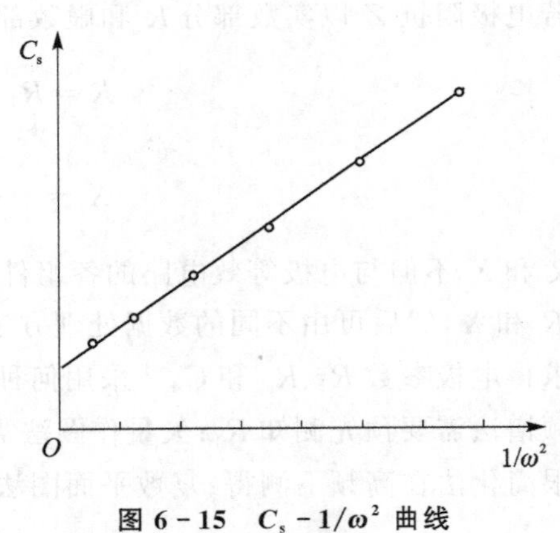

图 6-15　C_s-$1/\omega^2$ 曲线

直线的斜率为 $\frac{1}{C_d R_r^2}$，所以

$$R_r^2 = \frac{1}{C_d \cdot 斜率} = \frac{1}{截距 \times 斜率}$$

$$R_r = \frac{1}{\sqrt{截距 \times 斜率}} \tag{6-59}$$

6.2.3　极限简化法测量体系参数

根据频率对电极等效电路的影响(见图 6－16)可知,用极限简化法可求出电极参数 R_l、R_r 和 C_d。

① 当低频时,$\omega \to 0$,双电层容抗 $X_C\left(=\frac{1}{\omega C_d}\right)$ 变得很大,可看作断路。因此,研究电极(或具有大面积辅助电极的电解池)的等效电路简化为 R_l 和 R_r 的串联(见图 6－16 中的Ⅱ),由此可得

$$R_r = R_s - R_l \tag{6-60}$$

② 当高频时,譬如 $f > 1\,000$ Hz,双电层容抗 X_C 变得很小,电流几乎全部从电容通过,电化学反应来不及发生,即 R_r 上电流极微,相当于开路。因此,电极等效电路简化为 R_l 与 C_d 的串联(见图 6－16 中的Ⅲ)。这时测量的 R_s 和 C_s 分别为

$$R_l = R_s \tag{6-61}$$

$$C_d = C_s \tag{6-62}$$

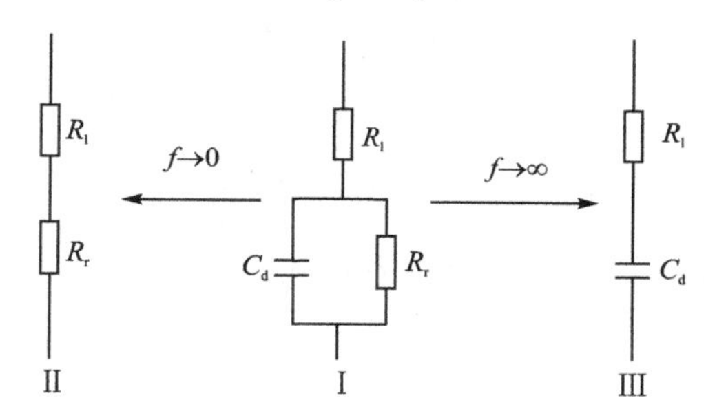

图 6－16　电极等效电路随频率的变化

由此不难看出,交流阻抗法中,电极或电解池等效电路除了与电解池设计(如大面积辅助电极)、研究电极的性质和电位范围等因素有关外,也可说明为什么在测量双电层电容和溶液电导时,要用较高的频率。

6.2.4　复数平面图法测量体系参数

复数平面图(Nyquist 图)法是利用阻抗的实数部分 R 和虚数部分 X,在复数平面 $X-R$ 上作图,所得图形称为阻抗的复平面图。利用该图可求得电极等效电路各组件的数值,进而求出动力学参数。还可根据图的形状和方程判断电极过程的可能机理。

由式(6－49)和式(6－50)二式消去频率,可得

$$\omega C_d R_r = \frac{-X}{R - R_l} \tag{6-63}$$

代入式(6－49)可得

$$(R - R_l)^2 - (R - R_l)R_r + X^2 = 0 \tag{6-64}$$

改写成二次曲线标准圆方程式,可得

$$\left(R - R_l - \frac{R_r}{2}\right)^2 + X^2 = \left(\frac{R_r}{2}\right)^2 \tag{6-65}$$

这是圆的曲线方程。圆的半经为 $R_r/2$，圆心在实轴 R 上，其坐标为 $(R_1+R_r/2,0)$，如图 6-17 所示。

实验测得各频率下的 R 和 X。例如，以图 6-12(a)所示的串联模拟电路可测得不同频率下的 R_s 和 C_s，从而得到各频率下电极阻抗的实数部分 $R=R_s$，虚数部分 $X=-\dfrac{1}{\omega C_s}$，然后以实部 R 为横轴，虚部 X 为纵轴作图，可得半圆 ABC（见图 6-17）。找出圆心 D 后，由 OA 可得 R_1，由 AC 可得 R_r。由半圆顶点 B 的频率 B 可求双电层电容 C_d，因为 B 点的横坐标 $R=R_1+R_r/2$。

由式(6-49)可知，只有当 $\omega C_d R_r=1$ 时才使 $R=R_1+R_r/2$。由此可得

$$C_d=\frac{1}{\omega_B R_r} \tag{6-66}$$

也可在 B 点附近选取一个 B' 点（见图 6-18），共相应于实险中实际选定的频率（而不是内插的），通过 B' 作垂线交实数轴于 D'。由式(6-49)可得

$$C_d=\frac{1}{\omega R_r}\sqrt{\frac{R_1+R_r R}{RR_1}} \tag{6-67}$$

则 C_d 可由 B' 点频率 $\omega_{B'}$ 求得：

$$C_d=\frac{1}{\omega_{B'} R_r}\sqrt{\frac{\overline{D'C}}{\overline{AD'}}} \tag{6-68}$$

式中：$\overline{D'C}$ 为 D' 到 C 的距离；$\overline{AD'}$ 为 A 到 D' 的距离。

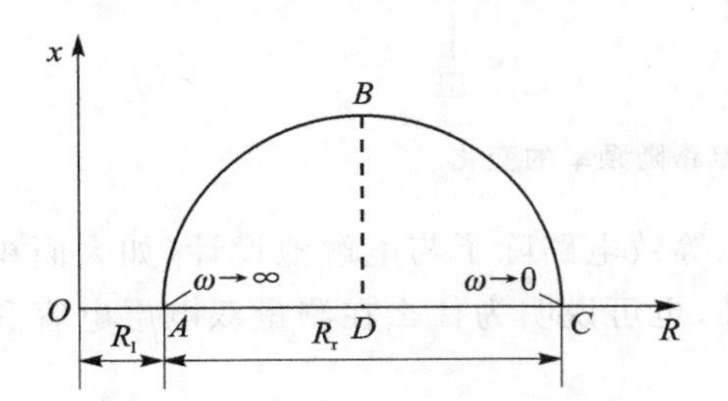

图 6-17　只有电化学极化的电极阻抗复数平面图

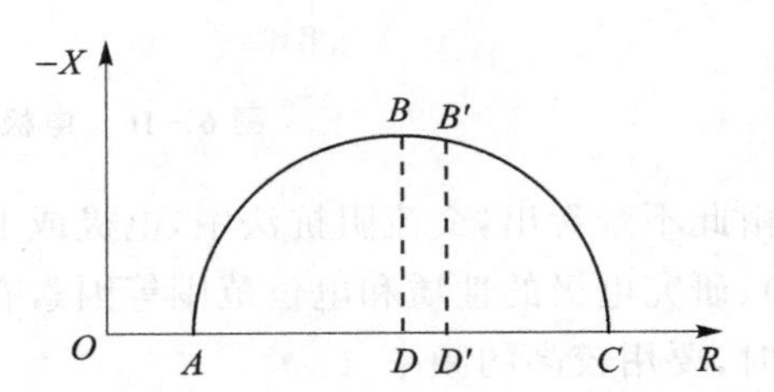

图 6-18　复数平面图

复数平面法的优点是不必先测得 R_1 再求 R_r，而可以在一次实验数据处理中，同时得到 R_1、C_d 和 R_r。为了比较准确地画出复数平面上的半圆，实验采用的交流电频率范围不应太小，而 B 点的角频率恰好是 $\omega_B=1/(R_r C_d)$，所以频率范围可根据 ω_B 而定。要求频率高端 $\omega_{高}>5\omega_B$；频率低端 $\omega_{低}<5\omega_{B/5}$ 低。

6.2.5　电化学阻抗谱的时间常数

当一个处于定态的过程受到扰动后，相应于定态的各状态变量偏离其定态值。如果这种偏离很小，不违反过程的稳定性条件，则在所受到的扰动取消后，各个状态变量将会恢复到原来的定态值。状态变量的这种在受到扰动后偏离定态值，而在扰动消失后恢复到原来的定态值的过程，称为弛豫过程(relaxation process)。一个状态变量从偏离定态恢复到原来的定态值的速度，是决定该定态过程速度的所有状态变量的函数。如果保持某一状态变量以外的所

有状态变量不变，而仅变更这一状态变量本身，则该状态变量的弛豫过程的快慢可用一个量纲为时间的特征量 $\tau(s)$ 来表征，它叫做该状态变量的弛豫过程的时间常数。时间常数的数值愈大，相应的弛豫过程就愈慢。所以，在电化学的暂态测量中，测定时间常数的个数和数值是很重要的，从中可以知道有几个弛豫过程，亦即有几个状态变量，它们变化速度的快慢，以及它们在电极过程中起的作用是相当于感抗的作用还是相当于容抗的作用，而这对于探讨电极反应的机理是很有用的。对于表面过程法拉第阻纳来说，至少有一个状态变量——电极电位 E，相应的就有一个弛豫过程以及一个时间常数，这个弛豫过程就是电极表面的双电层电容在因受到 ΔE 扰动而充电后，通过反应电阻或电荷转移电阻 R_t 放电以恢复到原来的定态的过程，即双电层电容的充放电过程。如除了电极电位 E 以外还有 n 个状态变量 $X_i(i=1,\cdots,n)$，则总共就有 $n+1$ 个弛豫过程，相应的就有 $n+1$ 个时间常数。在这 $n+1$ 个弛豫过程中，双电层电容的充放电过程是最快的弛豫过程，这个过程的时间常数的数值在恒电位测量的情况下与在恒电流测量的情况下不同，我们在这里暂不讨论。现在讨论非法拉第过程完成后的法拉第过程。

如果对于一个电极系统在线性响应范围内施加一个高度为 ΔE 的电位阶跃，相应的电流响应也包含两个部分：非法拉第电流和法拉第电流。非法拉第电流的响应就是双电层电容 C_{dl} 的充电过程。这个过程必须考虑参考电极至工作电极之间的溶液电阻 R_s，因为开始瞬间的电流强度为 $\Delta E/R_s$，如 $R_s=0$，理论上响应电流瞬间值将是无穷大的。接着是法拉第电流的响应。

在电化学阻抗谱的测量过程中，我们总可以得到阻抗波特图(Bode plot)以及阻抗复平面图(Nyquist plot)。如果各个时间常数的数值相差较大，可以在阻抗图谱上直接读出。值得注意的是，虽然在阻抗图谱上读出的时间常数的个数与法拉第导纳的时间常数的个数是相同的，但是在阻抗图谱上测得的时间常数的数值和含义，与前面讨论的法拉第导纳时说到的状态变量弛豫过程的时间常数是不同的。

1. 只有一个状态变量 E 的情况

由于双电层电容值很小，所以在高频下 EIS 阻抗复平面图上第一个容抗弧是复合组件(R_tC_{dl})的阻抗频响曲线。复合组件(R_tC_{dl})有一个特征频率 ω^*，它的倒数就是这个复合组件对控制电流的扰动响应的时间常数，也就是恒电流阶跃扰动时电压响应的时间常数。

这个时间常数可以从高频端的容抗弧上的极值点(在能斯特图上，容抗弧在第 4 象限，是极小值；在 EIS 的阻抗复平面图上，容抗弧在第 1 象限，是极大值)所对应的频率 ω^* 的倒数求得。

经推导可得

$$\omega^*=\frac{1}{RC}=\frac{1}{\tau} \tag{6-69}$$

由于双层电容的数值一般都很小，它与转移电阻 R_t 并联的等效组件(R_tC_{dl})的阻抗的时间常数 $\tau_0=R_tC_{dl}$ 的数值一般也很小，故在 EIS 的阻抗复平面图上高频端的第一个容抗弧上，最高点所对应的频率即为这一等效组件的特征频率，以 ω^* 表示。由这个容抗弧两端与实轴的交点之间的长度可测定 R_t，由 R_t 和 ω_0^* 可以求得 C_{dl} 的数值(在电极表面上有钝化膜时，这样求得的 C_{dl} 与钝化膜电容串联的电容值)。

2. 除 E 外还有其他状态变量 X 的情况

在频率 $\omega \ll \omega^*(=1/\tau_0)$时，等效组件$(R_tC_{dl})$的阻抗响应近似为等效电阻 R_t 的响应，求得的特征频率 ω_1^* 为

$$\omega_1^* = a + R_tB = \frac{1}{\tau_1}$$

其时间常数可推导得

$$\tau_1 = \frac{L}{R_t + R_0} \tag{6-70}$$

在除电极电位 E 外还有一个状态变量 X 的情况下，从高频到低频，第一个容抗弧可归之于状态变量 E，其阻抗谱的时间常数一般情况下为 $\tau_0 = R_tC_{dl}$。接着的感抗弧或第二个容抗弧可归之于状态变量 X，其阻抗谱的时间常数为 $\tau_1 = 1/(a+R_tB)$。这个结论可以推广：如除 E 外还有 n 个状态变量 $X_i(i=1,\cdots,n)$，若阻抗谱的各时间常数值之间相差比较大(一般要至少相差 5 倍以上)，则在 EIS 的阻抗复平面图上将有 $n+1$ 个容抗弧或感抗弧，其中高频端的第一个容抗弧由 E 通过R_tC_{dl} 电路的充放电弛豫过程引起，其时间常数值 $\tau_0 = R_tC_{dl}$。第 k 个容抗弧或感抗弧由控制电流扰动下 X_k 的弛豫过程引起，如除 E 以外的状态变量之间的交互作用可以忽略，其时间常数值为

$$\tau_k = \frac{1}{\omega_k^*} = \frac{1}{a_k + \dfrac{B_k}{G_{k-l}}} \tag{6-71}$$

根据上面的讨论，一般可以依据 EIS 的阻抗复平面图上容抗弧和感抗弧的总个数判断除电极电位 E 外还有几个状态变量，而且可粗略地测定相应的特征频率或阻抗谱时间常数的数值。

3. 由相位角 φ 对 $\lg f$ 曲线确定时间常数的个数

确定阻抗谱中包含的时间常数的个数，观察 EIS 的 Bode 图上相位角 φ 对于 $\lg f$ 的曲线也是一种方法$(f=\omega/2\pi)$。

在高频端是等效复合组件 R_tC_{dl} 的阻抗响应，它的相位角是：$\varphi = \arctan(\omega R_tC_{dl})$，$\varphi$ 随频率增大而增大，一直大到接近 $\pi/2$(理论上要在 $\omega \to \infty$ 时 φ 才为 $\pi/2$)。除了这个等效复合组件的相位角可以如此大外，EIS 中其他等效复合组件的相位角都不会如此大，所以在 $\varphi - \lg f$ 的曲线上很容易将它辨认出来。也有人将曲线上高频端的这一部分称为 $\varphi - \lg f$ 曲线上的“半峰”。但是，如果 EIS 测量的数据中溶液电阻 R_t 不能忽略，则在高频端是等效复合组件 $R_t(R_tC_{dl})$的阻抗响应，它的相位角为

$$\varphi = \arctan\left[\frac{\omega R_t^2C_{dl}}{R_t + R_t + R_t(\omega R_tC_{dl})}\right] \tag{6-72}$$

现在考虑由状态变量 X_k 引起的相位角 φ 的变化。在 $\omega \ll \omega_{k-l}^*$ 时，EIS 的阻抗频率响应可用下列导纳式来表示：

$$Y_{F(k)}^0 = G_{k-l} + \frac{B_k}{a_k + j\omega} \tag{6-73}$$

代入式(6-72)可得此时的相位角为

$$\varphi = \arctan\left(\frac{Y_{F(k)}^{0''}}{Y_{F(k)}^{0'}}\right) = \arctan\left[\frac{\omega B_k}{G_{k-l}(a_k^2+\omega^2)+a_kB_k}\right] \tag{6-74}$$

在$\frac{d\varphi}{d\omega}=0$时，$\varphi$ 作为 ω 的函数取得极值，经证明得到取得极值的频率为

$$\omega_k^0=\sqrt{a_k\left(a_k+\frac{B_k}{G_{k-l}}\right)}=\sqrt{a_k\omega_k^*}=\sqrt{\frac{a_k}{\tau_k}} \tag{6-75}$$

在波特图上，横坐标 $\lg f=\lg(\omega/2\pi)$，故推导可得：

$$\omega_k^0=\frac{1}{2}\lg a_k+\frac{1}{2}\lg \omega_k^* \tag{6-76}$$

若为容抗响应，$\varphi>0$ 时，φ 的极值表现为"峰"；若为感抗响应，$\varphi<0$，φ 的极值表现为"谷"。故一般来说，在 $\varphi-\lg f$ 曲线上除了高频端由 $R_s(R_tC_{dl})$ 电路所引起的峰或"半峰"以外，还出现几个"峰""谷"，阻抗谱就包含几个由状态变量 X_i 引起的时间常数。但是"峰""谷"所对应的频率并不等于特征频率，两者之间的关系由式(6-76)确定。在 $\varphi-\lg f$ 上观察时间常数的好处是：即使时间常数之间在数值上相差不多，也可以在这条曲线上将它们相互分开。一般说来，阻抗复平面图中出现几个半圆，阻抗谱就包含几个时间常数，我们在第 5 章中曾给出了一些电化学阻抗谱的阻抗复平面图，它们都很容易由谱图确定所包含的半圆的个数，即时间常数的个数。但由阻抗复平面图上半圆的个数确定时间常数的个数往往存在下列缺陷：有时阻抗复平面图上有的半圆可能很不完整，在相邻的两个半圆上有时也没有明确的界限；另外，有时在阻抗谱中存在一个特别大的半圆的情况下，可能将其他半圆掩盖掉。这些都会增加由阻抗复平面图确定阻抗谱时间常数数量的困难。图 6-19 所示为一个具有两个时间常数的阻抗谱，其中图(a)是阻抗谱的 Bode 图，图(b)是阻抗谱的阻抗复平面图。

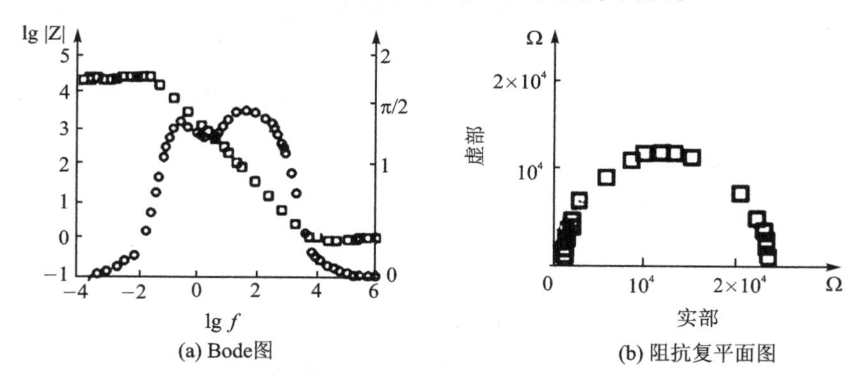

图 6-19　具有两个时间常数的阻抗谱图

阻抗谱的参数是 $R_s=1$，$R_t=1\,000$，$C_{dl}=10^{-4}$，$a=10.5$，$B=-0.01$。不难从图 6-19(a)中看出，这是一个具有两个时间常数的阻抗谱，但在该图(b)中只观察到一个半圆，实际上这是由两个不易分开的半圆重叠而成的。

6.3　浓差极化控制下的交流阻抗法

6.3.1　存在浓差极化时交流电极化引起的表面浓度波动

假定不考虑双电层的影响，即近似地认为通过电解池的全部电量都用来引起表面层中的

浓度变化。另外，假定电极表面液层中的传质过程完全是由扩散作用引起的，即不存在能引起电极电位变化的表面转化步骤。

对于电极反应 $O+ne \Longleftrightarrow R$，在正弦交流电 $\bar{i}=I^0\sin\omega t$ 通过电解池时，则不论电极反应的可逆性如何，总有边界条件：

$$I^0\sin\omega t = nFD_O\left(\frac{\partial C_O}{\partial x}\right)_{x=0} \tag{6-77}$$

式中：I^0 为交流电的振幅，C_O 和 D_O 分别为反应物的浓度和扩散系数。这一边界条件与另一边界条件 $C_O(\infty,t)=C_O^0$ 及初始条件 $C_O(x,0)=C_O^0$ 联用，则可得扩散方程 $\frac{\partial C_O}{\partial t}=D_O\left(\frac{\partial^2 C_O}{\partial x2}\right)$ 的解为

$$\Delta C_{O\sim}=C_{O\sim}\quad C_O^0=\frac{I^0}{nF\sqrt{\omega D_O}}\exp\left(-\frac{X}{\sqrt{2D_O/\omega}}\right)\sin\left[\omega t-\left(\frac{x}{\sqrt{2D_O/\omega}}+\frac{\pi}{4}\right)\right] \tag{6-78}$$

此式表示在表面流层中存在着与交变电流频率相同的氧化态粒子浓度波动（$\Delta C_{O\sim}$），其振幅 ΔC_O^0 为

$$\Delta C_O^0=\frac{I^0}{nF\sqrt{\omega D_O}}\exp\left(-\frac{X}{\sqrt{2D_O/\omega}}\right) \tag{6-79}$$

当 X 增大时，ΔC_O^0 很快衰减；若信号频率增加，则波动振幅按 $\frac{1}{\sqrt{\omega}}$ 减小。从式(6-78)可知，$\left(\frac{X}{\sqrt{2D_O/\omega}}+\frac{\pi}{4}\right)$ 一项表示液层中浓度波动落后于交流电流的相位角。距电极表面愈远，浓度波动的相位落后愈大。

我们最感兴趣的是电极表面（$X=0$ 处）的浓度波动（$\Delta C_{O\sim}^S$）。为此可在式(6-78)中用 $X=0$ 代入，得：

$$\Delta C_{O\sim}^S=\frac{I^0}{nF\sqrt{\omega D_O}}\sin\left(\omega t-\frac{\pi}{4}\right) \tag{6-80}$$

此式说明，电极表面的反应粒子浓度波动的相位角正好比交流电流落后 45°。

以上讨论了一种粒子 O 的浓度波动。可以证明，如果 O、R 二态都可溶，则表面层中分别存在两种粒子的浓度波动。其中，氧化态粒子的浓度波动如式(6-78)、(6-80)；而还原态粒子的浓度波动则为

$$\Delta C_{R\sim}=\frac{I^0}{nF\sqrt{\omega D_R}}\exp\left(-\frac{X}{\sqrt{2D_R/\omega}}\right)\sin\left[\omega t-\left(\frac{X}{\sqrt{2D_R/\omega}}+\frac{3\pi}{4}\right)\right] \tag{6-81}$$

且在 $X=0$ 处有

$$\Delta C_{R\sim}=\frac{I^0}{nF\sqrt{\omega D_R}}\sin\left(\omega t+\frac{3\pi}{4}\right) \tag{6-82}$$

比较式(6-78)和式(6-81)可知，在任何同一地点（X 相同），$\Delta C_{O\sim}$ 和 $\Delta C_{R\sim}$ 相位正好相差 180°，根据 R 在溶液中溶解或在液态电极中溶解，R 的浓度波动可以在表面液层中出现，也可在电极内的表面层中出现（如汞齐电极）。

6.3.2　存在浓差极化时可逆电极反应的法拉第阻抗

首先看电极反应完全可逆及 R 态的活度为常数时的情况，这时能斯特公式仍然适用。由能斯特公式可得电位的波动部分为

$$\Delta_{\sim}=\frac{RT}{nF}\ln\frac{C_{O\sim}^{S}}{C_{O}^{0}}=\frac{RT}{nF}\ln\left(1+\frac{\Delta C_{O\sim}^{S}}{C_{O}^{0}}\right) \tag{6-83}$$

可见，电极电位的波动与 O 的表面浓度波动具有完全相同的相位，即电极电位波动也比电流落后 45°$\left(即\ \theta=\frac{\pi}{4}\right)$。如果浓度波动的幅值很小，可用近似公式简化，即当 $x\ll1$ 时，$\ln(1+x)=x$。从此得知，当 $|\Delta C_{O\sim}^{S}|\ll C_{O}^{0}$ 时，应有 $\ln\left(1+\frac{\Delta C_{O\sim}^{S}}{\Delta C_{O}^{0}}\right)=\frac{\Delta C_{O\sim}^{S}}{\Delta C_{O}^{0}}$，代入式(6－83)，可将该式线性化得

$$\Delta_{\sim}=\frac{RT}{nF}\ \frac{\Delta C_{O\sim}^{S}}{C_{O}^{0}}=\frac{I^{0}RT}{n^{2}F^{2}C_{O}^{0}\sqrt{\omega D_{O}}}\sin\left(\omega t-\frac{3\pi}{4}\right)$$

令 $\Delta\varphi^{0}=\frac{I^{0}RT}{n^{2}F^{2}C_{O}^{0}\sqrt{\omega D_{O}}}$ 为电极电位波动的振幅，则

$$\Delta\varphi_{\sim}=\Delta\varphi^{0}\sin\left(\omega t-\frac{\pi}{4}\right) \tag{6-84}$$

进而可得法拉第阻抗 Z_{F} 为

$$|Z_{F}|=\frac{\Delta^{0}}{I^{0}}=\frac{RT}{n^{2}F^{2}C_{O}^{0}\sqrt{\omega D_{O}}}=|Z_{W}| \tag{6-85}$$

式中：Z_{W} 为浓差极化阻抗，即由扩散引起的等效阻抗。当电极过程为纯扩散控制时，法拉第阻抗 Z_{F} 就等于浓差极化阻抗——Warburg 阻抗，因为正弦交流电浓差极化阻抗是 Warburg 于 1899 年首先提出的。由式(6－84)可知，交流浓差极化比交流电流落后 45°。因此，Warburg 阻抗中电阻部分 R_{W} 和容抗部分 $|X_{C}|_{W}$ 之间必然存在着下列关系：

$$R_{W}=|X_{C}|_{W}=\frac{1}{\omega C_{W}}=\frac{|Z_{W}|}{\sqrt{2}} \tag{6-86}$$

浓差电阻，即 Warburg 电阻为

$$R_{W}=\frac{RT}{n^{2}F^{2}C_{O}^{0}\sqrt{2\omega D_{O}}}=\frac{\sigma}{\sqrt{\omega}} \tag{6-87}$$

浓差电容，即 Warburg 电容为

$$C_{W}=\frac{RT}{n^{2}F^{2}C_{O}^{0}\sqrt{2D_{O}}} \tag{6-88}$$

式中：σ 称为 Warburg 系数，其大小为

$$\sigma=\frac{n^{2}F^{2}C_{O}^{0}\sqrt{2D_{O}}}{RT\sqrt{\omega}}=\frac{1}{C_{W}\sqrt{\omega}} \tag{6-89}$$

如果 O、R 两态均可溶，可以证明式(6－87)和式(6－88)仍然适用，只是 σ 为

$$\sigma=\frac{RT}{\sqrt{2}n^{2}F^{2}}\left(\frac{1}{C_{O}^{0}\sqrt{D_{O}}}+\frac{1}{C_{R}^{0}\sqrt{D_{R}}}\right) \tag{6-90}$$

因此，在扩散控制下电极的法拉第阻抗为

$$Z_F = Z_W = R_W - j\frac{1}{\omega C_W} = \frac{\sigma}{\sqrt{\omega}}(1-j) \tag{6-91}$$

可见，在扩散控制下，浓差电阻 R_W 与浓差电容 C_W 的容抗相等，而且都正比于 $\omega^{-1/2}$。在直角坐标图上，R_W 及 $|X_C|_W$ 随 $\omega^{-1/2}$ 的变化是重叠的两根直线（见图 6－20），具有相同的斜率，电极过程为扩散控制。扩散控制下电极的正弦波交流等效电路如图 6－21 所示。

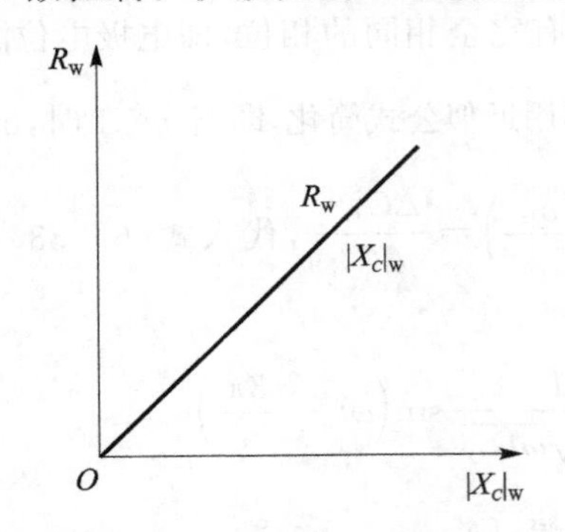

图 6－20　扩散控制的 Z_F 中 R_W 和 $|X_C|_W$

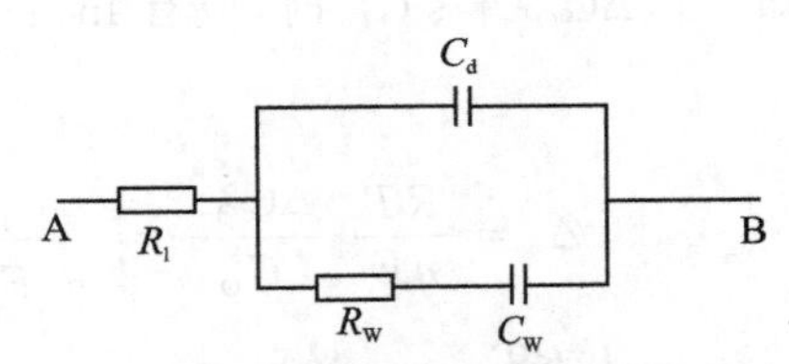

图 6－21　扩散控制下电极的正弦交流等效电路与频率 ω 的关系

6.3.3　存在浓差极化时准可逆电极反应的法拉第阻抗

考虑到一种特殊的单电子单步骤体系的直流响应，其电极反应为 $O + e^- \longleftrightarrow R$，该体系实际上是 Nernst 过程，电极为准可逆体系，界面电荷传递动力学不是很快，传荷过程和传质过程共同控制总的电极过程，且逆反应的速率不可以忽略。此时，根据 Butler－Volmer 公式：

$$i_f = \vec{i} - \overleftarrow{i} = FAk^{\theta}\left[C_O(0,t)\,e^{-\frac{\alpha F}{RT}(E-E^{\theta})} - C_R(0,t)\,e^{-\frac{\alpha F}{RT}(E-E^{\theta})}\right] \tag{6-92}$$

电极体系的各个状态参量均包括直流和交流两部分。其中，直流部分由直流极化决定，而交流部分则由交流极化决定。由于直流极化达到稳态，所以可以认为各个参量的直流部分均不随时间变化而变化。

经过一系列处理，最终整理后可得：

$$Z_{WO} = \frac{RT}{F^2A\sqrt{2D_O\omega}C_O(0,t)}\,\frac{\vec{i}}{\alpha\vec{i}+\beta\overleftarrow{i}}(1-j) = R_{WO} - j\frac{1}{\omega C_{WO}} \tag{6-93}$$

$$Z_{WR} = \frac{RT}{F^2A\sqrt{2D_R\omega}C_R(0,t)}\,\frac{\overleftarrow{i}}{\alpha\vec{i}+\beta\overleftarrow{i}}(1-j) = R_{WR} - j\frac{1}{\omega C_{WR}} \tag{6-94}$$

将 Warburg 阻抗 Z_W 的实部和虚部分别合并，可见其实部和虚部恒等，Z_W 可以看做是由扩散电阻 R_W 和扩散电容 C_W 串联组成。而 R_W 又由 R_{WO} 和 R_{WR} 串联组成，C_W 又由 C_{WO} 和 C_{WR} 串联组成，则该体系的等效电路如图 6－22 所示。

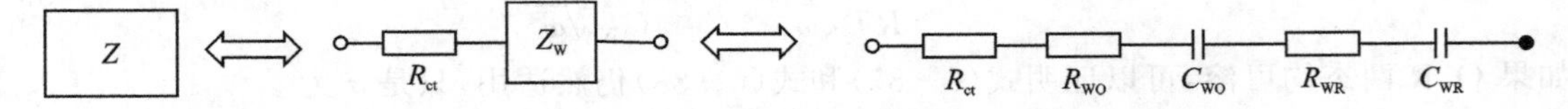

图 6－22　准可逆电极体系的法拉第阻抗等效电路

6.3.4　电化学极化和浓差极化同时存在时电极的法拉第阻抗

在混合控制下，交流电通过电极时，除了浓差极化外还将出现电化学极化。这时电极的法拉第阻抗还要复杂些。对于准可逆电极，电极反应动力学方程式为

$$
\begin{aligned}
i &= \vec{i} - \overleftarrow{i} \\
&= nF\left[\vec{k}C_{\mathrm{O}}^{\mathrm{S}}\exp\left(\frac{\alpha nF}{RT}\right)\eta - \overleftarrow{k}C_{\mathrm{R}}^{\mathrm{S}}\exp\left(\frac{\beta nF}{RT}\right)\eta\right]
\end{aligned} \tag{6-95}
$$

由于使用小幅度正弦交流电，i 对 t 电化求微商，且只考虑交变部分，可得

$$
\frac{\mathrm{d}\bar{i}}{\mathrm{d}t} = \frac{\vec{i}}{C_{\mathrm{O}}^{\mathrm{S}}} \cdot \frac{\mathrm{d}C_{\mathrm{O}\sim}^{\mathrm{S}}}{\mathrm{d}t} - \frac{\overleftarrow{i}}{C_{\mathrm{R}}^{\mathrm{S}}} \cdot \frac{\mathrm{d}C_{\mathrm{R}\sim}^{\mathrm{S}}}{\mathrm{d}t} + \frac{nF}{RT}(\alpha\vec{i} + \beta\overleftarrow{i})\eta_{\sim} \tag{6-96}
$$

因为 $\bar{i}$、$\eta_{\sim}$、$C_{\mathrm{O}}^{\mathrm{S}}$ 和 $C_{\mathrm{R}\sim}^{\mathrm{S}}$ 为同频率的正弦变化，因此得

$$
\bar{i} = \frac{\vec{i}}{C_{\mathrm{O}}^{\mathrm{S}}}\Delta C_{\mathrm{O}\sim}^{\mathrm{S}} - \frac{\overleftarrow{i}}{C_{\mathrm{R}}^{\mathrm{S}}}\Delta C_{\mathrm{R}\sim}^{\mathrm{S}} + \frac{nF}{RT}(\alpha\vec{i} + \beta\overleftarrow{i})\eta_{\sim} \tag{6-97}
$$

整理可得

$$
\frac{\eta_{\sim}}{\bar{i}} = \frac{RT}{nF(\alpha\vec{i} + \beta\overleftarrow{i})} - \frac{RT\vec{i}}{nF(\alpha\vec{i} + \beta\overleftarrow{i})C_{\mathrm{O}}^{\mathrm{S}}} \cdot \frac{\Delta C_{\mathrm{O}\sim}^{\mathrm{S}}}{\bar{i}} + \frac{RT\overleftarrow{i}}{nF(\alpha\vec{i} + \beta\overleftarrow{i})C_{\mathrm{R}}^{\mathrm{S}}} \cdot \frac{\Delta C_{\mathrm{R}\sim}^{\mathrm{S}}}{\bar{i}} \tag{6-98}
$$

因法拉第阻抗 $Z_{\mathrm{F}} = \eta_{\sim}/\bar{i}$，由此可得

$$
Z_{\mathrm{F}} = Z_{\mathrm{r}} + Z_{\mathrm{O}} + Z_{\mathrm{R}} \tag{6-99}
$$

$$
Z_{\mathrm{r}} = \frac{RT}{nF(\alpha\vec{i} + \beta\overleftarrow{i})} = R_{\mathrm{r}} \tag{6-100}
$$

$$
Z_{\mathrm{O}} = -\frac{RT\vec{i}}{nF(\alpha\vec{i} + \beta\overleftarrow{i})C_{\mathrm{O}}^{\mathrm{S}}} \cdot \frac{\Delta C_{\mathrm{O}\sim}^{\mathrm{S}}}{\bar{i}} \tag{6-101}
$$

$$
Z_{\mathrm{R}} = \frac{RT\vec{i}}{nF(\alpha\vec{i} + \beta\overleftarrow{i})C_{\mathrm{R}}^{\mathrm{S}}} \cdot \frac{\Delta C_{\mathrm{R}\sim}^{\mathrm{S}}}{\bar{i}} \tag{6-102}
$$

由式(6－101)、(6－102)及式(6－80)、(6－82)、(6－95)可导出：

$$
\begin{aligned}
Z_{\mathrm{O}} &= \frac{RT}{n^2F^2C_{\mathrm{O}}^{\mathrm{S}}\sqrt{2\omega D_{\mathrm{O}}}} \cdot \frac{\vec{i}}{\alpha\vec{i} + \beta\overleftarrow{i}}(1-\mathrm{j}) = \frac{\sigma_{\mathrm{O}}'}{\sqrt{\omega}}(1-\mathrm{j}) \\
&= R_{\mathrm{WO}} - \mathrm{j}\frac{1}{\omega C_{\mathrm{WO}}}
\end{aligned} \tag{6-103}
$$

$$
\begin{aligned}
Z_{\mathrm{R}} &= \frac{RT}{n^2F^2C_{\mathrm{R}}^{\mathrm{S}}\sqrt{2\omega D_{\mathrm{R}}}} \cdot \frac{\overleftarrow{i}}{\alpha\vec{i} + \beta\overleftarrow{i}}(1-\mathrm{j}) = \frac{\sigma_{\mathrm{R}}'}{\sqrt{\omega}}(1-\mathrm{j}) \\
&= R_{\mathrm{WR}} - \mathrm{j}\frac{1}{\omega C_{\mathrm{WR}}}
\end{aligned} \tag{6-104}
$$

由式(6－99)、(6－100)、(6－103)和式(6－104)可得

$$
Z_{\mathrm{F}} = Z_{\mathrm{r}} + Z_{\mathrm{O}} + Z_{\mathrm{R}} = R_{\mathrm{r}} + R_{\mathrm{WO}} + R_{\mathrm{WR}} - \mathrm{j}\frac{1}{\omega C_{\mathrm{WO}}} - \mathrm{j}\frac{1}{\omega C_{\mathrm{WR}}}
$$

$$=R_r+R_W-j\frac{1}{\omega C_W}=R_f-j\frac{1}{\omega C_W} \quad (6-105)$$

式中：

$$R_f=R_r+R_W \quad (6-106)$$

$$R_W=R_{WO}+R_{WR} \quad (6-107)$$

$$\frac{1}{C_W}=\frac{1}{C_{WO}}+\frac{1}{C_{WR}} \quad (6-108)$$

其中：

$$R_r=\frac{RT}{nF(\alpha\overrightarrow{i}+\beta\overleftarrow{i})},\ R_{WO}=\frac{\sigma_O'}{\sqrt{\omega}},\ R_{WR}=\frac{\sigma_R'}{\sqrt{\omega}} \quad (6-109)$$

$$C_{WO}=\frac{1}{\sigma_O'\sqrt{\omega}},\ C_{WR}=\frac{1}{\sigma_R'\sqrt{\omega}} \quad (6-110)$$

$$\sigma_O'=\sigma_O\cdot\frac{\overrightarrow{i}}{\alpha\overrightarrow{i}+\beta\overleftarrow{i}},\ \sigma_R'=\sigma_R\cdot\frac{\overleftarrow{i}}{\alpha\overrightarrow{i}+\beta\overleftarrow{i}} \quad (6-111)$$

$$\sigma_O=\frac{RT}{n^2F^2C_O^2\sqrt{2D_O}},\ \sigma_R=\frac{RT}{n^2F^2C_R^2\sqrt{2D_R}} \quad (6-112)$$

$$\sigma=\sigma_O+\sigma_R=\frac{RT}{\sqrt{2}n^2F^2}\left(\frac{1}{C_O^2\sqrt{D_O}}+\frac{1}{C_R^2\sqrt{D_R}}\right) \quad (6-113)$$

$$\sigma'=\sigma_O'+\sigma_R'=\sigma\cdot\frac{\overrightarrow{i}}{\alpha\overrightarrow{i}+\beta\overleftarrow{i}} \quad (6-114)$$

$$\alpha+\beta=1 \quad (6-115)$$

显然，R_r 是由电化学极化引起的，R_{WO}、R_{WR}、C_{WO} 和 C_{WR} 都是由浓差极化引起的，而且 $R_{WO}=\frac{1}{\omega C_{WR}}$，$R_{WR}=\frac{1}{\omega C_{WO}}$。由式(6-99)或式(6-105)可以看出，正如电极过程中电化学步骤与扩散步骤串联那样，当电化学极化与浓差极化同时存在时，电极总的法拉第阻抗也是由这两种过程引起的法拉第阻抗串联而成。这时电极的正弦交流等效电路如图 6-23 所示。

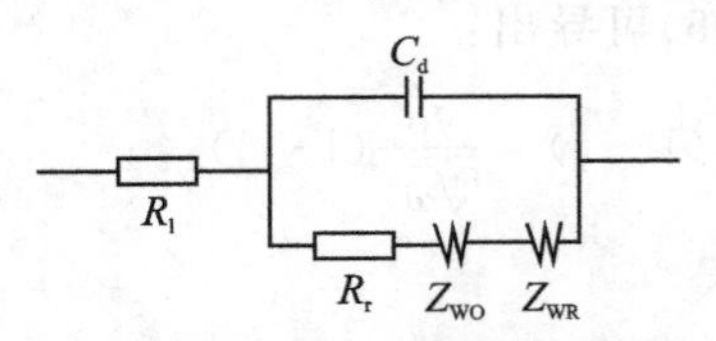

(a) 反应物和产物的扩散阻抗等效电路

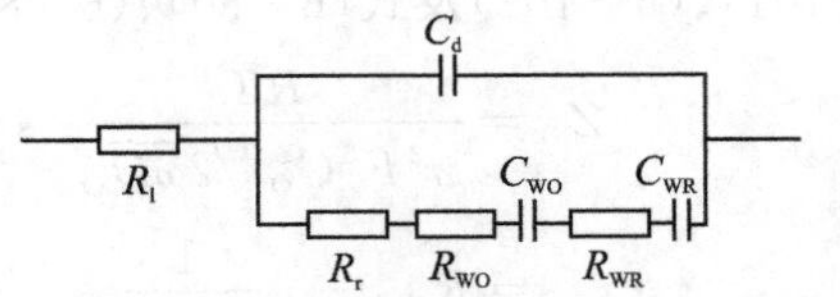

(b) 反应物和产物的浓差电阻和浓差电容等效电路

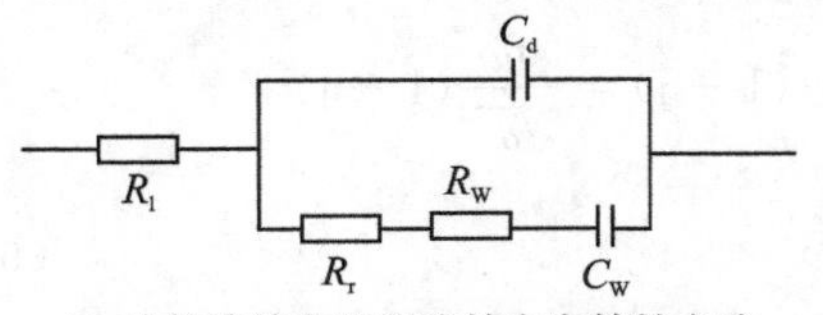

(c) 总的浓差电阻和浓差电容等效电路

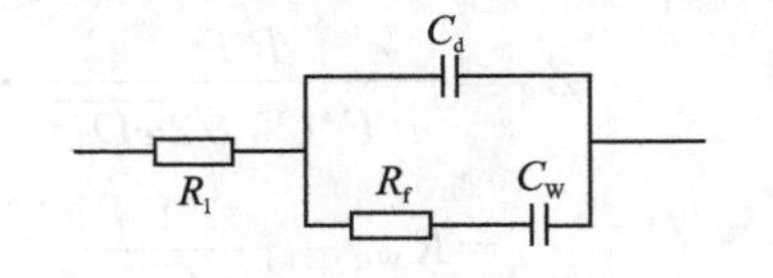

(d) 总的浓差电容等效电路

注：各等效电路均为电化学极化和浓差极化引起。

图 6-23 混合控制下电极的正弦交流等效电路

式(6－99)～(6－105)是从准可逆电极导出的包含浓差极化过程的法拉第阻抗的普遍公式。在平衡电位下的可逆电极和在强直流极化下的完全不可逆电极，是这一情况的两种特例。在平衡电位下，$\vec{i}=\overleftarrow{i}=i^0$，代入上述各有关公式，可得 $R_r=RT/(nFi^0)$ 及式(6－85)～(6－91)。因为是在平衡电位小幅度正弦交流电极化，故反应产物 O 和产物 R 的浓度可以看做溶液内部的的浓度 C_O^0 和 C_R^0。

对于完全不可逆电极，因为 $\vec{i}=0$，$\overleftarrow{i}=1$，代入上述各有关的公式可得

$$Z_F=R_r+R_{WO}-j\frac{1}{\omega C_{WO}} \tag{6-116}$$

$$R_r=\frac{RT}{nF}\cdot\frac{1}{\alpha i} \tag{6-117}$$

$$R_W=\frac{1}{\omega C_W}=\frac{\sigma_O}{\alpha\sqrt{\omega}} \tag{6-118}$$

对于稳态直流极化叠加小幅度正弦波交流电的情况，由于交变暂态引起的扩散层一般小于稳态扩散层，因此 O 和 R 的浓度应取电极界面处的浓度 C_O^S 和 C_R^S。

6.4　电极反应表面过程的法拉第阻纳

6.4.1　不同几何形状的电极

对于无限扩展平面，Fick 第二定律所表示的扩散方程为

$$\frac{\partial C}{\partial t}=D\frac{\partial^2 C}{\partial x^2} \tag{6-119}$$

对于球状电极，扩散方程为

$$\frac{\partial C}{\partial t}=D\left[\frac{\partial^2 C}{\partial x^2}+\left(\frac{2}{r}\right)\left(\frac{\partial C}{\partial r}\right)\right] \tag{6-120}$$

对于柱状电极，扩散方程为

$$\frac{\partial C}{\partial t}=D\left[\frac{\partial^2 C}{\partial r^2}+\left(\frac{1}{r}\right)\left(\frac{\partial C}{\partial r}\right)\right] \tag{6-121}$$

对于扩展平面电极，扩散方程为

$$\frac{\partial C}{\partial t}=D\left[\frac{\partial^2 C}{\partial r^2}+\left(\frac{2x}{3t}\right)\left(\frac{\partial C}{\partial r}\right)\right] \tag{6-122}$$

对于不同几何形状的电极，除了扩散方程的形式不同外，初始条件和边界条件也不同。电极形状不同，扩散方程的解也不同，因此等效电路中阻抗的参数也不同。

对于半无限线性扩散，法拉第阻抗 Z_F 为

$$Z_F=R_{ct}+(\sigma_0+\sigma_R)\omega^{-\frac{1}{2}}(1-j) \tag{6-123}$$

对于半无限球状扩散，法拉第阻抗 Z_F 为

$$Z_F=R_{ct}+\sum\sigma_{0,R}\omega^{-\frac{1}{2}}\frac{(1+y_{0,R}-j)}{1+y_{0,R}+(1/2)y_{0,R}^2} \tag{6-124}$$

式中：$y_{0,R}=\pm(2D_{0,R}/\omega)^{1/2}r_0^{-1}$，负号对电极相中可溶性物质成立。

对于有界或有限扩散，法拉第阻抗 Z_F 为

$$Z_F = R_{ct} + \sum \sigma_{0,R} \omega^{-\frac{1}{2}} \frac{\sinh(2\mu_{0,R})(1-j) + \sin(2\mu_{0,R})(1-j)}{\cosh(2\mu_{0,R}) + \cos(2\mu_{0,R})} \tag{6-125}$$

式中：$\mu_{0,R} = \delta_{0,R}[\omega/(2D_{0,R})]^{1/2}$，$\delta_{0,R}$ 为扩散层厚度。

6.4.2 电极表面吸附

除了溶液反应外，交流阻抗谱也可用于电极表面过程（如吸附、成膜、电结晶即电镀、腐蚀和钝化等）的研究。描述表面过程的机理可用中间产物在电极表面的覆盖度作为状态变量：

$$i = f(E, \theta_1, \theta_2, \cdots, \theta_n) \tag{6-126}$$

式中：θ_i 为第 i 种中间物的表面覆盖度。

$$\sigma_i = \left(\frac{\partial i}{\partial E}\right)_{\theta_i} \delta E + \sum_{i \neq j} \left(\frac{\partial i}{\partial \theta_i}\right)_{\theta_j, E} \delta\theta_i \tag{6-127}$$

$$\delta E = \Delta E e^{j\omega t}$$

$$\delta\theta_i = \Delta\theta_i e^{j\omega t}$$

因此法拉第导纳 Y_F 为

$$Y_F = \frac{\delta i}{\delta E} = \left(\frac{\partial i}{\partial E}\right)_{\theta_i} + \sum_{i \neq j} \left(\frac{\partial i}{\partial \theta_i}\right)_{\theta_j, E} \left(\frac{\delta\theta_i}{\delta E}\right) \tag{6-128}$$

从式(6－128)各项来估算 Z，并用于固体表面吸附过程的研究；从其 Taylor 展开式来获得表面过程的速率，并用于固体表面成膜的研究。

设简单的吸附过程为

$$A^- \rightleftharpoons A_{ads} + e \tag{6-129}$$

在时刻 t，A_{ads} 表面覆盖度为 θ，在非稳态条件下，电流密度为

$$\frac{i}{F} = k_f C_{A^-}(1-\theta) - k_b \theta \tag{6-130}$$

由 Langmuir 条件，速率常数 k_f 和 k_b 为

$$k_f = k_f^0 e^{AE}$$

$$k_b = k_b^0 e^{BE}$$

联立式(6－130)可得

$$\delta_i = \left(\frac{\partial i}{\partial E}\right)_{\theta} \delta E + \left(\frac{\partial i}{\partial \theta}\right)_E \tag{6-131}$$

$$Y_F = \frac{\delta i}{\delta E} = \left(\frac{\partial i}{\partial E}\right)_{\theta} + \left(\frac{\partial i}{\partial \theta}\right)_E \left(\frac{\delta\theta}{\delta E}\right) \tag{6-132}$$

由式(6－130)得

$$Y_F = aFk_f C_{A^-}(1-\theta) + bFk_b\theta - F(k_f C_{A^-} + k_b)\frac{\delta\theta}{\delta E} \tag{6-133}$$

表面覆盖度对电位的变化相应地可由非稳态条件下 θ 对时间的依赖关系得到，即

$$\gamma\left(\frac{d\theta}{dt}\right) = Fk_f C_{A^-}(1-\theta) + Fk_b\theta \tag{6-134}$$

式中：γ 为表面吸附满单层时相应的电量(C)。

由于扰动是正弦的，联立式(6－127)和式(6－130)，对式(6－134)全微分，并整理可得

$$Y_F = aFk_fC_{A^-}(1-\theta) + bFk_b\theta - F\left[ak_fC_{A^-}(1-\theta) + bk_b\theta\right]\left[1+\frac{j\omega}{F(k_fC_{A^-}+k_b)}\right]^{-1} \tag{6-135}$$

如果系统处于直流稳态，则$\frac{d\delta}{dt}=0$，从式(6-134)可得

$$\theta = k_fC_{A^-}/(k_fC_{A^-}-k_b) \tag{6-136}$$

$$Z_F = \left[\frac{k_fC_{A^-}+k_b}{k_fk_bFC_{A^-}(a+b)}\right]\left[1+\frac{F(k_fC_{A^-}+k_b)}{j\omega}\right] \tag{6-137}$$

由于 $Z_F = R_S + \frac{1}{j\omega C_S}$，$R_S$ 和 C_S 为串联电阻和串联电容，则

$$\left.\begin{aligned} R_S &= \frac{k_fC_{A^-}+k_b}{k_fk_bFC_{A^-}(a+b)} \\ C_S &= \frac{k_fk_bFC_{A^-}(a+b)}{F[k_fk_bFC_{A^-}(a+b)]^2} \end{aligned}\right\} \tag{6-138}$$

整个等效电路的阻抗为法拉第阻抗 Z_F 与双电层电容 C_d 并联，其总阻抗为

$$Z = Z' - jZ''$$

$$\left.\begin{aligned} Z' &= \frac{R_SC_S^2}{[(C_S+C_d)^2+\omega^2R_S^2C_S^2C_d^2]} \\ Z'' &= \frac{(C_S+C_d+\omega^2R_S^2C_S^2C_d)}{\omega[(C_S+C_d)^2+\omega^2R_S^2C_S^2C_d^2]} \end{aligned}\right\} \tag{6-139}$$

从式(6-138)可知，若 a 和 b 为正，则 R_S 和 C_S 恒为正，因而阻抗的 Nyquist 图在第 1 象限。若反应很快，k_f，$k_b \to \infty$，$R_S \to 0$，则阻抗为 $Z'=0$，$Z''=\frac{1}{\omega(C_S+C_d)}$。

在高频情况下，$\omega \gg \left[\frac{(C_S+C_d)}{C_d}\right]^{1/2} \Big/ (R_SC_S)$，总阻抗的实部和虚部分别为

$$\left.\begin{aligned} Z' &= R_SC_S^2/[(C_S+C_d)^2+\omega^2R_S^2C_S^2C_d^2] \\ Z'' &= R_S^2C_S^2C_d\omega/[(C_S+C_d)^2+\omega^2R_S^2C_S^2C_d^2] \end{aligned}\right\} \tag{6-140}$$

消去 ω，得

$$\left[Z' - \frac{R_SC_S^2}{2(C_S+C_d)^2}\right]^2 + \left[\frac{C_S^2}{(C_S+C_d)^2}\right]Z''^2 = \frac{R_S^2C_S^4}{4(C_S+C_d)^4} \tag{6-141}$$

这是一个椭圆方程，对于大多数电化学吸附过程，$C_S \gg C_d$，那么式(6-141)可简化成圆方程：

$$\left[Z' - \frac{R_S}{2}\right]^2 + Z''^2 = \frac{R_S^2}{4} \tag{6-142}$$

在低频条件下，随着 $\omega \to 0$，$Z' \approx \frac{R_SC_S^2}{(C_S+C_d)^2}$，$Z'' \approx \infty$，如图 6-24 所示。

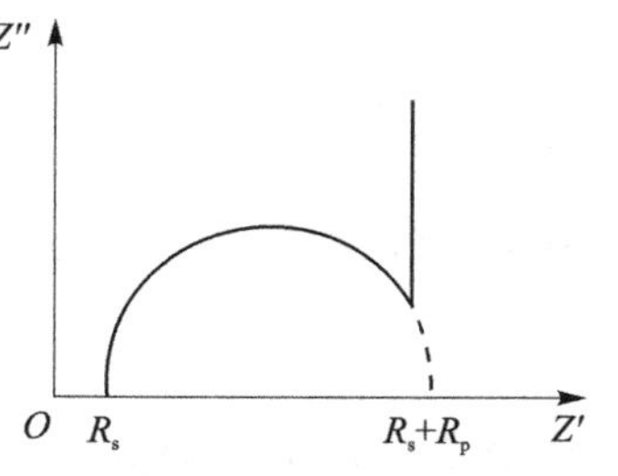

图 6-24　电极表面吸附时复数平面图

6.4.3　固体表面成膜

把金属置于溶液中，其表面成膜如图 6-25 所示。

假定表面电荷层的厚度远小于膜的厚度，总阻抗为

$$Z = Z_{M/F} + Z_F + Z_{F/S}$$

式中：$Z_{M/F}$ 为金属与膜间阻抗，Ω；Z_F 为膜阻抗，Ω；$Z_{F/S}$ 溶液与膜间阻抗，Ω。

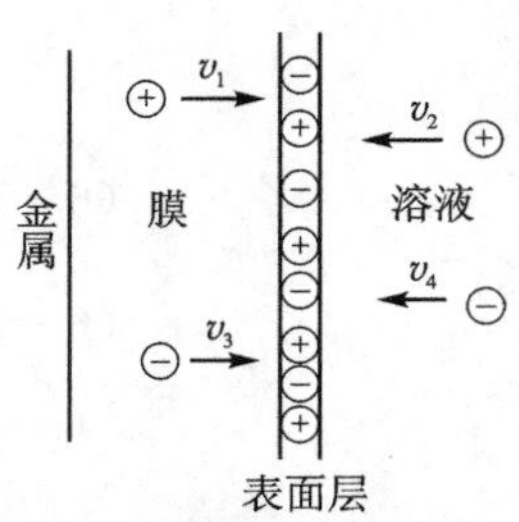

图 6-25　金属在溶液中成膜示意图

如果表面层中正离子对负离子的过剩量为 Γ，则其变化速率为

$$\frac{d\Gamma}{dt} = v_1 + v_2 - v_3 - v_4 \tag{6-143}$$

式中：v_i 为离子运动速度。i 种离子通过表面层的速率依赖于电位 E 表面过剩量 Γ。相应的，离子运动速度 v_i 可表示为对稳态速度 v_{i0} 的 Taylor 展开式：

$$v_i = v_{i0} + \left(\frac{\partial v_i}{\partial E}\right)_\Gamma \Delta E e^{j\omega t} + \left(\frac{\partial v_i}{\partial \Gamma}\right)_E \Delta \Gamma e^{j\omega t} \tag{6-144}$$

式中：E 和 Γ 都呈正弦变化，$E=\Delta E e^{j\omega t}$，$\Gamma=\Delta\Gamma e^{j\omega t}$，考虑稳态条件 $v_1+v_2-v_3-v_4=0$，代入式(6-144)得

$$\Delta\Gamma = \Delta E\left[\frac{\left(\frac{\partial v_1}{\partial E}\right)_\Gamma + \left(\frac{\partial v_2}{\partial E}\right)_\Gamma - \left(\frac{\partial v_3}{\partial E}\right)_\Gamma - \left(\frac{\partial v_4}{\partial E}\right)_\Gamma}{j\omega - \left(\frac{\partial v_1}{\partial \Gamma}\right)_E - \left(\frac{\partial v_2}{\partial \Gamma}\right)_E + \left(\frac{\partial v_3}{\partial \Gamma}\right)_E + \left(\frac{\partial v_4}{\partial \Gamma}\right)_E}\right] \tag{6-145}$$

i 种离子进入表面层会引起 n_i 个电子流入外电路，因此法拉第导纳为

$$Y_F = \left(\sum n_i F v_i\right)/\Delta E e^{j\omega t} \tag{6-146}$$

代入式(6-144)后得

$$Y_F = \left[\sum n_i F(\partial v_i/\partial E)_\Gamma\right] + \Delta\Gamma\left[\sum n_i F(\partial v_i/\partial\Gamma)_E\right] \tag{6-147}$$

式中：$\Delta\Gamma$ 由式(6-145)得到。Armstrong 定义了无限频率电阻：

$$\frac{1}{R_{\infty 1}} = n_1 F\left(\frac{\partial v_1}{\partial E}\right)_\Gamma + n_2 F\left(\frac{\partial v_2}{\partial E}\right)_\Gamma \tag{6-148}$$

$$\frac{1}{R_{\infty 2}} = n_3 F\left(\frac{\partial v_3}{\partial E}\right)_\Gamma + n_4 F\left(\frac{\partial v_4}{\partial E}\right)_\Gamma \tag{6-149}$$

零频率电阻：

$$\frac{1}{R_{01}} = \left[\left(\frac{\partial v_1}{\partial E}\right)_\Gamma + \left(\frac{\partial v_2}{\partial E}\right)_\Gamma - \left(\frac{\partial v_3}{\partial E}\right)_\Gamma - \left(\frac{\partial v_4}{\partial E}\right)_\Gamma\right]\left[n_1 F\left(\frac{\partial v_1}{\partial \Gamma}\right)_E + n_2 F\left(\frac{\partial v_2}{\partial \Gamma}\right)_E\right]\Big/k \tag{6-150}$$

$$\frac{1}{R_{02}} = \left[\left(\frac{\partial v_1}{\partial E}\right)_\Gamma + \left(\frac{\partial v_2}{\partial E}\right)_\Gamma - \left(\frac{\partial v_3}{\partial E}\right)_\Gamma - \left(\frac{\partial v_4}{\partial E}\right)_\Gamma\right]\left[n_3 F\left(\frac{\partial v_3}{\partial \Gamma}\right)_E + n_4 F\left(\frac{\partial v_4}{\partial \Gamma}\right)_E\right]\Big/k \tag{6-151}$$

式中：$k = -\left(\frac{\partial v_1}{\partial \Gamma}\right)_E - \left(\frac{\partial v_2}{\partial \Gamma}\right)_E + \left(\frac{\partial v_3}{\partial \Gamma}\right)_E + \left(\frac{\partial v_4}{\partial \Gamma}\right)_E$，令 $\tau=1/k$，τ 为表面状态变量的弛豫过程的时间常数，则法拉第导纳 Y_F 式(6-147)可变为

$$Y_F = \frac{1}{R_{\infty 1}} + \frac{1}{R_{\infty 2}} + \left(\frac{1}{R_{01}} + \frac{1}{R_{02}}\right)\Big/(1+j\omega\tau) \tag{6-152}$$

如果进一步假设表面层和溶液中的负离子平衡，则 $v_{3(\omega\to 0)} - v_{30} = v_{4(\omega\to 0)} - v_{40}$，即 $R_{\infty 2} = -R_{02}$，则式(6-152)可得

$$Y_F = \frac{1}{R_{\infty 1}} + \frac{1}{R_{01}}(1 + j\omega\tau) + \frac{1}{R_{\infty 2}} + (1 - j\omega\tau) \tag{6-153}$$

溶液与膜之间的总导纳 Y 为

$$Y = Y_F + j\omega C_d \tag{6-154}$$

总阻抗 Z 由其倒数求得。有如下两种极限情况：

① k 很大($k \gg \omega$)的情况，式(6-153)为

$$Y_F = \frac{1}{R_{\infty 1}} + \frac{1}{R_{01}} + \frac{j\omega}{kR_{\infty 2}} \tag{6-155}$$

在阻抗复平面图上为一简单半圆，如图 6-26 所示。

② 小 k 值($k \ll \omega$)的情况，式(6-153)为

$$Y_F = \frac{1}{R_{\infty 1}} + \frac{1}{R_{\infty 2}} - \frac{jk}{\omega R_{01}} \tag{6-156}$$

此时在复数平面图上为两个半圆，其形状由 A 和 B 的相对值决定：

$$A = \frac{R_{\infty 1}R_{01}}{R_{\infty 1} + R_{01}} \tag{6-157}$$

$$B = \frac{R_{\infty 1}R_{02}}{R_{\infty 1} + R_{02}} \tag{6-158}$$

对于 $A>B>0$ 和 $B>A>0$，复平面图上的阻抗弧如图 6-27 及图 6-28 所示；若 $B>0>A$，则阻抗弧如图 6-29 所示。第三种情况的出现是因为 R_{01} 可正可负，由式(6-150)中各导数项的相对大小决定。如果 R_{01} 为负，但 $|R_{\infty i}|>|R_{01}|$，低频时阻抗弧进入第二象限，在 $\omega \to 0$ 时为负电阻。对于第二种情况，即 $B>A>0$，低频出现感抗弧。

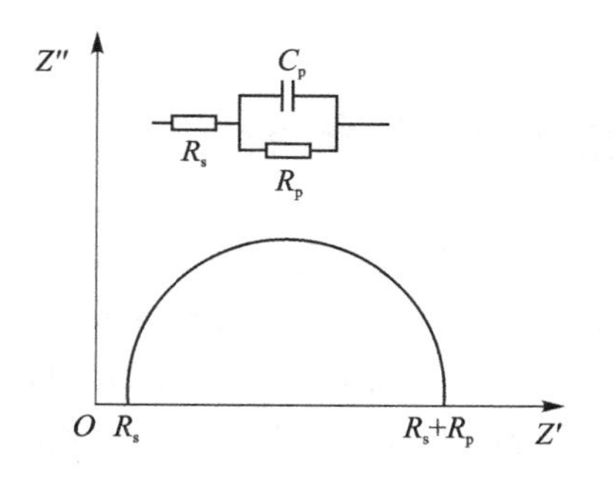

图 6-26　$k \gg \omega$ 时的复数平面图

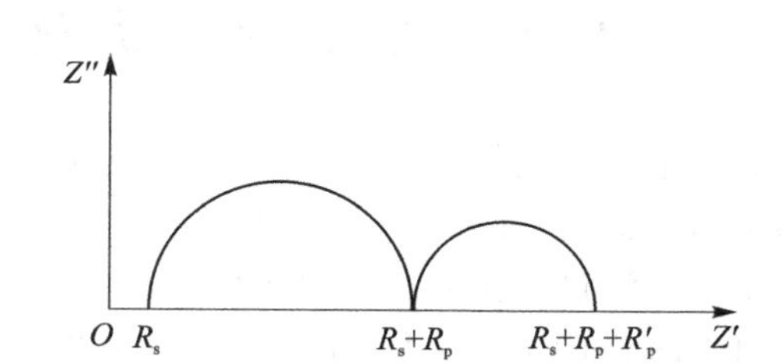

图 6-27　$k \ll \omega$ 时 $A>B>0$ 膜/溶液界面的复数平面图

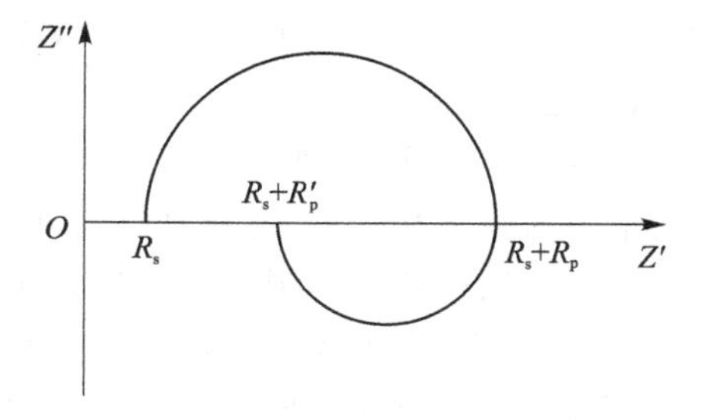

图 6-28　$k \ll \omega$ 时 $B>A>0$ 膜/溶液界面的复数平面图

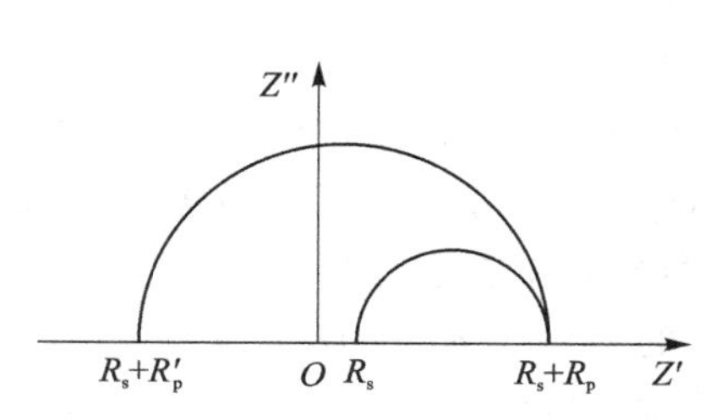

图 6-29　$k \ll \omega$ 时 $B>0>A$ 膜/溶液界面的复数平面图

考虑金属/膜界面、膜和膜/溶液界面的界面总阻抗，三者分别表示为 $Z_{m/f}$、Z_f 和 $Z_{F/s}$。总

阻抗 Z 为

$$Z=R_e+W+\frac{X}{X^2+Y^2}-j\left(W\frac{Y}{X^2+Y^2}\right) \tag{6-159}$$

式中：

$$W=\frac{\sigma_M\sigma_0\omega^{-1/2}}{\sigma_M+\sigma_0}$$

$$X=\frac{1}{R_{\infty1}}+\frac{1}{k^2+\omega^2}\left(\frac{\omega^2}{R_{\infty2}}+\frac{k^2}{R_{01}}\right)$$

$$Y=\frac{\omega k}{k^2+\omega^2}\left(\frac{1}{R_{\infty2}}-\frac{1}{R_{01}}\right)+C_d\omega$$

这些复杂的表达式预示复平面上阻抗弧的形状是多种多样的，依赖于频率范围和式(6-159)中各参数的相对大小。

对于钝化膜，如果只有负离子空位为可动，且 k 很大，$k\gg\omega$，$\sigma_M\gg\sigma_0$，并且假定膜/溶液界面没有氧化还原反应，则总阻抗 Z 为

$$Z=\left(\frac{a}{a^2+\omega^2b^2}+\sigma_0\omega^{-\frac{1}{2}}\right)-j\left(\frac{\omega b}{a^2+\omega^2b^2}+\sigma_0\omega^{-\frac{1}{2}}\right) \tag{6-160}$$

式中：$a=\dfrac{1}{R_{\infty1}}+\dfrac{1}{R_{01}}$；$b=C_d+\dfrac{1}{kR_{\infty2}}$。

钝化膜的阻抗图中高频段为始于原点的半圆，低频与 Warburg 阻抗相似。当 R_{01} 增加，即界面离子交换过程放缓时，阻抗弧中非扩散部分逐渐占主导地位。对于界面反应特别慢，但空位的运输很快的情况，阻抗弧为类似于纯电容响应的半圆。

6.5 电化学阻抗谱的数据处理与解析

与其他电化学测量方法一样，进行电化学阻抗谱测量的最终目的，也是要确定电极反应的历程和动力学机理，并测定反应历程中的电极基本过程的动力学参数或某些物理参数。其数据结果是根据测量得到的交流阻抗数据绘制的电化学阻抗谱(EIS)谱图，若要实现测量目的，就必须对 EIS 谱图进行分析，最常采用的分析方法是曲线拟合的方法。对电化学阻抗谱进行曲线拟合时，必须首先建立电极过程合理的物理模型和数学模型，它们可揭示电极反应的历程和动力学机理；然后进一步确定数学模型中待定参数的数值，从而得到相关的动力学参数或物理参数。用于曲线拟合的数学模型分为两类：一类是等效电路模型，其中的待定参数就是电路中的组件参数；另一类是数学关系式模型。经常采用的是等效电路模型。

EIS 数据处理有两个步骤：一是确定阻抗谱所对应的等效电路或数学关系式；二是确定这种等效电路或数学关系式中的有关参数的值。这两个步骤是互相联系、有机地结合在一起的。一方面，参数的确定必须要根据一定的数学模型来进行，所以往往要先提出一个适合于实测阻抗谱数据的等效电路或数学关系式，然后确定参数值。另一方面，如果将所确定的参数值按所提出的数学模型计算，得到的结果与实测的阻抗谱吻合得很好，就说明所提出的数学模型很可能是正确的；反之，若求解的结果与实测阻抗谱相去甚远，就有必要重新审查原来提出的数学模型是否正确，是否要进行修正。所以，实测的 EIS 数据对有关的参数值的拟合结果又成为模型选择是否正确的判据。

在确定物理模型和数学模型方面，必须综合多方面的信息。在考虑阻抗谱的特征基础上，可以对阻抗谱进行分解，逐个求解阻抗谱中各个时间常数所对应的等效组件的参数初值，在各部分阻抗谱的求解和扣除过程中建立起等效电路的具体形式。例如，观察高频区和低频区的图形。Nyquist 图上高频区出现半圆或压扁的半圆，表明电荷传递步骤最有可能是控制步骤，而低频区实分量和虚分量呈线性相关，则表明在此电势下电极过程是扩散控制；如果在第 1 象限出现低频电容弧或者第 4 象限出现低频电感弧，很可能在电极表面发生了某种物种的吸附（不能确定吸附的物种），与其他电化学测试技术相结合，如极化曲线法测量塔菲尔斜率、旋转环盘电极法检出反应中间产物、光谱电化学法鉴定反应中间体；另外，还有可能有特殊现象（钝化等）。

在确定了阻抗谱所对应的等效电路或数学关系式模型后，将阻抗谱对已确定的模型进行曲线拟合，求出等效电路中各等效组件的参数值或数学关系式中的各待定参数的数值，如等效电阻的电阻值、等效电容的电容值、CPE 的 Y 和 n 的数值等。

曲线拟合是阻抗谱数据处理的核心问题，必须很好地解决阻抗谱曲线拟合问题。由于阻抗是频率的非线性函数，一般采用非线性最小二乘法进行曲线拟合。所谓曲线拟合就是确定数学模型中待定参数的数值，使得由此确定的模型的理论曲线最佳，逼近实验的测量数据。

拟合后的目标函数值通常用 χ^2 值来表示，代表了拟合的质量，此值越低，拟合越好，其合理值应在 10^{-4} 数量级或更低。另外，还可以观察所谓的“残差曲线”，该曲线表示阻抗的实验值和计算值之间的差别，残差曲线的数据值越小越好，而且应围绕计算值随机分布，否则拟合使用的电路可能不合适。

但是，电化学阻抗谱与等效电路之间并不存在一一对应的关系。很常见的一种情况是，同一个阻抗谱往往可用多个等效电路进行很好的拟合，例如，具有两个容抗弧的阻抗谱可用图 6－30 中所示的三种等效电路来拟合，至于具体选择哪一种等效电路就要考虑该等效电路在具体的被测体系中是否有明确的物理意义，能否合理解释物理过程。这给等效电路模型的选定以及等效电路的求解都带来了困难。而且有时拟合确定的等效电路的组件没有明确的物理意义（例如电感等效组件、负电阻等效组件），难以获得有用的电极过程动力学信息。这时就要使用依据数学模型的数据处理方法。

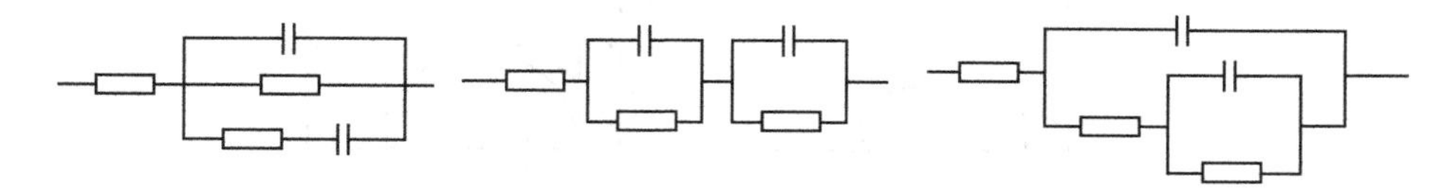

图 6－30　可用于包含两个容抗弧的阻抗谱的等效电路

6.6　电化学阻抗法的应用

电化学阻抗谱（EIS）的应用非常广泛，如固体材料表面结构表征，在金属腐蚀体系、缓蚀剂、金属电沉积中的应用以及在化学电源研究中的应用等。在不同的应用领域中，往往要采用不同的数学模型或等效电路模型，选用的依据主要是能够很好地解释研究体系中所进行的具体过程，具有确定的物理意义，所得结论能够很好地解释体系的性质并指导进一步的研究。

6.6.1 电化学阻抗法研究金属腐蚀

电化学腐蚀包含同一电极电位下在溶液与金属之间至少有两个同时发生的电极反应，一个是金属的阳极氧化，另一个是介质的还原（溶液中的 H^+ 或 O_2 等）。在稳态下还原电流 I_c 和氧化电流 I_a 互相抵消，$-I_c=I_a$，净电流 $I_a+I_c=0$，此时的电位称为腐蚀电位 E_{corr} 或自然电位。

交流阻抗法可以用于腐蚀机理的研究。例如 Keddam 用交流阻抗法研究了铁在 1 mol/L 的 H_2SO_4 中当电位增加时的活化-钝化转化，如图 6-31 所示。该图中 a 点为活化态，阻抗图的高频段是典型的电阻-电容系统，但当 $\omega\to 0$ 时，阻抗曲线趋向负电阻（第 2 象限），这与稳态极化曲线（左图）的负斜率是一致的。在更高的电位下，高频段阻抗曲线仍表现为电阻-电容响应，因其极化电阻甚高（见稳态极化曲线水平段），低频段并不在实轴结束。

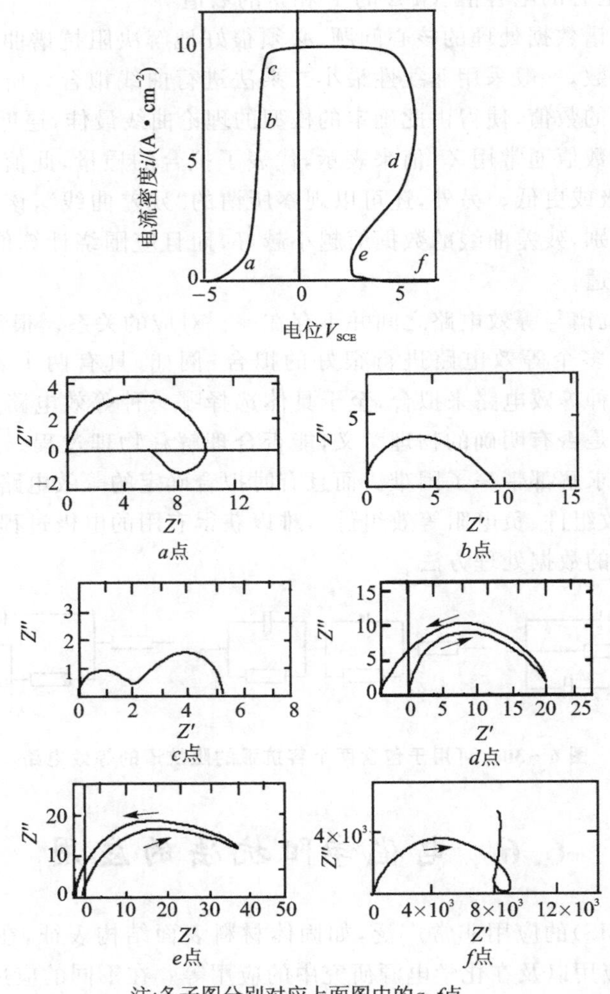

注：各子图分别对应上面图中的a~f点。

图 6-31 铁在 1 mol/L H_2SO_4 中随电位增加时的活化-钝化转化

交流阻抗法也适用于钝化态的研究。金属表面包括金属-膜-溶液三个部分及其运动。其阻抗 Z_T 为

$$Z_T = Z_{m/f} + Z_f + Z_{f/s}$$

式中：$Z_{m/f}$ 为金属-膜界面阻抗，Ω；Z_f 为膜阻抗，Ω；$Z_{f/s}$ 为膜-溶液界面阻抗，Ω。三者互相串联，其中最大者在总阻抗中占主导地位。由于三者均依赖于频率，在不同频段占主导地位的阻抗不同。

Armstrons 和 Edmonson 认为，金属-膜界面阻抗可用一个电容和两个互相串联的电荷传递电阻 R_e 和 R_c 并联来表示。R_e 表示电子传递电阻，R_c 表示金属离子从金属到膜运动的电阻。在适宜腐蚀测量的频率范围(0.1 mHz～10 kHz)内，$1/(CR_e) \gg \omega$，$Z_{m/f} \approx R_e$。在此条件下，金属-膜界面阻抗相当于一个与频率无关的电阻，表现了电子在两相间传递的能力。

当溶液中不存在任何氧化还原对时，电子或空穴在膜-溶液界面不发生交换，膜的总阻抗可表示为空穴阻抗与电子阻抗和空穴阻抗的并联。而膜阻抗具有 Warburg 阻抗的形式，在 Nyquist 图上为一条斜率为 1 的直线，且在高频段直线过原点，低频段阻抗与实轴相交，交点数值的大小主要受空位扩散系数的倒数($1/D$)以及膜的厚度 L 的影响。

6.6.2　电化学阻抗法研究表面涂层的防护性能

涂层是防止金属腐蚀的一种重要的防护手段。涂层的种类很多，每种涂层的防护机制也是各不相同的。因此，在用电化学阻抗谱方法来研究涂层时，需要建立不同的模型来分别处理各种不同的涂层体系。由于有机涂层是最重要的涂层体系，用 EIS 研究有机涂层的工作也比较多，故我们在这里主要介绍用电化学阻抗谱对有机涂层的研究。

有机涂层通常被认为是一种隔绝层，通过阻止或延缓溶液渗入到基底金属与涂层的界面来达到保护基底金属免受腐蚀的目的。虽然溶液总能通过涂层的溶胀和有机溶剂挥发留下的微孔缝隙向涂层渗透，但只要水分没有到达涂层-金属界面，那么涂层就还是一个隔绝层，起到隔离水分与基底金属接触的作用。这个水分未渗透到涂层-金属界面的时间叫做浸泡初期。图 6－32(a)所示为有机涂层覆盖的金属电极在 NaCl 溶液中浸泡初期的电化学阻抗谱的 Bode 图。从图中可以看出，在浸泡初期测得的几个阻抗谱 $\lg|Z|$ 对 $\lg f$ 作图为一条斜线，相位角在很宽的范围内接近－90°，说明此时的有机涂层相当于一个电阻值很大、电容值很小的绝缘层。此时，阻抗谱所对应的等效电路如图 6－32(b)所示，其中 R_s 为溶液电阻，C_c 为涂层电容，R_c 为涂层电阻。在浸泡初期，随着电解质溶液向有机层渗透，涂层电容 C_c 随浸泡时间加长而增大，电阻 R_c 则浸泡时间加长而减小。在 Bode 图中，表现为 $\lg|Z|$ 对 $\lg f$ 的曲线向低频方向移动，相位角曲线下降。相位角曲线的下降，说明了涂层电容值的增大及涂层电阻值的下降。引起这种变化趋势的原因是电解质溶液的渗入。与组成有机涂层的那些物质及涂层中的空泡相比，电解质溶液具有较小的电阻值及较大的介电常数，它的渗入会改变涂层电阻与涂层电容。

f 电解质溶液对涂层的渗透在一定的时间之后达到饱和，此后涂层电容不再因电解质渗透造成涂层介电常数的变化而明显增大。这时测得的阻抗谱的 Bode 图中高频端对应于涂层电容的那条斜线不再随时间增长向低频移动而是互相重叠的(见图 6－33)。但随着电解质溶液渗透到达涂层-基底金属的界面并在界面区形成腐蚀反应微电池后，测得的阻抗谱就会具有两个时间常数。电解质溶液到达涂层-基底金属的界面，引起基底金属腐蚀的同时还破坏着涂

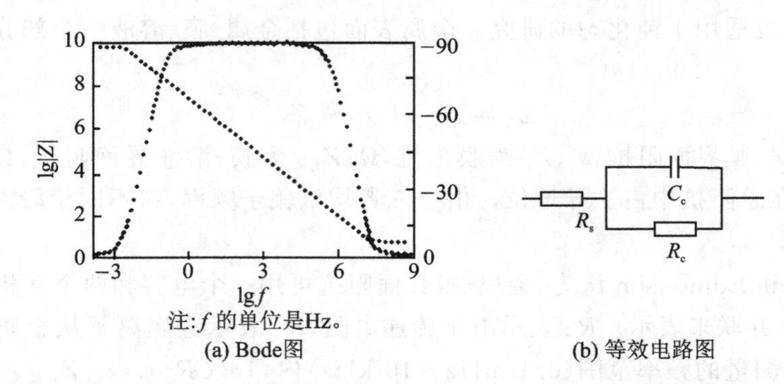

(a) Bode图 (b) 等效电路图

图 6-32 有机涂层覆盖的金属电极在 NaCl 溶液中浸泡初期的阻抗谱

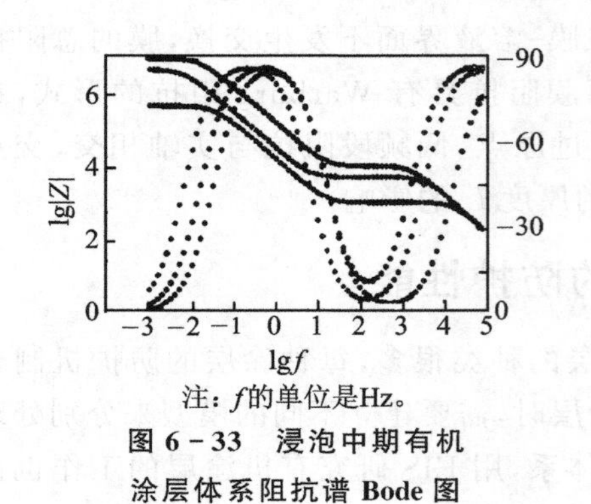

图 6-33 浸泡中期有机涂层体系阻抗谱 Bode 图

层与基底金属之间的结合，使涂层局部与基底金属分离或起泡。但此时涂层表面还没有出现肉眼能观察到的宏观小孔。我们把阻抗谱出现两个时间常数但涂层表面尚未形成宏观小孔的那段时间叫做浸泡中期。浸泡中期有机涂层体系的阻抗谱特征如图 6-33 所示。图中是具有两个时间常数的阻抗谱 Bode 图。几条阻抗谱曲线在高频端重叠在一起，表明在浸泡中期，电解质溶液对涂层的渗透已达饱和。

浸泡中期的阻抗测量的结果极其灵敏地显示出涂层-基底金属界面的结构变化信息。一旦电解质溶液渗透到达涂层-基底金属界面，在界面区形成了腐蚀微电池，阻抗谱就会显示两个时间常数的特征。故阻抗测量可灵敏地显示出涂层在界面发生的破坏过程。

浸泡中期的 EIS 呈现出两个时间常数的特征，与高频端对应的时间常数来自于涂层电容 C_c 及涂层表面微孔电阻 R_{po} 的贡献，与低频端对应的时间常数则来自于界面起泡部分的双电层电容 C_{dl} 及基底金属腐蚀反应的极化电阻 R_p 的贡献。若涂层的充放电过程与基底金属的腐蚀反应过程都不受传质过程的影响，那么这个时期的阻抗谱可以由图 6-34 中的两种等效电路来描述。图 6-34(a)中的模型适合于大多数的有机涂层，而在电解质溶液均匀渗入涂层体系且界面的腐蚀电池是均匀分布的情况下，适用图 6-34(b)中的模型来描述。富锌涂层交流阻抗谱是一种典型的适合图(b)模型的例子。而当有机涂层中含有颜料、填料等添加物，或其他阻挡溶液渗入的片状物如玻璃片等时，这些添加物的阻挡作用，使电解质溶液渗入有机涂层的传质过程成为一个慢步骤。在阻抗谱中表现为 $\lg|Z|-\lg f$ 曲线中间频段应出现直线平台的区域出现了一条斜线，其斜率在 −0.5～−0.2 之间，这是由于扩散过程引起的阻抗的特征(见图 6-35(a))。

图 6-35(a)中的阻抗谱图一般出现在较长的浸泡时间之后，此时有机涂层表面出现了肉眼就能见到的锈点或宏观孔，浸泡出现锈点之后的时间段称为浸泡后期。在浸泡后期，往往可得到一个时间常数且呈 Warburg 阻抗特征的阻抗谱。这种阻抗谱的阻抗复平面图及其等效电路图如图 6-36 所示。这种阻抗谱的出现表示，在浸泡后期，有机涂层表面的孔率及涂层-基底金属界面的起泡区都已经很大，有机涂层已经失去了阻挡保护作用，故阻抗谱的特征主要由基底金属上的电极过程决定。

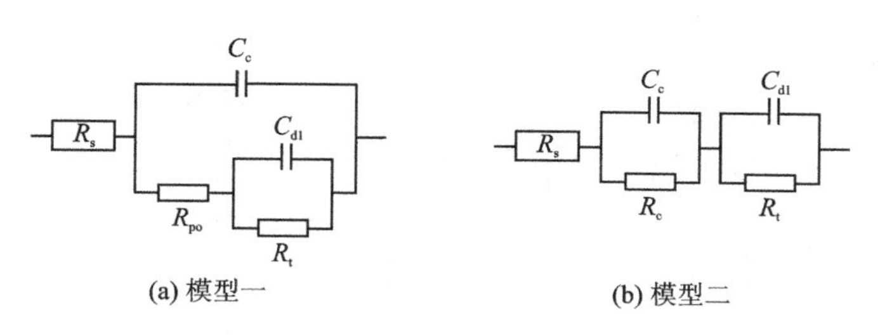

图 6-34　两个时间常数的阻抗谱的等效电路

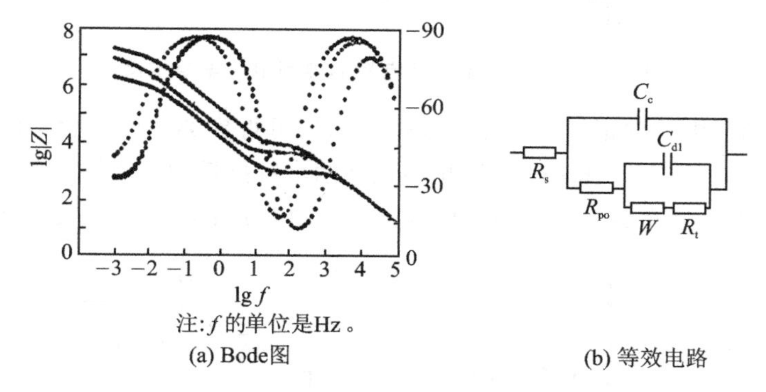

图 6-35　浸泡后期两个时间常数的有机涂层体系阻抗谱 Bode 图及其等效电路

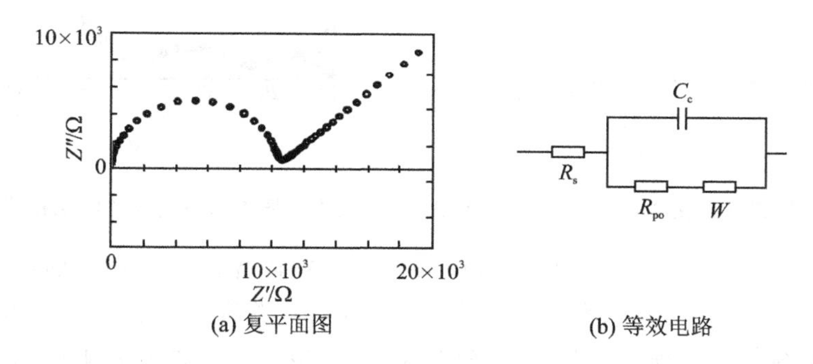

图 6-36　浸泡后期一个时间常数且呈 Warburg 阻抗特征的阻抗谱阻抗复平面图及其等效电路

6.6.3　电化学阻抗法在能源器件上的应用

目前能源器件的种类很多,在此举几个例子说明交流阻抗法的应用。

1. 化学电源

化学电源是把化学能转化成电能的一种器件。对于一个电池来说,最重要的问题是效率问题和状态问题。效率问题即电池的放电过程如何最大限度地利用电池活性物质,使正极的还原反应和负极的氧化反应尽可能进行到底。状态问题主要包括充放电过程中电荷状态、搁置寿命、充放电循环寿命等。

当对电池中的某一部分进行 EIS 测试时,往往可以得到电极内各组成部分对电极性能的影响信息。图 6-37 所示的阻抗谱是嵌入型电极上测得的典型阻抗谱,图中的标注是引起相应频率范围阻抗响应的电极弛豫过程。

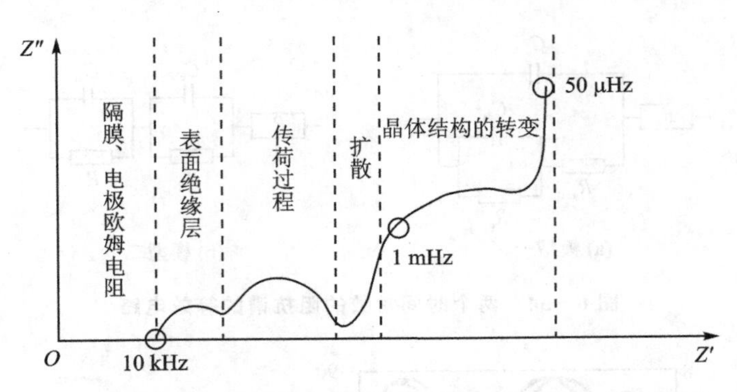

图 6-37　嵌入型电池电极的典型电化学阻抗谱

例如,对于锂离子电池的正、负极进行 EIS 测试,均可得到类似的电化学阻抗谱。通常采用的测试频率范围为 10^{-2}～10^{-5} Hz,所得阻抗谱包括两个容抗弧和一条倾斜角度接近 45°的直线。如尖晶石锂锰氧化物正极在首次脱锂(充电)过程中不同电势下的电化学阻抗谱(见图 6-38)。

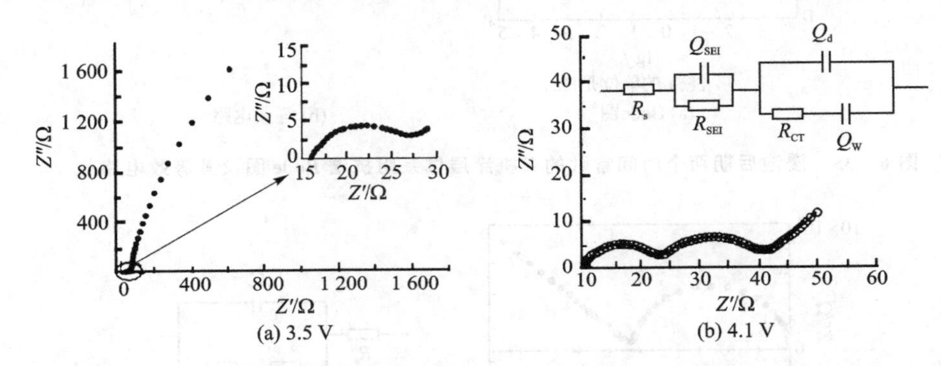

图 6-38　尖晶石锂锰氧化物正极在首次脱锂(充电)过程中不同电势下的电化学阻抗谱及其等效电路

图 6-38 中,阻抗谱的高频容抗弧对应着锂离子在固体电解质相界面(Solid Electrolyte In-terphase, SEI)膜中的迁移过程,而中频容抗弧则对应着锂离子在 SEI 膜和电极活性材料界面处发生的电荷传递过程。在等效电路中,R_s 代表电极体系的欧姆电阻,包括隔膜中的溶液欧姆电阻和电极本身的欧姆电阻;常相角组件 Q_{SEI} 和 R_{SEI} 分别代表 SEI 膜的电容和电阻;常相角组件 Q_d 代表双电层电容;R_{ct} 代表电荷传递电阻;常相角组件 Q_w 代表固相扩散阻抗。

另外,随着电池放电时间的不同,锂离子的嵌入量不同其交流阻抗谱将显示不同的特性(见图 6-39)。

2. 电化学太阳能电池

交流阻抗谱是用于研究半导体表面态或半导体-电解质界面性质变化的有效工具。例如图 6-40 所示的采用阻抗谱研究光电化学太阳能电池中 n-$CuInSe_2$ 光电极在多碘化合物溶液中的阻抗谱。n-$CuInSe_2$ 电极的各种预处理方式对其伏安特性均有影响。对电极表面进行抛光+蚀刻处理或抛光+蚀刻+氧化后,其光响应均好于单纯进行抛光处理的电极。例如,在相对于铂电极为-0.2 V 的电位下,经过上述预处理后的电极的光电流比单纯抛光的电极增大了 2 倍。经抛光+蚀刻和抛光+蚀刻+氧化的晶体与单纯进行抛光处理的电极具有不同的交流阻抗谱。其主要区别在于氧化后至少增加了一个时间常数,因此在虚部增加了一个附

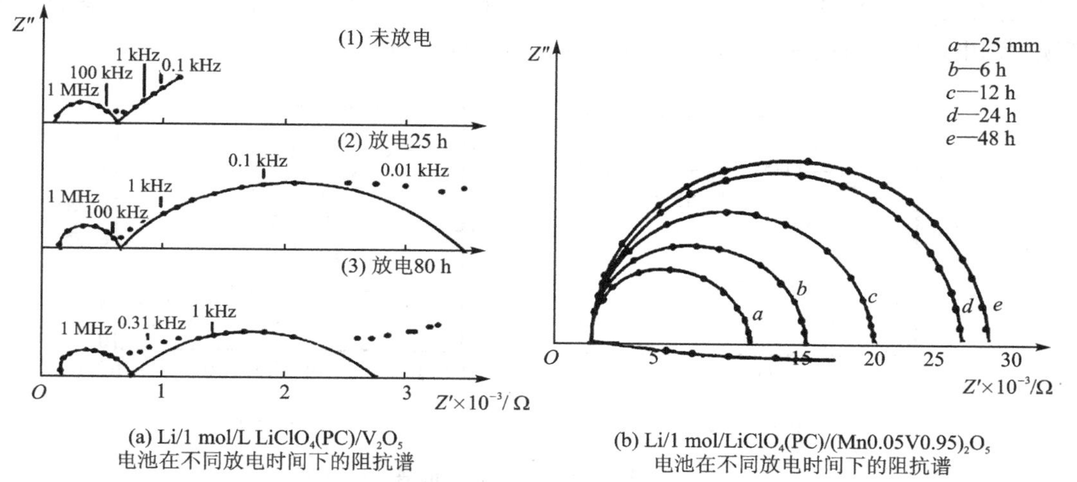

(a) Li/1 mol/L $LiClO_4$(PC)/V_2O_5 电池在不同放电时间下的阻抗谱

(b) Li/1 mol/$LiClO_4$(PC)/$(Mn0.05V0.95)_2O_5$ 电池在不同放电时间下的阻抗谱

图 6－39　Li 电池交流阻抗随放电时间的变化

加峰。这是很容易理解的，因为经氧化后，增加了一个半导体与氧化物之间的界面。

图 6－40(a)所示为电极经抛光＋蚀刻后，在高频段有两个快时间常数。图 6－40(b)所示为电极经抛光＋蚀刻＋氧化后，在高频段有一个快时间常数。低频段由于物理意义不清，未作分析。图 6－40 中最快时间常数与半导体中空间电荷区相关（见图(a)中的 C_{sc} 和图(b)中的 C_1）。在抛光＋蚀刻处理的材料中，第二个快时间常数与半导体/电解质界面上的表面态有关。表面态的时间常数不与其他时间常数相重叠。对于抛光＋蚀刻＋氧化处理的材料，C_1 与空间电荷区相关，它表示了因产生氧化物层导致的空间电荷区的电容改变。

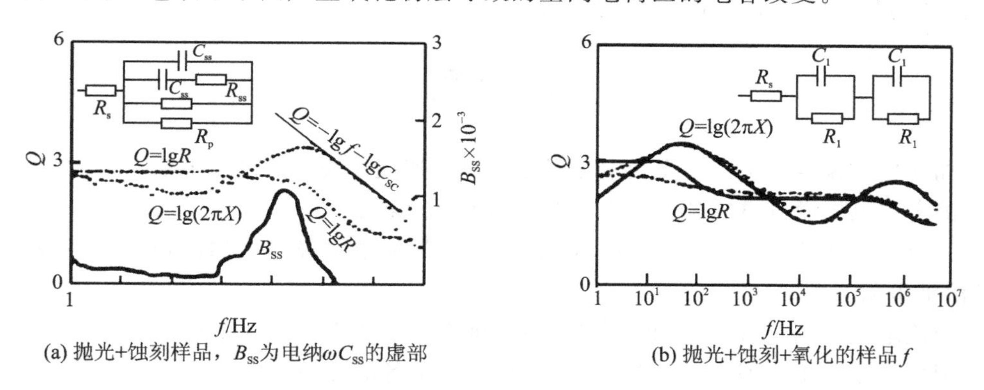

(a) 抛光+蚀刻样品，B_{ss}为电纳ωC_{ss}的虚部

(b) 抛光+蚀刻+氧化的样品 f

图 6－40　n－$CuInSe_2$ 的阻抗谱和等效电路

又如可以通过阻抗谱测试整个太阳能电池工作时各组成部分的状态。图 6－41 所示为染料敏化太阳能电池(DSSC)在开路电压下的典型阻抗图。其中，Nyquist 图谱显示了三个特征半圆，按照其出现在测试体系中的频率范围分为高频区（10^5～10^3 Hz）、中频区域（10^3～10 Hz）以及低频区（10～10^{-2} Hz）。在相应的频率范围内，Bode 图谱中显示为三个特征波峰。按照测试频率的高低，这些特征峰分别与电子在 Pt 对电极上的转移、在纳米 TiO_2 薄膜中的传输和复合以及在电解液中的扩散过程有关。其等效电路如图 6－41(a)插图所示，其中 R_s 为导电衬底电阻，R_{FTO/TiO_2} 及 $C_{FTO/TiO2}$ 为导电衬底与 TiO_2 的接触电阻和界面电容，$R_{CT,1}$ 和

C_1 分别为电子在 Pt 对电极上的电荷转移电阻和电容，$R_{CT,2}$ 和 C_2 分别为电子在光阳极 TiO_2 薄膜中的电荷转移电阻和电容，Z_W 为电解质在对电极上的扩散阻抗。

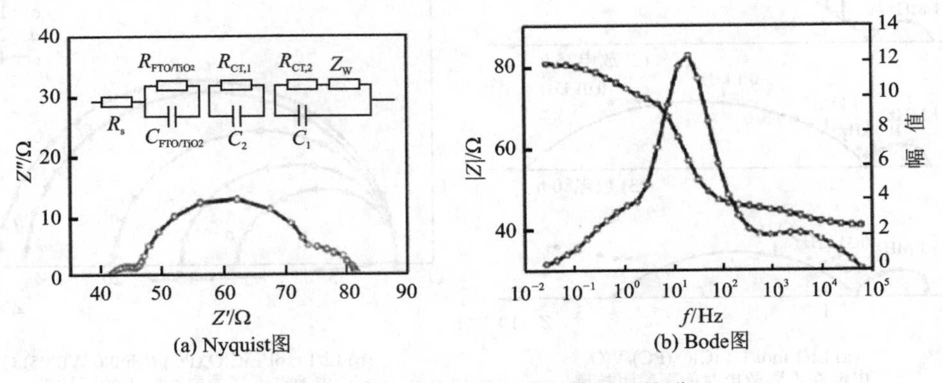

图 6－41　DSSC 在开路电压下的典型阻抗谱

3. 电介质和电容器

电化学阻抗谱可以用于各类电容器性质的研究，这是交流阻抗的一种极端情况：电阻为无限大，阻抗的特点主要表现为虚部的容抗。对于这种情况，一般用介电常数或介电函数来表示更方便。介电常数本身可以表示为一个复数，符合 Debye 色散关系式，其复平面图为相对介电常数和介电损耗因子(Cole－Cole 图)。由介电损耗的测量可以得到晶体中缺陷的弛豫过程的有关数据。在实践中，大多数实际系统尤其是玻璃态或无定型材料的 Debye 峰值要加宽很多，这一现象可由弛豫时间的分布来解释。如果弛豫时间不是单一的，而是有一定分布的，则在固体系统的复平面图中会出现常相角组件。

思考题

1. 如何用交流阻抗法测定交换电流或金属腐蚀速度？说明原理及方法。

2. 测定双电层微分电容的方法有哪些？各有什么特点？

3. 测得电极体系的等效串联电阻 R_s 和 C_s 后，如何求电极体系的法拉第阻抗、双电层电容以及溶液电阻？

4. 交流阻抗法测定 R_r、C_d 和 R_l 时对电解池有什么要求？为什么？

5. 画出交流电桥法测定 R_s 和 C_s 的线路图，分析各部分的作用。

6. 电化学极化下如何用复数平面图法(Nyquist)求 C_d？

第7章　电化学测试仪器

7.1　电化学测试仪器概述

电化学测试包括电化学体系的合理设计、实验条件的控制、实验数据的测量和实验结果的解析运算等主要内容。

实验条件的控制，就是根据实验的要求而控制电解池系统极化的电位或电流（或电量）和极化程度（小幅度或大幅度），改变极化的方式（如恒定、阶跃、方波、线性扫描、正弦波或载波）和极化的时间（稳态或暂态）等。为此，必须有执行控制功能的仪器（如恒电位或恒电流仪）和发出各种指令的仪器（如各种波形发生器）。

实验数据的测量，通常是测定电极电位、电流、阻抗以及它们随时间的变化。为了测量和记录这些数据及其变化需要相应的测量仪器或单元电路，如数字电压表、示波器或交流电桥。

有时还需要对实验结果进行解析运算。实验结果的解析方法可归纳为两类：一类经过理论分析，弄清各种基本电极过程在控制条件下的特征和各种电化学物理量之间的关系，利用方程的极限简化或方程解析及作图法等求出所需参数；另一类是从理论上解决电极的等效电路问题，并从技术上实现电模拟，然后从电极等效电路的有关组件数值计算所需参数。现代的电子技术及电子计算机技术在这方面提供了有力的工具。譬如，有时为了得到电量或电流的对数，可分别用积分器和对数转换器来实现。有时为了把电阻成分和电容成分从总阻抗中分离出来，并显示或记录它们随时间的变化，就必须采用能测出瞬间阻抗的仪器，如选相调辉或选相检波仪。这类仪器或单元电路称为解析单元。

在电化学测试中，可根据某实验方法和要求，选定相应的商品仪器组合起来进行测试，例如用一台慢扫描信号发生器与一台恒电位仪配合就可测定稳态极化曲线，也可以根据电化学实验要求设计制造出专用仪器进行电化学测量，如国产 DHZ－1 电化学综合测试仪、DD－1 型电镀参数测试仪就是这类产品。DHZ－1 型电化学综合测试仪是把指令单元（各种慢波形和快波形信号发生器）、控制单元（恒电位和恒电流控制放大器）及测量和解析单元（如积分器、对数转换器、选相调辉和选相检波等单元电路）组装在一起，可进行控制电位、控制电流、稳态、暂态、多种波形极化以及交流阻抗等多种功能的电化学测试。

为了正确地进行测量并达到预期的精度，除了理解电化学测试基本原理并合理设计电解池系统外，还必须了解电化学测试对仪器的要求，熟悉仪器的性能，正确选择、使用和维护仪器。不管是单件仪器组成的电化学测试系统，还是电化学综合测试仪，它们都是由指令单元、控制单元、测量和解析单元所组成的。对于现代电化学测试设备来说，这些单元电路几乎都是由集成运算放大器组成的。在此不可能讨论各种具体的电化学测试仪器，但有必要扼要介绍一下集成运算放大器，以便了解所遇到的电化学测试仪器。

所谓运算放大器，就是一种具有高放大倍数的稳定的直接耦合放大器。当用电阻、电容、二极管等与其组成各种反馈单元电路时，可完成加、减、乘、除、微分、积分等各种数学运算。因此，这种放大器最初称为运算放大器，沿用至今。

最初运算放大器由电子管组成,后来改用晶体管。自1964年第一个集成运算放大器问世以来,现在几乎都是由集成电路构成。其应用范围也远远超出了最初的电子模拟计算机的界限,在控制、测量和信号变换等方面得到广泛应用。

由于集成运算放大器具有开环增益高、响应快、输入阻抗高、输出电阻低、漂移小、噪声低、工作稳定、体积小等优点,因此在电化学测量和控制中得到广泛应用。

运算放大器有各种类型和用途,但实际上,对于使用者来说,并不一定要求掌握运算放大器本身的电路内容,重要的是要了解放大器的性能参数,明确各引线端的用法及如何选择外接组件等,以解决选用和连接问题。在运算放大器的应用电路中,通常也不画出运算放大器本身的电路图,而是用图7-1所示的"三角形"符号来表示,其中各引线端的号码与相应的运算放大器引出线的号码相同。对于不同型号的运算放大器,其引出端(引脚)号码和接法不同,需查有关资料确定。例如,5G24有9只引脚,其号码由定位销固定。判别时,将引线朝上,从定位销开始顺时针方向由引脚1依次数到引脚9,如图7-2所示。其中:引脚2为反相输入端;引脚3为同相输入端;引脚6为输出端;引脚1、5为调零端或称为失调补偿端;引脚8、9为相位补偿端;引脚7为正电源端($+E_c=+15$ V);引脚4为负电源端($-E_E=-15$ V)。

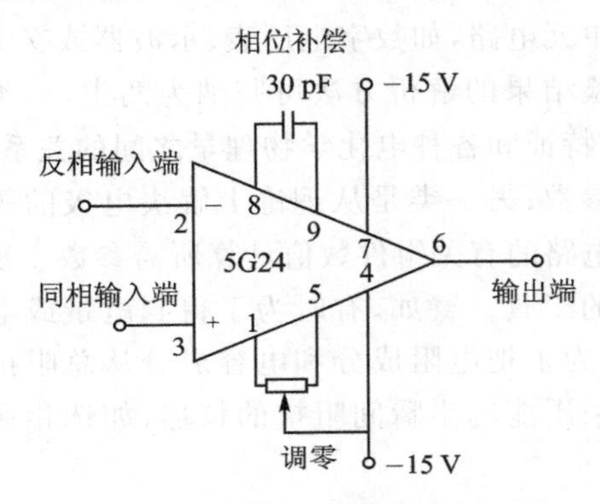

图7-1　5G24集成运算放大器符号图

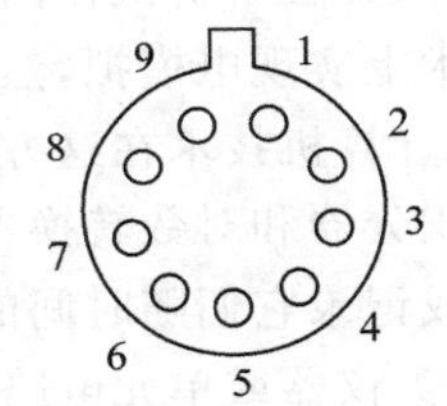

图7-2　5G24引脚图(引脚朝上)

因运算放大器的第一级为差动放大器,故有两个输入端,可单端输入,也可双端输入。反相输入端通常以"－"号表示,若此端接输入信号,则输出信号是反相的。同相输入端通常以"＋"号表示,若信号由此端输入,则输出信号与输入信号是同相的。

运算放大器的失调补偿端用于外接调零电位器 R_p,此电位器的滑动端接电源 $+E_c$ 或 $-E_E$。当两输入端都接地时,即输入为零,可通过调节 R_p 的滑动端使输出电压为零。这样是为了弥补运算放大器电路本身的非对称性。

相位补偿端也叫频率补偿端,外接补偿电容或RC网络,用于消除自激振荡。

有时在电路中用简化符号图来表示运算放大器(见图7-3)。这种图可用于表示电路原理,用于分析运算放大器输出信号与输入信号以及外部电路参数间的关系。

像图7-3那样,在外电路中没有负反馈电路的情况,称为开环工作状态。开环工作状态的应用价值不大,因为运算放大器的开环电压放大倍数 A 很高,通常在 10^4 以上,即使输入信号在毫伏级,输出端也会达到饱和。另外,开环工作状态不稳定。因此,运算放大器都在闭环状态下工作,即用电阻、电容或二极管等组件,跨接于运算放大器的输出端与反相输入端之间构成深度电压负反馈电路。

除了由模拟仪器组成的传统电化学测试装置外,近年来,计算机控制运行的电化学综合测

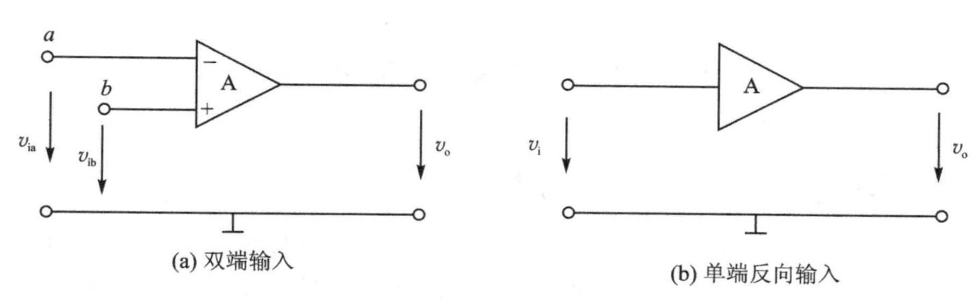

图7-3　运算放大器简化符号图

试系统已越来越多地承担起电化学测量的任务。在这类仪器中，恒电势仪仍然采用运算放大器构建的模拟电子电路，而信号产生功能和数据获取功能则由计算机来完成，并由计算机自动控制整套系统的运行，使测量过程准确可靠，操作方便快捷，功能强大。

计算机具有强大的复杂波形合成能力，可以提供几乎所有的电化学测量方法的控制信号，在选择测量方法时，只需在控制程序中简单选择，并设置适当的实验参数，即可由计算机合成。计算机合成的波形是数字量波形，需要通过数/模转换（DAC）电路转变成与数字波形成比例的模拟电压波形，模拟波形随后被输入到恒电势仪中，作为控制信号。由于计算机在合成波形时产生的是分立的数字信号，而非连续信号，因此合成阶梯波信号远比合成连续线性扫描信号容易，常常用电压增量很小的阶梯波信号代替线性扫描信号，这种阶梯波信号可以达到极低和极高的扫描速率。但有时需要使用真正的线性扫描信号（如研究双电层效应）时，还需外接模拟扫描信号发生装置。

在数据获取方面，电势、电流或电量等电化学响应信号按照固定的时间间隔进行采样，并由模/数转换（ADC）电路转换成数字信号输入计算机，进行记录和随后的数据处理。数据的采集精度、采集速度依赖于所采用的模/数转换（ADC）电路。

电化学综合测试系统往往还为不同的电化学测量方法配备相应的数据处理程序，例如，对于测量曲线，可进行平滑、滤波、卷积、扣除背景等操作；对于伏安分析类的方法，可进行找峰、扣除基线、绘制标准曲线、线性回归等操作；对于极化曲线，可进行半对数极化曲线分析、塔菲尔斜率分析、腐蚀速率分析等操作；对于电化学阻抗谱，提供阻抗谱的拟合程序。

另外，电化学综合测试系统往往还具备良好的扩展能力。在仪器的基本配置上预留一定数量的接口，具有各种功能的测量模块通过接口与仪器相连，可扩展仪器的功能。这类功能模块包括频响分析仪，用于实现交流阻抗测量；线性扫描信号发生器，可实现真正的线性电势扫描；大电流扩展模块，可将仪器输出电流的范围增大到±10 A；微电流测量模块，可实现低电流的测量等。

在仪器的使用过程时，应当注意定期校正仪器，确保仪器的正常工作和测量的精度。通常采用由电阻、电容构成的模拟电解池（dummy cell）来进行上述校正。有的商品化仪器提供了模拟电解池和规范的校正程序。

当商品化仪器不能完成特定的实验时，可以在计算机控制的框架内构建专用的电化学测量仪器。模拟电子电路（如恒电势仪）与计算机的接口可以通过插入计算机主板上的商品化数据采集（Data Acquisition，DAQ）板或USB接口的数据采集卡来完成。这样的数据采集板（卡）通常包括几个DAC和ADC电路、数字输入/输出（I/O）电路、计时器和触发器等，由它实现控制信号的输出和实验数据的采集。恒电势仪可采用现成的模拟恒电势仪或由运算放大器构建。通常，还要编制相应的程序来控制系统的运行。

7.2 恒电位仪和恒电流仪

7.2.1 恒电位仪基本电路分析

恒电位仪是电化学测试中的重要仪器，用它可控制电极电位为指定值，以达到恒电位极化的目的。若给以指令信号，则可使电极电位自动跟踪指令信号而变化。譬如，将恒电位仪配以方波、三角波或正弦波发生器，就可使电极电位按照给定的波形发生变化，从而研究电化学体系的各种暂态行为。如果配以慢的线性扫描信号或阶梯波信号，则可自动进行稳态或准稳态极化曲线的测量。恒电位仪不但可用于各种电化学测试中，而且还可用于恒电位电解、电镀，以及阴极（或阳极）保护等生产实践中，还可用来控制恒电流或进行各种电流波形的极化测量。

恒电位仪实质上是利用运算放大器经过运算，使参比电极与研究电极之间的电位差（即$\varphi_{参}-\varphi_{研}$），严格等于输入的指令信号电压v_i。用运算放大器构成的恒电位仪，在电解池、电流取样电阻以及指令信号的联接方式上有很大灵活性。可以根据电化学测试的要求选择或设计各种类型的恒电位仪电路。图 7－4 所示为几种常见的恒电位仪的基本连接方式。

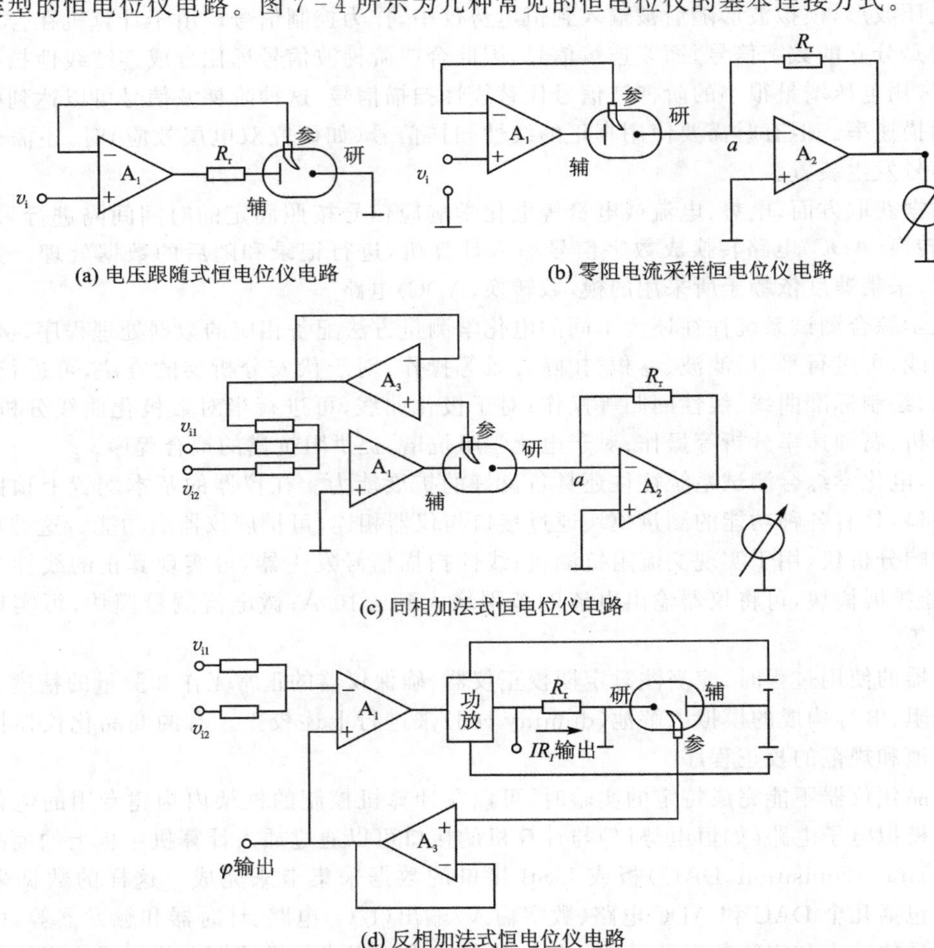

图 7－4 几种恒电位仪的基本联接方式

图 7-4 中，电路图(a)研究电极与指令信号有共同的接地点。因此不必考虑指令信号输入电路隔离性能的问题。但电流测量取样电阻 R_I 无接地端，如果只需要电流表直接读取电流值，这种电路是很简便可取的。对于需要用示波器或记录仪等显示和记录装置来观察记录电流的变化时，就要求示波器及记录仪应具有良好的差动输入级。必须注意，有些示波器和记录仪，虽然有差动输入级，但有一个输入端与仪器外壳间有一个大电容，这会严重破坏恒电位仪工作的稳定性。对于 R_I 对地浮动，还要求电流测量装置的差动输入级有大的共模输入范围，这对于采用高电压型恒电位仪研究高槽电压电化学系统是一个困难。还应指出，R_I 浮地引起的对地分布电容使高频测量时引入误差。

图 7-4 中，电路图(b)和图(c)都是利用零阻电流计使研究电极和电流取样电阻的一端处于虚地。指令信号、电压反馈信号、电流取样电阻有共同的等效地端；这样，电流的观察和记录仪器就不必再有差动输入级的要求。电路图(c)采用加和电路，使电极电位的反馈信号经电压跟随器 A_3 与指令信号 v_{i1} 和 v_{i2} 相加。电压跟随器 A_3 用于降低通过参比电极的电流。

必须指出，采用零阻电流计的恒电位仪电路也存在一些缺点：①高频时电极电位控制误差较大。这是因为运算放大器的增益随频率上升而下降，因而在高频时，虚地点与真地电位的误差大。②引入不稳定因素。一方面，因为流过电解池电流经零阻电流计到地，导致多了一个接地点安排问题；另一方面，在增益随频率下降的频率范围内，频率上升使虚地点误差电压上升，这等效于研究电极有一个附加感抗，在稳定性裕度不足的情况下，易于引起振荡。③零阻电流计必须有与恒电位仪一样大小的输出电流能力指标，在大电流运用时需增加一套功率放大级。因此，零阻电流计在低频时使用有良好的精确度，而对于暂态研究，则必须克服上述缺点。例如，将虚地电位和参比电极对虚地的电位差，均经电压跟随器后送入减法运算器将虚地电位扣除后，再反馈到恒电位仪主放大器来减小虚地误差。另一种方法是将电流取样电阻置于研究电极与地之间，便于电流观察和记录，而叠加到电极电位中的 R_I 信号则利用运算放大器的运算关系扣除。

图 7-4 中，电路图(d)将 R_I 和研究电极共公端接地，使测量电流的取样电阻和研究电极都有真接地端。这样，对于观察和记录电流的仪器不要求差动输入级，而且使恒电位仪较容易实现欧姆电位降补偿；另外，也容易实现从控制电位转换为控制电流。但是，这样的接地方式必须注意接地点的分流问题，以保证流过研究电极的电流与流过取样电阻 R_I 的电流相等(误差在实验许可范围内)。这在小电流工作情况下尤为重要。为此，必须采取下列措施：①功率级的电源是独立供给的，在这个独立电源的供电系统中除 R_I 和研究电极的共同接地点外没有任何其他接地点。②激励功率级所需的电流以及参比电极和取样电阻接入测量和控制系统的电流，都必须远小于研究电极的电流。为了保证恒电位仪的其他部分电源的稳定性和便于改变恒电位仪输出槽电压(如要求高槽电压的电化学系统)，把功率电源独立出来不仅合理而且方便。因恒电位仪本身已具有精密稳压作用，所以不加稳压的大功率电源也适用。至于激励功率级的电流问题，可以简单地在主放大器与功率放大器之间，用一个场效应管作耦合组件即可得到满意的解决(见图 7-6)。DHZ-1 型电化学综合测试仪的恒电位仪部分就是采用图 7-4(d)所示的类型的电路。

现在讨论一下恒电位仪的工作原理和调节过程。像图 7-4(a)(b)两种电路，A_1 为比较放大器，因 $v_a \approx v_b$，研究电极接地或为虚地，则 $v_a = v_{参-研} = \varphi_{参} - \varphi_{研}$，$v_b = v_i$，所以

$$\varphi_{参} - \varphi_{研} = v_i \quad 或 \quad \varphi_{研} = \varphi_{参} - v_i \tag{7-1}$$

若 A_1 为场效应管为输入级的运算放大器或用电压跟随器(A_3)使通过参比电极的电流很小($<10^{-7}$ A),则 $\varphi_{参}$ 为一稳定值。所以,$\varphi_{研}$ 随 v_i 变化而变化,而与电极反应过程无关。当指令信号电压(或称基准电压)v_i 被调定为某一恒定值时,则研究电极电位 $\varphi_{研}$ 就被维持在此恒定值,即起到恒电位的作用。如果由于某种原因(如电极过程的变化)使 $\varphi_{研}$ 稍微变负。因研究电极接地,$\varphi_{研}$ 变负,就相当于 $\varphi_{参}$ 相对于 $\varphi_{研}$(地)变正,即 $v_{参-研}$ 升高了。此电压反馈到反相输入端即 v_a 升高了,与 v_b 产生了偏差,差值 v_b-v_a 被 A_1 放大后驱动功率放大级,使通过研究电极电流 i_K 减小(或使阳极极化电流 i_A 增大),从而使研究电极电位稍微变正,回到原来被恒定的数值,自动完成恒电位的作用。其恒电位过程示意如下:

$$v_{参-研}=v_i \leftarrow \begin{cases} 若\ \varphi_{研}\downarrow \rightarrow \varphi_{参}\uparrow \rightarrow v_a\uparrow \rightarrow i_K\downarrow \\ \uparrow \varphi_{研} \leftarrow \end{cases}$$

由于运算放大器 A_1 的开环电压放大倍数很高($>10^4$),故可达到很高的恒电位精度。又因运算放大器的响应时间很短,因而恒电位的调节过程是很快的。如果指令信号 v_i 不是直流恒定电压而是时间的函数,如方波、三角波或正弦波电压,这时由于放大器响应速度很快,仍能维持 $v_{参-研}=v_i$,使研究电极电位按照指令信号发生变化。

电化学测试中有时需要在某一直流电位(或慢扫描电位)基础上叠加一个三角波、方波或正弦波电位进行极化,以研究电板暂态过程。这时可用图 7-4(c)电路,其中比较放大器是反相加法器。设 $v_{i1}=V_s$,即直流信号电压;$v_{i2}=v(t)$,为三角波、方波或正弦波电压。因图中加和点 a 为虚地,故

$$v_{参-研}=-(v_{i1}+v_{i2})=-[V_s+v(t)] \tag{7-2}$$

式中:V_s 可用来调节波形的直流电平;$v(t)$ 为三角波、方波或正弦波信号时,分别可得到三角波电位扫描法、方波电位法和交流阻抗法。

电化学测试中有时会遇到多电极体系,例如旋转环-盘电极,要求分别控制盘极电位 φ_d 和环极电位 φ_r,并分别测量盘极电流和环极电流。由于通常都采用共同的辅助电极和参比电极,因此可以组成所谓双路控制“四电极”(如盘电极、环电极、参比电极和辅助电极)恒电位仪,简称双电位仪,其电路原理如图 7-5 所示。比较放大器 A_3、功率放大器 B、电压跟随器 A_4 和测量盘极电流的零阻电流计 A_5 组成控制盘电极的恒电位仪,电路原理与一般恒电位仪相同。加入 A_1、A_2 和 A_6 用以控制环电极。测量环电极电流的零阻电流计 A_6 对地浮动了电位差,因为电路中把盘极电位 φ_d 作为环极电位 φ_r 的参考点。盘极与环极的指令信号 φ_d 和 φ_r 可以互不影响。因而,必要时可以使 φ_d 和 φ_r 按照不同时间关系变化。国产 DH-1 型多功能双恒电位仪就具有这种作用。

7.2.2 恒电位仪基本性能和设计要求

恒电位仪的选择要根据使用要求而定。对于只作为一种用途的恒电位仪来说,通常只要求某一方面的性能,而忽略其他方面的性能。例如工业上使用的恒电位仪,一般要求电流大,而对控制精确度、响应速度则要求不高。反之,暂态实验用的恒电位仪,则要求响应快,而漂移方面要求不高。要使恒电位仪能够适应多种用途以达到电化学综合测试的目的,对恒电位仪的性能要求就比较高。下面讨论恒电位仪的一些基本性能和设计要求。

1. 控制精确度

电化学研究用的恒电位仪,要求控制电位的精确度一般为毫伏级(通常为 1 mV),输出电

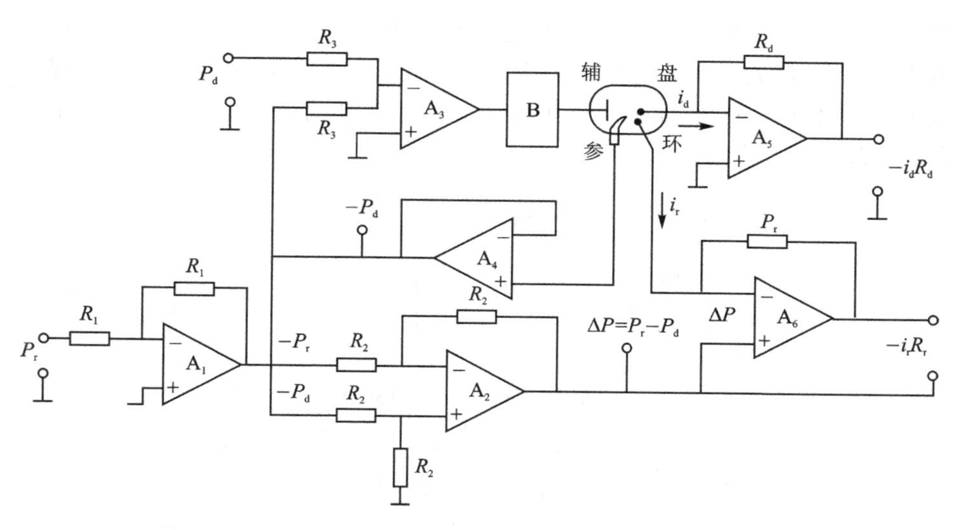

图 7－5　双恒电位仪电路原理

压一般达 10 V 以上，电流的变化为安培级，控制电位的可变范围约±4 V。因此，多用具有漂移小、噪声低、增益高、共模抑制比大的集成运算放大器组成恒电位仪。集成运算放大器的漂移和噪声指标一般在±0.2 mV 以下。在不考虑漂移和噪声时，恒电位控制的误差可表示为

$$\delta_{\varphi}=\frac{v_{o}}{A}+\frac{\varphi_{1}}{M} \tag{7-3}$$

式中：v_o 为恒电位仪输出电压；A 为运算放大器的开环放大倍数；φ_1 为参比电极和研究电极间电位差；M 为运算放大器的共模抑制比。从式(7－3)可以看出，要达到精确度 1 mV 的要求，A 和 M 都要大于 10^4，亦即增益和共模抑制比都应在 80 dB 以上。对于采用加和电路的恒电位仪就不必考虑共模抑制比引起的误差项，但必须考虑加和权重电阻的匹配精确度。

鲁金毛细管与研究电极间的欧姆电阻引起的实际控制误差，将在下面的欧姆电位降补偿部分讨论。

上述讨论系指静态控制精确度。关于恒电位仪的动态特性，特别在电化学暂态研究中具有重要意义。这一点将在后面讨论。

2. 输出功率

一般集成运算放大器输出电压为±15 V，输出电流不大于±10 mA。而对于一台恒电位仪要求输出电流能满足实验需要，输出电压要足以推动此输出电流流过电解池。例如，对于暂态实验，一个具有 10 μF 双电层电容的电极体系，如果要在 10 μs 内将双电层充电至 1 V，则要求通过的电流为 1 A。如果这时电解池的内阻是 30 Ω，则要求输出电压为 30 V。对于稳态实验，通常也要求有安培级的输出电流，因此必须有功率输出级。

图 7－6 所示为一种可输出较大功率的功率放大电路，DHZ－1 型电化学综合测试仪中就是用这种功率放大器，可得到自动过零的±1 A 的双向电流。图中两组复合管 T_3、T_4、T_5 和 T_6、T_7、T_8 分别负担阳极极化电流(i_A)和阴极极化电流(i_K)。极化电流从阴(或阳)极方向改变为阳(或阴)极方向必须越过电流零点，称为“交越”或“过零”。两组复合管在过零时仍要有数十毫安的电波，只不过二电流相互抵消而不流过电解池。这样可使两组复合管工作在功率放大的甲乙类工作状态，以免在零点附近因复合管工作电流太小，而使放大倍数骤降造成的控

制精确度下降(称为交越失真)。为了克服交越失真,可采取在 T_3 和 T_6 基极间串接电阻 R,并利用由 T_2 组成的恒流源在该电阻 R 上产生一定电压降来使 T_3 和 T_6 在过零时都具有一定的偏置电压。采用恒流源既便于偏置电压的稳定和调整,也有利于信号的传输。T_9 和 T_{10} 起功率放大级过载保护的作用。

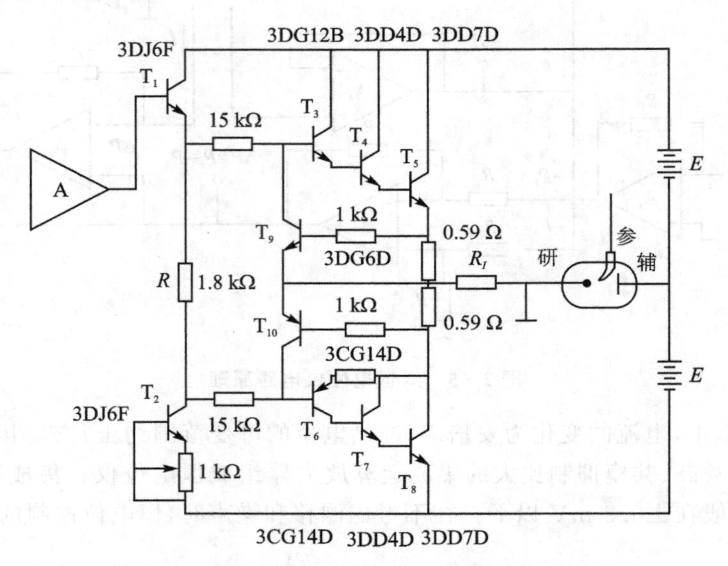

图 7-6　恒电位仪中的功率放大器

由于采用研究电极和取样电阻 R_I 公共端接地的电路,为了解决接地点的分流问题,采用独立电源 E,并用场效应管 T_1 作为主放大器 A 和功率放大级之间的耦合组件。

功率输出级不仅应提供大的输出电流,还应提供较高的输出电压。在用独立电源的情况下,只要提高独立电源电压 E 就可以提高恒电位仪的输出电压能力,但不可超过推动级组件的额定值。

功率输出级也可以采用集成功率放大器或高功率运算放大器。例如,Burr-Brown3572A,其输出电压为±30 V,输出电流为±2 A,输入电流 0.2 nA,电压摆率 3 V/μs,漂移 40 μV/℃。

3. 输入阻抗

恒电位仪的输入阻抗问题,实际上就是参比电极可以允许流过多少电流的问题。首先,流过参比电极的电流就是研究电极电流与辅助电极电流之差,从这方面来说,只要参比电极电流小于研究电极的百分之一即可。然而,流经参比电极的电流可能引起参比电极极化(甚至引起钝化),并在参比电极鲁金毛细管产生欧姆电位降。而恒电位仪的精确度为毫伏级,所以要求参比电极极化过电位和鲁金毛细管欧姆电位降总和不超过 1 mV。在一般情况下,欧姆电位降占主要地位,对于低阻参比电极和一般的盐桥系统,欧姆电阻通常不超过 10^4 Ω。所以,只要流经参比电极的电流小于 10^{-7} A,则所产生的误差不超过 1 mV。因此,一般恒电位仪的输入电流上限为 0.1 μA。对于特殊参比电极,例如微参比电极或高阻盐桥,输入电流还应更小。

为了提高输入阻抗,通常采用场效应管输入级的集成运算放大器,其输入电流一般不大于 10^{-10} A。在双极型集成运算放大器输入端加入一对差动场效应管,也可大大提高输入阻抗。

但要求这一对场效应管的特性很靠近，否则会导致较大的漂移。采用电压跟随器和偏置电流补偿电路也可提高放大器的输入阻抗。对于动态特性，阻抗中还应考虑输入电容，这一问题将在后面动态响应部分讨论。

4. 欧姆电位降补偿

欧姆电位降主要由电解液（包括隔膜）的欧姆电阻和极化电流引起的。通常采用鲁金毛细管使参比电极尽量靠近研究电极，以便把测量或控制电极电位时由溶液欧姆电阻引起的误差减到最小。但对于较精密的实验来说，残余的误差还是相当大的。假设鲁金毛细管的管口外径为 0.05 cm，则毛细管口距离电极表面至少也要 0.05 cm，以免对电流分布发生严重的屏蔽作用。假设电解液的电阻率为 10 Ω·cm，在 50 mA/cm^2 这样的中等电流密度下，极化时电解液的欧姆电位降为 10 Ω·cm×0.05 cm×50 mA/cm^2＝25 mV。即使电解质溶液的电阻率为 2 Ω·cm，欧姆电位降也达到 5 mV。所以，虽然恒电位仪的标称精确度达到 1 mV，但若不补偿欧姆电位降，则实际上真实电极电位的误差已超过了这个精确度。

当忽略浓差极化引起的溶液电阻的变化时，溶液欧姆电位降基本上正比于电流密度。因此，在大电流密度时的影响最大，可使测得的曲线受到歪曲。在稳态极化曲线测量中，塔菲尔直线段、阳极钝化曲线等都在大电流段受到歪曲。在暂态研究中，欧姆电位降的影响特别大。例如，在电位阶跃或方波电位法中，当电位突跃时，双电层充电电流很大，欧姆电位降就使这时的实际电位偏离了阶跃或方波形状，而且限制了双层充电电流并延长了双电层充电时间。在交流阻抗法中，非补偿电阻 R_u 会引起实际所控制正弦信号与指令信号产生一个相移。总之，在精密实验和测定中，必须尽可能减小欧姆电位降，并利用电子技术加以补偿。如果忽视了这一点，纵然把恒电位仪精确度提得很高也无济于事。

欧姆电位降的补偿方式有多种，如正反馈直接补偿、断电流法和电桥补偿法等。正反馈直接补偿技术的原理是利用欧姆电位降基本上正比于电流的关系。而串联于电解池的取样电阻上的电压正比于电流，因而也正比于欧姆电位降。所以，可取取样电阻上的电压乘以适当的比例常数后，再通过运算放大器与表观的参比电极电位进行加减运算，以得出真实的电极电位。然后把真实的电极电位 $\varphi_{真}$ 送去测量或与指令信号电压 v_i 进行比较，而达到控制真实电极电位的目的。

对于取样电阻与研究电极有公共接地端的恒电位仪，欧姆电位降补偿电路原理如图 7－7 所示。一方面，补偿电压信号由 A 点取出，A 点对地的电位正比于 IR_u 而相位与 IR_u 相反（即

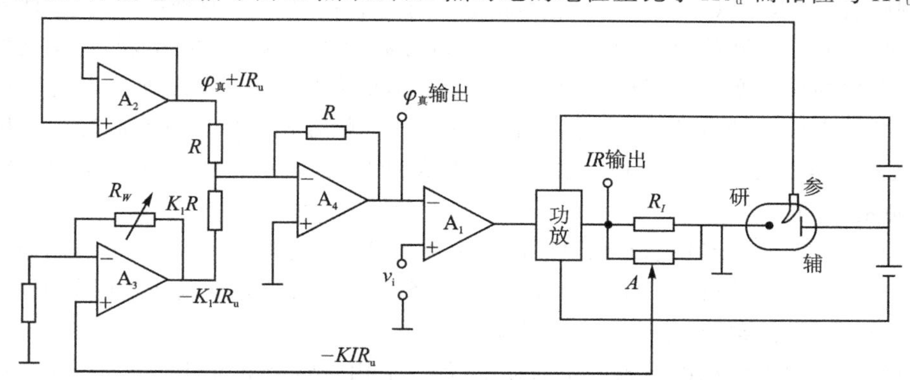

图 7－7　具有欧姆电位降补偿的恒电位仪原理图

$-KIR_u$)，调节R_w改变A_3的放大倍数，使A_3输出等于$-KIR_u$。另一方面，从参比电极取出的$\varphi_{真}+IR_u$，经A_2阻抗变换后输出$\varphi_{真}+IR_u$。A_3和A_2的输出经权重电阻K_1R和R在A_4运算后得出真实电极电位$\varphi_{真}$，在恒电位仪的比较放大器A_1上与指令信号电压v_i进行比较，达到了控制真实电极电位$\varphi_{真}$的目的。对于研究电极处于虚地而电流由零阻电流计测量的恒电位仪电路，可采用图7-8所示的电路实现欧姆电位降补偿。

上述欧姆电位降补偿方法，都是在恒电位仪中采用正反馈。因此，如果补偿过头就会发生自激振荡。即使在正好补偿的情况下也可能产生阻尼振荡。通常只进行90%左右的欧姆电位降的补偿。

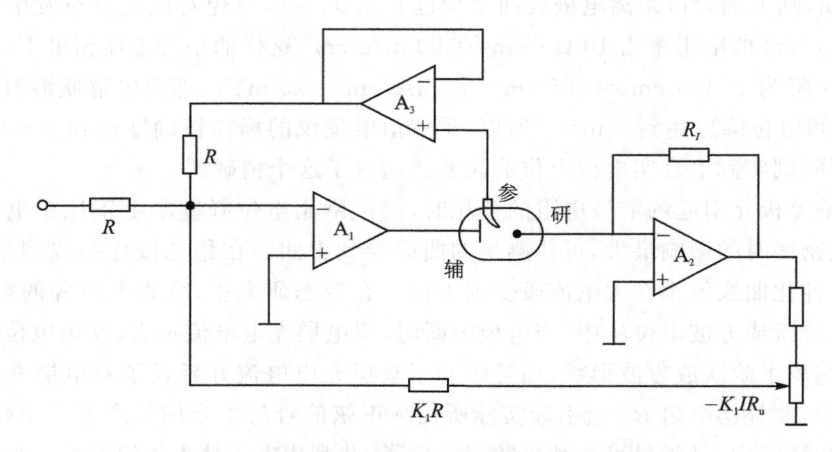

图7-8 具有欧姆电位降补偿的恒电位仪原理图

利用上述正反馈补偿欧姆电位降的方法有两个条件：①需要确定鲁金毛细管末端到研究电极之间的欧姆电阻R_u。②假定R_u值保持恒定。如何确定欧姆电位降恰好补偿，有两种方法：一种是事先在没有Faraday反应的电位区里，用方波电流或交流阻抗等方法直接测定R_u，或根据溶液电导和鲁金毛细管末端与电极表面的距离计算出R_u，然后确定欧姆电位降的补偿量；另一种是利用欧姆电阻补偿过头时的振荡现象，调节补偿量的大小(即调节正反馈的大小)使恒电位仪发生振荡，然后逐渐减小补偿量至振荡刚好停止，使恒电位仪处于临界稳定点。然而，R_u值保持恒定的假设只是一种近似。实际上，反应引起的浓度变化，较大电流通过时引起的热效应以及鲁金毛细管位置的变动等都会引起R_u的变化。

利用断电流技术可以在实验期间连续测定欧姆电阻R_u。电路原理如图7-9所示。在恒电位实验过程中，注入脉冲信号，使二极管D反偏置数微秒。这时极化中断，用示波器观测由R_u引起的电位的瞬间变化，从瞬间电位变化的大小和断开前流过电解池的电流就可以确定R_u值。脉冲结束后，二极管恢复导通，恒电位仪又按一般方式工作。重复脉冲就可以跟踪监测R_u随实验过程的变化。但这种方法只能跟踪R_u的变化而不能自动补偿，而且不能中途改变极化电流的方向。

采用断续电流法进行极化，在断电瞬间电解质溶液欧姆电位降自动消失，这时取样电位信号送入恒电位仪比较，就可以自动消除IR_u电位降的影响。断续电流法的时间响应特性差，通常是在只要求稳态或接近稳态的实验数据时采用。

最后应指出，以上讨论的欧姆电位降补偿，都只适用于整个电极具有均一的电极电位的情况。尚未考虑电极表面上电流和电位可能存在的不均匀分布。

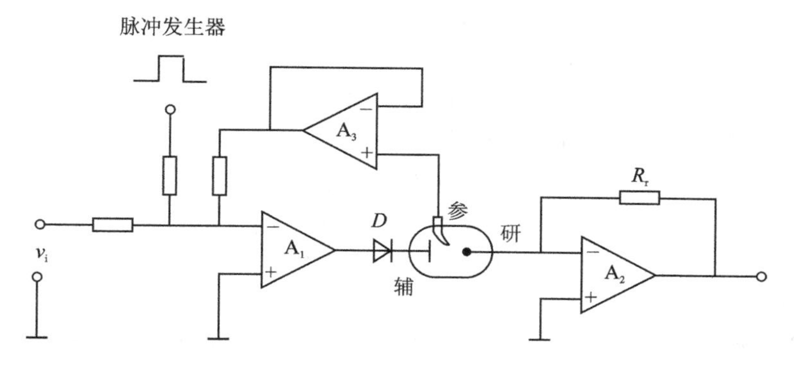

图7-9　利用二极管断续器鉴测 R_u 的恒电位仪

5．动态特性

既然恒电位仪是一个负反馈控制系统，就必须考虑其控制精度、响应速度以及稳定性。对于稳态测量，只需讨论上述的控制精确度、输入阻抗及欧姆电位降补偿等问题，即恒电位仪的静态特性。然而，对于电化学暂态研究，例如电位阶跃实验，往往要分析加入电位阶跃后很短时间内的电流-时间响应。实际测量系统中研究电极的电位对指令信号的响应要经过一定的过渡时间。对于暂态测量用的恒电位仪，要求具有微秒级的响应时间，即要求恒电位仪有良好的高频特性。

恒电位仪由负反馈运算放大器电路组成。随着工作频率升高，运算放大器的增益下降，即输出幅度下降，这叫运算放大器的幅频特性；同时还会产生附加相移，这叫运算放大器的相频特性。两者总称为频率响应。由于运算放大器随频率升高必然出现增益下降和相移，在一定条件下，不仅会使恒电位仪高频时控制精度大为下降，而且可能发生不稳定和假响应。因此，对于电化学暂态测量的恒电位仪必须充分注意其动态特性，即注意其响应速度和稳定性。

对于一个负反馈放大器(见图7-10)，可导出其稳定条件判据。图中，负反馈放大器由运算放大器组成，$A(\omega)$为运算放大器的开环增益，x_i 为输入信号，x_o 为输出信号，x_f 为反馈信号，x_s 为混合信号，即运算放大器的净输入信号，$x_s=x_i-x_f$。x 可以是电压，也可以是电流，这要看从输出端提取的反馈信号是电压还是电流。因开环增益 $A(\omega)=x_o/x_s$，反馈系数 $\beta(\omega)=x_f/x_o$，闭环增益 $A_f(\omega)=x_o/x_f$ 及 $x_s=x_i-x_f$，可得

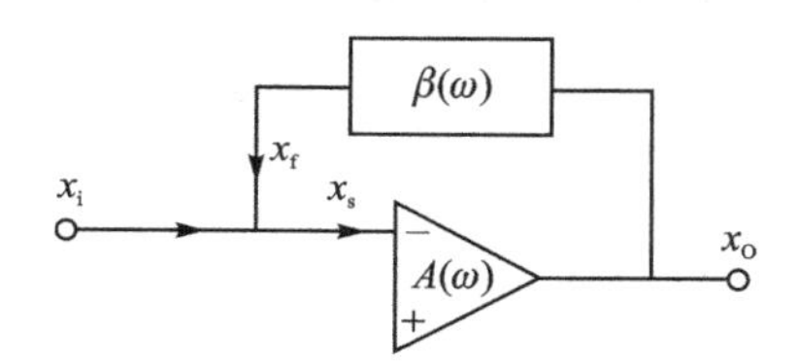

图7-10　负反馈放大器示意图

$$A_f(\omega)=\frac{A(\omega)}{1+\beta(\omega)A(\omega)} \tag{7-4}$$

此式适用于任何形式的负反馈放大器。由此式可知，若

$$1+\beta(\omega)A(\omega)=0 \quad 或 \quad \beta(\omega)A(\omega)=-1 \tag{7-5}$$

则 $A_f(\omega)\to\infty$，即会发生振荡。式(7-5)的物理意义是对负反馈放大器，若其$|\beta(\omega)A(\omega)|$为1，且由放大器 $A(\omega)$引起的相移 θ_0 与负反馈网络 $\beta(\omega)$引起的相移 θ_f 之和 θ 达到 180°，就会使电路不稳定，引起振荡。这时，即使没有输入信号 x_i，电路也会有输出信号 x_o。所以，负反馈放大器的临界振荡条件可表示为

$$\left.\begin{array}{l}|A(\omega)\beta(\omega)|=1 \\ \theta=180^{\circ}\end{array}\right\} \quad (7-6)$$

式中：
$$\theta=\theta_{o}+\theta_{f} \quad (7-7)$$

显然，负反馈放大器的稳定条件可写为

$$\left.\begin{array}{l}|A(\omega)\beta(\omega)|=1 \\ \theta<180^{\circ}\end{array}\right\} \quad (7-8)$$

或

$$\left.\begin{array}{l}|A(\omega)\beta(\omega)|<1 \\ \theta=180^{\circ}\end{array}\right\} \quad (7-9)$$

这两种表示式实质上一样。为了讨论方便，通常用式(7－8)，通过Bode图来讨论电路的稳定性。所谓Bode图就是放大器的对数频率特性图，包括幅频特性和相频特性。对于幅频特性图，频率用对数分度，幅值以分贝(dB)为单位(电压放大倍数A的分贝值为20lg A)，用线性分度。对于相频特性图，则频率以对数分度，相角θ用线性分度。Bode图表示的频率特性曲线不用逐点扫绘，而是用折线近似，这在工程上简便实用。

恒电位仪由负反馈放大电路组成。它包含有两个具有频率特性的RC反馈网络：一个是纯电阻负载下的恒电位仪本身；另一个是电解池。

纯电阻负载的恒电位仪，实标上是一个接近于全负反馈的运算放大器。利用相位补偿技术，可以把纯电阻负载的恒电位仪的频率特性补偿，如图7－11所示，从增益下降3 dB的频率f_0到增益等于1的特征频率f_t之间，幅频特性以－20 dB/10倍频速率下降，而相移为90°；而高于f_t的频率范围，幅频特性以－40 dB/10倍频速率下降，相移可达180°。因负反馈系统本身有一个固定的180°相移(反相)，由式(7－6)可知，在$A(\omega)\beta(\omega)\geqslant 1$时，如果放大器或外反馈网络又有180°的附加相移，就会引起自激振荡，导致系统的不稳定。对于具有图7－11所示频率特性的纯电阻负载恒电位仪，由于$A(\omega)\beta(\omega)\geqslant 1$时的附加相移只有90°，所以系统是稳定的；而且使系统稳定的相位余量为90°。

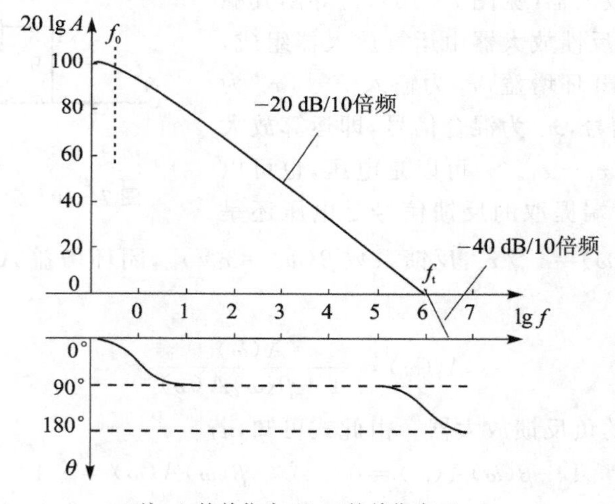

注：A的单位为dB；f的单位为Hz。

图7－11　经相位补偿后的纯电阻负载恒电位仪Bode图

然而，实际恒电位仪的负载是电解池，它不但包含有电阻，还有电容成分。整个恒电位仪-电解池反馈网络可近似地用图7－12表示。假定电解池中辅助电极的阻抗很小，可忽略不计；

因此图中 R_b 为辅助电极与鲁金毛细管尖嘴之间的溶液电阻，R_u 为鲁金毛细管尖嘴与研究电极间未补偿的欧姆电阻，R_p 为研究电极的极化电阻，C_p 为研究电极的等效电容，R_{ref} 为参比电极电阻，C_{ref} 为输入电容。

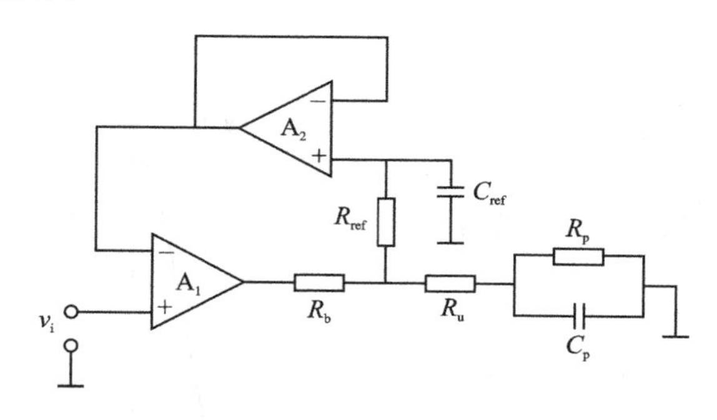

图 7－12　恒电位仪-电解池系统等效反馈网络

最简单的情况是电解池为纯电阻，而时间常数 $R_{ref} \cdot C_{ref}$ 很小。这时反馈系数 $\beta = R_p + R_u / R_p + R_u + R_b$ 与频率无关，不存在因连接电解池而引起的不稳定问题。然而，实际电极系统总有等效容抗存在。考虑在理想极化电极情况下，$R_p \to \infty$，可视为断路；且忽略 R_u，则电解池等效电路的反馈网络的频率响应特性如图 7－13 所示，其中转折频率 $f_{cell} = \dfrac{1}{2\pi R_b C_p}$，$f_r = \dfrac{1}{2\pi R_{ref} C_{ref}}$。

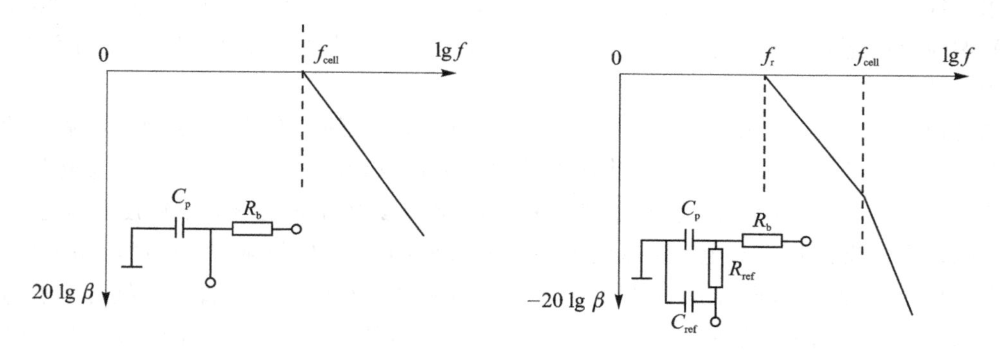

注：β 的单位为 dB。

图 7－13　理想极化电极等效电路的频率特性响应

这时，整个恒电位仪-电解池控制系统的 Bode 图出现了一个从 －20 dB/10 倍频向 －40 dB/10 倍频过渡的转折频率 f_{cell}，如图 7－14 所示。当频率高于 f_{cell} 范围内，附加相移可达 180°，使系统不稳定。实际上，电解池总是存在着一定分量的未补偿电阻 R_u 和电极等效电阻 R_p，使附加相移仍可小于 180°，但也已经接近 180°，系统的相位余量很小，虽不能说是完全不稳定，但已是欠阻尼了。这时，如输入一个阶跃信号，系统的响应(参比电极和研究电极间的电位变化)是减幅振荡，如图 7－15 所示。只有振荡衰退到零以后系统才能严格地在恒电位仪控制之下。产生阻尼振荡不仅使感兴趣的电化学信息被歪曲，而且任何一个微小的导致相移增加的因素，就会使系统进入不稳定状态。上升时间 t_1 加上振荡衰退所需的时间 $(t_2 - t_1)$，即系统的响应时间 (t_2)。在这期间，系统显然不能满足理论分析的结论。

从转折频率 $f_{cell}=\dfrac{1}{2\pi R_b C_p}$ 可知，若设法减小 C_p（如减小电极面积）或 R_b，将会提高转折频率，使特征频率 f_t 增大，可使电路稳定性得到改善。

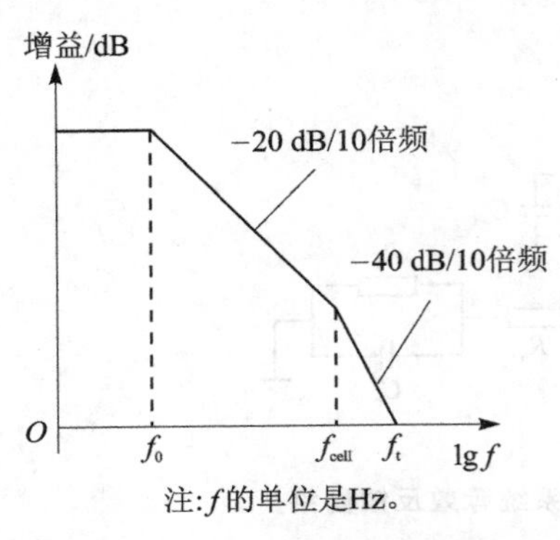

图 7-14　简化的恒电位仪-电解池系统的频率响应特性

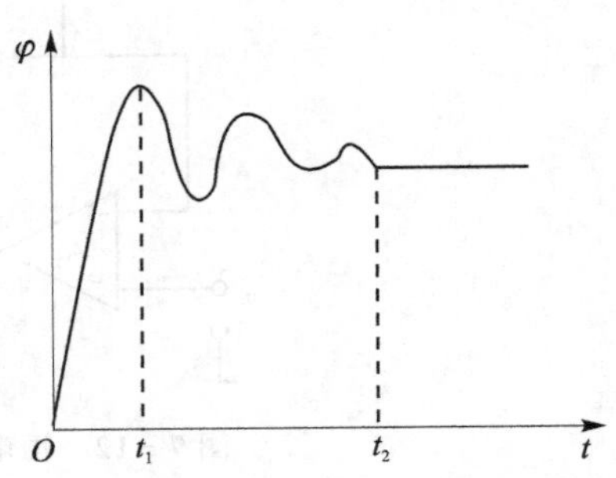

图 7-15　电极电位对阶跃指令信号的响应特性

既然动态特性取决于系统的 $A(\omega)\beta(\omega)$，回路增益越高，相位余量就越小。因此，在无法改变电解池阻抗时，可设法降低回路增益 $A(\omega)$ 来改善高频特性。有些专用的高频响应恒电位仪就是从这点出发设计的。显然，这是以牺牲精度来换取动态特性的改善。

为了研究快速电极过程，需要尽量降低整个系统的响应时间。对于恒电位仪组件的选择，可采用特征频率高且电压摆率大的运算放大器，并且要有良好高频特性的功率放大级，使仪器本身的响应时间达到微秒级以下。但应指出，即使一个完美的恒电位仪，如果使用不当，也会得出错误的结果。

电解池是整个控制系统不可分割的一部分，要得到良好的动态特性，必须把电解池的因素考虑在内。研究证明，即使有良好的快速上升的恒电位仪，在与电解池连接后，电极电位也还是难于立即得到完全控制。因此，电解池结构和电化学参数对电化学测量精度及动态特性有很大影响。在暂态测量中对电解池系统的主要要求是：辅助电极与研究电极间电阻要低，研究电极面积要小，极间杂散电容要小，研究电极上电流密度分布要均匀。鲁金毛细管尖嘴与研究电极之间保留一定的未补偿欧姆电位降可使系统达到最佳响应。另外，如果参比电极时间常数 $R_{ref}C_{ref}$ 较大，会严重影响响应时间和稳定性。降低时间常数 $R_{ref}C_{ref}$，可有效地改善恒电位仪的响应时间和稳定性。

为了降低参比电极的时间常数，一方面要尽可能减小参比电极的内阻，如鲁金毛细管管口的张角要适当，避免使用关闭的活塞液膜盐桥等；另一方面要尽量减小参比电极（包括引线）对地的分布电容。由于微参比电极固有的 R_{ref} 很大，降低 C_{ref} 就更为必要。

7.2.3　恒电位仪主要性能的检测方法

为了检查恒电位仪是否满足所需要的性能指标，或者对于自制或修理过的恒电位仪，都要进行性能测试。因实际电解池各具有不同的等效电路和 RC 常数，因此无法用一个实际电解池来较为全面地考察恒电位仪的各项性能。为此，可用电阻箱和电容箱组成的模拟电解池（见图 4-21）来进行测量。如图 7-16 所示，现将恒电位仪的主要性能测试方法介绍如下。

1. 给定电压

用数字电压表检验仪器在设计给定的电压范围内，当仪器以额定电流满功率输出工作时，其给定电压与参比电极和研究电极间的电位差是否相等，一般要求其差别小于 1 mV。测量时应注意电阻箱不能超载，特别对于输出功率较大的恒电位仪要使用相应功率的电阻箱进行测试。

2. 控制灵敏度的测定

通常用输出电流从零阶跃到额定电流时，研究电极电位的改变值 $\Delta\varphi$ 来表示恒电位控制灵敏度。但这对额定电流不同的恒电位仪进行比较时，不太方便。为此，可用另一定义：当通过研究电极的电流从零改变到仪器的额定输出电流时，研究电极电位的改变值 $\Delta\varphi$ 与输出电流的变化值 ΔI 之比(即 $\Delta\varphi/\Delta I$)为恒电位仪的控制灵敏度，其单位为 mV/A。在不同给定电位下，控制灵敏度可能会稍有差异，仪器上标出的应是额定范围内的最大值。在一般应用中，恒电位控制灵敏度≤1 mV/A 就足够了。

恒电位控制灵敏度的测试方法如图 7－16 所示。可变电阻箱 R_1 和 R_2 构成等效电解池，R_1 上的电压降 V_{R_1} 相当于研究电极与参比电极间的电位差。因参比电极的电位不变，故 V_{R_1} 的变化相当于研究电极电位的变化。流过两个电阻箱的电流 I 相当于流过电解池的电流，可从电流表上读出，其数值等于 V_{R_1}/R_1。如果辅助电极的极化很小，则 R_2 相当于溶液电阻。

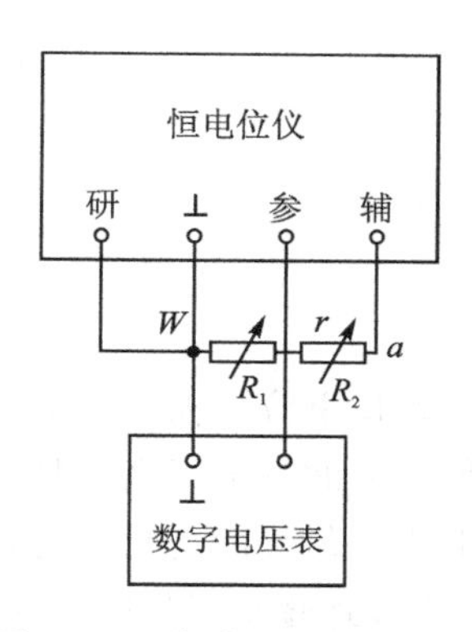

图 7－16　恒电位测量示意图

调节恒电位仪的基准电压为某一给定值，便可在 R_1 上建立一个几乎同样大小的电压。当改变 R_1(即相当于研究电极的 Faraday 阻抗改变)时，譬如使 R_1 减小，将使 r 点的电位降低，由于恒电位仪的控制作用，将使流过 R_1 的电流 I 增大，从而补偿 R_1 的电压降的减小，使 r 点的电位几乎不变。恒电位仪控制灵敏度的测定，就是测量在某一恒电位下，恒电位仪的输出电流从零变到最大额定值时电极电位的变化值，即 V_{R_1} 的变化值。其测试步骤如下：

① 按图 7－16 接好线路。恒电位仪接到研究电极(即 W 点)的导线有二：一是电位线，另一是电流线。电流线与恒电位仪上标有“研”或“研(I)”的接线柱连接；而电位线则与恒电位仪上标有地端符号“⊥”或“研(φ)”的接线柱连接。电位线应接在研究电极上，这样，可避免由电流线上的电阻电压降和电流线与研究电极接触处的接触电阻上的电压降所引进的测量误差。显然，在电流强度小时，这种误差可忽略不计。

② 将 R_1 调节为 10 000 Ω，R_2 调节为 5 Ω。

③ 接通恒电位仪电源，调节给定电位为零，用数字电压表测量 R_1 上的电压降 V_{R_1}。如果 V_{R_1} 不为零，则调节恒电位仪上的调零旋钮使 V_{R_1} 为零。

④ 改变给定电位为 0.10 V，测量 V_{R_1}；然后调节 R_1，使流过 R_1 的电流达到该恒电位仪的额定电流时再测定 V_{R_1}，这两个 V_{R_1} 之差即为该恒电位仪的控制灵敏度。譬如，该恒电位仪的额定电流为 1 A，如上述测得两次之差为 0.5 mV，则该机的控制灵敏度为 0.5 mV/A。

⑤ 用同样方法测量给定电位为±2 V 或极限控制电位下的控制灵敏度(R_2 仍为 5 Ω)。

3. 响应时间的测定

所谓响应时间，是指恒电位仪控制研究电极电位使其跟随指令信号变化所需要的时间。

由于电化学测量内容不同,对恒电位仪响应时间的要求也不相同。对于指令信号为直流,即稳态恒电位测量中,研究电极电位被恒定在某一给定数值,只是由于电化学反应(如钝化的发生)等原因,可能使研究电极电位偏离给定值,这时恒电位仪有毫秒级的响应时间就足以及时调节而维持电位恒定了。但在暂态研究中,指令信号为方波或其他快速变化波形,这时必须要求恒电位仪的响应速度很快,譬如响应时间为微秒级,否则无法控制研究电极电位按指令信号变化。可按图 7-17 所示的线路图来测定恒电位仪的响应时间。

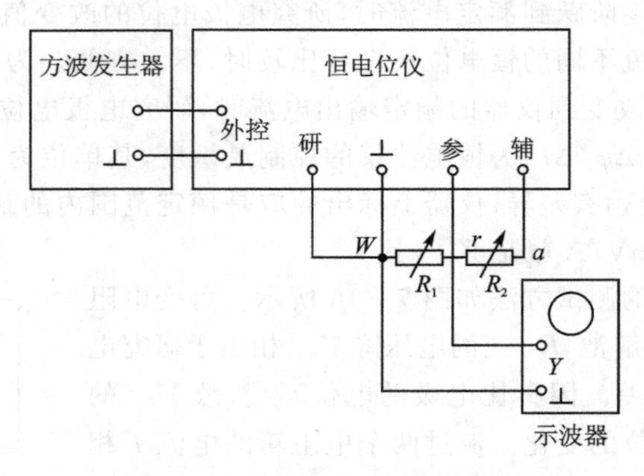

图 7-17　响应时间测量线路图

将恒电位仪输入端加一方波信号,则 R_1 的电压降 V_{R_1} 的变化也应与外加方波电压相同。但如果方波频率很高(因而方波前沿上升时间极短),恒电位仪来不及响应,则 V_{R_1} 的变化跟不上指令信号的变化速度,V_{R_1} 方波的上升前沿就发生畸变,如图 7-18 所示。当输出为额定电流时,此畸变部分所占的时间 t 就是恒电位仪的响应时间。其测定步骤如下:

① 按图 7-17 接好线路。

② 将 R_1 调节为 0.5 Ω,R_2 调节为 5 Ω。

③ 打开示波器电源,其 x 轴输入选择开关打向"连续",锯齿波扫描频率调在适当数值。

④ 接通恒电位仪的电源。在外接信号输入端接上方波信号发生器,取方波频率为 500 Hz。若恒电位仪的额定输出电流为±1 A,则调节方波交流电压峰峰值 $V_{pp}=1.0$ V,于是流经 R_1 的电流在额定值+1～-1 A之间变动。在示波器上可观察到 V_{R_1} 的波形,如图 7-18 所示。

⑤ 从示波器上测出 V_{R_1} 波形上发生畸变部分的长度,然后从方波电压半周期可推算 V_{R_1} 方波上畸变部分的时间,即可得到 500 Hz 下的响应时间。

⑥ 用同样的方法可测出 1 000 Hz、5 000 Hz 等不同频率下的响应时间。

4. 容性负载范围的测定

不同电极体系的双电层电容是不同的;同一电极体系在不同电位下,由于表面状态的不同、吸附或氧化膜的形成等原因,电极等效电容也不相同。因此,对于恒电位仪就有一个适应电容变化的要求,即希望容性负载变化时仍不影响恒电位仪的性能。容性负载容易使恒电位仪发生高频振荡。因此,可用图 7-19 所示的电路测量恒电位仪带容性负载的能力。用可变电容箱 C 与可变电阻箱 R_1 并联,用以模拟研究电极。改变电容 C,用示波器观察是否发生高频振荡。

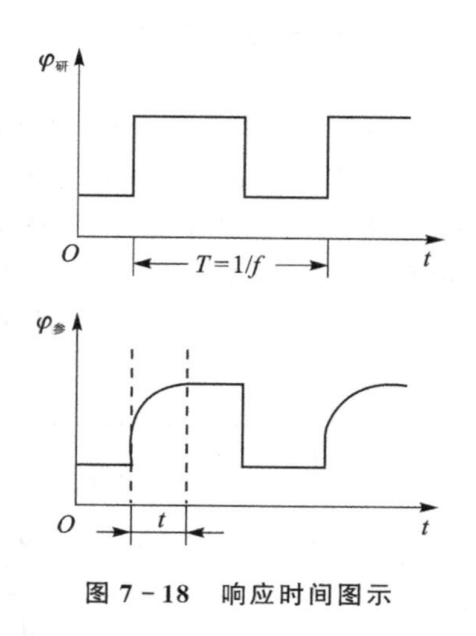

图 7-18　响应时间图示

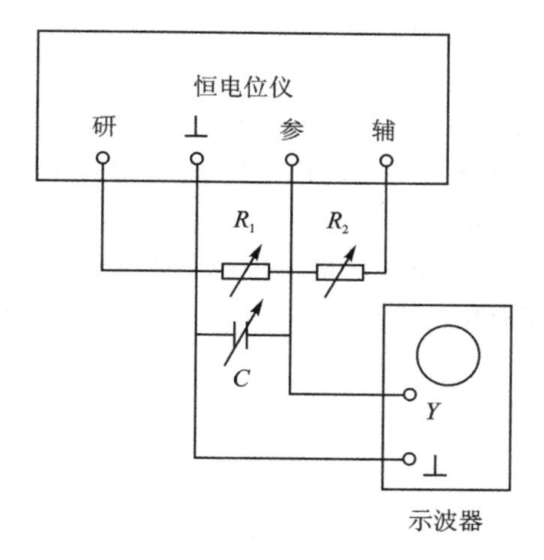

图 7-19　容性负载范围测量线路

测试步骤如下：① 按图 7-19 接好线路，调 R_1 为 10 kΩ，R_2 为 5 Ω，可变电容箱 C 为零。

② 打开示波器电源，x 轴选择打向“连续”并调锯齿波扫描频率为 1 kHz 左右。

③ 打开恒电位仪电源，并使基准电压调至零。调节可变电容箱为不同 C 值，直到调节恒电位仪振荡补偿旋钮，仍无法消除振荡为止。此时，所对应的电容值即为该恒电位仪在小电流输出情况下允许带容性负载的范围。

④ 用同样的方法测定 $R_1=10$ Ω，$R_2=10$ Ω，即有较大电流输出时允许带容性负载的范围。

必须注意，发生振荡后，电路在无给定电压时也会有输出，甚至可能因振荡而引起功率晶体管过载而烧毁，这是必须要避免的。为此，在实际操作时，观察电路处于振荡状态不能很久。

7.2.4　恒电位仪应用的灵活性

恒电位仪实际上是一个反馈控制系统，除可控制电极电位按照给定的指令信号发生变化外，还可适当改变反馈情况，将恒电位仪改为其他用途。例如，将二电极的电化学系统的一极与仪器的研究电极相接，另一极与仪器的辅助电极和参比电极相接，则成为控制槽电压系统。如果这时使控制电位等于零，如图 7-20 所示，则恒电位仪上的电流指示为上述电化学系统的短路电流。这样，恒电位仪就可作为零阻电流计，用来测量接触腐蚀电流或腐蚀偶的短路腐蚀电流。

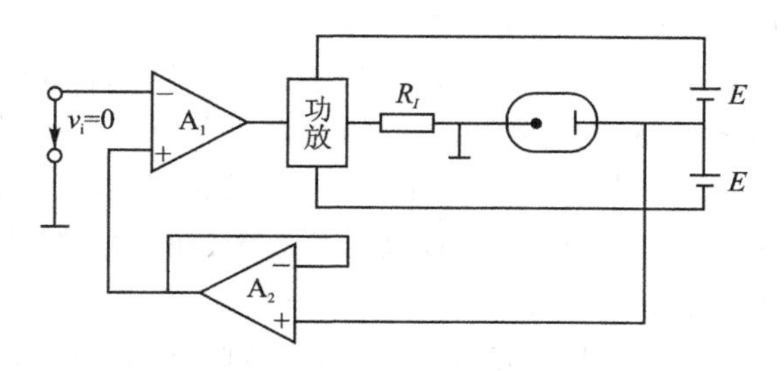

图 7-20　恒电位仪作为零阻电流计测量短路电池的电流

如果将电池串以负载电阻 R_L 组成上述二电极系统，并使控制电位等于零，则可实现电池的恒负载放电，如图 7－21 所示。

恒电位仪输出电流的能力有对称的(如±1 A)，也有不对称的(如 0～2 A)。如果实验要求的电流超出恒电位仪的输出电流范围，则可在恒电位仪之外另加一个能输出大电流的恒直流电源，提供一个固定的直流；再用恒电位仪在此固定直流的基础上自动调节电流，如图 7－22 所示。调节能力取决于恒电位仪。例如，能输出±1 A 的恒电位仪，另加一个＋2 A 的恒直流电源，就能使极化电流扩大到＋3 A 或－3 A，即可进行－1～＋3 A 或－3～＋1 A 的恒电位极化测量。

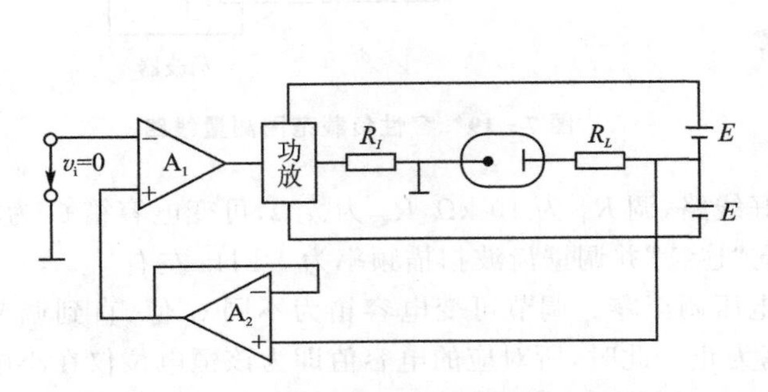

图 7－21　恒电位仪用于电池恒负载放电的接法

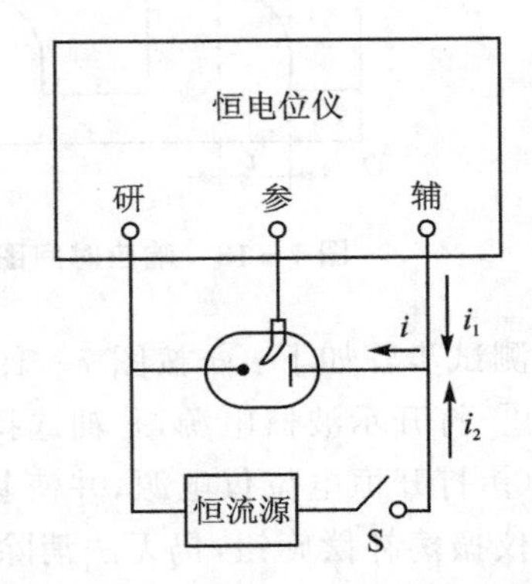

图 7－22　扩大恒电位极化电流的方法

7.2.5　恒电流仪

恒电流控制方法和仪器有各种各样，有经典恒电流法(见图 3－18)，有晶体管恒电流仪，也有性能优良的由集成运算放大器构成的恒电流仪；而且恒电位仪通过适当的接法就可作为恒电流仪使用。

图 7－23 所示为两种恒电流电路原理图。图 7－23(a)中，a、b 两点电位相等，即 $v_a = v_b$。因 $v_b = v_i$，v_a 等于电流 I 流经取样电阻 R_I 上的电压降，即 $v_a = IR_I$，所以

$$I = \frac{v_i}{R_I} \tag{7-10}$$

因集成运算放大器的输入偏置电流很小，故电流 I 就是流经电解池的电流。当 v_i 和 R_I 调定后，则流经电解池的电流就被恒定了；或者说，电流 I 可随指令信号 v_i 的变化而变化。这样，流经电解池的电流 I，只取决于指令信号电压 v_i 和取样电阻 R_I，而不受电解池内阻变化的影响。在这种情况下，虽然 R_I 上的电压降由 v_i 决定，但电流 I 却不是取自 v_i 而是由运算放大器输出端提供。当需要输出大电流时，必须增加功率放大级。这种电路的缺点是，当输出电流很小时(如小于 5 μA)误差较大。因为，即使基准电压 v_i 为零时，也会输出这样大小的电流。解决办法是用对称互补功率放大器，并提高运算放大器的输入阻抗，这样不但可使电流接近于零，而且可得到正负两种方向的电流。

这种电路的另一缺点是负载(电解池)必须浮地。因此，研究电极以及电位测量仪器也要浮地。只能用无接地端的差动输入式电位测量仪器来测量或记录电位。另外，这种电路要求运算放大器有良好的共模抑制比和宽广的共模电压范围。

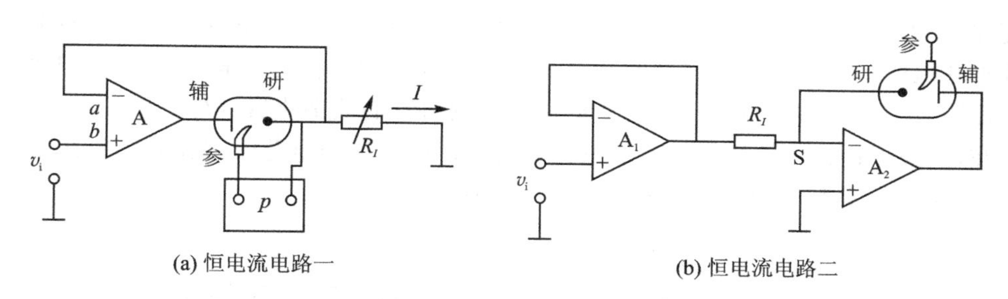

图 7-23　恒电流仪电流原理图

对于图 7-23(b)所示的恒电流电路，运算放大器 A_1 组成电压跟随器，因节点 S 处于虚地，只要运算放大器 A_2 的输入电流足够小，则通过电解池的电流 $I=v_i/R_I$，因而电流可以按照指令信号 v_i 的变化规律而变化；研究电极处于虚地，便于电极电位的测量。在低电流的情况下，使用这种电路具有电路简单而性能良好的优点。

从图 7-23 不难看出，这类恒电流仪，实质上是用恒电位仪来控制取样电阻 R_I 上的电压降，从而起到恒电流的作用。

因此，除了专用的恒电流仪外，通常把恒电位控制和恒电流控制设计为统一的系统。如 DHZ-1 型电化学综合测试仪就是这样，由于电流取样电阻 R_I 和研究电极有公共接地端，很容易实现恒电位(见图 7-7)与恒电流(见图 7-24)之间的转换。只要利用开关将图 7-7 中反馈到控制放大器 A_1 的电位信号，由参比电极电位改为标准电阻电位，并注意相位关系，就可使恒电位仪变成恒电流仪了(见图 7-24)。由图 7-24 不难得到通过电解池的电流 $I=v_i/R_I$，即极化电流随外加指令信号 v_i 而变化。

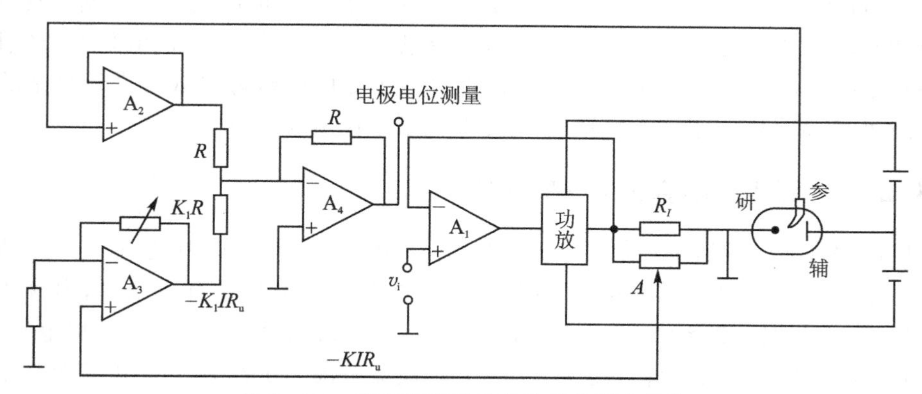

图 7-24　具有欧姆电位降补偿的恒电位仪

7.3　电化学工作站

7.3.1　电化学工作站的原理及特点

尽管大多数电化学仪器本质上是模拟性质的，但计算机在电化学数据的采集和分析中却起着很大作用。随着计算机及相关接口技术的发展，计算机在电化学仪器中得到了广泛应用。

利用计算机可以方便地得到各种复杂的激励波形。这些波形以数字阵列的方式产生并存于储存器中，然后这些数字通过数/模转换器(Digital-to-Analog Converter，DAC)转换为模拟电压施加在恒电势仪上。在数据获取及记录方面，电化学响应，诸如电流或电势，基本上是连续的，可通过模/数转换器(ADC)在固定时间间隔内将它们数字化后进行记录。

现在，一般人们把由计算机控制的电化学测试仪通常称为电化学工作站(Electrochemical Work station)，其典型的原理方框图如图 7-25 所示。

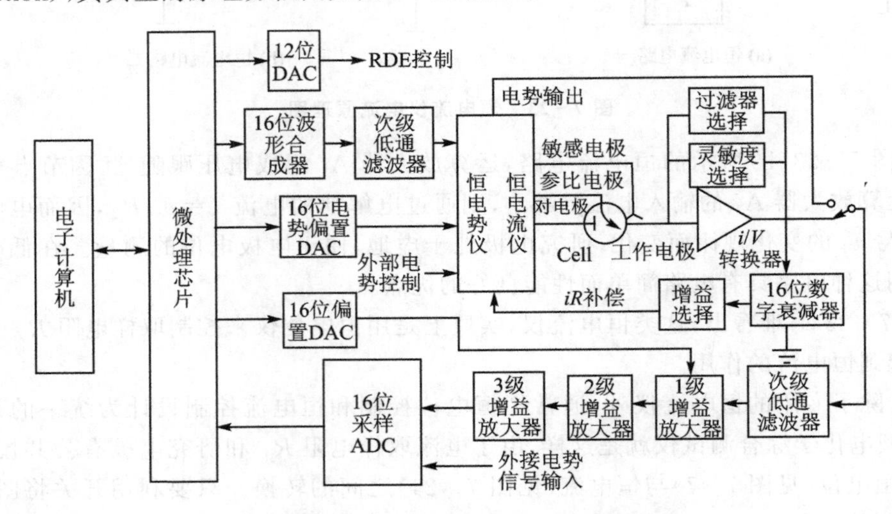

图 7-25　电化学工作站的原理方框图

电化学工作站的主要优点是实验测试的智能化，可以储存大量数据，常常采用自动化扫描方式操作，可将数据方便展示。更为重要的是，几乎所有商品化的电化学工作站都具有一系列数据分析功能，如数字过滤、重叠峰的数值分辨、背景电流的扣除、未补偿电阻的数字校正等。对于一些特定的分析方法，不少仪器制造厂商都设计了专门的软件对数据进行复杂的分析和拟合，7.3.2 小节将具体介绍已商品化的 CHI 电化学工作站及其使用方法。

7.3.2　CHI 电化学工作站简介

现在国内很多研究院所都在使用 CHI 电化学工作站，这里以 CHI 电化学工作站为对象进行简单介绍。CHI600B 系列电化学分析仪/工作站为通用电化学测量系统，内含快速数字信号发生器、高速数据采集系统、电位电流信号滤波器、多级信号增益、iR 降补偿电路，以及恒电位仪/恒电流仪(CHI660B)；电位范围为±10 V，电流范围为±250 mA。电流测量下限低于 50 pA，可直接用于超微电极上的稳态电流测量，如果与 CHI200 微电流放大器及屏蔽箱连接，可测量 1 pA 或更低的电流。600B 系列也是十分快速的仪器，信号发生器的更新速率为 5 MHz，数据采集速率为 500 kHz，当循环伏安法的扫描速度为 500 V/s 时，电位增量仅 0.1 mV；当扫描速度为 5 000 V/s 时，电位增量为 1 mV。又如交流阻抗的测量频率可达 100 kHz，交流伏安法的频率可达 10 kHz。仪器可工作于二、三或四电极的方式。四电极对于大电流或低阻抗电解池(例如电池)十分重要，可消除由于电缆和接触电阻引起的测量误差。仪器还有外部信号输入通道，可在记录电化学信号的同时记录外部输入的电压信号，例如光谱信号等，这对光谱电化学等实验极为方便。此外，仪器还有高分辨辅助数据采集系统(24 bit，10 Hz)，对于相对较慢的实验可允许很大的信号动态范围和很高的信噪比。

仪器由外部计算机控制，在视窗操作系统下工作，仪器十分容易安装和使用，不需要在计算机中插入其他电路板，用户界面遵守视窗软件设计的基本规则。如果用户熟悉视窗环境，则无需用户手册就能顺利进行软件操作，命令参数所用术语都是化学工作者熟悉和常用的。一些最常用的命令都在工具栏上有相应的按钮，从而使得这些命令的执行方便快捷，软件还提供详尽完整的帮助系统。

仪器软件具有很强的功能，包括极方便的文件管理、全面的实验控制、灵活的图形显示，以及多种数据处理。软件还集成了循环伏安法的数字模拟器，模拟器采用快速隐式有限差分法，具有很高的效率。算法的无条件稳定性使其适合于涉及快速化学反应的复杂体系。模拟过程中可同时显示电流以及随电位和时间改变的各种有关物质的动态浓度剖面图，这对于理解电极过程极有帮助。这也是一个很好的教学工具，可帮助学生直观地了解浓差极化以及扩散传质过程。

CHI600B 系列仪器集成了几乎所有常用的电化学测量技术，包括恒电位、恒电流、电位扫描、电流扫描、电位阶跃、电流阶跃、脉冲、方波、交流伏安法、流体力学调制伏安法、库仑法、电位法以及交流阻抗等。不同实验技术间的切换十分方便，实验参数的设定是提示性的，可避免漏设和错设。

为了满足不同的应用需要以及经费条件，CHI600B 系列又分成多种型号。不同的型号具有不同的电化学测量技术和功能，但基本的硬件参数指标和软件性能是相同的。CHI660B 和 CHI610B 为基本型，分别用于机理研究和分析应用，它们也是十分优良的教学仪器。CHI602B 和 CHI604B 可用于腐蚀研究，CHI620B 和 CHI630B 为综合电化学分析仪，而 CHI650B 和 CHI660B 为更先进的电化学工作站。

1. CHI 电化学分析仪支持的电化学技术

1）电位扫描技术：

① Cyclic Voltammetry(CV)　循环伏安法；

② Linear Sweep Voltammetry(LSV)　线性扫描伏安法；

③ TAFEL(TAFEL)　塔菲尔图；

④ Sweep - Step Functions(SSF)　电位扫描-阶跃混合方法。

2）电位阶跃技术：

① Chronoamperometry(CA)　计时电流法；

② Chronocoulometry(CC)　计时电量法；

③ Staircase Voltammetry(SCV)　阶梯波安法；

④ Differential Pulse Voltammetry(DPV)　差分脉冲伏安法；

⑤ Normal Pulse Voltammetry(NPV)　常规脉冲伏安法；

⑥ Differential Normal Pulse Voltammetry(DNPV)　差分常规脉冲伏安法；

⑦ Square Wave Voltammetry(SWV)　方波伏安法；

⑧ Multi - Potential Steps(STEP)　多电位阶跃。

3）交流技术：

① AC Impedance(IMP)　交流阻抗测量；

② Impedance - Time(IMPT)　交流阻抗-时间关系；

③ Impedance - Potential(IMPE)　交流阻抗-电位关系；

④ AC(including phase - selective) Voltammetry (ACV)　交流(含相敏交流)伏安法；

⑤ Second Harmonic AC Voltammetry(SHACV)　二次谐波交流伏安法。

4) 恒电流技术：

① Chronopotentiometry(CP)　计时电位法；

② Chronopotentiometry with Current Ramp(CPCR)　电流扫描计时电位法；

③ Potentiometric Stripping Analysis　电位溶出分析。

5) 其他技术：

① Amperometric $i-t$ Curve　电流-时间曲线；

② Differential Pulse Amperometry　差分脉冲电流法；

③ Double Differential Pulse Amperometry　双差分脉冲电流法；

④ Triple Pulse Amperometry　三脉冲电流法；

⑤ Bulk Electrolysis with Coulometry　控制电位电解库仑法；

⑥ Hydrodynamic Modulation Voltammetry　流体力学调制伏安法；

⑦ Open Circuit Potential - Time　开路电位-时间曲线。

6) 溶出方法，除循环伏安法外其他的伏安法都有其对应的溶出伏安法。

7) 极谱方法，除循环伏安法外其他的伏安法都有其对应的极谱方法，但需要配置 BAS 的 CGME，也可采用其他带敲击器的滴汞电极，但敲击器必须能用 TTL 信号控制。

2. 仪器的安装

打开包装箱后，取出仪器、电源线、通信电缆、电极线和软件盘。仪器的软件安装十分简单。将软件盘插入驱动器，双击 SETXXX. EXE(XXX 为仪器的型号)，打开 WinZip Self - Extractor 的对话框，单击 Unzip 按钮，可自动将所有有关文件复制到硬盘的 CHI 子目录中。在视窗的文件管理器中找到 CHI 的子目录以及 CHIXXX. EXE 的文件(XXX 为仪器的型号)，双击 CHIXXX. EXE，程序便启动了。考虑将可执行文件移到主视窗上，每次使用时只需双击主视窗上的可执行文件工具按钮即可启动。

程序安装并启动后，接上仪器的电源线和电极线。仪器的 Com Port(通信口)与计算机的串行接口用通信电缆连接。打开仪器电源，就可以进行测量了。

计算机一定要有一个能正常工作的闲置的串行接口。

在软件的 Setup“设置”的菜单上找到 System“系统”的命令。执行此命令，便可打开 System Setup 对话框。通信口的设置应对应于计算机用于控制仪器的串行口(Com1 或 Com2)。如果操作中出现 Link Failed 的警告，则可能是串行口设置错误。

在 Setup 的菜单中执行 Hardware Test“硬件测试”的命令，系统便会自动进行硬件测试。如果出现 Link Failed 的警告，请检查仪器电源是否打开，通信电缆是否接好，通信口的设置是否正确。如果都没问题，则可能是计算机的串行通信口工作不正常，请多试几个计算机。如果还是不能通信，请维修人员检查串行口是否工作正常。如果工作正常，大约 1 min 后屏幕上会显示硬件测试的结果。硬件测试是一个参考，有时错误信息出现不一定是硬件问题。最好的办法是用标准电阻进一步测试。

找一个 100 kΩ(1%精度)的电阻，将对极(红色夹头)和参比电极(白色夹头)同时夹在电阻的一端，将工作电极(绿色夹头)夹在电阻的另一端，此电阻构成模拟电解池。在 Setup 菜单中执行 Technique“实验技术”的命令，选择 Cyclic Voltammetry“循环伏安法”，在 Setup 菜单中再执行 Parameters“实验参数”的命令，将 Init E“初始电位”和 High E“高电位”都设在 0.5 V，Low E“低电位”设在 −0.5 V，Sensitivity“灵敏度”设在 1.0×10^{-6} A/V。如果用的不是 100 kΩ 的电阻，灵敏度需要重设，使灵敏度和电阻的乘积约为 0.1。完成参数设定后，在 Control“控制”菜单中执行 Run“运行实验”的命令，实验结果应是一条斜的直线，每点电位处的电流值都应等于电位除以电阻。

如果 Hardware Test 中发现某些量程错误，可用电阻作模拟电解池进一步测试(方法如上所述)。根据灵敏度量程选用合适的阻值(使灵敏度和电阻的乘积约为 0.1)，在 0.5～−0.5 V 的电位范围扫描，看结果是否为一斜的直线，零电位处电流是否接近于零，以及各点电位下的电流值是否等于电位除以电阻。一般如果是硬件问题，则会产生完全错误的结果(误差大于满量程信号的 5%)。

3. 仪器的使用方法

将电极夹头夹到实际电解池上，设定实验技术和参数后，便可进行实验。实验中如果需要电位保持或暂停扫描(仅对伏安法而言)，可用 Control 菜单中的 Pause/Resume 命令。此命令在工具栏上有对应的工具按钮。如果需要继续扫描，可再按一次该按钮。对于循环伏安法，如果临时需要改变电位扫描极性，可用 Reverse“反向”命令，在工具栏也有相应的工具按钮。若要停止实验，可用 Stop“停止”命令或按工具栏上相应的工具按钮。

如果实验过程中发现电流溢出(Overflow，经常表现为电流突然变成一水平直线或警告)，可停止实验，在参数设定命令中重设灵敏度(Sensitivity)。数值越小越灵敏(1.0×10^{-6} 要比 1.0×10^{-5} 灵敏)。如果溢出，应将灵敏度降低(数值调大)。灵敏度的设置以尽可能灵敏而又不溢出为准。如果灵敏度太低，虽不致溢出，但由于电流转换成的电压信号太弱，模/数转换器只用了其满量程的很小一部分，数据的分辨率会很差，且相对噪声增大。对于 600 和 700 系列的仪器，在 CV 扫速低于 0.01 V/s 时，参数设定时可设自动灵敏度控制(Auto Sens)。此外，TAFEL、BE 和 IMP 都是自动灵敏度控制的。

实验结束后，可执行 Graphics 菜单中的 Present Data Plot 命令进行数据显示。这时实验参数和结果(例如峰高、峰电位和峰面积等)都会在图的右边显示出来。你可做各种显示和数据处理。很多实验数据可以用不同的方式显示。在 Graphics 菜单中 Graph Option 命令中可找到数据显示方式的控制，例如 CV 可允许选择任意段的数据显示，CC 可允许 $Q-t$ 或 $Q-t_{1/2}$ 的显示，ACV 可选择绝对值电流和相敏电流(任意相位角设定)，SWV 可显示正反向和差值电流，IMP 可显示波德图或奈奎斯特图。

要存储实验数据，可执行 File 菜单中的 Save As 命令。文件总是以二进制(Binary)的格式储存，用户需要输入文件名，但不必加 bin 的文件类型。如果忘了存数据，下次实验或读入其他文件时会将当前数据覆盖。若要防止此类事情发生，可在 Setup 菜单的 System 命令中选择 Present Data Override Warning。这样，以后每次实验前或读入文件前都会给出警告(如果当前数据尚未存的话)。

若要打印实验数据，可用 File 菜单中的 Print 命令。但在打印前，需先在主视窗的环境下设置好打印机类型，打印方向(Orientation)设置在横向(Land-scape)，若要调节打印图的大小，可用 Graph Options 命令调节 X Scale 和 Y Scale。

若要切换实验技术，可执行 Setup 菜单中的 Technique 命令，选择新的实验技术，然后设定参数。如果要做溶出伏安法，则可在 Control 的菜单中执行 Stripping Mode 命令，在显示的对话框中设置 Stripping Mode Enabled。如果要使沉积电位不同于溶出扫描时的初始电位(也是静置时的电位),可选择 Deposition E,并给出相应的沉积电位值。只有单扫描伏安法才有相应的溶出伏安法,因此 CV 没有相应的溶出法。

一般情况下,每次实验结束后电解池与恒电位仪会自动断开。做流动电解池检测时,往往需要电解池与恒电位仪始终保持连通,以使电极表面的化学转化过程和双电层的充电过程结束而得到很低的背景电流,可用 Cell(电解池控制)命令设置 Cell On Between $i-t$ Runs。这样,实验结束后电解池将保持连通状态。

仪器的灵敏度与多种因素有关。仪器有自己的固有噪声,但很低。大多噪声来自外部环境。其中最主要的是 50 Hz 的工频干扰,解决的方法是采用屏蔽。可用金属箱子(铜、铝或铁都可)作屏蔽箱。但箱子一定要良好接地,否则无效果或效果很差。如果三芯单相电源插座接地良好,则可用仪器后面板上的黑色"香蕉"插座作为接地点。

第8章　电化学扫描探针显微技术

8.1　电化学扫描探针显微技术概述

人们总是在探寻着物质的组成和物质的微观结构，电化学的发展也不例外。前面章节中讨论的电化学方法提供了有关电极/电解液界面以及界面过程的丰富电化学信息，然而这些都是典型的宏观方法，确切地讲，是基于远远大于分子或单位晶胞面积上的测量方法。要提供有关电极结构方面的信息，就需要表面微观表征方法，从经典的、基于电流和电势的宏观电化学规律，到微观的电极/溶液界面结构，人们试图了解电化学过程的微观本质。但是电极/溶液界面的微观研究比固体的自由表面研究面临着更多的困难，原因是覆盖在固体电极上的致密相溶液限制了一些超高真空(Ultrahigh Vacuum，UHV)技术和电子显微技术的应用，至少是不能在电化学环境下应用这些技术，而在电极过程中产生的物质或结构可能在脱离电化学环境后发生改变，所以现场(或称原位，in－situ)表征技术对于电化学研究而言格外重要。电化学现场表征枝术主要包括现场的谱学技术(spectroscopy)和现场的扫描探针显微技术(Scanning Probe Microscopy，SPM)。在本章中，只对电化学扫描探针显微技术部分做详细介绍。

Binnig和Rohrei于1982年发明了扫描隧道显微镜(Scanning Tunneling Microscopy，STM)，从而提供了一种全新的、高分辨的直接观测表面的工具，仅在4年之后他们就因此开创性的工作而获得了诺贝尔物理学奖。随后发明的原子力显微镜(Atomic Force Microscopy，AFM)则提供了在导电性较差的样品上观测表面的能力。这两种技术很快就被证明能够工作在液体和电化学环境下，能够在电化学反应进行过程中实时观察电极界面的变化，这两种现场的技术分别称为电化学扫描隧道显微镜(Electrochemical Scanning Tunneling Microscopy，ECSTM)和电化学原子力显微镜(Electrochemical Atomic Force Microscopy，ECAFM)。当利用探针与基底之间的其他相互作用来成像时，就产生了各种扫描探针显微镜，其中利用探针与基底之间的电化学作用来成像的现场技术称为扫描电化学显微镜(Scanning Electrochemical Microscopy，SECM)。通常将ECSTM、ECAFM和SECM统称为电化学扫描探针显微技术(Electrochemical Scanning Probe Microscopy，ECSPM)。

电化学扫描探针显微技术的诞生，为电极/溶液界面的研究提供了强有力的现场分析技术，甚至可以直接“看到”原子分子级的电极/溶液界面的图像。该技术证实了许多用经典电化学研究方法或现代其他研究方法得到的有关电极/溶液界面的、间接的、平均的、宏观的结果，同时也直接揭示了许多其他方法得不到的电极/溶液界面的现象、性能及变化规律。它的另一个特点是可以在固/液界面以及固/气界面进行纳米尺度上的加工，兼具“眼睛”和“手”的双重功能。

扫描探针显微镜不像其他的显微技术一样采用物镜成像，而是通过一个尖锐的探针(probe)在样品(sample)表面扫描，利用探针与样品之间的相互作用来获取样品表面的微观信息。探针与样品间的扫描装置以及信号的检测装置构成了系统的主体部分——显微镜(microscope)，除此之外，系统还包括控制器(controller)、计算机控制和显示系统等几个部分。美国Veeco(原Digital Instruments)公司最初的扫描探针显微镜系统硬件组成如图8－1所示，

相应各部件之间的工作原理示意图如图 8-2 所示。

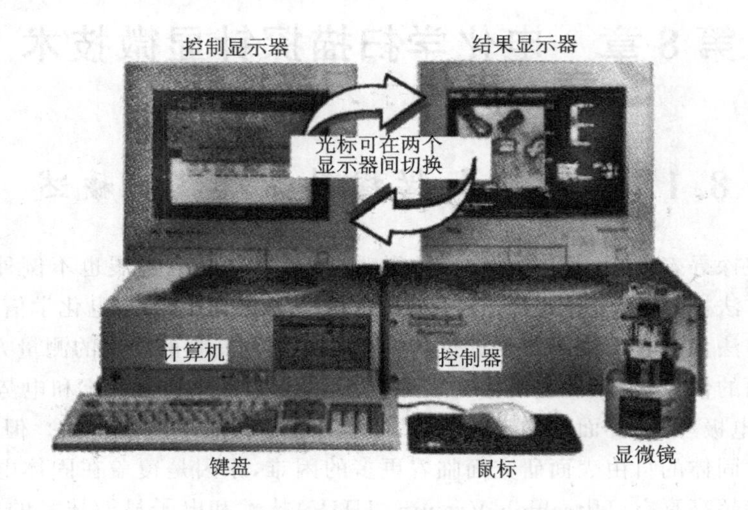

图 8-1　扫描探针显微镜系统的硬件组成

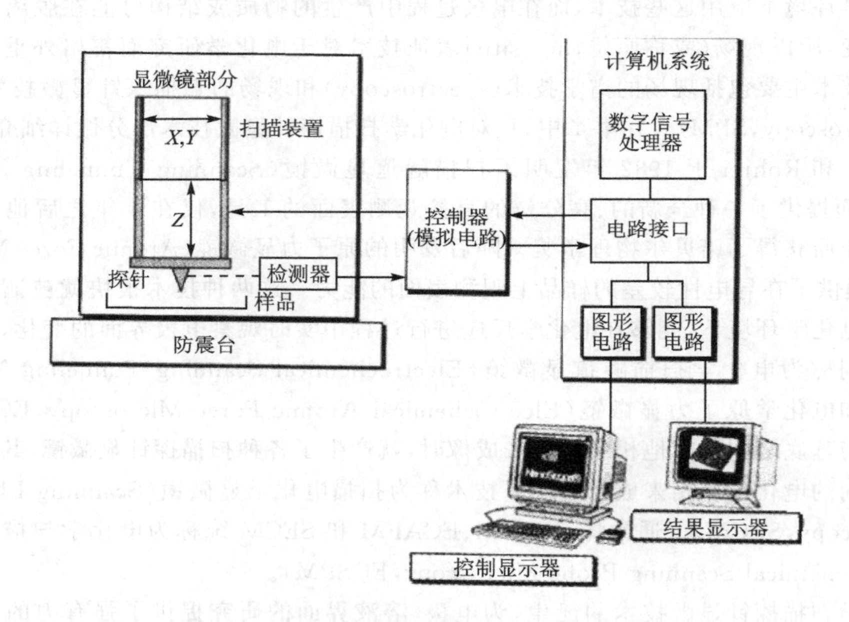

图 8-2　扫描探针显微镜系统的组成示意图

8.2　电化学扫描隧道显微镜

8.2.1　STM 的工作原理

STM 的用途非常广泛，可用于原子级空间分辨的表面结构观测，用于研究各种表面物理化学过程和生物体系。STM 还是纳米结构加工的有力工具，可用于制备纳米尺度的超微结构，还可用于操纵原子和分子等。STM 具有如下特点：高分辨率，能够获得表面三维图像，可工作在大气、真空、溶液环境下，工作温度可以改变；配合其他分析技术，可以获得有关表面电子结构及成分的信息等。它的出现，使人类第一次能够在三维空间下观察单个原子在物质表面的排列状态和与表面电子行为有关的物理及化学性质，在表面科学、材料科学、生命科学等研究领域中有着重大的意义和广阔的应用前景，被国际科学界公认为20世纪80年代世界十大科技成就之一。

STM的工作原理是基于量子力学的隧道效应。将原子尺度尖锐的探针（在STM中称为针尖，tip）和样品（通常为导体或半导体）作为两个电极，当针尖与样品之间的距离非常接近时（通常小于1 nm），在外加电场（电场电压称为偏置电压V_b）的作用下，电子会穿过两个电极之间的势垒从一个电极流向另一个电极，从而产生隧道电流i。隧道电流是两电极电子波函数重叠的量度，与针尖和样品之间的距离d及平均功函数Φ有关，即

$$i \propto V_b \exp(-A\Phi^{\frac{1}{2}} d) \tag{8-1}$$

式中：V_b是加在针尖与样品之间的偏置电压；平均功函数$\Phi=\dfrac{(\Phi_1+\Phi_2)}{2}$，$\Phi_1$、$\Phi_2$分别为针尖和样品的功函数；$A$为常数，在真空条件下约等于1；$d$为针尖与样品之间的距离。

STM的工作原理图如图8-3所示。其中，压电晶体管能够在电压的控制下发生膨胀和收缩，从而在X、Y、Z三个方向上发生位移。当控制器电路输出适当的x、y轴电压时，压电晶体管会带着其上的针尖在样品表面水平扫描，同时测量出每个位置上的隧道电流。由式(8-1)可知，隧道电流同针尖与样品之间的距离d之间存在对应关系，通过对这两个量的控制和测量即可得到样品表面的高度轮廓图（topography）。

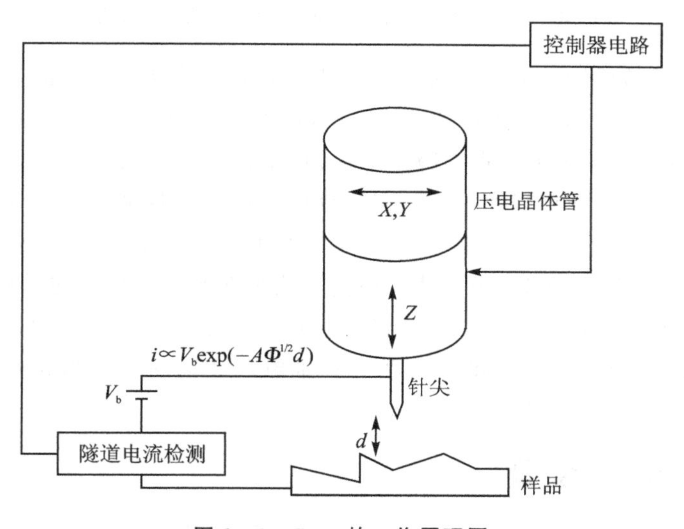

图8-3　STM的工作原理图

由式(8-1)可见，针尖与样品之间的距离d位于指数项上，当d仅改变10%（约为0.1 nm）时，隧道电流就变化一个数量级，因此，STM的垂直分辨率很高，可高达0.01 nm，同时，STM的水平分辨率可达0.1 nm。所以，STM可以实现原子、分子级的成像。

STM的工作方式一般可分为恒电流和恒高度两种模式（以下简称为恒流模式和恒高模式），如图8-4(a)和图8-4(b)所示。

在恒流模式下,如图 8-4(a)所示,针尖在样品表面扫描时,通过反馈电压不断地调节扫描针尖在竖直方向的位置以保证隧道电流恒定在某一预先设定值,即隧道电流保持恒定。对于电子性质均一的表面,电流恒定实质上意味着恒定 s 值(针尖与样品之间的距离,如图 8-4(a)中标为 z),因此通过记录针尖在表面的 $x-y$ 方向扫描时的反馈电压可以得到表面的高度轮廓,从而获得样品表面的形貌特征。经过计算机的记录和自动计算处理,样品表面的高度将被精确测定。

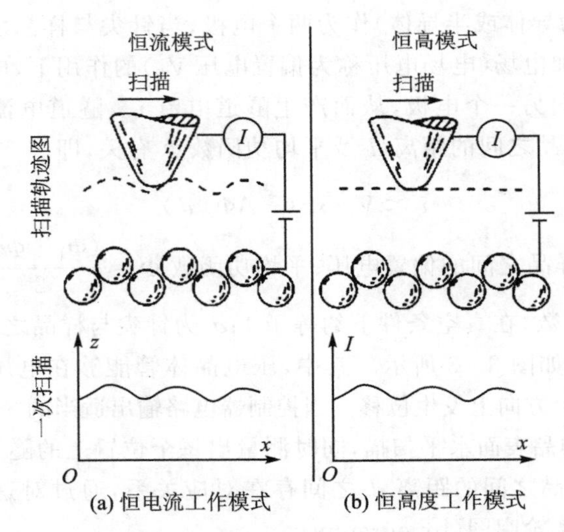

图 8-4 STM 的恒电流和恒高度工作模式示意图

在恒高度模式下,如图 8-4(b)所示,针尖以一个恒定的高度在样品表面快速扫描,检测隧道电流的变化值 i。在这种情况下,反馈速度被减小甚至完全关闭,即保持电压基本恒定。当针尖扫描样品表面时,记录下每点的隧道电流值,经处理后得到图像。

恒流和恒高工作模式各有其优点。采用恒流模式可以扫描非原子级平整的表面,得到表面形貌的高度轮廓图。但是在这种模式下反馈体系和压电晶体 z 轴电压的响应需要一定的时间,使得扫描的最快速度受到限制。使用恒高模式须在原子级平整的样品表面上进行,否则有针尖撞击样品表面的危险。在原子级平整的表面上成像时,使用恒高模式更易于获得原子级的分辨率。而且,由于反馈回路和压电晶体 z 轴电压无需对扫描做出响应,所以可使用更快的扫描速度成像,从而适于研究快速的表面过程。

8.2.2 ECSTM 装置

将电化学技术和 STM 技术相结合,即诞生电化学 STM 技术。电化学扫描隧道显微镜 ECSTM 技术不是两种技术的简单组合,而是表面分析技术应用于化学研究的一门新的分析技术和方法。图 8-5 所示为电化学扫描隧道显微镜结构示意图。它主要由两大部分组成:一是电化学实验的测量控制部分;二是 STM 部分。两者互相渗透,互有联系。

ECSTM 需要将被测样品置于电化学环境之中,也就是将被测样品作为研究电极,在发生电化学反应的同时观测其表面形貌。因此,需要使用如图 8-6 所示的电解池装置。样品研究电极水平置于电解池底部,在 O 形密封圈内加入溶液构成电解池,参比电极和辅助电极分别

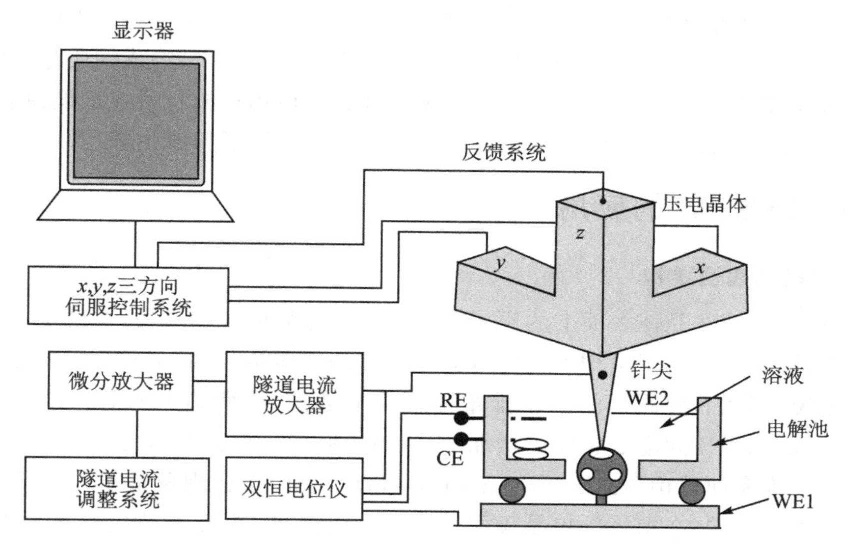

图 8-5　电化学 STM 结构示意图

置于其中，针尖在研究电极表面水平扫描。

样品研究电极、参比电极和辅助电极构成三电极体系，而针尖则作为第二个研究电极，与参比电极、辅助电极构成另一个三电极体系。样品研究电极的电势和针尖电极的电势由双恒电势仪分别独立控制。样品研究电极的电势选择在感兴趣的电极电势下，使样品研究电极发生电化学反应。根据偏置电压确定针尖的电势，而且针尖电势最好处于没有电化学反应发生的电势范围内。但是，仍然很难避免针尖不发生电化学反应，而针尖反应的法拉第电流会干扰隧道电流的测量和控制，因此通常采用针尖封装技术，将针尖整体绝缘处理，只留出针尖顶端极少部分（理想情况是只露出一个原子）用于成像，避免了大的针尖法拉第电流流过。

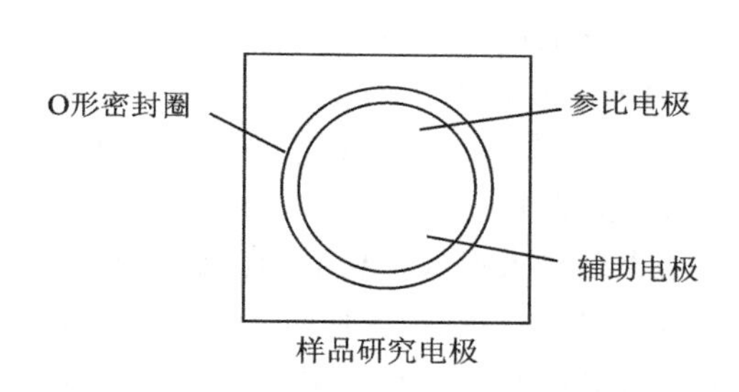

图 8-6　ECSTM 的电解池装置示意图

ECSTM 通常是对样品表面进行原子级成像的，因此观测样品表面或表面吸附层的原子结构，样品研究电极需采用具有原子级平整表面的材料，如 HOPG、金厉单晶或半导体单晶材料。

常用制作针尖的材料有钨丝、金丝、Pt/Ir 丝等，根据需要而定。一般以钨丝制作针尖为多。制作针尖的方法大体有两种：一是机械剪切；二是电解。

机械剪切方法适用于硬度不高的材料如 Pt/Ir 丝，金属丝的直径根据 STM 扫描头（scanner）安放针尖处的细孔来定，一般为 0.25 mm 或 0.3 mm。将金属丝取出约 15 mm 长，用剪刀在靠近一端处剪一斜面，则可自然产生一尖端。此尖端即可作为针尖使用。通常购买的商品针尖多是用此方法制备的。电解法被使用于所有种类的材料。视材料不同，而选定不同的电解液和电解电压，电解在交流体系中进行。

针尖的质量优劣可根据针尖的外形进行判断。好的针尖应有像用卷笔刀削成的铅笔端部的形状，尖端处不应太细。否则，在使用时易发振，产生噪声信号，影响成像质量。但最尖端处也不能太钝，否则图像的分辨率较低。针尖的绝大部分应该用有机材料或玻璃封装，而仅有针尖的最尖端处暴露出来用以成像，最理想的情况是仅有一个原子暴露出来。

8.2.3 ECSTM 的应用

1. 单晶电极的表面重构

一般来讲，位于固态晶体表面上的原子由于一侧的相邻原子的缺失，而处于一种不对称的作用力环境下，因此表面原子结构不再保持晶体内部的本体结构，而是发生了表面原子的重新排布。也就是说，固体表面原子的真实排布方式并不是 XRD 所确定的晶体结构。最典型的情况是，由于表面原子核间电子密度的增加，表面原子倾向于更为紧密的排布方式。这种表面原子的重排被称为表面重构(surface reconstruction)。表面重构现象最早是在超高真空环境下的单晶表面上发现的，在裸露的单晶表面上发生重构有利于降低表面能。随后发现，在空气中火焰退火的(flame - annealed)单晶表面上也存在重构现象。因此，人们也想知道，这种重构结构能否在电解质溶液中保持下来，稳定存在，即在电极/溶液界面是否存在重构。最典型的重构现象发生在金 Au(100)单晶表面。Au 是面心立方(face - centered cubic，fee)晶体，未发生重构的 Au(100)晶面的二维单胞是正方格子，如图 8 - 7(a)所示，这是一种较为松散的排布方式，未重构的 Au(100)晶面标为 Au(100)-(1×1)。发生重构后，Au(100)晶面变为类似于(111)晶面的六方密排(hexagonal close - packed，hcp)结构，如图 8 - 7(b)所示，标为 Au(100)-(hex)。

当火焰退火形成重构后，将 Au(100)电极的电势控制在较负电势下浸入溶液中时，重构结构可得到保持。图 8 - 8 所示为在 0.05 mol/L H_2SO_4 溶液中电势控制在 ESCE＝－0.2 V 下的重构的 Au(100)电极的高分辨 ECSTM 图。从图中可以清楚地看出，原子排布符合六方密排结构(如图中六方形所标)，同时，由于顶层原子同下层质子间的连接关系的改变，形成表层裙皱，即所谓的重构列(reconstruction row)，重构列间距为 1.45 nm(见图中所标长度)。

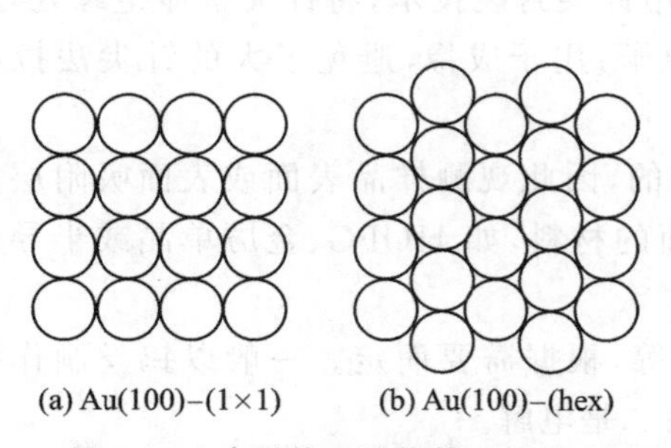

图 8 - 7 未重构和重构的 Au(100)晶面原子结构示意图

图 8 - 8 在 0.05 mol/L H_2SO_4 溶液中 ESCE＝－0.2 V 下的重构的 Au(100)电极的 ECSTM 图

但是，在重构的 Au(100)电极从负电势向正电势扫描的过程中，会发生重构的消失(lifting of the reconstruction)现象，即电极表面获得(1×1)结构。这一现象可由微分电容曲线和循环伏安曲线证实。图 8 - 9 所示为 Au(100)电极在 0.01 mol/L $HClO_4$ 溶液中的微分电容曲线。由图可见，相比于饱和甘汞电极，当电势在－0.35～＋0.55 V 之间扫描时，微分电容曲线(曲线1、2)同Au(111)电极的微分电容曲线(虚线)非常接近,其零电荷电势约为+0.3 V,原因是两个电极具有相似的六方密排结构。但当电势扫描到比+0.55 V更正的电势(曲线3)时,阴离子开始吸附,导致重构结构消失,重构表面转变为非重构的(1×1)表面。此时,回扫时的微分电容曲线(曲线4)发生了明显的变化,对应着Au(100)-(1×1)电极的微分电容曲线,其零电荷电势由+0.3 V转变为+0.08 V,负移了220 mV。

图8-10所示为Au(100)电极在0.01 mol/L H_2SO_4溶液中的循环伏安曲线。由图可见,在重构的Au(100)-(hex)电极由负电势向正方向扫描的过程中,发生了重构的消失现象,由于原子重排需要一定的电量,在+0.36 V下出现了一个转变峰(transition peak),对应若Au(100)从(hex)到(1×1)结构的转变。由转变峰电势可确定重构结构稳定存在的电势范围。

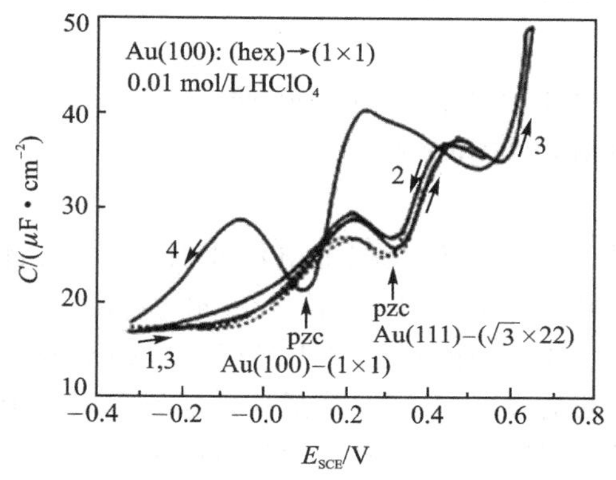

图8-9　Au(100)电极在0.01 mol/L $HClO_4$溶液中的微分电容曲线

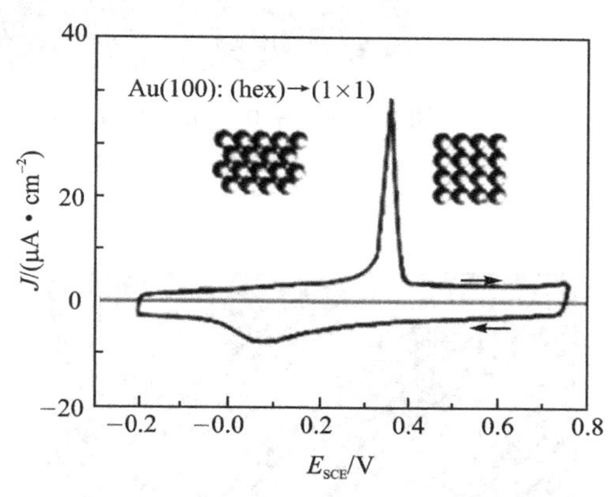

图8-10　Au(100)电极在0.01 mol/L H_2SO_4溶液中的循环伏安曲线

图8-11所示为在正电势下最初的火焰退火重构消失后,电势重新控制在−0.25 V下的ECSTM图像,从图中可以看出,由于控制在负电势下,重构结构重新出现。由于重构的(hex)表面比非重构的(1×1)表面原子排布密度高25%,所以在正电势下重构消失后多余的金原子就形成了单原子高的金岛,即图中较亮的块状部分。当电势重新控制在较负电势下时,重构表面重新形成,在图中可见重构列的重新形成过程,并可见到重构列逐渐吞噬单原子高金岛的过程,即金岛中的金原子用于构建表面重构结构。从高倍率ECSTM图中可见,重构列周围尚未发生重构部分的金原子由于处于高速移动的过程中,而不能得到其单原子的成像。这种在负电势下,重新形成重构的现象称为电势诱导重构(potential induced reconstruction)。电势诱导重构结构的特点是存在互相垂直的重构列。

可以看出,在电化学环境中,重构表面不仅能在一定电势范围内稳定存在,而且还可通过控制电势的办法在室温下很容易地构建重构表面,这在非电化学环境下是无法想象的,在非电化学环境下产生重构的方法只能是高温火焰退火。这些现象同时也说明,电极电势可以改变电极表面的原子结构,在进行电化学实验时,有可能通过控制电势的方法在不同结构的电极表面上进行电化学实验。

我们还可以看出,如果没有ECSTM的现场跟踪观测,是不可能得出这些意义深远的结论的。

2. 金属电沉积的最初阶段研究

金属的电沉积研究由来已久,在金属的冶金、精炼和电镀工业中金属电沉积发挥着重要的

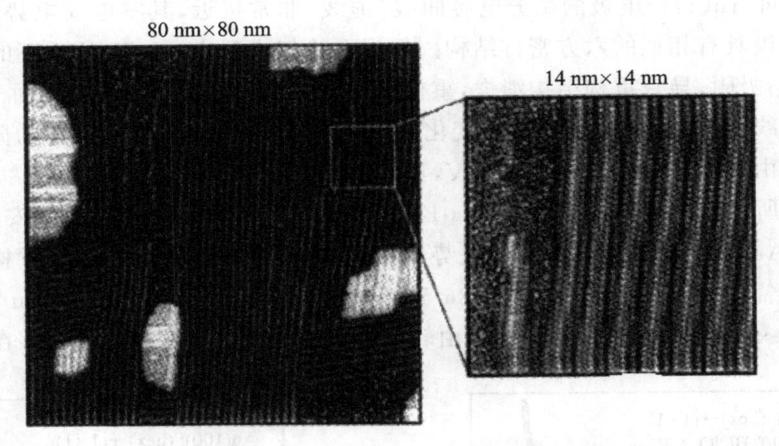

图 8-11　在 0.1 mol/L H_2SO_4 溶液中，经过了重构消失的过程的 Au(100) 电极在 −0.25 V 下重新出现重构的 ECSTM 图像

作用。

图 8-12　Au(111)电极表面上 Ag 的欠电势沉积吸附层的高分辨 ECSTM 图在 0.05 mol/L H_2SO_4 +1 mmol/L Ag_2SO_4 溶液中，相对于 Ag^+/Ag 为 0.4 V

当金属在异种金域上电沉积时，往往会首先发生欠电势沉积(Underpotential Deposition, UPD)。UPD 是指发生在比沉积金属的平衡电势更正的电势下的沉积，形成亚单层或单层的金属原子吸附层。UPD 通常对随后的本体沉积影响很大，影响沉积层和基底的结合力，以及本体沉积的生长方式，因此引起人们高度的研究兴趣。ECSTM 可以在实空间中直接观测到 UPD 层的原子排布方式，成为 UPD 研究的有力工具。图 8-12 所示为 Au(111)电极表面上 Ag 的欠电势沉积吸附层的高分辨 ECSTM 图，可以清晰地分辨出亚单层覆盖度下的原子图像，由于 Ag 原子占据了 Au 的部分表面位置，因此图中显示出了规律的高度变化。

图 8-13 所示为 Au(111)电极表面在发生 Cu 的本体电沉积以前(见图(a))和 Cu 的本体电沉积过程中(见图(b))的 ECSTM 图。可以看出，在 Cu 的电沉积以前，Au(111)表面上存在着被三个单原子高台阶分隔开的原子级平整的平台；施加一个负电势阶跃后，Cu 的本体电沉积几乎毫无例外地发生在单原子台阶处，形成的 Cu 原子簇装饰了电极的表面缺陷。经历一段时间后，Cu 原子簇才开始在平台上生长。这一观测直接证实了金属的电结晶生长规律。

3. 电化学纳米构筑(electrochemical nanostructuring)

STM 除可进行原子、分子的实空间观测外，还可用于分子、原子操纵，构筑纳米表面结构。在电化学环境下，进行纳米结构构筑的典型代表是 Kolb 教授的 jump - to - contact 方法。Kolb 等人利用 STM 针尖控制铜的电化学沉积，间接地在 Au(111)上制备出了高度为 2～4 个

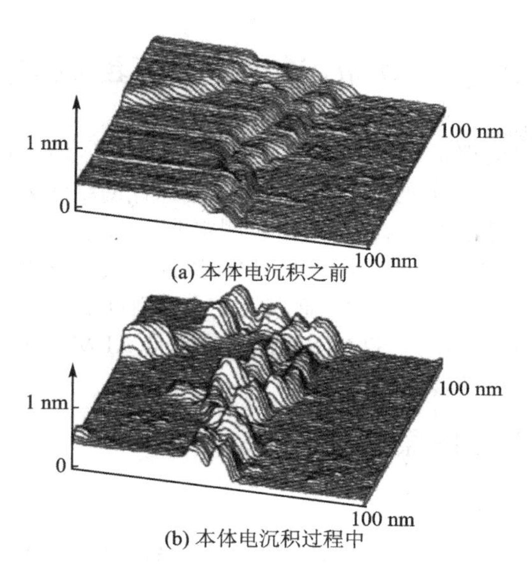

(a) 本体电沉积之前

(b) 本体电沉积过程中

图 8-13　Au(111)电极表面在发生 Cu 的本体电沉积的 ECSTM 图

原子层的 Cu 纳米簇阵列，如图 8-14 所示。在这个实验中，Cu 首先通过控制电势沉积在 STM 针尖上。然后通过施加外部电压脉冲使针尖与 Au 表面接触，将其转移到 Au 表面（见图 8-14(b)）。当针尖从 Au 表面撤离后，溶液中的 Cu^{2+} 再次沉积到针尖表面，从而可以保证纳米结构的连续制备。

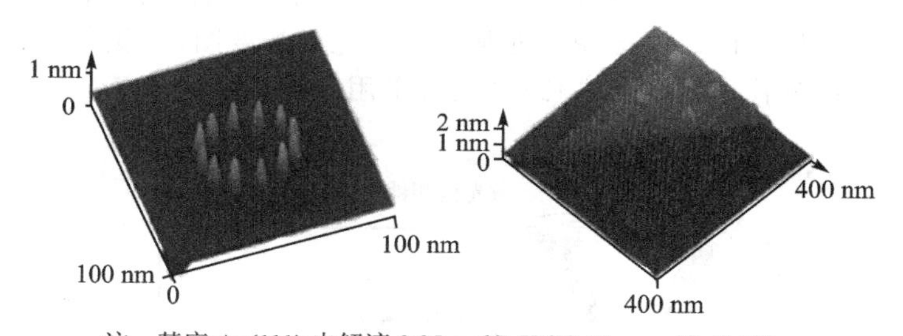

注：基底:Au(111);电解液:0.05 mol/L H_2SO_4+1 mmol/L $CuSO_4$。

(a) STM针尖电化学沉积-控制转移法制备的Cu纳米簇阵列

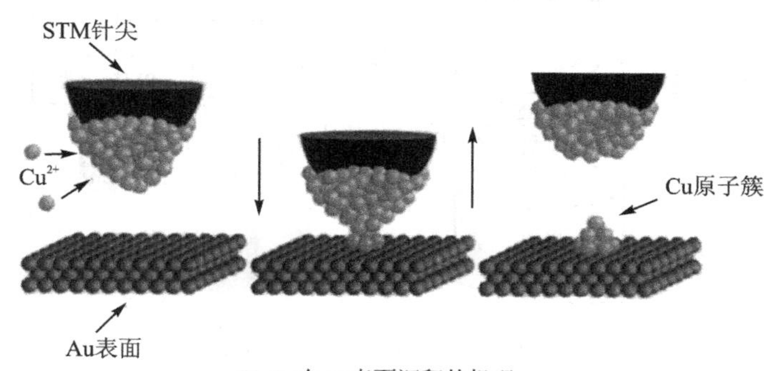

(b) Cu在Au表面沉积的机理

图 8-14　STM 针尖控制铜电化学沉积示意图

8.3 电化学原子力显微镜

由于ECAFM的成像机理是探针和样品间的作用力，而非ECSTM所利用的隧道电流，所以，ECAFM不会受到法拉第电流的干扰，不需要进行探针的绝缘处理，大大减少了干扰因素；而且ECAFM对于样品的导电性没有要求，可以测定非导电的聚合物膜、半导体电极、电极氧化层和有机吸附层等，因此ECAFM拓宽了电化学扫描探针显微技术的应用领域；另外，ECAFM侧重于较大电极表面(通常为微米级)的观测，而ECSTM更侧重于分子、原子级的分辨。

毫无疑问，AFM的应用范围比STM更为广阔，而且AFM实验也可以在大气、超高真空、溶液以及反应性气氛等各种环境中进行。

8.3.1 AFM的工作原理及技术

1. AFM基本原理

AFM是利用一个对力敏感的探针探测针尖与样品之间的相互作用力来实现表面成像的，工作原理如图8-15所示。将一个对微弱力极为敏感的微悬臂(cantilever)的一端固定，另一端接上一微小针尖(tip)，针尖在样品表面上做扫描运动，针尖尖端的原子与样品表面原子间存在极微弱的吸引力或排斥力。控制器可通过反馈电路不断调整压电晶体管在Z轴方向上的电压，从而改变针尖在竖直方向上的位置，以维持作用力恒定不变，即微悬臂的弯曲状态不变。这样，带有针尖的微悬臂就会随着样品表面的高低起伏而抬起落下，针尖所划过的轨迹就模拟出了样品表面形貌的高度轮廓图。而记录V_Z即可得到针尖的轨迹，所绘出的AFM图是一幅高度图，也就是样品的表面形貌。通常使用彩色或灰度图，以颜色深浅或灰度等级代表不同的高度，越亮的部分代表高度越高；或者也可采用三维轮廓图。

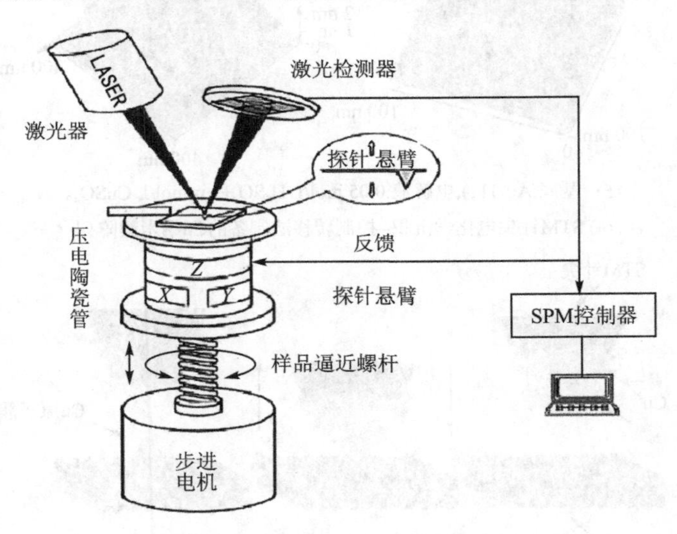

图8-15 AFM原理示意图

2. AFM的工作模式

(1) 接触模式(contact mode)AFM

针尖在样品表面扫描时，接触样品表面，反馈机构维持微悬臂的弯曲恒定，从而维持针尖、样品间的作用力恒定。记录压电晶体管在每个水平点上的 Z 轴位移，从而形成样品表面的高度轮廓图。

接触模式 AFM 的优点包括高的扫描速率，是唯一能获得原子级成像的 AFM 技术，但是大的剪切力和样品表面流体层中大的毛细作用力会歪曲图像，降低空间分辨率，损坏柔软的样品。

(2) 轻敲模式(tapping mode)AFM

微悬臂在其共振频率或接近共振频率下振动，典型振动幅度为 20～200 nm。扫描时，在微悬臂振动底部针尖轻敲、接触样品表面。反馈机构维持微悬臂振动幅度恒定，从而维持针尖、样品间作用力恒定。记录压电晶体管在每个水平点上的 Z 轴位移，从而形成样品表面的高度轮廓图。

轻敲模式 AFM 的优点是在大多数样品上具有比接触模式 AFM 更高的水平分辨率(1～5 nm)，消除水平剪切力，更低的作用力避免损坏样品表面，但扫描速率略慢。

(3) 非接触模式(non-contact mode)AFM

非接触模式 AFM 的微悬臂在略高于其共振频率下振动，典型振动幅度为几纳米(<10 nm)。扫描时，针尖并不接触样品表面而是在样品表面吸附流体层之上振动，针尖通过范德华力等长程作用力与样品表面作用。反馈机构维持悬微臂振动幅度或频率恒定。记录压电晶体管在每个水平点上的 Z 轴位移，从而形成样品表面的高度轮廓图。非接触模式 AFM 的优点是与样品之间无直接接触的排斥作用力，但却具有比接触模式 AFM 和轻敲模式 AFM 更低的水平分辨率，更慢的扫描速率，通常只在极度憎水的表面，流体吸附层很小时使用。

3. AFM 的力传感器——微悬臂及其上的针尖

为了准确反映出针尖与样品表面间微弱的力的变化，微悬臂和针尖的制备是十分关键的，是决定 AFM 灵敏度的核心，通常要满足以下条件：①较低的力的弹性系数；②高的力学共振频率；③高的横向刚性；④尽可能短的悬臂长度；⑤微悬臂上需配有镜面或电极，从而能通过光学或隧道电流方法检测其弯曲程度；⑥带有一个尽可能尖锐的针尖。

常用的 AFM 探针包括氮化硅(Si_3N_4)探针和单晶硅探针。在一个氮化硅(Si_3N_4)探针上带有四个不同弹性系数的 V 形微悬臂，使用时可任选其一，如图 8-16(a)所示，图中所标数字为微悬臂的弹性系数，单位是 N/m。图 8-16(b)所示为其中一个微悬臂的 SEM 图，可以看到在微悬臂的顶端带有一个微小的针尖。

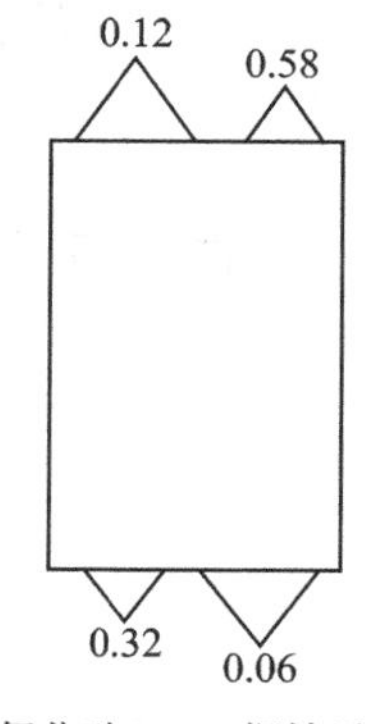

(a) 氮化硅(Si_3N_4)探针示意图

(b) 微悬臂的SEM图

图 8-16　氮化硅(Si_3N_4)探针示意图和微悬臂的 SEM 图

由刻蚀制备的单晶硅探针集成了悬臂和针尖，其SEM图如图8-17所示。

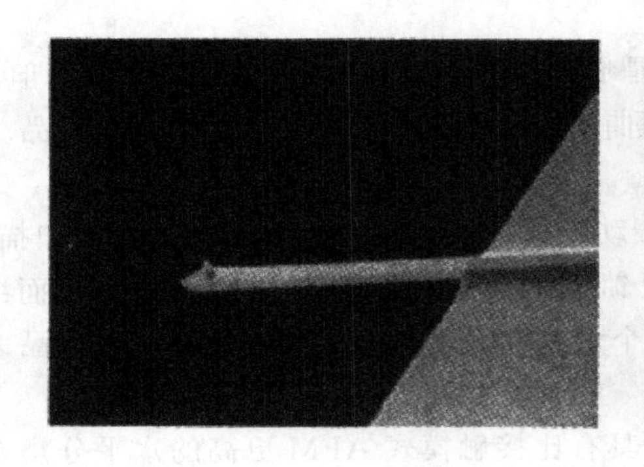

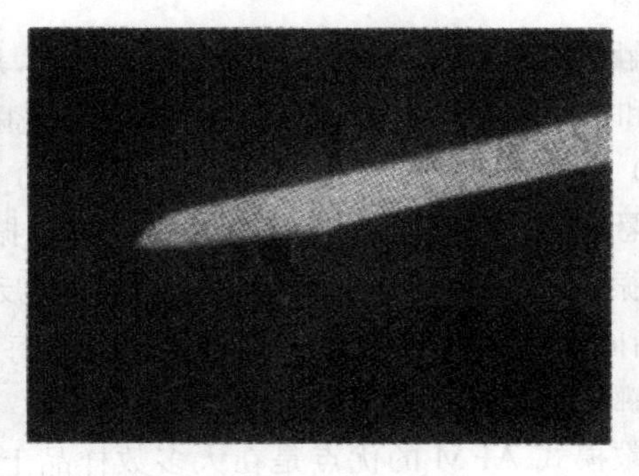

图8-17 单晶硅探针SEM示意图

8.3.2 ECAFM装置

要实现现场的电化学AFM测量主要是解决AFM与电化学过程联机的问题。首要的问题是电解池的设计。如何将电解池固定在样品台上，使针尖能在样品表面扫描而又不影响检测是一个重要的问题；另外，由于检测用的是光反射原理，而激光在空气、玻璃及水中的折射率是不同的，因此实验中对激光束的调节也是十分重要的。目前，常用的商品电解池是Veeco公司生产的ECAFM仪器上所用的电解池，如图8-18所示。从图中可见，电解池固定在与激光发射源为一体的扫描头(scanner)(由压电晶体管构成)上。电解池由O形密封圈构成，用玻璃压在上面封闭电解池，溶液通过流动注射的方式注入电解池内，这种电解池的体积较小，一般仅有0.2 mL。参比电极常用Ag/AgCl丝、Pt丝等，辅助电极通常为Pt丝电极，参比电极和辅助电极与流动注射的溶液相连(图中未画出)。

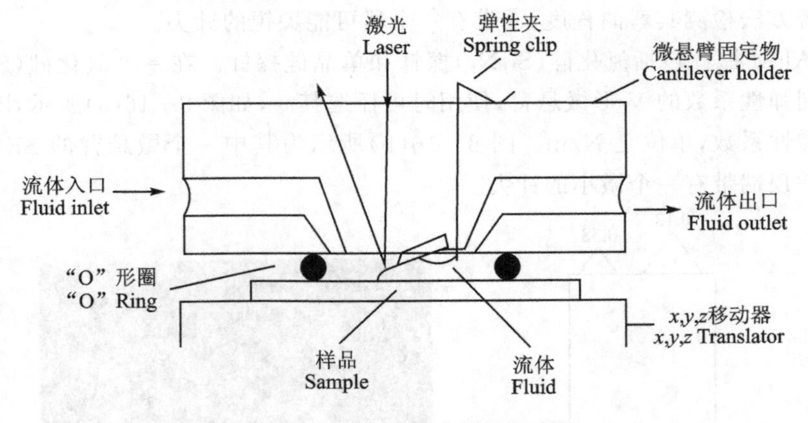

图8-18 ECAFM电解池示意图

8.3.3 ECAFM的应用

ECAFM用途广泛，常被用于观察和研究单晶、多晶局部表面结构，表面缺陷和表面重构，表面吸附物种的形态和结构，金属电极的氧化还原过程，金属或半导体的表面电腐蚀过程，有机分子的电聚合，以及电极表面上的沉积等。

图 8-19 所示为潮湿气氛中铁腐蚀后的 AFM 图像。图(a)为初始图像，图中仅可见机械抛光的划痕。约 2 h 后，出现大量小的颗粒状腐蚀产物，无定形 Fe_2O_3，表面变得粗糙。随后，大量腐蚀产物在颗粒中间填充。

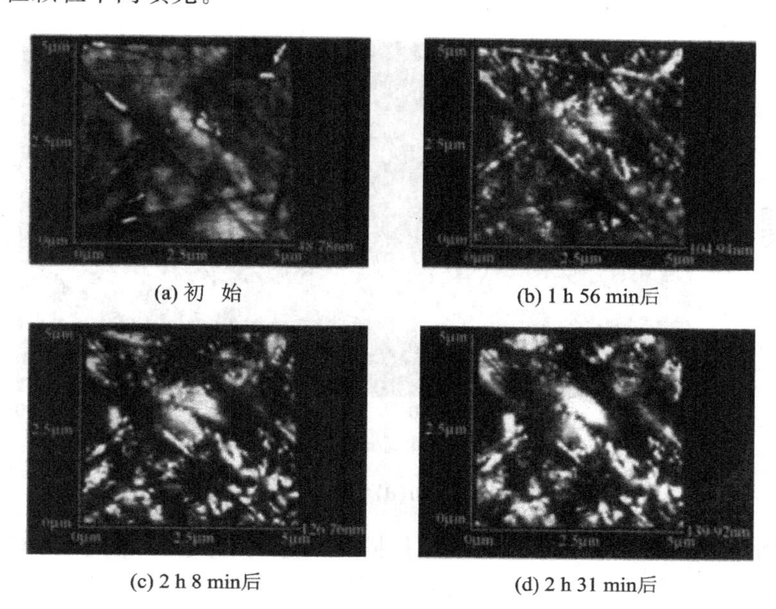

(a) 初　始　　(b) 1 h 56 min后

(c) 2 h 8 min后　　(d) 2 h 31 min后

图 8-19　潮湿气氛中铁腐蚀后的 AFM 图像

图 8-20 所示为铁电极在硼酸盐溶液中循环伏安扫描(−1.0～+ 1.2 V)10 次后形成的钝化膜的 AFM 图像。由图可见，钝化表面的形貌同图 8-19 中潮湿气氛中腐蚀表面的形貌

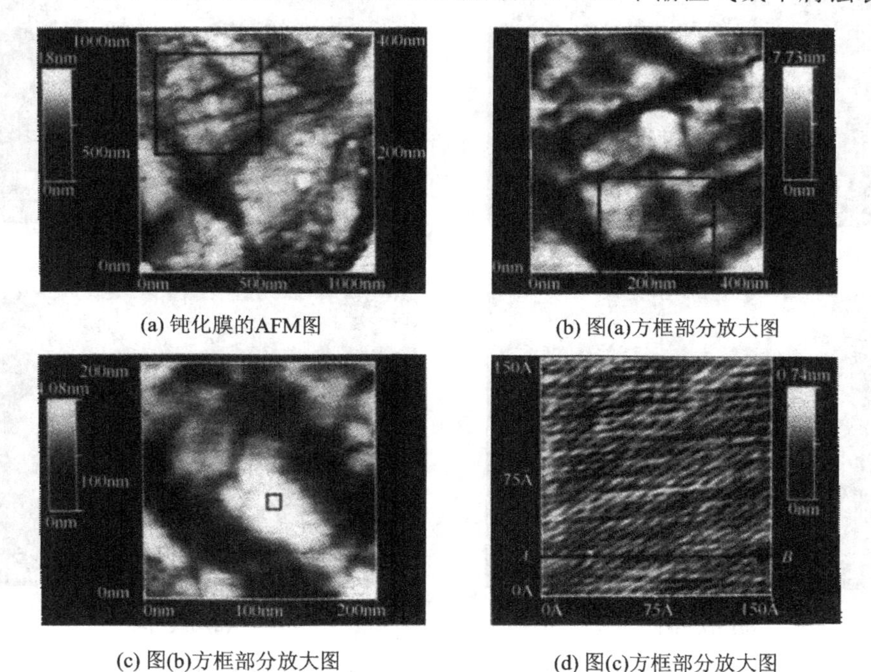

(a) 钝化膜的AFM图　　(b) 图(a)方框部分放大图

(c) 图(b)方框部分放大图　　(d) 图(c)方框部分放大图

图 8-20　铁电极在硼酸盐溶液中循环伏安扫描(−1.0～+1.2 V)10 次后形成的钝化膜的 AFM 图像

明显不同，大部分表面处于均匀的钝态，只有少数的电活性位。图 8－20(d)中的高分辨 AFM 图显示出钝化膜的结构是高度有序的。图 8－21 所示的相应的剖面图显示出钝化膜的晶格间距约为 0.92 nm，非常接近于 $\gamma-Fe_2O_3$ 的晶格间距 0.835 nm，因此很可能是结晶态的 $\gamma-Fe_2O_3$。

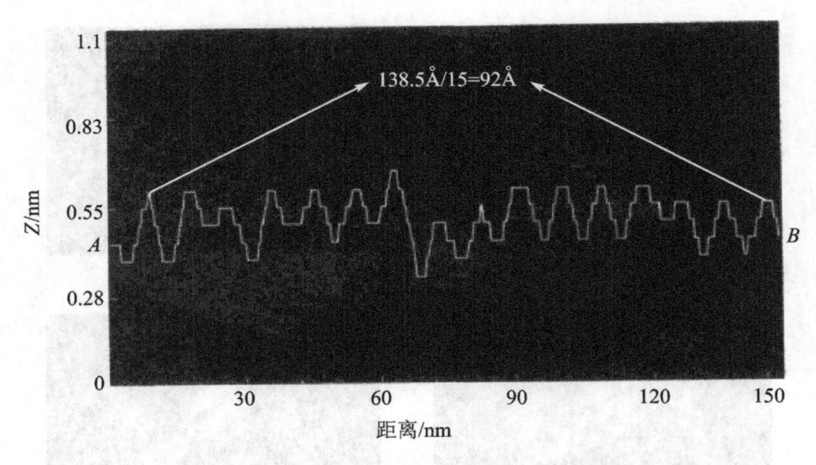

图 8－21　图 8－20(d)中沿 AB 线的剖面图

图 8－22 所示为硼酸盐溶液中循环伏安扫描后氧化铁颗粒生长的现场 ECAFM 图像。从图中可以看出，有氧化铁颗粒在电极表面活性缺陷位上出现，经循环伏安扫描后铁电极上的氧化铁颗粒变得更大、更多，但最终缺陷位的数目达到饱和，不再有新的颗粒出现。

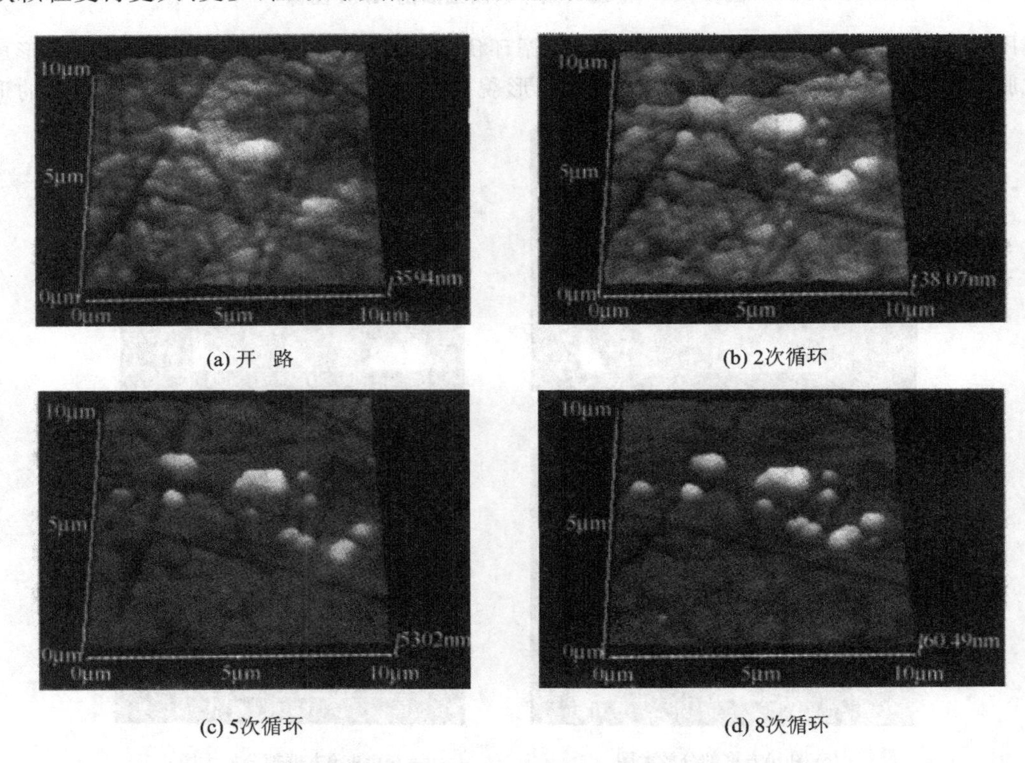

图 8－22　硼酸盐溶液中循环伏安扫描后氧化铁颗粒生长的现场 ECAFM 图像

如图8-23所示，氧化铁的颗粒高度可以随循环伏安扫描次数的增加而增大，也可以因在负电势下还原而减小，说明这些氧化铁颗粒是电化学活性的。

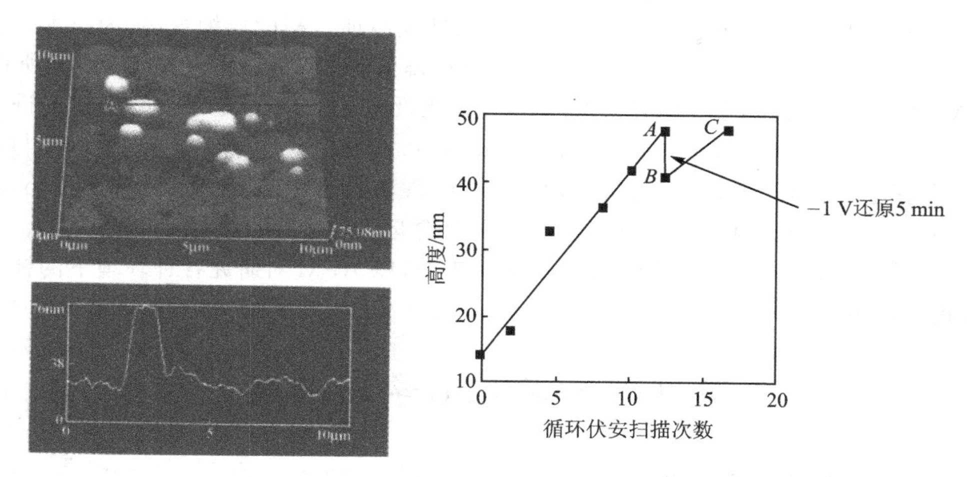

图8-23 颗粒A高度随循环伏安扫描次数的变化

如图8-24所示，氧化铁颗粒可以在负电势下还原而消失(图中标为1、2、3的颗粒)，并可能在电极上留下孔洞(图中的2、3颗粒)。再次循环又有可能产生新的颗粒(图中标4的颗粒)。

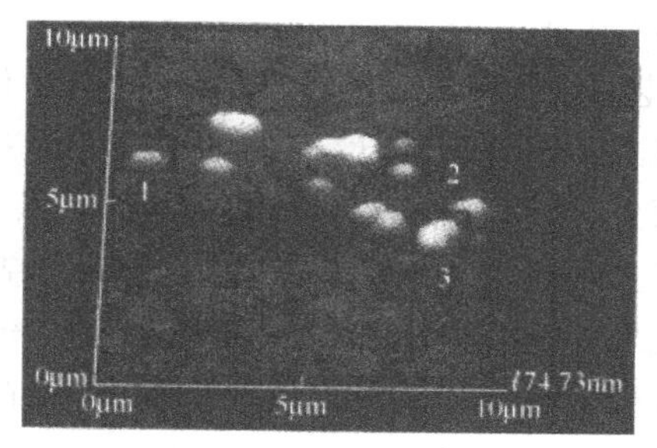

(a) 12次循环

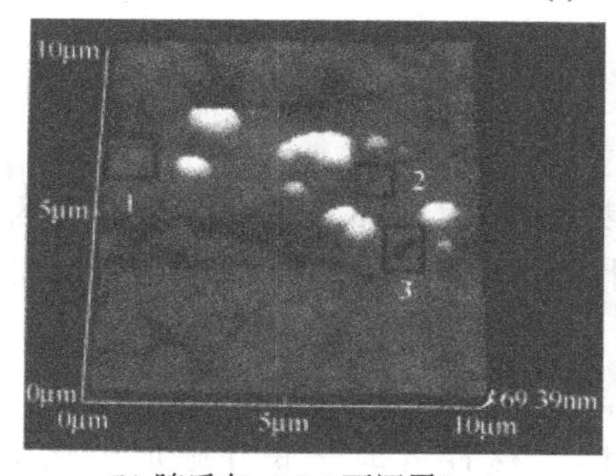

(b) 随后在−1.0 V下还原5 min

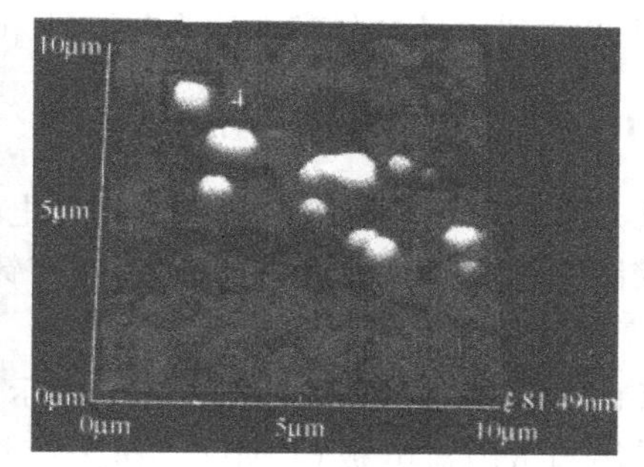

(c) 再进行2次循环

图8-24 硼酸盐溶液中经历氧化还原过程的铁电极的ECAFM图

有研究利用离子束增强沉积，在奥氏体不锈钢上制备了TaN薄膜，用ECAFM对TaN薄膜在NaCl溶液中的早期腐蚀过程进行原位研究，重点观察了微观缺陷处的腐蚀状况。结果表明，TaN薄膜的早期腐蚀并非从缺陷处开始，而是在凹陷处形成厚的钝化膜，表现出较好的平整性，从而缓解了腐蚀进程。同时，利用ECAFM以纳米级空间分辨率对TaN薄膜在3%

NaCl溶液中的早期腐蚀过程进行了原位研究。结果表明，TaN薄膜在极化电位的阴极区域发生氧化膜的还原溶解；在低阳极极化电位下，发生轻微腐蚀；当阳极极化电位提高时，在200～300 mV电压下出现电解抛光现象。实验对薄膜腐蚀过程的详细观察，为技术工艺的改造提供了参考。由于ECAFM可以在有空气的环境和原位（insitu）条件下工作，所以利用ECAFM对316号不锈钢在不同表面条件下（预抛光及钝化）的表面形态和力学行为进行了探讨，描绘了力-感应距离曲线（force - distance curves），发现曲线斜率与表面层的刚度与弹性模量成比例；在空气和液体中，按预抛光、非现场钝化、现场钝化的次序，曲线的斜率变小，刚度也相应变小。另外，在不同电压下制备的钝化膜和氮含量不同的钝化膜刚度差别很大。一般情况下，钝化膜表现为较软的网状胶体结构。实验表明，ECAFM对研究各种环境下的钝化膜形态学有很大作用。

8.4 扫描电化学显微镜

扫描电化学显微镜（Scanning Electrochemical Microscopy，SECM）是Bard等人在20世纪80年代末提出和发展起来的一种电化学现场检测技术，它是通过探针的电化学反应及该反应在基底间的正、负反馈来提供基底的电化学形貌的。其分辨率通常介于普通光学显微镜和STM之间，并直接依赖于探针的尺寸及与样品之间的距离。Bard等人首次用扫描电化学显微镜及微米探针得到了高分辨图像。

ECSTM和ECAFM只能提供基底电极表面上的几何形貌信息，而不能提供基底电极表面上的化学（电化学）活性的信息；与它们相比，SECM具有“化学敏感性”，不仅可以研究导体和绝缘体的表面几何形貌，而且可以分辨不均匀电极表面的电化学活性，研究微区电化学动力学和生物过程等，从而弥补了扫描隧道显微镜（STM）或原子力显微镜（AFM）不能直接提供有关电化学活性信息的不足；此外，利用SECM可以研究发生在探针与基底之间溶液层中的化学反应动力学，可对材料进行微米级加工，并可延伸至其他方面的应用性研究。

与其他扫描探针显微镜一样，SECM的分辨率取决于探针尺寸及其与基底电极的间距，目前SECM可达到的最高分辨率约为几十纳米。

8.4.1 SECM的工作原理

SECM是采用双恒电势仪分别控制探针电势和基底（样品）电势（如果基底为导体），由压电晶体管控制探针在基底表面扫描，通过对探针电极的法拉第电流的控制和测量获得丰富的信息。

SECM的工作原理示意图如图8-25所示。

通常采用超微圆盘电极（UMDE）作为探针，当探针远离基底并施加极化电势时，$O + ne \longrightarrow R$反应发生，反应物O向探针上的扩散为非线性扩散（见图8-25(a)），达到的稳态极限扩散电流即为UMDE上的稳态极限扩散电流

$$i_{T,\infty} = 4nFD_O C_O^* a$$

式中：n为探针上电极反应$O + ne \rightarrow R$所涉及的电子数；F为法拉第常数；D_O为反应物O的扩散系数；C_O^*为反应物O的浓度；a为圆盘探针电极的半径。

当探针移至绝缘样品基底表面时（见图8-25(b)），反应物O从本体溶液向探针电极的扩

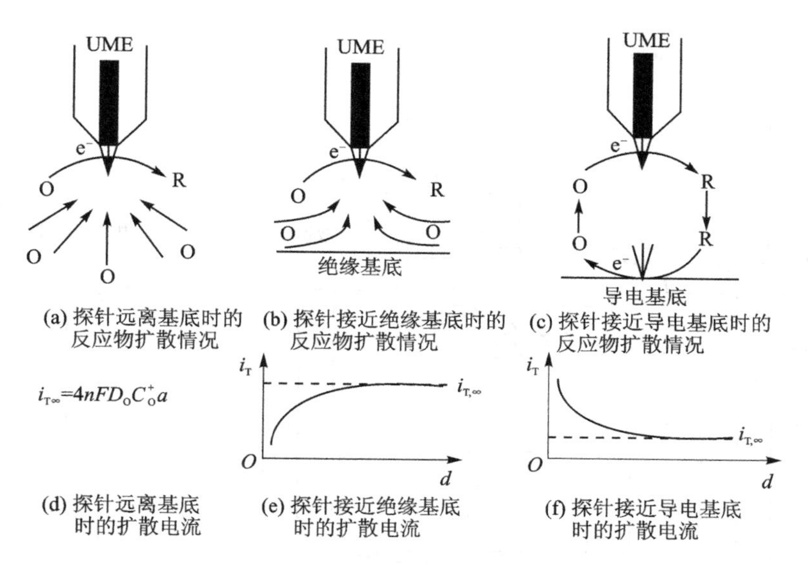

图 8-25　SECM 的工作原理示意图

散受到阻碍，流过探针的电流 i_T 会减小。探针越接近样品，电流 i_T 就越小。这个过程常被称做“负反馈”。相应的扩散电流随针尖基底间距的变化情况如图 8-25(e)所示，这种探针电流 i_T 与探针基底间距 d 的函数曲线称为渐近曲线(approach curve)。

如果样品基底是导体，则通常将样品作为双恒电势仪的第二个工作电极，并控制样品的电势使得逆反应($R \longrightarrow O+ne$)发生。当探针移至样品表面时(见图 8-25(c))，探针的反应产物 R 将在样品表面重新转化为反应物 O 并扩散回探针表面，从而使得流过探针的电流 i_T 增大。探针离样品的距离越近，电流 i_T 就越大。这个过程则被称为“正反馈”。相应的扩散电流随针尖基底间距的变化情况如图 8-25(f)所示。

探针电流为探针基底间距 d 以及在基底上进行的再生探针反应物 O 反应速率的函数。

8.4.2　SECM 装置及工作模式

1. SECM 装置

SECM 的仪器装置与 ECSTM 装置类似。在 SECM 实验中，探针和样品(基底)置于含有电解质和电活性物质的溶液中，电解池通常包括辅助电极和参比电极(见图 8-26)。

2. SECM 探针

SECM 探针电极的设计和表面状态可显著影响 SECM 的分辨率和实验的重现性，用前需预处理以获得干净表面。通常探针为被绝缘层包围的超微圆盘电极(UMDE)，常为贵金属或碳纤维，半径在微米级或亚微米级制作时把清洗过的微电极丝放入除氧毛细玻璃管内，两端加热封口，然后打磨至露出电极端面，由粗到细用抛光布依次抛光至探针尖端为平面，再小心地把绝缘层打磨成锥形，使在实验中获得尽可能小的探针与基底间距，有时也会使用到半球面超微电极；而锥形的电极尖端因探针电流不随 d 而变化，故很少使用。

SECM 的分辨率主要取决于探针的尺寸、形状及探针与基底间距 d。能够做出小而平的超微圆盘电极是提高分辨率的关键所在，且足够小的 d 与 a 能够较快地获得探针稳态电流。

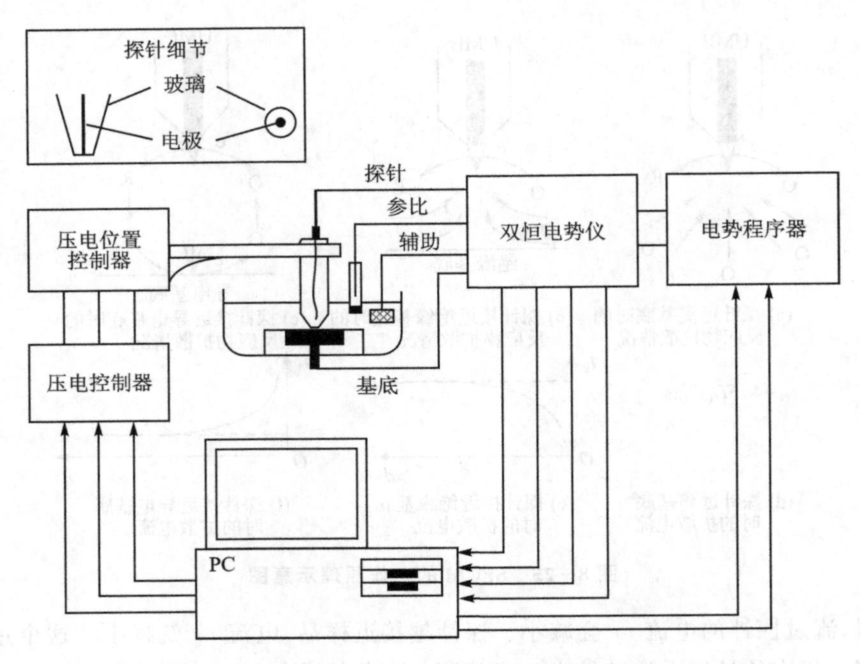

图 8-26 SECM 仪器示意图

同时，要求绝缘层要薄，减小探针周围的归一化屏蔽层尺寸 RG（$RG=\frac{r}{a}$，r 为探针尖端半径，a 为探针圆盘电极半径）值，以获得更大的探针电流响应；不过，RG 也不能太小，否则反应物会从电极背面扩散到电极表面，合理的 RG 值应为 10 以上。同时，应尽可能保持探针端面与基底的平行，以正确反映基底形貌信息。

3. SECM 工作模式

（1）电流模式

该模式是基于给定探针、基底电势，观察电流随时间或探针位置的变化，从而获取各种信息的方法。它又包括以下两种模式。

1）变电流模式

① 反馈模式。

电流反馈模式，探针既是信号的发生源又是检测器。在探针接近基底的过程中，根据基底性质的不同会产生"正反馈"或"负反馈"。此时的归一化探针电流 $I_T(L)=\frac{i_T}{i_{T,\infty}}$ 与 d 有定量关系。RG≥10 时，对导体和绝缘体基底分别有如下近似方程：

$$I_T(L)=0.68+\frac{0.783\ 77}{L}+0.331\ 5\exp\left(\frac{-1.067\ 2}{L}\right)\quad（导体\ 0.70\%\ 近似）\quad(8-2)$$

$$I_T(L)=\left[0.292+\frac{1.515\ 1}{L}+0.655\ 3\exp\left(\frac{-2.403\ 5}{L}\right)\right]^{-1}\quad（绝缘体\ 1.2\%\ 近似）\quad(8-3)$$

式中：L 为归一化探针基底间距$\left(L=\frac{d}{a}\right)$。

② 收集模式。

收集模式是在探针(基底)上施加电势得到电化学反应产物,基底(探针)电极上记录所收集的该物质产生的电流,根据收集比率得到物质产生/消耗流量图。可分为探针产生/基底收集(Tip - Generation/Substrate - Collection,TG/SC)和基底产生/探针收集(Substrate - Generation/Tip - Collection,SG/TC)两种。

③ 暂态检测模式。

单电势阶跃计时安培法和双电势阶跃计时安培法已用于 SECM 研究获取暂态信息。在探针上施加大幅度电势阶跃至扩散控制电势,考察还原反应并定义 t_c 为到达稳态的时间,则在绝缘体基底上 t_c 是 d^2/D_O 的函数,而在导体基底上 t_c 是 $d^2(1/D_O + 1/D_R)$ 的函数。

2) 恒电流模式(直接模式)

探针在基底表面扫描,固定探针基底间距,电流达到稳态时,检测探针在垂直方向上的变化,实现成像过程,得到基底的表面形貌信息。

(2) 电势法

微型离子选择性电极已用做 SECM 的探针。此类探针仅传感基底附近浓度,而不产生或消耗电极反应活性物质。电极膜电势方程可用于浓度空间分布的计算并确定探针基底间距范围。应注意的是,计算时须考虑探针对基底扩散层的搅动,且须假设基底上产生的物质是稳定的。

(3) 电阻法

液膜或玻璃微管离子选择性电极可用于没有电活性物质或有背景电流干扰的体系,也常用在生物体系中。在两电极之间施加恒电势,通过测量探针基底电极间的溶液电阻来获得空间分辨信息。探针电极内阻越小,该方法灵敏度越高。可通过减小 Ag/AgCl 电极与探针孔之间的距离来提高灵敏度,也可利用探针阻抗与探针基底间距的关系对基底扫描,得到样品表面图像。

8.4.3　渐近曲线

当探针从几个探针半径距离移向基底时,探针电流 i_T 与探针基底间距 d 的函数曲线,称为渐近曲线(approach curve)。这一曲线提供了有关基底本质方面的信息。对一个薄层绝缘平面的外壳中的盘状探针,渐近曲线可由数字模拟方法计算,对完全绝缘基底(探针生成的物质 R 不反应)和活性基底(在扩散控制速率下发生 R 氧化回到 O)给出的结果见图 8 - 27。这些曲线以无量纲形式 $i_T/i_{T,\infty} - d/a$[其中 $I_T(L) = i_T/i_{T,\infty}$ 以及 $L = d/a$] 给出,与圆盘直径、扩散系数和溶质浓度无关。对绝缘基底以及对导电基底提出数字结果的近似形式如式(8 - 2)、(8 - 3),在这两种情况下,假设基底远大于探针半径 a,渐近曲线也是探针形状的函数,因此可以提供有关探针形状的信息,球形或锥形探针给出的逼近曲线不同于圆盘状探针。导体上逼近曲线可以指示出探针导电部分凹进绝缘外壳时的情况,探针非常小这种情况经常发生。此时,在探针绝缘部分接触基底前只能观测到很小的正反馈,i_T 值变平。由于小探针的表征比较困难,如利用电子显微镜,SECM 是了解探针大小和外形的一种有用方法。

除了上述极限情况(即在导电基体上,R 或者不转化或者全部转化为 O),还可以计算 R 在基底上转化为 O 时不同异相速率常数下的渐近曲线,结果见图 8 - 28,曲线位于图 8 - 27 两种极限情况之间,代表了阻碍和再生 O 的综合影响。也可以通过记录 $i_T - E$ 伏安曲线或无量

纲形式 $I_T(E,L)-\theta$ 获得异相电子转移速率，其中 $\theta=1+\exp[nf(E-E^{\ominus})]D_O/D_R$。当探针接近导电基底，并保持基底电势在R的氧化为扩散控制时，异相电子转移动力学控制导致伏安曲线偏离可逆形状，伏安曲线近似方程为

$$I_T(E,L)=\frac{0.68+0.78377/L+0.3315\exp(-1.0672)}{\theta+1/\kappa} \tag{8-4}$$

式中：$\kappa=\dfrac{k^0\exp[-\alpha f(E-E^{\ominus'})]}{\theta+1/\kappa}$。

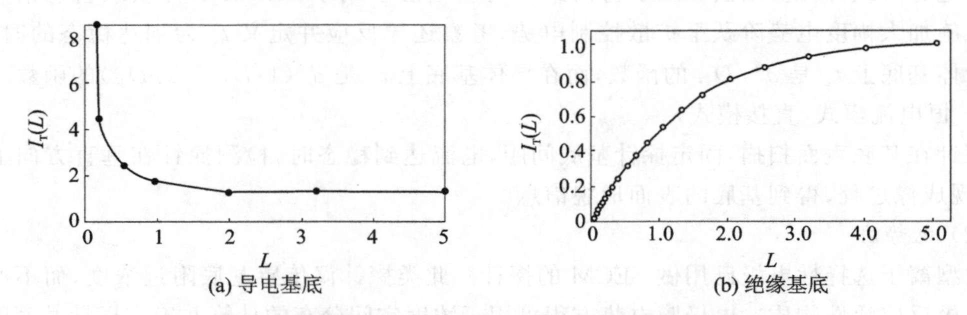

注：I_T（归一化的探针电流）$=i_T/i_{T,\infty}$；L（归一化探针基底距离）$=d/a$。

图8-27 导电基底和绝缘基底上SECM稳态电流逼近曲线

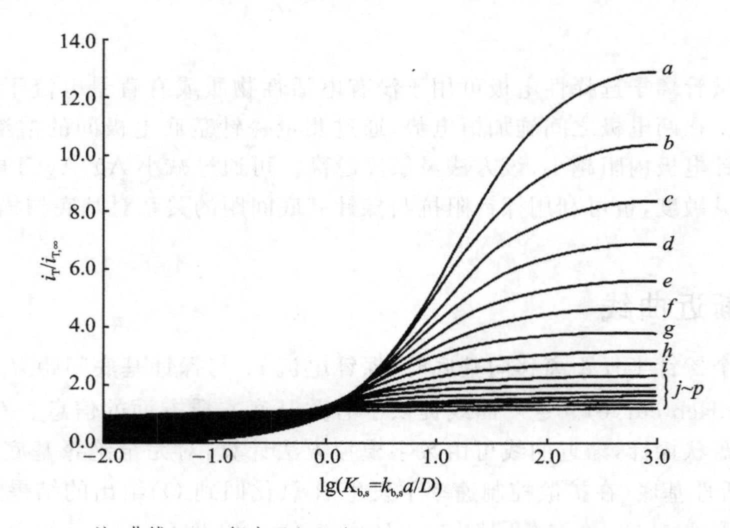

注：曲线 $a\sim p$ 相应于 $\lg(d/a)=-1.2,-1.1,-1.0,\cdots,0.3$。

图8-28 基底电极上R转化为O在不同异相速率常数($k_{b,s}$)下的SECM逼近曲线

因此，SECM在研究电极表面以及其他如含酶膜电极表面的异相动力学方面是非常有用的。最大可测量到的 k^0 值在 D/d 数量级。明显地，实验中这种极限情况依赖于SECM中的"特征长度"d。本体溶液中微电极类似测量也存在相同限制，给出最大 k^0 值在 D/a 数量级。例如乙腈中常用作参比电极的二茂铁的 k^0，SECM测得为3.7 cm/s。

8.4.4 SECM的应用

基于上述特性，SECM已经应用于众多领域之中。SECM能用于观察样品表面的几何形貌、化学或生物活性分布和亚单分子层吸附的均匀性；测量快速异相电荷传递的速率；测量一

级或二级随后反应的速率，酶-中间体催化反应的动力学，膜中离子扩散，溶液/膜界面以及液/液界面的动力学过程。SECM 还用于单分子的检测，酶和脱氧核糖核酸的成像，光合作用的研究，腐蚀研究，化学修饰电极膜厚的测量，纳米级刻蚀、沉积和加工等。SECM 的许多应用是其他方法无法取代的，或是用其他方法很难实现的。

1. 表面形貌和反应活性成像

如果探针在基底上方沿 $x-y$ 平面扫描（逐行扫描），通过记录电流（与 d 变化相关）相对于探针 $x-y$ 平面位置的变化，可以获得表面形貌图像。对既有活性又有绝缘区域的基底，在给定 d 值下，不同区域电流响应也不同。活性区域 $i_T > i_{T,\infty}$，而绝缘区域 $i_T < i_{T,\infty}$，也可以通过在压电体上加以正弦电压，使探针在 z 方向进行调制并记录调制探针电流相对于调制距离的相位来区分这两个区域。

因为 SECM 的响应依赖于基底表面异相反应速率，故它可以用来描绘基底表面的局部反应活性。这项功能不管是反馈模式还是收集模式均可实现。反馈模式通常是通过氧化还原反应速率的空间分布来反映反应物在基底上的再生情况的。通过选择适当的溶液组分控制针尖反应和基底/溶液界面区的化学组分，进而探测基底表面不同微区内的不同反应速率。

SECM 在电极表面成像和表面膜探测方面特别有用。Solomon R. Basame 等通过测绘碘化物在基底表面的氧化位置（通过探针检测碘化物），研究了 Ta 电极表面 Ta_2O_5 钝化膜中通道与电势的关系（见图 8-29）。随着 Ta 表面氧化过程的进行，活性点明显形成和消失。

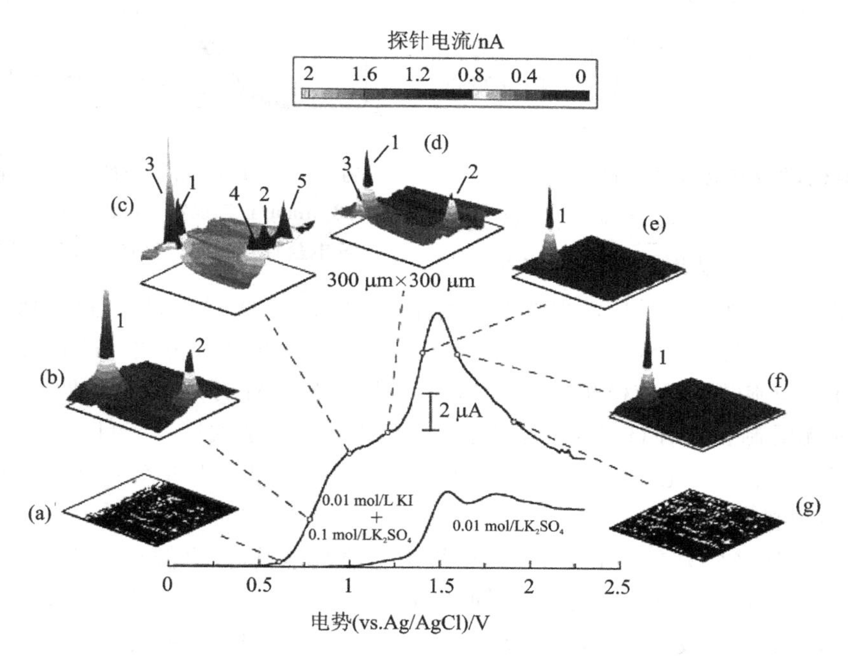

图 8-29　在 0.01 mol/L KI+0.1 mol/L K_2SO_4 溶液中 Ta 电势向更正电势扫描时，Ta 电极表面 Ta_2O_5 膜图像(300 μm×300 μm)

SECM 已用于金属、离子晶体、聚合物膜及生物样品等的表面研究，得到表面化学或生物活性分布图及表征纳米孔中的扩散传质。

2. 异相电荷传递反应研究

为了进行异相电荷传递动力学研究，传质系数 m 必须接近或大于标准异相电荷传递率常数 $k^{\ominus}$。对于暂态电化学测量法（例如 CV 或 CA 等），传质系数 m 约为 $(D/t)^{1/2}$，其中 t 是实验的时间尺度。为了测量快速反应，CV 的扫描速率要提到非常高，例如 100 万 V/s。

用 SECM 也能进行各种金属、碳或半导体材料的异相电荷传递动力学的研究。SECM 的探针可移至非常靠近样品电极表面，从而形成非常薄的薄层电解池，达到很高的传质系数。当薄层厚度 d 小于电极半径 a 时，传质系数为

$$m=\frac{D}{d}$$

当 d 小于 1 μm 时，传质系数相当于目前 CV 能达到的最高扫描速率，并且 SECM 探针电流测量很容易在稳态下进行，与快扫伏安法等暂态方法相比，具有很高的信噪比和测量精度，也基本不受 iR 降和充电电流的影响，因此广泛用于异相电荷转移反应及其动力学研究。

图 8-30 所示为探针电极在 5.8 mmol/L 二茂铁＋0.52 mol/L $TBABF_4$（导电盐）的乙腈溶液中的稳态伏安曲线。探针采用 1.1 μm 半径的 Pt 圆盘超微电极，曲线 1～5 分别对应着归一化探针基底间距 $L=\frac{D}{a}$ 为∞、0.27、0.17、0.14、0.1。采用曲线拟合的方法，可以测得二茂铁在乙腈溶液中的标准反应速率常数为 $k^{\ominus}=(3.7\pm0.6)$ cm/s。

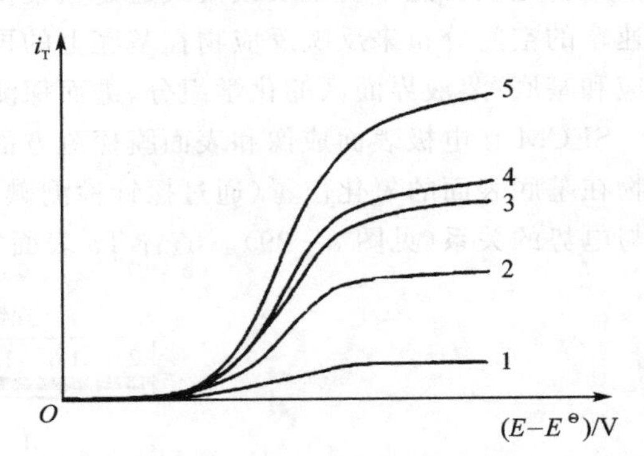

图 8-30　1.1 μm 半径的 Pt 探针电极在 5.8 mmol/L 二茂铁＋0.52 mol/L $TBABF_4$（导电盐）的乙腈溶液中的稳态伏安曲线

3. 均相化学反应动力学研究

基于收集模式、反馈模式的 SECM 及其与计时安培法、快扫伏安法等电化学方法的联用，可以测定均相化学反应动力学以及各种类型的、与电极过程偶联的化学反应动力学。

当 SECM 工作在 TG/SC 模式时，相当于旋转环盘电极的工作方式，特别适合于研究均相化学反应；并且同旋转环盘电极相比，SECM 更具优势：SECM 可以很方便地研究不同材料的样品电极，而无需制备该种材料的环盘电极；SECM 的传质系数远大于目前旋转环盘电极所能达到的极限；在不伴随化学反应的电极过程中，TG/SC 模式的收集效率几乎可达 100%，远高于旋转环盘电极。

假定在本体溶液中只有 O 存在，探针电极的电势足够负，O 会被还原成 R。而样品电极的电势足够正，使得 R 又会被氧化成 O。如果 R 稳定，探针电流由于样品电极上 O 的再生而得到增强，即所谓的“正反馈”过程。或者，工作在收集模式下时，收集效率 $|i_s/i_T|$ 为 1；如果 O 在探针电极上还原成 R 后，发生随后均相化学反应，R 不稳定而进一步生成无电活性的最终产物，则 O 不会在样品电极上再生，基底只起到阻挡探针反应物 O 扩散的作用，这时会观察到“负反馈”过程，探针电极上电流减小。或者，工作在收集模式下时，收集效率 $|i_s/i_T|$ 将小于 1。

对于一个给定的随后化学反应，探针上的电流 i_T 取决于探针和样品电极间的距离 d 和随后化学反应的速率常数 k：当 $d^2k/D\gg l$ 时，样品电极表现出绝缘体的行为，处于负反馈过程；

当 $d^2k/D \ll l$ 时，样品电极表现出导体的行为，处于正反馈过程；当 d^2k/D 接近于1时，可进行随后化学反应动力学的测量。

4. 液/液界面研究

SECM用于液/液界面研究时，两相的电势取决于两相中电对的浓度，此时电子转移在探针附近微区内发生，而离子转移在整个相界面发生，因而可以区分电子转移与离子转移过程，减小电容电流和非水相 iR 降的影响。

液/液界面的混合溶剂层的厚度一直是液/液界面电化学研究中很难测量的问题。Auen J. Bard应用25 nm的探针研究了硝基苯/水界面，估算出该溶剂界面混合溶剂层的厚度≤4 nm。该研究小组还应用锌卟啉在苯溶液中作为氧化还原电对，研究了水相中不同的氧化还原电对之间的双分子电子转移反应，证明了当液/液界面上的电势差不是很高时，Butler-Volmer理论也适用于液/液界面上的电子转移反应。除了用于研究液/液界面电子转移及膜的形成外，SECM也常用于液/液界面离子的转移和液/液界面反应活性的研究。

当探针移至样品表面时，电子转移局限于靠近样品表面的很小的区域，故可用SECM进行微区沉积或刻蚀。用SECM的电流法或电势法可观察人工或天然的生物体系，如天然皮肤的离子渗透、生物酶活性的分布和测定、原生质光合作用、抗原抗体的成像及活细胞研究等。

8.5　微区电化学扫描探针技术

近20年来，宏观电化学测量与研究取得了长足的进展。有关宏观电化学极化曲线、交流阻抗和噪声技术对金属腐蚀过程和电化学机理进行了大量准确的表征，但是传统的电化学测试方法局限于探测整个样品的宏观变化，测试结果只反映样品的不同局部位置的整体统计结果，不能反映出局部的腐蚀及材料与环境的作用机理与过程。而微区探针能够区分材料不同区域电化学特性差异，且具有局部信息的整体统计结果，并能够探测材料/溶液界面的电化学反应过程。

近年来，人们一直在探索研究局部电化学过程，微区电化学扫描探针系统为进行局部表面科学研究提供了一个新的途径，从而使得在各个领域得到广泛应用。一般来说，微区扫描电化学探针系统是一个建立在电化学扫描探针的设计基础上的，进行超高测量分辨率及空间分辨率的非接触式微区形貌及电化学微区测试系统。它是一个模块化配置的系统，可以实现现今所有微区扫描探针电化学技术以及激光非接触式微区形貌测试：扫描电化学显微镜（Scanning Electrochemical Microscopy，SECM）、扫描振动参比电极测试（Scanning Vibrating Electrode Technique，SVET）、扫描开尔文探针测试（Scanning Kelvin Probe，SKP）、微区电化学阻抗测试（Localized Electrochemical Impedance Spectroscopy，LEIS）等。

下面我们对近年来微区电化学测试系统的各项技术设备的原理及应用的发展概况进行简述，探讨扫描振动参比电极技术（SVET）、扫描开尔文探针（SKP）和微区电化学交流阻抗谱（LEIS）等微区电化学测量系统在各个领域的应用。

8.5.1　扫描振动参比电极技术

扫描振动参比电极技术（SVET）是使用扫描振动探针（SVP）在不接触待测样品表面的情况下，测量局部电流、电位随远离被测电极表面位置的变化，检定样品在液下局部腐蚀电位的

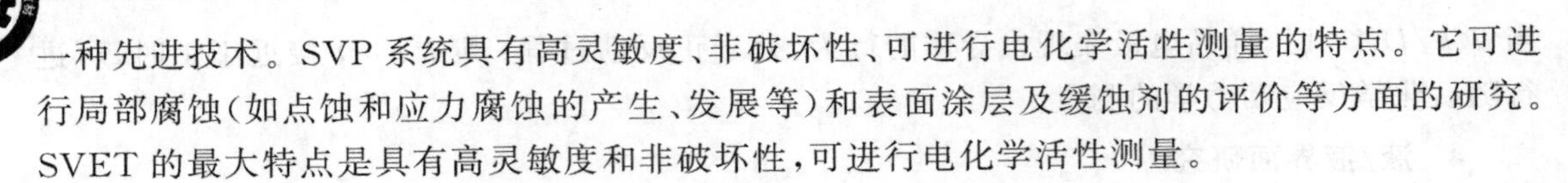

一种先进技术。SVP 系统具有高灵敏度、非破坏性、可进行电化学活性测量的特点。它可进行局部腐蚀(如点蚀和应力腐蚀的产生、发展等)和表面涂层及缓蚀剂的评价等方面的研究。SVET 的最大特点是具有高灵敏度和非破坏性,可进行电化学活性测量。

1. SVET 的基本原理及装置

浸入电解质溶液中的物体活性表面将发生电化学反应,在这个过程中会有离子电流的流动。离子电流的流动会导致溶液中的电位产生微小改变,而 SVET 就能测量电位的微小变化情况。

在腐蚀金属的表面,氧化和还原反应常常在各自不同的区域发生,数量、尺寸都不同。在这些区域中,各自的反应性质、反应速率、离子的形成以及在溶液中的分布不同,都将造成离子浓度梯度,而离子浓度梯度的存在将形成电势。如图 8-31 所示,局部腐蚀时,产生的阴、阳极以及等电势面和电流线。中心长方形区域代表阳极,其余区域代表阴极。用 SVET 进行测试时,微探针在样品表面进行扫描,用一个微电极测试表面所有点的电势差,另一个电极作为参比电极,如图 8-32 所示。通过测量不同点的电势差,获得表面的电流分布图。

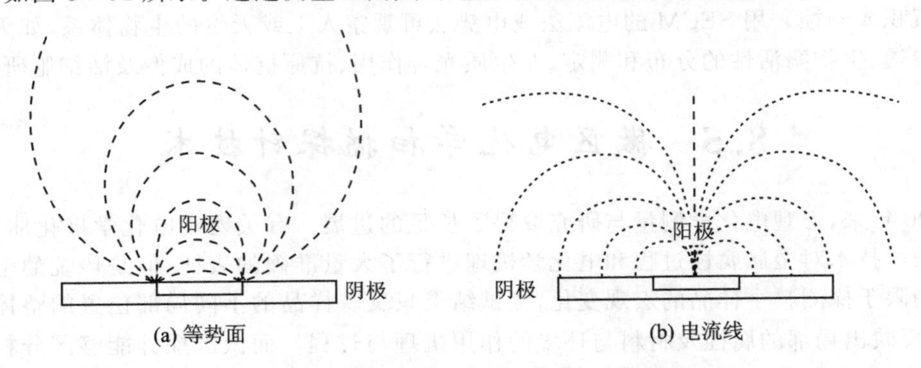

图 8-31 局部腐蚀单元等势面和电流线示意图

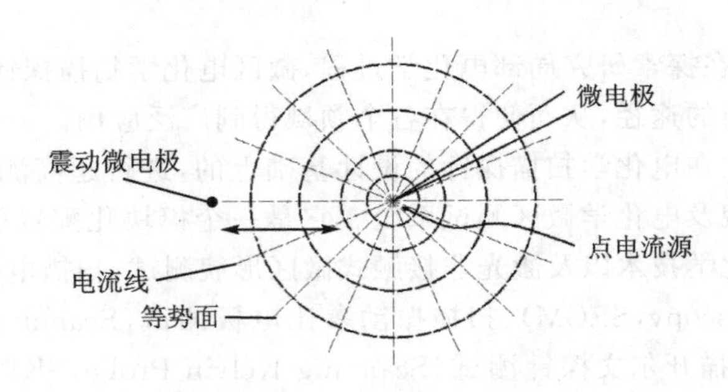

图 8-32 SVET 测量原理示意图

假设电解液浓度均匀且为电中性,反应电流密度 i 由下式求得:

$$i=\frac{\Delta E}{R_{\Omega}+R_{a}+R_{c}} \tag{8-5}$$

式中:ΔE 为阴阳极电位差;R_{Ω} 为电解液的电阻;R_{a} 和 R_{c} 分别为阳极和阴极反应电阻。

振动电极探测到的交流电压与平行于振动方向的电位梯度成正比,因此探测电压与振动方向的电流密度成正比,对于电导率为 κ 的电解质位于(x,y,z)处的电位梯度由下式给出:

$$F = \frac{\mathrm{d}E}{\mathrm{d}z} = \frac{iZ}{2\pi k\,(x^2 + y^2 + z^2)^{1.5}} \tag{8-6}$$

SVET 的主要装置由双恒电位仪、锁相放大器、电解池和计算机等组成，装置示意图如图 8-33 所示。

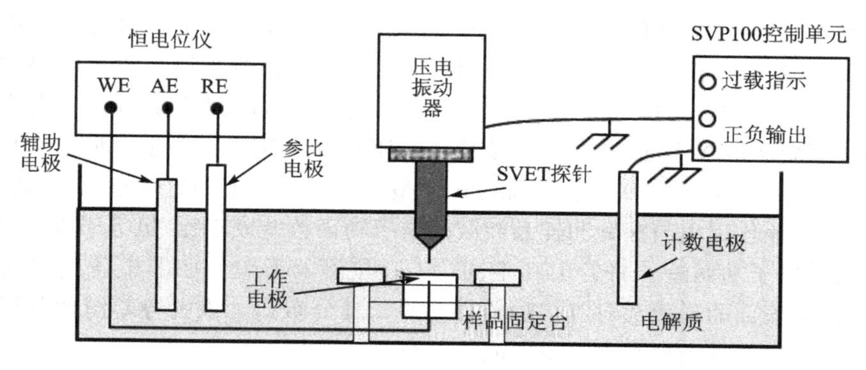

图 8-33　SVET 装置示意图

2. SVET 的应用

SVET 早期是被生物学家所用，到 20 世纪 70 年代该技术被引入腐蚀研究中，目前 SVET 应用于局部腐蚀及钝化膜动态发展研究中，能够帮助人们更好地发现微观腐蚀机理，对进一步研究腐蚀有重要的意义。

McMurray 等人用微观组织分析和 SVET 技术相结合研究了镀锌钢板切割边缘的局部腐蚀机理，通过对不同冷却速率下镀锌钢板不同区域的 SVET 空间扫描图像的对比，建立了涂镀层成分与材料抗腐蚀性能之间的联系，并有效地区分了涂层表面和切割边缘之间的腐蚀性差异。研究表明，虽然不同的工艺过程及参数对涂层表面和切割边缘的腐蚀抗力的影响趋势不同，但是腐蚀性的差异都来源于生产过程对材料微观组织的影响。冷却速率越大越有利于初级锌枝晶的形核，虽然相同的锌含量使得产生的枝晶体积分数是确定的，但是枝晶的数量随着冷却速率的增大而增加，腐蚀电流密度降低。在较低的冷却速率下，切割边缘产生少量的尺寸较大的枝晶，由于其较强的阳极极性使其优先溶解，从而导致较大的锌损失；在较高的冷却速率下，共晶胞的尺寸降低使得单位面积的晶界等薄弱区域的长度增加，从而加重涂层表面的腐蚀。

8.5.2　扫描开尔文探针

扫描开尔文探针(SKP)是一种无接触、无破坏性的仪器，可以用于测量导电的、半导电的或涂覆的材料与试样探针之间的功函差。这种技术是用一个振动电容探针来工作的，振动电容探针是 SKP 用于测量涂覆材料与试样探针之间的功函差的核心组件。它的优势在于能够不接触腐蚀体系就能测量出气相环境中极薄液层下金属的腐蚀电位。通过调节一个外加的前级电压可以测量出样品表面与扫描探针的参比针尖之间的功函差。功函差与表面状况有直接关系的理论的完善使 SKP 成为一种很有价值的仪器，它能在潮湿甚至气态环境中进行测量的能力使原先不可能的研究变为现实。

1. SKP 的基本原理及装置

SKP在半接触工作模式下采用二次扫描技术测量样品表面形貌和表面电势差信息。第一次扫描时，探针在外界的激励下产生周期性机械共振，在半接触模式下测量所得到的样品表面形貌信号被储存起来；第二次扫描时，依据第一次测量储存的形貌信号为基础，把探针从原来位置提高到一定高度，典型的数值为5～50 nm，沿着第一次测量的轨迹进行表面电势的测量。在表面电势测量时，探针在给定频率的交流电压驱动下产生振荡。表面电势的测量采用补偿归零技术。当针尖以非接触模式在样品表面上方扫过时，由于针尖(probe)费米能级与样品(sample)表面费米能级不同，针尖和微悬臂会受到力的作用产生周期振动，这个作用力一般含有 w 的零次项、一次项和二次项。系统通过调整施加到针尖上的直流电压，使得含 w 一次项作用力的部分(该作用力与探针和样品微区的电子功函数差成正比)恒等于零来测量样品微区与探针之间的电子功函差。将针尖在不同(x，y)位置的形貌和归零电压信号同时记录下来，就得到了样品表面的形貌和对应接触电势差的二维分布图。该电势差图像与样品成分的电子功函数联系起来，得到样品表面微区成分分布。

图8-34所示为KP Technology公司生产的SKP测试系统。

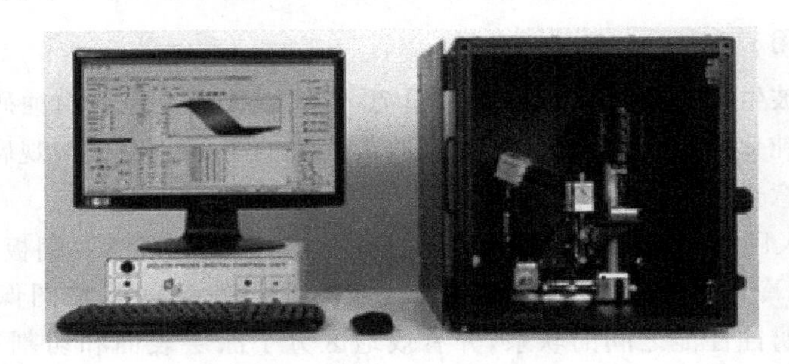

图8-34 SKP测试系统

2. SKP 的应用

由于SKP能够不接触腐蚀体系测定气相环境中极薄液层下金属的腐蚀电位，为大气腐蚀研究提供了有力的工具。1987年首次将SKP技术应用于大气腐蚀的研究，测量了薄液膜下金属表面的电势分布，由Mg、Al、Fe、Cu、Ni和Ag等6种不同纯金属的开路电位与表面电势分布的关系曲线可以看出，薄液膜下金属的开路电位与表面电势存在线性关系。因此，由SKP可获得大气环境下金属表面的腐蚀信息。之后，Stratmann等利用SKP研究了金属表面带缺陷的有机涂层的脱附现象，由于缺陷的存在，反应性的金属基体直接暴露于腐蚀性介质中，离子能够直接在金属/涂层界面处扩散，使得缺陷处和涂层/金属结合区产生电位差，形成电偶。缺陷处的金属基体作为腐蚀反应的阳极，阴极区发生氧气的还原反应，此反应破坏了涂层与基体之间的结合，导致了涂层的脱附。

8.5.3 局部电化学交流阻抗谱

电化学阻抗谱(EIS)是用小幅度交流信号扰动电解池，并观察体系在稳态时对扰动的跟随情况，同时测量电极的交流阻抗，进而计算电极的电化学参数。由于电极过程可以用电阻R和电容C组成的电化学等效电路来表示，因此EIS实质上是研究RC电路在交流电作用下的特点和规律。然而，EIS 反映的是所测试样面积整体的平均信息，对局部信息如点蚀、涂层降解以及腐蚀反应的微区难以真实展现。在 20 世纪 80 年代，H. S. Isaacsl 等用局部电化学阻抗谱(LEIS)对材料进行研究。到 90 年代，R. S. Lillard 和 H. S. Isaacs 等将扫描技术和 LEIS 结合并研究出能够定量描述 LEIS 的新方法，用于检测金属表面的局部阻抗变化，同时进一步提高了该技术的空间分辨率。

局部电化学阻抗谱(LEIS)或局部电化学阻抗成像(LEIM)，采用铂微电极测量电极溶液界面(AC)信号，除提供与测试和界面有关的局部电阻、电容、电感等信息外，还能给出局部电流和电位的线、面分布以及二维、三维彩色阻抗或导纳图像。

1. LEIS 的基本原理及装置

LEIS 技术的基本原理就是对被测电极施加微扰电压，从而感生出交变电流，通过使用两个铂微电极确定金属表面局部溶液交流电流密度来测量局部阻抗(见图 8－35)。

通过测定两电极之间的电压，由欧姆定律可得局部交流电流密度(I_{local})：

$$I_{local}=\frac{kV_{probe}}{d} \tag{8-7}$$

$$Z_{local}=\frac{V_{applied}}{I_{local}} \tag{8-8}$$

式中：k 为电解溶液的电导率；d 为两个 Pt 电极之间的距离；$V_{applied}$ 为施加的微扰电压。

由式(8－7)和式(8－8)可以得到局部阻抗值 Z_{local}。

图 8－36 所示为 LEIS 测量装置的示意图，主要由恒电位仪、锁相放大器、控制系统、电解池和计算机等组成。工作时调节微探针与样品间的距离和位置，恒电位向系统提供微扰电压，同时将得到的信号经锁相放大器进入计算机自动进行分析处理。

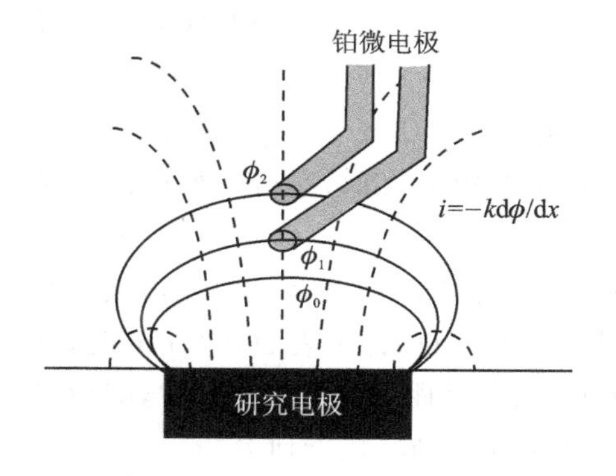

图 8－35　LEIS 原理示意图

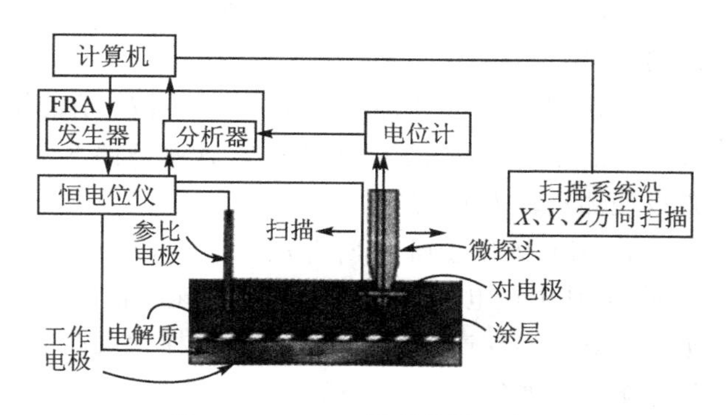

图 8－36　LEIS 测量装置示意图

2. LEIS 的应用

目前，LEIS 技术应用广泛，主要用于腐蚀研究领域。LEIS 是研究微区电化学过程的有力工具，能精确测试局部区域固/液界面的阻抗行为及相应的参数，如点蚀、涂层完整性和均匀性、涂层下金属的局部腐蚀及金属的钝化等，也能对涂层体系进行局部测量，观察局部阻抗的变化，并可以帮助深入理解传统电化学阻抗谱。

20 世纪 90 年代 LEIS 开始应用于金属腐蚀机理的研究。在对含有机涂层的碳钢在 NaCl 溶液中浸泡不同时间的 Nyquist 图进行对比后发现，虽然 8 h 后涂层产生明显的鼓泡现象，但是宏观电化学交流阻抗探测结果与未鼓泡之前并无明显差别，高频区都为一个时间常数的容抗弧，分析认为鼓泡的产生并不影响涂层的连续性，由于与涂层较高的阻抗（$>100\ M\Omega\cdot cm^2$）相比，鼓泡区的微小变化基本上可以忽略。因此，EIS 无法探测有机涂层的鼓泡等变化，需要 LEIS 对涂层鼓泡区进行探测。LEIS 扫描图像显示随着浸泡时间的延长，高频时的鼓泡微区阻抗降低，分析认为降低的原因是此区域水的快速扩散引起涂层电容的变化。

研究发现，用宏观 EIS 研究碳钢表面有机涂层的分层时无法确定分层区的面积，因此需要辅以 LEIS 技术。在盐雾中暴露不同时间后的试样 5 kHz 下的微区导纳扫描图像，与未经时效处理的试样相比，20 d 后的划线边缘处出现台阶，30 d 后台阶更加明显，50 d 后虽然台阶消失，但是基线导纳与处理前相比变高。可见，微区阻抗图像能够显示划痕处腐蚀产物的聚集情况和划线标记处的涂层分层面积，可以认为腐蚀产物的堆积和氧在涂层中的扩散对涂层分层的扩展具有重要作用。

思考题

1. 假设可逆氧化为 A+ 的单分子物质 A 被限制在相距 10 nm 的 SECM 探针与基底之间，同时假设 $D_A = D_{A+} = 5\times10^{-6}\ cm^2/s$。(a)利用扩散层近似方法求出 A 在探针与基底之间扩散所需的时间；(b)物质 A 在 1 s 内大约循环多少圈？(c) 如果 A 在针尖氧化为 A+，而 A+ 在基底还原为 A，会产生何种电流？

2. 在嵌入玻璃绝缘外壳中的 10 μm 直径圆盘状铂电极探针上进行 SECM 实验，溶液含有物质，浓度为 $C_O^* = 5.0\ mmol/L$ 且 $D_O = 5.0\times10^{-6}\ cm^2/s$。在扩散控制速率的 O 还原为 R 的电势下，探针保持靠近铂电极时（此时铂电极电势使 R 完全氧化为 O），$i_T/i_{T,\infty}$ 比值为 2.5。(a) 探针距表面距离 d 为多少？(b) $i_{T,\infty}$ 为多少？(c) 如果探针位于玻璃基底表面同样距离 d，那么 $i_T/i_{T,\infty}$ 为多少？

3. 利用数据表软件程序计算出不同 k^0 值的探针伏安图，$L=0.1$，$a=10\ \mu m$，$D_O=D_R=10^{-5}\ cm^2/s$，$\alpha=0.5$，$T=25$ ℃。在这些条件下由实验结果可获得 k^0 值为多少？如何改变条件以便测量较大 k^0 值？

4. SECM 用于研究 E_rC_i 反应（$O+e \rightleftharpoons R$；$R \longrightarrow Z$）。一个 10 μm 探针扫过铂电极同时还原 O，其中铂电极上 R 在扩散控制速率情况下被氧化回到 O。当探针距表面 0.2 μm 时，逼近曲线表现出与产物稳定的促进剂同样的反馈电流。然而，当探针距表面 0.4 μm 时，响应接近于绝缘基底的行为。请确定 R 分解为 Z 的速率常数。如果利用循环伏安研究该反应，则在什么扫速下有 Nernst 响应？与 CV 比较 SECM 研究这种反应有何优点？

5. 考察习题 2 同一体系。假设探针相对 Pt 基底偏压约为 0.5 V，则在多大距离 d，可归属于直接隧穿电流的电流大于 SECM 反馈电流？你是否认为习题 2 中描述的探针可以达到这一 d 值？为什么？

第 9 章 金属腐蚀速度的电化学测定方法

9.1 金属电化学腐蚀速度基本方程式

金属在电解液或潮湿大气中的腐蚀属于电化学腐蚀，服从电化学动力学的一般规律，因此可用电化学技术进行研究。

在第 1 章中，我们所讨论的电化学反应是指电极上只有一对电化学反应 $O+ne \rightleftharpoons R$ 的情况，即在电极上同时存在着氧化反应 $R \longrightarrow O+ne$ 和还原反应 $O+ne \longrightarrow R$。在平衡电位 $\varphi_{平}$ 下，两反应速度相等，称为交换电流 i^0。金属在电解液中腐蚀时，金属上同时进行两对或两对以上的电化学反应。譬如，锌在酸性溶液中腐蚀时，锌上同时有两对电化学反应：

$$Zn \rightleftharpoons Zn^{2+}+2e \tag{9-1}$$

$$2H^{+}+2e \rightleftharpoons H_2 \tag{9-2}$$

只不过锌的氧化反应速度 $\overleftarrow{i}_1$ 大于 Zn^{2+} 离子的还原速度 $\overrightarrow{i}_1$，有锌的净的溶解，通常称为腐蚀的阳极过程；同时氢离子的还原反应速度 $\overrightarrow{i}_1$ 大于氢的氧化反应速度 $\overleftarrow{i}_2$，有氢离子的净还原反应，通常称为腐蚀的阴极过程或阴极去极化过程。在稳定电位即自腐蚀电位 φ_{corr} 下，锌的净氧化反应速度 $(\overleftarrow{i}_1-\overrightarrow{i}_1)$ 等于氢离子的净还原反应速度 $(\overrightarrow{i}_2-\overleftarrow{i}_2)$。结果锌发生净的溶解即腐蚀，其腐蚀速度为

$$i_{corr}=\overleftarrow{i}_1-\overrightarrow{i}_1=\overrightarrow{i}_2-\overleftarrow{i}_2 \tag{9-3}$$

当自腐蚀电位 φ_{corr} 与两个电化学反应式(9－1)和式(9－2)的平衡电位 $\varphi_{平1}$ 和 $\varphi_{平2}$ 相距较远($>2.3RT/F$)时，如图 9－1 所示，在自腐蚀电位附近电极上的四项反应速度可以略去两项 $\overrightarrow{i}_1$ 和 $\overleftarrow{i}_2$，于是式(9－3)简化为

$$i_{corr}=\overleftarrow{i}_1=\overrightarrow{i}_2 \tag{9-4}$$

因此，在金属和溶液的电阻很小，可忽略不计的情况下，从腐蚀极化图中极化曲线 $\overleftarrow{i}_1$ 和 $\overrightarrow{i}_2$ 的交点可得腐蚀电流 i_{corr} 和自腐蚀电位 φ_{corr}。自腐蚀电位有时称为混合电位就是由此得出的。自腐蚀电位是腐蚀体系不受外加极化条件下的稳定电位。因此，也成为自然电位、静止电位、开路电位等。应当指出，上述 i_{corr} 是指金属的均匀腐蚀速度，即认为氧化和还原反应均匀地分布在整个电极表面上。如果是局部腐蚀，则式(9－3)和式(9－4)中的电流密度应换成电流强度 I，见 9.6 节。

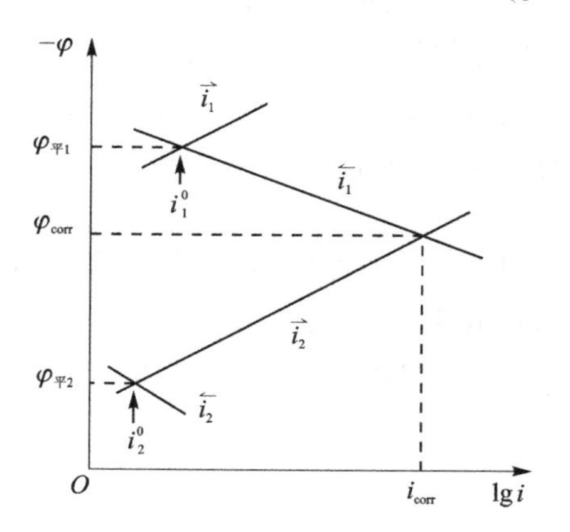

图 9－1 腐蚀极化图

不难看出，在 φ_{corr} 下的腐蚀速度 i_{corr} 与 $\varphi_{平}$ 下的交换电流 i^0 非常相似。因此，在这种条件下，前几章中测定交换电流 i^0 的方法都可用来测定腐蚀速度 i_{corr}。但须指出，金属腐蚀体系毕竟不

同于可逆电极体系，金属腐蚀体系除了上述具有多对电化学反应之外，还具有腐蚀速度 i_{corr} 低（一般在 100 $\mu A/cm^2$ 以下）、不均匀性（局部腐蚀）、影响因素复杂（如表面膜、锈、孔、介质条件、阴阳极面积比等）等特点。

当对处于自腐蚀状态的金属电极进行极化时，将影响电极上的电化学反应。比如，当对腐蚀金属电极进行阴极极化时，电位负移，将使金属电极上的净还原反应速度（$\vec{i}_2-\overleftarrow{i}_2$）增加，净的氧化反应速度（$\overleftarrow{i}_1-\vec{i}_1$）减小，二者之差为极化电流。所以，阴极极化电流为

$$i_K=(\vec{i}_2-\overleftarrow{i}_2)-(\overleftarrow{i}_1-\vec{i}_1) \tag{9-5}$$

或

$$i_K=(\vec{i}_2+\vec{i}_1)-(\overleftarrow{i}_1+\overleftarrow{i}_2) \tag{9-5a}$$

当自腐蚀电位 φ_{corr} 与两个电化学反应的平衡电位 $\varphi_{平1}$ 和 $\varphi_{平2}$ 相距较远时，则可忽略 $\overleftarrow{i}_2$ 和 $\vec{i}_1$ 两项，于是式(9-5)简化为

$$i_K=\vec{i}_2-\overleftarrow{i}_1 \tag{9-6}$$

反应速度 $\vec{i}_2$ 和 $\overleftarrow{i}_1$ 与过电位的关系为

$$\vec{i}_2=i_{corr}\exp\left(\frac{2.3\eta_K}{b_K}\right) \tag{9-7}$$

$$\overleftarrow{i}_1=i_{corr}\exp\left(\frac{2.3\eta_A}{b_A}\right) \tag{9-8}$$

式中：i_{corr} 为腐蚀电流密度；η 为相对于自腐蚀电位 φ_{corr} 的过电位，通常 η 取为正值，即 $\eta_K=\varphi_{corr}-\varphi$，$\eta_A=\varphi-\varphi_{corr}$。将式(9-7)、(9-8)代入式(9-6)，且 $\eta_K=-\eta_A$，则

$$i_K=i_{corr}\left[\exp\left(\frac{2.3\eta_K}{b_K}\right)-\exp\left(-\frac{2.3\eta_K}{b_A}\right)\right] \tag{9-9}$$

同样，阳极极化时可得

$$i_A=\overleftarrow{i}_1-\vec{i}_2=i_{corr}\left[\exp\left(\frac{2.3\eta_A}{b_A}\right)-\exp\left(-\frac{2.3\eta_A}{b_K}\right)\right] \tag{9-10}$$

式(9-9)和式(9-10)为电化学极化下金属腐蚀速度的基本方程式。可以看出，它与式(2-10)完全相似，则式中 φ_{corr} 相当于 $\varphi_{平}$，i_{corr} 相当于 i^0，其他完全相同。根据式(9-9)和式(9-10)可测定金属腐蚀速度 i_{corr} 及 b_A、b_K。

当腐蚀电极上 $\overleftarrow{i}_1$ 或 $\vec{i}_2$ 任一反应以恒定速度进行时，例如，金属在含氧的中性电解液中腐蚀时，去极化剂通常为氧，去极化反应为

$$O_2+4H^++4e^-\longrightarrow 2H_2O$$

但在一定条件下，氧到达金属表面的速度受氧的扩散速度控制。因此，金属的腐蚀速度受氧的扩散速度控制。这时 $\vec{i}_2$ 等于氧的极限扩散电流，是与电位无关的恒量。这意味着 $b_K=\infty$，因此式(9-9)、(9-10)可简化为

$$i_K=i_{corr}\left[1-\exp\left(-\frac{2.3\eta_K}{b_A}\right)\right] \tag{9-9a}$$

$$i_A=i_{corr}\left[\exp\left(\frac{2.3\eta_A}{b_A}\right)-1\right] \tag{9-10a}$$

可见，式(9-9a)、(9-10a)为式(9-9)、(9-10)的特殊形式。上述四式为金属腐蚀动力学方程式，是电化学方法测定金属腐蚀速度的理论基础。

可见，测定金属电化学腐蚀速度 i_{corr}，如同测定电极的交换电流 i^0 一样，需要对腐蚀金属电极加以极化(扰动)，使它偏离自腐蚀状态，测定该电极对外加极化(扰动)的响应，就可求得电化学腐蚀动力学参数，如腐蚀速度 i_{corr}、b_A 和 b_K 等。极化(扰动)的方式和程度是各种各样：有控制电流法和控制电位法；可用直流电，也可用阶跃、方波、三角波、正弦波等各种电流或电位波形；可以小幅度(即微扰技术)，也可以大幅度极化。因此，可得到不同的响应，也就可得到不同的测定金属腐蚀速度的电化学方法，如 Tafel 直线外推法、三点法、线性极化法、方波法、交流阻抗法等。

工程上还经常使用非电化学方法测定金属腐蚀速度，如失重法、量气法等。这些方法是测定一段时间之内金属的平均腐蚀速度。而电化学方法是在金属所处的溶液中进行测量的；测得的腐蚀速度是瞬时腐蚀速度。因此，电化学法可测得腐蚀速度随时间的变化，有助于深入研究腐蚀过程。

金属腐蚀速度可用腐蚀失重或腐蚀深度表示，也可用腐蚀电流密度表示。它们之间可通过法拉第定律进行换算，即

$$v=\frac{M}{nF}i_{corr}=3.73\times10^{-4}\ \frac{M}{n}i_{corr} \tag{9-11}$$

$$d=\frac{v}{\rho}=3.28\times10^{-3}\ \frac{M}{n\rho}i_{corr} \tag{9-12}$$

式中：v 为腐蚀速度，$g/(m^2\cdot h)$；d 为腐蚀深度，mm/a；i_{corr} 为腐蚀电流密度，$\mu A/cm^2$；M 为金属的克原子量，g；n 为金属的原子价；F 为法拉第常数；ρ 为金属密度，g/cm^3。

9.2 塔菲尔直线外推法测定金属腐蚀速度

根据极化曲线的 Tafel 直线可以测定金属的腐蚀速度。因为当用直流电对腐蚀金属电极进行大幅度(一般＞50 mV)极化时，腐蚀过程动力学方程式(9－9)和式(9－10)等号右面的第二项可忽略不计，于是式(9－9)和式(9－10)可简化为

$$i_K=\vec{i}_2=i_{corr}\exp\left(\frac{2.3\eta_K}{b_K}\right)$$

或

$$\eta_K=-b_K\lg i_{corr}+b_K\lg i_K \tag{9-13}$$

$$i_A=\overleftarrow{i}_1=i_{corr}\exp\left(\frac{2.3\eta_A}{b_A}\right)$$

或

$$\eta_A=-b_A\lg i_{corr}+b_A\lg i_A \tag{9-14}$$

式(9－13)和式(9－14)为过电位和极化电流密度之间的半对数关系。若将 η 对 $\lg i$ 作图可得直线。此直线称为塔菲尔直线。极化曲线的这一区段称为塔菲尔区，也叫强极化区。

可见，在强极化区极化曲线 i_K 和 i_A 分别与 $\vec{i}_2$ 和 $\overleftarrow{i}_1$ 重合。因此，二塔菲尔直线延长线的交点就是反应 $\vec{i}_2$ 和 $\overleftarrow{i}_1$ 的交点。此时，金属阳极溶解(如 $Zn\longrightarrow Zn^{2+}+2e$)的速度 $\overleftarrow{i}_1$ 和阴极去极化反应(如 $2H^++2e^-\longrightarrow H_2$)的速度 $\vec{i}_2$ 相等。金属腐蚀达到相对稳定。这时的电位即是自腐蚀电位 φ_{corr}，所对应的电流就是金属腐蚀电流 i_{corr}。

根据这一原理，测定金属的 $\varphi-\lg i$ 极化曲线(见图9－2)。由塔菲尔直线段的斜率可求得 b_K 和 b_A。将阳极或阴极的塔菲尔直线外推到与 $\eta=0$ 的直线相交，交点对应的电流为腐蚀速

度 i_{corr}（见图 9-2(a)和(b)）或者由阴、阳极二塔菲尔线的交点得到 i_{corr}（见图 9-2(c)）。

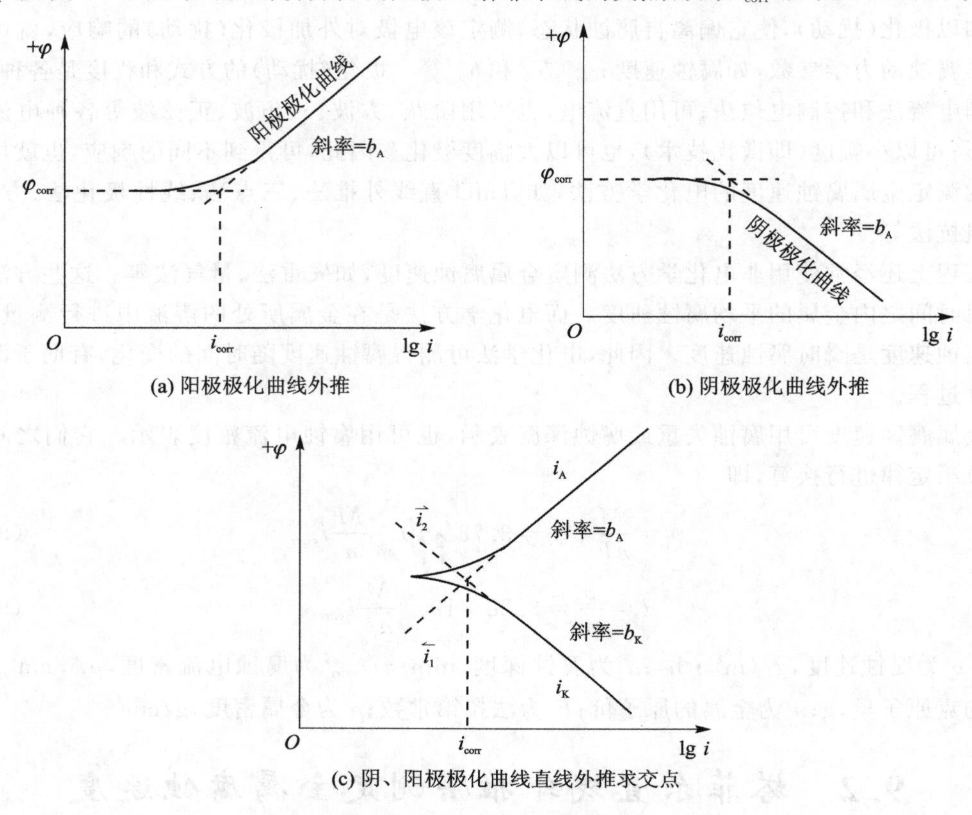

图 9-2　塔菲尔直线外推法求 i_{corr}

图 9-3 所示为锌在 20%NH_4Cl 以及加有 0.5%TX-10(烷基酚聚氧乙烯醚)缓蚀剂的溶液中的阴阳极极化曲线，由塔菲尔外推法可测出 Zn 在这两种溶液中的腐蚀速度，并可看出缓蚀剂的影响。

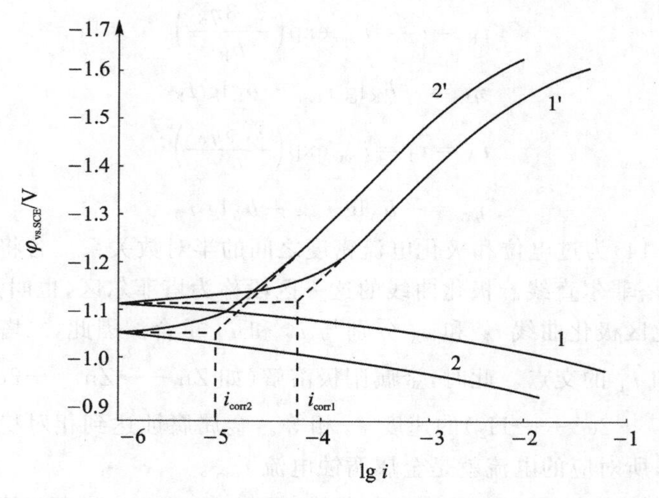

1、1′—无添加剂；2、2′—加 0.5%TX-10 缓蚀剂

图 9-3　锌在 20%NH_4Cl 溶液中的极化曲线

图 9－4 所示为 1008 钢在 1 mol/L Na_2SO_4 溶液中的极化曲线。用退火的 1008 钢做成试样，磨光、抛光，从试样制备好至放入试验溶液不超过 1 h。溶液用分析纯试剂和去离子水配制。试样浸入溶液前 30 min，开始通入净化的氢气，以 150 cm^3/min 的流速连续通入。饱和甘汞电极作参比电极。盐桥中注入试验溶液，鲁金毛细管尖嘴离电极表面 2 mm 左右。光滑 Pt 电极为辅助电极。试验电极用聚四氟乙烯压缩密封垫法进行封装。电极浸入溶液前在沸腾的苯中除油 5 min，在蒸馏水中清洗，然后浸入试验溶液，接着测定腐蚀电位达 1 h。在开始 5 min 时测得的腐蚀电位为－784 mV（在－600～－813 mV 范围内）（电位相对于 SCE，下同；括号中的数据为不同实验室测得的结果，下同）。

在 55 min 时测得的腐蚀电位为－807 mV（在－740～－807 mV 范围内）。Pt 辅助电极在此溶液中的电位，在 55 min 时为－555 mV（在－500～－725 mV 范围内）。可逆氢电极在此溶液中的电位为－616 mV。1 h 后，测量并记下腐蚀电位，然后用动电位扫描法测定整个阳极极化曲线（见图 9－4）。测量前，为了检查线路和仪器的可靠性，可先用图 4－21 所示的模拟电解池进行预实验。

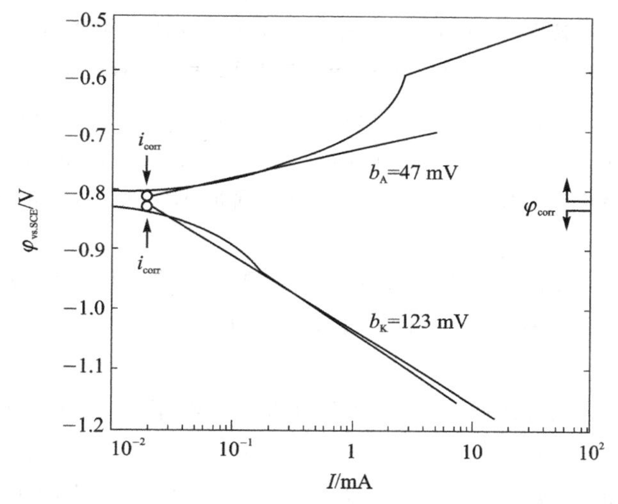

图 9－4　1008 钢在 1 mol/L Na_2SO_4 溶液中的极化曲线，pH＝6.3，30 ℃，扫描速度 20 mV/min，电极面积＝4.79 cm^2

由测得的阳极塔菲尔直线的斜率可得 b_A＝ 47 mV（47～90 mV）。将塔菲尔直线外推到与 $\varphi=\varphi_{corr}$ 的直线相交，可得 i_{corr}＝4.1 μA/cm^2（1.3～5.2 A/cm^2）。

阳极极化曲线测定后，重新抛光电极，更换溶液，通 H_2 除 O_2，同样将电极处理后放入溶液 1 h，其间测腐蚀电位。1 h 后用动电位扫描法测得阴极极化曲线（见图 9－4）。根据塔菲尔直线斜率得 b_K＝123 mV（120～220 mV）。将塔菲尔直线外推到 $\varphi=\varphi_{corr}$，得 i_{corr}＝4.4 μA/cm^2（1.0～5.8 μA/cm^2）。

从阴极极化曲线可以看出，在靠近 φ_{corr} 处，电流比塔菲尔直线的数值偏高。这可能是由于电极表面氧化物还原的结果。这种表面氧化物是在极化测量之前电极在溶液中放置 1 h 的时间内形成的。

用上述同样方法测得不锈钢在 1 mol/L H_2SO_4 中的腐蚀电位和极化曲线如图 9－5 所示。电极浸入溶液中 5 min 时的腐蚀电位为－536 mV（－490～－560 mV）。在 55 min 时的腐蚀电位为－522 mV(在－490～－530 mV范围内)。Pt辅助电极在此溶液中的电位为－263 mV(在－260～－269 mV范围内)。氢电极(镀铂黑的铂)在此溶液中(pH＝0.3)的电位为－262 mV。

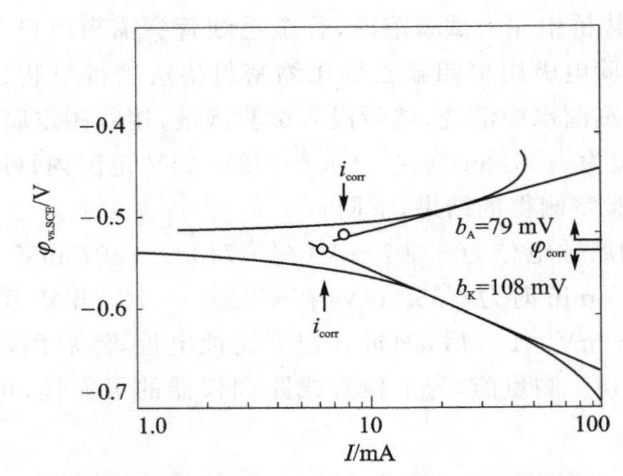

图9－5　430不锈钢在1 mol/L H_2SO_4中的腐蚀电位和极化曲线，pH＝6.3，30 ℃，扫描速度20 mV/min，电极面积＝4.51 cm^2

从测得的阳极极化曲线塔菲尔斜率可得b_A＝79 mV(在79～120 mV范围内)。将塔菲尔直线外推到$\varphi=\varphi_{corr}$，得i_{corr}＝1.8 mA/cm^2(在1.5～2.4 mA/cm^2范围内)。由于不锈钢阳极极化时电流稍大就发生钝化，使塔菲尔直线部分范围很小。这对b_A的测定及利用外推法求i_{corr}是不利的。

用上述同样的方法，重新抛光电极，更换溶液，测得腐蚀电位和阴极极化曲线，可得b_K＝108 mV(在97～150 mV范围内)。塔菲尔直线外推到φ_{corr}，求得i_{corr}＝1.4 mA/cm^2(在1.4～3.3 mA/cm^2范围内)。

可见，测定强极化区的稳态极化曲线可求得塔菲尔斜率b_A和b_K以及腐蚀电流i_{corr}。极化曲线的测定方法，由第2章可知，有恒电流法和恒电位法，有逐点测试法和慢速扫描法。测量前试样在溶液中浸泡的时间以及扫描速度，对测量结果有一定的影响。因为，这将影响电极表面状态、真实表面积以及达到稳态的程度。

塔菲尔直线外推法，常用于测定酸性溶液中金属腐蚀速度及缓蚀剂的影响。因为，这种情况下容易测得极化曲线的塔菲尔直线段，而且可以研究缓蚀剂对于腐蚀电位、腐蚀速度、b_A和b_K等动力学参数的影响。

塔菲尔直线外推法的主要缺点：首先，为了测得塔菲尔直线段需要将电极极化到强极化区，电极电位偏离自腐蚀电位较远，这时的阴极或阳极过程可能与自腐蚀电位下的有明显不同。例如，测定阳极极化时可能出现钝化；测定阴极极化曲线时表面原先存在的氧化膜可能还原，甚至可能由于达到其他可还原物质的还原电位而发生新的电极反应，从而改变了极化曲线的形状。因此，由强极化区的极化曲线外推到自腐蚀电位下得到的腐蚀速度可能有很大偏差。其次，由于极化到塔菲尔直线段，所需电流较大，容易引起电极表面状态、真实表面积和周围介质的显著变化；而且在大电流作用下溶液欧姆电位降对电位测量和控制的影响较大，可能使塔菲尔直线段变短，也可能使本来弯曲的极化曲线部分变直，这都会对i_{corr}的测量带来误差。采取消除溶液欧姆电位降的措施，可使测量结果得到改善。对于某些易钝化的金属，可能在出现塔菲尔直线段之前就钝化了，因而测不到直线段。这时一般用阴极极化曲线的塔菲尔直线段外推求 i_{corr}。在用阴极极化曲线测定 i_{corr} 时，必须保证阴极过程与自腐蚀条件下的阴极过程一致。如果改变了阴极去极化反应，或者有其他去极化剂（如 Cu^{2+}、Fe^{3+} 等）参与阴极过程，将会改变阴极极化曲线的形状，带来较大的误差。另外，测定完整的极化曲线比较费时间，也难于进行现场监控。用线性极化法可避免这些缺点。

9.3　线性极化法测定金属腐蚀速度

9.3.1　基本原理

线性极化法测定金属腐蚀速度是 Stern 等人于 1957 年首先提出的，Mansfeld 曾对此法作了较全面的评述。这种方法是基于在小幅度极化下（一般过电位 $\eta<10$ mV），过电位与极化电流呈线性关系这一事实。由金属腐蚀动力学方程式（9-9）可知，若将其指数项以级数展开（即 $e^x=1+x+x^2/2!+x^3/3!+\cdots$），由于 η 很小，可将级数中的高次项忽略，于是可得

$$i_K=i_{corr}\left(\frac{2.3\eta_K}{b_K}+\frac{2.3\eta_A}{b_A}\right)=\left(\frac{2.3}{b_K}+\frac{2.3}{b_A}\right)i_{corr}\eta_K \tag{9-15}$$

或

$$i_{corr}=\frac{b_K b_A}{2.3(b_K+b_A)}\cdot\frac{i_K}{\eta_K} \tag{9-15a}$$

由式（9-15）可见，i_K 与 η_K 成正比，也就是说，在 $\eta<10$ mV 内极化曲线为直线。直线的斜率称为极化电阻 R_p

$$R_p=\left(\frac{d\eta_K}{di_K}\right)_{\eta\to 0}$$

或

$$R_p=S\left(\frac{d\eta}{di}\right)_{\eta\to 0} \tag{9-16}$$

式中：S 为电极面积；I 为电流强度。由式（9-15）和式（9-16）可得

$$i_{corr}=\frac{b_K b_A}{2.3(b_K+b_A)}\cdot\frac{1}{R_p} \tag{9-17}$$

同理，对腐蚀金属进行很小的阳极极化，将式（9-10）中的指数项以级数展开，略去高次项，可得

$$i_{corr}=\frac{b_K b_A}{2.3(b_K+b_A)}\cdot\frac{i_A}{\eta_A}=\frac{b_K b_A}{2.3(b_K+b_A)}\cdot\frac{1}{R_p} \tag{9-17a}$$

若令

$$B\equiv\frac{b_K b_A}{2.3(b_K+b_A)} \tag{9-18}$$

则

$$i_{corr}=\frac{B}{R_p} \tag{9-17b}$$

对于扩散控制的腐蚀体系，如吸氧腐蚀，阴极去极化反应受氧的扩散控制，$b_K\to\infty$，由式（9-15）可得

$$i_{corr}=\frac{b_A}{2.3}\cdot\frac{1}{R_p} \tag{9-17c}$$

式（9-17）就是线性极化法的基本公式（也叫 Stern 公式）。式（9-17c）是它的一种特殊形式。

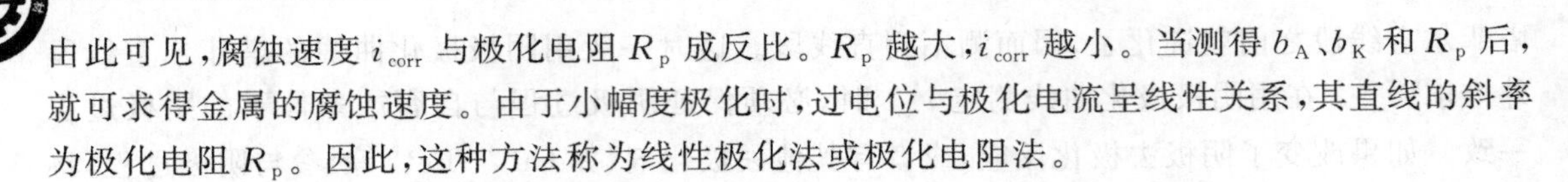

由此可见，腐蚀速度 i_{corr} 与极化电阻 R_p 成反比。R_p 越大，i_{corr} 越小。当测得 b_A、b_K 和 R_p 后，就可求得金属的腐蚀速度。由于小幅度极化时，过电位与极化电流呈线性关系，其直线的斜率为极化电阻 R_p。因此，这种方法称为线性极化法或极化电阻法。

9.3.2 b_A 和 b_K 的测定

由 Stern 公式(9－17)可知，计算金属腐蚀速度需要测知该体系的 b_A 和 b_K。b_A 和 b_K 分别为阳、阴极极化曲线塔菲尔直线段的斜率。测定 b_A 和 b_K 的方法有下列几种。

测定阳极和阴极极化曲线，由塔菲尔直线段的斜率求得 b_A 和 b_K，如图 9－4 和图 9－5 等。

根据阴极极化曲线的数据推算阳极极化曲线的塔菲尔斜率 b_A。有些情况下，由于金属阳极钝化，在阳极极化曲线上得不到明显的直线段，这时可利用阴极极化曲线的数据计算 b_A。由式(9－6)可知，外加阴极极化电流密度 b_A 是腐蚀过程中阴极还原速度 $\overrightarrow{i}_2$ 与金属阳极溶解速度 $\overleftarrow{i}_1$ 之差，即

$$i_K = \overrightarrow{i}_2 - \overleftarrow{i}_1$$

所以

$$\overleftarrow{i}_1 = \overrightarrow{i}_2 - i_K \tag{9-19}$$

将测得的阴极极化曲线画在半对数坐标纸上，如图 9－6 中的曲线 $\varphi_{corr}A$ 所示，其中圆圈表示实验数据点，该曲线上的电流密度就是外加极化电流密度 i_K。将此极化曲线的直线段外延至 B 与自腐蚀电位线相交，则 AB 线表示腐蚀过程的阴极还原反应速度 $\overrightarrow{i}_2$。在这一段电位区域内选取一些电位，在每一电位下从曲线 $\varphi_{corr}A$ 和 AB 上找到电流密度 i_K 和 $\overrightarrow{i}_2$，由式(9－19)算出 $\overleftarrow{i}_1$，可得一系列阳极反应电流密度(图中黑圆点)。连接这些黑点可得一条直线 BC，求出 BC 的斜率就是 b_A。1080 合金钢在 1 mol/L H_2SO_4 溶液中的阳极极化曲线的直线段不明显，而且重现性差；阴极极化曲线有明显的塔菲尔直线段，重现性也很好。因此，用这种方法可求得 b_K＝0.098 V，b_A＝0.038 V。

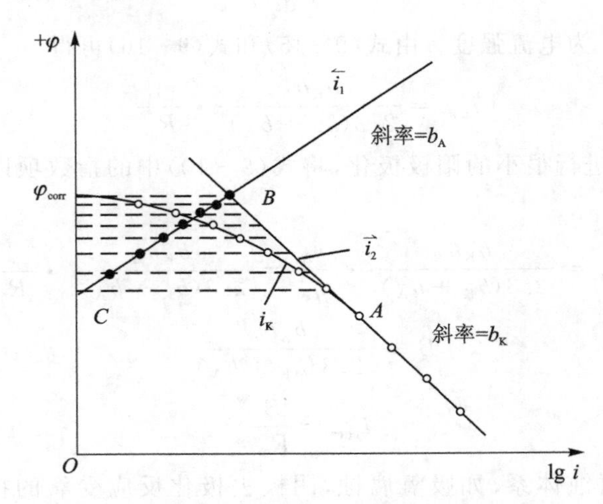

图 9－6　利用阴极极化曲线数据推算 b_A 的方法

利用弱极化区的两点法或三点法，可求得 b_A 和 b_K。当在强极化区难以得到塔菲尔直线段时，可用弱极化区(η 在 20～70 mV 内)的两点法(见 2.4)或三点法(见 9.4)求 b_A 和 b_K。

根据其他方法测得的动力学参数 α 和 β，按照式(2-15)和式(2-15a)可求得 b_A 和 b_K。

腐蚀体系不同，b_A 和 b_K 也各不相同；不同作者得到的结果也有差异。对于铁及铁基合金，在不同溶液中，一般说来，b_A 比较小，在 30～90 mV 之间，b_K 稍大，在 90～140 mV 之间。

在难以求得 b_A 和 b_K 的情况下，也可用失重法测得的腐蚀速度换算成 i_{corr}（见式(9-11)或式(9-12)），然后再根据测得的极化电阻 R_p 可求出式(9-17b)中的 B 值。在同类体系中 B 为常数，因此可根据测得的 R_p 计算腐蚀速度。

9.3.3　极化电阻 R_p 的测定方法

极化电阻 R_p 的测定方法很多，从第 2～5 章所有测定反应电阻 R_r 的方法都可用来测定 R_p，其中包括稳态法和暂态法，控制电流法和控制电位法。从波形上可分为直流法、阶跃法、方波法、线性扫描法和交流阻抗法等。最常用的有下列几种：

1. 恒电流稳态法

恒电流稳态法是先测定自腐蚀电位 φ_{corr}，然后以微小的恒定电流 i 通过研究电极，测量并观察电极电位的变化，记录下稳定后的电位值 $\varphi_{稳}$。如果所得极化值 $\Delta\varphi=\varphi_{稳}-\varphi_{corr}$ 的绝对值小于 10 mV，就认为处于线性极化区，因而可得到极化电阻 R_p 为

$$R_P=\frac{|\Delta\varphi|}{i}=\frac{|\varphi_{稳}-\varphi_{corr}|}{i} \tag{9-20}$$

严格地说，应当以不同的恒电流进行极化，分别测得相应的稳定电位，作出稳态极化曲线。在自腐蚀电位附近，电位与电流呈直线关系的部分即是线性极化区，从这段直线的斜率即可求得极化电阻 R_p。

这种方法最简单，应用最早。用经典恒电流法(见图 3-18)就可实现。但对于腐蚀速度很小或电极的时间常数 R_pC_d 很大的体系，用此法测定需要等相当长的时间，电位才能稳定。在这段时间内金属的自腐蚀电位可能漂移而产生误差。这种情况最好采用暂态法测定(见 9.5 节)。

对于溶液电阻率很高的腐蚀体系，如金属在高纯水或极稀的溶液中，研究电极与参比电极间的溶液欧姆电位降很大。当用恒电流法测定时，应当采用图 4-25 或图 4-26 所示的桥式补偿电路进行补偿，以消除溶液欧姆电位降对电位测量带来的误差。这时图 4-25 或图 4-26 中极化电源应改为稳压电源或恒电流仪，电位的测量 R_p 可用电位差计或其他输入端浮地的电位测量仪器。电桥的平衡可根据极化电流通断时的瞬间有无电位突跃而定。当溶液电阻未被补偿时，在极化电流通断瞬间有电位突变；因此，调节电桥 R_3，在极化电流通断瞬间无电位突变，说明溶液电阻被补偿。当然，也可通过示波器观察电流通断时的电位波形，确定是否进行完全补偿(见图 4-12 或图 4-15)。

2. 动电位扫描

用慢速动电位扫描法(见 3.5 节)测定自腐蚀电位附近的稳态极化曲线，由线性区的斜率可得极化电阻 R_p。动电位扫描法必须使扫描速度足够慢，才能得到稳态极化曲线。当扫描速度一定时，实验结果的重现性好。因此，动电位扫描法比其他稳态法优越。动电位扫描法可分为三种情况：一是从自腐蚀电位开始进行阳极极化，测得 R_p^A；二是从自腐蚀电位开始进行阴极极化，测得 R_p^K；三是从 $\eta_K=30$ mV 的电位正向扫描，过 φ_{corr}，再阳极极化到 $\eta_A=30$ mV，测得极化电阻 R_p^0。这三种方法测得的结果并不完全一致，可选用任一方式，但一般认为第三种

方式较好。

图 9-7 所示为 430 不锈钢在 1 mol/L H_2SO_4 中的动电位扫描极化曲线。实验条件和方法与 9.2 节同一腐蚀体系的实验相同(见图 9-5)。电极浸入溶液达 1 h,其间测自腐蚀电位。然后,从比自腐蚀电位负 30 mV 的电位下开始动电位扫描,直到比自腐蚀电位正 30 mV 为止。扫描速度为 20 mV/min。扫描曲线在自腐蚀电位(φ_{corr},$i=0$)附近为直线。由此直线的斜率的极化电阻 $R_p^0=7.53\ \Omega\cdot cm^2$(不同实验室测得的 R_p^0 在 7.53~12.0 $\Omega\cdot cm^2$ 之间。下面括号中的数据都表示不同实验室测得的结果)。9.2 节已知测得的 $b_A=79$ mV,$b_K=108$ mV,由式(9-17)可算出 $i_{corr}=2.64\ mA/cm^2$(2.19~2.75 mA/cm^2)。从自腐蚀电位进行阳极扫描测得的 $R_p^A=7.35\ \Omega\cdot cm^2$,$i_{corr}^A=2.69\ mA/cm^2$(1.87~3.33 mA/cm^2)。从自腐蚀电位进行阴极扫描测得的 $R_p^K=12.27\ \Omega\cdot cm^2$,$i_{corr}^K=1.61\ mA/cm^2$(1.61~3.63 mA/cm^2)。从这些数据可以看出,测得的腐蚀电流密度分散性不大,说明动电位扫描法测定 R_p 的重现性很好。9.2 节塔菲尔直线外推法测得该体系的腐蚀速度,虽然重现性也很好,但比线性极化法得到的数值偏低。

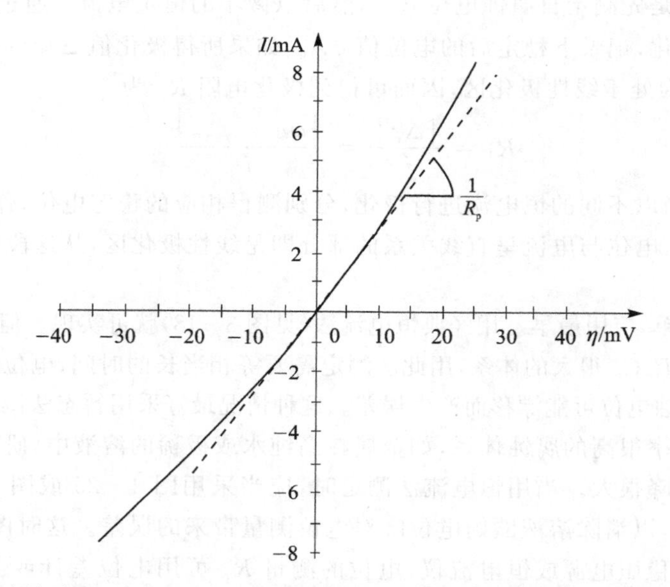

图 9-7 430 不锈钢在 1 mol/L H_2SO_4 中的动电位扫描极化曲线,30 ℃,充 H_2,扫速 20 mV/min

用同样的方法测得的 1008 软钢在 1 mol/L Na_2SO_4 溶液中的动电位扫描极化曲线如图 9-8 所示。从图中可以看出,此极化曲线的线性范围很窄,只在腐蚀电位附近±3 mV 是直线。由此直线的斜率求得 $R_p=2.4\ k\Omega\cdot cm^2$(2.33~8.43 $k\Omega\cdot cm^2$)。从 9.2 节知该体系的 $b_A=47$ mV,$b_K=123$ mV,由式(9-17)可求得腐蚀电流 $i_{corr}=6.1\ \mu A/cm^2$(0.9~9.9 $\mu A/cm^2$)。从自腐蚀电位进行阳极扫描得 $R_p^A=2.46\ k\Omega\cdot cm^2$,$i_{corr}^A=6.0\ \mu A/cm^2$(1.7~16.5 $\mu A/cm^2$)。从自腐蚀电位进行阴极扫描得 $R_p^K=2.20\ k\Omega\cdot cm^2$,$i_{corr}^K=6.7\ \mu A/cm^2$(1.6~15.1 $\mu A/cm^2$)。

同一实验室用上述三种方法测得的 i_{corr} 在 6.0~6.7 $\mu A/cm^2$ 之间,不同实验室测得的 i_{corr} 在 1.7~6.5 $\mu A/cm^2$ 之间。用塔菲尔外推法测得的该腐蚀体系的 i_{corr} 为 4.1 $\mu A/cm^2$ 和 4.4 $\mu A/cm^2$,不同实验室用外推法测得的 i_{corr} 在 1.0~5.8 $\mu A/cm^2$ 之间。从这些数据可以看出,对于这种腐蚀体系,测量结果有相当大的分散性。其自腐蚀电位的数值(见 9.2 节)也有较大的分散性。

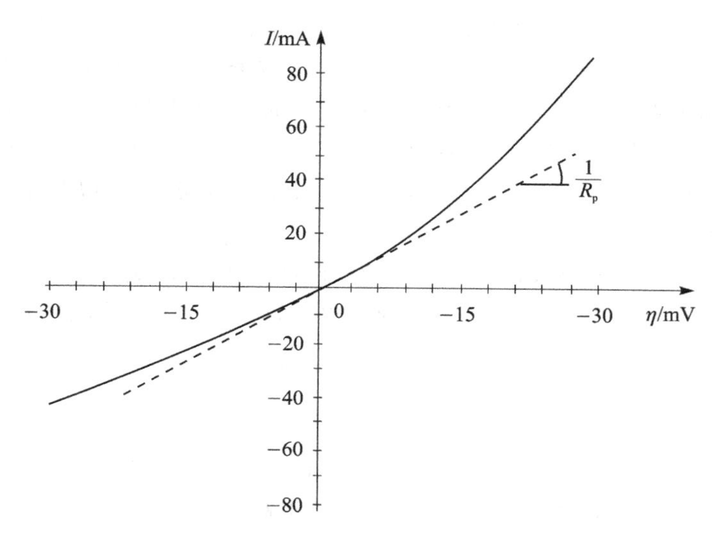

图 9-8　1008 软钢在 1 mol/L Na_2SO_4 溶液中的动电位扫描极化曲线，30 ℃，充 H_2，扫速 20 mV/min

该体系实验结果分散性较大的原因可能与电极表面处理、溶液除氧不充分以及仪器性能不同有关。例如，从图 9-4 的阴极极化曲线可以看出微量氧的影响。对于这样低腐蚀速度的体系，如果恒电位仪在低电流密度(<50 μA)下灵敏度不够，就会带来显著误差。为此，在测量前应当用模拟电解池(见图 3-21)验证一下恒电位仪在低电流密度范围内的精确度和灵敏度。另外，由作图法求 b_A 和 b_K 也会带来误差，特别在塔菲尔直线不易精确确定的情况下。

上述方法属于直流稳态法，这类方法容易引起电极表面状态和周围介质的变化，易受浓差极化的影响。交流方波法和正弦波交流阻抗法可避免这类缺点。

3. 交流方波法——方波电流法和方波电位法

交流方波法是指小幅度对称方波电流法和对称方波电位法。这两种测定金属腐蚀速度的方法是近 20 年来迅速发展起来的新技术，而且制造了一些快速腐蚀速度测试仪，例如，根据方波电流法设计的 FC 型快速腐蚀速度测试仪(见图 4-27)以及根据方波电位法设计的 FSY 型腐蚀速度测试仪，都能直接读出极化电阻值。它们具有快速、实时、灵敏、方便等优点，而且可用于连续自动记录和现场监测。由于外加极化信号微弱，不会因测量而引起腐蚀体系的显著变化，因而得到广泛应用。

这两种方法的原理和实验技术分别在第 3 章和第 4 章讨论过了，这里只讨论一下利用方波法测定 R_p 的影响因素和注意问题。

(1) 采取小幅度方波

为满足线性极化的要求，必须采取小幅度方波，η 不超过 10 mV。方波电位法容易做到这一点。根据方波电位法设计的快速腐蚀仪就是按这种要求设计的。对于方波电流法，要做到这一点，就需要选择合适的电流密度范围，以保证过电位在线性极化区。因为电流密度与电极面积有关，所以，选择方波电流幅值时还要考虑电极面积的大小。如 FC 腐蚀仪的方波电流幅值的可调范围为±0.01 μA～±10 mA，实验时应根据电极面积的不同调节电流，使稳态过电位小于 10 mV。从这一点来看，方波电流法没有方波电位法方便。

(2) 方波频率的选择和采样时间的确定

不管是方波电流法还是方波电位法,由于双电层充电效应,在每半周期的开始阶段都处于暂态过程,要经过一段时间才能达到稳态。因此,频率选择要适当,使每半周期结束时,暂态波形接近稳态值。频率太高,达不到稳态极化信号就换向了,结果测得的极化电阻偏低。相反,若频率太低,单向极化时间过长,浓差极化的影响会增大,电极表面状态及周围介质变化的积累会增大;自腐蚀电位也可能发生漂移。这些都将带来测量误差,所以频率的选择要适当,要使暂态波形基本上达到稳态就进行采样和换向。

对于电化学反应控制的电极过程,达到稳态所需要的时间取决于电极的时间常数,随电极体系而定。由式(3-9)可知,达到稳态所需的极化时间 $t \geqslant 5R_p C_d$,因此方波半周期应为

$$T_{半} \geqslant 5R_p C_d$$

方波频率应为

$$f \leqslant \frac{1}{10R_p C_d} \tag{9-21}$$

可见,金属腐蚀速度越大,R_p 越小,则方波频率可选得高一些。反之,对于腐蚀速度低的体系,频率要低一些。一般频率在 0.01~100 Hz 范围内选定。

频率选择是否合适可由不同的方法判别。首先可用示波器观察暂态波形,若半周期快结束时,暂态波形趋于水平,说明频率选择适当。采样时间应落在这一水平段。如果波形看不到水平段,而是锯齿状,则说明频率过高。当然,如果频率合适,采样时间过早也不行。采样时间和方波同步而且在每半周期的末尾一段时间内进行。这由仪器中采样电路来解决。所以,测量时只要选择好适当的频率就行了。

用测得的 R_p 值也可以推断频率是否适当。依次减小频率测定 R_p,直到频率再减小,R_p 也无显著变化,这时的频率被认为是适当的。

也可根据不同频率下测得的 R_p 求腐蚀速度,然后与失重法比较。数据吻合较好的频率可作为该体系的测量频率,此后就用此频率进行测定。譬如,某些低合金钢在海水中的腐蚀,方波频率为 0.01 Hz 时与挂片结果相近。当用 0.1 Hz 时,测得的腐蚀速度偏高 0.5~1 倍。用 1 Hz 时,测得的腐蚀速度比挂片结果高 5~8 倍。可见,频率选择对腐蚀速度的测量影响很大。

(3) 电极体系及溶液欧姆电位降的影响

方波法测量 R_p 可用三电极体系,也可用二电极体系。用三电极体系时,研究电极、辅助电极和参比电极可以像一般测量极化曲线那样,分别选用不同的电极;也可用材料、形状、尺寸及表面状态完全相同的电极。可以按等边三角形,或按直线等距离方式安装在同一电解池中。

采用同种材料的三电极体系,在对称方波极化下,研究电极和辅助电极是等同的。当参比电极、研究电极和辅助电极按等边三角形安装时,或者在溶液电阻补偿后,测得的结果是研究电极和辅助电极的平均值。也就是试验电极阴极极化和阳极极化的平均结果。由于三电极放于同一溶液中,故不存在液界电位。另外,由于它们的自腐蚀电位基本相同,自腐蚀电位的漂移也大致一样,因此减小或消除了自腐蚀电位漂移带来的误差。但是,由于一般金属材料的电化学可逆性较差,在电流作用下易发生极化,故用同种材料作参比电极时,就要求仪器有足够高的输入阻抗(如 $>10^9\ \Omega$)。同种材料的三电极体系应用较广泛。

不管哪种三电极体系,在研究电极与参比电极之间总有一段距离。在极化电流作用下,此段溶液的欧姆电位降包含在电位测量和控制之中,从而带来显著的误差。对方波电流法来说,

它使 $\Delta\varphi$ 比真正的过电位偏高，从而使 $R_p\left(=\frac{\Delta\varphi}{\Delta i}\right)$ 偏高。对方波电位来说，它使真正的过电位低于外加 $\Delta\varphi$，使 Δi 偏低，同样使 $R_p\left(=\frac{\Delta\varphi}{\Delta i}\right)$ 偏高（这和频率偏高的影响恰好相反）。为了减小 IR_1 的影响，多在仪器中设一个"溶液电阻补偿"电路。为了防止过补偿而造成仪器的振荡，可再设"溶液补偿平衡指示器"电路。

采用同种材料的二电极体系时，极化过程中二电极发生交替的阳极极化和阴极极化。测量或控制的二电极的总极化值 $\Delta\varphi$ 中，除了二电极的极化值 $\Delta\varphi_1$ 和 $\Delta\varphi_2$ 外，还包括二电极间溶液的欧姆电位降 IR_1，即

$$\Delta\varphi = \Delta\varphi_1 + \Delta\varphi_2 + IR_1 \tag{9-22}$$

二电极不能靠得太近，也不能用鲁金毛细管减小欧姆电位降，只有用溶液电阻补偿电路消除 IR_1 的影响。消除 IR_1 后，式(9－22)简化为

$$\Delta\varphi = \Delta\varphi_1 + \Delta\varphi_2$$

因二电极完全相同，可认为每个电极的极化值为总极化值的一半，即 $\Delta\varphi_1 = \Delta\varphi_2 = \frac{1}{2}\Delta\varphi$。因而每个电极的极化电阻为总的极化电阻的一半。由式(9－17b)可得每个电极的平均腐蚀速度为

$$i_{corr} = \frac{B}{\frac{1}{2}R_p'} = \frac{2B}{R_p'} \tag{9-23}$$

式中：B 由式(9－18)决定；R_p' 为仪表上读出的二电极总的极化电阻。显然，加于二电极总的极化值 $\Delta\varphi$ 可以取较大的数值，如 10～20 mV。

(4) 自腐蚀电位漂移问题

金属在腐蚀溶液中的稳定电位称为自腐蚀电位。它常随金属表面状态、溶液组成、温度、pH 值等条件的变化而变化，而且没有一定的变化规律。由于交流方波是以自腐蚀电位为基准进行微小极化的，因此自腐蚀电位的漂移会对 R_p 的测量带来误差。

为了减小自腐蚀电位漂移的影响，一般测量前将电极在溶液中浸泡一定的时间，当自腐蚀电位稳定时，再进行测量。

在允许的情况下，可选择较高的方波频率，使其比自腐蚀电位漂移的频率高得多；并使方波电位的幅值比自腐蚀电位漂移的幅值大得多，就可忽略自腐蚀电位漂移的影响。但这种办法与线性极化的要求相矛盾，往往不能采用。比较理想的办法是在腐蚀仪中设"腐蚀电位自动跟踪器"来消除它的影响。

(5) 试样表面状态的影响

具有钝化膜或较厚的腐蚀产物膜的金属表面，不但极化电阻大，电极电容（包括双电层电容和膜电容）也很大。因此，电极时间常数很大，达到稳态所需时间很长。在这种情况下用稳态方波法测定 R_p 有较大的误差。可用暂态法测定腐蚀速度（见 9.5 节）。

当电极表面有可还原的腐蚀产物膜时，在阴极极化半周期内，一部分电流用于产物膜的还原，实际测得的 R_p 偏低。

当电极表面被有机物、油污、生物体或生物体分泌的胶体物质覆盖时，也会对测量结果产生显著的影响。

(6) 噪声的影响

加于电极上的方波信号振幅很小,噪声信号叠加在方波信号上会产生很大影响。噪声的来源是多方面的:有的来自仪器本身的热噪声;有的来自外界信号和杂散电场的干扰。这就要求在仪器设计和制造工艺上采取措施,引入消除噪声的线路,提高信噪比来提高测量精度。对外来干扰信号,应尽量采取屏蔽措施(如导线用屏蔽导线且外皮接地)并正确选择接地点,使干扰信号进不来。

除了上述几种测定 R_p 的方法外,还有电位阶跃法(见 5.2 节)、恒电流暂态法(9.5 节)以及交流阻抗法(第 6 章)。这些方法除了可测定 R_p,进而计算腐蚀速度外,还可研究金属表面状态、腐蚀产物膜的形成和破坏,缓蚀剂的吸附行为及作用机理等。

9.3.4 线性极化法的适用性及主要误差来源

线性极化法主要用于:测定金属在电解质溶液中的均匀腐蚀速度;研究各种因素对腐蚀的影响;评选钢种;评定各种金属材料在不同介质中的抗蚀性;评选缓蚀剂,确定其最佳用量以及观测现场使用效果等。其在科研和生产中得到广泛应用。例如,已用于化工厂的金属腐蚀监测和自动控制缓蚀剂的添加,钢板酸洗槽中缓蚀剂浓度的控制,土壤腐蚀,食品罐头的金属耐腐蚀性能测试,人造钛合金骨关节的腐蚀速度测定以及各种钢、铝合金在酸、碱、海水等不同介质中的腐蚀速度的测定,等等。其中,铁及铁合金、铝及铝合金在大多数场合能得到良好的结果,与失重法、溶液浓度分析法及极化曲线法得到的结果比较一致,但也有偏差较大的情况。

线性极化法测定金属腐蚀速度的误差主要来自两方面:一是理论上,在推导 Stern 公式过程中作了某些假定和简化;二是实验上,在测定 R_p、b_A 和 b_K 时产生的误差。

首先,在推导 Stern 公式(9-17)时假定金属自腐蚀电位偏离腐蚀的阳极反应和阴极反应的平衡电位都足够远,以致忽略了溶解后金属离子的还原 $\vec{i}_1$ 及去极化反应的逆反应 $\overleftarrow{i}_2$。但如果腐蚀体系的自腐蚀电位离开阳极或阴极反应的平衡电位很近$\left(<\dfrac{b}{2.3}\right)$,在有大量 $ZnCl_2$ 的溶液中,则 Stern 公式将不适用。这时应根据式(9-5)导出更严格的公式:

$$\frac{1}{R_p}=i_{corr}\left\{\frac{1}{b_A'}+\frac{1}{b_K'}+\frac{n_1F}{RT}\left[\exp\left(\frac{n_1F\Delta\varphi_1}{RT}\right)-1\right]^{-1}+\frac{n_2F}{RT}\left[\exp\left(\frac{n_2F\Delta\varphi_2}{RT}\right)-1\right]^{-1}\right\} \tag{9-24}$$

式中:$\Delta\varphi_1$ 为自腐蚀电位与阳极反应的平衡电位之差;$\Delta\varphi_2$ 为阴极反应的平衡电位与自腐蚀电位之差;$b_A'=\dfrac{b_A}{2.3}$,$b_K'=\dfrac{b_K}{2.3}$,η_1 和 η_2 分别为阳极和阴极反应电子数,当 $n_1\Delta\varphi_1$ 和 $n_2\Delta\varphi_2$ 都大于 $2.3RT/F$ 时,则式(9-24)简化为 Stern 公式(9-17);若 $n_1\Delta\varphi_1$ 或 $n_2\Delta\varphi_2$ 大于 $2.3RT/F$ 时也可作相应的部分的简化。

在 Stern 公式推导中还假定电极反应为电化学步骤控制。如果电极反应之一,如阴极去极化反应为扩散控制,而且自腐蚀电位距二电极反应的平衡电位都很远,则 Stern 公式如式(9-17c)。如果自腐蚀电位离该反应的平衡电位很近,则公式比较复杂。

在 Stern 公式推导中,还将指数项展开,略去高次项,进行线性化近似处理,这也将引入误差。严格地讲,线性极化法中的极化电阻,必须从自腐蚀电位附近 $\eta-i$ 曲线的直线部分的斜率求得。从图 9-7 和图 9-8 可以看出,在 $\eta=10$ mV 之内 $\eta-i$ 曲线只有一部分为直线,而实

际测量中认为在 10 mV 以内 $\eta-i$ 为直线，而且直接从 i 和 η 值计算 R_p，这样就会引起误差。由式(9-10)可求得未经简化的腐蚀速度表达式为

$$i'_{corr}=i\left[\exp\left(\frac{2.3\eta}{b_A}\right)-\exp\left(-\frac{2.3}{b_K}\right)\right]^{-1} \tag{9-25}$$

因而可求出 Stern 公式(9-17b)的相对误差为

$$\delta=\frac{i'_{corr}-i_{corr}}{i'_{corr}}=1-\frac{B}{\eta}\left[\exp\left(\frac{2.3\eta}{b_A}\right)-\exp\left(-\frac{2.3}{b_K}\right)\right] \tag{9-26}$$

式中：B 由式(9-18)确定，可见误差 δ 与 η、b_A 和 b_K 有关。若 $b_A=30$ mV，$b_K=120$ mV，$\eta=10$ mV，则 $\delta=-38.5\%$。若 $b_A=30$ mV，$b_K=120$ mV，$\eta=-10$ mV，则 $\delta=22.1\%$。当 $\eta=10$ mV 或 -10 mV 时，可算出各种 b_A 和 b_K 下使用 Stern 公式计算腐蚀速度的误差。计算表明，当 b_A 和 b_K 在 30 mV～∞之间时，公式本身引起的误差＜50%。事实上，大多数腐蚀体系的 b_A 和 b_K 都在此范围内。这也表明，在此法中即使 b_A 和 b_K 不很精确也不会带来很大误差。这是线性极化法的优点之一。如果要避免由 Stern 公式本身引进的误差，可用式(9-25)计算腐蚀电流。

线性极化法测量腐蚀速度是基于电化学腐蚀过程而得到的，对于化学腐蚀显然是不适用的。例如，Ti6A14V 合金在 HNO_3-HF 混合溶液中，在自腐蚀电位附近宽广的电位范围内，用失重法测得的腐蚀速度与电位无关，而在此电位范围内极化曲线的电流变化却很大，说明这种情况下的腐蚀是化学腐蚀。这种情况用线性极化法测得的 $R_p=0.75\ \Omega\cdot m^2$，而用腐蚀减厚测量值计算得到的极化电阻为 $R_p=0.14\ \Omega\cdot m^2$。两者相差很大，说明这时不能采用线性极化法。

线性极化法一般用于测定均匀腐蚀的腐蚀速度，对于局部腐蚀(如点蚀、缝隙腐蚀)速度的测定受到限制。但也有利用阳极极化和阴极极化测得的极化电阻的差异来评定金属耐局部腐蚀性能的。

测定 R_p、b_A 和 b_K 的实验误差都将影响腐蚀速度的测量精度。溶液电阻以及金属表面腐蚀产物覆盖层的电阻可能引起很大误差。测量时应进行溶液电阻补偿；或者测出研究电极与参比电极间的溶液电阻，以及电极表面腐蚀产物覆盖层的总电阻 R_Ω，然后从测得的极化电阻 R_p 中扣除再计算腐蚀电流，即

$$i_{corr}=\frac{B}{R_p-R_\Omega} \tag{9-27}$$

式中：B 由式(9-18)确定。

9.4　弱极化区三点法测定金属腐蚀速度

既然强极化法对腐蚀体系扰动太大，而线性极化法由于近似处理带来一些误差。因此，可利用线性极化区与强极化区之间的数据测定腐蚀速度。这时，过电位在 10～70 mV 范围内，为弱极化区，因此称为弱极化法。弱极化法可同时测定 i_{corr}、b_A 和 b_K，既可避免强极化法的缺点，又不像线性极化法那样需要另外测得 b_A 和 b_K 值，是测定金属腐蚀速度的精确方法。

利用弱极化区的数据测定 i_{corr}、b_A 和 b_K，可用曲线拟合法，用计算机实现；若无计算机则可用三点法来求。

所谓"三点法",就是在弱极化区($\eta=10\sim70$ mV),对任一选定的过电位 η,测定三个相关的(i,φ)数据点 A_1、K_1 和 K_2。第一点 A_1 为阳极过电位等于 η、电流为$(i_A)_\eta$ 的点;第二点 K_1 为阴极过电位等于 η、电流为$(i_K)_\eta$ 的点;第三点 K_2 为阴极过电位等于 2η、电流为$(i_K)_{2\eta}$ 的点,如图 9-9 所示。根据金属腐蚀速度基本方程式(9-9)和式(9-10)可得

$$(i_A)_\eta=i_{corr}(10^{\frac{\eta}{b_A}}-10^{-\frac{\eta}{b_K}}) \quad (9-28)$$

$$(i_K)_\eta=i_{corr}(10^{\frac{\eta}{b_K}}-10^{-\frac{\eta}{b_A}}) \quad (9-29)$$

$$(i_K)_{2\eta}=i_{corr}(10^{\frac{2\eta}{b_K}}-10^{-\frac{2\eta}{b_A}}) \quad (9-30)$$

图 9-9　三点法

令 $x\equiv10^{\frac{\eta}{b_K}}$,$y\equiv10^{\frac{\eta}{b_A}}$,$r\equiv\frac{(i_K)_\eta}{(i_A)_\eta}$,$s\equiv\frac{(i_K)_{2\eta}}{(i_K)_\eta}$,则

$$r=\frac{i_{corr}(x-y)}{i_{corr}\left(\frac{1}{y}-\frac{1}{x}\right)}=xy \quad (9-31)$$

$$s=\frac{i_{corr}(x^2-y^2)}{i_{corr}(x-y)}=x+y \quad (9-32)$$

由式(9-31)和式(9-32)可解得 x、y 及 $x-y$,得

$$x-y=\sqrt{(x^2+y^2)^2-4xy}=\sqrt{s^2-4r} \quad (9-33)$$

$$x=\frac{1}{2}[(x+y)+(x-y)]=\frac{1}{2}(s+\sqrt{s^2-4r}) \quad (9-34)$$

$$y=\frac{1}{2}[(x+y)+(x-y)]=\frac{1}{2}(s+\sqrt{s^2-4r}) \quad (9-35)$$

因此,可由实验数据 η、i_K、r、s 算出腐蚀速度 i_{corr} 及塔菲尔斜率 b_A 和 b_K,即

$$i_{corr}=\frac{i_K}{(x-y)}=\frac{i_K}{\sqrt{s^2-4r}} \quad (9-36)$$

$$b_K=\frac{\eta}{\lg x}=\frac{\eta}{\lg[s+\sqrt{s^2-4r}]-\lg 2} \quad (9-37)$$

$$b_A=\frac{-\eta}{\lg y}=\frac{-\eta}{\lg[s-\sqrt{s^2-4r}]-\lg 2} \quad (9-38)$$

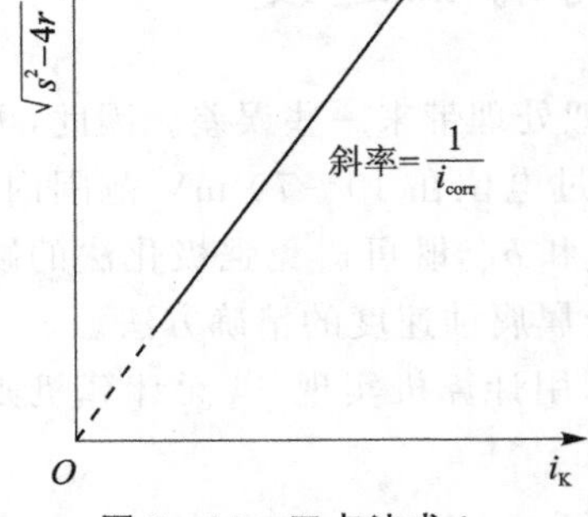

图 9-10　三点法求 i_{corr}

若用作图法可得到更可靠的结果,即在弱极化区,$\eta=10\sim70$ mV 内每指定一个 η 值,可测 A_1、K_1、K_2 三点实验数据,从而有一组(η_1、i_K、r_1、s_1)数据。改变 η 值可测得另一组数据等。将这一系列数据的 $\sqrt{s^2-4r}$ 对 i_K 作图可得图 9-10 所示的一条直线。由式(9-36)可知,该直线斜率的倒数就是金属腐蚀速度 i_{corr}。

按照式(9－37)和式(9－38)，将 $\lg(s+\sqrt{s^2-4r})-\lg 2$ 和 $\lg(s-\sqrt{s^2-4r})-\lg 2$ 分别对 η 作图，可得如图 9－11 所示的直线。从直线的斜率可求得 b_A 和 b_K。

弱极化区三点法，适于电化学极化控制的、金属自腐蚀电位偏离其阴极、阳极反应平衡电位较远的均匀腐蚀体系。图 9－12 所示为铁在 1 mol/L $NaHSO_4$ 溶液中的极化曲线。由此极化曲线弱极化区的数据，用三点法测得腐蚀速度为 $i_{corr}=0.71\ mA/cm^2$，$b_A=76\ mV$，$b_K=104\ mV$。而用塔菲尔直线外推法测得的腐蚀速度 i_{corr} 为 $0.87\ mA/cm^2$。

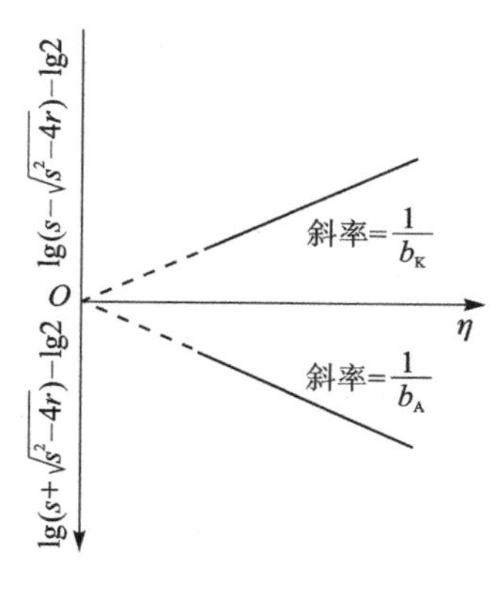

图 9－11　三点法求 b_A 和 b_K

图 9－12　铁在 1 mol/L $NaHSO_4$ 溶液中的极化曲线，25 ℃

9.5　恒电流暂态法测定极低的腐蚀速度

对于易钝化的金属，如不锈钢，由于腐蚀速度极低，R_p 很大，使得电极时间常数很大，因而达到稳态所需时间很长。长时间内很难保证腐蚀体系的自腐蚀电位不发生变化。因此用稳态法测定极低的腐蚀速度往往带来很大误差。为此提出了恒电流暂态法，也叫恒电流充电曲线法。这种方法不要求测定稳态数据，而是用暂态过程中的数据推算稳态下的腐蚀速度。

在溶液电阻很小或者用补偿法补偿后，腐蚀电极的等效电路可由图 4－4 表示，只是其中的 R_r 改为极化电阻 R_p，电容 C 为双电层电容及表面钝化膜电容的总电容。当对处于自腐蚀电位下的电极以恒电流 i 进行阳极极化时，可得到阳极充电曲线。由图 4－9 可知此充电曲线方程式为

$$\eta=iRp(1-e^{-t/R_pC}) \tag{9-39}$$

若用稳态法，可以测定稳态下的过电位 $\eta_{稳}$，由 $R_p=\eta_{稳}/i$ 求得极化电阻，进而算出腐蚀速度。但对于腐蚀速度极低的体系，达到稳态需要的时间很长，有时要等 10 min 以上，容易因自腐蚀电位漂移和浓差极化引起误差。为此用很短的充电时间内的暂态数据来计算 R_p。其做法是用恒电流 i 对电极充电，记下不同时间的电极电位，画出电位-时间曲线，即恒电流充电曲线。然后用切线法或两点法求 R_p。

9.5.1　切线法

将式(9－39)对 t 微分可得

$$\frac{d\eta}{dt}=\frac{i}{C}e^{-t/R_pC} \tag{9-40}$$

当 $t\to 0$ 时，$\frac{d\eta}{dt}=\frac{i}{C}$，这是充电曲线 $t=0$ 处的斜率，以 m_0 表示，则

$$m_0=\left(\frac{d\eta}{dt}\right)_{t\to 0}=\frac{i}{C} \tag{9-41}$$

在同一充电曲线的 $t=t_1$ 处的斜率 m_1 为

$$m_1=\left(\frac{d\eta}{dt}\right)_{t=t_1}=\frac{i}{C}e^{-t/R_pC} \tag{9-42}$$

式(9-42)除以式(9-41)得

$$\frac{m_1}{m_0}=e^{-t_1/R_pC} \tag{9-43}$$

当 $t=t_1$ 时，$\eta=\eta_1$，由式(9-39)可写出：

$$\eta_1=iR_p\left(1-\frac{m_1}{m_0}\right)=\frac{m_0-m_1}{m_0}iR_p \tag{9-44}$$

将式(9-43)代入式(9-44)得

$$R_p=\frac{m_0-m_1}{m_0}\cdot\frac{\eta_1}{i} \tag{9-45}$$

这就是切线法的原理。具体做法如下：

① 用小幅度恒电流对腐蚀电极充电，测其充电曲线，其稳态时的过电位不应超过 10 mV。

② 在充电曲线的原点作切线，得斜率 m_0。

③ 曲线上任选一适当的 t_1 点，得相应的 η_1。在此点作曲线的切线，得斜率 m_1。

④ 将 m_0、m_1、η_1 和 i 代入式(9-45)可求得 R_p。

9.5.2 两点法

由于切线法的切线不易作准确，故提出两点法。由式(9-39)可知，在充电曲线上 $t=t_1$ 时，$\eta=\eta_1$，可得

$$\eta_1=iR_p(1-e^{-t_1/R_pC}) \tag{9-46}$$

在 $t=2t_1$ 时，$\eta=\eta_2$，得

$$\eta_2=iR_p(1-e^{-2t_1/R_pC}) \tag{9-47}$$

以式(9-46)除式(9-47)得

$$\frac{\eta_2}{\eta_1}=\frac{(1+e^{-t_1/R_pC})(1-e^{-t_1/R_pC})}{(1-e^{-t_1/R_pC})}=1+e^{-t_1/R_pC}$$

$$e^{-t_1/R_pC}=\frac{\eta_2-\eta_1}{\eta_1} \tag{9-48}$$

将式(9-48)代入式(9-46)得

$$\eta_1=iR_p\left(1-\frac{\eta_2-\eta_1}{\eta_1}\right)=\frac{2\eta_1-\eta_2}{\eta_1}\cdot iR_p$$

所以

$$R_p=\frac{\eta_1^2}{(2\eta_1-\eta_2)i} \tag{9-49}$$

这就是充电曲线两点法求 R_p 的原理。具体步骤如下：

① 用小幅度恒电流对腐蚀电极充电，测其充电曲线。

② 在曲线上选择 t_1 和 t_2 两点，使 $t_2=2t_1$，找出相应的 η_1 和 η_2。

将 η_1、η_2 和 i 代入式(9-49)可求得 R_p。

对于钝化体系，$b_A\to\infty$，由式(9-15)可导出：

$$i_{corr}=\frac{b_K}{2.3}\cdot\frac{1}{R_p} \tag{9-50}$$

测得 b_K 和 R_p 后，由式(9-50)可算出金属腐蚀速度。图 9-13 所示为 1Cr18Ni9Ti 不锈钢在 18% HNO_3 中的恒电流充电曲线。测定时，研究电极和参比电极都是用的 1Cr18Ni9Ti 不锈钢，尺寸为 $\phi10\times30$ mm，先用 04 号金相砂纸打磨，在沸腾苯中煮 5 min，再用无水酒精擦洗，蒸馏水冲洗。辅助电极为铂片电极。用切线法和两点法得到的数据见表 9-1。假定 $b_K=50$ mV，利用公式 $i_{corr}=\frac{b_K}{2.3}\cdot\frac{1}{R_pS}$ 计算平均腐蚀速度(式中 S 为电极面积)，并与现场挂片数据进行了比较。从表中可以看出，切线法和两点法所得的数据很接近。但两点法不必作切线，用起来较方便。

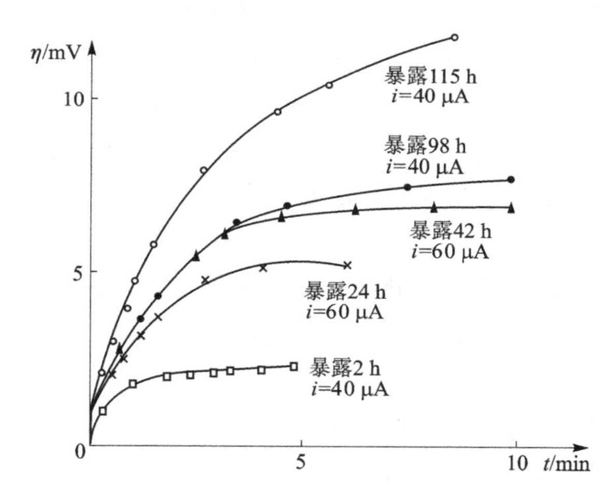

图 9-13　1Cr18Ni9Ti 不锈钢在 18% HNO_3 中的恒电流充电曲线，30 ℃

表 9-1　1Cr18Ni9Ti 不锈钢在 18% HNO_3 中的腐蚀速度

暴露时间/h	极化电阻 R_p/(Ω·cm²)		积分腐蚀速度/(mm·a⁻¹)		挂片腐蚀速度/(mm·a⁻¹)
	切线法	两点法	切线法	两点法	
2	3.25×10^5	1.55×10^5	2.03×10^{-4}	2.68×10^{-4}	3.87×10^{-4}
24	6.43×10^5	6.35×10^5			
42	9.00×10^5	8.99×10^5			
98	17.7×10^5	16.3×10^5			
115	24.3×10^5	24.4×10^5			

9.6 金属局部腐蚀速度的测定

以上几节测定金属腐蚀速度的方法适用于均匀腐蚀或全面腐蚀。所谓全面腐蚀，就是腐蚀分布在整个暴露的金属表面上。因为纯金属或均匀的合金表面上阴阳极表面非常小，甚至微观上也难于分辨；或者大量的微阴极和微阳极在金属表面上变幻不定地分布着，因而形成全面腐蚀。在这种情况下，可以把被腐蚀的金属作为单一的电极来处理，即阴、阳极反应同时发生在该电极上。因此，可把腐蚀电流密度，阳极反应速度看作均匀分布在整个电极表面上。

但是，如果腐蚀主要集中在一定的区域，而其他部分几乎不腐蚀，则这种腐蚀形态称为局部腐蚀。局部腐蚀的阴阳极区通常可以宏观地辨别出来，至少微观上可以分区。局部腐蚀可能由于金属本身的电化学不均匀性引起，如点蚀、晶界腐蚀、层蚀、选择性腐蚀、石墨化腐蚀、应力腐蚀断裂和腐蚀疲劳等；也可能由于环境条件引起，如缝隙腐蚀、沉淀腐蚀、水线腐蚀、空泡腐蚀和湍流腐蚀等。不同金属接触（接触腐蚀）、不同腐蚀介质（浓差电池腐蚀）、金属表面的变化（活化-钝化电池）以及阴极镀层的孔隙等也会引起局部腐蚀。

假定发生局部腐蚀的金属总面积为 S，稳定的阳极面积分数为 f_A，稳定的阴极面积分数为 f_K，$f_A+f_K=1$。在阳极区金属的氧化反应（即溶解）速度为 $\overleftarrow{i}_1$，大于还原反应速度 $\overrightarrow{i}_1$，净的氧化反应速度为$(\overleftarrow{i}_1-\overrightarrow{i}_1)$；在阴极区去极化剂的还原反应速度 $\overrightarrow{i}_2$ 大于氧化反应速度 $\overleftarrow{i}_2$，净的还原反应速度为$(\overrightarrow{i}_2-\overleftarrow{i}_2)$。在稳定的自腐蚀电位 φ_{corr} 下，阳极区净的氧化反应速度等于阴极区净的还原反应速度，也就是金属局部腐蚀电流密度 I_{corr}：

$$i_{corr}=\overleftarrow{i}_1-\overrightarrow{i}_1=\overrightarrow{i}_2-\overleftarrow{i}_2 \tag{9-51}$$

当腐蚀电位 φ_{corr} 距离局部阳、阴极区电化学反应的平衡电位 $\varphi_{平1}$ 和 $\varphi_{平2}$ 相当远时（$>2.3RT/F\approx 60\ \mathrm{mV}$），在自腐蚀电位附近可略去 $\overrightarrow{i}_1$ 和 $\overleftarrow{i}_2$ 两项，可得：

$$i_{corr}=\overleftarrow{i}_1=\overrightarrow{i}_2 \tag{9-52}$$

因为在局部腐蚀情况下，阳极区和阴极区面积不相等，在自腐蚀电位下虽然阳极区金属溶解的电流强度等于阴极区去极化剂还原的电流强度，但阴、阳极区的电流密度并不相等，因此腐蚀图如图 9-14 所示。图中阳极反应 $\overleftarrow{i}_1$ 的塔菲尔式为

$$\varphi_{corr}-\varphi_{平1}=b_{A1}\lg\frac{i_{corr}}{I_1^0}=b_{A1}\lg\frac{i_{corr}}{f_ASi_1^0} \tag{9-53}$$

式中：I_1^0 为阳极反应的交换电流强度；i_1^0 为阳极区 f_AS 上的交换电流密度。

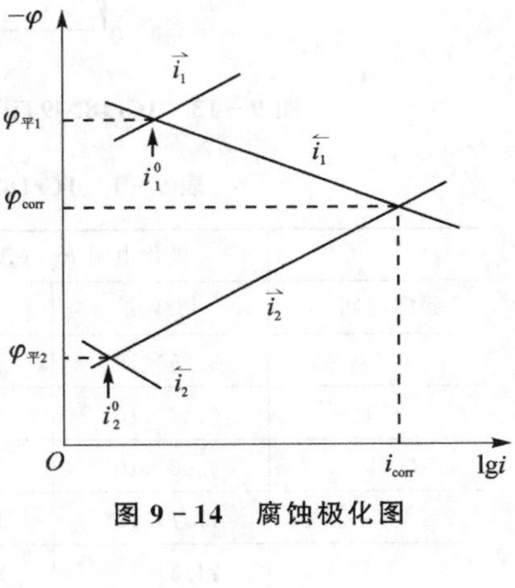

图 9-14 腐蚀极化图

同理，阴极反应 $\overrightarrow{i}_2$ 的塔菲尔式为

$$\varphi_{corr}-\varphi_{平2}=b_{K2}\lg\frac{i_{corr}}{f_KSi_2^0} \tag{9-54}$$

式中：i_2^0 为阴极区 f_KS 上的交换电流密度。利用式(9-53)和式(9-54)中 i_{corr} 相等，可得腐

蚀电位与面积分数间的关系，在 $f_A \neq 0$ 或 1 时，得

$$\varphi_{corr} = \varphi_{0.5} - \left(\frac{1}{b_{A1}} + \frac{1}{|b_{K2}|}\right)^{-1} \lg \frac{f_A}{f_K} \tag{9-55}$$

电位 $\varphi_{0.5}$ 为阳极区和阴极区面积相等(即 $f_A = f_K = 0.5$)的腐蚀电位，即

$$\varphi_{0.5} = \left(\frac{1}{b_{A1}} + \frac{1}{|b_{K2}|}\right)^{-1} \left(\frac{\varphi_{平1}}{b_{A1}} + \frac{\varphi_{平2}}{|b_{K2}|} + \lg \frac{i_2^0}{i_1^0}\right) \tag{9-56}$$

可见，$\varphi_{0.5}$ 决定于阴、阳极区反应的可逆性($\varphi_{平}$ 和 i^0)。式(9－55)就是发生局部腐蚀电极的腐蚀电位与阳极面积的关系。

按照式(9－55)，实验测得的 φ_{corr} 与 $\lg(f_A/f_K)$ 的关系为直线。图 9－15 所示为用四个腐蚀电极得到的一组直线。这四个电极的塔菲尔斜率如表 9－2 所列(令 $\varepsilon = 2.3RT/F$ 及温度取 25 ℃)。

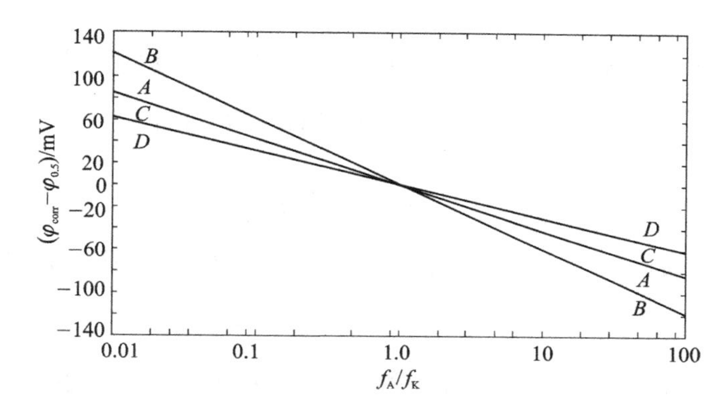

图 9－15　腐蚀电位与阳/阴极面积比的关系，25 ℃

表 9－2　四个电极的塔菲尔斜率

电　极	A	B	C	D
b_{A1}	2ε	2ε	ε	0.5ε
$\|b_{K2}\|$	ε	2ε	2ε	2ε
$\left(\frac{1}{b_{A1}} + \frac{1}{\|b_{K2}\|}\right)^{-1}$	39.4	59.2	39.4	23.7

表中最后一行给出了图中每条直线的斜率的绝对值。如果已知其中一个塔菲尔斜率(b_{A1} 或 b_{K2})，则可以用实验测得的 $\varphi_{corr}－\lg(f_A/f_K)$ 直线的斜率求得另一个塔菲尔斜率。从图 9－15 可知，当阳极面积变小，即 f_A/f_K 变小时，腐蚀电位将变正，而且电位随 f_A/f_K 的变化对称于 $\varphi_{0.5}$。

如果 b_{A1} 和 b_{K2} 已知，则腐蚀电位 φ_{corr} 是阳极面积分数的量度。由式(9－55)知，为了确定 $\varphi_{0.5}$ 的数值，首先需要测定一已知面积比的 φ_{corr}，然后测出给定体系的 φ_{corr} 就可测得 f_A。

Morrissey 在研究铜上镀金的孔隙率时，测量了 φ_{corr} 随阳极面积的变化。其标定曲线是用细铜丝短接到大面积金片上测得的。实验表明，在 0.1 mol/L NH_4Cl 溶液中测得的 $\varphi_{corr}－\lg f_A$ 关系是很好的直线。所用的阳极面积分数很小，f_A 为 10^{-3} 到 10^{-6}，以致于 $f_K \approx 1$。此实验给上述理论提供了证据。也说明利用自腐蚀电位的测定，可研究镀层孔隙度与镀层厚度

或其他电镀规范间的关系。

现在讨论局部腐蚀速度与阳极面积的关系。从式(9-53)和式(9-54)消去 φ_{corr},可得腐蚀电流密度 i_{corr} 与阳极面积之间的关系。在 $f_A \neq 0$ 或 1 时,得

$$i_{corr} = i_{0.5}(f_A)^{1-q} \cdot (f_K)^q \tag{9-57}$$

$$q \equiv \frac{|b_{K2}|}{b_{A1} + |b_{K2}|} \tag{9-58}$$

式中:$i_{0.5}$ 为阴、阳极区面积相等时的腐蚀电流。式(9-57)给出的是腐蚀电流通过极大值。一般说来,阴、阳极面积相等时电流不处于最大值。产生最大值电流面积比可用 $\frac{di_{corr}}{df_A} = 0$ 求出,可得最大腐蚀电流的条件为

$$\frac{f_A}{f_K} = \frac{b_{A1}}{b_{K2}} \tag{9-59}$$

对于局部腐蚀来说,比腐蚀电流强度更有意义的是腐蚀穿透速度(以 i_{corr} 表示),它正比于腐蚀电流密度,$i_{corr} = \frac{I_{corr}}{Sf_A}$。在 $f_A \neq 0$ 或 1 时,由式(9-57)可得

$$i_{corr} = i_{0.5}\left(\frac{f_K}{f_A}\right)^q \tag{9-60}$$

式中:$i_{0.5}$ 为阴、阳极面积相等时的腐蚀电流密度,其大小取决于交换电流 i_1^0 和 i_2^0,即

$$i_{0.5} = (i_1^0)^{1-q}(i_2^0)^q \exp\frac{2.3(\varphi_{平2} - \varphi_{平1})}{b_{A1} + |b_{K2}|} \tag{9-61}$$

从式(9-60)可知,随着阳极面积变小,阳极区腐蚀电流密度上升。将式(9-60)取对数,则

$$\lg i_{corr} = \lg i_{0.5} - q\lg\left(\frac{f_A}{f_K}\right) \tag{9-62}$$

将测得的 i_{corr} 对 f_A/f_K 在 lg-lg 坐标纸上作图得一直线,斜率为 $-q = -|b_{K2}|/(b_{A1} + |b_{K2}|)$。图 9-16 所示为用四个同样的电极测得的 $\lg i_{corr}$-$\lg(f_A/f_K)$ 关系,皆为直线,直线的斜率 q 如表 9-3 所示。

表 9-3　直线的斜率 q

电　极	A	B	C	D
q	$\frac{1}{3}$	$\frac{1}{2}$	$\frac{2}{3}$	$\frac{4}{5}$

图 9-16 表明,阳极面积变小时,局部腐蚀穿透速度迅速增加。此如,当 $|b_{K2}| = b_{A1}$ 时(线 B),阳极面积从 $f_A = f_K$ 减小到 $f_A = f_K/100$ 时,局部穿透速度增加到 10 倍。当 $|b_{K2}| = 4b_{A1}$(D 线),阳极面积从 $f_A = f_K$ 减小到 $f_A = f_K/100$ 时,局部穿透速度增加到 40 倍。i_{corr} 随 f_A/f_K 的变化对称于 $f_A/f_K = 1$。

Morrissey 对铜上镀金的试样在 0.1 mol/L NH_4Cl 溶液中的腐蚀实验数据作 $\lg i_{corr}$-$\lg f_A$ 图,得到精确的直线。它的测量是在 f_A 很小的情况下进行的,f_A 从 10^{-4} 到 10^{-7},因此 $f_K \approx 1$。此实验为式(9-60)提供了依据。

根据上述分析,测定局部腐蚀速度的方法如下:首先任选两个方便的 f_A 值组成局部腐蚀体系,测定两组(φ_{corr},I_{corr})数据,每个 I_{corr} 值可用三点法或三电极体系线性极化法测定。用这

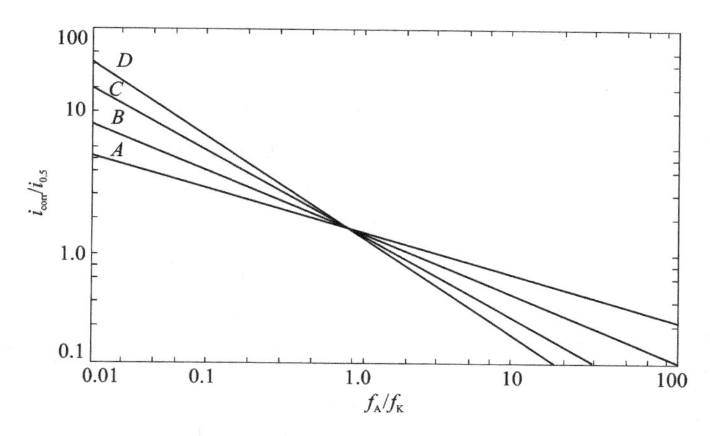

图 9－16　腐蚀电流密度与阳/阴极面积比的关系，25 ℃

两组数据足以对未知体系进行标定。然后，只要测得未知体系，即未知 f_A 的腐蚀体系的 φ_{corr} 就可测定局部腐蚀速度了。具体步骤是先根据两组（φ_{corr}，f_A）数据，作 φ_{corr} － $\lg[f_A/(1-f_A)]$ 图（如图 9－15 中的直线），可得 $\varphi_{0.5}$ 及直线的斜率。将两个测得的 I_{corr} 除以已知的阳极面积，得到相应的 i_{corr}，作 $\lg i_{corr}$ － $\lg[f_A/(1-f_A)]$ 图（如图 9－16 中的直线），可得 $i_{0.5}$ 及直线的斜率。另外，由式（9－55）和式（9－60）消去 f_A/f_K，可得到 i_{corr} 和 φ_{corr} 的关系式为

$$\frac{i_{corr}}{\varphi_{corr}}=\exp\frac{2.3(\varphi_{corr}-\varphi_{0.5})}{b_{A1}} \tag{9-63}$$

这实际上是以阴、阳极面积相等为参考态的塔菲尔公式。根据式（9－63），由两组（φ_{corr}，i_{corr}）数据，可求得阳极塔菲尔斜率 b_{A1}。当得到 b_{A1} 后，再由上述的 φ_{corr} － $\lg[f_A/(1-f_A)]$ 直线斜率可求得 b_{K2}，也可从 $\lg i_{corr}$ － $\lg[f_A/(1-f_A)]$ 直线的斜率求得 b_{K2}。可见，从上述两组（φ_{corr}，i_{corr}）数据可求得 $\varphi_{0.5}$、$i_{0.5}$、b_{A1} 和 b_{K2}。当然，还可以测量其他 f_A 值下的（φ_{corr}，i_{corr}）数据，进行同样的计算，以提高测量的可靠性。

这样对腐蚀体系标定后，就可以测定未知 f_A 的腐蚀体系的 φ_{corr}。根据 φ_{corr}，从 φ_{corr} － $\lg[f_A/(1-f_A)]$ 图可求得相应阳极面积分数 f_A（也可用式（9－55）计算 f_A），然后根据 f_A，由式（9－60）或从 $\lg i_{corr}$ － $\lg[f_A/(1-f_A)]$ 直线得到相应的局部腐蚀速度 i_{corr}。

9.7　电偶腐蚀速度的测定

在电解质溶液中，两种具有不同电位的金属或合金相互接触时（或用导线连接起来），往往发现电位较负的金属腐蚀加速，而电位较正的金属腐蚀反而减小。也就是说，阳极性金属腐蚀更加强烈，阴极性金属却得到了保护，这种腐蚀现象称为接触腐蚀（Galvanic Corrosion）。实质上是由两种不同金属或合金电极构成的宏观原电池的腐蚀。

为了加速腐蚀试验，有时也把腐蚀金属与一个大面积的贵金属连接成腐蚀偶，从而加速金属的腐蚀。这种效应可用图 9－17 说明。图中虚线 A_1 和 K_2 分别表示联成电偶前腐蚀金属上的阳极反应电流和阴极反应电流与电位的关系。实线 A 表示腐蚀金属的阳极极化曲线，实线 S 和点画线 L 都表示腐蚀偶阴极极化曲线。S 表示电偶阴极的面积较小或者阴极过程速

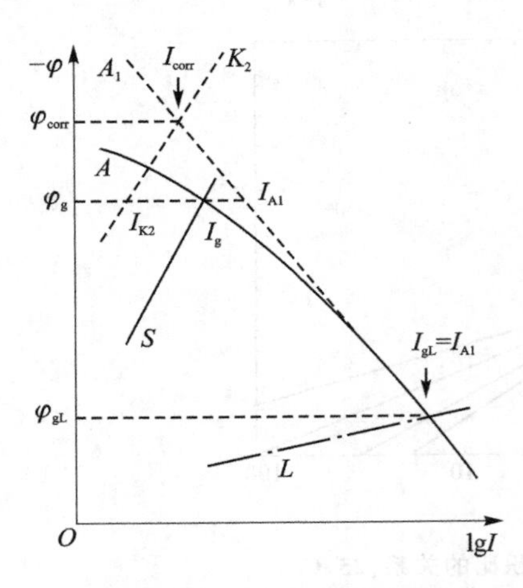

图 9-17　电偶腐蚀极化图

度慢。L 表示电偶阴极的面积大或者阴极过程速度快。

电偶中两种金属短路后，假定忽略阴、阳极间的 IR 降，则两极化曲线的交点对应着电偶电流 I_g 和电偶混合电位 φ_g。下面分几种不同情况讨论电偶腐蚀速度：

① 当电偶的阴极为大面积贵金属或阴极过程的速度较快时，由图 9-17 中 L 与 A 线的交点得电偶电位 φ_{gL} 和电偶电流 I_{gL}。在此条件下，电偶电位偏离未联成电偶前金属的腐蚀电位 φ_{corr} 较远，一般 $(\varphi_{gL}-\varphi_{corr})>2.3RT/F$；而且在此电位下 A 线与 A_1 线重合，所以

$$I_{gL}=I_{A1} \tag{9-64}$$

即实验测得的电偶电流 I_{gL} 等于电偶中金属的真实腐蚀速度。可见，当用大面积高效率的贵金属阴极与腐蚀金属组成腐蚀偶时，或者说腐蚀偶的混合电位 φ_g 偏离未联成电偶前金属的自腐蚀电位 φ_{corr} 较远（>60 mV）时，可用实验测得的电偶电流 I_{gL} 直接表示电偶腐蚀速度 I_{A1}。

如果测定了未联成电偶前金属的腐蚀电流 I_{corr}，利用上述测得的 I_{gL}、φ_{gL}、φ_{corr} 可求出腐蚀金属的阳极塔菲尔斜率 b_{A1}：

$$\frac{I_{gL}}{I_{corr}}=\exp\left[\frac{2.3(\varphi_{gL}-\varphi_{corr})}{b_{A1}}\right] \tag{9-65}$$

② 一般情况下，腐蚀偶中阴极面积不大或者阴极过程速度慢，即由图 9-17 中 S 线与 A 线的交点得 I_g 和 φ_g。可见，电偶电位 φ_g 偏离未联成电偶前腐蚀金属的自腐蚀电位 φ_{corr} 不大（$(\varphi_{gL}-\varphi_{corr})<2.3RT/F$）时，电偶电流 I_g 小于电偶腐蚀速度 I_{A1}。这时，对未联成电偶前的腐蚀金属而言，电偶电流相当于对它进行阳极极化的电流。因此，在 φ_g 下对 I_g 应为

$$I_g=I_{A1}-I_{K2} \tag{9-66}$$

在 φ_g 下未联成电偶钱腐蚀金属的阳极反应速度 I_{A1} 和阴极去极化反应速度 I_{K2} 分别为

$$I_{A1}=I_{corr}\exp\left[\frac{2.3(\varphi_g-\varphi_{corr})}{b_{A1}}\right] \tag{9-67}$$

$$I_{K2}=I_{corr}\exp\left[\frac{2.3(\varphi_g-\varphi_{corr})}{b_{K2}}\right] \tag{9-68}$$

将此二式代入式(9-66)，得电偶腐蚀电流 I_{A1} 与电偶电流 I_g 的关系为

$$\frac{I_g}{I_{A1}}=1-\exp\left[-\left(\frac{2.3}{b_{A1}}+\frac{2.3}{|b_{K2}|}\right)(\varphi_g-\varphi_{corr})\right] \tag{9-69}$$

式(9-69)推导中没经过任何近似处理，所以说此式是普遍适用的，是精确的。上述式(9-64)是此式的特例。因当 $\varphi_g-\varphi_{corr}$ 足够大时，式(9-69)中指数项趋于零，故 $I_{A1}=I_{gL}$。可见，对于 b_{A1} 和 b_{K2} 已知的电偶腐蚀体系，只要测得 φ_g 和 I_g 就可以算出电偶腐蚀速度 I_{A1}。此法需要测定未联成电偶前金属的自腐蚀电位 φ_{corr}，但不必测其腐蚀电流，也不必知道电偶阴极上的反应动力学参数 b_{K2}。

若 b_{A1} 和 b_{K2} 未知，可用下述方法求电偶腐蚀速度。把腐蚀金属与一个大面积的贵金属

阴极组成腐蚀偶，测定 φ_{gL} 和 I_{gL}，则 $I_{gL}=I_{A1}$。另外，测出未联成电偶前金属的 φ_{corr} 和 I_{corr}，用式(9－67)可求出 b_{A1}，然后只要测出给定腐蚀电偶的 φ_g，但不必测 I_g 就可用式(9－67)算出该电偶腐蚀速度 I_{A1}。

③ 讨论腐蚀偶的阴极过程为扩散控制的情况。当溶液中的氧为阴极去极化剂时，阴极过程往往受氧的扩散控制。由于未联成电偶前腐蚀金属上的阴极过程为扩散控制，故图 9－17 中的 K_2 线应为过交点(φ_{corr}，I_{corr})而平行于 φ 轴的直线。也就是说，腐蚀电流 I_{corr} 等于阴极氧的极限扩散电流 I_{K2}，即 $I_{corr}=I_{K2}$。如果测定了未联成电偶前的腐蚀电流 I_{corr}，则由测得的 I_g 就可算出电偶腐蚀速度 I_{A1} 为

$$I_{A1}=I_g+I_{K2}=I_g+I_{corr}Si_d \tag{9-70}$$

Mansfeld 在充空气的 3.5%NaCl 溶液中用电偶法测得铝合金的电偶腐蚀速度与式(9－70)相当符合。

在应用式(9－70)时，如果腐蚀金属的面积为 S，而电偶阴极金属的面积为 nS，阴极去极化剂(如氧)可同样到达电偶的两个电极，而且每种金属上阴极反应速度都受扩散电流密度 i_d 控制，即每种金属上的阴极电流密度都为 i_d，于是未联成电偶前金属的腐蚀速度为

$$I_{corr}=Si_d \tag{9-71}$$

联成电偶后的电偶电流为

$$I_g=nSi_d \tag{9-72}$$

代入式(9－70)可得电偶腐蚀速度为

$$I_{A1}=(1+n)nSi_d=(1+n)I_{corr}$$

可见，在这种情况下，电偶腐蚀电流比未联成电偶前提高了 n 倍。这是因为在扩散控制下阴极去极化反应的速度与阴极总面积成正比。

电偶电流可用零阻电流计测定。一般电流表有相当大的内阻，不能用来测定腐蚀电偶两短路电极间的电流。零阻电流计有不同类型，也有商品电偶腐蚀仪。图 9－18 所示为固体组件运算放大器组成的零阻电流计示意图。电偶的一个金属作为地端(⊥)与高增益运算放大器 A_1 的同相输入端连接，另一金属接到该运算放大器的反相输入端。由于高增益运算放大器 A_1 迫使 D 点为“虚地”，所以电偶的两金属被维持在零电位差，即都处于地电位。由于固体组

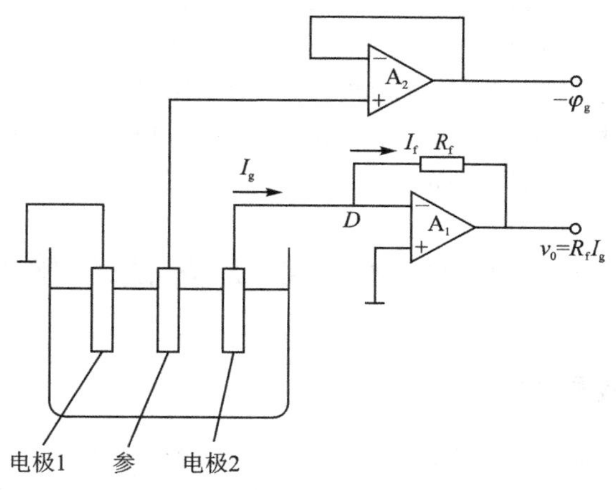

图 9－18　零阻电流计示意图

件 A_1 有很高的输入阻抗，故电流 I_g 就等于反馈电流 I_f。因 D 点为虚地，所以输出电压 $v_0=R_fI_f=R_fI_g$，$I_g=\dfrac{v_0}{R_f}$，即 I_g 与 v_0 成正比。仪器标定后可从表头上直接读 I_g。图中运算放大器 A_2 组成电压跟随器，有很高的输入阻抗。将参比电极接到 A_2 的同相输入端，在输出端可测得 φ_g。若用双笔记录仪，一笔接电压跟随器输出端记 φ_g，另一笔接零阻电流计输出端 I_g，就可同时记下 φ_g 和 I_g 随时间的变化。

图 9-19 所示为铝-铜电偶在腐蚀溶液中测得的 φ_g 和 I_g 随时间的变化曲线，铝为阳极。由图可见，18 h 后 I_g 发生迅速波动，这是由于铝发生了局部腐蚀引起的。图 9-20 为铝-钢腐蚀偶的 I_g 随时间的变化。虽然 φ_g 随时间的变化相当稳定，但 I_g 却随时间有明显变化。最初铝对钢为阳极，但 40 h 后，电偶电流换向，由阳极电流（正值）变为阴极电流（负值），所以此后变为钢对铝为阳极。由上述二例可以看出，φ_g 和 I_g 一般随时间是变化的，特别在发生点蚀或电偶极性变化时，进行长时间的观测是必要的。因为点蚀在发生之前往往有一定时间的孕育期。

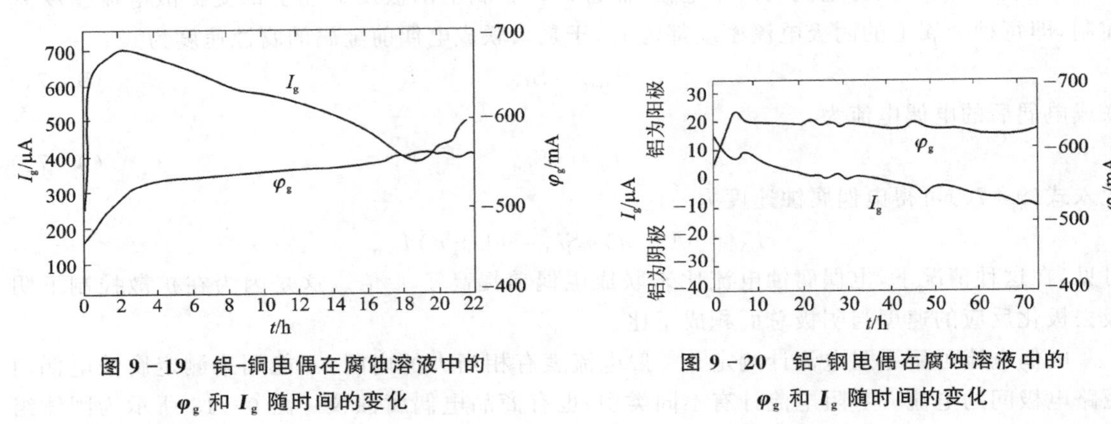

图 9-19　铝-铜电偶在腐蚀溶液中的 φ_g 和 I_g 随时间的变化

图 9-20　铝-钢电偶在腐蚀溶液中的 φ_g 和 I_g 随时间的变化

从前面的理论分析已知，测得的电偶电流一般并不等于电偶真实腐蚀速度，除非用大面积贵金属组成电偶的情况下。要得到真实电偶腐蚀速度可用前面的公式计算。电偶法测得的电偶腐蚀速度与挂片试验之间的相关性应通过大量实验确定。

电偶法简单易行，广泛地用于测定电偶腐蚀（即接触腐蚀）速度 I_{A1}、加速金属腐蚀试验、评选金属材料的抗蚀性、筛选新钢种、评定缓蚀剂、预测阴极保护中牺牲性阳极的寿命以及金属构件和设备腐蚀的现场检测和监控等。采用这种方法时，应注意实验条件必须与实际腐蚀条件类似，以保证在腐蚀机理上是一致的。

9.8　三角波电位扫描法预测金属点蚀和缝隙腐蚀的敏感性

9.8.1　点蚀敏感性的预测

点蚀也叫孔蚀，是局限在金属表面个别点的腐蚀形态。点蚀时虽然失重不大，但由于阳极面积很小，而周围阴极面积很大，所以腐蚀速度很大，往往可以使金属构件或容器蚀穿，造成很大的危害。

点蚀在任何金属表面上都可能发生；易于钝化的金属，由于钝化膜的局部破坏，点蚀现象尤为显著。

点蚀的试验方法除现场（如海水中）长期暴露外，实验室有两类评定点蚀敏感性的方法——化学法和电化学法。

化学法，通常是用含 Cl^- 离子的水溶液腐蚀金属试样。试样处于自腐蚀状态，可根据产生点蚀的最小 Cl^- 离子浓度，或测定腐蚀介质中产生点蚀的最低温度，或测量在给定腐蚀介质中产生孔蚀的数目、深度和广度来判别点蚀倾向。

电化学法，一般是用三角波电位扫描法测定阳极极化曲线，如图 9－21 所示。当电位从开路电位 φ_0 开始逐渐向正扫描，达到致钝电位 φ_p，电流下降，金属进入钝态。继续增加电位，达到 φ_b 时电流开始增加，但立即又下降，发生电流振荡。这是因为点蚀发生后又马上再钝化所致。电位增加到 φ_{br} 时，电流急剧增加，产生持续点蚀，此电位称为点蚀电位或击穿电位。点蚀电位低于过钝电位，处于金属的钝化电位区，是金属表面产生点蚀所需达到的最低腐蚀电位。如果蚀孔是由于活性阴离子（如 Cl^-）吸附在氧化膜中某些缺陷处所引起的，则达到点蚀电位时，氧化膜最薄弱部分的电场强度很高，致使氯化物阴离子穿透薄膜，形成金属氧化物-氯化物。由于金属氯化物易于溶解，从而造成氧化膜的局部溶解，进而形成蚀坑，可见，点蚀电位反映了钝化膜被击穿的难易。

电位正向扫描达到一定电流（一般在 200～2 500 μA 范围内选定）后就换向进行回扫，回扫曲线并不与正程曲线重合。就是说，电位回扫到 φ_{br}，电流并不显著降低，而仍维持相当大的腐蚀电流。这说明点蚀仍在继续发展，并可能引起缝隙腐蚀的发生。

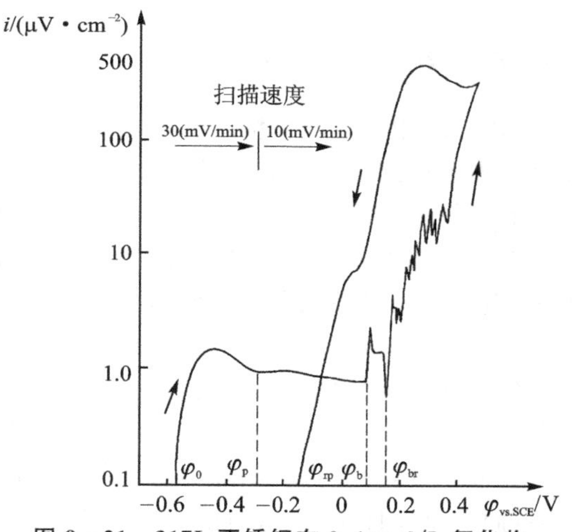

图 9－21　317L 不锈钢在 0.1 mol/L 氯化物溶液中的阳极极化曲线，pH＝4.0，25 ℃

继续回扫到电流为零（或与正程曲线相交）的电位 φ_{rp}，称为再钝化电位或保护电位。在 φ_{rp} 以下，电流趋于零，说明已存在着的蚀孔由于重新钝化而不再发展，缝隙腐蚀也不再发生。这样，正扫与回扫曲线形成了一个滞后环。根据测得的 φ_p、φ_b、φ_{br} 和 φ_{rp} 把阳极极化曲线分成四个区域。φ_0～φ_p 间为金属活性溶解；φ_{br} 以上发生点蚀；φ_{br}～φ_{rp} 之间不发生新的点蚀，但已存在的点蚀将继续发展；φ_p～φ_{rp} 之间不发生局部腐蚀，已存在的局部腐蚀也停止发展，金属得到保护。可见，φ_{br} 和 φ_{rp} 越正，金属耐点蚀性能越好。因此，可用 φ_{br} 和 φ_{rp} 预测金属点蚀趋势。尽管试验表明，用 φ_{rp} 评定点蚀趋势比 φ_{br} 或 $(\varphi_{br}+\varphi_{rp})/2$ 可靠，但 φ_{rp} 受实验条件影响较大。在实验方法未标准化以前，不同作者得到的 φ_{rp} 难以进行比较。

图 9－21 所示的极化曲线是用 317L 不锈钢测定的。其成分（%）为：Cr 19.27、Ni 13.76、Mo 3.21、Mn 1.74、C 0.027、P 0.019、S 0.023、Si 0.46，其余为铁。试样为圆片形，用标准金相打磨和抛光法进行表面处理，然后用苯除油，用蒸馏水洗净。干燥后用具有收缩性的聚四氟乙烯管封包如图 9－22 所示，以免试验中产生缝隙腐蚀，影响点蚀电位的测定。然后放入具有三电极室的全玻璃电解池。其中溶液用试剂级 NaCl 和蒸馏水配制，用盐酸或 NaOH 调 pH 值。

溶液中通入纯氮气以排除溶解的氧。参比电极用饱和甘汞电极。测量线路如图 3－20 所示，其中扫描信号发生器选用慢波型三角波。将电解池接入测量线路后，为了对电极进行阴极活化处理并防止在溶液中除脱氧的情况下试样表面过早地发生腐蚀，可采用图 9－23 所示的操作程序，即把电极放入溶液，接通电路，测开路电位，然后将电位控制在阴极极化下预处理 1 h，接着进行强阴极极化（1 000 $\mu A/cm^2$）1 min，用来活化电极表面。然后先用较快的扫描速度（30 mV/min），通过活化区，以免试样腐蚀，达到钝化区后改用慢扫描速度（10 mV/min）进行扫描。当电流达到 500 $\mu A/cm^2$ 时，换向进行回扫，直到电流为零，扫描结束。回扫电位可通过预实验确定。扫描速度、起扫和回扫电位可通过三角波扫描信号发生器调定。极化曲线在 $X-Y$ 记录仪上自动绘出。用这种方法测得的点蚀电位误差不超过 50 mV。

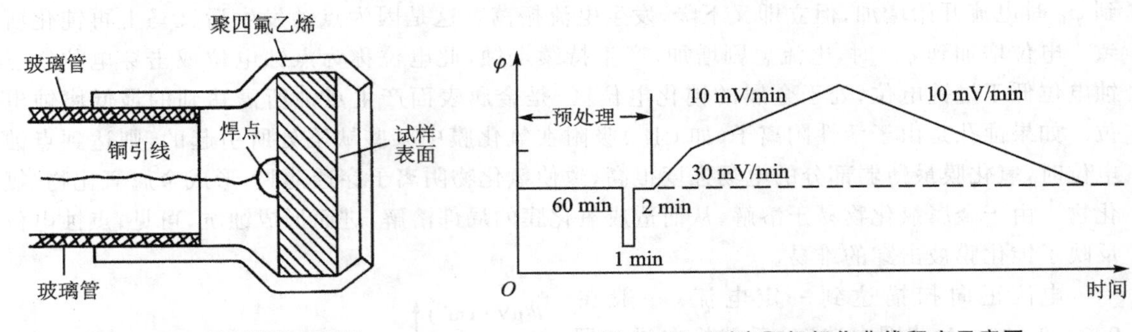

图 9－22 试样封包示意图　　图 9－23 测定阳极极化曲线程序示意图

影响 φ_{br} 和 φ_{rp} 测量精度的因素很多，主要有试样封包技术、测量方法、扫描速度和试样处理等。为了得到重现性好的结果，应对实验方法标准化。

电极封包方法很多，若封样不当，在电极和封包材料之间存在显微缝隙，在阳极极化测量中可引起缝隙腐蚀，使电极的其他部分得到阴极保护，结果对 φ_{br} 和 φ_{rp} 的测量带来很大误差。比如，当用环氧树脂或石腊封样时，316L 不锈钢在 1 mol/L 中性 NaCl 溶液中测得的击穿电位为 0.08 V（相对于 SCE，下同），实验后发现电极上发生了缝隙腐蚀。当用图 9－22 中的方法进行封样时，测得的击穿电位为 0.29 V，比上述 0.08 V 增加了 210 mV，可见封样影响如此之大！这是因为，在有微缝存在时，腐蚀电流实际上包括缝隙腐蚀电流在内，以致随电位增加，电流缓慢上升，突变点不明显，电流开始增加的电位实为缝隙腐蚀电位，比真正的点蚀电位负得多，而且重现性很差。因此，近年来提出了各种办法来防止这种缝隙腐蚀的干扰。早期的工作对此并未注意，故在引用其数据时必须慎重。

φ_{br} 和 φ_{rp} 有不同的测量方法，其结果不完全相同。即使都用三角波电位扫描法，扫描速度不同，测得的结果也不相同。通常随着扫描速度的减小，φ_{br} 降低，这与点蚀的孕育期有关。电位越负，点蚀的孕育期越长。既然 φ_{br} 是在动电位条件下在比较短的时间内（一般小于一天）测定的，因此在更长的暴露时间内，点蚀可能在自腐蚀电位比 φ_{br} 负的情况下发生。长时间的暴露试验表明，点蚀敏感性与 φ_{rp} 之间有较好的相关性。一般说来，自腐蚀电位比 φ_{rp} 负时（如负 50 mV），就不会发生点蚀。J. Degerbeck 等曾用 10 种试验方法比较了 20 种不锈钢的点蚀趋势。发现这 10 种方法所得结果的相关性并不好。若用现场（海水下 1 m，3.4% NaCl，pH＝8.1，O_2 为 6.5 mg/L，2～18 ℃）挂片结果作为比较标准，可以得出这样的结论：①电化学方法比化学法（10% $FeCl_3$ 或 2% HCl）为优。②用 φ_{rp} 比 φ_{br} 或 $\frac{1}{2}(\varphi_{br}+\varphi_{rp})$ 可靠。

③在 5%HCl 中测得的 φ_{rp} 值相关性较好。

9.8.2　缝隙腐蚀敏感性的评定

缝隙腐蚀也是一种局部腐蚀，常发生在具有狭窄缝隙的金属表面上。由于氧扩散到缝隙深处很困难，因此引起浓差电池。缝隙腐蚀与点蚀的形成过程并不相同。前者由介质的浓差引起；后者一般由钝化膜的局部破坏引起。但是，一旦这两种腐蚀形成后，在腐蚀继续发展的机理上却非常相似，都是形成图 9－24 所示的闭塞电池。由于它们特殊的几何形状，腐蚀产物在缝隙、蚀坑或裂纹出口处的堆积，使通道闭塞，限制了腐蚀介质的扩散，使腔内的介质组分、浓度和 pH 值与整体介质有很大差异，从而形成了闭塞电池腐蚀。腔内即缝隙、蚀坑和裂纹深处为闭塞电池的阳极，发生金属的溶解。以钢铁为例，阳极溶解生成 Fe^{2+} 或进一步氧化为 Fe^{3+}。Fe^{2+} 和 Fe^{3+} 发生水解作用生成 Fe_3O_4、$Fe(OH)_3$ 和 H^+：

$$3Fe^{2+} + 4H_2O \longrightarrow Fe_3O_4 + 8H^+ + 2e^-$$

$$Fe^{3+} + 3H_2O \longrightarrow Fe(OH)_3 + 3H^+$$

因此，腔内的 pH 值下降。经热力学计算，电位下降到－0.4～－0.5 V，pH 值下降到 3～4，即腔内溶液酸化。而在 pH 值为 8 的充氧溶液中，外部钝化的铁表面为闭塞电池的阴极，电位为 0.2 V，发生氧的去极化反应：

$$O_2 + 2H_2O + 4e^- \longrightarrow 4OH^-$$

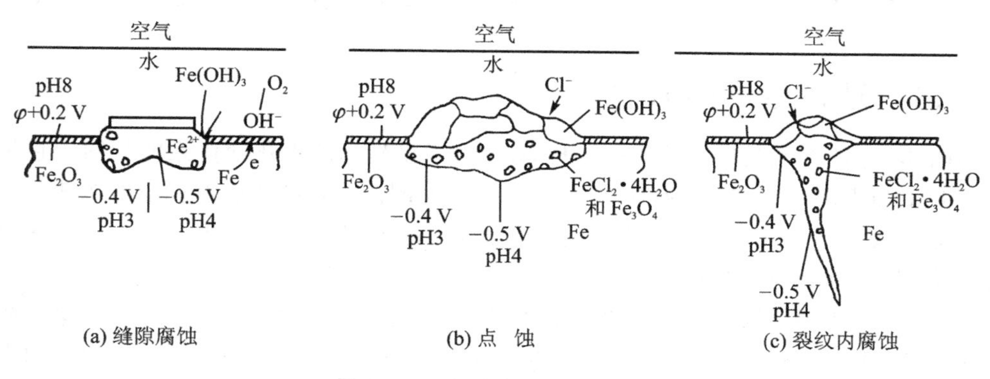

图 9－24　闭塞电池腐蚀示意图

在此闭塞电池中，自由电子由阳极通过金属流向阴极，而 Cl^- 通过锈层从外部（阴极）向腔内（阳极）发生电迁移。结果腔内溶液不但酸化而且 Cl^- 富集，相当于存在着强腐蚀性的盐酸，因而引起缝隙、蚀坑和裂纹内部的腐蚀继续发展，具有自动催化的性质。腔内溶液中则存在着高浓度的 Fe^{2+}、Cl^-，饱和的 $FeCl_2 \cdot 4H_2O$ 和 Fe_3O_4 结晶沉淀在金属上和溶液内。

缝隙腐蚀敏感性的试验方法有：①失重法和评级法，即用有缝隙的试样长时间暴露在腐蚀介质中，然后取出称重或用肉眼评级。②现场监测法，即用线性极化法进行现场监测，发生缝隙腐蚀时腐蚀电流可以成百倍增加。③动电位扫描法，即将带人工缝隙的试样用三角波电位扫描法测定 φ_{br} 和 φ_{rp}，然后用 $\varphi_{br}-\varphi_{rp}$ 的差值（或滞后环的面积）来判断缝隙腐蚀的敏感性。$\varphi_{br}-\varphi_{rp}$ 的差值愈大，则愈容易发生缝隙腐蚀。实验表明，$\varphi_{br}-\varphi_{rp}$ 的差值与在海水中暴露 4.25 年的不锈钢缝隙腐蚀失重呈直线关系（见图 9－25）。

应当指出，一般缝隙腐蚀都有一定孕育期，使缝隙内的静止溶液成分发生一定的变化，然

后才开始缝隙腐蚀。但外加电流引起的缝隙腐蚀却没有孕育期，一加上阳极极化电流就立刻沿着缝隙发生缝隙腐蚀。前面曾提到缝隙的存在会严重影响阳极极化曲线的测定，可使钝态电流相差100倍之多。可见，封样技术对阳极极化曲线的测定是非常重要的。

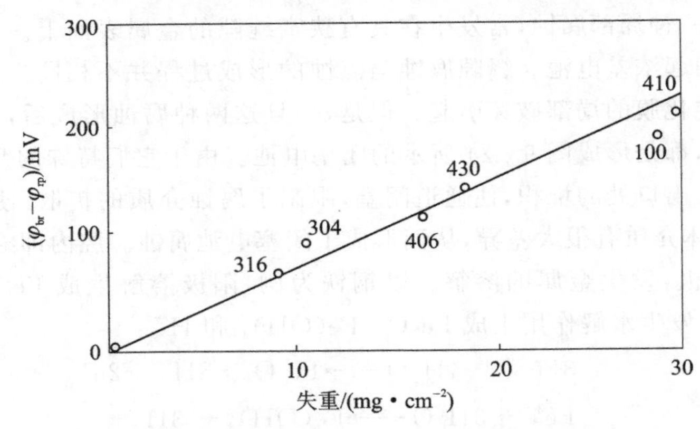

注：图中数字为钢号，φ_{br} 以扫速0.6 V/h测定的，φ_{rp} 为扫描到200 $\mu A/cm^2$ 时进行回扫测定的，溶液为3.5%NaCl，充氮气饱和，25 ℃。浸泡试样面积为1 220 cm^2，缝隙面积约为20 cm^2。

图9-25 $\varphi_{br}-\varphi_{rp}$ 的差值与海水中暴露4.25年的不锈钢缝隙腐蚀失重之间的关系

9.9 动电位扫描法测定电位-pH图和等腐蚀速度图

9.9.1 理论电位-pH图

所谓电位-pH图就是以电位为纵坐标，以pH为横坐标的电化学体系的相图。它是比利时学者M. Pourbaix首先提出的，所以也叫Pourbaix图。这种图明确地表示出在某一电位和某一pH值下体系的稳定物态或平衡物态。因此，从这种图中可以判断出给定条件下的反应进行的可能性，或进行该反应必须具备的条件。

理论电位-pH图是根据体系的热力学数据绘制的。作这种图时，首先要知道这一体系中可能存在的各种化合物以及这些化合物的生成自由能或化学位，或者标准电极电位、固态化合物的溶度积、反应的平衡常数等数据；然后分别计算出给定体系各重要反应的反应物浓度与溶液pH值和电极电位的关系，就可画出电位-pH图。例如对于Fe-H_2O体系来说，可能出现的化合物和它们的标准化学位 μ^0 如表9-4所列。

表9-4 某些化合物的标准化学位 μ^0

固体化合物	$\mu^0/(cal \cdot mol^{-1})$	可溶化合物	$\mu^0/(cal \cdot mol^{-1})$
Fe	0	H_2O	−56 690
$Fe(OH)_2$	−115 570	H^+	0
Fe_3O_4	−242 400	OH^-	−37 595
$Fe(OH)_3$	−166 000	Fe^{2+}	−20 300
Fe_2O_3	−177 100	Fe^{3+}	−2 530
		$HFeO_2^-$	−90 630
		FeO_4^{2-}	−110 685

根据这些数据可算出 Fe-H₂O 体系中各反应物的浓度或浓度比与电极电位或溶液 pH 值的关系。例如，对于包含 H^+ 而不包含电子的平衡反应

$$2Fe^{3+}+3H_2O \rightleftharpoons Fe_2O_3+6H^+$$

$$\begin{aligned}\Delta G &= \mu^0_{Fe_2O_3}+6(\mu^0_{H^+}+2.3RT\lg C_{H^+})-2(\mu^0_{Fe^{3+}}+2.3RT\lg C_{Fe^{3+}})-3\mu^0_{H_2O}\\ &=(\mu^0_{Fe_2O_3}+6\mu^0_{H^+}-2\mu^0_{Fe^+}-3\mu^0_{H_2O})+6\times 2.3RT\lg C_{H^+}-2\times 2.3RT\lg C_{Fe^{3+}}\\ &=\Delta\mu^0+6\times 2.3RT\lg C_{H^+}-2\times 2.3RT\lg C_{Fe^{3+}}\end{aligned}$$

因平衡时 $\Delta G=0$，所以

$$\lg C_{Fe^{3+}}=\frac{\Delta\mu^0}{2\times 2.3RT}+3\lg C_{H^+}$$

因 $R=1.986\ \text{cal}\cdot\text{mol}^{-1}\cdot\text{K}^{-1}$，25 ℃时，$T=298$ K，所以

$$\begin{aligned}\lg C_{Fe^{3+}} &=\frac{\mu^0_{Fe_2O_3}+6\mu^0_{H^+}-2\mu^0_{Fe^+}-3\mu^0_{H_2O}}{2\times 2.3RT}+3RT\lg C_{H^+}\\ &=\frac{-177\ 100+6\times 0+2\times 2\ 530+3\times 56\ 690}{2\times 2.3\times 1.986\times 298}-3\text{pH}\\ &=-0.723-3\text{pH}\end{aligned}$$

对于包含电子而不包含 H^+ 的平衡反应，即电极反应

$$Fe \rightleftharpoons Fe^{2+}+2e$$

$$\begin{aligned}\Delta G &=(\mu^0_{Fe^{2+}}+2.3RT\lg C_{Fe^{2+}})+(-2F\varphi)-\mu^0_{Fe}\\ &=\mu^0_{Fe^{2+}}+2.3RT\lg C_{Fe^{2+}}-2F\varphi\end{aligned}$$

平衡时 $\Delta G=0$，所以

$$\varphi=\frac{\mu^0_{Fe^{2+}}}{2F}+\frac{2.3RT}{2F}\lg C_{Fe^{2+}}$$

因 $F=23\ 060\ \text{cal}\cdot\text{V}^{-1}\cdot\text{mol}^{-1}$，$2.3RT/F=0.059$ V，所以

$$\varphi=\frac{-20\ 300}{2\times 23\ 060}+\frac{0.059}{2}\lg C_{Fe^{2+}}=-0.44+0.029\ 5\lg C_{Fe^{2+}}$$

也可直接将标准电极电位代入公式，已知该反应的标准电位 $\varphi^0=-0.44$ V，代入此电极反应的 Nernst 公式，求出电位 φ 与 Fe^{2+} 离子浓度的关系为

$$\varphi=\varphi^0+\frac{2.3RT}{2F}\lg C_{Fe^{2+}}=-0.44+\frac{0.059}{2}\lg C_{Fe^{2+}}=-0.44+0.029\ 5\lg C_{Fe^{2+}}$$

对于既包含 H^+ 又包含电子的平衡反应：

$$2Fe^{2+}+3H_2O \rightleftharpoons Fe_2O_3+6H^++2e$$

同理可得

$$\Delta G=\mu^0_{Fe_2O_3}+6(\mu^0_{H^+}+2.3RT\lg C_{H^+})-2F\varphi-2(\mu^0_{Fe^{2+}}+2.3RT\lg C_{Fe^{2+}})-3\mu^0_{H_2O}=0$$

所以

$$\begin{aligned}\varphi &=\frac{\mu^0_{Fe_2O_3}+6\mu^0_{H^+}-2\mu^0_{Fe^{2+}}-3\mu^0_{H_2O}}{2F}+\frac{6\times 2.3RT}{2F}\lg C_{H^+}-\frac{2\times 2.3}{2F}\lg C_{Fe^{2+}}\\ &=\frac{-177\ 100+6\times 0+2\times 20\ 300+3\times 56\ 690}{2\times 23\ 060}+\frac{6\times 0.059}{2}\lg C_{H^+}-0.059\ 1\lg C_{Fe^{2+}}\\ &=0.728+0.177\text{pH}-0.059\ 1\lg C_{Fe^{2+}}\end{aligned}$$

依照上述方法可计算出该体系各重要反应的反应物浓度与 pH 值及电位 φ 的关系如下：

$$H_2 = 2H^+ + 2e^- \quad (酸性)$$

$$2OH^- + H_2 = 2H_2O + 2e^- \quad (碱性)$$

$$\varphi = -0.059\ 1pH$$

$$H_2O = \frac{1}{2}O_2 + 2H^+ + 2e^- \quad (酸性)$$

$$4OH^- = 2H_2O + O_2 + 4e^- \quad (碱性)$$

$$\varphi = 1.23 - 0.059\ 1pH$$

① $Fe = Fe^{2+} + 2e^-$

$\varphi = -0.440 + 0.029\ 5\lg C_{Fe^{2+}}$

② $Fe = Fe^{3+} + 3e^-$

$\varphi = 771 + 0.059\ 1\lg \dfrac{C_{Fe^{3+}}}{C_{Fe^{2+}}}$

③ $2Fe^{2+} + 3H_2O = Fe_2O_3 + 6H^+ + 2e^-$

$\varphi = 0.728 - 0.177pH - 0.059\ 1\lg C_{Fe^{2+}}$

④ $3Fe^{2+} + 4H_2O = Fe_3O_4 + 8H^+ + 2e^-$

$\varphi = 0.980 - 0.236\ 4pH - 0.088\ 5\lg C_{Fe^{2+}}$

⑤ $3Fe + 4H_2O = Fe_3O_4 + 8H^+ + 8e$

$\varphi = -0.085 - 0.059\ 1pH$

⑥ $2Fe_3O_4 + H_2O = 3Fe_2O_3 + 2H^+ + 2e^-$

$\varphi = 0.221 - 0.059\ 1pH$

⑦ $Fe + 2H_2O = HFeO_2^- + 3H^+ + 2e^-$

$\varphi = 0.493 - 0.088\ 6pH + 0.029\ 5\lg C_{HFeO_2}$

⑧ $3HFeO_2^- + H^+ = Fe_3O_4 + 2H_2O + 2e^-$

$\varphi = -1.819 + 0.029\ 5pH - 0.088\ 61\lg C_{HFeO_2}$

⑨ $2Fe^{3+} + 3H_2O = Fe_2O_3 + 6H^+$

$\lg C_{Fe^{3+}} = -0.723 - 3pH$

⑩ $Fe^{3+} + 4H_2O = FeO_4^{2-} + 8H^+ + 3e^-$

$\varphi = 1.700 - 0.158\ 0pH + 0.019\ 7\dfrac{\lg C_{FeO_4^{2+}}}{\lg C_{Fe^{3+}}}$

⑪ $Fe_2O_3 + 5H_2O = 2FeO_4^{2-} + 10H^+ + 6e^-$

$\varphi = 0.714 - 0.098\ 5pH + 0.019\ 7\lg C_{FeO_4^{2+}}$

上述各式中，如果把 Fe^{2+}、Fe^{3+} 和 $HFeO_2^-$ 等离子的浓度以 10^0 mol/L、10^{-2} mol/L、10^{-4} mol/L、10^{-6} mol/L 代入，则可得到图 9-26 中以数字 0、-2、-4、-6 表示的一簇平行线，其中每一根线表示溶液中相应浓度的离子或络离子同固态平衡共存；一固态同另一固态平衡共存的 pH 值和电位关系用一根线表示（因各物相的活度等于 1）。线上圆圈内的数字均为上述各平衡反应的编号，线的交点表示三态（一液态和两固态）平衡共存的 pH 值和电位。图中被线包围的区域为各物态能存在的电位和 pH 值区域。

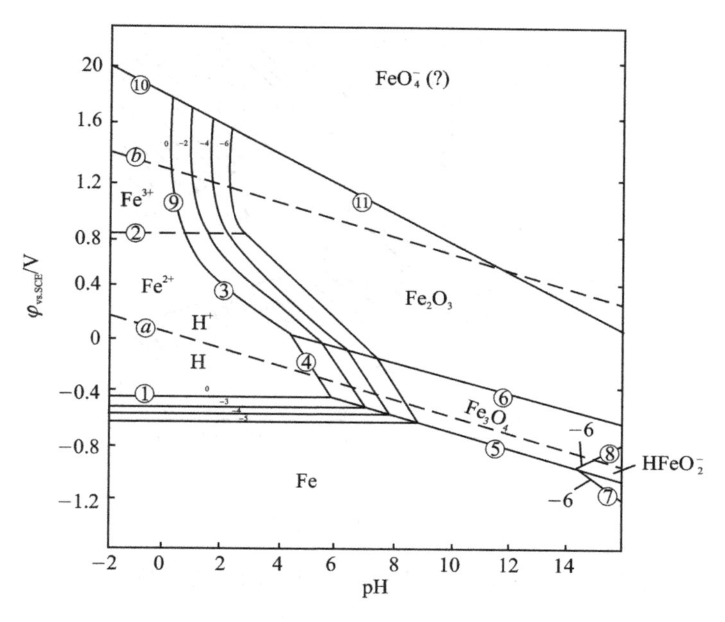

图 9－26　Fe－H_2O 体系的电位－pH 图

在电位－pH 图的基础上，假定与金属(或保护性氧化物)平衡的离子浓度不超过 10^{-6} mol/L 时腐蚀可以忽略不计。同时根据实验可知，有些完整的氧化膜或盐膜(如 Fe_2O_3 和 PbO_2)对金属具有保护性能。有些(如 Fe_3O_4、$PbCl_2$)则不具有足够的保护性能。这样就可以在图上画出三种区域：

① 免蚀区：在这个区域涉及的电位和 pH 值范围内，金属处于热力学稳定状态，金属不发生腐蚀。

② 钝化区：在这个区域所涉及的电位和 pH 值范围内，金属与介质之间有完整的致密保护膜，这种保护膜处于热力学稳定状态，可保护金属不发生明显的腐蚀。

③ 腐蚀区：在这个区域所涉及的电位和 pH 值范围内，可溶的离子、络离子或不具有保护性的固态化合物处于热力学稳定状态，而金属处于热力学不稳定状态可能发生腐蚀。

按照这种划分可得到图 9－27 所示的 Fe－H_2O 体系的腐蚀状态图。从图中可见，Fe 的免蚀区不但在 b 线以下，而且在 a 线以下。所以 Fe 与 O_2 或 H^+ 作用是很自然的。

理论电位－pH 图汇集了金属腐蚀体系的热力学数据，可以简明地看出金属在不同电位和 pH 值条件下所处的状态，从而提示人们借助于控制电位或改变 pH 值来防止金属腐蚀。但是理论电位－pH 图是有条件的，有它的局限性。第一，它是根据热力学数据绘制出来的，只能给出金属腐蚀的倾向性大小，而不能给出腐蚀速度的大小。第二，作电位－pH 图时是以金属与其在溶液中的离子间，溶液中的离子与含有这些离子的腐蚀产物之间的平衡作为先决条件的，并且忽略了溶液中其他离子对平衡的影响。而在实际腐蚀条件下，则可能是远离平衡的。实际溶液中含有的其他离子对平衡的影响，也可能是不容忽视的。第三，理论电位－pH 图中的所谓钝化区，是指金属氧化物或氢氧化物，或其他难溶盐以稳定相存在为依据的。而这些物质是否有保护性能却未涉及。第四，在理论电位－pH 图中所表示的 pH 值是处于平衡态的数值，即腐蚀溶液整体的 pH 值，而在实际腐蚀体系中，金属表面上各点的 pH 值可能是不同的。

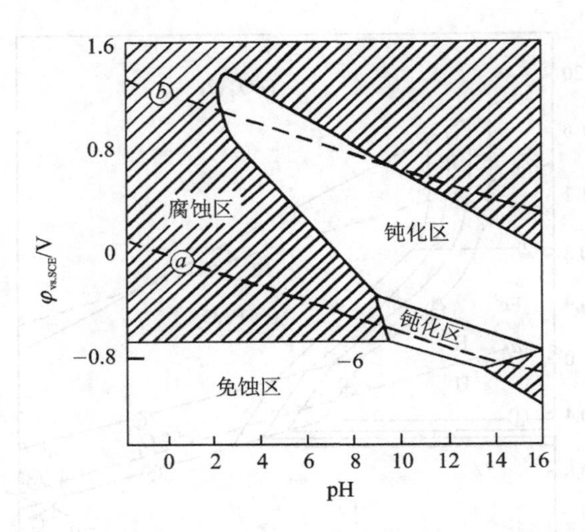

图 9-27　Fe-H_2O 体系的腐蚀状态图

通常阳极区的 pH 值较整体中的 pH 值偏低，而阴极区的 pH 值则偏高。

9.9.2　实验电位-pH 图的绘制

由上述可知，理论电位-pH 图只给出了热力学可能性，没有动力学数据，不能很好地反映实际的腐蚀情况，为此提出了实验电位-pH 图。它是通过实验测绘的，包括了动力学因素，因而在腐蚀与防护中具有更大的实际意义。

利用动电位扫描法可以测绘实验电位-pH 图。首先测定金属在不同 pH 值溶液中的三角波电位阳极极化曲线。从中可找到致钝电位 φ_p、点蚀电位 φ_{br}、保护电位 φ_{rp} 等。因此，可根据这一系列阳极极化曲线画出实验电位-pH 图。图 9-28 和图 9-29 所示为 Armco 铁在无氯化物和有氧化物的溶液中，在不同 pH 值下测得的阳极极化曲线和相应的电位-pH 图。

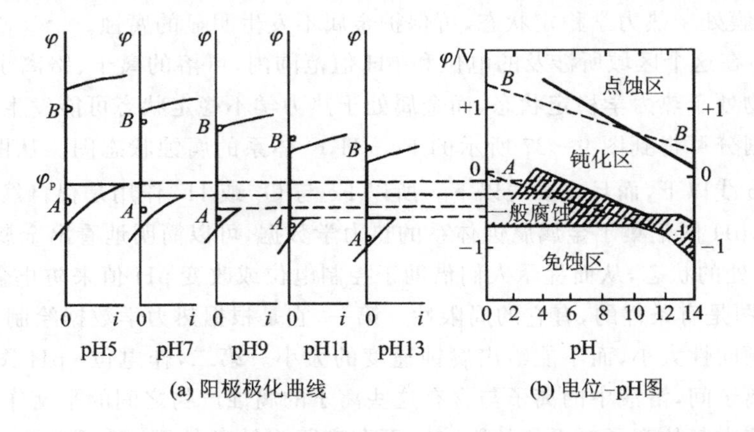

图 9-28　铁在无 Cl^- 的溶液中不同 pH 下的阳极极化曲线和相应的电位-pH 图

图 9-29 中 AA 线为析氢反应电位随 pH 值的变化，曲线为放氧反应电位随 pH 值的变化。从所得电位-pH 图可明显看出免蚀区、一般腐蚀区、完全钝化区、不完全钝化区和点蚀区等。其中，免蚀区和一般腐蚀区的分界为电位 φ_0 随 pH 值变化的轨迹。在此线以下，金属在

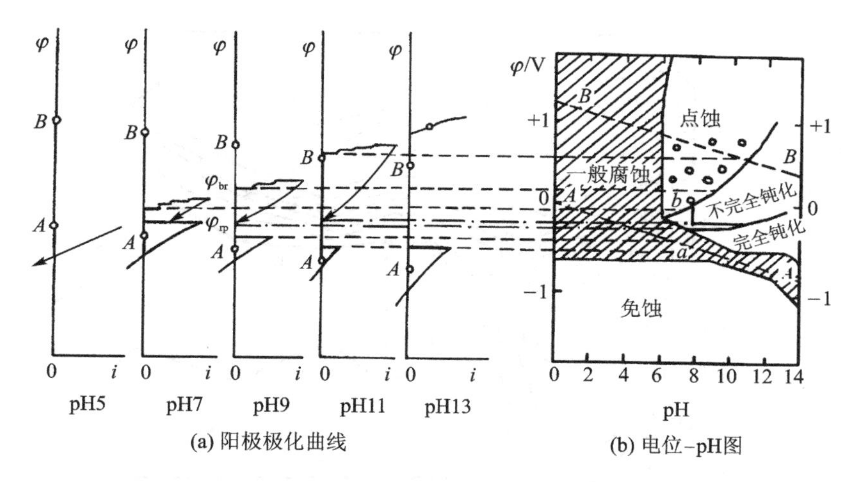

图 9-29　铁在含有 10^{-2}mol 的氯化物溶液中不同 pH 下的阳极极化曲线和相应的电位-pH 图

热力学上是稳定的。一般腐蚀区和钝化区的分界是致钝电位 φ_p 的轨迹。在此电位以上，金属发生钝化。在击穿电位 φ_{br} 以上，钝化膜局部破坏，引起点蚀。所以，击穿电位的轨迹以上为点蚀区。点蚀区在很大程度上取决于溶液的 pH 值及 Cl^- 的含量。再钝化电位 φ_{rp} 的轨迹把钝化区分成上下两部分：上部为不完全钝化区，此区内已形成的蚀坑还要发展；下部为完全钝化区，此区内预先形成的蚀坑不再发展。从图中可以看出，再钝化电位的轨迹几乎不依赖于 pH 值和氯离子含量。还可以看到，在 pH 值低于 6 时，该金属不发生钝化，只可能发生一般腐蚀。

图 9-29 中 a、b 两点的连线表示铁在 pH＝ 8、含有 10^{-2}mol 的 Cl^- 溶液中，在不同电位下可能产生的腐蚀行为。如果溶液中没有氧或其他氧化剂，则未极化的铁电极电位将处于点 a，因而将发生一般腐蚀，而且是析氢腐蚀(在 AA 线以下)。如果这种无氧的条件只出现在铁结构的局部区域，则可导致缝隙腐蚀。因缝隙内缺氧，外部的氧扩散到缝隙内很困难。如果溶液中含有氧，则电极电位可上升到 b 点，并将导致点蚀。

9.9.3　等腐蚀速度图的测绘

动电位扫描法也可以用来测绘等腐蚀速度图或等电流密度图。根据不同 pH 值下测得的一系列动电位扫描阳极极化曲线，找出同样电流密度下的电位值，然后在电位-pH 图中把相同电流下的电位-pH 数据点连起来就得到等电流密度线。在此线上标出电流密度数值。图 9-30 所示为 317L 不锈钢在 0.1 mol/L NaCl 溶液中的等电流密度图。它是用 9.8 节所述的三角波电位扫描法测定的。图中，$\varphi^0_{H_2}$ 和 $\varphi^0_{O_2}$ 两条虚线指氢和氧的热力学标准电位，这两条线是图中仅有的平衡数据。在 $\varphi^0_{H_2}$ 以下可发生析氢反应。因此，在 $\varphi^0_{H_2}$ 线下面的电流值为金属阳极溶解电流与阴极析氢电流之差。在 $\varphi^0_{O_2}$ 线以上发生析氧反应。事实上，由于反应的不可逆性，电位达到线Ⅵ之后，才发生显著的析氧反应。

图中，A 区为阴极极化区，发生析氢反应 $2H^+ + 2e^- \longrightarrow H_2$，在低 pH 值范围内，$H_2$ 的析出伴随着金属的溶解。B 区以线Ⅰ(φ_0 的轨迹)和线Ⅱ(φ_p 的轨迹)为界，是活性溶解区。B 区 pH 值低于 4 的范围内有不同的电流峰值。在 pH>9 的范围内也有腐蚀区 B。但在 pH 值从 4 到 9 的范围内，阳极电流密度小于 2 $\mu A/cm^2$，而且没有可区别的峰值，故在此 pH 值范围

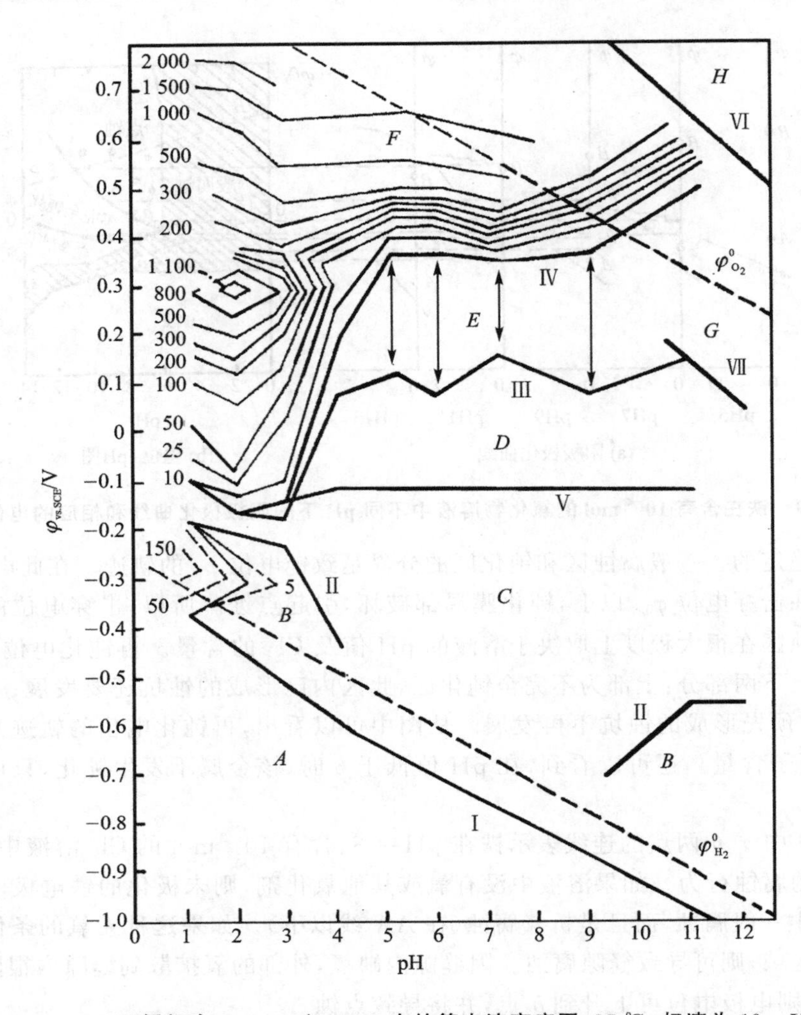

图 9-30　317L 不锈钢在 0.1 mol/L NaCl 中的等电流密度图，25 ℃，扫速为 10 mV/min

内很难确定线Ⅱ。当试样的电位通过线Ⅱ进入 C 区，就进入了钝化区。当电位通过 C 区和 D 区（不完全钝化区）上升时，仍维持线Ⅱ时的低电流密度。

线Ⅲ（初始击穿电位 φ_b 的轨迹）和线Ⅳ（点蚀电位 φ_{br} 的轨迹）间为不稳定的点蚀区（E 区），即开始形成的点蚀又被重新钝化。线Ⅳ以上的 F 区则发生持续的点蚀。一旦试样电位进入 F 区之后，要想使点蚀停止，就必须使电位降到线Ⅴ（再钝化电位的轨迹）以下的 C 区才行。

当先前发生过点蚀的表面上，又遭到上升的扫描电位时，持续点蚀的开始发生在线Ⅴ附近，而不是发生在线Ⅳ。

此图的高 pH 值范围内（pH 为 11.5 左右），在阳极极化条件下，没有点蚀发生，而且随着电位上升，试样通过钝化区 C，越过线Ⅶ，进入超钝化区（G 区），最后越过线Ⅵ进入析氧区（H 区）。

图 9-31 所示为 317L 不锈钢在 1 mol/L NaCl 溶液中的等电流密度图。图 9-32 所示为 317L 不锈钢在无氯离子的 0.05 mol/L Na2SO_4 溶液中的等电流密度图。比较图 9-31 和图

9－32 可知，在同样的 pH 值和电位范围内，较高的氯离子浓度有较高的电流密度。说明氯离子降低了钝化膜的保护性，提高了金属溶解速度。

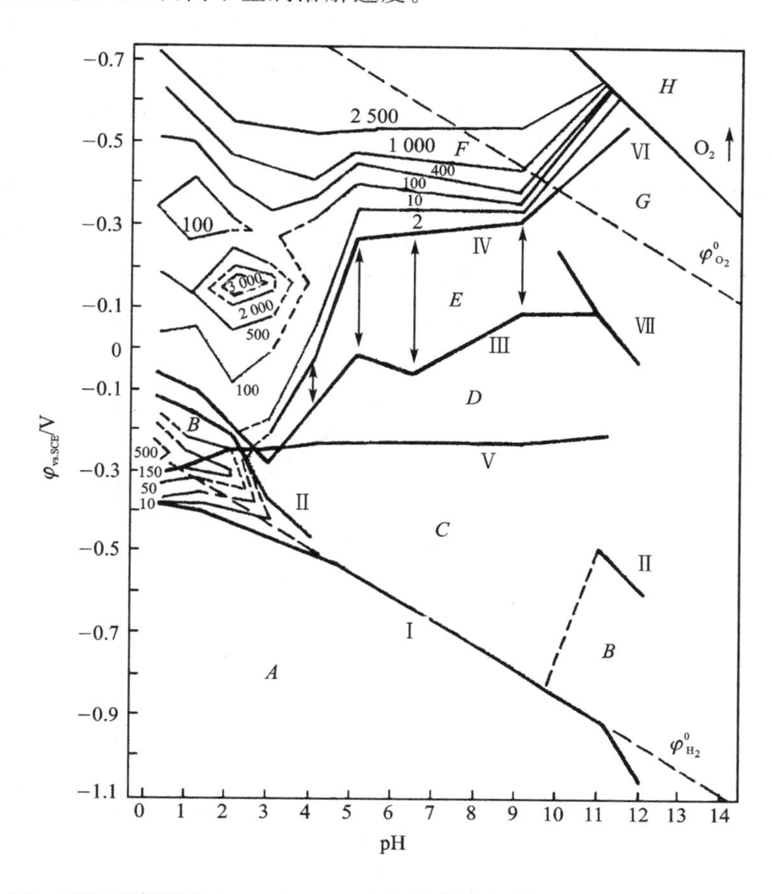

图 9－31　317L 不锈钢在 1 mol/L NaCl 中的等电流密度图，25 ℃，扫速为 10 mV/min

在 pH 为 3 以下，当电位增加到钝化区，317L 不锈钢上的局部腐蚀几乎立即开始。该合金在 0.1 mol/L NaCl 中钝化区只有 50 mV 左右；而在 1 mol/L NaCl 中，活化—钝化的转变与点蚀的开始几乎衔接。因此在 pH 低于 3 时可以说不发生钝化。

在 pH 为 3～5 之间，临界点蚀电位迅速上升，但 φ_{rp}（线Ⅴ）仍保持不变，直到 pH＝9。在更高的 pH 下稍有增加。

图 9－30 和图 9－31 的另一个特点是在 pH＝3 以上发现有不稳定的点蚀区 *E* 存在。在此区内，电流会突然迅速增加，然后又突然回到钝化电流的大小。

图 9－30 和图 9－31 的再一个特点是，在 pH＝2，电位＋0.1～＋0.3 V 之间存在着一个大的电流密度峰。如果在同一试样上进行重复的电位扫描，则在 pH＞4 时可看到不稳定点蚀转换为一个电流密度峰。317L 不锈钢在 0.1 mol/L 和 1.0 mol/L NaCl 溶液中分别在电位＋0.35 V 和＋0.30 V 以上电流密度呈现有规律的增加，而且与整体溶液的 pH 值没有多大关系。

从图 9－30 和图 9－31 发现，再钝化电位（线Ⅴ）几乎与溶液 pH 值无关。而且通过不同合金的试验表明，它与合金的组成也几乎无关。这意味着蚀坑内的 pH 值是恒定的，与整体电解液的 pH 值无关。φ_{rp} 与合金组成无关，可能是由于蚀坑内部无膜的表面上发生了再钝化的结果。但击穿电位与钝化膜的品质有关，因而直接受合金组成的影响。

用等电流密度图不但可一目了然地看出不同 pH 值和电位条件下金属的腐蚀状况，而且可以看出腐蚀电流的大小。因此，可用这类图评定金属的抗蚀性及介质条件（如温度、浓度、气体含量、缓蚀剂等）对腐蚀的影响。还可测定合金系的三维（电位/pH/成分）Pourbaix 图，在发展新型合金上有重要意义。

因等电流密度图是用动电位扫描法测得的，故图中的电流数值与扫描速度有关。除了应注明扫描速度外，还应当用失重法对腐蚀电流进行核准，找出对应关系，就可以从图中看出腐蚀速度的大小。如果为了相互对比，则要保持扫描速度相同。

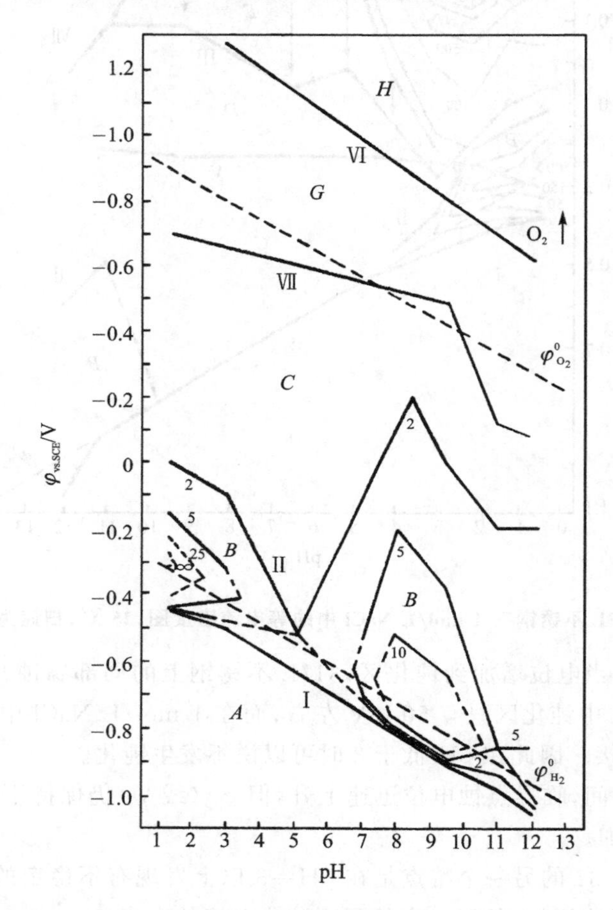

图 9-32　317L 不锈钢在 0.05 mol/L Na_2SO_4 中的等电流密度图，25 ℃，扫速为 10 mV/min

实验电位-pH 图的应用很广，除了预测点蚀、缝隙腐蚀外，还可把应力腐蚀断裂及氢脆的一些数据叠加在实验电位-pH 图上，用来预测合金的应力腐蚀敏感性。图 9-33 所示为 D6AC 高强低合金钢在 0.1 mol/L NaCl 中，用人工缝隙试验电极得到的结果叠加在该合金的电位-pH 图上的情况。图中，实心圆点表示试验电池的整体电解液和缝隙腔内的初始 pH 值和电极电位。空心圆点表示缝隙腔内试样的“最终”稳态 pH 值和电位。数字表示第几次试验。因此，选择有同样数字的圆点，可以看出 pH 值和电位的变化。对于这种合金在 0.1 mol/L NaCl 中

(pH=5 以上)，不管初始电位如何，缝隙电池内的电极电位总是降到氢的平衡电位以下，而且缝隙腔内的溶液更加酸化。

在根据人工缝隙试验选定的条件下(相当于图 9-33 中空心圆点的条件)进行该合金的断裂韧性试验，可以看出闭塞电池对 K_{ISCC} 的影响。实验结果表明，在这种条件下 K_{ISCC} 值下降。氢含量的测定表明，裂纹表面氢含量高于未暴露金属的氢含量。当加入氧化性缓蚀剂(如肼)时，实验测得的闭塞电池的电极电位不再下降到氢的平衡电位以下。断裂韧性试验表明，K_{ISCC} 值增加，且氢的浓度为未暴露材料的数量级。

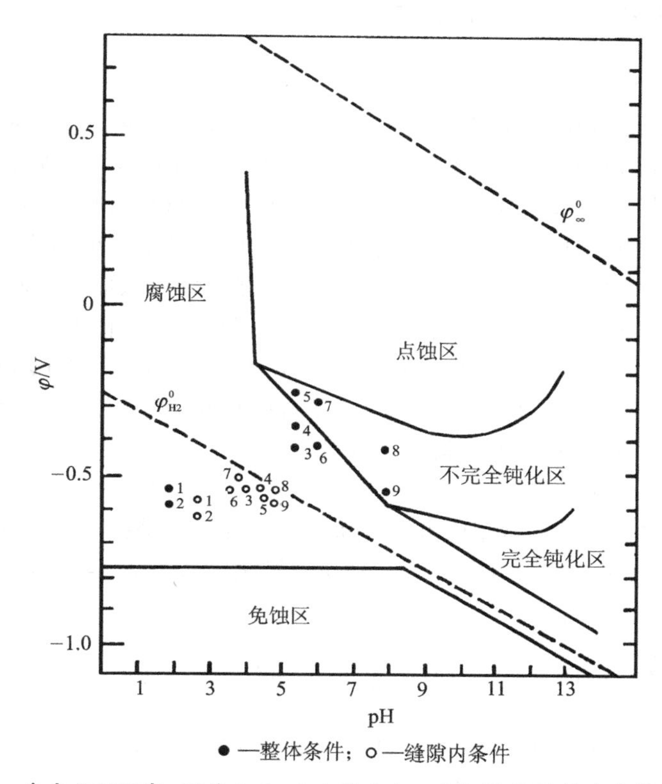

图 9-33　合金 D6AC 在 pH 为 2.1～8.1 的 0.1 mol/L NaCl 溶液中人造缝隙电池

9.10　电化学噪声研究金属腐蚀

电化学噪声(Electrochemical Noise, EN)是指在恒电位(或恒电流)控制下，电解池中通过金属电极/溶液界面的电流(或电极电位)的自发波动，是一种以随机过程理论为基础，用统计方法来研究腐蚀过程中电极/溶液界面电位和电流波动规律的电化学研究方法。

1968 年，Iverson 首次记录了腐蚀金属电极的电位波动现象，从此腐蚀领域中的噪声研究引起了人们关注。20 世纪 70 年代中期，科学家开始对腐蚀体系的噪声进行了较多的研究。电化学噪声的起因很多，常见的有腐蚀电极局部阴阳极反应活性的变化、电化学成核与生长、环境温度的改变、腐蚀电极表面钝化膜的破坏与修复、扩散层厚度的改变、表面膜层的剥离及电极表面气泡的产生等。通过噪声分析，可以获得孔蚀诱导期间的信息，可以较准确地计算出孔蚀电位及诱导期。此外，应用电化学噪声分析还可以评价缓蚀剂的性能，研究表面膜破坏-

修补过程，探测出膜的动态性能等。

电化学噪声技术相对于诸多传统的腐蚀监测技术（如重量法、容量法、极化曲线法和电化学阻抗谱等）具有明显的优良特性。第一，它是一种原位无损的监测技术，在测量过程中无须对被测电极施加可能改变腐蚀电极腐蚀过程的外界扰动；第二，它无须预先建立被测体系的电极过程模型；第三，它无须满足阻纳的三个基本条件；第四，检测设备简单，且可以实现远距离监测。

9.10.1 电化学噪声的分析

1. 频域分析

噪声功率密度谱是频域图谱，表示噪声与频率的关系，即噪声频率分量的振幅随频率变化的曲线。噪声功率密度谱易于解析及分析规律性。电化学噪声技术发展的初期主要采用频谱变换的方法处理噪声数据，即将电流或电位随时间变化的规律（时域谱）通过某种技术转变为谱功率密度（PSD）曲线（频域谱），然后根据 PSD 曲线的水平部分的高度（白噪声水平）、曲线转折点的频（转折频率）或曲线没入基底水平的频率（截止频率）、曲线倾斜部分的斜率等 PSD 曲线的特征参数来表征噪声的特性，探寻电极过程的规律。常见的时频转换技术有快速傅里叶变换（Fast Fourier Transform，FFT）和最大熵值法（Maximum Entropy Method，MEM）。在进行噪声的时频转换之前应剔除噪声的直流部分（应剔除噪声的直流飘移），否则 PSD 曲线的各个特征将变得模糊不清，影响分析结果的可靠性。

(1) 快速傅里叶变换（FFT）

傅里叶变换是时频变换最常用的方法。快速傅里叶变换是在 1965 年由 Cookey 和 Tukey 提出的，是实现离散傅里叶变换（DFT）的一种快速算法。对于 N 点有限长时间序列 $x(n)$（即 $x_1, x_2, \cdots, x_i, \cdots, x_n$），其离散傅里叶变换为

$$X(k)=\mathrm{DFT}\{x(n)\}=\sum_{n=0}^{N-1} x(n) W_N^{nk}, \quad k=0,1,\cdots,N-1 \tag{9-73}$$

式中：$W_N=\mathrm{e}^{-\mathrm{j}\frac{2\pi}{N}}$。从上式可以看出：计算每一个 $X(k)$ 需要有 N 次复乘、$N-1$ 次复加，故完成整个运算总共需要 N^2 次复乘和 $N(N-1)$ 次复加。

FFT 算法的基本原理就是把一个 N（一般设 $N=2^l$，l 为整数）点 DFT 成两个 $N/2$ 点 DFT，再把 $N/2$ 分解成 $N/4$ 点 DFT，再分解成 $N/8$ 点 DFT，一直分解到两点的 DFT 为止。这种 N 为 2 的整数幂的 FFT 也称基-2FFT，它可使原有 DFT 的计算量大为减小，通过理论推导，采用 FFT 计算 N 点 DFT，计算量为 $(N/2)\lg 2N$ 次复乘、$N\lg 2N$ 复加。一次复乘需要四次实乘和两次实加，所以相应的计算量为 $2N\lg 2N$ 次实乘和 $N\lg 2N$ 次实加。在 N 越大的情况下，FFT 算法较之直接 DFT 计算的优越性就越明显。

若恒电位控制，则通过 FFT 得到电压自功率密度谱为

$$P(E)=E(\omega)\cdot E^*(\omega)$$

电流互动率密度谱为

$$P(I)=I(\omega)\cdot E^*(\omega)$$

式中：$E(\omega)$为施加电位的频域谱；$E^*(\omega)$为施加电位频域谱的复数共轭值；$I(\omega)$为响应电流的频域谱。

lg P 为功率密度(PDS)的对数，通过噪声的功率密度谱(即功率密度随频率的变化)，通常以 PDS - lg f 作图，可以得到表征局部腐蚀的主要参数 f_c，从电化学噪声功率谱分析，所测噪声均为 $1/f^n$ 噪声，即噪声功率密度 lg P 与 lg f 呈直线关系，斜率为 n。

在一定频率以上，功率密度(PDS)降到最小值(—50)，此时的相应频率表示为 f_c。以 f_c 的数值表示噪声的频率范围，可以通过 f_c 的值来判断局部腐蚀过程的一些规律。f_c 的大小与噪声波波动的速度有关。波动速度越快，f_c 越大。

浙江大学化学系曹楚南院士课题组编制了基于蝶形快速傅里叶算法的噪声分析软件。软件打开后，能根据读入数值自动计算出横纵坐标范围并显示，能进行局部放大和还原，并可显示出选中点的点数、横纵坐标值。对选定的 1 024 点(见图 9 - 34)作 FFT 变换，结果如图 9 - 35 所示，其中，两条直线分别表示拟合的水平白噪声和高频端线性斜率和截止频率。白噪声水平 W、高频线性部分的斜率 k、截止频率 f_c 等参数值和由此计算出的点蚀判据 S_E 和 S_G 显示在绘图区的下方。

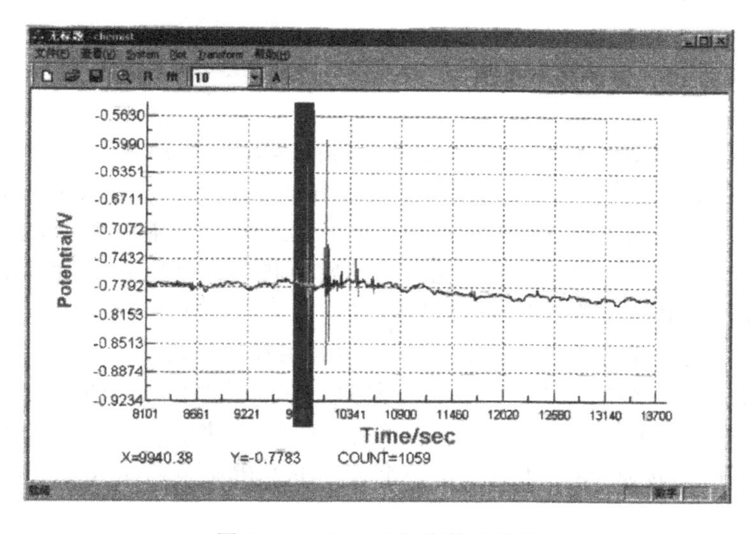

图 9 - 34　ENAN 程序的主窗口

(2) 最大熵值法(MEM)

MEM 频谱分析法是 J. P. Burg 于 1967 年提出来的。之后，R. T. Lacoss 等从数学角度对它进行了详细讨论，他们认为 MEM 频谱分析法相对于其他频谱分析法(如 FFT)具有很多优点：①对于某一特定时间序列而言，MEM 在时间(空间)域上具有较高的分辨率；②MEM 特别适用于分析有限时间序列的特征，无须假定该时间序列是周期性的或假定有限时间序列之外的所有数据均为零；③相对于 FFT 技术，MEM 技术可以在很大程度上减小因没有对连续时间序列进行平均而引起的 FFT 分析误差。

使用 MEM 计算 PSD，首先必须决定预测误差滤波长度 M。但是该值是不确定的，根据不同的 M 值可以获得不同的 PSD 结果。根据 Schauer 等人的工作，当 M 值过大或者过小时，获得的结果偏差最大，一般取 M 值为 50。

此外，在计算 PSD 和 Skewness & Kurtosis 之前，需要先消除原始电化学噪声数据中的直流(DC)漂移。在使用多项式消除法时，为了避免消除过多信号，一般选择 1 级或者 2 级多

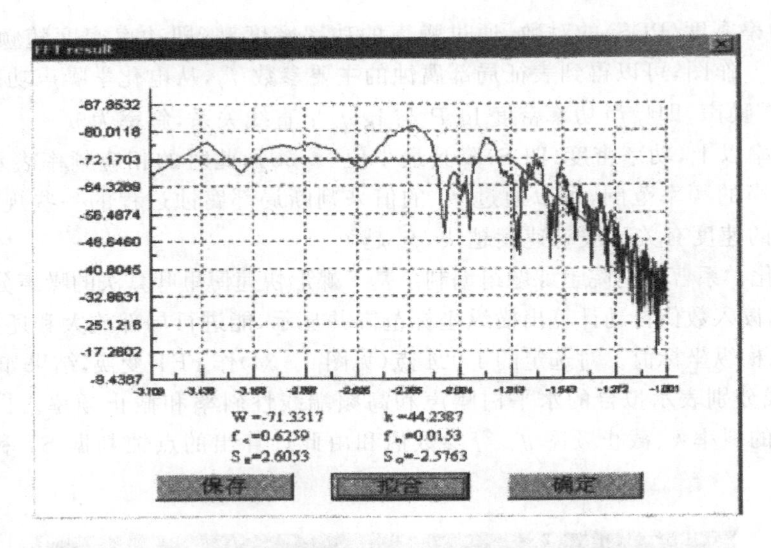

图 9-35　采用 LLS 方法拟合得到的具有 1 024 个点的 FFT 结果

项式。

通过 FFT 和 MEM 转换得到的 PSD 曲线的特征参数(白噪声水平 W、高频线性部分的斜率 k、截止频率 f_c,见图 7-2),在一定程度上能较好地反映腐蚀电极的腐蚀情况,一般认为,PSD 曲线的高频段变化的快慢及倾斜段的形状可以区分不同的腐蚀类型,变化越快(倾斜段坡度越大),则表明电极表面可能处于钝化或均匀腐蚀状态。但是 PSD 曲线的特征参数并不能在整个腐蚀过程中很好地描述腐蚀过程的规律。

谱噪声电阻(spectral noise impedance,R_{sn}^0)是利用频域分析技术处理电化学噪声数据时引入的一个新的统计概念,它是 F. Mansfeld 和 H. Xiao 于 1993 年研究铁的电化学噪声的特征时首先提出来的。F. Mansfeld 和 H. Xiao 认为:分别测定相同电极体系的电位和电流噪声后,将其分别进行时频转换,得到相应于每一个频率下的谱噪声响应 $R_{sn(f)}$(spectral noise response):

$$R_{sn(f)} = \left| \frac{V_{fft(f)}}{I_{fft(f)}} \right|^{1/2} \tag{9-74}$$

而谱噪声电阻 R_{sn}^0 被定义为 $R_{sn(f)}$ 在频率趋于零时的极限值

$$R_{sn}^0 = \lim_{f \to 0} R_{sn(f)} \tag{9-75}$$

被一般认为 R_{sn}^0 的大小正比于电极反应电阻 R_p。

由于仪器的缺陷(采样点数少、采样频率低等)和时频转换技术本身的不足(如转换过程中某些有用信息的丢失、难以得到确切的电极反应速率等),一方面,迫使电化学工作者不断探索新的数据处理手段,以便利用电化学噪声频域分析的优势来研究电极过程机理;另一方面,又将人们的注意力部分转移到时域谱的分析上,从最原始的数据中归纳出电极过程的一级信息。在 EN 的频域分析中,还可以将频域分析技术与分形理论结合起来进行研究,从而从更深层次上去探寻电化学噪声的本质。

2. 时域分析

在电化学噪声时域分析中,一般认为:EN 的波动幅度对应于腐蚀的强度,波动幅度越大,则腐蚀越剧烈；EN 的波动形状对应于腐蚀的类型，均匀腐蚀表现为 EN 数据点在 EN 平均值两侧近对称分布，点蚀表现为 EN 数据点的连续突变(尖峰)。

标准偏差(standard deviation) σ、噪声电阻 R_n(noise resistance)和点蚀指数 PI(Pitting Index)等是电化学噪声时域分析中最常用的几个基本概念，它们也是评价腐蚀类型与腐蚀速率大小的依据。

① 标准偏差又分为电流和电位的标准偏差两种，它们分别与电极过程中电流或电位的瞬时(离散)值和平均值所构成的偏差成正比。

$$\sigma=\sqrt{\frac{\sum_{i=1}^{n}\left[x_i-\sum_{i=1}^{n}x_i/n\right]^2}{n-1}} \tag{9-76}$$

式中：x_i 为实测电流或电位的瞬态值；n 为采样点数。一般而言，在进行噪声的时域和频域分析时，需先将噪声的整体变化趋势去除(直流去除)，其中，高斯(Gaussian)拟合$[G(x_i)]$和多项式拟合$[F(x_i)]$等方法是常见的获得噪声整体变化函数关系的手段。此时，标准偏差 σ 为

$$\sigma=\sqrt{\frac{\sum_{i=1}^{n}\left[x_i'-\sum_{i=1}^{n}x_i'/n\right]^2}{n-1}} \tag{9-77}$$

式中，对于多项式拟合，

$$x_i'=x_i-F(x_i) \tag{9-78}$$

对于高斯拟合，则

$$x_i'=x_i-G(x_i) \tag{9-79}$$

其中，

$$G(x)=y_0+\frac{A}{\omega\sqrt{\pi/2}}\exp\left[-2\left(\frac{x-x_c}{\omega}\right)^2\right]$$

式中：y_0、ω、A 和 x_c 为拟合常数。

对于腐蚀研究来说，一般认为随着腐蚀速率的增加，电流噪声的标准偏差 σ_I 随之增大，而电位噪声的标准偏差 σ_V 随之减小。

② 点蚀指标 PI 被定义为电流噪声的标准偏差 σ_I 与电流的均方根(Root Mean Square, RMS) I_{RMS} 的比值：

$$PI=\sigma_I/I_{RMS} \tag{9-80}$$

一般认为：当 PI 取值接近 1.0 时，表明点蚀的产生；当 PI 值处于 0.1～1.0 之间时，预示着局部腐蚀的发生；当 PI 值接近于零时，意味着电极表面出现均匀腐蚀或保持钝化状态。另外，也有不少作者对 PI 的作用提出了质疑。

③ 噪声电阻 R_n 的概念是 Eden 于 1986 年提出来的。之后，F. Mansfeld、H. Xiao 和 G. Gusmano 等学者从实验室论证了它们表征腐蚀的可靠性。J. F. Chen 和 W. F. Bogaerts 等学者则根据 Butter－Volmer 方程从理论上证明了噪声电阻与线性极化电阻 R_p 的一致性。其证明的前提条件为：a. 阴阳极反应均为活化控制；b. 研究电极电位远离阴阳极反应的平衡电位；c. 阴阳极反应处于稳态。噪声电阻被定义为电位噪声与电流噪声的标准偏差比值，即

$$R_n=\sigma_V/\sigma_I \tag{9-81}$$

噪声电阻 R_n 与谱噪声电阻 R_{sn} 之间存在着内在的联系。

Gordon P. Bierwagen 从物理学原理出发，导出了另一个噪声电阻的概念，但有学者对公式推导的严谨性提出了质疑。

④ 非对称度 Sk 和突出度 K_u。Sk 是噪声信号分布对称性的一种量度，它的定义如下：

$$\mathrm{Sk}=\frac{1}{(N-1)\sigma^3}\sum_{i=1}^{N}(x_i-\overline{x_i})^3 \tag{9-82}$$

式中：x_i 为实测电流或电位的瞬态值；$\overline{x_i}$ 为在分析区间段内 x_i 的平均值；Sk 指明了信号变化的方向及信号瞬变过程所跨越的时间长度。如果信号时间序列包含了一些变化快且变化幅值大的尖峰信号，则 Sk 的方向正好与信号尖峰的方向相反；如果信号峰的持续时间长，则信号的平均值朝着尖峰信号的方向移动，因此 Sk 值减小；若 Sk＝0，则表明信号时间序列在信号平均值周围对称分布。

K_u 值给出了信号在平均值周围分布范围的宽窄，指明了信号峰的数目多少及瞬变信号变化的剧烈程度。$K_u>0$ 表明信号时间序列是多峰分布的；$K_u=0$ 或 $K_u<0$ 则表明信号在平均值周围很窄的范围内分布。当时间序列服从 Gaussian 分布时，$K_u=3$；当 $K_u>3$ 或 $K_u<3$ 时，信号的分布峰都比 Gaussian 分布峰尖窄。K_u 可用下式表达：

$$K_u=\frac{1}{(N-1)\sigma^4}\sum_{i=1}^{N}(x_i-\overline{x_i})^4 \tag{9-83}$$

在实际研究过程中，当信号时间序列在信号平均值周围对称分布时，Sk＝0；当时间序列服从 Gaussian 分布时，$K_u=3$。有研究者认为，最好采用 $S=|\mathrm{Sk}-3|$ 和 $K=|K_u-3|$ 来表征电化学噪声信号的对称性、信号在平均值周围分布范围的宽窄、信号峰的数目多少及瞬变信号变化的剧烈程度等。

在电化学噪声的时域分析中，除了上述方法外，应用得较多的还有统计直方图（histogram representation），它分为两种：一种统计直方图是以事件发生的强度为横坐标，以事件发生的次数为纵坐标所构成的直观分布图。实验表明，当腐蚀电极处于钝态时，统计直方图上只有一个正态 Gaussian 分布；而当电极发生点蚀时，该图上出现双峰分布。另一种统计直方图是以事件发生的次数或事件发生过程的进行速度为纵坐标，以随机时间步长为横坐标所构成的。该图能在某一个给定的频率（如取样频率）将噪声的统计特性定量化。

3. 电化学噪声的分形分析

分形概念已经成功地应用于表征自然表面，如云的形成、海岸线等。Mandelbrot 提出了测量长度 L 与尺度 N 的关系：

$$L(N)=L_0N^{(1-D)} \tag{9-84}$$

式中：D 为 Hausdorf 维数。对于 $1\leqslant D\leqslant 2$，$\lg L(N)$-$\lg N$ 图上的斜率$(1-D)$，即可估算分形维数 D。

点、线段和平面的分形维数分别为 0、1 和 2。但是在这些具有整数分形维数的几何体之外，还存在一些复杂的、具有非整数分形维数的几何体。分形维数可以很好地表征这些几何体的不规则性。比如，不规则曲线的分形维数在 1～2，曲线越复杂，越倾向于充满平面，分形维数越接近于 2。这个概念也可以延伸到复杂曲面，它的分形维数在 2～3。曲面越倾向于充满整个空间，分形维数越接近于 3。因此，分形维数可以用来比较两条曲线或两个曲面的复杂程度，这一点已经有很多应用。

电极表面特别是腐蚀电极表面通常被认为具有分形特征。已经发展了很多方法来测量电极表面的分形维数。

(1) 图像(包括轮廓线)处理

采用光学显微镜、SEM 等形貌表征手段得到电极表面图像,在认为此图像的灰度值与真实电极表面的高度值呈线性关系的前提下,计算得到图像的分形维数即为真实电极表面的分形维数。采用 SEM 拍摄电极截面得到电极表面的轮廓线,或从 AFM 的测量结果中抽取轮廓线数据,计算轮廓线的分形维数。在表面为各向同性的前提下,轮廓线的分形维数+1 即得到表面的分形维数。无论图像还是轮廓线的分形维数的计算,都可以采用数盒子、二维傅里叶变换等算法,有研究对几种算法进行了比较,提出了差分数盒子方法,此方法简单且重现性好,被广泛采用。采用 AFM 得到电极表面的高低轮廓信息,采用三角形覆盖的方法计算得到表面分形维数。

由于图像获取必须把电极从试验体系中取出,后处理和保存过程中电极不可避免地会发生变化,所以对于腐蚀电极(特别是易腐蚀的金属或合金电极)的分形研究中,应尽可能采取原位的图像获取方式。

(2) 电化学方法

电化学方法一般分为 EIS、CV 和 EN 法。EIS 法是基于容抗相应偏离纯电容的特点应包含电极表面的分形信息的观点提出的,具体是通过等效电路拟合得到 CPE 元件的 n 值,再通过某个公式计算得到分形维数。常用的公式有 $D_f=(n+1)/n$ 或 $3-n$。CV 法是采用测量不同扫描速率下的峰值电流密度,在峰值电流密度和扫描速率的双对数坐标图上线性拟合得到斜率,$\alpha=(D_f-1)/2$。

采用电化学方法测量电极表面的分形维数,由于扰动的存在,电极表面状态相对于开路必然会有所偏离。相对而言,采用 EIS 方法的扰动比 CV 法要小得多。下面重点介绍电化学噪声(EN)分形维数。

1) Hurst 指数(H)

Hurst 指数(H)是 E. H. Hurst 于 1956 年采用标度变换技术(R/S)研究分维 Brownian 运动的时间序列时提出来的。之后,E. H. Hurst 与 L. T. Fan 和 B. B. Mandelbrot 等学者先后独立提出时间序列的极差 $R_{(t,s)}$ 与标准偏差 $S_{(t,s)}$ 之间存在着下列关系:

$$R_{(t,s)}/S_{(t,s)}=s^H,\quad 0<H<1 \tag{9-85}$$

式中:下标 t 为选定的取样时间,s 为时间序列的随机步长(某种微观长度);H 为 Hurst 指数。H 与闪烁噪声 $1/f^a$ 的噪声指数 a 之间存在着 $a=2H+l$ 的函数关系;同时,H 的大小反映了时间序列变化的趋势。一般而言,当 $H>l/2$ 时,时间序列的变化具有持久性;而当 $H<l/2$ 时,时间序列的变化具有反持久性;当 $H=l/2$ 时,时间序列的变化表现为白噪声且增量是平稳的(在频域分析中,H 也可以由频域谱求出)。

2) 电化学噪声的分形维数(D_N)

根据分形理论可知,时间序列的局部分维 D_{fl} 与 Hurst 指数 H 之间存在着下列关系,即 $D_{fl}=2-H(0<H<1)$。D_{fl} 越大,特别是系统的局部分维 D_{fl} 与系统的拓扑维数 D_t 之差 $(D_{fl}-D_t)$ 越大,系统的非规则性越强,说明电极过程进行得越剧烈。

4. 腐蚀指标 S_E 和 S_G

电化学噪声的数据处理一般采用时域分析和频域分析两种方法,其中后者是前者通过最

大熵值法(Maximum Entropy Method, MEM)或快速傅里叶变化(Fast Fourier Transform, FFT)等进行的。在电化学噪声数据的频域分析过程中,功率谱密度(Power Spectral Density, PSD)曲线上的三个特征参数(白噪声水平 W、高频线性部分斜率 k 和截止频率或转折频率 f_c)随着腐蚀电极表面腐蚀情况的变化而发生变化。因此,常被用来表征腐蚀电极表面的腐蚀强度和腐蚀倾向。但是,研究表明,它们并不能在整个腐蚀过程中很好地描述腐蚀过程的规律,有时甚至会给出错误的结论。因此,综合分析 PSD 曲线的三个特征参数的特点,正确处理和利用电化学噪声数据的频域分析结果,不但具有实用价值,而且具有理论意义。

(1) PSD 曲线特征参数的理论处理

图 9-36 所示为一条典型的 PSD 曲线,它包括三个特征参数:白噪声水平 W、高频线性部分斜率 k 和截止频率 f_c。

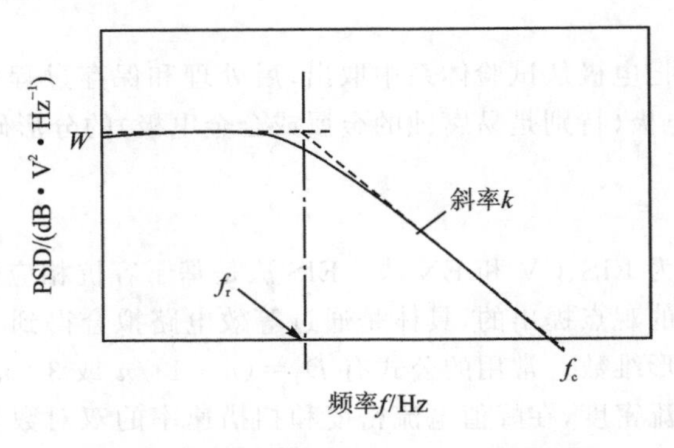

图 9-36　典型的 PSD 曲线及其特征参数

研究表明,随着材料界面变化情况(如点蚀)的加剧,三个特征参数值逐渐增大,因此,它们能在一定程度上较好地反映电极界面变化的剧烈程度(如点蚀程度);但是并不能在整个电极过程(如腐蚀过程)中正确地描述电极的界面(如腐蚀)情况,有时甚至给出错误的结论。另一方面,材料界面的变化强度(如点蚀腐蚀电流的大小)正比于电极面积 S。因此,在实验条件恒定的条件下,电极的噪声波动速率 v 是 W、f_c、k 的函数,即

$$\Phi(v,W,f_c,k,S)=0 \tag{9-86}$$

式中:v、W、k、f_c 和 S 的单位分别为 $V/(s\cdot L^2)$[当测定电流噪声时,v 的单位为 $A/(s\cdot L^2)$]、$V^2\cdot s$、$V^2\cdot s^2$、s^{-1} 和 L^2,而 V、s、L 和 A 分别为基本物理量电位、时间、长度和电流的单位。

根据 Backinghamri-π 定理和 Rayleigh 指数分析法,等式可以变换为

$$\Phi\left(\frac{vS}{f_c^2\sqrt{k}},\frac{W}{f_c k}\right)=0 \tag{9-87}$$

令:

$$S_E=f_c^2\sqrt{k} \tag{9-88}$$

$$S_G=\frac{W}{f_c k} \tag{9-89}$$

于是得到:

$$\Phi\left(\frac{vS}{S_E},S_G\right)=0 \tag{9-90}$$

由式(9－88)可知，S_E 的取值仅仅依赖于 PSD 曲线上与快步骤（如点蚀）有着密切关系的特征参数 k 和 f_c 的大小，因此 S_E 决定了快步骤（腐蚀电极点蚀）速度的大小。材料的整个电极过程同时包含了具有较小时间常数的快步骤（如亚稳定点蚀和稳定点蚀、晶核的形成和湮没等）和具有较大时间常数的慢步骤（如粒子的扩散和迁移、晶核的生长等），而整个电极过程的信息均包含在 S_E 和 S_G 参数中，因此 S_G 主要反映了慢步骤的信息。

根据典型 PSD 曲线的特征（见图 9－36），PSD 的高频线性段可以用下列函数关系进行描述：

$$\mathrm{PSD}=\alpha+kf' \tag{9-91}$$

因此，PSD 曲线的转折频率(roll－off) f_c 为

$$f_c=10^{f_c'}=10^{\frac{W-\alpha}{k}} \tag{9-92}$$

当实测 PSD 为非如图 9－36 所示的典型 PSD 曲线时，即当实测 PSD 与频率无关时，$\alpha\approx W$ 并且 $k\approx0$。此时，转折频率 $f_c\approx\infty$（电位或电流噪声的瞬态变化速率大于采样速率，适当提高采样频率则可以得到如图 9－36 所示的典型 PSD 曲线），$S_E=f_c^2\sqrt{k}=0$。

9.10.2　电化学噪声的测定

电化学噪声的测定可以在恒电位极化或在电极开路电位的情况下进行。当在开路电位下测定 EN 时，检测系统一般采用双电极体系。它又可以分为两种方式：同种电极系统和异种电极系统。

① 传统测试方法一般采用异种电极系统，即一个研究电极和一个参比电极。参比电极一般为饱和甘汞电极（SCE）或 Pt 电极，也有采用其他形式的参比电极的（如 Ag－AgCl 参比电极等）。电化学噪声用参比电极的选择原则为：除了符合作为参比电极的一般要求以外，还要满足电阻小（以减少外界干扰）、电位稳定和噪声低等要求。

② 同种电极测试系统是近年才发展起来的（采用零电阻电流计 ZRA 连接同种电极构成），它的研究电极与参比电极均为被研究的材料。研究表明：电极面积影响噪声电阻，采用具有不同研究面积的同种电极系统测定体系的电化学噪声，有利于获取电极过程的机理。

当在恒电位极化的情况下测定 EN 时，一般采用三电极测试系统。在双电极测试系统的基础上外加一个辅助电极，给研究电极提供恒压极化。当同时测定一个电化学体系的电流和电位噪声时，需要采用四电极体系。

测试系统应置于屏蔽相中，以减少外界干扰。应采用无信号漂移的低噪声前置放大器，特别是其本身的闪烁噪声应该很小，否则将极大地限制仪器在低频部分的分辨能力。

当噪声的采样时间间隔为 Δt 时，测量的频率窗口为

$$\frac{1}{N\Delta t}\leqslant f\leqslant\frac{1}{2\Delta t} \tag{9-93}$$

式中：$1/(2\Delta t)$ 为 Nyquist 限制频率[Nyquist 频率窗为 $-1/(2\Delta t)\leqslant f\leqslant1/(2\Delta t)$]；$N$ 为连续的噪声数据点的个数（在进行快速傅里叶 FFT 和最大熵值法 MEM 变换时，N 一般取偶数 2^n，如 1 024、1 800、2 048）。

在电化学噪声的测量过程中，一般采用高通滤波器来增加噪声的测量精度，假设高通滤波器由一个电阻 R 和一个电容 C 并联组成，则该高通滤波器的低频截止频率 f_c 为

$$f_c = \frac{1}{2\pi RC} \tag{9-94}$$

例如，对于一个由 $R=1\ \mathrm{M\Omega}$ 的电阻和一个 $C=1\ \mu\mathrm{F}$ 的电容器并联组成的高通滤波器，其低频截止频率 $f_c \approx 0.16$ Hz。高通滤波器影响获得的时域噪声的形状和幅度（当采样频率 $f > f_c$ 时，高通滤波器不产生影响；当采样频率 $f < f_c$，并且当测量的是电位噪声 $V(t)$ 时，其影响速率为 $\mathrm{d}V/\mathrm{d}t$）。

9.10.3 电化学噪声在金属腐蚀研究中的应用

电化学噪声的发现者 Iverson 认为，电化学噪声与电极的腐蚀过程紧密相关，并且可以通过对 EN 特征的研究来探索金属腐蚀过程的规律，探寻有效的防腐涂料和筛选缓蚀剂。之后，电化学噪声技术在腐蚀科学及相关科学领域中的应用日益受到人们的普遍关注。

1. 电化学噪声研究的意义

(1) 研究局部腐蚀的发生过程

局部腐蚀的一个重要特点是具有随机性，因此电化学噪声方法十分适用，它能更深刻地揭示局部腐蚀的内在规律。

U. Bertocci 研究 Cr－Ni 合金在硼酸、硼酸盐体系中的电化学噪声，得出的小孔诱导期间的电流波动峰值很小，而发生孔蚀时电流波动的峰值突然上升。他认为通过波动峰值的突然增大，可较好地确定孔蚀的诱导期，判断孔蚀的发生。林海潮、曹楚南研究了纯铁在含有 Cl^- 离子的中性介质中的电化学噪声。发现 Cl^- 浓度与噪声频率 f_c 的关系。观察到电化学噪声突发密波出现时的钝化膜破坏现象，认为噪声波力的出现是由于通过钝化膜的阳极电流密度的增大，而后者则是 Cl^- 活化作用的结果。他们认为，利用孔蚀发生过程中的电化学噪声现象，有可能先期（在孔蚀发生前）预测孔蚀的发生倾向和建立一种“无损”的评比材料孔蚀倾向的方法。

通过噪声谱分析也可判明小孔腐蚀与缝隙腐蚀，Hladky 和 Dawson 测量了金属电极发生小孔腐蚀和缝隙腐蚀时其电极电位的变化情况，得到了不同类型的噪声图形。

电化学噪声测量也可用于其他类型局部腐蚀的研究，如应力腐蚀等。

(2) 研究表面膜的动态特征

U. Bertocci 和 J. Kruger 利用噪声测量研究了晶态和非晶态 Fe－Ni－Cr 合金在 1 mol/L H_2SO_4 中的钝化膜，用电化学噪声的方法较好地解释了非晶态合金的钝化膜比晶态合金的钝化膜具有更好的耐蚀性。研究结果表明，非晶态合金的钝化膜之所以具有超高强度和抗破裂的性能，其原因不在于它的稳定性，而在于它的均匀性，它能够抑制某些与电化学噪声有关的动态过程。

电化学噪声技术可用于研究钝化膜的破坏与修复的规律，研究钝态金属表面钝化膜的稳定性和环境及极化等因素对钝化膜的影响。

(3) 判断材料的耐蚀性和缓蚀效率

应用电化学噪声测量不但可以研究材料的耐局部腐蚀性能，也可以从频域噪声谱中得出材料的均匀腐蚀速率。如 D. G. John 等人应用电化学噪声来检测混凝土中钢筋的腐蚀。应用噪声谱分析可以仅从电位测量获得材料的腐蚀数据，因此可用于判断材料的耐蚀性和缓蚀效率。从不同的噪声信号类型也可判明腐蚀的原因。

2. 电化学噪声在金属研究中的应用

(1) 点蚀的特征

Cheng 和 Wilmott 等人采用电化学噪声技术研究了氯化物溶液中 Cl^- 对碳钢点蚀的作用。结果表明，Cl^- 主要是促进了碳钢表面点蚀的成核速率(λ_t)：$\lambda_t=\alpha[Cl^-]^3\exp(\alpha t)$，而不是抑制电极表面钝化膜的修复。在碳钢的点蚀诱导期，电位波动与电流波动同步进行，并且 Faraday 过程处于主导地位；在点蚀成核期，由于电极表面双电层放电迟缓，导致电位波动与电流波动之间存在着相差；在蚀孔生长过程中，绝大部分阳极电流消耗于双电层，少部分用于阴极 Faraday 成膜反应。他们的研究同时指出：电流噪声反映了电极表面膜的破裂与修复，而电极电位的波动反映了电极表面双电层电容在蚀孔生长过程中电荷的变化情况；并且电极表面双电层电容对电极电位的波动和蚀孔的形成均起着显著的作用。而 Uruchurtu 和 Dawson 在研究纯铝的腐蚀过程中发现，PSD 曲线的高频线性部分比较平缓(斜率 $k>-20$ dB/10 倍频)时，电极发生点蚀现象，而 $k<-20$ dB/10 倍频时，电极发生均匀腐蚀或处于钝化状态；并且，电解液中侵蚀性粒子(如 Cl^-)的作用不是加速电极表面膜的破裂，而是抑制孔核的再钝化。

同时，Hashimoto 和 Miyajima 等研究发现：点蚀电位噪声的大小不仅依赖于侵蚀性粒子的浓度，而且依赖于腐蚀电极的面积。噪声的频率及峰值与氯离子浓度之间均呈对数关系，而氯离子的侵蚀反应级数为 2。临界蚀孔直径(亚稳态蚀孔转变为稳定蚀孔，或引起孔内溶液组成明显地区别于孔外溶液组成的蚀孔直径)约为 10×10^{-6} m；并且，蚀孔在空间呈 Poisson 分布，从而说明点蚀的随机性及表面非均匀性对点蚀的影响非常微弱。在频率 $f>0.1$ Hz 时，EN 表现为 $1/f^2$ 噪声，说明蚀孔的发生遵循 Poisson 分布；当 $f<0.1$ Hz 时，EN 表现为 $1/f^4$ 噪声，表明蚀孔的生长时间约为 10 s。林海潮和曹楚南的研究也同时指出：电极表面发生点蚀时，电位噪声的时域谱上的一段密波对应于电极表面上一个蚀孔的产生，而随机间歇性密波则表明点蚀的非周期性和离散性。张鉴清的研究也证实了电势的随机离散特征。

一旦电极得到活化，侵蚀性粒子在电极表面的吸附及电极表面腐蚀产物(盐)膜的形成则成为速率控制步骤。一般而言，点蚀主要是腐蚀金属电极电位较电极表面形成钝化膜时的平衡电位负，以至于破坏的表面钝化膜不能及时修复造成的。由于腐蚀介质中含有的 Cl^-、SO_4^{2-}、NO_3^- 等活性粒子极易在电极/溶液界面上发生选择性吸附，以及腐蚀基体本身含有的杂质相之间的平衡电位存在着差别，从而加剧了腐蚀金属电极表面性状的差异性，促进了钝性金属表面膜的局部开裂。因此，当腐蚀电极处于上述情况时，点蚀现象更易于发生。孔核形成时产生了阳极电流，其中的一部分以无用功的形式耗散掉了，另一部分用于孔核处钝化膜的修补，正是由于腐蚀金属电极表面膜的破坏与修复，引起了腐蚀金属电极电位的波动，从而导致了“闪烁”噪声的产生。当铁在阳极极化的情况下，在侵蚀性介质中发生均匀腐蚀时，体系噪声归因于铁的阳极溶解和 H_2 的析出。氢气泡的生长导致噪声幅度的缓慢增大，而氢气泡从电极表面的脱离则引起噪声幅度的突跃。因此，可以根据电流噪声的平均值来确定电极的腐蚀速率。

Isaac 和 Hebert 研究了由硼酸和硼酸钠配制而成的 pH=8.8 的缓冲溶液中，铝圆盘微电极在一定的恒电位极化情况下所产生的电化学电流噪声。结果表明，在 0.05～50 Hz 的频率范围内，PSD 正比于腐蚀电极面积，而与外加极化电位无关；PSD 谱上存在两个平台，高频平台的起始频率正比于电极表面氧化膜的容抗特性。他们认为，电化学噪声起源于一系列离散的与氧化膜的密实内层（氧化膜的外层疏松多孔）串联的几乎均匀分布的电位噪声源（即氧化膜内物质的沉积与溶解或中间杂质相的机械裂蚀）；“氧化膜/溶液”界面面积的变化引起穿过内层氧化膜的电势差的变化，从而导致了电化学噪声的产生。点蚀主要引起 PSD 曲线在 0.1～1 Hz 范围内的改变。

Roberge 采用 PSDM (Stochastic Process Detector Method) 方法分析了 7075－T6 铝合金在 3%NaCl 溶液中产生的电化学噪声，认为电化学电位噪声的正向电位单峰的爬峰时间[＋RT(Rise Time)]与负向电位单峰的爬峰时间（－RT）之比小于 1.1 时，由 PSDM 技术得到的参数 GF＞95%；(＋RT)/(－RT)＞1.1 时，GF＜95%。(＋RT)/(－RT)比值的大小反映了电极体系点蚀时阴阳极过程动力学的差异，而 GF≈60%时，则预示着电极表面点蚀即将发生。在碳钢点蚀的实验中发现，从 EIS 技术得到的累积常相位角元件 CPE 的指数值 n 反比于 RT 的平均值。研究同时指出：在电化学噪声特性的分析利用中，R/S 和 PSDM 技术相对于 FFT 技术具有许多优良特性，前二者对材料腐蚀的分析结果与 EIS 的分析结果更加接近。

1999 年，Cheng 和 Luo 研究了恒电位极化条件下氯化物溶液中 A516－70 碳钢的介稳态点蚀过程。结果表明，碳钢的钝化态和均匀腐蚀过程具有同样的特征，即具有较高的噪声频率和电流噪声值在基轴两旁的对称分布；而点蚀过程则对应着电流噪声幅值的突跃和缓慢回复；同时，钝态、均匀腐蚀和点蚀过程具有不同的 PSD 高频线性斜率，分别为 0、－1 和－2。另一方面，存在着一个转变电位 E_{tr}，当极化电位低于 E_{tr} 时，点蚀的成核速率（在一定的采样周期内，电流噪声时域谱上电流峰的个数）随着极化电位的增加而增加；当极化电位高于 E_{tr} 时，点蚀的成核速率随着极化电位的增加按指数规律下降。孔的生长速率主要受孔口与孔上覆盖物之间的欧姆电压降（－50～100 mV）控制，而侵蚀性粒子的活化作用和粒子的浓差极化所起的作用很小；腐蚀孔是球形的，当点蚀峰电流与蚀孔的半径之比大于 6×10^{-2} A/cm 时，蚀孔才能长大。同时，极化电位与孔上覆盖物之间的电压差越大，则蚀孔的修复时间越短。另有研究表明：铁在含有 Cl^- 的硫酸介质中经受化学侵蚀的过程中，在自腐蚀电位下测得的电流噪声波呈现指数增长和突然下降的形状，表明孔核的修复速度很快。一级孔（母孔）呈球形（$r\geqslant$ 10 μm)，二级孔（孔内孔、子孔）呈多边形状，其数目远远大于母孔，表明母孔内溶液的侵蚀性较电极表面的强。一级孔的生长是靠二级孔的聚合来完成的，并且 EN 时域谱曲线的剧烈变化起源于一级孔的变化，而二级孔是引起电化学噪声微小波动的主要原因。

事实上，很多因素都能引起电化学噪声。Liu 等研究了同种碳钢电极在热能工厂的循环对流水中的电化学噪声，认为环境温度、体系压力、体系内各组分浓度（如$[O_2]$）及电解质流速的变化均能导致电化学噪声的产生，并且指出噪声幅度的 RM≈0.0.1$[O_2]^{1/2}$。

在材料的点蚀过程中，PSD 曲线的三个特征参数（白噪声水平 W、截止频率 f_c 和高频线性倾斜部分的斜率）均随时间而发生明显的变化，并且点蚀时三者均趋于极大值。但是，研究表明，三者的变化均不能单独正确地表征点蚀的强度和趋势。为此，浙江大学张鉴清课题组基于因次分析法的原理，推导出了参数 S_E 和 S_G：

$$S_E=f_c^2\sqrt{k} \tag{9-95}$$

$$S_G=\frac{W}{f_c k} \tag{9-96}$$

实验结果表明，S_E 的大小正比于电极表面的点蚀强度 SI 和点蚀趋势。该研究为材料损

伤和失效的电化学噪声监测技术提供了有效的数据处理方法。

在材料的点蚀过程中，点蚀电位 E_P 随着外加极化电位的变化速率、扫描速率及电解液的对流速度的增加而增大，孔核修复后形成的表面膜较原来的表面膜难以破坏。如果点蚀是在恒电位极化条件下进行，则点蚀概率(P)的对数值和材料的浸泡时间(t)之间分段成直线关系，说明点蚀过程同时受控于电化学反应和电极表面膜的破裂这两个方面。当点蚀强烈时，PSD 曲线上存在白噪声区域；而当点蚀微弱时，PSD 曲线上则不出现与频率无关的水平部分。Bertocci 等认为 Cl^- 的作用是增加材料表面膜破裂的机会，而不是阻碍膜的修复。在电极腐蚀由点蚀转变为均匀腐蚀的过程中，$1/f^\alpha$ 噪声的指数 α 减小。从 PSD 曲线很难分辨点蚀和应力腐蚀，但是可以肯定，在二者同时存在时，应力腐蚀明显增加了 PSD 低频平台的水平，并且在高频线性部分可能引起单频尖峰。

(2) 点蚀过程的电化学噪声机制

当金属浸入含侵蚀性粒子的溶液中，钝化膜在侵蚀性粒子(如 Cl^-)的作用下，局部遭到破坏、形成孔核并导致阳极电流；若孔核未到临界半径，则孔核湮灭，即发生钝化而消失。在电化学测量过程中，参比电极测得的开路电位是鲁金毛细管的尖端到腐蚀电极之间的电位差，图 9－37 中的 P 点相当于鲁金毛细管的尖端，“±”符号表示一个单元的腐蚀电偶对(如：铝合金中的第二相粒子和附近的基体组成的腐蚀电偶对)，当腐蚀发生时，第二相粒子和附近的基体之间将有电流通过，阴极性质的第二相粒子(大多数观察到的第二相粒子为白色的含 Fe、Mn 的阴极性粒子)将发生去极化剂的还原反应，而合金的基体发生阳极溶解，这将导致阳极区域的溶液中聚集较多的金属阳离子，而电子将聚集于阴极相周围，腐蚀过程将导致电荷在电偶对的微观阴阳极区域之间不均匀分布，这将引起附近的电场波动。因为开路电位由电场强度决定，所以每一个电偶腐蚀对将对 P 点的电场产生扰动，这些扰动的叠加就是腐蚀过程中发生自腐蚀电位波动的原因，也就是电化学噪声的来源。

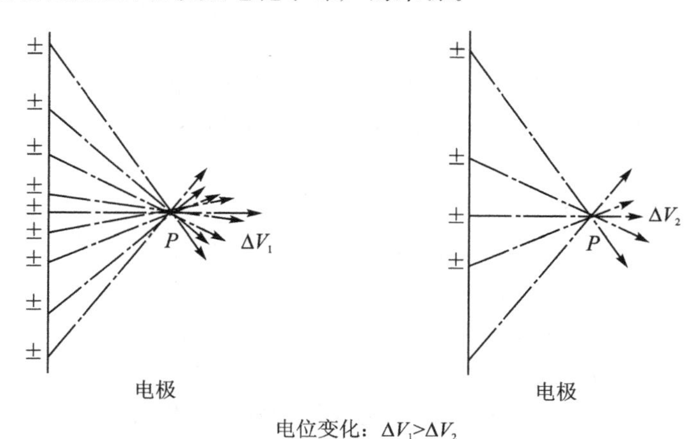

图 9－37　微电偶电池对位置 P 点电位影响的示意图

在金属材料(如铝、铝合金和不锈钢等)的点蚀阶段，其自腐蚀电位将发生突然下落，然后按指数规律上升(见图 9－38(a))的电位变化(ΔV)现象，即产生所谓的闪烁噪声。该电位变化(ΔV)现象可以根据 Evans 图(见图 9－39)来说明：当阴极极化增加时，腐蚀电位将从 E_{corr1} 移到 E_{corr2}，而阳极极化的增加将导致腐蚀电位从 E_{corr1} 移到 E_{corr3}。

据曹楚南等人的理论，这种闪烁噪声对应于一个孔核的生灭过程。设 $t=0$ 时生成孔核，

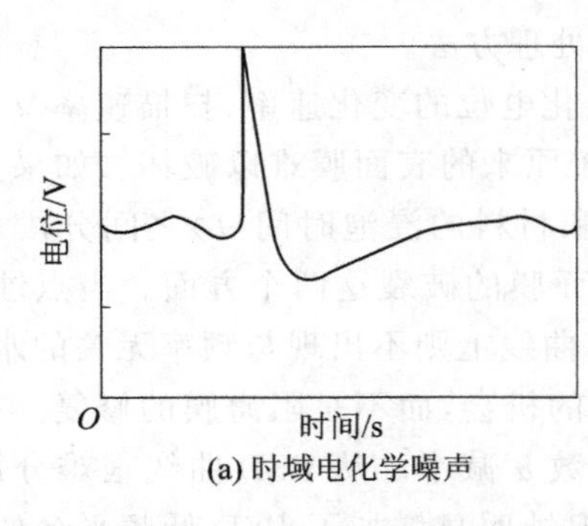

(a) 时域电化学噪声

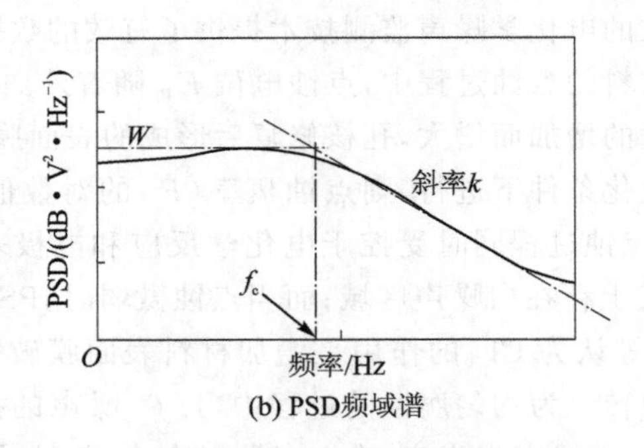

(b) PSD频域谱

图 9-38 铝合金 2024-T3 在 3.0%Na_2SO_4 溶液中发生孔蚀时的时域电化学噪声和 PSD 频域谱

$t=\tau$ 时孔核开始再钝化。在孔核的发展期，阳极电流随时间线性增大：

$$\Delta I = B_1 t \ (0 \leqslant t \leqslant \tau) \tag{9-97}$$

式中：B_1 为随机参量。

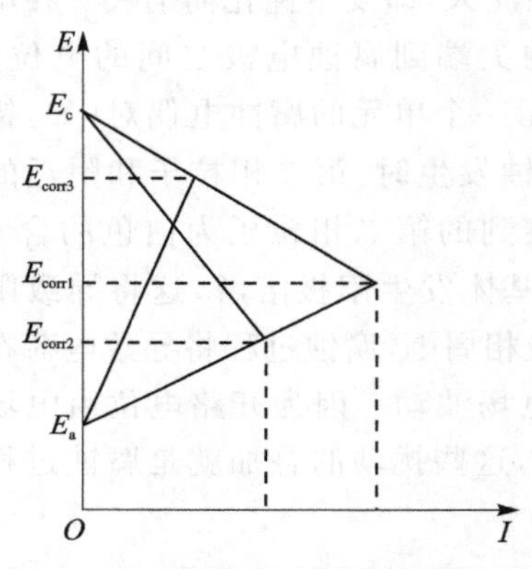

图 9-39 图解说明阴、阳极极化的变化如何引起开路电位的变化

当 $\Delta I = B_1 \tau$ 后，开始再钝化过程，阳极电流修补钝化膜，使孔核面积减小，若孔核面积为 A_n，则有

$$\frac{\mathrm{d}A_n}{\mathrm{d}t} = k_1 \Delta I$$

孔核面积减小导致阳极电流增量减小，因此

$$-\frac{\mathrm{d}\Delta I}{\mathrm{d}t} = k_2 \left(\frac{\mathrm{d}A_n}{\mathrm{d}t}\right)$$

式中：k_1、k_2 是常数，因而可得到一个孔核再钝化过程的阳极电流增量随时间变化的方程：

$$\Delta I = B_1 \tau \exp\left[-B_2 (t-\tau)\right] \quad (t \geqslant \tau) \tag{9-98}$$

式中：B_2 亦为随机参量。

根据 Evans 图（见图 9-39），腐蚀过程电位的波动有以下关系：

$$\Delta E = K \Delta I \tag{9-99}$$

式中：K 为阴极极化曲线的斜率。

根据式(9-97)～式(9-99)，可得腐蚀电位波动表达式为

$$\Delta E = K B_1 t^2 \quad (0 \leqslant t \leqslant \tau) \tag{9-100}$$

$$\Delta E = K B_1 t^2 \exp\left[-B_2 (t-\tau)\right] \quad (t \geqslant \tau) \tag{9-101}$$

式中：ΔE 为孔蚀过程电位的波动；τ 为孔核产生到其开始再钝化的时间；K 为 Evans 图中阴极极化曲线的斜率；B_1、B_2 均为随机参量；t 为孔核的发生为起点计算的时间。

从式(9-100)可以看出，若参量 B_1 足够大，则时间-电位曲线的斜率很大，对应于时域谱曲线近似垂直的跳跃，而在 $t \geqslant \tau$ 之后[式(9-101)]，电位按指数规律衰减，这样可以解释闪烁噪声的时域谱曲线[见图 9-38(a)]。

式(9-100)和式(9-101)是单个孔蚀生灭过程的电位随时间的变化，由此得到一个孔核生灭过程的腐蚀电位的波动的傅里叶变换式为

$$F(\omega) = K B_1 \left[\int_0^{\tau} t\,\mathrm{e}^{-\mathrm{j}\omega t}\,\mathrm{d}t + \tau \int_{\tau}^{\infty} \mathrm{e}^{-B_2 (t-\tau)}\,\mathrm{e}^{-\mathrm{j}\omega t}\,\mathrm{d}t\right] \tag{9-102}$$

进而得到由一个孔核生灭而引起的电位波动的功率为

$$P(\omega)=|F(\omega)|^2=K^2B_1^2\left\{\frac{\tau^2}{\omega^2}-\frac{\tau^2}{B_2^2+\omega^2}+\frac{2}{\omega^4}(1-\cos\omega\tau)+\right.$$

$$\left.\frac{2B\tau}{\omega^2(B_2^2+\omega^2)}(1-\cos\omega\tau)+\frac{2\tau}{\omega}\left(\frac{1}{B_2^2+\omega^2}-\frac{1}{\omega^2}\right)\sin\omega\tau\right\} \tag{9-103}$$

式中：$\omega=2\pi f$，f 为频率。由孔核群所引起的腐蚀电位的波动的功率谱密度可以由下式求得：

$$\mathrm{PSD}=\lim_{T\to\infty}\frac{N(T)P(\omega)}{T} \tag{9-104}$$

式中：$N(T)$是时间 T 内出现过的孔核个数，一般认为孔核的发生是一个 Poisson 随机过程，若 A 为试样面积为定值时的 Poisson 过程的强度因子，则在时间 T 内，试样表面出现的孔核数的数学期望值为 $N(T)=\lambda T$，代入式(9-104)得到

$$\mathrm{PSD}=\lambda P(\omega) \tag{9-105}$$

由式(9-103)、式(9-105)可得，在极低的频率下($\omega\ll B_2$)，功率谱密度为

$$\mathrm{PSD}=\lambda K^2B_1^2\tau^2\left(\frac{\tau^2}{4}+\frac{\tau}{B^2}+\frac{1}{B_2^2}\right) \tag{9-106}$$

式(9-106)表明，在极低的频率下 PSD 与频率无关，是空白噪声(见图 9-38(b))。

当频率很高时，$\omega\gg B_2$，功率谱密度为

$$\mathrm{PSD}=4\lambda K^2B_1^2\left[(1+B_2\tau)\sin\left(\frac{\omega\tau}{2}\right)^2\right]\Big/\omega^4 \tag{9-107}$$

当 τ 值很小时，PSD 是 f^{-2} 噪声，$n=2$。因为 τ 值很小时，

$$\sin\left(\frac{\omega\tau}{2}\right)^2\approx\frac{\omega^2\tau^2}{4} \tag{9-108}$$

$$\mathrm{PSD}=\lambda K^2B_1^2\left[(1+B_2\tau)\tau^2\omega^{-2}\right] \tag{9-109}$$

当 τ 的数值较大时，PSD 是 f^{-4} 噪声，$n=4$。

故在一般情况下，n 的数值在 2～4。由上述可见，PSD 曲线的高频部分的斜率 n 主要取决于孔核存活期的 τ。τ 的数值越大，n 的数值越大。这就是 PSD 曲线 n 值的意义。

(3) 非稳定点蚀和稳定点蚀的区分

图 9-40 所示为纯铝在 3.0%(质量分数)中性 NaCl 溶液中的不同腐蚀阶段所产生的电化学噪声时域谱，其经 FWT 分析后得到的对应的 RP-EDP 谱图和相应的腐蚀电极表面形貌如图 9-41 所示。

材料的腐蚀过程是由一系列具有不同时间常数的步骤串并联组成的，而 RP-EDP 谱图可以根据晶胞的大小将具有不同时间常数的步骤进行区分；低阶晶胞系列具有较小的时间常数(快过程，如点蚀等)，高阶晶胞系列具有较大的时间常数(慢过程，如扩散等)。从图 9-41 可以看出，在纯铝从亚稳定点蚀转化为稳定点蚀的过程中，其相应电化学噪声的相对能量最大值在 RP-EDP 谱图中的位置的演化规律为从低阶区向高阶区迁移。在亚稳定点蚀阶段，其腐蚀的主要能量集中在 RP-EDP 谱图中的低阶区；当亚稳定点蚀转化为稳定点蚀时，由于点蚀产物对侵蚀性粒子等迁移的阻碍作用，导致 RP-EDP 谱图中具有中等时间常数的中阶晶胞系列的能量增大；由于蚀点的“自催化”作用及其所产生的电子对蚀点周围区域具有“阴极保

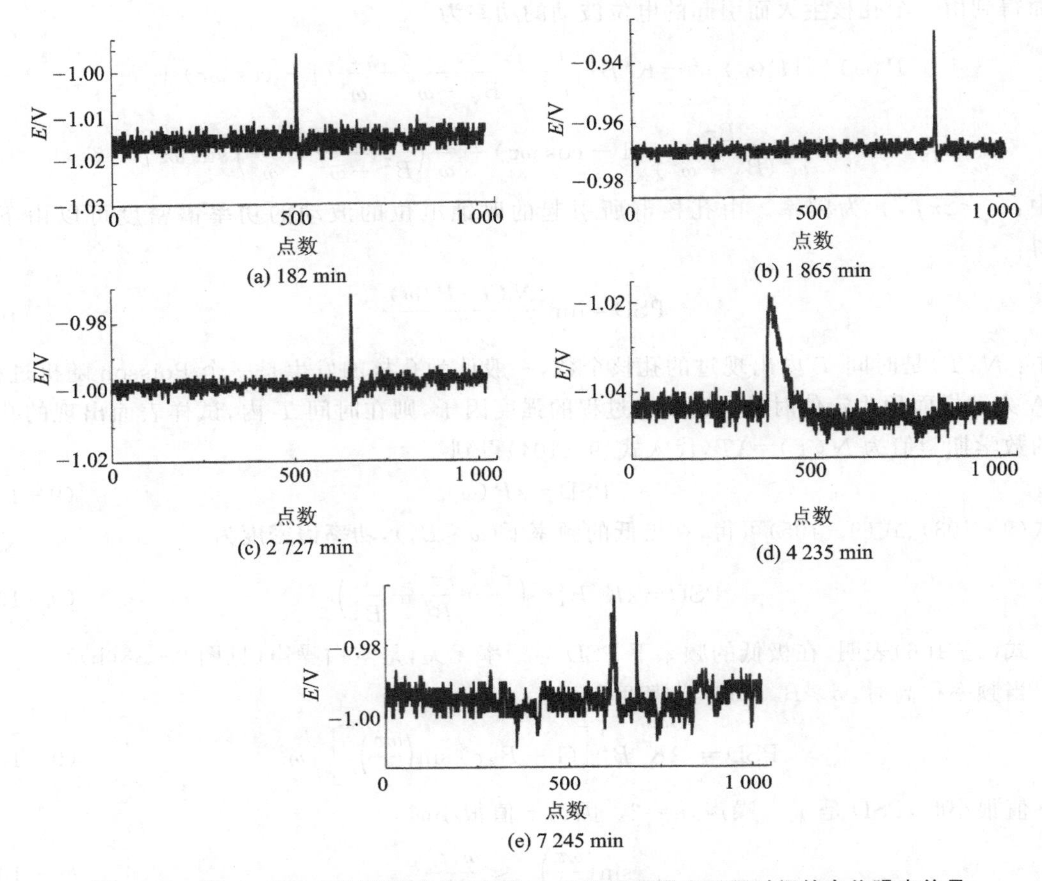

图 9-40　纯 Al 在 3.0%(质量分数)中性 NaCl 溶液中浸泡不同时间的电位噪声信号

护”，导致蚀点加深、蚀点周围逐渐平滑；当腐蚀产物覆盖整个腐蚀电极表面时，粒子的扩散控制整个腐蚀过程，导致电化学噪声的相对能量最大值分布在 RP-EDP 谱图中的高阶晶胞系列。因此，RP-EDP 谱图的这种演化规律也很好地证实了腐蚀电化学中的“阴极保护”和“自催化”理论。

(4) 材料应力腐蚀和裂蚀等局部腐蚀的 EN 特征

Nieuwenhove 首次测量了不锈钢压力管在水压条件下的电化学噪声，他认为水管管壁的裂蚀对应于电化学电位噪声时域谱上的一个短的幅度为 0.1～1 mV 的电位脉冲($t \leqslant 1$ s)。水管壁塑性变形的突然增加，会导致较高的电位噪声瞬态值(15 mV)伴随着电位噪声幅值的缓慢回复；并且，电位噪声幅值随着管压的增加而增大。当应力低于材料的抗屈强度时，电位 EN 与应力无关。

Benzaid 等学者研究了硫酸介质中 42CD4 碳钢在阴极极化情况下应力腐蚀时的电化学噪声的特征后指出：应力增大了碳钢表面析出的氢气泡的直径；而电化学噪声起源于电极表面 H_2 渗入碳钢速率的波动，可用于研究金属内气体的扩散速率。在金属的恒载荷拉应力腐蚀中，电化学噪声的参数随着应变量的提高而增加。当拉应力低于金属的弹性极限时，金属表面钝化膜几乎不发生开裂；当拉应力高于其弹性极限时，随着拉应力的提高，电位噪声产生的频率增加。钝化膜开裂的概率随着加载时间的延长呈指数衰减；而活性粒子的加入和应变速率

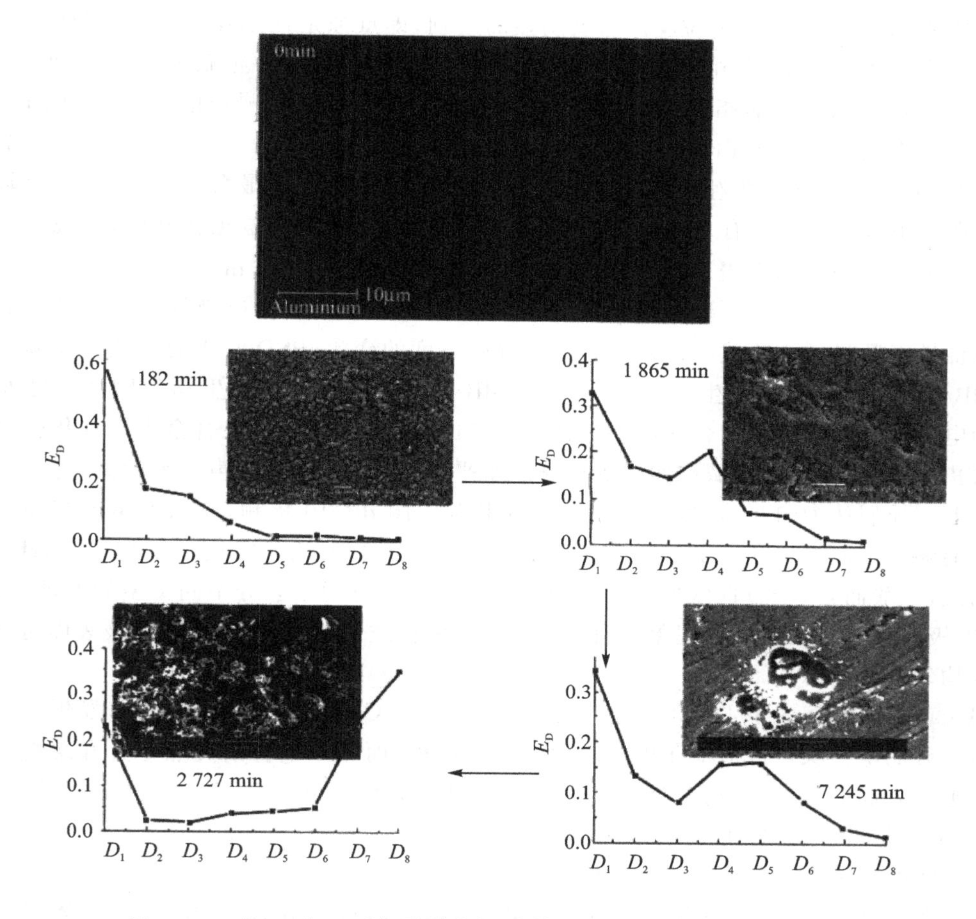

图 9-41　纯 Al 在 3.0%(质量分数)中性 NaCl 溶液中发生点蚀的过程

的提高均促进了钝化膜的局部开裂,提高了电化学噪声水平。

高强度碳钢在应力作用下发生氢脆现象时,电位噪声时域曲线出现电位的跳跃变化和缓慢回复现象。而在 α -黄铜和 AA7075-T6 铝合金的应力腐蚀(SCC)过程中产生的电位噪声波却呈线性上升和线性下降的形状;材料裂蚀时,具有较高的电位标准偏差 S_v 和较高的噪声幅度,并且噪声幅度随着采样频率的降低而呈升高趋势。裂蚀发生在晶界间,起源于点蚀或应力作用下材料表面产生的微小裂缝。因而,SCC 过程中产生的 EN 同样起源于材料表面膜的破坏与修复。

当铁的钝化膜经受悬浮在硫酸介质中的 SiC 颗粒的磨蚀时,PSD 曲线上存在两个线性倾斜部分。低频倾斜部分被认为是 SiC 颗粒冲击电极表面的浓度波动所引起的;而高频倾斜部分归因于铁电极表面钝化膜的修复,频率越高,则膜层的修复时间越短。

(5) 腐蚀类型及其转换的电化学噪声研究

Hladky 和 Dawson 研究了 Cu、Al 和低碳钢(Fe)在海水中的点蚀情况,认为电极腐蚀过程是一种动态平衡过程,自腐蚀电位的波动反映了平衡的移动,而电化学噪声谱则反映了平衡移动的速率;腐蚀电极发生点蚀时,其电位噪声的功率谱密度(PSD)曲线的高频线性部分的斜率 k 等于或大于 -10 dB/10 倍频,而 PSD 曲线上的单频尖峰则是电极裂蚀的特征。他们的研究同时指出,裂蚀与点蚀的电位噪声有着明显的区别,即点蚀是连续发生的,而裂蚀具有周期性且在一定的频率下发生;并且裂蚀优先于点蚀,一旦裂蚀开始,点蚀就停止进行。另一方面,Hladky 和 Dawson 等学者指出:电极表面发生腐蚀时,如果其电位噪声的 PSD 曲线的高频线性段斜率等于或大于 −20 dB/10 倍频,则电极发生点蚀现象;小于 −20 dB/10 倍频甚至小于 −40 dB/10 倍频,则电极发生均匀腐蚀。Searson 和 Uiwson 采用最大熵值法(MEM)研究了同种低碳钢电极体系在含有 20 g/L $CaCl_2$ 的 $Ca(OH)_2$ 溶液中的电化学噪声,发现电位噪声幅值和标准偏差(S_v)与电极腐蚀速率(V)之间存在着正比关系:$V(m/a) \approx S_v \times 10^{-5}$,并且采用失重法验证了这一关系。他们同时指出:电化学噪声起源于腐蚀电极局部阴阳极反应速率和反应活性点数目的变化或电极表面局部电解质浓度的变化;PSD 曲线的高频线性频率低于 −20 dB/10 倍频时,电极发生点蚀,高于 −40 dB/10 倍频时,电极发生均匀腐蚀。另外,Flis 等采用电化学噪声技术并结合交流阻抗技术研究比较了 Fe 和 Fe−C 合金表面钝化膜的耐蚀性能后指出:电化学噪声频域谱曲线的白噪声水平 W 和 $1/f$ 闪烁噪声水平越高,合金的耐蚀性能越差。他们认为,$1/f$ 闪烁噪声的典型斜率为 −10 dB/10 倍频,而双电层电容和电荷转移电阻能够分别使之增加 −20 dB/10 倍频,Warburg 扩散阻抗又能使之增加 −10 dB/10 倍频。因此,一般而言,PSD 曲线的高频倾斜段的变化快慢可用于区分不同类型的腐蚀;变化越平缓,电极越有可能发生点蚀现象;变化越快(即倾斜段坡度越大、越陡峭),电极表面可能处于钝化或均匀腐蚀状态。

Magaino 等研究了 304 不锈钢在含有 NaClO 的 NaCl 溶液中的腐蚀行为,发现突然下降和缓慢上升的电位噪声波对应于电极表面的点蚀过程,而噪声电位的突然上升和缓慢下降则对应于电极表面的裂蚀现象;并且,在 0.01～0.1 Hz 的频率范围内,对应于点蚀的 PSD 的线性频率小于对应于裂蚀的 PSD 的线性斜率。

(6) *电化学噪声在金属自然环境模拟研究中的应用*

以干湿循环下 2024−T3 铝合金的大气腐蚀研究为例,介绍电化学噪声在金属自然模拟研究中的应用。

图 9−42 所示为不同 pH 值下,一个典型的干湿循环(1 h 喷淋和 7 h 光照干燥)中电位噪声随时间变化的曲线。根据电位波动的特征,可以将一个干湿循环中的腐蚀过程分为三个区域:区域Ⅰ为整个湿循环。在这个区域里,电位在初期迅速上升直至最大值,这是活化阶段,之后电位达到一个相对稳定的值直至湿循环结束。区域Ⅱ中,电位从干循环开始就迅速下降,经过一定时间之后,下降趋势渐缓,直至稳定阶段。区域Ⅲ是干循环剩余的部分。区域Ⅱ和区域Ⅲ之间的临界点并不固定,而是随体系发生变化。

在图 9−42 中可以发现,区域Ⅰ和区域Ⅱ之间电位变化非常显著。假设阳极电流密度在整个干湿循环中变化不大,那么这个显著的电位差是由阴极电流密度的变化引起的(见图 9−43)。而阴极电流密度的变化则是由阴极反应物主要为溶解氧或氢离子的扩散行为的变化造成的。一般认为电解质膜由两层组成,即内层的扩散层和外层的对流层,而阴极电流密度只由阴极反应物穿过扩散层到达电极表面的速度控制。假设阴极反应物的扩散系数不变,那么阴极电流密度仅由扩散层厚度决定。在湿循环中,电解质是以流动的形式覆盖在电极表面,而干循环中电解质是稳定地覆盖在电极表面,所以湿循环时,扩散层的厚度要比干循环时的扩散层薄。这就是造成区域Ⅰ中阴极电流 I_{c1} 较大的直接原因。当湿循环结束时,这种原因也就随之消失,阴极反应物的扩散速度迅速下降,阴极电流密度也随之下降,最终导致电位也迅速下降。此外,

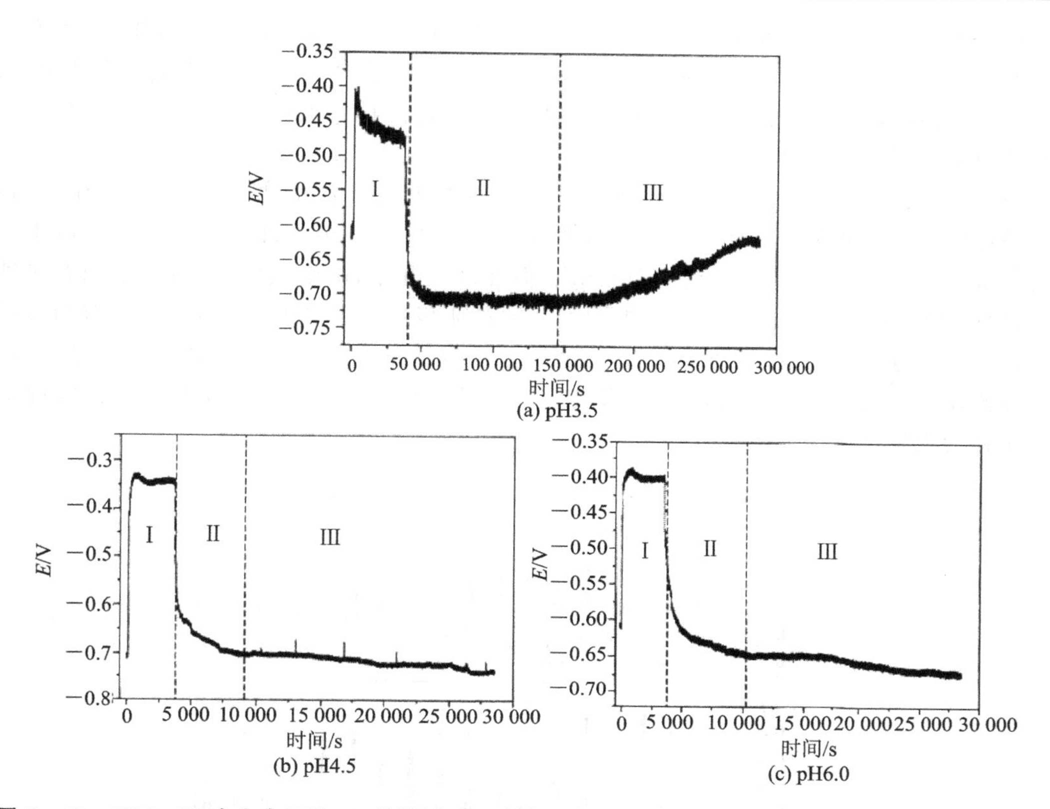

图 9-42　2024-T3 合金在三种 pH 值模拟酸雨溶液环境中经历单一干湿循环下的典型电位噪声曲线

从图 9-43 中还可以得到，阴极电流密度这种变化也导致了腐蚀电流的变化，区域Ⅰ中的腐蚀电流 I_{corr1} 要大于区域Ⅱ中的腐蚀电流 I_{corr2}，也即湿循坏中的腐蚀电流 I_{corr1} 要大于干循环中的腐蚀电流 I_{corr2}。这个结论与一些文献的结论相反，这些文献的作者将湿循环简单地处理为在本体溶液中的腐蚀，并从实验结果中推出湿循环中的腐蚀速度要慢于干循环中的腐蚀速度这一错误的结论。

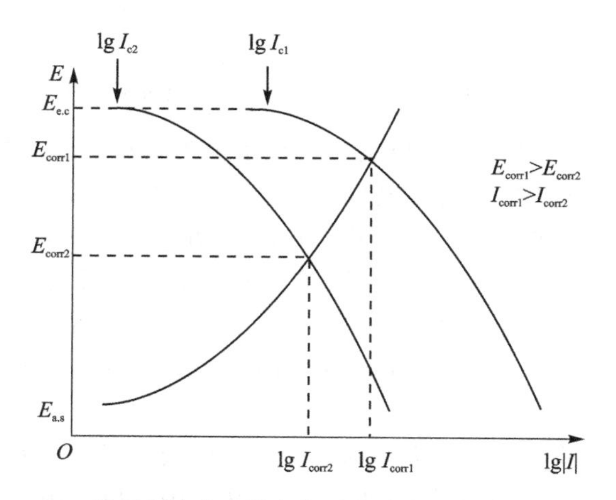

图 9-43　阴极电流密度的变化对腐蚀电位的影响(Evens 图)

在 pH4.5 和 pH6.0 的体系中，随着干循环中时间的持续，由于电解质的挥发，液膜的厚度逐渐减薄，在达到一定厚度时，阴极反应物扩散速度会随着时间加快，阴极电流密度增大；但同时随着腐蚀的进行，电极表面慢慢堆积了腐蚀产物；这两种对电位相反的影响，最终导致在区域Ⅲ中电位缓慢下降(见图 9-44)。

但在 pH3.5 体系中，区域Ⅲ的腐蚀电位 E_{corr} 总要表现为上升(见图 9-41 和图 9-43)，特别是在实验最初的几个循环中。出现这种现象的原因如下：在 pH3.5 体系中，区城Ⅰ中的氢离子浓度较大，阴极反应主要为析氢反应。但在区域Ⅱ中，电解质较少，氢离子随着腐蚀反应的进行，逐渐被消耗。这导致在区域Ⅲ中，主要的阴极反应变成吸氧反应。由于吸氧反应的电位要高于析氢反应的电位，所以腐蚀电位 E_{corr} 发生正移。随着干湿循环实验的进行，腐蚀产物逐渐堆积在电极表面，这降低了阴极反应物的扩散速度，因此区域Ⅲ中这种腐蚀电位 E_{corr} 正移的现象逐渐减少。

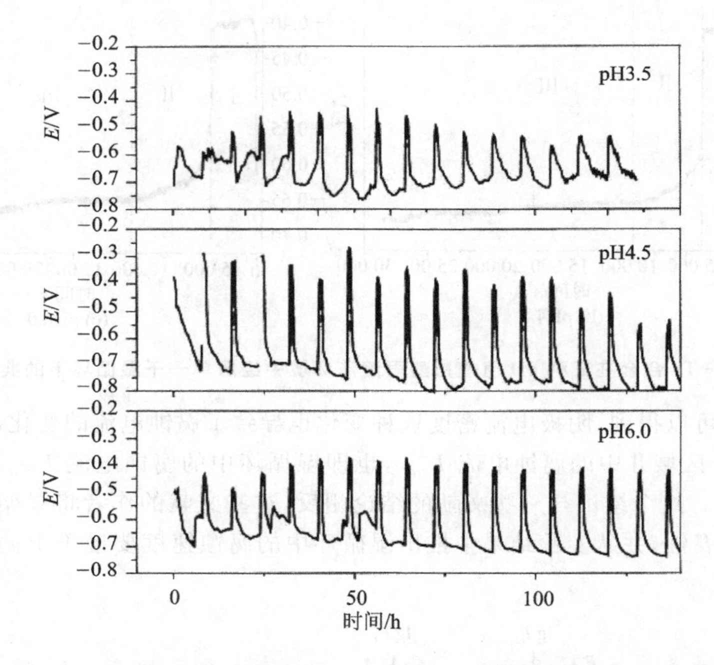

图 9-44　2024-T3 合金在三种 pH 值模拟酸雨溶液环境中经历 15 个干湿循环后的电位噪声曲线

随着 pH 值的增大，区域Ⅰ中的阴极反应物从主要为氢离子变为氢离子和溶解氧共同反应最终至主要为溶解氧，所以这种腐蚀电位 E_{corr} 正移的现象也逐渐消失。图 9-45 中不同 pH 值条件下的阴极极化曲线可以用来证明这个观点：在 pH4.5 和 pH6.0 条件下，极限扩散电流密度大小相近；但在 pH3.5 条件下，极限扩散电流密度要明显大于其他两个体系。由于溶解氧的浓度是不变的，所以电流的变化一定是来自于 pH3.5 体系中析氢反应的贡献。此外，从图 9-45 中还可以看到，pH4.5 和 pH6.5 体系的腐蚀电位要大于 pH3.5 体系，这也证明了主要阴极反应物的不同。

图 9-46 所示为电位噪声标准偏差随时间变化的曲线。每段用来进行标准偏差分析的噪声数据，选自每小时 15 min 后最初的 1 024 个点。从图中可以发现，随着 pH 值的增大，标准偏差曲线中偏离基线的尖峰数量和幅度显著下降。这可能是由两个原因造成的：一是氢离子

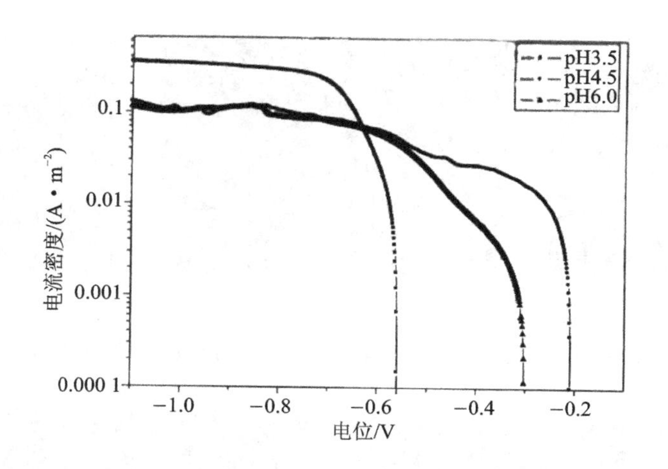

图 9-45　2024-T3 铝合金在模拟酸雨溶液中的阴极极化曲线

对电极的活化能力要远大于溶解氧；二是 pH3.5 体系中，阴极反应在一个循环中从析氢反应到吸氧反应的变化。这个结论可以用不同 pH 值模拟酸雨中腐蚀 2024-T3 铝合金电极的 SEM 形貌图(见图 9-47～图 9-49)加以证明。SEM 形貌图显示，pH3.5 体系中，腐蚀程度较为严重，但随着 pH 值的增大，腐蚀的严重程度显著下降。此外，SEM 图还显示，在酸雨条件下，2024-T3 铝合金的腐蚀过程主要为点蚀反应。

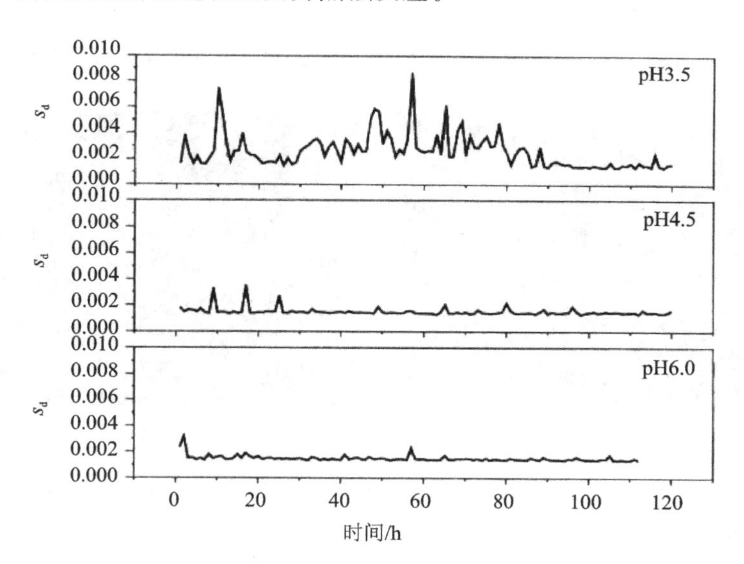

图 9-46　2024-T3 铝合金暴露在 pH3.5、pH4.5 和 pH6.0 的模拟酸雨溶液中的电位噪声标准偏差

pH 值增大导致腐蚀程度减弱的原因，可能是酸性体系中的氢离子活化和扩散能力要远大于中性和近中性体系中溶解氧的能力；同时在中性和近中性体系中吸氧反应也导致 2024-T3 铝合金表面形成较为稳定的钝化膜，而在酸性体系中，却没有较为稳定的钝化膜生成。

图 9-50 所示为不同 pH 值模拟酸雨条件下，EDP 随时间变化的三维图。为了与标准偏差分析相对应，用来进行 EDP 分析的噪声数据，也选自每小时 15 min 以后最初的 1 024 个点。细节晶胞 $D_1=(D_1, D_2, \cdots, D_J)$ 含有原信号中不同时间常数反应的信息。

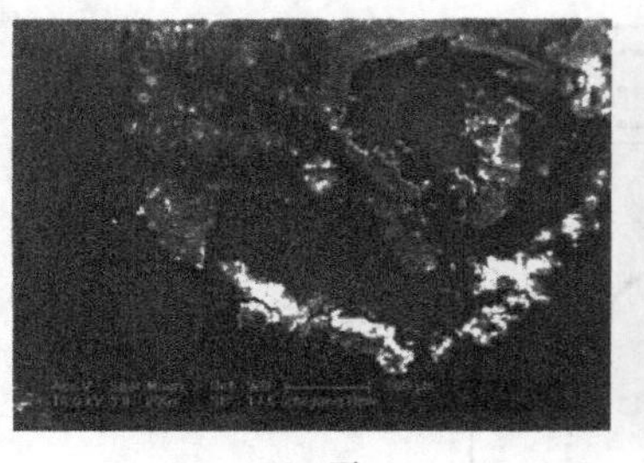

(a) 4天

(b) 9天

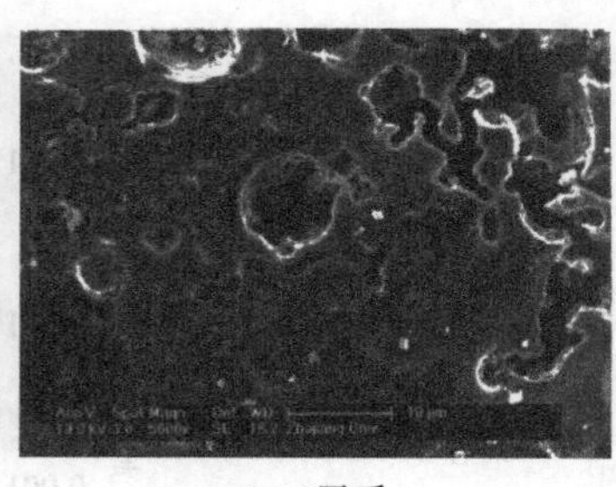

(c) 9天后

图 9-47　2024-T3 合金在模拟酸雨溶液(pH3.5)中浸泡 4 天及 9 天后的 SEM 照片

(a) 4天

(b) 9天

图 9-48　2024-T3 合金在模拟酸雨溶液(pH4.5)中浸泡 4 天及 9 天后的 SEM 照片

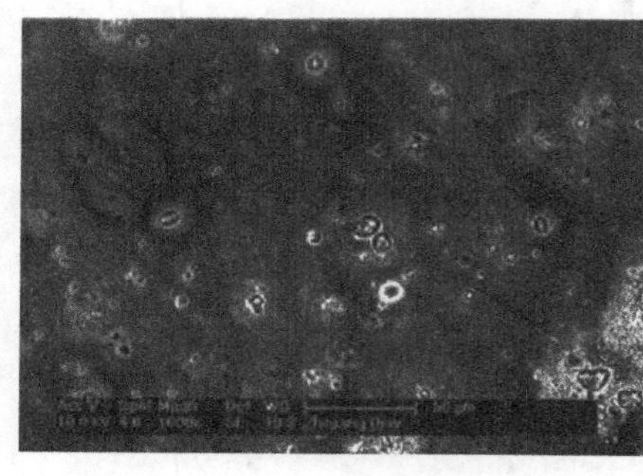

(a) 4天

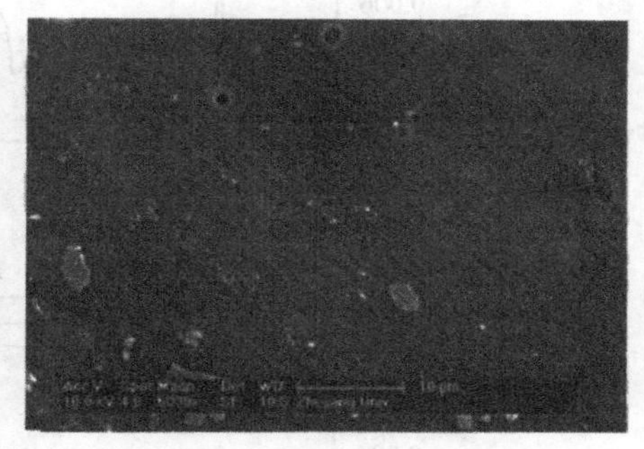

(b) 9天

图 9-49　2024-T3 合金在模拟酸雨溶液(pH6.0)中浸泡 4 天及 9 天后的 SEM 照片

在 pH3.5 体系中，根据 EDP 随时间变化的特征，可以将整个干湿循环实验分为三个阶段。第一阶段为最初 50 h，在这个阶段，能量平均地分布在低阶 $D_1 \sim D_3$ 晶胞和高阶 $D_6 \sim D_8$ 中，这说明此时快反应步骤(作本研究中为点蚀反应)和慢反应步骤(在本研究中主要为阴极反应物的扩散)处于较平衡状态。

在第二阶段(50～80 h)，能量主要集中在高阶 $D_6 \sim D_8$ 晶胞中。这是由腐蚀产物层的生成(图 9-47(a))导致扩散过程需要更多能量造成的。此时，腐蚀过程主要由阴极反应离子的扩散控制。一般认为，Al_2CuMg 金相对 2024-T3 铝合金腐蚀过程有较大的影响。在腐蚀的第一阶段，Al_2CuMg 是电极的阳极相，在该相上点蚀多发化。但是当腐蚀进入第二阶段时，由于该相上 Al 和 Mg 被消耗了，所以 Al_2CuMg 相变成阴极相。Al_2CuMg 从阳极相到阴极相的转

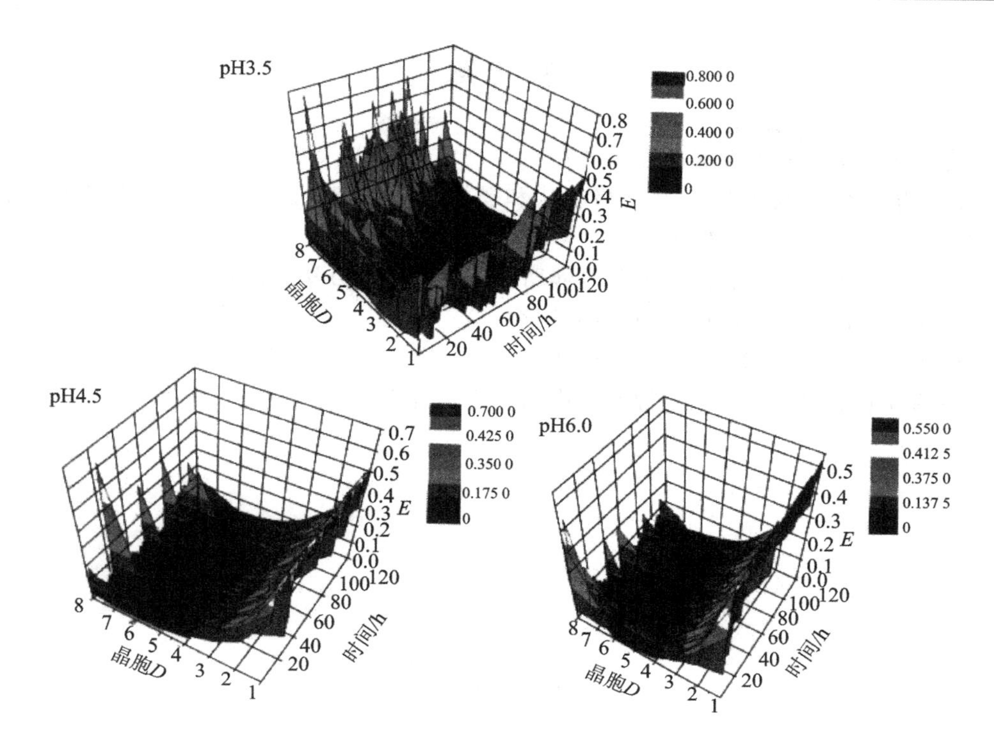

图 9－50　2024－T3 铝合金暴露在 pH3.5、pH4.5 和 pH6.0 的模拟酸雨溶液中的电位噪声 EDP 谱图

变，一方面抑制了电极表面新的点蚀坑的生成，另一方面加速了已有点蚀坑的腐蚀（图 9－47(b)）。然而，这个加速过程依赖于阴极反应物到达已有点蚀坑反应活性点的扩散过程。所以，在这个阶段，腐蚀反应的能量主要集中在高阶 $D_6 \sim D_8$ 晶胞中。

在第三阶段（80～120 h），由于长时间酸雨的浸泡和冲刷，电极表面在前两个阶段生成的腐蚀产物层变得不稳定，部分甚至被冲刷掉。此时，新的点蚀出现在原有的点蚀坑中（图 9－47(c)），这导致腐蚀过程的能量又集中在低阶 $D_1 \sim D_3$ 晶胞中。高阶 $D_6 \sim D_8$ 晶胞中所含的能量在第一阶段要远大于在最后一阶段，这与腐蚀初期电极表面存在有较致密的氧化膜而在腐蚀后期这层氧化膜被酸雨破坏有关。

在 pH4.5 和 pH6.0 体系中，EDP 谱随时间变化的三维图比较相似，能量都主要集中在低阶 $D_1 \sim D_3$ 晶胞中。根据 EDP 谱的特征，可知在这两个体系中，主要发生点蚀反应，SEM 形貌图（图 9－48 和图 9－49）也显示此时主要发生点蚀。

图 9－50 显示，在 pH4.5 和 pH6.0 体系中，除了前期有部分能量分布在高阶 $D_6 \sim D_8$ 晶胞（这与腐蚀前电极表面存在有致密氧化膜有关）外，高阶晶胞所占的能量极少，这说明慢反应不是腐蚀的主要过程。但是，这似乎与在这两个体系中扩散的影响明显大于在 pH3.5 体系中的事实相反。之所以会出现这种现象是因为在这两个体系中，腐蚀过程其实是被抑制的，所以电极表面并没有明显的腐蚀产物生成，阴极反应物扩散到电极表面这一慢过程相对容易，因而也不需要较多的能量（除了初期）。这最终造成了扩散过程在 EDP 谱中对应的高阶 $D_6 \sim D_8$ 晶胞所含能量不多。而在三维图中偶尔出现的高阶 $D_6 \sim D_8$ 晶胞峰与噪声的随机过程有关。

思考题

1. 有哪些办法可测得金属腐蚀速度？

2. 试述塔菲尔直线外推法、线性极化法和弱极化区三点法测定金属腐蚀速度的特点、原理和应用。

3. 举例说明金属局部腐蚀速度和电偶腐蚀速度测定的方法和原理。

4. 试述等腐蚀速度图的原理、特点和用途。

5. 举例说明电位-pH 图的意义和应用。

6. 举例说明电化学噪声在腐蚀研究中的应用及意义。

附表A　某些国际制(SI)单位和物理常数

量的名称	单位名称	单位符号	与其他单位制的换算关系
长度	米	m	1 m=3.28 ft(英尺)=39.37 in(英寸)=1.093 6 yd(码)=3.937×10^4 mil(密耳)
质量	千克	kg	1 kg=2.205 lb(磅)
时间	秒	s	1 h([小]时)=60 min(分)=3 600 s
热力学温度	开[尔文]	K	0 ℃=273.15 K
物质的量	摩[尔]	mol	
摩尔质量	千克每摩	kg/mol	
物质的浓度	摩每立方米	mol/m^3	1 mol/m^3=10^{-3}mol/dm^3=10^{-3}mol/L(摩[尔]每升)
摩尔熵	焦每摩开	J/(mol·K)	
力	牛[顿]	N	1 N=1 kg·m·s^{-2}=10^5 dyn(达因) =0.101 97 kgf(千克力) =0.224 8 lbf(磅力)
压力、应力、强度	帕[斯卡]	Pa	1 Pa=1 N/m^2 1 MPa(兆帕)=0.101 97 kgf/mm^2=0.145 1 ksi(千磅每平方英寸) 1 atm(标准大气压)=760 mmHg=0.101 325 MPa 1 at(工程大气压)=1 kgf/cm^2=98 066.5 Pa 1 Torr(托)=1 mmHg=133.322 Pa 1 bar(巴)=10^5Pa=0.1 MPa
功、能、热量	焦[耳]	J	1 J=1 N·m=1 kg·m^2/s^2=10^7 erg(尔格)=0.238 9 cal(卡)=9.478×10^{-4} BTu(英制热单位)=0.101 97 kgf·m=2.777 8×10^{-4}W·h(瓦·时) 1 eV(电子伏特)=1.602 19×10^{-19}J
电流	安[培]	A	
电量	库[仑]	C	1 C=1 A·s
电位、电压	伏[特]	V	1 V=1 J/(A·s)=1 kg·m^2/(A·s^3)
电阻	欧[姆]	Ω	1 Ω=1 V/A=1 kg·m^2/(s^3·A^2)
电容	法[拉]	F	1 F=1 C/V=1 As/V=1 A^2·s^4/(kg·m^2)
电导	西[门子]	S	1 S=1 A/V
电感	亨[利]	H	1 H=1 V·s/A=1 kg·m^2(s^2·A^2)

注:表中ft(英尺)、in(英寸)、yd(码)、mil(密耳)、Ib(磅)、dyn(达因),kgf(千克力)、Ibf(磅力)、ksi(千磅力每平方英寸)、atm(标准大气压或简称大气压)、at(工程大气压)、Torr(托)、bar(巴)、mmHg(毫米汞柱)、erg(尔格)、kgf·m(千克力米)、cal(卡)、BTU(英热单位)等单位皆非国际制(SI)单位,应避免使用。

某些物理常数

1个电子的电荷 $e=1.602\times10^{-19}$ 库

$=1.602\times10^{-20}$ 电磁单位

$=4.803\times10^{-10}$ 静电单位

阿伏伽德罗常数 $N_A=6.022\times10^{23}\ mol^{-1}$

法拉第常数 $F=eN_A=96\ 485.309\ C/mol$

$=23\ 060\ cal/(V\cdot mol)$

摩尔气体常数 $R=8.314\ J/(mol\cdot K)$

$=1.986\ cal/(mol\cdot K)$

$=82.056\ cm^3\cdot atm/(K\cdot mol)$

玻耳兹曼常数 $k=R/N_A=1.380\times10^{-23}\ J/K$

普朗克常量 $h=6.626\times10^{-34}\ J\cdot s$

热功当量 1 cal=4.184 0 J

25 ℃时，$RT=2\ 479\ J/mol=592\ cal/mol$

25 ℃时，$2.303RT=5\ 709\ J/mol=1\ 363\ cal/mol$

25 ℃时，$2.303RT/F=0.059\ 1\ V$

附表 B　标准电池电动势，饱和甘汞电极电位，$2.303RT/F$ 值及饱和水蒸气压力

温度/℃	标准电池电动势 E_N/V	饱和甘汞电极电位/V	$2.3RT/F$ 值/V	饱和水蒸气压力 P_W/mmHg
5	1.019 1	0.256 8	0.055 1	6.6
6	1.019 1	0.256 2	0.055 3	7.0
7	0.019 0	0.255 5	0.055 5	7.5
8	1.019 0	0.254 9	0.055 7	8.0
9	1.018 9	0.254 2	0.055 9	8.6
10	1.018 9	0.253 6	0.056 1	9.2
11	1.018 9	0.252 9	0.056 3	9.9
12	1.018 8	0.252 3	0.056 5	10.6
13	1.018 8	0.251 6	0.056 7	11.2
14	1.018 7	0.251 0	0.056 9	12.0
15	1.018 7	0.250 3	0.057 1	12.8
16	1.018 7	0.249 7	0.057 3	13.6
17	1.018 6	0.249 0	0.057 5	14.5
18	1.018 6	0.248 3	0.057 7	15.5
19	1.018 5	0.247 7	0.057 9	16.5
20	1.018 5	0.247 1	0.058 1	17.5
21	1.018 5	0.246 4	0.058 3	18.7
22	1.018 4	0.245 8	0.058 5	19.8
23	1.018 4	0.245 1	0.058 7	21.1
24	1.018 3	0.244 5	0.058 9	22.4
25	1.018 3	0.243 8	0.059 1	23.8
26	1.018 3	0.243 1	0.059 3	25.2
27	1.018 2	0.242 5	0.059 5	26.7
28	1.018 2	0.241 8	0.059 7	28.4
29	1.018 1	0.241 2	0.059 9	30.1
30	1.018 1	0.240 5	0.060 1	31.8

参考文献

[1] 弗鲁姆金 A H,等. 电极过程动力学[M]. 朱荣昭,译. 北京:科学出版社,1957.

[2] Stern M, Geary A L. Electrochemical polarization LA theoretical analysis of the shape of polarization curves [J]. J Electrochem Soc , 1957, 104: 56-63.

[3] Glasstone S. 电化学概论[M]. 贾立德,等译. 北京:科学出版社,1958.

[4] McMullen J J, Hackerman N. Capacities of Solid Metal-Solution Interfaces [J]. J Electrochem Soc, 1959, 106: 342-346.

[5] 田昭武,林祖赓,陈衍珍. 电极充电曲线繁用仪[J]. 厦门大学学报(自然科学版),1962(10):34.

[6] Breiter M W, Breiter M W. Voltammetric study of halide ion adsorption on platinum in perchloric acid solutions [J]. Electrochimica Acta, 1963,8: 925-935.

[7] Bewick A, Fleischmann M, Liler M. The design and performance of potentiostats[J]. Electrochimica Acta. 1963, 8: 89-106.

[8] Conway B E. Theory and Principles of Electrode Processes[M]. New York: Ronald Press, 1965.

[9] Blurton K F, Riddiford A C. Shapes of practical rotating disc electrodes[J]. J Electroanal Chem, 1965, 10(5-6): 457-464.

[10] Ramaley L, Enke C G. Open abstract View article, Closure to Discussion of 'The Double Layer Capacitance of Silver in Perchlorate Solution[J]. J Electrochem Soc, 1965,112(9): 947-950.

[11] Pence D T, Booman G L. Linear Potential Sweep Voltammetry in Thin Layers of Solution[J]. Analytical Chemistry, 1966, 38 (1): 58-61.

[12] Albery W J, et al. Transactions of the Faraday Society[J]. Faraday Soc, 1966, 62:1-3644.

[13] Leckie H P, Uhlig H H. Environmental factors affecting the critical potential for pitting in 18-8 stainless steel[J]. J Electrochem Soc, 1966, 113: 1262-1267.

[14] Riddford A C. Advances in Electrochemistry and Electrochemical Engineering[M]. New York: Interscience, 1966.

[15] Damjanovic A, Genshawa M A, Bockris J OM. Discussion of The Role of Hydrogen Peroxide in Oxygen Reduction at Platinum in H[sub 2]SO[sub 4] Solution. J Electrochem Soc, 1967, 114(5): 466-472.

[16] Jones D A. Polarization in high resistivity media[J]. Corrosion Sci, 1968, 8(1): 19-27.

[17] Iverson W P. Transient votltage changes produced in corroding metals and alloys[J]. J Electrochem Soc, 1968, 115:617-618.

[18] Falk S U, Salkind A J. Alkaline Storage Batteries[M]. New York:John Wiley and Sons, 1969.

[19] Pilla A A. High Speed Non - Faradaic Resistance Compensation in Potentiostatic Techniques[J]. J Electrochem Soc, 1969, 116(8): 1105-1112.

[20] Mumby J E, Perone S P. Potentiostat and Cell Design for the Study of Rapid Electrochemical Systems [J]. Instrumentation Science & Technology, 1971, 03:191-227.

[21] Wilde B E, Williams E. The use of current/voltage curves for the study of localized corrosion and passivity breakdown on stainless steels in chloride media[J]. Electrochim Acta, 1971, 16(11): 1971-1985.

[22] Barnartt S. Tafel Slopes for Iron Corrosion in Acidic Solutions[J]. Corrosion, 1971, 27 (11): 467-470.

[23] Brown O R. A current recording unit for potentiostats[J]. Journal of Physics E: Scientific Instruments, 1972 (5): 365-367.

[24] Von Frauhofer J A, Banks C H. Potentiostat and its Applications[M]. London: Batterworths, 1972.

[25] Morrissey R J. Electrolytic Determination of Porosity in Gold Electroplates: II. Controlled - Potential Techniques[J]. J Electrochem Soc, 1972, 119(4): 446-450.

[26] Yeager E, Salkind A J, Yeager E, et al. Techniques of Electrochemistry: Vol. 1 [M]. Wiley-Interscience, 1972.

[27] Whitson P E, Vandenborn H W, Evans D H. Acquisition and analysis of cyclic voltammetric data[J]. Anal Chem, 1973, 45(8): 1298-1306.

[28] Woodward W S, Ridgway T H, Reilley C N. An Inexpensive Current-Voltage Booster for Electrochemical Instrumentation[J]. Anal Chem, 1973, 45(2): 435-436.

[29] Albaya H C, Cobo O A, Bessone J B. Some consideration in determining corrosion rates from linear polarization measurements[J]. Corrosion Sci, 1973, 13(4): 287-293.

[30] Mansfeld F. The Relationship Between Galvanic Current and Dissolution Rates[J]. Corrosion, 1973, 29 (10), 403-405.

[31] Degerbeck J. On Accelerated Pitting and Crevice Corrosion Tests[J]. J Electrochem Soc, 1973, 120(2): 175-182.

[32] Mansfeld F. Some Errors in Linear Polarization Measurements and Their Correction[J]. CORROSION, 1974, 30(3): 92-96.

[33] Britz D, Brocke W A J. Elimination of iR-drop in electrochemical cells by the use of a current-interruption potentiostat[J]. Electroanal. Chem Interfacial Electrochem, 1975, 58: 301.

[34] Lamy C, Herrmann C C. A new method for ohmic-drop compensation in potentiostatic circuits: stability and bandpass analysis, including the effect of faradaic impedance[J]. J Electroanal Chem, 1975, 59: 113-135.

[35] Epelboin I, Gabrielli C, Keddam M, et al. A model of the anodic behaviour of iron in sulphoric acid medium[J]. Electrochim Acta, 1975, 20(11): 913-916.

[36] Hand R L, Nelson R F. High-output potentiostat for electrosynthesis studies[J]. Anal Chem, 1976, 48 (8): 1263-1265.

[37] Pleskov Yu V, Filinovskii V Yu. The rotating Di c Electrode [M]. New York: Consultants Bureau, 1976.

[38] Mansfeld F. Advances in Corrosion Science and Technology[M]. New York: Plenum press, 1976.

[39] Bandy R, Jones D A. Analysis of Errors in Measuring Corrosion Rates by Linear Polarization[J]. CORROSION, 1976, 32(4): 126-134.

[40] Callow L M, et al. Corrosion Monitoring using Polarisation Resistance Measurements: I. Techniques and correlations[J]. British Corrosion Journal, 1976, 11(3): 123-131.

[41] Mansfeld F, Konkel J V. An example of chemical corrosion[J]. Corrosion Sci, 1976, 16(9): 653-657.

[42] Yeager E, Salkind A J. Techniques in Electrochemistry [M]. New York and London: Plenum Press, 1977.

[43] MacDonald D D. Transient Techniques in Electrochemistry[M]. New York and London: Plenum Press, 1977.

[44] Mansfeld F. Electrochemical Techniques for Corrosion[M]. Houston: NACE, 1977.

[45] Hausler R H. Practical Experiences with Linear Polarization Measurements[J]. CORROSION, 1977, 33(4): 117-128.

[46] Parkins R N, et al. Stress Corrosion Cracking of C-Mn Steel in Phosphate Solutions[J]. CORROSION, 1978, 34(8): 253-262.

[47] 田昭武，陈体衔，林仲华，等. DHZ-1型电化学综合测试仪[J]. 厦门大学学报(自然科学版)，1978，(03)：150-173.

[48] Balakarishnan K，Venkkalasan V K. Cathodic reduction of oxygen on copper and brass[J]. Electrochem Acta，1979，24(2)：131-138.

[49] 田昭武，蔡加勒，邱贞花，等. DD-1 型电镀参数测试仪[J]. 厦门大学学报(自然科学版)，1979(04)：68-76.

[50] Williams L F G. Automated corrosion rate monitoring of zinc in a near-neutral solution using a microcomputer[J]. Corrosion Sci，1979，19(11)：767-775.

[51] Bandy R. The simultaneous determination of tafel constants and corrosion rate—a new method[J]. Corrosion Sci，1980，20(8/9)：1017-1028.

[52] Vetter K J，Vetter K J. Electrochemical Kinetics[M]. New York：Academic Press，1980.

[53] Parkins R N，Parkins R N. Predictive approaches to stress corrosion cracking failure[J]. Corrosion Science，1980，20(2)：147-166.

[54] Bard A J，Faulkner L R，Bard A J，et al. Electrochemical Methods，Fundamentals and Applications [M]. New York：John Wiley and Sons，1980.

[55] Keddam M，Matlos O R，Takenouti H J. Reaction model for iron dissolution studied by electrode impedance[J]. J Electrochem Soc，1981，128(2)：257-266.

[56] Hladky K，Dawson J L. Corrosion diary[J]. Corrosion Science，1981，21(4)：317-328.

[57] De Sanchez S R，Schiffrin D J. The flow corrosion mechanism of copper base alloys in sea water in the presence of sulphide contamination[J]. Corrosion Science，1982，22(6)：585-607.

[58] Hladky K，Dawson J L. The measurement of. corrosion using electrochemical 1/ f noise[J]. Corrosion Science，1982，22(3)：231-237.

[59] 田昭武. 电化学研究方法[M]. 北京：科学出版社，1984.

[60] 周伟舫. 电化学测量[M]. 上海：科学技术出版社，1985.

[61] Isaacs H U，Ishikawa Y. Current and Potential Transients during Localized Corrosion of Stainless Steel [J]. J Electrochem Soc，1985，132(3)：1288-1293.

[62] 曹楚南. 腐蚀电化学原理[M]. 北京：化学工业出版社，1985.

[63] 刘永辉. 电化学测试技术[M]. 北京：北京航空学院出版社，1987.

[64] Uruchurtu J C，Dawson J L. Noise Analysis of Pure Aluminum under Different Pitting Conditions[J]. CORROSION，1987，43(1)：19-26.

[65] Magaino S I，Kawaguchi A，Hirata A，et al. Spectrum Analysis of Corrosion Potential Fluctuations for Localized Corrosion of Type 304 Stainless Steel[J]. J Electrochem Soc，1987，134(12)：2993-2997.

[66] Searson P C，Dawson J L. Analysis of Electrochemical Noise Generated by Corroding Electrodes under Open-Circuit Conditions[J]. J Electrochem Soc，1988，135(8)：1908-1915.

[67] 曹楚南，常晓元，林海潮. 孔蚀过程中电化学噪声特征[J]. 中国腐蚀与防护学报，1989，9(1)：21-28.

[68] Gabrielli C，Huet F，Keddam M，et al. A Review of the Probabilistic Aspects of Localized Corrosion [J]. CORROSION，1990，46(4)：266-278.

[69] Cottis R A，Loto C A. Electrochemical Noise Generation during SCC of a High-Strength Carbon Steel [J]. CORROSION，1990，46(1)：12-19.

[70] Flis J，Dawson J L，Gill J，et al. Impedance and electrochemical noise measurements on iron and iron-carbon alloys in hot caustic soda[J]. Corrosion Science，1991，32：877-892.

[71] Chavarin J U. Effect of inorganic inhibitors on the corrosion behavior of 1018 carbon steel in the LiBr^{+} ethylene glycol^{+} H_2O mixture[J]. Corrosion，1991，47(6)：472-479.

[72] Uruchurtu J C. Electrochemical Investigations of the Activation Mechanism of Aluminum[J]. CORROSION,1991,47(6):472-479.

[73] Baikei I D, Venderbosch E. Analysis of stray capacitance in the Kelvin method[J]. Rev Sci Instrum, 1991, 62(3): 725-736.

[74] Monticelli C, Brunoro G, Frignani A. Evaluation of Corrosion Inhibitors by Electrochemical Noise Analysis[J]. J Electrochem Soc, 1992, 139(3):706-711.

[75] Gabrielli C, Keddam M. Review of Applications of Impedance and Noise Analysis to Uniform and Localized Corrosion[J]. CORROSION,1992,48(10):794-811.

[76] Benzaid A, Gabrielli C, Huet F. Investigation of the Electrochemical Noise Generated during the Stress Corrosion Cracking of a 42CD4 Steel Electrode[J]. Corrosion Science,1992, 111/112:167-176.

[77] Choi D, Was G S. Effect of Boric Acid on Pit Growth in Alloy 600 Steam Generator Tubing[J]. CORROSION,1992,48(2):103-113.

[78] 史志明,林海潮,曹楚南,等. 不锈钢应变过程中电化学噪声的特征 I. 恒载荷拉伸条件下电位随机波动的特征[J]. 中国腐蚀与防护学报, 1993, 13: 156.

[79] Roberge P R. Analysis of spontaneous electrochemical noise for corrosion studies[J]. J Applied Electrochem, 1993, 23:1223-1231.

[80] Mansfeld F,Xiao H. Electrochemical Noise Analysis of Iron Exposed to NaCl Solutions of Different Corrosivity[J]. J Electrochem Soc, 1993, 140(8): 2205-2209.

[81] Liu C, Macdonald D D, Medina E, et al. Probing corrosion activity in high subcritical and supercritical water through electrochemical noise analysis Corrosion[J]. Corrosion, 1994, 50 (9): 687-694.

[82] Lundgren S, Kasemo B. A high temperature Kelvin probes for flow reactor studies [J]. Rev Sci Instrum,1995, 66(7): 3976-3982.

[83] Leoal A, Doleoek V. Corrosion Monitoring System Based on Measurement and Analysis of Electrochemical Noise[J]. Corrosion, 1995, 51 (4): 295-300.

[84] Kumar C S, Subrahmanyam A, Majhi J. Automated readtype Lelvin probe for work function and surface photovolt-age studies[J]. Rev Sci Instrum,1996, 67(3): 805-808.

[85] Stratmann M, Leng A, Fllrbeth W. The scanning Kelvin probe:A new technique for the situs analysis of the delamination of organic coatings[J]. Prog Org Coat,1996, 27(4): 261.

[86] Roberge P R, Wang S, Roberge R. Stainless Steel Pitting in Thiosulfate Solutions with Electrochemical Noise[J]. Corrosion, 1996, 52 (10): 733-737.

[87] Worsley D A, McMurray H N, Belghazi A. Determination of localized corrosion mechanisms using a scanning vibrating reference electrode technique [J]. Chem Commun,1997, 33: 2369-2370.

[88] Zou F, Thierry D. Localized electrochemical impedance spectroscopy for studying the degradation of organic coatings [J]. Electrochim Acta,1997, 42(20): 3293-3301.

[89] Gusmano G, Montesperelli G, Pacetti S, et al. Electrochemical Noise Resistance as a Tool for Corrosion Rate Prediction[J]. Corrosion, 1997, 53(11):860-868.

[90] 科恩 L.时-频分析:理论与应用[M]. 白居宪,译. 西安:西安交通大学出版社,1998.

[91] 阎鸿森,王新凤,田惠生.信号与线性系统[M]. 西安:西安交通大学出版社,1998.

[92] Bertocci U, Frydman J, Gabrielli C. Analysis of Electrochemical Noise by Power Spectral Density Applied to Corrosion Studies: Maximum Entropy Method or Fast Fourier Transform[J]. Electrochem Soc, 1998, 145 (8): 2780-2786.

[93] Schauer T, Greisiger H, Dulog L. Electrochemical recognition of alkali metal cations by electrodes modified withpoly[tris-(2,2′-bipyridine) ruthenium(II)] films[J]. Electrochim Acta, 1998, 43 (16/17):

2423-2433.

[94] Puget Y, Trethewey K, Wood R J K. Electrochemical noise analysis of polyurethane-coated steel subjected to erosion - corrosion[J]. Wear, 1999 (233/235):552-567.

[95] Cheng Y F, Wilmott M, Luo J L. Analysis of the role of electrode capacitance on the initiation of pits for A516 carbon steel by electrochemical noise measurements [J]. Corrosion Science, 1999, 41 (7): 1245-1256.

[96] Isaac J W, Hebert K U. Electrochemical current noise on aluminum microelectrodes[J]. J Electrochem Soc 146:502-509.

[97] Cheng Y F, Wilmott M, Luo J L. The role of chloride ions in pitting of carbon steel studied by the statistical analysis of electrochemical noise[J]. Applied Surface Sci, 1999, 152(3/4):161-168.

[98] 彭图治，王国顺. 分析化学手册 第四分册:电化学分析[M]. 2 版. 北京:化学工业出版社，1999.

[99] Cheng Y F,Luo J L. Passivity and pitting of carbon steel in chromate solutions[J]. Electrochim Acta, 1999,44:4795-4804.

[100] Cheng Y F, Luo J L, Wilmott M. Spectral analysis of electrochemical noise with different transient shapes[J]. Electrochimica Acta, 2000, 45(11):1763-1771.

[101] Breslin C B, Rudd A L. The corrosion protection afforded by rare earth conversion coatings applied to magne- sium[J]. Corrosion Sci, 2000, 42(2):275-288.

[102] Sarapuu A, Tammseveski K, Tenno T T, et al. Electrochemical reduction of oxygen on thin-film Au electrodes in acid solution[J]. Electrochenm Commun,2001,3(8):446-450.

[103] 史美伦. 交流阻抗谱原理及应用[M]. 北京：国防工业出版社，2001.

[104] Taylor S R. Incentives for using electrochemical impedance methods in the investigation of organic coatings[J]. Progress in Organic Coatings,2001, 43: 141-148.

[105] Flora Boccuzzi, Anna Chiorino, Malea Manzoli. Au/TiO_2 nanostuctured scatalyst:effects of gold particle sizes on CO oxidation at 90K[J]. Materials Sceience and Engineering:C, 2001, 15(1/2) :215-217.

[106] Mudali U K, Katada Y. Electrochemical atomic force microscopic studies on passive films of nitrogen-bearing austenitic stainless steels[J]. Electrochimica Acta,2001, 46(24/25): 3735-3742.

[107] 俞春福，徐久军，王亮，等. TiN 薄膜腐蚀过程的电化学原子力显微镜原位研究[J]. 材料保护,2001, 34(12): 14-15.

[108] Mansfeld F, Sun Z, Hsu C H. Electrochemical noise analysis (ENA) for active and passive systems in chloride media[J]. Electrochim Acta, 2001, 46 (24/25):3651-3664.

[109] 张昭，张鉴清，王建明，等. 硫酸钠溶液中 2024-T3 铝合金孔蚀过程的电化学噪声特征[J]. 中国有色金属学报,2001, 11 (2): 284-287.

[110] 席仕伟，何锦涛. 离子束增强沉积技术[J]. 原子能科学技术,2002, 36(4): 458-461.

[111] 查全性. 电极过程动力学导论[M]. 3 版. 北京:科学出版社,2002.

[112] Sabine Schimpf, Martin Lucas, Christian Mohr, et al. Supported gold nanoparticles: kin-depth catalyst characterization and appliacation in hydrogenation and oxidation reactions[J]. Catalysis Today,2002, 72 (1/2): 63-78.

[113] Mohamed S EI-Deab,Takeo Ohsaka. Hydrodynamic voltammetric studies of the oxygen reduction at gold anoparticles-electrodeposited gold electrodes[J]. Electrochimica Acta,2002,47(26): 4255-4261.

[114] Mo Yibo, Sarangapani S, Le Anh, et al. Electrochemical characterization of unsupported high area platinum dispersed on the surface of a glassy carbon rotating disk electrode in the absence of Nafion or other additives[J]. Journal of Electroanalytical Chemistry, 2002(538/539): 35-38.

[115] 蔡松琦. 铁在 pH8.4 硼酸盐缓冲溶液中形成钝化膜电化学行为和电子性能[D]. 广州:华南师范大

学,2002.

[116] Assaf F H,et al. Cyclic voltammetric studies of the electrochemical behaviour of copper - silver alloys in NaOH solution[J]. Applied Surface Science, 2002,187(1/2): 18-27.

[117] 曹楚南,张鉴清. 电化学阻抗谱导论[M]. 北京:科学出版社, 2002.

[118] Wu Gang, Li Ning, Zhou DeRui, et al. Electrodeposited Co-Ni-Al_2O_3 composite coatings[J]. Surface and Coatings Technology, 2003,176: 157-164.

[119] Bastos A C, Sim Oes A M, Ferreira M G. Corrosion of electrogalvanized steel in 0.1mol/L NaCl studied by SVET[J]. Portugaliae Electrochimica Acta,2003(21): 371-387.

[120] Kear G, Barker B D, Stokes K,et al. Electrochemical corrosion behaviour of 90-10 Cu-Ni alloy in chloride-based electrolytes[J]. Journal of Applied Electrochemistry, 2004, 34: 659-669.

[121] Kear G, Barker B D, Walsh F C. Electrochemical corrosion of unalloyed copper in chloride media-a critical review[J]. Corrosion Science, 2004, 46(1):109-135.

[122] Song Guangling, StJohn David. Corrosion behaviour of magnesium in ethylene glycol[J]. Corrosion Science, 2004,46:1381-1399.

[123] 李焰,赵澎,王佳. 扫描隧道显微镜在电化学研究中的改进及应用[J]. 分析仪器, 2004 (4): 5.

[124] 褚有群,等. 纳米碳管电极上氧的电催化还原[J]. 物理化学学报, 2004,20(3): 331-335.

[125] 巴德 阿伦 J,福克纳 拉里 R. 电化学方法、原理和应用[M]. 2 版. 邵元华,朱果逸,董献堆,等译. 北京:化学工业出版社,2005.

[126] 张宝宏. 金属电化学腐蚀与防护[M]. 北京:化学化工出版社,2005.

[127] Bard A J, Faulkner L R. 电化学方法原理和应用[M]. 邵元华,等译. 北京:化学工业出版社, 2005.

[128] 马淳安. 高活性碳化钨催化材料的制备表征及电化学性能研究[D]. 上海:上海大学,2005.

[129] 贾铮,戴长松,陈玲. 电化学测量方法[M]. 北京:化学工业出版社, 2006.

[130] Aragon E, Merlatti C, Jorcin J B. Delaminated areas beneath organic coating: A local electrochemical impedance approach[J]. Corrosion Science,2006, 48(7): 1779-1790.

[131] 胡会利,李宁. 电化学测量[M]. 北京:国防工业出版社, 2007.

[132] Oltra R,Maurice V, A kid R, et al. Local probe techniques for corrosion research[M]. Cambridge England:Woodhead Publishing Limited,2007: 23-25.

[133] 章妮,孙志华,张琦,等. 局部阻抗测试技术在评定有机涂层环境失效中的应用[J]. 装备环境工程, 2007, 4(1): 75-82.

[134] 李荻. 电化学原理[M]. 北京:北京航空航天大学出版社,2008.

[135] 朱明华. 仪器分析[M]. 4 版. 北京:高等教育出版社, 2008.

[136] 郭鹤桐. 基础电化学及其测量[M]. 北京:化学工业出版社,2009.

[137] 张剑荣,余晓东,屠一锋. 仪器分析实验[M]. 2 版. 北京:科学出版社, 2009.

[138] 骆鸿,董超芳,肖葵,等. 金属腐蚀微区电化学研究进展(1):扫描电化学显微镜技术[J]. 腐蚀与防护, 2009, 30(7): 437-441.

[139] 骆鸿,董超芳,肖葵,等. 金属腐蚀微区电化学研究进展(2):局部电化学阻抗谱[J]. 腐蚀与防护, 2009, 30(8): 511-514.

[140] 骆鸿,董超芳,肖葵,等. 金属腐蚀微区电化学研究进展(3):扫描振动电极技术[J]. 腐蚀与防护, 2009, 30(9): 631-640.

[141] 傅献彩,沈文霞,姚天扬,等. 物理化学[M]. 5 版. 北京:高等教育出版社, 2009.

[142] 王力伟,李晓刚,杜翠薇,等. 微区电化学测量技术进展及在腐蚀领域的应用[J]. 中国腐蚀与防护学报, 2010, 30(6): 498-503.

[143] 张鉴清,等. 电化学测试技术[M]. 北京:化学工业出版社, 2010.

[144] 胡会利，李宁，蒋雄. 电化学测量[M]. 北京：国防工业出版社，2011.
[145] 刘玉海，杨润苗. 电化学分析仪器使用与维护[M]. 北京：化学工业出版社，2011.
[146] 万立骏. 电化学扫描隧道显微技术及其应用[M]. 2版. 北京：科学出版社，2011.
[147] 金星，曹楚仪，等. 铝合金在乙二醇-水模拟冷却液中的腐蚀行为[J]. 材料保护，2011，944(9)：15-17.
[148] 王磊. 染料敏化太阳能电池的电子传输-复合模型与等效电路解析及其性能优化[D]. 广州：华南理工大学，2013.
[149] Zhao L，Zhong C，Wang Y，et al. Ag nanoparticle-decorated 3D flower-like TiO_2 hierarchical microstructures composed of ultrathin nanosheets and enhanced photoelectrical conversion properties in dye-sensitized solar cells [J]. J Power Sources，2015，292(1)：49-57.
[150] 龙凤仪，杨燕，王树立，等. 微区电化学测量技术及在腐蚀领域的应用[J]. 腐蚀科学与防护技术，2015，27(2)：194-197.